机电一体化基础

主　编　向中凡　肖继学
副主编　曾宇丹　赵树恩　黎泽伦
参　编　程　志　廖　旋　殷　巧　张汉中
　　　　吴瑞竹　李海军　董圣友
主　审　侯　力

重庆大学出版社

内 容 简 介

机电一体化是一门融机械技术、计算机技术、测控技术、伺服驱动技术于一体的学科。本教材介绍了机电一体化应用与设计所涉及的主要基础概念、知识。全书共分六章来阐述这些基础。第1章绪论，主要讲述机电一体化的基本概念、主要特征、关键技术、功能构成与组成要素、分类与发展趋势、机电一体化产品分类等；第2章机电传动系统的运动学基础，主要介绍机电传动的动力学分析基本方法、机电传动系统的稳定运行分析方法等；第3章机械学基础，主要讲述机电一体化系统中机械部件的基本功能及其影响，以及支撑、传动、导向、执行等基本机械机构；第4章电学基础，主要介绍机电一体化系统中测量、常用传感器、传感信号调理电路、电力电子器件等；第5章，控制与计算机基础，主要简要讲述机电一体化系统中控制的功效、性能指标，典型控制环节以及集成电路与常用芯片、计算机接口等；第6章伺服系统，比较详尽地介绍了伺服系统基本结构、性能指标，步进伺服驱动、直流伺服驱动、交流伺服驱动三种基本伺服系统以及脉冲比较进给伺服系统、相位比较进给伺服系统、幅值比较进给伺服系统。

本书可作为本科院校机械电子工程专业及其相关专业的教材，也可供研究生及从事机电一体化产品设计、制造与研究工程技术人员作参考书。

图书在版编目(CIP)数据

机电一体化基础./向中凡，肖继学主编.—重庆：重庆大学出版社，2013.4(2021.8 重印)
ISBN 978-7-5624-7200-1

Ⅰ.①机…　Ⅱ.①向…②肖…　Ⅲ.①机电一体化—高等学校—教材　Ⅳ.①TH-39

中国版本图书馆 CIP 数据核字(2013)第 012118 号

机电一体化基础

主　编　向中凡　肖继学
副主编　曾宇丹　赵树恩　黎泽伦
参　编　程　志　廖　旋　殷　巧　张汉中
　　　　吴瑞竹　李海军　董圣友
主　审　侯　力
责任编辑：鲁　黎　　版式设计：鲁　黎
责任校对：秦巴达　　责任印制：张　策

*

重庆大学出版社出版发行
出版人：饶帮华
社址：重庆市沙坪坝区大学城西路21号
邮编：401331
电话：(023) 88617190　88617185(中小学)
传真：(023) 88617186　88617166
网址：http://www.cqup.com.cn
邮箱：fxk@cqup.com.cn (营销中心)
全国新华书店经销
POD：重庆新生代彩印技术有限公司

*

开本：787mm×1092mm　1/16　印张：20.75　字数：518千
2013年4月第1版　2021年8月第6次印刷
ISBN 978-7-5624-7200-1　定价：45.00元

前言

20 世纪 70 年代，人们提出了机电一体化的概念。国家“863”计划即《高技术研究发展计划纲要》将机电一体化明确为我国高技术重点研究领域之一，《机电一体化发展纲要》则提出了我国大力发展机电一体化的思路。近二十年来，伴随着计算机技术、微电子集成技术的飞速发展，机电一体化获得了快速发展。目前，机电一体化已深入至国民经济、国防建设、航空航天等各个领域，简单的如人们生活中常有的智能冰箱、全自动洗衣机等，复杂的如航天飞行器、机器人等。

世界各国所面临的日益严峻、剧烈的国际竞争，根本上乃各国人才的竞争，善于创新的人才的竞争。对于培养我国具有创新能力的机电一体化人才，以机电一体化为中心的如机械技术、测试技术、控制技术、计算机技术等基础知识非常关键。为此，针对机械电子工程、机械设计制造及其自动化等专业的学生，我们围绕着机电一体化技术，编写了《机电一体化基础》一书，旨在为他们以后的机电一体化技术应用以及机电一体化产品、系统设计学习奠定坚实的基础。

在总结多年教学经验、科学研究的基础上，根据机电一体化的培养目标所需，我们编写了这本教材。这本教材总共有 6 章。第 1 章主要讲述机电一体化的基本概念、主要特征、关键技术、功能构成与组成要素、分类与发展趋势等。第 2 章主要介绍机电传动的动力学分析基本方法、机电传动系统的稳定运行分析方法等运动学基础。第 3 章主要讲述机电一体化系统中机械部件的基本功能及其影响，以及支撑、传动、导向、执行等基本机械机构。第 4 章主要介绍机电一体化系统中测量、传感器、传感信号调理电路、电力电子器件等电学基础。第 5 章主要讲述机电一体化系统中控制的功效、性能指标，典型控制环节以及集成电路与常用芯片、计算机接口等控制与计算机基础。第 6 章主要介绍伺服系统基本结构、性能指标，步进伺服驱动、直流伺服驱动、交流伺服驱动三种基本伺服系统以及脉冲比较进给伺服系统、相位比较进给伺服系统、幅值比较进给伺服系统。本课程需 70 ~ 90 学时，讲授内容可根据实际情况作增删。

参加编写本教材的人员有四川大学的侯力，西华大学的向中凡、肖继学、程志、廖旋、殷巧、张汉中、吴瑞竹、李海军、董圣友，重庆理工大学的曾宇丹，重庆交通大学的赵树恩，重庆科技学院的黎泽伦。全书由向中凡教授统稿，侯力教授主审。

在本书的编写过程中，参阅了一些相关教材、论著，在此特向其作者表示衷心的感谢！同时也对编写本教材过程中给予了大力支持和热情关注的相关学者、老师及编辑表示由衷的谢意！由于水平有限，错误与不足之处在所难免，恳请同仁和广大读者批评指正。

编　者

2013 年 3 月

目录

第 1 章 绪论

1.1 机电一体化概念

20 世纪 70 年代以来，以大规模集成电路和微型电子计算机为代表的微电子技术迅速地应用于机械工业中，出现了种类繁多的计算机控制的机械和仪器。随着科学技术的发展，数控机床发展到加工中心，继而出现了具有柔性功能的自动化生产线、车间、工厂，为先进制造技术（Advanced Manufacturing Technology，AMT）的建立和发展提供了硬件基础，大幅度地提高产品质量和劳动生产率，适应了市场对产品多样化的要求，使传统机械工业的面貌焕然一新，机电一体化（Mechatronics System，MS）的出现，推动了机械工业和电子工业及信息技术（Information Technology，IT）的紧密结合，并发展为综合性的热门学科。

由于机电一体化技术对工业发展具有巨大推动力，因此世界各国均将其作为工业技术发展的一项重要战略。20 世纪 70 年代在发达国家兴起了机电一体化热，应用范围从一般数控机床、加工中心发展到智能机器人、柔性制造系统（Flexible Manufacturing System，FMS），出现了将设计、制造、销售、管理集成为一体的计算机集成制造系统（Computer Integration Manufacturing System，CIMS）。（注：CIMS 目前国内又定义为现代集成制造系统 Current Integration Manufacturing，System）。

20 世纪 90 年代以来，人们对生产自动化的认识发生了很大变化，其主要表现是：

①在自动化系统中强调人的作用。以计算机集成制造系统为例，在强调技术管理集成的同时，也强调人的集成，突出人在自动化系统中的作用。20 世纪 70 年代提出的工厂“全盘自动化”的思想已趋消失。

②以经济、实用为出发点的面向中小企业的综合自动化系统得到迅速发展。如德国政府在 1988 年制订的计算机集成制造系统（CIMS）规划中，拟参加该计划的中小企业（小于 500 人）约占 80%。美国也认识到占制造业企业总数 76% 的中小企业实现综合自动化的重要性，美国与日本已着手研制适用与中小企业的基于微机的 Micro-CIM、Micro-CAD/CAM 等。我国政府也大力发展“面向制造业中小企业的综合自动化技术”，多次将其列入机械、汽车工业的科技规划发展纲要。机电一体化已成为先进制造系统的重要支撑技术。

由此可见,20 世纪 90 年代之前开发应用机电一体化系统工程是以人力物力财力雄厚的大企业为主要对象,其开发周期长,投资大,难度大,风险大,见效慢,人员素质要求高。进入 90 年代,生产自动化发展的趋势是面向绝大多数的中小企业,其特点是强调人的参与集成,这就使其投资强度降低,开发周期缩短,减少了企业承担的风险,加快见到效益的进程。因此,对广大中小企业具有很大的吸引力。

1.1.1 我国对机电一体化的理解

我国一般认为机电一体化是机电一体化技术及其产品的统称,也将柔性制造系统(FMS)和现代集成制造系统(CIMS)等自动化生产线和自动化制造工程包含在内,这是对机电一体化的准确定义。

有人认为机电一体化产品是“在机械产品的基础上应用微电子技术和计算机技术产生出来的新一代的机电产品”,这是机械电子化的概念。区分机电一体化或非机电一体化的产品,其核心是计算机控制的伺服系统,其他都是与此匹配的部分。蒸汽机和电动机的出现为机械产品提供了动力,而机电一体化技术为机械产品提供了智力。实践证明,现有机械产品的电子化,需要系统科学的观点和综合集成的技巧,使机械装置、电子技术和软件工程之间相互适应和匹配,发挥各自的优势,使系统尽可能地达到最优。这是我们应该研究的课题。

当前,国际上以柔性自动化(单机或系统工程)为主要特征的机电一体化事业发展迅速,其水平越来越高,任何一个国家、地区如没有这方面的人才、技术和生产手段,就不具备国内外市场竞争所必需的基础。因此,机电一体化已成为当今世界机械工业发展的必然趋势,也是我国振兴机械工业的必由之路。

1.1.2 机电一体化技术的主要特征

机电一体化技术的主要特征表现在以下三个方面:

(1)整体结构最优化

在传统机械产品中,为了增加一种功能或实现某一种控制规律,往往靠增加机械结构的办法来实现。例如,为了达到变速的目的,采取一系列齿轮组成的变速箱;为了控制机床的走刀轨迹而出现了各种形状的靠模;为了控制柴油发动机的喷油规律,出现了凸轮机构等。随着电子技术的发展,人们逐渐发现:过去笨重的齿轮变速箱可以用轻便的电子调速装置来部分替代,精确的运动规律可以通过计算机的软件来调节。由此看来,在设计机电一体化系统时,可以从机械、电子、硬件、软件四个方面去实现同一种功能。一个优秀的设计师,可以在这个广阔的空间里充分发挥自己的聪明才智,设计出整体结构最优的系统。这里所说的“最优”不一定是什么尖端技术,而是指满足用户要求的最优组合。它可以是以高效、节能、安全、可靠、精确、灵活、价廉等许多指标中用户最关心的一个或几个指标为主进行综合衡量的结果。机电一体化技术的实质是从系统的观点出发,应用机械技术和电子技术进行有机的组合、渗透和综合,以实现系统最优化。

(2)系统控制智能化

系统控制智能化,这是机电一体化技术与传统的工业的自动化最主要的区别之一。电子技术的引入,显著地改变传统机械那种单纯靠操作人员,按照规定的工艺顺序或节拍,频繁、紧张、单调、重复的工作状况。可以依靠电子控制系统，按照一定的程序一步一步地协调各相关的动作及功能关系。有些高级的机电一体化系统，还可以通过被控制对象的数学模型，根据任何时刻外界各种参数的变化情况，随机自寻最佳工作程序，以实现最优化工作和最佳操作，即专家系统（Expert System，ES）。大多数机电一体化系统都具有自动控制、自动检测、自动信息处理、自动修正、自动诊断、自动记录、自动显示等功能。在正常情况下，整个系统按照人的意图（通过给定指令）进行自动控制，一旦出现故障就自动采取应急措施，实现自动保护等功能。在某些情况下单靠人的操纵是难以完成的，例如危险、有害、高速的工作条件或有高精度要求时，应用机电一体化技术不仅是有利的，而且是必要的。

(3) 操作性能柔性化

计算机软件技术的引入，能使机电一体化系统的各个传动机构的动作通过预先给定的程序，一步一步地由电子系统来协调。在生产对象更改只需改变传动机构的动作规律而无需改变其硬件机构，只要调整一系列指令组成的软件，就可以达到预期的目的。这种软件可以由软件工程人员根据要求动作的规律及操作事先编好，使用磁盘或数据通信方式，装入机电一体化系统里的存储器中，进而对系统的机构动作实施控制和协调。

随着技术的进步，现在在操作系统设计上大多采用操作冗余设计，正常工作时由计算机控制，在计算机出现故障时，由操作人员通过控制面板的控制按钮进行操作以完成该次工作，避免因计算机故障而报废被加工工件的情况出现，可以保护重要的加工零件。

目前远程操作也是研究的热点，其具体技术包括无线传感、数据融合、远程控制等新技术，有学者认为它是21世纪前半叶，机械学科的前沿领域。

1.1.3 机电一体化技术与其他技术的区别

机电一体化一词经常被人误解或与其他技术混淆，为了正确理解和恰当运用机电一体化技术，这里将作简单说明。

(1) 机电一体化技术与传统机电技术的区别

传统机电技术的操作控制大都以基于电磁学原理的各种电器（如继电器、接触器等）来实现，在设计过程中不考虑或很少考虑彼此之间的内在联系。机械本体和电气驱动界限分明，整个装置是刚性的，不涉及软件。机电一体化技术以计算机为控制中心，在设计过程中强调机械部件和电子器件的相互作用和影响，整个装置包括软件在内，具有很好的灵活性。

(2) 机电一体化技术与并行工程的区别

机电一体化技术将机械、微电子、计算机、控制和电子技术在设计、制造、使用等各阶段有机结合在一起，十分注意机械和其他部件之间的相互作用。而并行工程是将上述各种技术尽量在各自范围内齐头并进，在不同技术的内部进行设计制造，最后完成整体装置。

(3) 机电一体化技术与自动控制技术的区别

自动控制技术的侧重点是讨论控制原理、控制规律、分析方法和自动控制系统的构造等。机电一体化技术是将自动控制原理及方法作为重要支撑技术，将自动控制部件作为重要控制部件。它应用自动控制原理和方法，对机电一体化装置进行系统分析和性能估测，但机电一体化技术往往强调的是机电一体化系统本身。

(4)机电一体化技术与计算机应用技术的区别

机电一体化技术只是将计算机作为核心部件应用,目的在于提高和改善系统性能。机电一体化技术研究的是机电一体化系统,而不是计算机应用本身。计算机应用技术只是机电一体化技术的重要支撑技术。

1.2 机电一体化的共性关键技术

机电一体化系统(或产品)和人体相似。人体通过感官得到的各种信息,通过神经传送给大脑,经大脑思维处理,调节并指挥各部分动作。机电一体化系统则由各种检测传感元件或检测子系统,收集各种信息(如位置、速度、加速度、温度、力、力矩、环境等),然后传给信息处理中心(如 CPU),经过处理和调整,由自动控制系统控制传动系统进行工作,各个小系统通过接口连接,形成完整的系统。整个系统按软件给定的范围进行调整,使各子系统协调动作,完成系统的工作。因此,机电一体化系统所面临的共性关键技术是:

(1)检测传感技术

传感与检测装置是系统的感受元件,它与信息系统的输入端相联,并将检测到的信号输送到信息处理中心。传感与检测是实现自动控制、主动调节的环节,它的功能越强,系统的自动化程度就越高。传感与检测的关键元件是传感器。传感器是将被测量(包括各种物理量、化学量和生物量等)变化成系统可以识别的与被测量有确定对应关系的有用电信号的一种装置。机电一体化技术要求传感器能快速、精确地获得信息,并能应用于相应的应用环境中,且具有很高的可靠性。

(2)信息处理技术

信息处理技术包括信息的输入、变换、换算、存贮和输出技术。信息处理的硬件主要由计算机硬件、可编程序控制器和数控装置等构成硬件支撑平台。软件技术实现信息的数字处理。因此,计算机技术与信息处理技术是密切相关的。在机电一体化系统中,计算机与信息处理中心实时控制整个系统工作的质量和效率,因此,计算机应用及信息处理技术已成为促进机电一体化技术发展和变革的最活跃的因素。

(3)自动控制技术

自动控制技术范围很广,主要包括:经典控制理论和现代控制理论。在此两类理论指导下对具体控制装置或控制系统进行设计、设计后对系统进行仿真、现场调试、使系统可靠地投入运行等。由于控制对象种类繁多,所以控制技术的内容极其丰富,例如高精度定位控制、速度控制、自适应控制、自诊断、校正、补偿、再现、检索等。由于计算机的广泛应用,自动控制技术越来越多的与计算机控制技术联系在一起,成为机电一体化中十分重要的关键技术。

(4)伺服驱动技术

伺服驱动技术主要是执行系统和机构中的一些技术问题。伺服驱动的动力类型包括电动、气动、液动。由微型计算机通过接口输出信息至伺服驱动系统,再由伺服驱动器控制它们的运动、带动工作机械作回转、直线以及其他各种复杂的运动。伺服驱动技术是直接执行操作的技术,伺服系统是实现电信号到机械动作的转换装置与部件。它对系统的动态性能、控制质量和功能具有决定性的影响。常见的伺服驱动装置有电液马达、脉冲液压缸、步进电动机、直流伺服电动机和交流伺服电动机。近年来由于变频技术的进步,交流伺服驱动技术取得突破性进展,为机电一体化系统提供高质量的伺服驱动单元,促进了机电一体化的发展。

(5)精密机械技术

机电一体化技术要求精密机械减轻重量、减少体积、减小变形(特别是热变形)、提高精度、提高刚度、改善动态性能,而且还应延长机械部分的使用寿命,提高关键零部件的精度和刚度。采用新材料、新工艺和新结构,使零部件模块化、标准化、规格化,从而提高维修效率,减少停工时间。

(6)系统总体技术

系统总体技术是一种从整体目标出发,用系统论的观点和方法,将总体分解成若干功能单元,找出能完成各个功能的技术方案组,再把功能与技术方案组进行分析、评价和优选的综合应用技术。系统总体技术包括的内容很多,例如接口转换、软件开发、微机应用技术、控制系统的成套性和成套设备自动化技术等。即使各个部分的性能、可靠性都很好,如果整个系统不能很好协调,系统也很难保证正常运行。

接口技术是系统技术中的一个重要方面,它是实现系统各部分有机连接的保证。接口包括电气接口、机械接口、人-机接口、软件接口。电气接口实现系统间信号连接,机械接口则完成机械与机械部分、机械与电气装置部分的连接,人-机接口提供了人与系统间的交互界面,软件接口提供软件代码共享与复用。

1.3　机电一体化的功能构成原理及其组成要素

机电一体化系统是一种比较复杂的工程系统,它是由相互关联的若干种类(如机械、流体、电磁、光、热、声等)元素组成的、具有特定目标的有机整体,并具有整体性(集合性)、关联性、目的性和相对性等四个基本属性,要构成一个有目标的工程系统,缺一不可。

1.3.1　机电一体化的功能构成原理

从现代设计方法学的观点来看,世界是由物质、能量和信息三大要素组成的。因此,机电一体化系统的目的,是对输入的物质、能量和信息(单独的或组合的)进行预定的变换(含加工、处理)、传递(含移动、输送)和保存(含保持,存储,记录)。所以,系统的目的均可用这三种主功能及其复合来表示。因此,机电一体化系统要实现其目的,必须具备如图1.1所示的四种内部功能。其中主功能是实现系统目的所必需的,它表明了该系统的主要特征和功能;任何系统无论多少都需要能量(动力功能);为使系统正常的动作,信息处理和控制(信息与控制功能)是必不可少的;最后,还要将系统各要素组合起来,进行空间配置,形成一个统一的整体(结构功能或支撑功能)。

关于系统的输入和输出,除了主功能的输入与输出之外,还要有能量输入和控制信息输入,如果有人或其他系统的外部控制输入,则必须有从外面了解控制状态的控制输出。同样,也需要了解能量输入状态的监视系统。

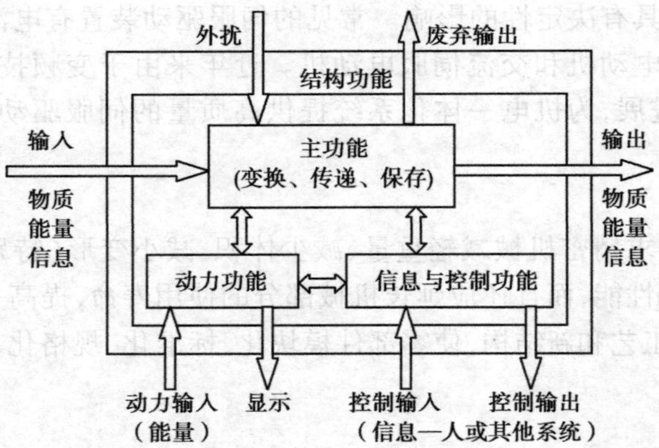

图1.1　机电一体化的功能构成

此外，任何系统都会遭到外部环境的干扰（外扰），这种外扰通常是有害的。整个系统除了有目的地输出（有用输出）之外，还会有无用的输出（既废弃输出），废弃输出有时对环境影响很大，这在系统设计中需要特别注意。

对于结构功能，除了面向主功能的输入和输出之外，还要承担外扰，废弃输出，能量和控制输入/输出的连接任务。

上述四种内部功能，既可有与其相应的各自独立子系统，也可有一个子系统来承担多种功能的情况，以便使整个系统更为紧凑。

上述这种抽象的功能构成原理图，既有利于设计或分析各种机电一体化系统或产品，又有利于开拓思路，便于创造发明。例如，根据三种不同的主功能及其不同的输入，组合起来可形成9大类型的系统或产品，但不一定都是机电一体化的产品，见表1.1。

表1.1　不同主功能及输入输出的组合

主功能		输入-输出	组合实例
1	变换	物质	材料加工或处理机
2	传递	物质	交通运输机
3	保存	物质	自动化仓库、包装机
4	变换	能量	动力机械
5	传递	能量	机械或流体传动
6	保存	能量	机械或流体蓄能器
7	变换	信息	电子计算机、仪器
8	传递	信息	通信系统、传真机
9	保存	信息	存储器、录像机

此外，对于主功能的加工机构，其运动方式不同，也可构成不同用途的机械，例如，金属切削机床是根据工件与刀具相对运动产生切削所用的原理来进行加工的，但工件与刀具的运动方式不同，就有不同用途的机床，见表1.2。

表1.2 不同相对运动加工的金属切削机床

工件运动		刀具运动	切削加工机床实例
1	旋转	旋转	内、外圆磨床,滚齿机
2	旋转	直线	车床
3	直线	旋转	铣床、镗床、平磨
4	直线	直线	刨床
5	不动	旋转及直线	钻床、铰孔、功丝
6	不动	直线	拉床、插床

对于现有的机电一体化系统,我们可以利用功能原理图来进行研究分析。图1.2是数字控制(Number Control,NC)机床的功能原理构成的实例。由于未指明主功能的加工机构,它代表的具有相同主功能及控制功能的一大类型的机电一体化系统,如金属切削数控机床,电加工数控机床,激光加工数控机床以及冲压加工数控机床等。显然,由于主功能的具体加工机构不同,其他功能的具体装置也会有差别,但其本质是数控加工机床。

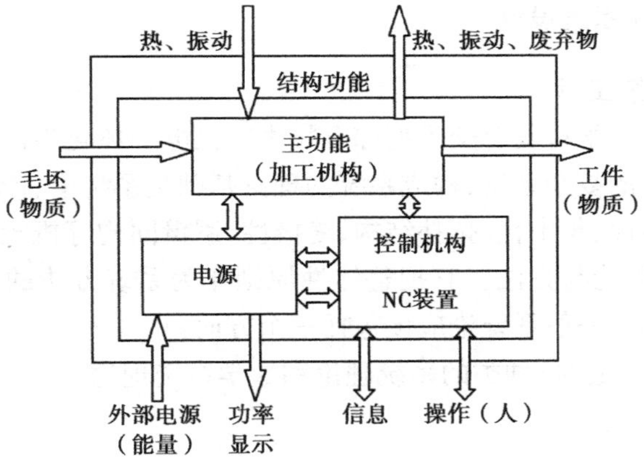

图1.2 数控机床的功能构成

1.3.2 机电一体化的功能构成要素

机电一体化系统的五大组成要素

对于一般的机器,是由本质上不同的部分——发动机、传动机构和执行机构构成。但是,现代的机器是机电一体化的计算机控制的自动化机器,它们除了上述三个构成要素之外,还需要有计算机和传感器,从而组成一个功能完善的柔性自动化的机电一体化系统、即有五个本质上不同的基本要素:动力、机构、执行器、计算机和传感器。如图1.3所示,从仿生学观点来看,类似人的构造和功能,但不一定是拟人形,如工业机器人和数控机械。

从人的五大要素来说,内脏建立了用能量来维持人的生命和活动条件(动力);五官接受外界的信息(传感器);手、脚作用于外界(执行器);头脑集中处理和协调全部信息,并对其他要素和它们之间的连接进行有机的统一控制(计算机);骨骼和肌肉用来把人体连成一体,并规定其运动(机构)。显然,无论是人还是机电一体化系统,其五大要素本身的性能及其融合、协调得越好,则整个系统最优,其最终目标是具有人工智能的灵巧机器。

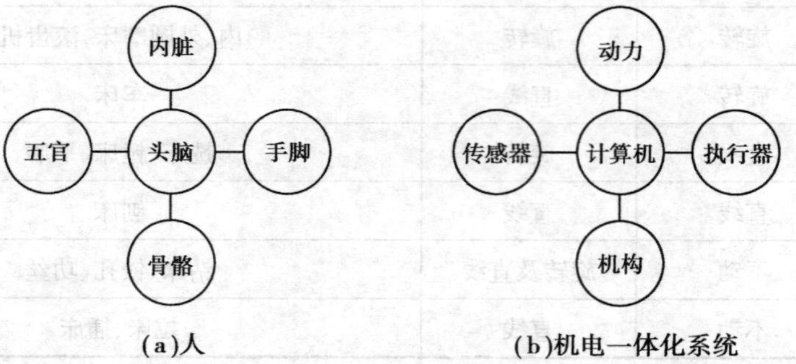

图 1.3 人和机电一体化系统的五大要素

1.4 机电一体化系统设计、广义接口和控制软件的作用

1.4.1 机电一体化系统设计

(1)机电一体化系统工程

机电一体化技术是多学科复合交叉型综合技术。机电一体化生产是含有能量流、信息流等多参量、多输入/输出的复杂系统,构成系统的理论基础是系统论、控制论和信息论。

系统论是运用完整性、集中化、拓扑结构、终极性、逻辑同构等概念,探求适用于一切系统的模式、原则与规律的理论与方法。它把整体性原则作为系统方法的基本出发点,是从系统观发展而成的一门科学。一般系统论应该包括三个方面:

1)适用于一切(或一定的)种类的系统理论和数学系统理论

2)系统技术或称系统工程

3)系统哲学

自觉地运用系统工程的观念和方法,把握好系统的组成和作用规律,对机电一体化生产系统设计的成败有关键意义。广义地说,系统工程包括对系统的构成要素、组织结构、信息交换、自动控制和最优管理的目标所采用的各种组织管理技术。狭义地说,系统工程包括对系统的分析、综合、模拟、最优化等技术。系统工程是一门工程学方法论。常用方法和步骤为:

1)建立模型(描述系统每部分及其性能的只测定准则和决定系统重要特征的数量关系)

2)最优化(把系统可调部分调到最佳性能)

3)系统评价(对系统设计进行鉴定)

控制论是研究生物(包括人类)和机器中的控制和通信的普遍原则和规律的学科,有工程控制论、生物控制论和经济控制论等不少分支。主要研究上述过程的数学关系,而不涉及过程内的物理、化学、生物、经济或其他方面的现象。控制论涉及信息论、电子计算机理论、自动控制理论、现代数学理论各门学科。通过控制论的研究,使生产自动化、国防科学、经济管理、仿生学进入到一个新的阶段。

信息论是研究信息及其传输的一般规律的科学。狭义指通信系统中存在的信息传递和处理的共同规律的科学。广义指应用数学融合其他有关科学的方法,研究一切现实系统中存在的信息传递和处理以及信息识别和利用的共同规律的科学。信息学描述的规律具有高度的普遍性、被迅速应用于不同领域生产并形成信息科学。信息科学是研究生物、人类和计算机信息的生产、获取、传输、存储、显示、识别、传递、控制和利用的理论,是设计、制造各种智能信息处理机器和设备,并实现操作自动化的基础理论。

机电一体化系统工程是运用机电一体化技术,把各种机电一体化设备按目标产品的要求组成的一个高生产率、高柔性、高质量、高可靠性、低能耗的系统工程。机电一体化系统工程以机为主,机、电、光、气、液相互结合。它不仅包括机电工程产业中的各种系统工程,还包括非机电工程产业的各种系统工程,覆盖面更广;生产对象以固体物料为主,兼顾液体、气体等其他物料。

机电一体化系统工程的设计以系统中的物质流、能量流、信息流描述为基本线索展开,进行系统分析和功能设计。

功能原理设计的宗旨是根据系统的目的和要求,寻求各种(现有的或新的)物理原理来实现主功能或其他功能的最佳技术方案或技术路线,而不是具体的设计,因而更具有灵活性和创造性。

(2)机电一体化系统设计的基本步骤

图1.4所示为系统功能原理设计的基本步骤。各步骤及其注意之点简述如下:

①按图1.4中第1、2步是在系统设计中作出重大决策的阶段,不能只用技术观点看问题,还要考虑到企业的经营战略、市场动向和社会利益等所引起的重大作用。近年来,由于技术变革使人眼花缭乱,产品的商业寿命在缩短,新产品开发有流于表面的危险,值得设计者警惕。如果无论什么情况都要使用微型计算机,并标榜是机电一体产品,这是不正确的。

②第3、4步是顺次进行系统的功能设计。首先要构成如图1.2所示的四大功能,然后由若干功能子系统组成各种功能,反复进行这两步以便淘汰功能较差的方案。其中要记述各功能的必要性能,暂不考虑具体的硬件,以便近可能多地试做各种功能组合方案而不作“可能或不可能”“优劣”的评价。

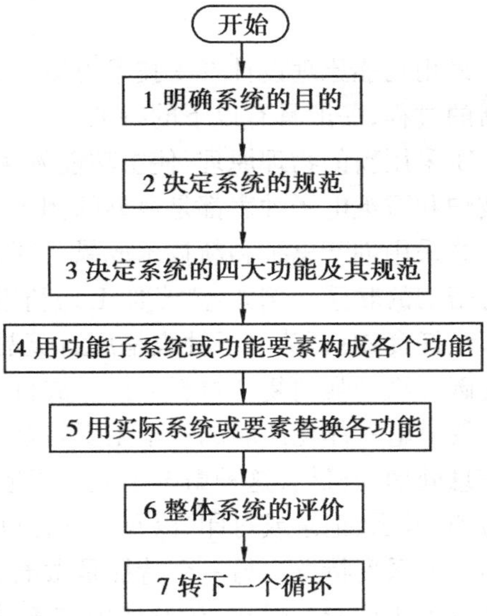

图1.4 系统设计的基本步骤

③第5步是把在第4步所得功能子系统或功能要素分类、多次探索所要完成各个功能的硬件和软件,从中选定最优方案。此时,要将现有要素或系统中能满足条件的、与需要新开发的部分区分开来,然后使后者近可能地减少,并返回第4步。显然,要尽量采用现有的较好的子系统,并注意构成功能模块。

④第6步是对整个系统进行评价,找出需要改善的地方,重点进行研究。必要时,重复进

行上述步骤,核查审定。

(3)建立四大功能技术矩阵、寻求可能的技术方案

建立功能技术矩阵是提供可行技术方案的一种方法,现以数控铣床为例说明四大功能技术矩阵的构造和具体内容,其目的是说明从抽象的功能原理设计怎样逐步走向具体化。

由表 1.3 可知,通过组合在理论上有 486 个可行的技术方案。根据系统的目的和要求,通过分析比较可舍去大部分的方案,如不采用直接驱动、齿轮齿条、气动马达等。如果我们选择 A1 + B2 + C1 + D2 + E1 + F1 方案,进行详细的分析研究,然后进行调整、取舍就可决定哪种方案较好。

表 1.3 数控铣床功能原理设计的技术矩阵

技术途径 / 四大功能	1	2	3
A 主功能 刀具旋转	皮带—齿轮传动	齿轮传动	直接驱动
B(加工机构)工件平动	梯形丝杆螺母	滚珠丝杆螺母	齿轮齿条
C 动力功能	伺服电机	液压马达	气动马达
D 信息处理	有检测传感器	无检测传感器	
E 控制功能	单片机 NC 装置	微机 NC 装置	多微机 NC 装置
F 结构功能(床身)	铸造结构	焊接结构	人造花岗岩结构

采用功能原理设计寻求技术方案时,不仅是上述的现有的技术的综合集成,而且是一个创新的过程,一般具有以下的特征:

①采用新的物理原理,使主功能发生根本性的变化,开发新产品。例如:激光加工机床、微波炉和石英电子钟表都是典型的例子。

②采用创新思维和新技术成果。新思路、新构思通常与新技术、新能源、新材料、新工艺等有密切的联系。例如:激光加工是利用产生激光束的特殊材料;微波炉是用磁控管产生微波来烹饪食物;石英电子钟表是用石英晶体震荡器控制的电磁摆来代替机械游丝摆制成的;采用碳纤维增强的复合材料可以做成自行车的车架或工业机器人的手臂等。

③机电一体化产品的一个主要特征是采用微电子装置来取代机械控制装置及其原来执行信息处理的机构,这种微电子装置不但具有自动地进行信息处理、调节和控制功能,还有自动检测、显示、记录或打印,以及自动诊断和保护等各种功能,而且,具有速度快、可靠性和精度高等一系列特点。另一个特征是微电子控制装置通常是在软件的支持下工作的,从而具有柔性自动化功能。因此,在设计中应充分考虑到这种微电子硬件和软件结合装置的优越功能,从而构成一个完善的、真正的机电一体化系统。

综上所述,机电一体化系统的功能原理设计,不仅是现有技术的综合集成过程,也是一个创新构思的过程,这取决于设计者的知识、经验、才能、灵感以及坚定的创新开拓精神,并通过实际工作的磨练才能成功。

1.4.2 广义接口和控制软件的作用

(1)广义接口

机电一体化系统中,最重要的是系统和各要素之间的"广义接口"这个基本概念。仅有机械或者电子的系统,接口概念并不太突出,但在不同技术的复合过程中,接口技术是重点。

在系统各要素或子系统之间,必须平稳地进行物质、能量和信息的一些输入—输出。因此,在相互连接要素的交界面上必须具备相应的某些条件,才能连接,该交界面就称为接口。接口可分为直接接口和接口系统两种基本形式,如图1.5所示,直接接口就是利用子系统或要素本身具有接口性能的那一部分进行连接;接口系统是借助中间系统的接口部分与相应子系统进行连接。复杂系统中采用接口系统的可能性居多。与系统一样,接口是由物质、能量和信息的输入—输出功能和参数变换与调整功能两部分功能组成的。

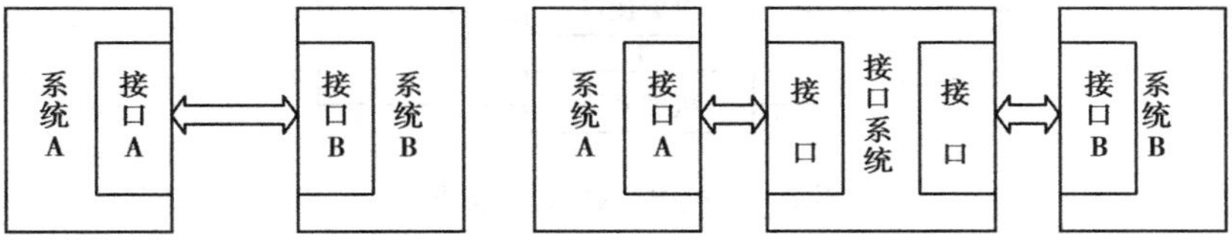

(a)直接接口　　(b)接口系统中介

图1.5 接口形式

1)按接口变换与调整功能的特征分类

①零接口:不进行参数的变换和调整,即输入输出的直接接口。如联轴器、输送管、插头、插座、导线、电缆等。

②被动接口:仅对被动要素的参数进行变换或调整。如齿轮减速器、进给丝杆、变压器、可变电阻及光学透镜等。

③主动接口:含有主动要素、并能与被动要素进行匹配的接口。如电磁离合器、放大器、光电偶合器、A/D、D/A 转换器等。

④智能接口:含有微处理器,可进行程序编制或适应条件而变化的接口。如自动调速装置、通用输出—输入芯片(如8255芯片)、RS232串行接口、UBS串行接口、STD总线、通用接口总线(GPIB)等。

2)根据接口输入—输出的性质分类

①信息接口(软件接口):逻辑上要满足软件的约束条件,如程序设计的语言、格式、标准、符号等各项规定。如GB、ISO标准,ASCⅡ码,IGES、STEP等数据转换标准。网络协议IP/TIC等。

②机械接口:机械的输入、输出部分在几何上、位置上(形状、尺寸、配合、精度等)要相互匹配。

③电气接口:电气的物理参数要相互匹配,如频率、电压、电流、阻抗等。

④环境接口:对周围的环境条件(温度、湿度、电磁场、放射能、振动、水分、粉尘等)要有具体的要求,如屏蔽、减振、隔热、防爆、防潮、防射线等各种防护措施。

在机电一体化系统中,认真处理接口设计是很重要的,它是保证产品具有高性能、高质量的必要条件。这是由于机电一体化系统的复杂性决定的,在如图1.6所示的机电一体化系统的原理图中就采用了大量不同性质的接口,正确选择接口形式,就成为决定系统综合性能的关键因素。

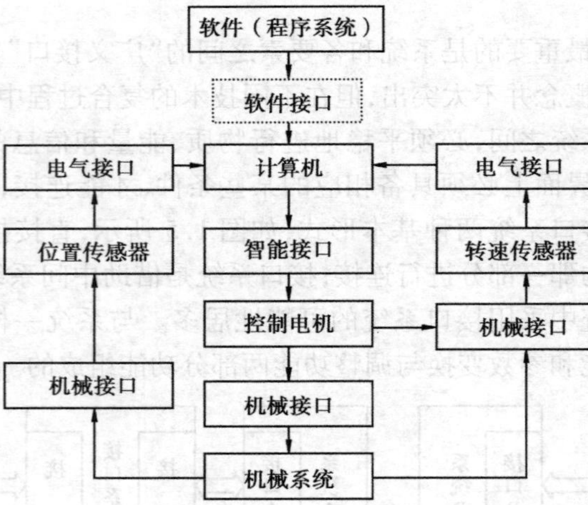

图 1.6　机电一体化系统原理

(2)控制软件在系统中的作用

在机电一体化系统中,除了机械装置、电子设备(计算机及接口电路等)和软件(计算机程序)以外,通常还有一个辅助装置,即操纵器,它是由操作类型元件(如按钮开关、功率计和话筒)和指示器(如指示灯、显示器、警铃、语音提示或报警器)等组成的,具有操纵启、停和监视系统程序运行的功能。

控制软件在系统中的作用,可用图 1.7 来解释,以了解软件与其他部分之间的关系。

对于产品所需功能的均衡,可通过移动边界 A 来改变,特殊情况也可通过机械电子系统与操纵器协调解决。

系统内部功能由机械、电子和程序之间的分支来实现。接口边界 B、C 和计算机程序必须在电子硬件环境中运行,如微处理器。但程序与机械之间不存在直接接口。电子电路要通过执行机构(如伺服电动机)、传感器和机械接口才能起作用。电子电路也可与操纵器有相应的接口,操纵器则根据需要可与系统本身进行协调与配合。

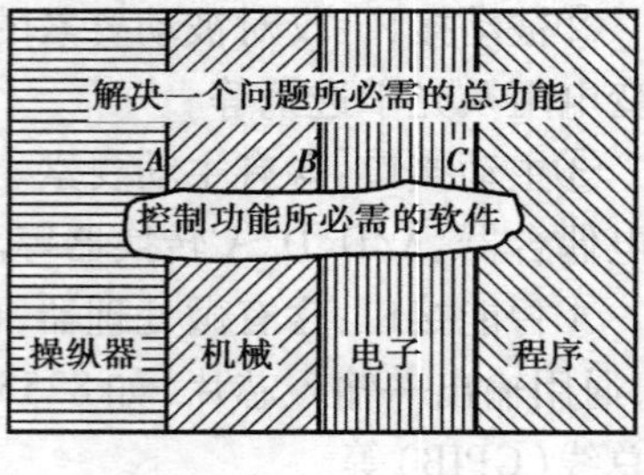

图 1.7　控制软件在系统中的作用

在上述结构条件下,系统的控制功能就可由操纵器、机械、电子逻辑电路和程序来共同承担,但要考虑所需控制软件的总量,然后再分配给上述四个部分。显然,操纵器、机械、电子逻辑电路所能完成的控制功能,一般是固定不变的,即所谓的“刚性自动化”。这种方法可以简化计算机程序,所以刚、柔结合的控制功能也是常见的。

此外,在计算机程序中,有两类信息:功能控制程序(如伺服电动机的控制规律)和处理程序(如图像处理系统)。任何一个程序层次上的处理信息和控制信息均可供下一个层次使用,并可相互交换。如由一个图像传感器传出来的信息,在用来控制下一层程序之前,需要进行处理,由此可以推断在如图 1.7 所示的模型程序中,应该含有一个“快动系统”来处理这类事情,以代替上述抽象的特殊层次。

总之,在机电一体化的系统设计中,要巧妙地运用综合集成技巧。即尽可能的采用现有专业化生产的机电元部件、子系统和接口,然后,根据系统组成原理,构成以功能模块(功能子模块)为单位的系统;实在没有的或需要改进的,再自行开发和研制。同时,要采用"软、硬件结合"的技巧来处理具有控制作用的信息,以利于简化系统的结构和程序。由于机电一体化系统涉及多学科的融合,各子系统的功能原理、技术方案和具体的结构是非常丰富和复杂的,需要进行创造性的工作。

1.4.3 机电一体化系统的技术评价

机电一体化系统的价值,通常是根据系统内部功能的有关参数来进行评价的。表1.4表示系统内部功能的主要参数与系统整体评价之间的关系。

表1.4 系统内部功能和系统的价值

内部功能	主要参数	系统价值
主功能	系统误差	小—大
	抗外扰能力	强—弱
	废弃输出	少—多
	变换效率	高—低
动力功能	输入动力	小—大
	动力源	内部—外部
信息与控制功能	控制输入输出数	多—少
	手动操作	少—多
结构功能	尺寸、重量	小—大
	强度刚度、抗振性	高—低

此外,机电一体化系统是一种多功能、高性能、高效率、节能、节材的高附加值的产品。显然,这种高质量、高技术的最终目标是智能机械或具有人工智能的机电一体化系统。

1.5 机电一体化产品的分类

到目前为止,机电一体化产品还在不断地发展,很难进行正确地分类。下面按其用途和功能两个方面进行粗略地分类,就可看到机电一体化产品的概貌。

(1)按机电一体化产品的用途分类

①产业机械:用于生产过程的电子控制机械。如数控机床、数控锻压设备、微机控制的焊接设备、工业机器人、电子控制的食品包装机械、塑料成型机械、皮革机械、纺织机械以及自动导引车系统(Automatic Guide Vehicle System,AGVS)等。

②信息机械:用于信息处理、存储等的电子机械产品。如电报传真机、电子打字机、自动绘图机、磁盘存储器、办公室自动化设备等。

③民生机械:用于人民生活领域的电子机械产品或机械电子产品。如收录机、电冰箱、录像机、影碟机、全自动洗衣机、电子照相机、数码照相机、手机、汽车电子化产品和医疗器械等。

(2)机电一体化产品的功能分类

①在原有机械本体上采用微电子控制装置:这样就可实现高性能和多功能。如产业机械的电子化产品、工业机器人、发动机控制系统、装有微处理器的洗涤机等。

②用电子装置局部取代机械控制装置:如电子缝纫机、自动售货机、无刷电动机、电子控制的针织机和汽车电子化等。

③用电子装置取代原来执行信息处理功能的机构:如石英电子钟表、电子计算器、电子计费器、电子秤、字符处理机、电子交换机和按钮式电话等。

④用电子装置取代机械的主功能:如电加工机床、激光加工机和超声波缝纫机等。

⑤信息设备和电子装置有机结合的信息电子机械设备:如电报传真机、复印机、录像机、录音机和办公室自动化设备等。

⑥检测装置、电子装置和机构有机结合的检测用电子机械设备:如自动探伤机、形状识别装置、CT 扫描诊断仪以及生化自动分析仪等。

在以上各种产品中,应根据前述机电一体化定义来判断是否是机电一体化产品。否则,可称为以机械装置为主体的机械电子产品或以电子装置为主体的电子机械产品。因此,机电一体化的产品的含义就进一步延拓,其产品就会包罗万象了。

1.6 机电一体化的特点及发展趋势

(1)机电一体化技术体现在产品、设计、制造以及生产经营管理诸方面的特点

①简化机械机构,提高精度

在机电一体化产品中,通常采用调速电机来驱动机械系统,从而缩短甚至取消了机械传动链,这不但简化了机械结构,而且减少了由于摩擦、磨损、间隙等引起的传动误差,并且可以用闭环控制来补偿机械系统的误差,从而提高了系统精度。

②易于实现多功能和柔性自动化

在机电一体化产品中,计算机控制系统,不仅可取代其他的信息和控制装置,且易于实现自动检测、数据处理、自动调节和控制、自动诊断和保护,还可自动显示、记录和打印等。此外,计算机硬件和软件结合就能实现柔性自动化,并具有很大的灵活性。

③产品开发周期短、竞争能力强

机电一体化产品可以采用专业化生产的、高质量的机电部件,通过综合集成技巧来实现设计和制造,因而不仅产品的可靠性高,甚至在使用期限内无需维修,从而缩短了产品开发周期,增强了产品在市场上的竞争能力。

④生产方式向高柔性、综合自动化发展

各种机电一体化设备构成的 FMS 和 CIMS,使加工、检测、物流和信息流过程融为一体,就可形成人少或无人化生产线、车间和工厂。近 10 年来,美国有些大公司已采用所谓“灵活的生产体系”,即根据市场需要,在同一生产线上可分时生产批量小、型号或品种多的“系列产品家族”，如计算机、汽车、摩托车、肥皂和化妆品的系列产品。

⑤促进经营管理体制发生根本变化

由于市场的导向作用，产品的商业寿命日益缩短。为了占领国内、外市场和增强竞争能力，企业必须重视用户信息的收集和分析，迅速作出决策，迫使企业从传统的生产型向以经营为中心的决策管理体制转变，实现生产、经营和管理体系的全面计算机化。

(2)机电一体化的发展趋势

机电一体化的应用范围广、覆盖面宽。主要应用领域有：工厂自动化(FA)其中典型的研究课题为计算机集成系统(CIS)、机器人(Robot)、灵巧(Smart)精密机器、机器视觉和自动导引车系统(Automatic Guide Vehicle System, AGVS)，办公室自动化(Office Automation, OA)等。其中的课题为安全、能量控制、娱乐及家庭办公等。

近几年来，由于科学技术的迅猛发展和市场竞争的加剧，机电一体化不仅向商业、银行、医疗和农业自动化等领域拓展，而且，在机械产品，工厂自动化领域中还涌现出不少新概念和高新技术。如微机械或纳米机械(Micro-machine or Nanometric-machine)、智能机械或灵巧机械、快速原型或零件制造(RPM-Rapid Prototype or Part Manufacturing)、并行工程或同步工程(Concurrent Engineering or Simultaneous Engineering)、制造单元工程(Manufacture Cell Engineering, MCE)、智能制造控制(Intellective Manufacture Control, IMC)、灵活敏捷制造(Agile Manufacturing, AM)。这些新概念和高新技术，几乎无一不以机电一体化作为基础。而机电一体化技术，也将在生产实践中，随着高新技术的发展而发展。

1.7 本课程的目的和要求

机电一体化是多学科的交叉和综合，涉及的学科和技术非常广泛，且其应用领域众多，要全面精通它是很不容易的，还要对新概念、新技术具有浓厚的兴趣，以便在开发产品或系统设计中及时采用。这不仅需要强化训练学科综合的思维能力，还要加强相应的实践环节，不断地提高学生的学习兴趣和自觉性，将来才能成为机电一体化复合人才。

本课程的目的是研究怎样利用系统设计原理和综合集成技巧，将控制电机、传感器、机械系统、微机控制系统、接口及控制软件等机电一体化要素组成各种性能优良的、可靠的机电一体化产品或系统。为了突出重点，本教材以机械为基础、机电结合为重点；以机电元部件、系统设计计算方法及实例、典型机电一体化产品或系统为主要内容，对微机控制系统、接口电路、控制软件等作了较详细的介绍。

本课程的具体要求是：

①掌握机电一体化的基本概念、基本原理和基本知识。

②掌握常用机电一体化元部件原理、结构、性能和作用。

③初步掌握系统设计原理和综合集成技巧，进行总体方案的分析和设计。

④根据系统动力学观点，对系统中的机电元部件的主要参数的匹配，进行协调设计计算，以使适应微机控制系统和控制软件的需要。

⑤基本掌握典型机电一体化产品或系统的构成、原理、结构、性能和使用。

习题与思考题

1.1 关于机电一体化的涵义,虽然有多种解释,但都有一个共同点。这个共同点是什么?

1.2 机电一体化突出的特点是什么?重要的实质是什么?

1.3 为什么说机电一体化产品应是“整体结构最佳化、系统控制智能化、操作性能柔性化”的产品?分析按“有限寿命”设计产品的目的和意义。

1.4 为什么说微电子技术不能单独在机械领域内获得最大的经济效益?

1.5 机电一体化对我国机械工业的发展有何重要意义?

1.6 试从产品功能构成和产品技术附加值的角度,分析和理解为什么机电一体化要以机为主、机电结合?

1.7 试列举10种常见的机电一体化产品。

1.8 试分析NC机床和工业机器人的基本结构要素,并与人体五大要素进行对比,指出各自的特点,并思考机电一体化产品各基本结构要素及所涉及的技术的发展方向。

1.9 怎样理解广义的机电一体化?

1.10 试通过实例来分析机电一体化产品及其设计、制造等生产环节中所涉及的机电一体化共性关键技术。

1.11 为什么产品功能越多,操作性越差?为何产品应向“傻瓜化”方向发展?

1.12 机电一体化设计与传统设计的主要区别是什么?

第 2 章

机电传动系统的运动学基础

本章要求掌握机电传动系统的运动方程式及其含义；掌握多轴拖动系统中转矩折算的基本原则和方法；了解几种典型生产机械的负载特性；了解机电传动系统稳定运行的条件，并学会用它来分析实际系统的稳定平衡点。

机电传动系统是一个由电动机拖动、并通过传动机构带动生产机械运转的机电运动的动力学整体。尽管电动机种类繁多、特性各异，生产机械的负载性质也可以各种各样，但从动力学的角度来分析时，则都应服从动力学的统一规律，所以，本章首先分析机电传动系统的运动方程式，进而分析机电传动系统稳定运行的条件。

2.1 机电传动系统的运动方程式

图 2.1 所示为一单轴机电传动系统，它是由电动机 M 产生输出转矩 T_M，用来克服负载转矩 T_L，以带动生产机械运动，当这两个转矩平衡时，传动系统维持恒速转动，转速 n 或角速度 ω 不变，加速度 $\mathrm{d}_n/\mathrm{d}_t$ 或角加速度 $\mathrm{d}_\omega/\mathrm{d}_t$ 等于零，即 $T_M=T_L$ 时，$n=$ 常数，$\mathrm{d}_n/\mathrm{d}_t=0$ 或 $\omega=$ 常数，$\mathrm{d}_\omega/\mathrm{d}_t=0$，这种运动状态称为静态（相对静止状态）或稳态（稳定运转状态）。当 $T_M\neq T_L$ 时，速度（n 或 ω）就要变化，产生加速或减速，速度变化的大小与传动系统的转动惯量 J 有关，把上述的这些关系用方程式表示，即

$$T_M - T_L = J\frac{\mathrm{d}\omega}{\mathrm{d}t} \tag{2.1}$$

这就是单轴机电传动系统的运动方程式。

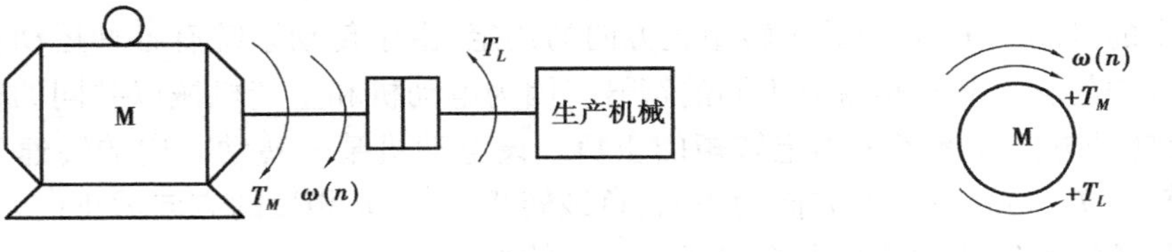

(a)系统结构图　　(b)转矩、速度的正方向

图 2.1　单轴拖动系统

式中，T_M——电动机产生的转矩；

T_L——单轴传动系统的负载转矩；

J——单轴传动系统的转动惯量；

ω——单轴传动系统的角速度；

t——时间。

在实际工程计算中，往往用转速 n 代替角速度 ω，用飞轮惯量（也称飞轮转矩）GD^2 代替转动惯量 J，由于 $J=m\rho^2=\dfrac{mD^2}{4}$，其中，$\rho$ 和 D 定义为惯性半径和惯性直径，而质量 m 和重力 G 的关系是 $G=mg$，g 为重力加速度，所以，J 与 GD^2 的关系是：

$$\{J\}_{\mathrm{kg\cdot m^2}}=\frac{1}{4}\{m\}_{\mathrm{kg}}\{D^2\}_{\mathrm{m^2}}=\frac{1}{4}\frac{\{G\}_{\mathrm{N}}}{\{g\}_{\mathrm{m/s^2}}}\{D^2\}_{\mathrm{m^2}}=\frac{1}{4}\frac{\{GD^2\}_{\mathrm{N\cdot m^2}}}{\{g\}_{\mathrm{m/s^2}}} \tag{2.2}$$

或

$$\{GD^2\}_{\mathrm{N\cdot m^2}}=4\{g\}_{\mathrm{m/s^2}}\{J\}_{\mathrm{kg\cdot m^2}}$$

且

$$\{\omega\}_{\mathrm{rad/s}}=\frac{2\pi}{60}\{n\}_{\mathrm{r/min}} \tag{2.3}$$

将式(2.2)和式(2.3)代入式(2.1)，就可得运动方程式的实用形式：

$$\{T_M\}_{\mathrm{N\cdot m}}-\{T_L\}_{\mathrm{N\cdot m}}=\frac{\{GD^2\}_{\mathrm{N\cdot m^2}}}{375}\frac{\mathrm{d}\{n\}_{\mathrm{r/min}}}{\mathrm{d}\{t\}_{\mathrm{s}}} \tag{2.4}$$

式中，常数 375 包含着 $g=9.81\ \mathrm{m/s^2}$，故它有加速度的量纲，GD^2 是个整体物理量，运动方程式是研究机电传动系统最基本的方程式，它决定着系统运动的特征。当 $T_M>T_L$ 时，加速度 $a=\mathrm{d}n/\mathrm{d}t$ 为正，传动系统为加速运动；当 $T_M<T_L$ 时，加速度 $a=\mathrm{d}n/\mathrm{d}t$ 为负，系统为减速运动。系统处于加速或减速的运动的运动状态称为动态。处于动态时，系统中必然存在一个动态转矩：

$$\{T_d\}_{\mathrm{N\cdot m}}=\frac{\{GD^2\}_{\mathrm{N\cdot m^2}}}{375}\frac{\mathrm{d}\{n\}_{\mathrm{r/min}}}{\mathrm{d}\{t\}_{\mathrm{s}}} \tag{2.5}$$

它使系统的运动状态发生变化。这样，运动方程式(2.1)和(2.4)也可以写成转矩平衡方程式：

$$T_M-T_L=T_d$$

或

$$T_M=T_L+T_d \tag{2.6}$$

就是说，电动机所产生的转矩在任何情况下，总是由轴上的负载转矩（即静态转矩）和动态转矩之和所平衡。

当 $T_M=T_L$ 时，$T_d=0$，这表示没有动态转矩，系统恒速运转，即系统处于稳态，稳态时，电动机发出转矩的大小，仅由电动机所带的负载（生产机械）所决定。

值得指出的是图 2.1(b)中关于转矩正方向的约定：由于传动系统有各种运动状态，相应的运动方程式中的转速和转矩就有不同的符号。因为电动机和生产机械以共同的转速旋转，所以，一般以转动方向为参考来确定转矩的正负。设电动机某一转动方向的转速 n 为正，则约定电动机转矩 T_M 与 n 一致的方向为正向，负载转矩 T_L 与 n 相反的方向为正向。根据上述约定就可以从转矩与转速的符号上判定 T_M 与 T_L 的性质：

若 T_M 与 n 的符号相同（同为正或同为负），则表示 T_M 的作用方向与 n 相同，T_M 为拖动转矩；若 T_M 与 n 的符号相反，则表示 T_M 的作用方向与 n 相反，T_M 为制动转矩。

而若 T_L 与 n 的符号相同,则表示 T_L 的作用方向与 n 相反,T_L 为制动转矩;若 T_L 与 n 的符号相反,则表示 T_L 的作用方向与 n 相同,T_L 为拖动转矩。

如图 2.2 所示,在提升重物过程中,试判定起重机启动和制动时电动机转矩 T_M 和负载转矩 T_L 的符号。设重物提升时电动机旋转方向为 n 的正方向。

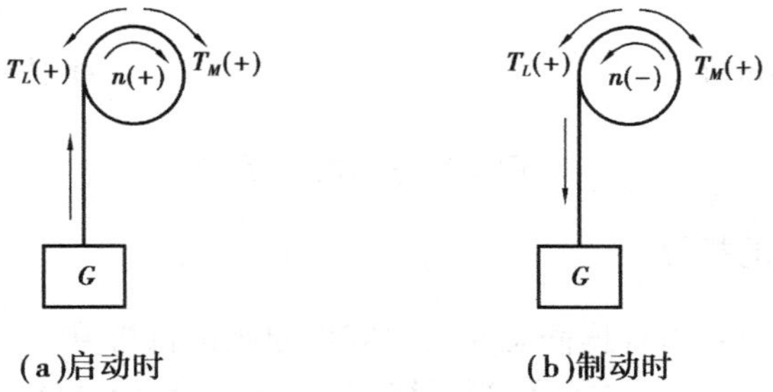

图 2.2　T_M、T_L 符号的判定

启动时:如图 2.2(a)所示,电动机拖动重物上升,T_M 与 n 正方向一致,T_M 取正号;T_L 与 n 的方向相反,T_L 亦取正号。这时的运动方程式为:

$$\{T_M\}_{\mathrm{N\cdot m}} - \{T_L\}_{\mathrm{N\cdot m}} = \frac{\{GD^2\}_{\mathrm{N\cdot m^2}}}{375}\frac{\mathrm{d}\{n\}_{\mathrm{r/min}}}{\mathrm{d}\{t\}_{\mathrm{s}}}$$

要能提升重物,必存在 $T_M > T_L$,即动态转矩 $T_d = T_M - T_L$ 和加速度 $a = \mathrm{d}n/\mathrm{d}t$ 均为正,系统加速运行。

制动时:如图 2.2(b)所示,在提升重物的过程中,n 为正,此时需要电动机制止系统运动,所以,T_M 与 n 方向相反,T_M 取负号,而重物产生的转矩方向总是向下,和启动过程一样,T_L 仍取正号,这时运动方程式为

$$-\{T_M\}_{\mathrm{N\cdot m}} - \{T_L\}_{\mathrm{N\cdot m}} = \frac{\{GD^2\}_{\mathrm{N\cdot m^2}}}{375}\frac{\mathrm{d}\{n\}_{\mathrm{r/min}}}{\mathrm{d}\{t\}_{\mathrm{s}}}$$

可见,此时动态转矩和加速度都是负值,它使重物减速上升,直到停止。制动过程中,系统中动能产生的动态转矩由电动机的制动转矩和负载转矩所平衡。

2.2　转矩、转动惯量和飞轮转矩的折算

上节所介绍的是单轴拖动系统的运动方程式,但实际的拖动系统一般常是多轴拖动系统,如图 2.3 所示。这是因为许多生产机械要求低速运转,而电动机一般具有较高的额定转速。这样,电动机与生产机械之间就得安装减速机构,如减速齿轮箱或涡轮蜗杆、皮带等减速装置。在这种情况下,为了列出这个系统的运动方程,必须先将各转动部分的转矩和转动量或直线运动部分的质量都折算到某一根轴上,一般折算到电动机轴上,即折算成图 2.1 所示的最简单的典型单轴系统,折算时的基本原则是折算前多轴系统同折算后的单轴系统,在能量关系上或功率关系上保持不变。下面简单地介绍折算方法。

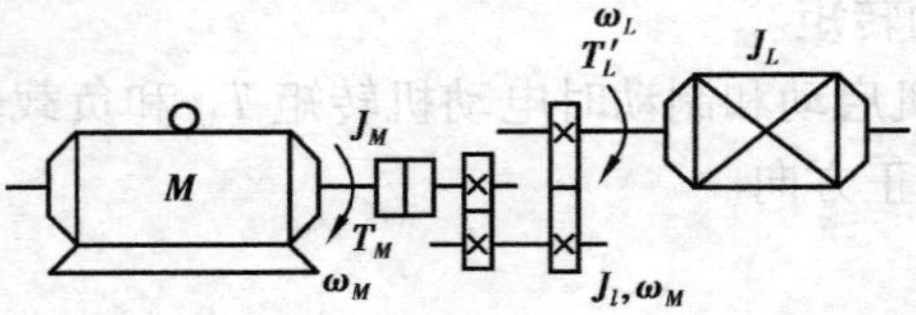

(a)旋转运动

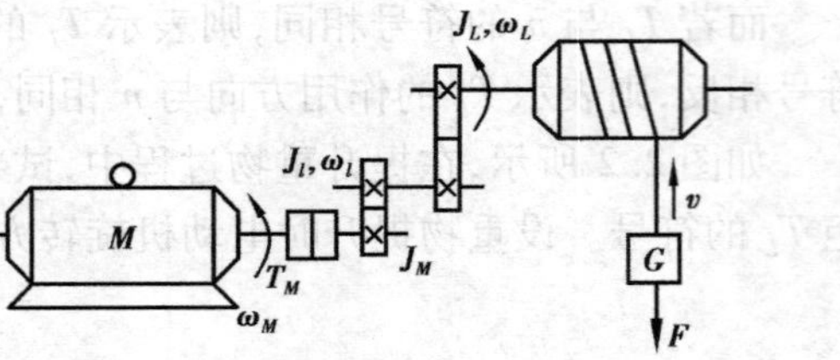

(b)直线运动

图 2.3　多轴拖动系统

2.2.1　负载转矩的折算

负载转矩是静态转矩,可根据静态时功率守恒原则进行折算。

对于旋转运动,如图 2.3(a)所示,当系统匀速运动时,生产机械的负载功率为 $P'_L = T'_L\omega_L$。其中,T'_L和 ω_L 分别表示生产机械的负载转矩和旋转角速度。

设 T'_L折算到电动机轴上的负载转矩为 T_L,则电动机轴上的负载功率为

$$P_M = T_L\omega_M$$

式中,ω_M——电动机转轴的角速度。

考虑到传动机构在传递功率的过程中有损耗,这个损耗可以用传动效率 η_C 来表示,即

$$\eta_C = \frac{\text{输出功率}}{\text{输入功率}} = \frac{P'_L}{P_M} = \frac{T'_L\omega_L}{T_L\omega_M}$$

于是,可得折算到电动机轴上的负载转矩

$$T_L = \frac{T'_L\omega_L}{\eta_C\omega_M} = \frac{T'_L}{\eta_C j} \tag{2.7}$$

式中,η_C——电动机拖动生产机械运动时的传动效率;

$j = \omega_M/\omega_L$——传动机构的速比。

对于直线运动,如图 2.3(b)所示的卷扬机构就是一例。若生产机械直线运动部件的负载力为 F,运动速度为 v,则所需的机械功率为:

$$P'_L = Fv$$

它反映在电动机轴上的机械功率为

$$P_M = T_L\omega_M$$

式中,T_L——负载力 F 在电动机轴上所产生的负载转矩。

如果是电动机拖动生产机械旋转或移动,则传动机构中的损耗应由电动机承担,根据功率平衡关系就有:

$$T_L\omega_M = Fv/\eta_C$$

将$\{\omega\}_{\text{rad/s}} = \frac{2\pi}{60}\{n\}_{\text{r/min}}$代入上式,可得:

$$\{T_L\}_{\text{N·m}} = \frac{9.55\{F\}_{\text{N}}\{v\}_{\text{m/s}}}{\eta_C\{n_M\}_{\text{r/min}}} \tag{2.8}$$

式中,n_M——电动机轴的转速。

如果是生产机械拖动电动机旋转,例如,卷扬机构下放重物时,电动机处于制动状态,这

种情况下传动机构中的损耗则由生产机械的负载来承担，于是有：

$$T_L\omega_M = Fv\eta'_C$$

或
$$\{T_L\}_{\mathrm{N\cdot m}} = \frac{9.55\eta'_C\{F\}_{\mathrm{N}}\{v\}_{\mathrm{m/s}}}{\{n_M\}_{\mathrm{r/min}}} \tag{2.9}$$

式中，η'_C——生产机械拖动电动机运动时的传动效率。

2.2.2　转动惯量和飞轮转矩的折算

由于转动惯量和飞轮转矩与运动系统动能有关，因此，可根据动能守恒原则进行折算。对于旋转运动（如图 2.3（a）所示的拖动系统），折算到电动机轴上的总转动惯量为

$$J_Z = J_M + \frac{J_1}{j_1^2} + \frac{J_L}{j_L^2} \tag{2.10}$$

式中，J_M、J_1、J_L——电动机轴、中间传动轴、生产机械运动轴上的转动惯量；

$j_1 = \omega_M/\omega_1$——电动机轴与中间传动轴之间的速度比；

$j_L = \omega_M/\omega_L$——电动机轴与生产机械轴之间的速度比；

ω_M、ω_1、ω_L——电动机轴、中间传动轴、生产机械轴上的角速度。

折算到电动机轴上的总飞轮转矩为：

$$GD_Z^2 = GD_M^2 + \frac{GD_1^2}{j_1^2} + \frac{GD_L^2}{j_L^2} \tag{2.11}$$

式中，GD_M^2、GD_1^2、GD_L^2——电动机轴、中间传动轴、生产机械运动轴上的飞轮转矩。

当速度比 j 较大时，中间传动机构的转动惯量 J_1 或飞轮转矩 GD_1^2，在折算后占整个系统的比重不大，实际工程中为了计算方便起见，多用适当加大电动机轴上的转动惯量 J_M 或飞轮转矩 GD_M^2 的方法，来考虑中间传动机构的转动惯量 J_1 或飞轮转矩 GD_1^2 的影响，于是有：

$$J_Z = \delta J_M + \frac{J_L}{j_L^2} \tag{2.12}$$

或
$$GD_Z^2 = GD_M^2 + \delta GD_M^2 + \frac{GD_L^2}{j_L^2} \tag{2.13}$$

一般 $\delta = 1.1 \sim 1.25$。

对于直线运动（如图 2.3（b）所示的拖动系统），设直线运动部件的质量为 m，折算到电动机轴上的总转动惯量或总飞轮转矩分别为：

$$J_Z = J_M + \frac{J_1}{j_1^2} + \frac{J_L}{j_L^2} + m\frac{v^2}{\omega_M^2} \tag{2.14}$$

或
$$\{GD_Z^2\}_{\mathrm{N\cdot m^2}} = \{GD_M^2\}_{\mathrm{N\cdot m^2}} + \frac{\{GD_1^2\}_{\mathrm{N\cdot m^2}}}{j_1^2} + \frac{\{GD_1^2\}_{\mathrm{N\cdot m^2}}}{j_L^2} + 365\frac{\{G\}_N\{v^2\}_{(\mathrm{m/s})^2}}{\{n_M^2\}_{(\mathrm{r/min})^2}} \tag{2.15}$$

依照上述方法，就可把具有中间传动机构带有旋转运动部件或直线运动部件的多轴拖动系统，折算成等效的单轴拖动系统，将所求得的 T_L、GD_Z^2 代入式（2.4）就可得到多轴拖动系统的运动方程式：

$$\{T_M\}_{\mathrm{N\cdot m}} - \{T_L\}_{\mathrm{N\cdot m}} = \frac{\{GD^2\}_{\mathrm{N\cdot m^2}}}{375}\frac{\mathrm{d}\{n\}_{\mathrm{r/min}}}{\mathrm{d}\{t\}_s} \tag{2.16}$$

以此来研究机电传动系统的运动规律。

2.3 生产机械的机械特性

上面所讨论的机电传动系统运动方程式中,负载转矩 T_L 可能是不变的常数,也可能是转速 n 的函数。同一转轴上负载转矩和转速之间的函数关系,称为生产机械的机械特性。为了便于和电动机的机械特性配合起来分析传动系统的运行情况,今后提及生产机械的机械特性时,除特别说明外,均指电动机轴上的负载转矩和转速之间的函数关系,即 $n=f(T_L)$。

不同类型的生产机械在运动中受阻力的性质不同,其机械特性曲线的形状也有所不同,大体上可归纳为以下几种典型的机械特性。

2.3.1 恒转矩型机械特性

此类机械特性的特点是负载转矩为常数,如图 2.4 所示。属于这一类的生产机械有提升机构、提升机的行走机构、皮带运输机以及金属切削机床等。

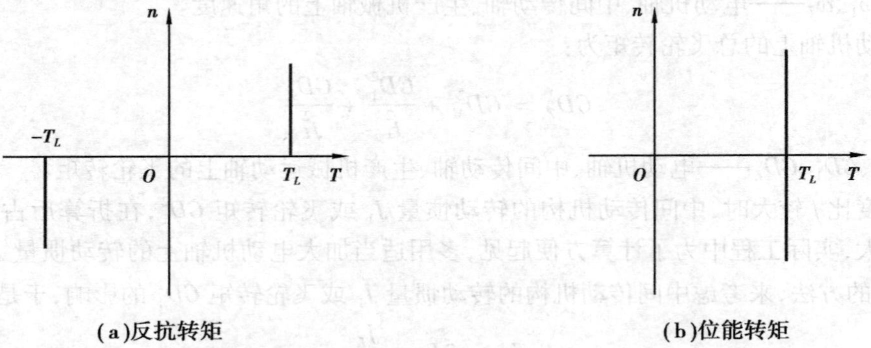

图 2.4 恒转矩性负载

根据负载转矩与运动方向的关系,可以将恒转矩型的负载转矩分为反抗转矩和位能转矩。

反抗转矩也称摩擦转矩,是因摩擦、非弹性体的压缩、拉伸与扭转等作用所产生的负载转矩,机床加工过程中切削力产生的负载转矩就是反抗转矩。反抗转矩的方向恒与运动方向相反,运动方向发生改变时,负载转矩的方向也会随着改变,因而它总是阻碍运动的。按 2.1 节中关于转矩正方向的约定可知,反抗转矩恒与转速 n 取相同的符号,即 n 为正方向时 T_L 为正,特性曲线在第一象限;n 为反方向时 T_L 为负,特性曲线在第三象限,如图 2.4(a)所示。

位能转矩与摩擦转矩不用,它是由物体的的重力和弹性体的压缩、拉伸与扭转等作用所产生的负载转矩,卷扬机起吊重物时重力所产生的负载转矩就是位能转矩。位能转矩的作用方向恒定与运动方向无关,它在某方向阻碍运动,而在相反方向便促进运动。卷扬机起吊重物时由于重力的作用方向永远向着地心,所以,由它产生的负载转矩永远作用在使重物下降的方向,当电动机拖动重物上升时,T_L 与 n 的方向相反;而当重物下降时,T_L 则与 n 的方向相同。不管 n 为正向还是反向,T_L 都不变,特性曲线在第一、四象限,如图 2.4(b)所示。不难理解,在运动方程式中,反抗转矩 T_L 的符号总是正的;位能转矩 T_L 的符号则有时为正,有时为负。

2.3.2　离心式通风型机械特性

这一类型的机械是按离心力原理工作的，如离心式鼓风机、水泵等，它们的负载转矩 T_L 与 n 的平方成正比，即 $T_L = Cn^2$，其中 C 为常数，如图 2.5 所示。

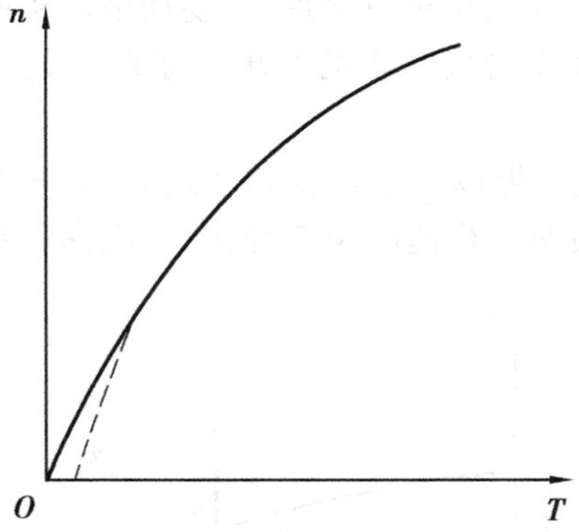

图 2.5　离心式通风机型机械特性

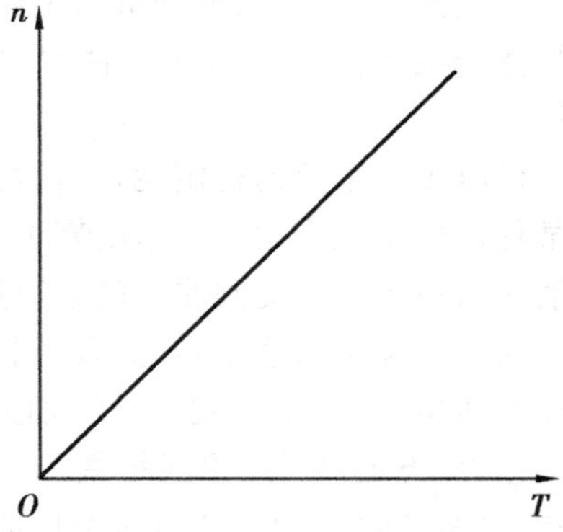

图 2.6　直线型机械特性

2.3.3　直线型机械特性

这一类机械的负载转矩 T_L 是随 n 的增加成正比地增大，即 $T_L = Cn$，C 为常数，如图 2.6 所示。

实验室中作模拟负载用的他励直流电动机，当励磁电流和电枢电阻固定不变时，其电磁转矩与转速即成正比。

2.3.4　恒功率型机械特性

此类机械的负载转矩 T_L 与转速 n 成反比，即 $T_L = K/n$ 或 $K = T_L n \propto P$ 为常数，如图 2.7 所示。

例如车床加工，在粗加工时，切削量大，负载阻力大，开低速；在精加工时，切削量小，负载阻力小，开高速。当选择这样的方式加工时，不同转速下，切削功率基本不变。

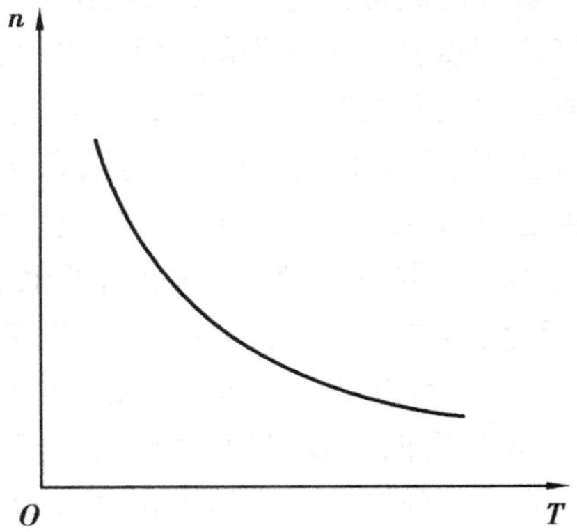

图 2.7　恒功率型机械特性

除了上述几种类型的生产机械外，还有一些生产机械具有各自的转矩特性，如带曲柄连杆机构的生产机械，它们的负载转矩 T_L 是随转角 a 而变化的，而球磨机、碎石机等生产机械，其负载转矩则随时间作无规律的随机变化等。

还应指出，实际负载可能是单一类型的，也可能是几种典型的综合，例如，实际通风机除了主要是通风机性质的负载特性外，轴上还有一定的摩擦转矩 T_0，所以，实际通风机的机械特性应为 $T_L = T_0 + Cn^2$，如图 2.5 中的虚线所示。

2.4 机电传动系统稳定运行的条件

机电传动系统里,电动机与生产机械连成一体,为了使系统运行合理,就要使电动机的机械特性与生产机械的机械特性尽量相配合。特性配合好的最基本的要求是系统要能稳定运行。

机电传动系统的稳定运行包含两重含义:一是系统应能以一定速度匀速运转,二是系统受某种外部干扰作用(如电压波动、负载转矩波动等)而使运行速度稍有变化时,应保证在干扰消除后系统能恢复到原来的运行速度。

为保证系统匀速运转,必要条件是电动机轴上的拖动转矩 T_M 和折算到电动机轴上的负载转矩 T_L 大小相等,方向相反,相互平衡。从 T-n 坐标平面上看,这意味着电动机的机械特性曲线$n=f(T_M)$和生产机械的机械特性曲线 $n=f(T_L)$ 必须有交点,如图 2.8 所示,曲线 1 为异步电动机的机械特性,曲线 2 为电动机拖动的生产机械的机械特性(恒转矩型的)。两特性曲线有交点 a 和 b,交点常称为拖动系统的平衡点。

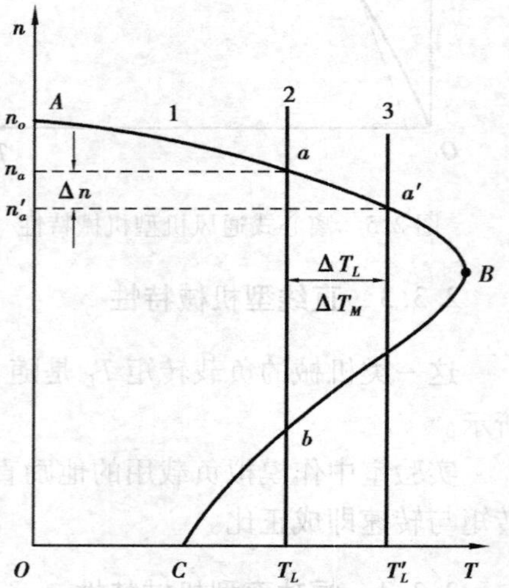

图 2.8 稳定工作点的判别

但是机械特性曲线存在交点只是保证系统稳定运行的必要条件,还不是充分条件,实际上只有 a 点才是系统的稳定平衡点,因为在系统出现干扰时,例如负载转矩突然增加了 ΔT_L,则 T_L 变为 T'_L,这时,电动机来不及反应,仍工作在原来的 a 点,其转矩为 T_M,于是 $T_M<T'_L$,由拖动系统运动方程可知,系统要减速,即 n 要下降到$n'_a=n_a-\Delta n$,从电动机机械特性的 AB 段可看出,电动机转矩 T_M 将增大为 $T'_M=T_M+\Delta T_M$,电动机的工作点转移到 a'点。当干扰消除($\Delta T_L=0$)后,必有 $T'_M>T_L$ 迫使电动机加速,转速 n 上升,而 T_M 又要随 n 的上升而减小,直到 $\Delta n=0$, $T_M=T_L$,系统重新回到原来的运行点 a;反之,若 T_L 突然减小,n 上升,当干扰消除后,也能回到 a 点工作,所以 a 点是系统的稳定平衡点。在 b 点,若 T_L 突然增加,n 要下降,从电动机机械特性的 BC 段可看出,T_M 要减小,当干扰消除后,则有 $T_M<T_L$ 使得 n 又要下降,T_M 随 n 的下降而进一步减小,使 n 进一步下降,一直到 $n=0$,电动机停转;反之,若 T_L 突然减小,n 上升,使 T_M 增大,促使 n 进一步上升,直至越过 B 点进入 AB 段的 a 点工作。所以,b 点不是系统的稳定平衡点。由上可知,对于恒转矩负载,电动机的 n 增加时,必须具有向下倾斜的机械特性,系统才能稳定运行,若特性上翘,便不能稳定运行。

从以上分析可以总结出机电传动系统稳定运行的必要充分条件是:

①电动机的机械特性曲线 $n=f(T_M)$ 和生产机械的特性曲线 $n=f(T_L)$ 有交点(即拖动系统的平衡点)。

②当转速大于平衡点所对应的转速时,$T_M<T_L$,即若干扰使转速上升,当干扰消除后应有 $T_M-T_L<0$;而当转速小于平衡点所对应的转速时,$T_M>T_L$,即若干扰使转速下降,当干扰消除

后应有 $T_M - T_L > 0$。

只有满足上述两个条件的平衡点，才是拖动系统的稳定平衡点，即只有这样的特性配合，系统在受到外界干扰后，才具有恢复到原平衡状态的能力而进入稳定运行。

例如，当异步电动机拖动直流他励发电机工作，具有如图 2.9 所示的特性时，b 点便符合稳定运行条件，因此，在此情况下，b 点是稳定平衡点。

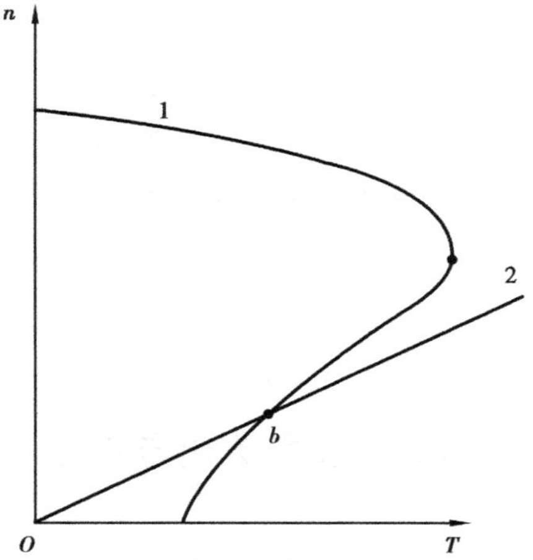

图 2.9　稳定工作点的判断

习题与思考题

2.1　说明机电传动系统运动方程式中的拖动转矩、静态转矩和动态转矩的概念。

2.2　从运动方程式怎样看出系统是处于加速的、减速的、稳定的和静止的各种工作状态？

2.3　多轴拖动系统为什么要折算成单轴拖动系统？转矩折算为什么依据折算前后功率不变的原则？转动惯量折算为什么依据折算前后动能不变的原则？

2.4　为什么低速轴转矩大，高速轴转矩小？

2.5　为什么机电传动系统中低速轴的 GD^2 比高速轴的 GD^2 大得多？

2.6　如图 2.3(a)所示，电动机轴上的转动惯量 $J_M = 2.5\ \text{kg} \cdot \text{m}^2$，转速 $n_M = 900\ \text{r/min}$；中间传动轴的转动惯量 $J_1 = 2\ \text{kg} \cdot \text{m}^2$，转速 $n_1 = 300\ \text{r/min}$；生产机械轴的传动惯量 $J_L = 16\ \text{kg} \cdot \text{m}^2$，转速 $n_L = 60\ \text{r/min}$。试求折算到电动机轴上的等效转动惯量。

2.7　如图 2.3(b)所示，电动机转速 $n_M = 950\ \text{r/min}$，齿轮减速箱的传动比 $j_1 = j_2 = 4$，卷筒直径 $D = 0.24\ \text{m}$，滑轮的减速比 $j_3 = 2$，起重负荷力 $F = 100\ \text{N}$，电动机的飞轮转矩 $GD_M^2 = 1.05\ \text{N} \cdot \text{m}^2$，齿轮、滑轮和卷筒总的传动效率为 0.83。试求提升速度 v 和折算到电动机轴上的静态转矩 T_L 以及折算到电动机轴上整个拖动系统的飞轮转矩 GD_Z^2。

2.8　一般生产机械按其运动受阻力的性质来分可有哪几种类型的负载？

2.9　反抗静态转矩与位能静态转矩有何区别？各有什么特点？

2.10　请简述机电传动系统稳定运行的概念及其充要条件。

第 3 章

机械学基础

3.1 基本功能与要求

机械系统是机电一体化系统最基本的组成要素，主要包括传动部件（线性和非线性）、导向支承部件、执行机构、轴系部件、机座（或机架）等机构，其主要功能是：完成系统规定动作、传递功率、运动和信息、支承联接相关部件等。机电一体化系统的机械系统中许多零部件也已成为伺服系统的组成部分，直接影响系统的控制精度、响应速度和稳定性，因此，与一般的机械系统相比，机电一体化系统中的机械系统除要求具有较高的定位精度之外，还应具有良好的动态响应特性以满足伺服系统的相关性能要求，即响应快、稳定性好。为此，设计中通常提出无间隙、低摩擦、低惯量、大刚度、高谐振频率、合理的阻尼比等要求，主要采取的措施有：

①采用低摩擦阻力的传动件和导向件，如采用滚珠丝杠副、滚动导轨、静（动）压导轨等。

②消除传动间隙，以减小反向死区误差。

③选用最佳传动比，以提高系统分辨率，减少等效到执行元件输出轴上的等效转动惯量。

④缩短传动链，提高传动与支承刚度，以减少结构的弹性变形，提高刚度和谐振频率，提高抗振性。如采用预紧或预拉伸的方法提高滚珠丝杠副和滚动导轨副的刚度，改进结构设计，提高支承件的刚度等。

3.2 机械参数对伺服系统性能的影响

在3.1节提到，为了得到精度高、响应快、稳定性好等良好的系统控制性能，机电一体化系统中的机械系统应结合伺服系统性能要求来进行设计，因此必须了解机械系统参数对伺服系统性能的影响，才能正确理解和掌握机电一体化系统中的机械系统设计时所应遵循的原则，采取相应措施，满足“无间隙、低摩擦、低惯量、大刚度、高谐振频率、合理的阻尼比”等要求。而影响机电一体化系统控制性能的主要机械参数是摩擦、传动间隙、谐振频率、阻尼、刚度、惯量等。

3.2.1　摩擦的影响

(1)摩擦的非线性特性

互相接触的两物体间只要有相对运动或有相对运动的趋势,就有摩擦力存在,摩擦力可分为静摩擦力、库仑摩擦力和黏性摩擦力三种。静摩擦力是一种力图阻止运动开始的阻滞力,只有当物体静止并有运动趋势时才存在,其最大值发生在开始运动的瞬间,当运动开始时,静摩擦力即消失而代之以其他形式的摩擦力。库仑摩擦力是一种大小与速度无关的恒值阻滞力,当两物体作相对滑动时,便出现库仑摩擦。黏性摩擦力代表一种阻滞力,它正比于相对速度,当物体以一定速度通过液体或气体时就会出现黏性摩擦。库仑摩擦和黏性摩擦统称为动摩擦。

机械导轨的摩擦特性随材料和表面状况的不同而有很大的不同,滑动导轨的静摩擦系数大于动摩擦系数,当相对运动速度较低时,导轨处于边界和混合摩擦状态,动摩擦系数随导轨滑动速度的增加而降低;当滑动速度加大到动压效应使导轨处于液体摩擦状态时,摩擦力用于克服油层间的剪切,这时,动摩擦系数将随速度的增加而增大。滑动导轨两导轨面的材料对摩擦特性也有较大的影响,如含氟塑料-铸铁导轨不仅比铸铁-铸铁导轨的摩擦系数小,而且动、静摩擦系数的差值也很小。滚动导轨和静压导轨的摩擦系数都很小,且动、静摩擦系数的差值也很小。

由此可知,摩擦是一种非线性因素,它对系统的工作特性影响很大。

(2)摩擦引起的系统误差

图 3.1 为半闭环伺服进给系统示意图,其机械传动机构的力学模型如图 3.2 所示,图 3.1 中电机 1 为主动件,以匀速 v 经进给传动机构 2 驱动被动件 3。传动机构 2 简化为一个刚度为 k 的等效弹簧和一个阻尼系数为 c 的等效粘性阻尼。工作台 3 的质量为 m,在支承导轨 4 上沿 x 方向移动,摩擦力为 F。

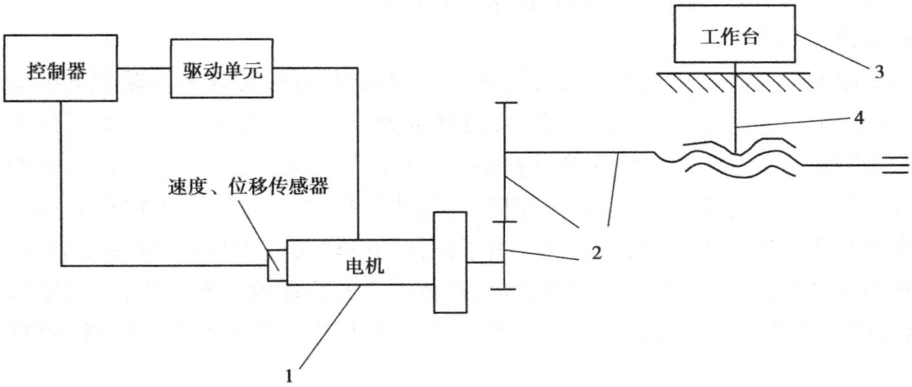

图 3.1　半闭环伺服进给系统

1—主动件;2—传动机构;3—工作台;4—导轨

由于机械系统有静摩擦力,如果系统开始处于静止状态,当电机给机械系统施加驱动力矩后,在移动部件 3 所受的驱动力小于静摩擦力 F_s 之前,移动部件 3 并不移动,即机械系统有输入位移而无输出位移,这是由静摩擦力和传动机构的弹性变形而引起的系统误差——死区

误差 δ_f，其大小为：

$$\delta_f = \frac{F_s}{k} \tag{3.1}$$

式中，δ_f——摩擦变形引起的死区误差；

F_s——静摩擦力；

k——折算到移动部件的综合拉压刚度。

由式 3.1 可知，减小由静摩擦而引起的死区误差的方法主要有：减小静摩擦力，提高机械系统的刚度。

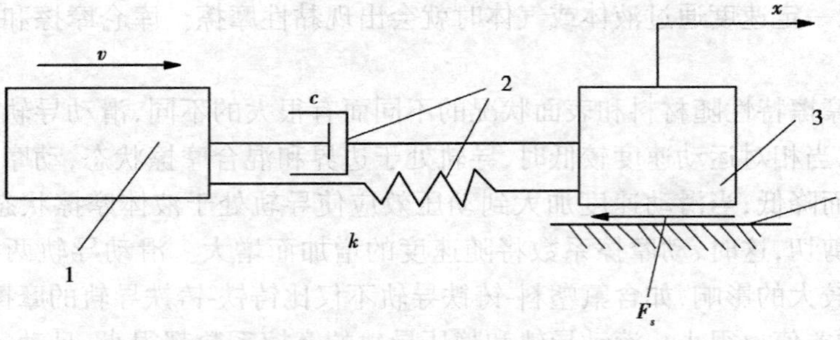

图 3.2　半闭环伺服进给系统的机械传动力学模型

1—主动件；2—传动机构；3—从动件；4—导轨

(3)摩擦引起的低速爬行

1)爬行现象

在图 3.1 所示的系统中，运动由主动件 1 传入，经传动机构 2，驱动工作台 3 沿支承导轨 4 运动。如果运动速度很低，则当主动件 1 作匀速运动时，工作台 3 往往会出现明显的速度不均匀，或时停时走，或时快时慢。这种在低速时运动不平稳的现象称为爬行。爬行会破坏运动的均匀性，影响机电一体化系统的定位精度和稳定性。

2)爬行现象的分析

图 3.2 中的主动件 1 以匀速 v 向右低速连续运动时，通过弹簧 k 和阻尼 c 推动静止的执行件 3。执行件 3 受到逐渐增大的弹簧力，当弹簧力小于静摩擦力 F_s 时，执行件 3 不动。直到弹簧力刚刚大于 F_s 时，执行件 3 开始移动，动摩擦力 F 随着动摩擦系数的降低而减小。随着执行件 3 的速度相应增大，同时弹簧相应伸长，作用在执行件 3 上的弹簧力逐渐减小，当弹簧力减小到与动摩擦力平衡时，执行件 3 由于惯性仍以较大速度移动，使弹簧力进一步减小，当减小到小于动摩擦力时，加速度变为负值，执行件 3 的移动速度开始降低，动摩擦力随之增大，使执行件 3 速度继续下降直到停止运动。主动件 1 这时再重新压缩弹簧，爬行进入下一个周期。

在边界和混合摩擦状态下，摩擦系数的变化是非线形的，因此，在弹簧重新被压缩的过程中，在执行件 3 的速度尚未降为零时，弹簧力可能又大于动摩擦力，使执行件 3 的速度又再次增大，这就出现了时快时慢的爬行现象。

3)爬行的产生原因

由以上分析可知爬行是一种摩擦自激振动，振动能量来自系统本身。爬行产生的原因可归纳为以下几点。

①当摩擦副处于边界摩擦时，存在静、动摩擦系数之差，而且动摩擦系数又随滑动的速度增加而降低。

②运动件的质量较大，因而具有较大的惯性。

③传动机构的刚度不足。

当移动件的质量、摩擦副摩擦面间的摩擦性质和传动机构的刚度一定时，在移动速度低到一定值后就会产生爬行。这个值称为爬行的临界速度。其中，静、动摩擦系数的差异是产生爬行的内因，运动件的质量大、传动件的刚度不足以及运动速度太低是产生爬行的条件。

(4)减小摩擦影响的措施

①减少静、动摩擦系数之差。

机电一体化系统中，常常采用摩擦性能良好的塑料——金属滑动导轨，滚动导轨，滚珠丝杠，静、动压导轨，静、动压轴承，磁轴承等新型传动件和支承件，并进行良好的润滑。

②用减少结合面，增大结构尺寸，缩短传动链，以及减少传动副数量等方法来提高机械系统的刚度。

③用杜绝漏气，增大活塞杆尺寸的方法来提高液压系统的刚度。

④在控制信号中附加高频分量，使伺服电机时刻处于适度的微振状态，从而有利于克服静摩擦，以有效减小低速爬行，这种方法称为“动力润滑”。

3.2.2　传动间隙的影响

(1)间隙型滞环非线性特性

在机械传动系统中通常存在着传动间隙，如齿轮传动的齿侧间隙、丝杠螺母的传动间隙、丝杠轴承的轴向间隙、联轴器的扭转间隙等。各类传动零部件的传动间隙都会产生传动误差和回程误差，影响系统传动精度和运动平稳性。传动误差指输入轴单向回转时，输出轴转角的实际值相对于理论值的变动量。回程误差指输入轴由正向旋转变为反向旋转时，输出轴在转角上的滞后量；也可理解为输入轴固定时，输出轴可任意转动的角转量。

图3.3所示是输入和输出构件之间间隙的物理模型。当不考虑输入、输出构件的惯性和摩擦时，其输入、输出关系具有图3.4所示的滞环非线性特性。

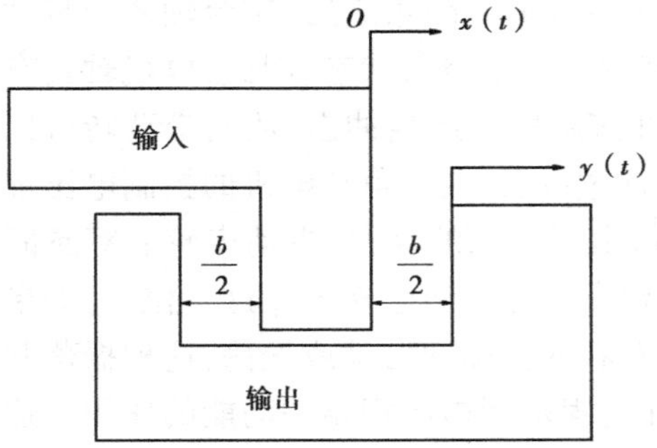

图3.3　传动间隙物理模型

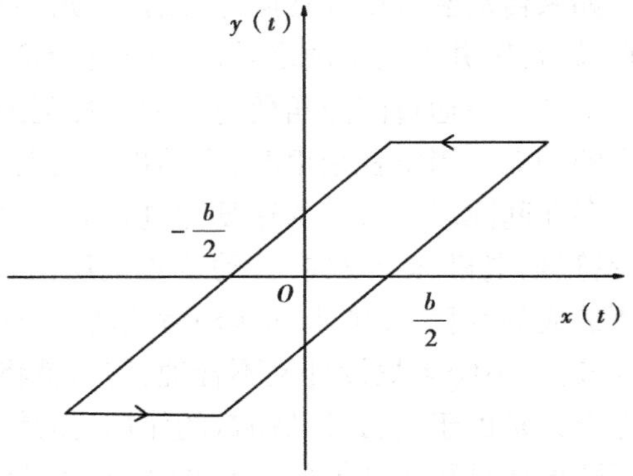

图3.4　间隙的滞环非线性特性

由于输入、输出构件之间间隙的存在和运动方向的变化，当 $x(t) < \frac{b}{2}$ 时，$y(t) = 0$，输出构

件不动,造成传动误差;当 $x(t) > \frac{b}{2}$时,$y(t)$随 $x(t)$线性变化;当 $x(t)$反向时,一开始 $y(t)$保持不变,造成回程误差,直到 $x(t)$减小 b 后,$y(t)$和 $x(t)$才恢复线性关系。

(2)间隙对伺服系统性能的影响

图 3.5 是典型的旋转工作台伺服系统框图,其中各环节传动部件的用途和在系统中的位置各不相同。有的用于动力驱动(G2),有的用于数据传输(G1、G3);有的在系统闭环之内(G2、G3),有的在系统闭环之外(G1,G4)。由于它们在系统中的位置不同,其间隙对伺服性能的影响也各不相同。

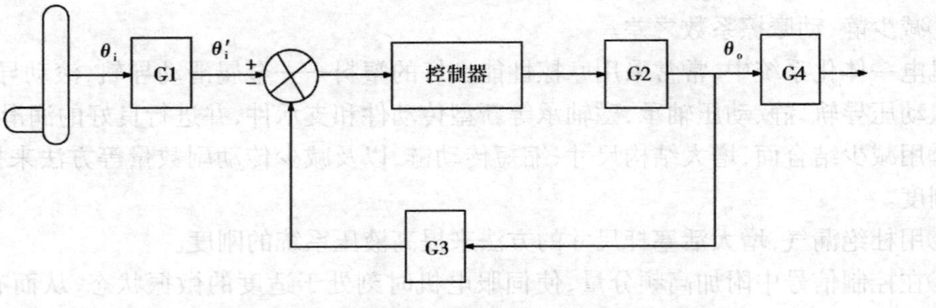

图 3.5 典型旋转工作台伺服系统框图

1)闭环内前向通道上动力传动装置 G2 中的间隙会影响对伺服系统稳定性

假定初始状态为静止,齿轮传动装置中不存在间隙,这时手轮轴(输入轴)与转台轴(输出轴)分别有 $\theta_i = \theta_o = 0$。假定手轮轴转动了 θ_i,而转台轴转角 θ_o 仍为 0°,伺服系统将把这个误差角 $e = \theta_i - \theta_o$ 对应的误差信号放大并去控制电机。电机经过传动装置驱动转台朝着减小误差角的方向转动。若在无阻尼情况下,由于转动惯量的作用,当转台转角达到 $\theta_o = \theta_i$ 的位置时,它并不会马上停下来,而是冲过了这一位置。这时,误差角马上改变符号,误差信号的极性也改变。因而电机的控制电压极性也改变,电机驱动转台反向转动。上述过程在无阻尼情况下会不断重复,转台发生持续的振荡。若伺服系统阻尼设计恰当,转台的转动不会冲过 $\theta_o = \theta_i$ 的位置,而是逐渐减速并在此位置上停下来或是在此位置左右摆动几次后停在这个位置上,并不会产生持续振荡。

如果传动装置中存在间隙,当误差角出现后,电机带动传动装置 G2 转动,但由于间隙的存在,转台轴并不马上随之转动,而是在 G2 转过间隙所造成的间隙角之后,转台轴才会带动转台旋转。在通过间隙角所造成的空程范围内,电机基本上处于空载状态,因此,电机轴具有很大的动能。当空程结束时,主动齿轮将与从动齿轮在接触面上产生冲击,从而带动转台以比不存在间隙时大得多的速度冲过 $\theta_o = \theta_i$ 这一位置。冲过以后,误差角与电机的控制电压都改变符号,电机马上反向,传动装置也反向转动。同样,由于间隙的存在,主动齿轮要穿越间隙所造成的空程,才能带动从动齿轮转动,这又将使转台在反方向冲过 $\theta_o = \theta_i$ 这一位置,如果间隙较大,系统阻尼设计又不合理,转台就将在此位置左右的持续地摆动或振荡,这种振荡并不完全只是由于转台转动惯量的作用,而是又附加了在空程范围内所积累的动能的作用。这种间隙振荡是频率和振幅一定的振荡,即极限环振荡,它纯粹是由于间隙非线性所造成的。当然,如果间隙较小,即在空程范围内所积累的动能较小,同时系统的阻尼作用又适当大时,则不会出现由于间隙的存在而引起的这种持续振荡。

2）闭环内前向通道上动力传动装置G2的间隙对伺服精度无影响

当手轮轴静止时，转台轴如果由于某种外力的作用在间隙范围内发生游动，只要与转台轴联结在一起的位置检测环节能感受到，就有信号反馈到输入端，产生的误差信号将使伺服电机动作，在系统稳定的前提下，这个校正动作会使输出轴恢复原位置，即对伺服精度无影响。

3）闭环前数据输入通道上传动装置G1的间隙对伺服稳定性无影响，但影响伺服精度

闭环前数据输入通道上传动装置G1的间隙造成手轮输入信号θ_i和G1后的伺服系统输入信号θ_i'之间的误差，它对伺服系统的稳定性显然无影响。

伺服精度指的是系统输出信号θ_o与输入信号θ_i之间的误差。由于G1间隙的存在，虽然伺服系统的输入是θ_i，但在伺服系统工作时，系统输出θ_o实际是随θ_i'而动作的，所以θ_o和θ_i之间就出现了由G1的间隙而造成的误差。

4）闭环内反馈数据通道中传动装置G3的间隙，既影响伺服稳定性，又影响伺服精度

①对伺服精度的影响

由于传动装置G3间隙的存在，反馈到输入端的信号并不是输出轴的位置θ_o，而是包含了G3的间隙量，位置误差检测装置产生的误差信号中也包含了这个间隙量。当误差控制电压驱动伺服电机使输出轴跟随输入信号θ_i动作时，这部分间隙量就造成伺服误差。

②对伺服稳定性的影响

与闭环内前向通道中G2存在间隙时的情况类似，如果G3中存在间隙，当转台轴运动时，与其相连的G3的输入轴上的齿轮在穿越间隙空程中将以很大的动量冲击G3输出轴上的齿轮。这种附加动能使G3输出轴的转角大于无间隙时的转角。反馈到系统的输入端后，便产生了附加的误差信号，使转台产生附加的运动，此附加运动又通过有间隙的G3反馈到系统的输入端，当间隙足够大时，上述过程不断重复，就会导致转台的等幅持续振荡。

5）闭环后位置输出通道上传动装置G4的间隙对伺服稳定性无影响，但影响伺服精度

（3）减小传动间隙措施

①提高各传动零部件的制造、装配精度

②合理选择传动形式

传动形式不同，其达到的精度也不同。一般说来，直、斜齿轮机构的精度 > 蜗杆蜗轮机构精度 > 锥齿轮机构精度。行星齿轮机构中，谐波齿轮精度 > 渐开线行星齿轮、少齿差行星齿轮精度 > 摆线针轮行星齿轮精度。

③合理确定传动级数

在满足使用要求情况下，尽可能减少传动级数。合理分配各级传动比，对减速传动链，各级传动比宜从输入端开始，逐级递增，在结构空间允许的情况下，尽量提高末级传动比。

④合理布置传动链

减速传动中，精度较低的传动机构，如蜗杆蜗轮、锥齿轮机构，应布置在高速轴上，可减小输出轴上的误差。

⑤采取措施消除传动间隙、减少支承变形

（对齿轮、丝杠螺母等常用传动机构的传动间隙的消除措施，在后面的章节会详细阐述）。

3.2.3 系统固有频率 ω_n 和系统阻尼比 ξ

(1)系统特征参数

在对机电一体化系统进行特性分析时,一般将其机械系统、伺服驱动系统等子系统都简化为二阶系统,都具有各自的系统固有频率 ω_n 和系统阻尼比 ξ 这两个特征参数。对于机械系统来说,这两个特征参数是由质量、惯量、阻尼和刚度等结构参数决定的,对于伺服系统,也有相应的物理参数决定特征参数。

当机械系统的谐振频率 ω_r($\omega_r=\omega_n\sqrt{1-2\xi^2}$,机械系统 ξ 值一般很小,可将 ω_r 近似为 ω_n)与伺服系统的截止频率 ω_c(在 ξ 一定时,ω_c 与伺服系统固有频率 ω_n 成正比)相近时,系统会产生结构谐振而无法工作,甚至造成机构的损坏,因此,从系统稳定性、安全性角度出发考虑,必须使 ω_r 远远大于 ω_c。对于伺服系统而言,系统的截止频率 ω_c 越高,系统带宽就越宽,系统响应速度就越快。在以往的机电系统中,若对伺服系统的精度及快速性要求不高,则控制系统带宽会较窄,而机械系统的谐振频率 ω_r 会远大于伺服系统的截止频率 ω_c,系统不会产生谐振;但随着对系统的精确性、快速性等性能要求越来越高,伺服系统的控制带宽增大,机械系统的谐振频率 ω_r 就有可能接近或落入伺服系统带宽之中,这将使得系统产生谐振。因此,在提高控制带宽时,必须同时考虑提高机械系统的谐振频率 ω_r,也即是提高固有频率 ω_n,使其远离伺服系统的截止频率 ω_c。

机械移动系统的基本结构参数是质量、阻尼和刚度,对于质量为 m、拉压刚度系数为 K、粘性阻尼系数为 c 的单自由度直线运动系统,其无阻尼固有角频率 ω_n 为

$$\omega_n=\sqrt{\frac{k}{m}}\ (\mathrm{rad/s}) \tag{3.2}$$

其阻尼比 ξ 为

$$\xi=\frac{c}{2\sqrt{mk}} \tag{3.3}$$

机械转动系统的基本结构参数是转动惯量、阻尼和刚度,对于转动惯量为 J、扭转刚度系数为 K,粘性阻尼系数为 c 的单自由度扭转运动系统,其无阻尼固有角频率 ω_n 为

$$\omega_n=\sqrt{\frac{K}{J}}\ (\mathrm{rad/s}) \tag{3.4}$$

其阻尼比 ξ 为

$$\xi=\frac{c}{2\sqrt{JK}} \tag{3.5}$$

由式(3.2)、(3.4)可见,欲提高机械系统的固有频率 ω_n,可通过增大系统刚度、减小系统质量或惯量等措施来实现。

系统阻尼比 ξ 影响系统的稳定性,随着 ξ 的增大,系统谐振峰值将减小直至无谐振,即:ξ 越大,系统就越稳定。因此要避免结构谐振,除了提高机械系统的固有频率 ω_n 以外,还可通过增大伺服系统和机械系统的阻尼比来实现。由式(3.3)、(3.5)可知,质量 m 或转动惯量 J 越小、粘性阻尼系数 c 越大,ξ 就越大。同时,系统粘性阻尼系数 c 的增大,也会使系统稳态误差相应越大,降低系统精度。

(2)增大阻尼的方法

机械系统振动的振幅取决于系统的阻尼和固有频率，通过增大阻尼系数来抑制谐振峰值，可以有效解决系统结构谐振问题。增大阻尼除在伺服系统上有许多措施可采用外，增加机械结构阻尼的办法也不少。结构阻尼一般有接合面之间的摩擦阻尼和结构材料的内摩擦阻尼两种。通常螺栓联结的结构阻尼比焊接的大，间断焊缝的阻尼比连续焊缝的大。灰铸铁由于石墨的吸振作用，阻尼系数远大于钢。机械结构本身阻尼一般是很小的，可采用粘性联轴器，或在负载端设置液压阻尼器或电磁阻尼器等方法，来提高系统阻尼。对于弯曲振动可在其表面喷涂一层高内阻尼的粘滞弹性材料（如沥青基制成的胶泥减振剂、高分子聚合物或油漆腻子等），涂层越厚，阻尼越大。

(3)提高刚度的方法

刚度包括静刚度和动刚度，静刚度是静态力与变形之比，动刚度是动态力（交变力、冲击力）与变形之比。

影响系统刚度的因素很多，如传动轴的扭转变形、弯曲变形、轴承变形、齿轮变形、减速器箱体变形、基座变形、各种连接件和紧固件的变形等等。其中有的因素对系统固有频率影响不大，有的因素影响较大，而且加大刚度可能会导致惯量增大，因此应该着重提高对系统固有频率影响较大的环节的刚度。

提高刚度的措施有：

①缩短传动链，提高传动与支承刚度

比如对滚珠丝杠副和滚动导轨加预紧；采用大扭矩宽调速的伺服电机直接与丝杠螺母副连接以减少中间传动机构等。

②提高结构刚度

改进支承和架体结构设计以提高刚性，合理选择构件形状，正确设计结构总体布置方案。比如机座和机身一般具有较大的质量和尺寸，通过合理布置筋板和加强筋来提高刚度，比增加壁厚的效果更为显著。

③选用强度、刚性好、质量轻的材料

比如近年来，机座和机身有采用钢板焊接结构代替铸件的趋势。这是因为钢板焊接结构容易采用有利于提高刚度的筋板布置形式，另外，钢板的弹性模量几乎为铸铁的 2 倍，因而可以提高刚度，减轻重量，显著提高结构的固有频率。但钢板焊接结构的抗振性，即动刚度较铸铁差，可采用提高阻尼的方法来改善。

(4)减小质量与转动惯量

前文已指出，机电一体化系统中，机械运动部件的质量惯量大，使机械系统的固有频率 ω_n 降低，限制了伺服带宽，影响了伺服精度和响应速度，并且使阻尼比 ξ 减小，从而降低了系统稳定性。另外，质量大、惯量大会使机械负载增大，从而需要增大驱动电机的功率。因此，在不影响系统刚度和强度的条件下，机械运动部件的质量和转动惯量应尽量小，通常采取以下措施：

①减小系统惯量

如选择转矩——惯量比大的控制电机，因为在伺服系统中高速电机的转动惯量在系统总惯量中是主要的，往往比负载的折算惯量大得多，特别是减速比大的系统，所以应尽量选用低惯量的控制电机。

②适当选用强度高、刚度好、质量轻的材料,减轻各零部件的质量

③合理布置结构

比如转动部分的质量应尽量靠近轴线。

④合理选取总传动比和分配各级传动比,以提高系统分辨率,减小等效转动惯量

另外,转动惯量相当于电路中的电容,有储能作用,可以改善转速的均匀性,所以有些要求转速均匀的产品,如录像机、收录机等,都有转动惯量较大的飞轮。

3.3 传动机构

3.3.1 传动机构的主要功能与分类

常用的机械传动机构有丝杠螺母传动、齿轮传动、带传动、链传动等线性传动机构和连杆、凸轮等非线性传动机构,其主要功能是传递转速和转矩,使驱动元件与负载在转速和转矩方面得到最佳匹配。机械传动系统对伺服系统的伺服性能有很大的影响,设计时应结合伺服控制的性能要求进行选择设计,设计原则主要是传动间隙小、精度高、体积小、重量轻、运动平稳、能满足高速运动要求。

机电一体化系统中所用的传动机构及其传动功能如表3.1所示。从表3.1中看出,一种传动机构可满足一项或同时满足几项功能要求,如齿轮齿条传动既可将直线运动或回转运动转换为回转运动或直线运动,又可将驱动力或转矩转换为转矩或驱动力;带传动、蜗轮蜗杆传动及各类齿轮减速(如谐波齿轮减速器)既可进行升速或降速,也可进行转矩大小的变换。

对加工机中的传动机构,既要求能实现运动的变换,又要求能实现动力的变换;对信息机中的传动机构,则主要要求具有运动的变换功能,只需要克服惯性力(或力矩)和各种摩擦阻力(力矩)较小的负载即可。

随着机电一体化技术的发展,要求传动机构不断适应新的技术要求。具体讲有三个方面:

(1)精密化

对某种特定的机电一体化系统(或产品),应根据其性能的需要提出适当的精密度要求。虽然不是越精密越好,但由于要适应产品的高定位精度等性能的要求,对机械传动机构的精密度要求也越来越高。

(2)高速化

系统工作效率的高低,直接与机械传动部件的运动速度相关。因此,机械传动机构应能适应高速运动的要求。

(3)小型化、轻量化

随着机电一体化系统(或产品)精密化、高速化的发展,必然要其传动机构的小型、轻量化,以提高运动灵敏性(快速响应性)、减小冲击、降低能耗。为与微电子部件的微型化相适应,也要尽可能做到使机械传动部件小型轻量化。

表 3.1　传动机构及其传动功能

基本功能 / 传动机构	运动的变换				动力的变换	
	形式	行程	方向	速度	大小	形式
丝杠螺母	√				√	√
齿轮			√	√	√	
齿轮齿条	√					√
链轮链条	√			√	√	
带、带轮			√	√	√	
绳、绳轮	√		√	√	√	√
杠杆机构		√		√	√	
连杆机构		√		√	√	
凸轮机构	√	√	√	√		
摩擦轮			√	√	√	
万向节			√			
软轴			√			
蜗轮蜗杆			√	√	√	
间歇机构	√					

3.3.2　几种典型传动机构

(1)丝杠螺母机构

1)丝杠螺母机构基本传动形式

丝杠螺母机构又称螺旋传动机构，主要用于旋转运动和直线运动间的变换。有的以传递能量为主(千斤顶、螺旋压力机)，有的以传递运动为主(工作台进给丝杠)，还有调整零件间相对位置的螺旋传动机构。根据丝杠与螺母间的摩擦性质，丝杠螺母机构有滑动摩擦(滑动丝杠螺母机构)和滚动摩擦(滚珠丝杠螺母机构)之分。

根据丝杠和螺母相对运动的组合情况，其基本传动形式有四种类型，如图 3.6 所示。

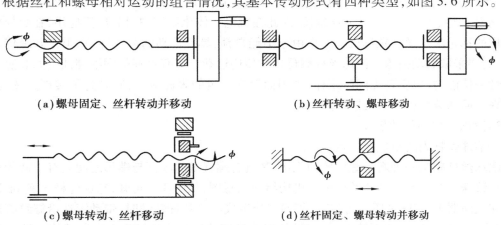

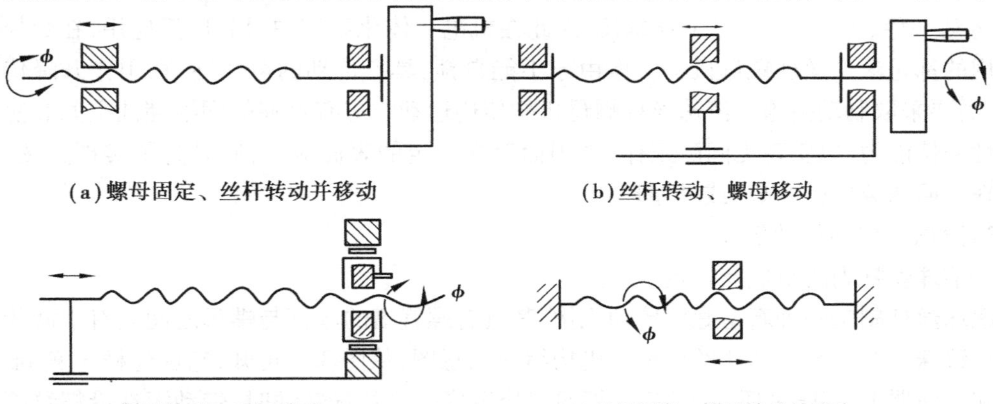

(a)螺母固定、丝杆转动并移动　(b)丝杆转动、螺母移动

(c)螺母转动、丝杆移动　(d)丝杆固定、螺母转动并移动

图 3.6　丝杠螺母机构基本传动形式

①图 3.6(a)所示的传动形式因螺母本身起着支承作用,消除了丝杆轴承可能产生的附加轴向窜动,结构较简单,可获得较高的传动精度。但其轴向尺寸不易太长,刚性较差,因此只适用于行程较小的场合。

②图 3.6(b)所示的传动形式需要限制螺母的转动,故需导向装置。其特点是结构紧凑、丝杆刚性较好,适用于工作行程较大的场合。

③图 3.6(c)所示的传动形式需要限制螺母移动和丝杆的转动,由于结构较复杂且占用轴向空间较大,故应用较少。

④图 3.6(d)所示的传动形式结构简单、紧凑,但在多数情况下,使用极不方便,故很少应用。

此外还有差动传动方式,其原理如图 3.7 所示。该方式的丝杆上有导程(螺距)不同的两段螺纹 L_{01} 和 L_{02},其导程分别是 P_{h1}、P_{h2},其旋向相同。当丝杆 2 转动时,可动螺母 1 的移动距离为 $\Delta l = n(P_{h1} - P_{h2})$,如果 P_{h1}、P_{h2} 相差较小,则可获得较小的位移 Δl。因此,这种传动方式多用于各种微动机构中。

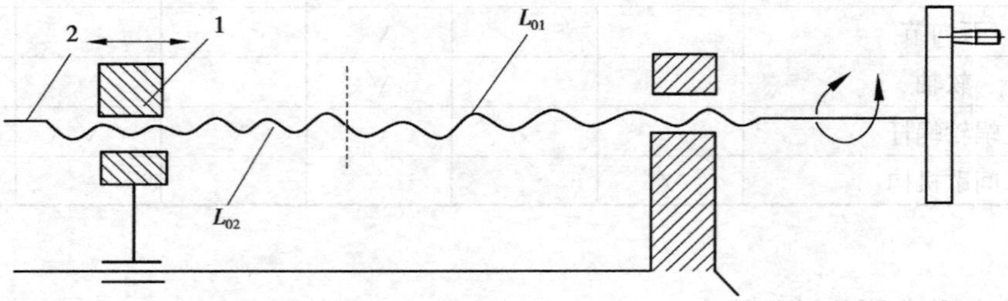

图 3.7　差动传动原理图

1—螺母;2—丝杠

2)丝杠螺母机构传动特点

滑动丝杠螺母机构的特点是:结构简单、加工方便、制造成本低,具有自锁功能,但其摩擦阻力矩大、传动效率低(30% ~40%)。滑动丝杠螺母机构传递运动时应有足够的滑移间隙和充分的润滑以及热胀冷缩补偿空间,因而存在一定的空回间隙。

滚珠丝杠螺母机构的特点是:结构复杂、制造成本高,但其摩擦阻力矩小、传动效率高(92% ~98%)、传动精度高、轴向刚度高(可通过适当预紧消除丝杠与螺母之间的轴向间隙)、运动平稳、不易磨损、工作寿命长,因此在机电一体化系统中得到广泛应用,在数控机床上采用的都是滚珠丝杠螺母机构。但由于不能自锁,具有传动的可逆性,在用作升降传动机构时,需要采取制动措施。滚珠丝杠螺母机构传递运动时应有足够的润滑储油空间和热胀冷缩弹性补偿能力,以实现无间隙工作,也因而存在一定的表面应力;同时为了实现连续运转,需滚珠的回珠装置(内循环或外循环)。

3)滚珠丝杠副传动部件

①滚珠丝杠副的组成及特点

滚珠丝杠副是一种新型螺旋传动机构,其具有螺旋槽的丝杆与螺母之间装有中间传动元件——滚珠。图 3.8 为滚珠丝杠螺母机构组成示意图,从图 3.8 可知,它由丝杆 3、螺母 2、滚珠 4 和反向器 1(滚珠循环反向装置)等四部分组成。当丝杆转动时,带动滚珠沿螺纹滚道滚动,为防止滚珠从滚道端面掉出,在螺母的螺旋槽两端设有滚珠回程引导装置构成滚珠的循环返回通道,从而形成滚珠流动的闭合通路。

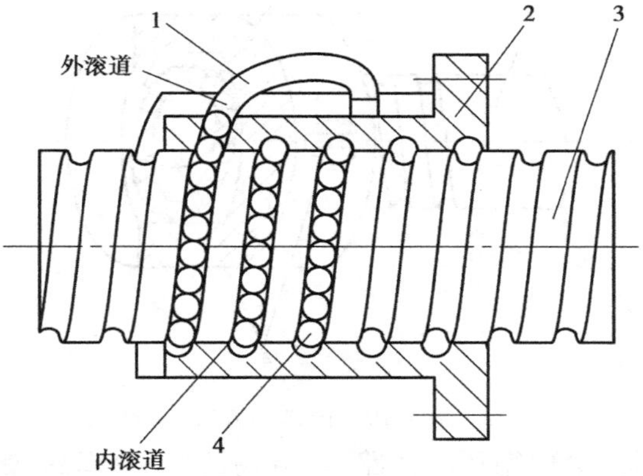

图 3.8　滚珠丝杠副

1—反向器;2—螺母;3—丝杆;4—滚珠

②滚珠丝杠副的典型结构

A. 螺纹滚道型面(法向)的形状及主要尺寸

我国生产的滚珠丝杠副的螺纹滚道有单圆弧形和双圆弧形,如图 3.9(a)、(b)所示。滚道形面与滚珠接触点之法线与丝杠轴向之垂线间的夹角称为接触角 β,一般为 45°。

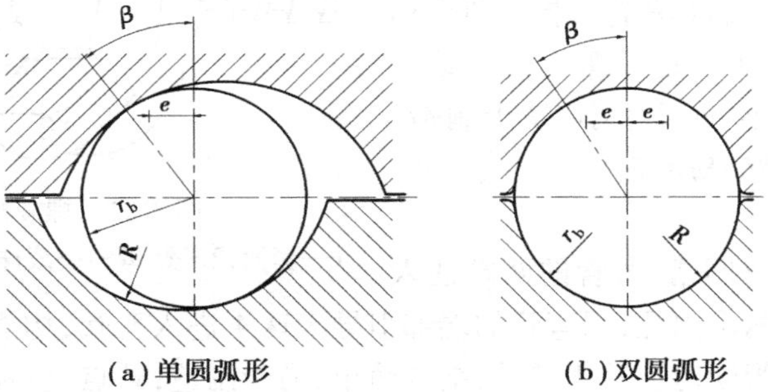

图 3.9　螺纹滚道法向截面形状

单圆弧形的螺纹滚道的接触角随轴向载荷大小的变化而变化,主要由轴向载荷所引起的接触变形的大小而定。β 增大时,传动效率、轴向刚度以及承载能力也随之增大。单圆弧形滚道加工用砂轮成型较简单,故容易得到较高的加工精度。单圆弧形面的滚道圆弧半径 R 稍大于滚珠半径。

双圆弧形的螺纹滚道的接触角 β 在工作过程中基本保持不变。两圆弧相交处有一小空隙,可使滚道底部与滚珠不接触,并能存储一定的润滑油以减少摩擦磨损。由于加工其型面的砂轮修整和加工、检验均较困难,故加工成本较高。

B. 滚珠的循环方式

滚珠丝杠副中滚珠的循环方式有内循环和外循环两种。

内循环方式的滚珠在循环过程中始终与丝杆表面保持接触,如图 3.10 所示。

在螺母 2 的侧面孔内装有接通相邻滚道的反向器 4,利用反向器引导滚珠 3 越过丝杆 1 的螺纹顶部进入相邻滚道,形成一个循环回路。一般在同一螺母上装有 2 ~ 4 个滚珠用反向器,并沿螺母圆周均匀分布。

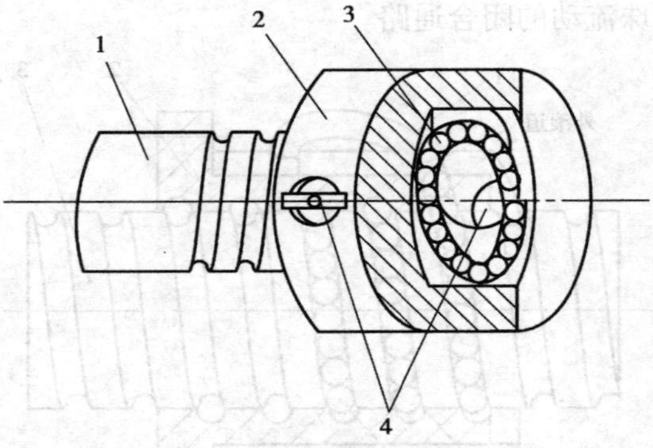

图 3.10　内循环方式

内循环方式的优点是：滚珠循环的回路短、流畅性好、效率高、螺母的径向尺寸也较小。其不足是反向器加工困难、装配调整也不方便。

外循环方式的滚珠在循环返向时，离开丝杆螺纹滚道，在螺母体内或体外作循环运动。从结构上，外循环有以下几种形式：

a. 螺旋槽式（图 3.11）

螺母外圆表面上铣出螺旋槽，槽两端钻出通孔与螺纹滚道相切，螺纹滚道内装入两个挡珠器引导滚珠通过这两个孔。螺旋槽式结构的优点是：工艺简单、径向尺寸小、易于制造。其缺点是挡珠器刚性差、易磨损。

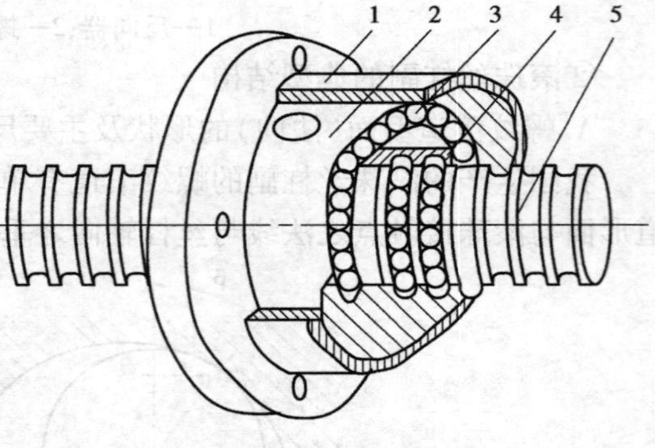

图 3.11　螺旋槽式外循环

1—套筒；2—螺母；3—滚珠；4—挡珠器；5—丝杆

b. 插管式（图 3.12）

用弯管 1 代替螺纹凹槽，弯管的两端插入与螺纹滚道 5 相切的两个内孔，用弯管的端部引导滚珠 4 进入弯管，构成滚珠的循环回路，再用压板 2 和螺钉将弯管固定。其优点是：结构简单、易于制造；缺点是：径向尺寸大、弯管端部易磨损。

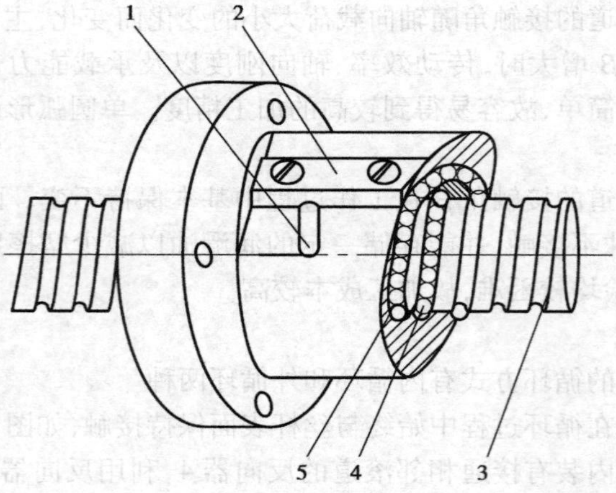

图 3.12　插管式外循环

1—弯管；2—压板；3—丝杆；4—滚珠；5—滚道

c 端盖式(图 3.13)

在螺母 1 上钻出纵向孔作为滚子回程滚道,螺母两端装有两块扇形盖板或套筒 2,滚珠的回程道口就在盖板上。滚道半径为滚珠直径的 1.4 ~ 1.6 倍。其优点是:结构简单、工艺性好;缺点是滚道吻接和弯曲处圆角不易准确制作而影响其性能,故应用较少。

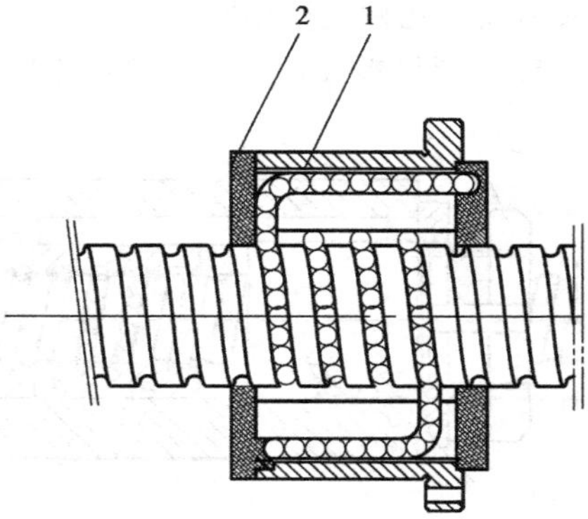

图 3.13　端盖式外循环

1—螺母;2—套筒

③滚珠丝杠副的主要尺寸参数

如图 3.14 所示,滚珠丝杠副的主要尺寸参数有:

A. 公称直径 d_0

它指滚珠与螺纹滚道在理论接触角状态时包络滚珠球心的圆柱直径,是滚珠丝杠副的特征(或名义)尺寸。

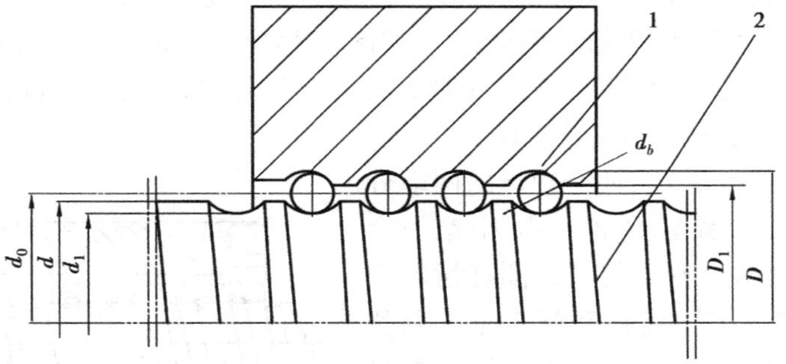

图 3.14　滚珠丝杠副主要尺寸参数

B. 导程 P_h(或螺距 t)

它指丝杆相对于螺母旋转 2π 弧度时,螺母上基准点的轴向位移。

C. 行程 l

它指丝杆相对于螺母旋转任意弧度时,螺母上基准点的轴向位移。

丝杆螺纹大径 d, 丝杆螺纹小径 d_1,滚珠直径 d_b,螺母螺纹大径 D、螺母螺纹小径 D_1、丝杆螺纹全长 l_s。

滚珠工作圈数(或列数)一般取 2.5(或 2) ~ 3.5(或 3);滚珠的数量 N 一般不超过 150 个。

④滚珠丝杠副的精度等级及标注方法

根据 GB/T 17587.3—1998,滚珠丝杠副精度的等级分为:1、2、3、4、5、7、10 共七个等级,1 级最高,10 级最低。

用于数控机床、精密机床和精密仪器等开环和半闭环进给系统时,根据定位精度和重复定位精度的要求可选用 1、2、3 级,一般动力传动可选用 4、5 级,全闭环系统可选用 2、3、4 级。

⑤滚珠丝杠副轴向间隙的调整与预紧

滚珠丝杠副在负载时,其滚珠与滚道面接触点处将产生弹性变形。换向时,其轴向间隙会引起空回。这种空回是非连续的,既影响传动精度,又影响系统的稳定性。因此,必须采用预紧,消除轴向间隙,提高传动支承刚度。单螺母丝杠副的间隙消除相当困难。实际应用中,常采用以下几种调整预紧方法。

A. 双螺母螺纹预紧调整式(图 3.15)

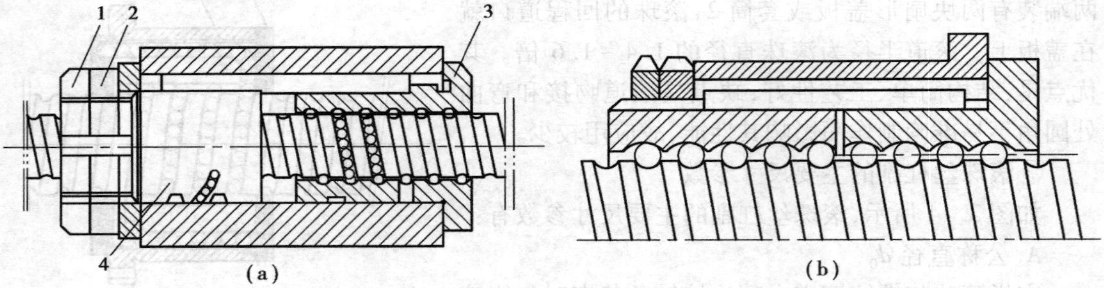

图 3.15　双螺母螺纹预紧调整式

如图 3.15(a)所示,螺母 3 的外端有凸缘,而螺母 4 的外端虽无凸缘,但制有螺纹,并通过两个圆螺母固定。调整时旋转圆螺母 2 消除轴向间隙并产生一定的预紧力,然后用锁紧螺母 1 锁紧。预紧后两个螺母中的滚珠相向受力(如图 3.15(b)所示),从而消除轴向间隙。其特点是:结构简单、刚性好、预紧可靠,使用中调整方便,但不能精确定量地进行调整。

B. 双螺母齿差预紧调整式(图 3.16)

滚珠丝杠副的导程是 P_h,两个螺母的两端分别制有圆柱齿轮 3,二者齿数 Z_1, Z_2 相差一个齿,通过两端的两个内齿轮 2 与上述圆柱齿轮相啮合并用螺钉和定位销固定在套筒 1 上。调整时先取下两端的内齿轮 2,当两个滚珠螺母相对于套筒同一方向转动同一个齿并固定后,则一个滚珠螺母相对于另一个滚珠螺母产生相对角位移,两个滚珠螺母间产生相对轴向移动,其位移量 $\delta=(P_h/Z_1-P_h/Z_2)=(P_h/Z_1\cdot Z_2)$,从而消除间隙并产生一定的预紧力。其特点是:可实现定量调整,即可以进行精密微调,使用中调整较方便。

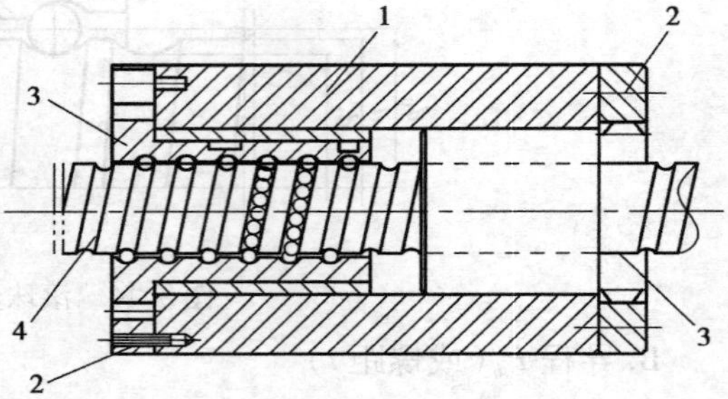

图 3.16　双螺母齿差预紧调整式

1—套筒;2—内齿轮;3—螺母;4—丝杆

C. 双螺母垫片调整预紧式(图 3.17)

调整垫片 1 的厚度,可使两螺母 2 产生相对位移,以达到消除间隙、产生预紧拉力的目的。其特点是:结构简单刚度高、预紧可靠,但使用中调整不方便。

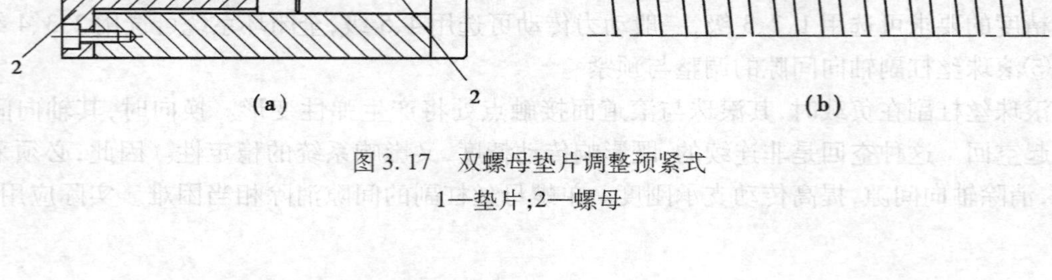

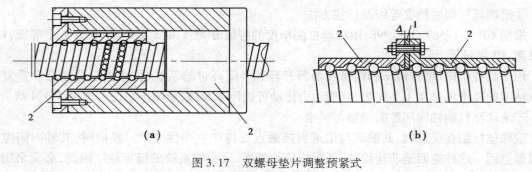

图 3.17　双螺母垫片调整预紧式

1—垫片;2—螺母

D. 弹簧式自动调整预紧式(图 3.18)

双螺母中一个活动另一个固定,用弹簧使其间始终具有产生轴向位移的推动力,从而实现预紧。其特点是能消除使用过程中因磨损或弹性变形而产生的间隙,但其结构复杂,轴向刚度低,因而只适用于轻载场合。

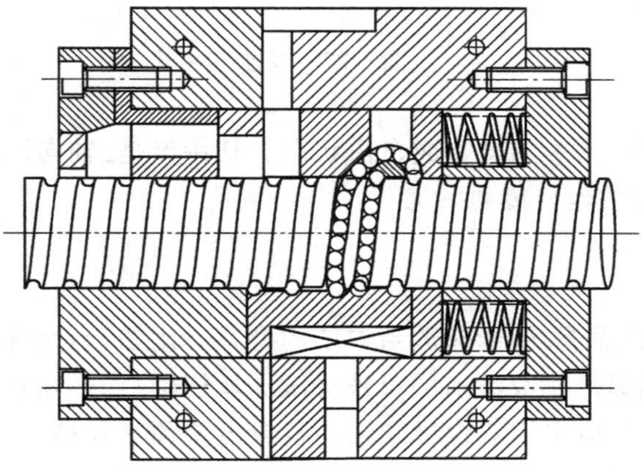

图 3.18　弹簧自动调整预紧式

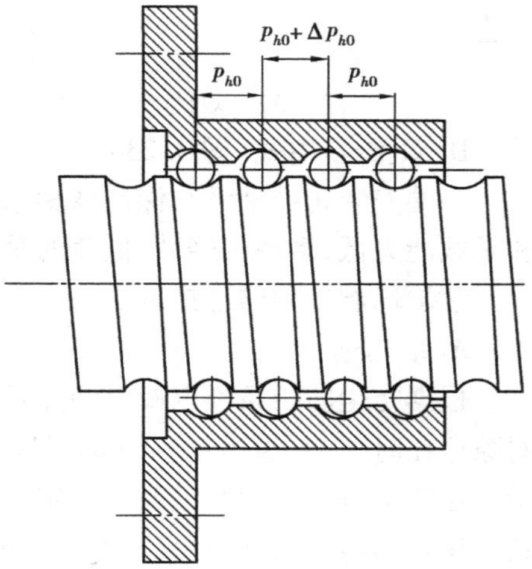

图 3.19　单螺母变位导程自预紧式

E. 单螺母变位导程自预紧式和单螺母滚珠过盈预紧式(图 3.19)

单螺母变位导程自预紧式,是在滚珠螺母体内两列循环滚珠链间,在内螺纹滚道的轴向制造出导程突变量 ΔP_{h0},从而使两列滚珠产生轴向错位而实现预紧,其特点是结构简单紧凑,但制造困难,且使用过程中不能调整。而单螺母滚珠过盈预紧式是将比公称尺寸稍大的滚珠安装在滚道中,消除传动间隙,这种方式现已很少应用。

⑥滚珠丝杠副支承方式选择

A. 单推-单推式(图 3.20)

止推轴承分别装在滚珠丝杠的两端并施加预紧力。其特点是:轴向刚度较高,预拉伸安装时,预紧力较大,但轴承寿命比双推-双推式低。

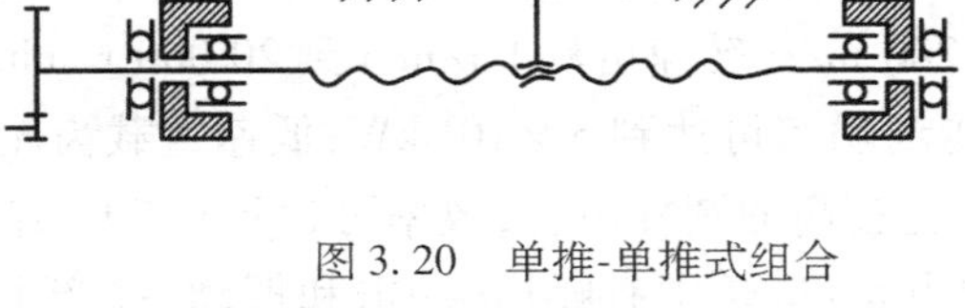

图 3.20　单推-单推式组合

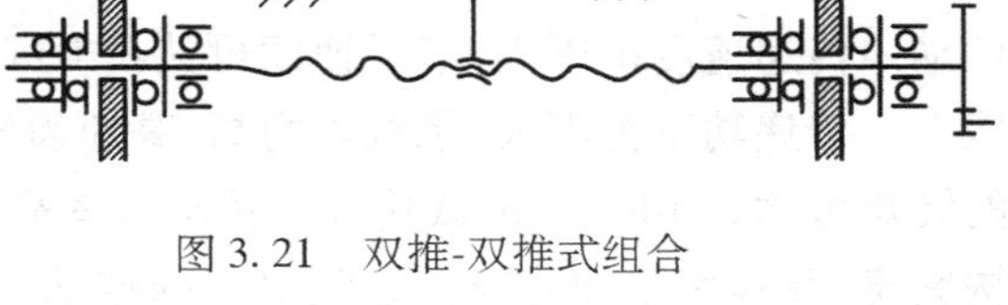

图 3.21　双推-双推式组合

B. 双推-双推式(图 3.21)

两端分别安装止推轴承与深沟球轴承的组合,并施加预紧力,其轴向刚度最高。该方式适合于高刚度、高转速、高精度的精密丝杠传动系统。但随温度的升高会使丝杠的预紧力增大,易造成两端支承的预紧力不对称。

C. 双推-简支式(图 3.22)

一端安装止推轴承与深沟球轴承的组合,另一端仅安装深沟球轴承。其特点是:轴向刚度较低,使用时应注意减少丝杠热变形的影响。适用于中速、传动精度较高的长丝杠传动系统。

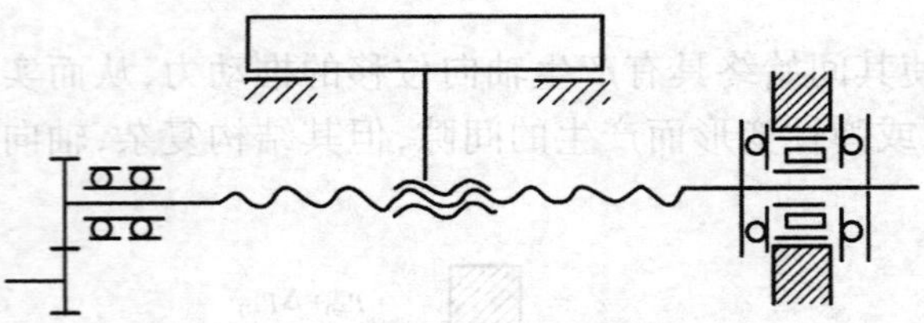

图 3.22　双推-简支式组合

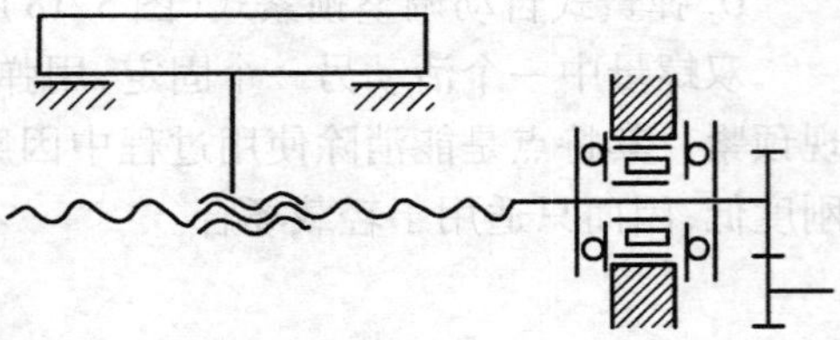

图 3.23　双推-自由式

D. 双推-自由式(图 3.23)

一端安装止推轴承与深沟球轴承的组合,另一端悬空成自由状态。其特点是:轴向刚度和承载能力低,多用于轻载、低速的垂直安装的丝杠传动系统。

⑦滚珠丝杠副的选择方法

A. 结构选择

根据防尘防护条件以及对调隙及预紧的要求,可选择适当的结构型式。比如,当允许有间隙存在时(如垂直运动),可选用具有单圆弧形螺纹滚道的单螺母滚珠丝杠副;当必须有预紧或在使用过程中因磨损而需要定期调整时,应采用双螺母螺纹预紧或齿差预紧式结构;当具备良好的防尘条件,且只需在装配时调整间隙及预紧力时,可用结构简单的双螺母垫片调整预紧式结构。

B. 尺寸选择

选择滚珠丝杠螺母副的尺寸通常主要是选择丝杠的公称直径 d_0 和导程 P_h。公称直径 d_0 应根据轴向最大载荷进行选择;导程 P_h 应考虑承载能力、传动精度、传动速度。公称直径大,承载能力强;反之,承载能力弱。导程大,承载能力强,传动速度快,传动精度降低;反之,承载能力减弱,传动速度慢,传动精度高。GB/T 17587.2—1998 中规定了滚珠丝杠副的公称直径和公称导程的公制系列,并提出了公称直径和公称导程的优先组合和一般组合。选取 d_0 和 P_h 的具体尺寸时,应按该国标规定的公制系列选取,并且先选取优先组合,当优先组合不能满足要求时,再选择一般组合。

(2)齿轮传动机构

1)齿轮传动的特点

齿轮传动是使用最广的传动方式之一,其优点是:传动比变化范围大,可用于减速或增速传动。传递速度范围大,节线速度可从 0.1 m/s 到 200 m/s,转速可从 1 r/min 到 20 000 r/min 以上。传递功率范围大,承载能力高;高速齿轮的传动功率可达到 5×10^4 kW;低速重载齿轮的转矩可达到 140 t · m 或更高。传动效率高,精度比较高的圆柱齿轮,效率可达到 0.99。结构紧凑,并能用于同心或偏心距很小的传动。其缺点是:运转中有噪声,冲击和振动,并产生动载荷;无过载保护作用;用于精度要求较高的齿轮或特殊齿形时,需要高精度的机床、刀具和量仪,制造工艺复杂,成本比较高。

采用减速齿轮传动可使伺服电机的高速输出与低速的滚珠丝杠、齿轮齿条、蜗轮蜗杆等机构的转速相匹配,并能增大输出轴的转矩。用于伺服系统的齿轮传动系统一般都是减速传动,输入是高速、低转矩,输出是低速、大转矩。

2）齿轮传动的总传动比选择

齿轮传动系统不仅是属于机械系统，也是伺服系统的一部分，其设计过程应考虑到系统的稳定性、精确性和快速性这几项特性要求。因此，应采用齿隙消除装置消除或减小齿轮传动间隙，提高传动精度并且避免传动死区造成系统振荡；在总传动比的选择上应根据使负载加速度最大这一原则，提高系统的响应速度。

图 3.24 所示是电动机通过减速齿轮装置驱动负载的模型，伺服电动机额定转矩为 T_m、转子转动惯量为 J_m，齿轮机构减速比为 i，负载转动惯量为 J_L、负载转矩为 T_{LF}，其传动比为：

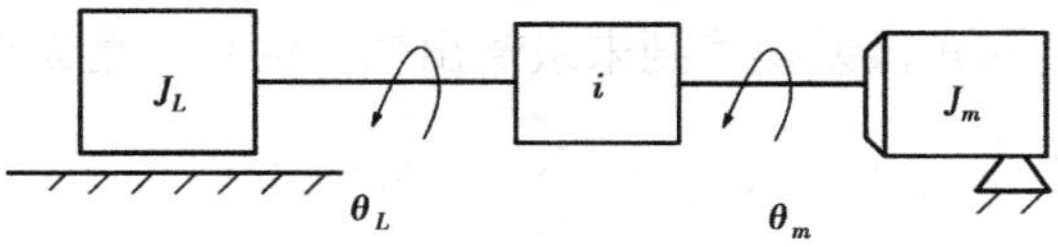

图 3.24　电机驱动负载模型

$$i = \frac{\theta_m}{\theta_L} = \frac{\dot{\theta}_m}{\dot{\theta}_L} = \frac{\ddot{\theta}_m}{\ddot{\theta}_L} > 1 \tag{3.6}$$

式中，θ_m、$\dot{\theta}_m$、$\ddot{\theta}_m$——电动机的角位移、角速度、角加速度；

θ_L、$\dot{\theta}_L$、$\ddot{\theta}_L$——负载的角位移、角速度、角加速度。

T_{LF} 折算到电动机轴上的阻抗力矩为 T_{LF}/i，J_L 折算到电动机轴上的转动惯量为 J_L/i^2。因此，电动机轴上的加速转矩 T_a 为：

$$T_a = T_m - \frac{T_{LF}}{i} = \left(J_m + \frac{J_L}{i^2}\right)\ddot{\theta}_m = \left(J_m + \frac{J_L}{i^2}\right)i\,\ddot{\theta}_L \tag{3.7}$$

或

$$\ddot{\theta}_L = \frac{T_m i - T_{LF}}{J_m i^2 + J_L} = \frac{iT_a}{J_m i^2 + J_L} \tag{3.8}$$

根据负载加速度最大的原则，令 $\frac{\partial \ddot{\theta}_L}{\partial i} = 0$，则

$$i = \frac{T_{LF}}{T_m} + \sqrt{\left(\frac{T_{LF}}{T_m}\right)^2 + \frac{J_L}{J_m}} \tag{3.9}$$

若不计摩擦，即 $T_{LF} = 0$，则

$$i = \sqrt{\frac{J_L}{J_m}} \tag{3.10}$$

对于采用步进电机为伺服电机的齿轮传动系统，当步进电动机步距角 α，系统脉冲当量 δ 和丝杠导程 P_h 后，其传动比 i 为：

$$i = \frac{\alpha P_h}{360°\delta} \tag{3.11}$$

3）齿轮传动级数选择和各级传动比的分配

①重量最轻原则

对小功率传动装置，在假定各主动小齿轮模数、齿数均相同的前提下，各级传动比可按下

式确定：

$$i_1 = i_2 = i_3 = \cdots = \sqrt{i_n} \tag{3.12}$$

大功率传动装置的各级传动比确定，要考虑齿轮模数、齿轮齿宽等参数要逐级增加的情况，应由经验、类比方法和结构设计紧凑的要求综合考虑。一般遵循“先大后小”原则进行选取。

②输出轴转角误差最小原则

为了提高机电一体化系统中齿轮传动系统传递运动的精度，各级传动比应按“先小后大”原则分配，以便降低齿轮的加工误差、安装误差以及回转误差对输出转角精度的影响。设齿轮传动系统中各级齿轮的转角误差换算到末级输出轴上的总转角误差为 $\Delta\Phi_{\max}$，则：

$$\Delta\Phi_{\max} = \sum_{k=1}^{n} (\Delta\phi_k / i_{kn}) \tag{3.13}$$

式中，$\Delta\Phi_k$——第 k 个齿轮所具有的转角误差；

i_{kn}——第 k 个齿轮的转轴至第 n 级输出轴的传动比。

减速传动链各级传动比一般从高速级逐级递增，在结构空间允许的情况下，末级或末两级传动比尽量提高，并尽量选用精度高的齿轮副。

③等效转动惯量最小原则（机械传动部分响应特性最佳原则）

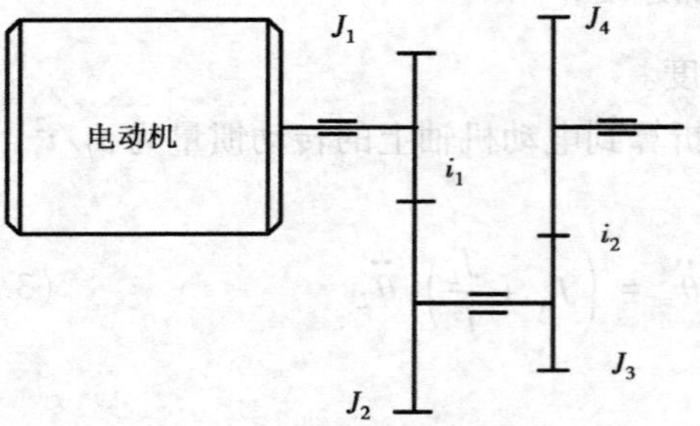

图 3.25　电动机驱动的两级齿轮机构

该原则是使各传动轴转动惯量等效到电机轴上的等效转动惯量最小。

A. 小功率传动系统

对小功率传动系统，如图 3.25 所示，若不计轴和轴承的转动惯量，则根据系统动能不变的原则，等效到电机轴上的等效转动惯量为：

$$J_{me} = J_1 + \frac{J_2 + J_3}{i_1^2} + \frac{J_4}{i_1^2 i_2^2} \tag{3.14}$$

n 级齿轮传动系统各级传动比之通式如下：

$$i_1 = 2^{\frac{2^n-n-1}{2(2^n-1)}} i^{\frac{1}{2^n-1}}, i_k = \sqrt{2}\left(\frac{i}{2^{\frac{n}{2}}}\right)^{\frac{2(k-1)}{2^n-1}} (k = 2,3,4,\cdots n) \tag{3.15}$$

齿轮传动的总等效惯量一般随传动级数增加而减小，但传动效率和传动精度随传动级数增加而降低。就是说，如要减小齿轮机构的总等效惯量，可适当增加传动级数，但同时要考虑到传动效率和传动精度会随之降低。小功率传动系统的传动级数选择可参照图 3.26。例如当总传动比为 50，采用 2 级传动时，由图 3.26，可得对应的 J_e/J_1 约为 30，由式 3.15 计算可得 $i_1 \approx 4.13$，$i_2 \approx 12.10$；采用 3 级传动时，对应的 J_e/J_1 约为 9，$i_1 \approx 2.13$，$i_2 \approx 3.21$，$i_3 \approx 7.30$。

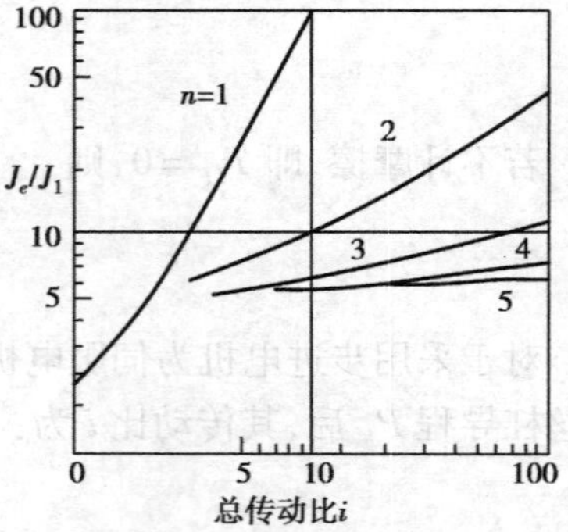

J_e：所有齿轮转动惯量折算到电机轴上所得总等效惯量

J_1：第 1 级小齿轮转动惯量

图 3.26　小功率传动系统传动级数曲线

B. 大功率传动系统

对大功率传动系统，小规律系统的计算公式不能通用，但传动比分配次序也应符合“先小后大”的次序。

其传动级数选择可参照图 3.27,第 1 级传动比分配可参照图 3.28,之后各级传动比分配可参照图 3.29。例如,总传动比为 256 时,由图 3.27 可见,因 J_e/J_1 过大,传动级数不能选择为 1 级或 2 级,如果选择 3 级传动,J_e/J_1 约为 60,选择 4 级传动,J_e/J_1 约为 30。

如果选择 4 级传动,根据图 3.28,第 1 级传动比 i_1 约为 3.30;再查图 3.29,可得第 2 级传动比 3.70、第 3 级传动比 4.24、第 4 级传动比 4.95。

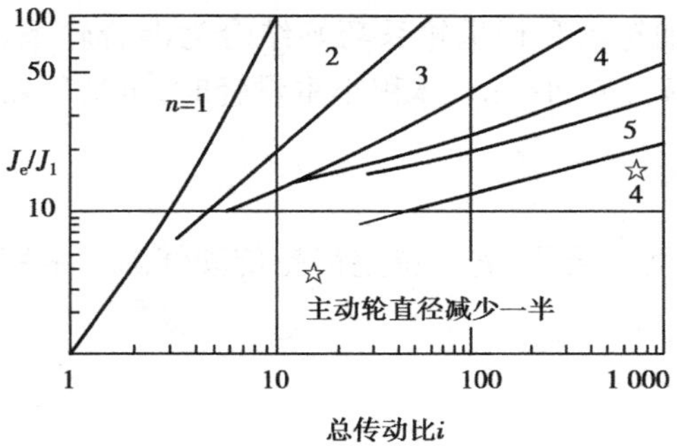

J_e:所有齿轮转动惯量折算到电机轴上所得总等效惯量

J_1:第 1 级小齿轮转动惯量

图 3.27　大功率传动系统传动级数曲线

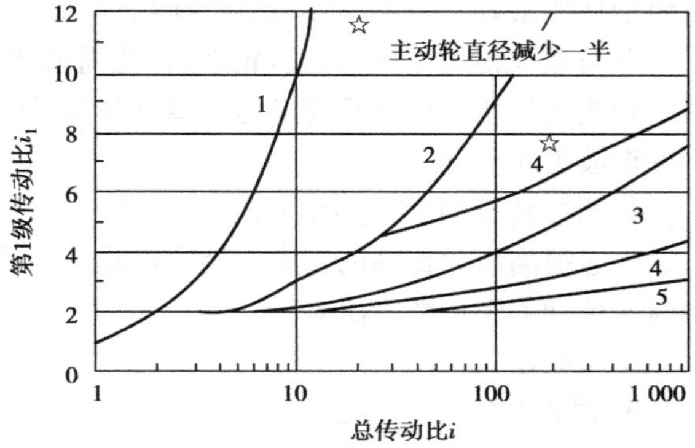

图 3.28　第 1 级传动比的分配曲线

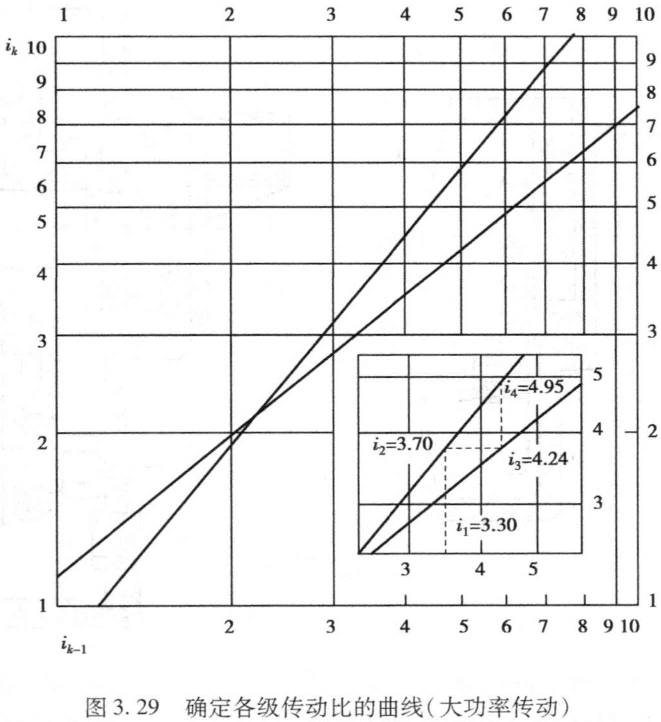

图 3.29　确定各级传动比的曲线(大功率传动)

综上所述,在设计中应根据上述的原则并结合实际情况的可行性和经济性对转动惯量、结构尺寸和传动精度提出适当要求。具体来讲有以下几点:

a. 对于要求体积小、重量轻的齿轮传动系统可用重量最轻原则。

b. 对于要求运动平稳、起停频繁和动态性能好的伺服系统的减速齿轮系，可按最小等效转动惯量和总转角误差最小的原则来处理。对于变负载的传动齿轮系统的各级传动比最好采用不可约的比数，避免同期啮合以降低噪声和振动。

c. 对于提高传动精度和减小回程误差为主的传动齿轮系，可按总转角误差最小原则。对于增速传动，由于增速时容易破坏传动齿轮系工作的平稳性，应在开始几级就增速，并且要求每级增速比最好大于 1∶3，以有利于增加轮系刚度、减小传动误差。

d. 对较大传动比传动的齿轮系，往往需要将定轴轮系和行星轮系巧妙结合为混合轮系。对于相当大的传动比并且要求传动精度与传动效率高、传动平稳、体积小重量轻时，可选用新型的谐波齿轮传动。

4）齿轮传动间隙的调整方法

为了提高齿轮传动的精度和消除齿轮传动的正反转误差，需要调整齿轮传动间隙。常用的齿轮传动间隙调整方法有：

①圆柱齿轮传动

A. 偏心套（轴）调整法

如图 3.30 所示，将相互啮合的一对齿轮中的一个齿轮 4 装在电动机输出轴上，并将电动机 2 安装在偏心套 1（或偏心轴）上，通过转动偏心套（偏心轴）的转角，就可调节两啮合齿轮的中心距，从而消除圆柱齿轮啮合的齿侧间隙。此方法结构简单，但不能自动补偿间隙。

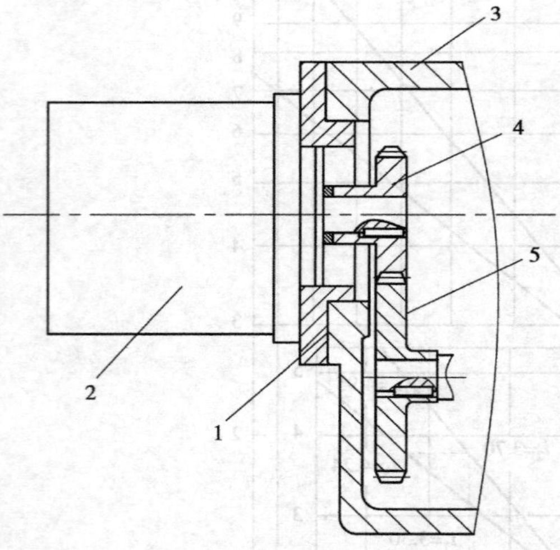

图 3.30　偏心套调整法

1—偏心套；2—电动机；3—减速箱；4，5—减速齿轮

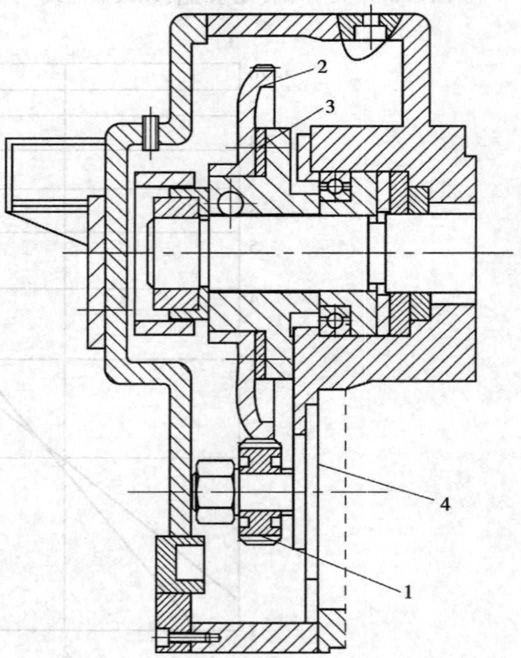

图 3.31　轴向垫片调整法

1，2—齿轮；3—垫片；4—电动机

B. 轴向垫片调整法

如图 3.31 所示，齿轮 1 和 2 相啮合，其分度圆弧齿厚沿轴线方向略有锥度，这样就可以用轴向垫片 3 使齿轮 2 沿轴向移动，从而消除两齿轮的齿侧间隙。装配时轴向垫片 3 的厚度

应使得齿轮 1 和 2 之间齿侧间隙小,运转又灵活。特点同偏心套(轴)调整法。

C. 双片薄齿轮错齿调整法

这种消除齿侧间隙的方法是将其中一个作成宽齿轮,另一个用两片薄齿轮组成。采取措施使一个薄齿轮的左齿侧和另一个薄齿轮的右齿侧分别紧贴在宽齿轮齿槽的左、右两侧,以消除齿侧间隙,反向时不会出现死区。其具体措施如下:

a. 周向弹簧式(图 3.32)

在两个薄片齿轮 3 和 4 上各开了几条周向圆弧槽,并在齿轮 3 和 4 的端面上有安装弹簧 2 的短柱 1。在弹簧 2 的作用下使薄片齿轮 3 和 4 错位而消除齿侧间隙。这种结构形式中弹簧 2 的拉力必须克服驱动转矩才能起作用。该方法受到周向圆弧槽和弹簧尺寸的限制,仅适用于读数装置而不是功率驱动装置。

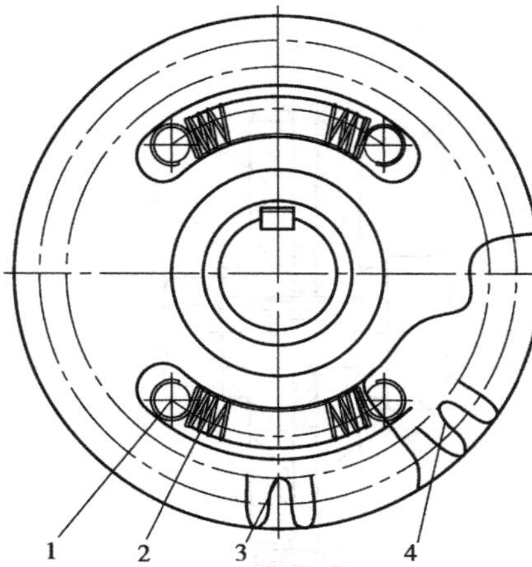

图 3.32　薄片齿轮周向拉簧错齿调整法

1—短柱;2—弹簧;3,4—薄片

b. 可调拉簧式(图 3.33)

在两个薄片齿轮 1 和 2 上安装有凸耳 3,弹簧的一端钩在凸耳 3 上,另一端钩在螺钉 7 上。弹簧 4 的拉力大小可用螺母 5 调节螺钉 7 的伸出长度,调整好后再用螺母 6 调整。

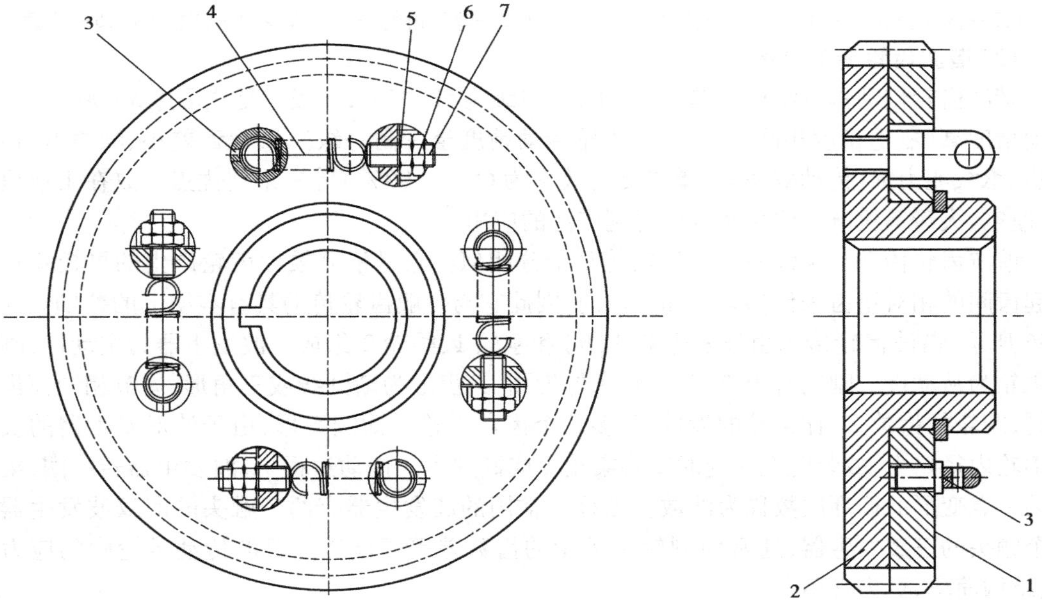

图 3.33　可调拉簧式

1,2—齿轮;3—凸耳;4—弹簧;5、6—螺母;7—螺钉

消除斜齿轮传动齿轮侧隙的方法与上述错齿调整法基本相同,也是用两个薄片齿轮与一个宽齿轮啮合,只是在两个薄片斜齿轮的中间隔开了一小段距离,这样它的螺旋线便错开了。图 3.34 是垫片错齿调整法,其特点是结构比较简单,但调整较费时,且齿侧间隙不能自动补

偿,图3.35是轴向压簧错齿调整法,其特点是齿侧隙可以自动补偿,但轴向尺寸较大。结构欠紧凑。图3.35中1,2为薄片齿轮,3为宽齿轮,4为调整螺母,5为弹簧。

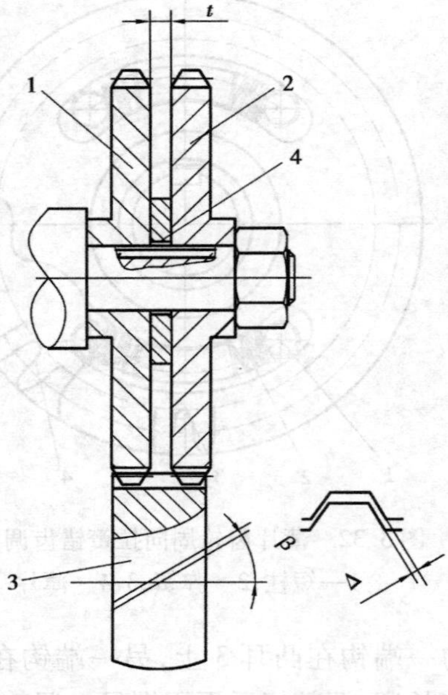

图3.34　垫片错齿调整

1,2—薄片齿轮;3—宽齿轮;4—垫片

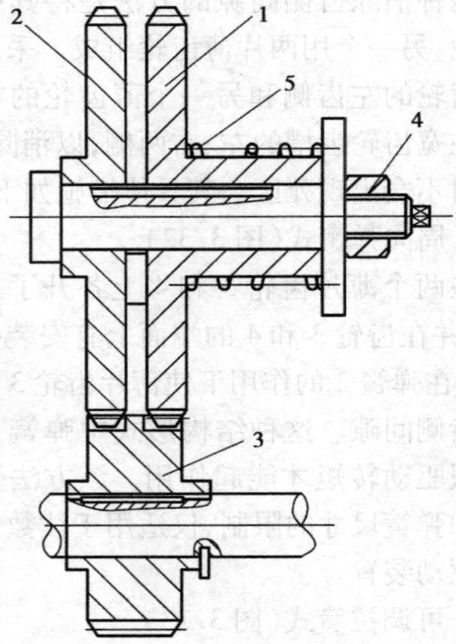

图3.35　轴向压簧错齿调整

1,2—薄片齿轮;3—宽齿轮;4—调整螺母;5—弹簧

(3)谐波齿轮传动机构

谐波齿轮传动具有结构简单、传动比大(单级为50~500,多级或复式可达30 000以上)、传动精度高(制造精度相同时,比一般齿轮传动精度至少高一级)、回程误差小、噪声低、传动平稳、承载能力强、传动效率高(单级传动效率为65%~99%)等一系列优点。故在工业机器人、航空、火箭等机电一体化系统中得到广泛的应用。

谐波齿轮传动与少齿差行星齿轮传动十分相似。它是依靠柔性齿轮产生的可控变形波引起齿间的相对错齿来传递动力和运动的,因此它与一般齿轮传动具有本质上的差别。如图3.36所示,谐波齿轮传动由波发生器3(H)和刚轮1、柔轮2组成。波发生器为主动件,刚轮或柔轮为从动件。刚轮有内齿圈,柔轮有外齿圈,其齿形为渐开线或三角形,周节相同而齿数不同,刚轮的齿数 Z_g 比柔轮的齿数 Z_r 多几个齿。柔轮是薄圆筒形,由于波形发生器的长径比柔轮内径略大,故装配在一起时就将柔轮撑成椭圆形。传动过程中,波发生器转一圈,柔轮上某一点变形的循环次数称为波数。工程上常用的波发生器有两个触头的即双波发生器和三个触头的三波发生器,通常使刚轮和柔轮的齿数差等于波数。双波传动柔轮中的应力较小、结构简单,更为常用。

具有双波发生器的谐波齿轮机构,其椭圆长轴的两端柔轮与刚轮的齿相啮合,在短轴方向的齿完全分离。如图3.37所示,当波发生器顺时针转一圈时,两轮相对位移为两个齿距。当刚轮固定时,则柔轮的回转方向与波发生器的回转方向相反。谐波齿轮传动机构可用于增速或减速,通常用作减速装置。

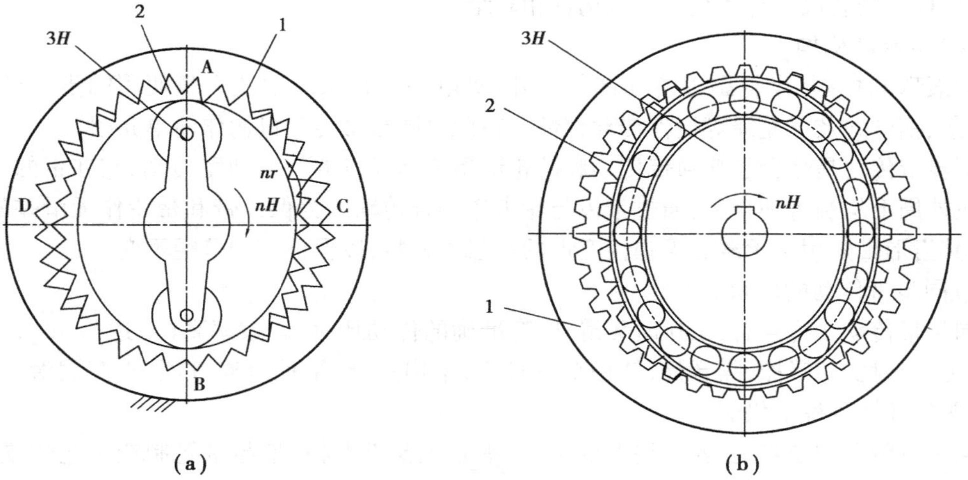

图 3.36　谐波齿轮传动机构组成

1—刚性轮;2—柔性轮;3—波发生器

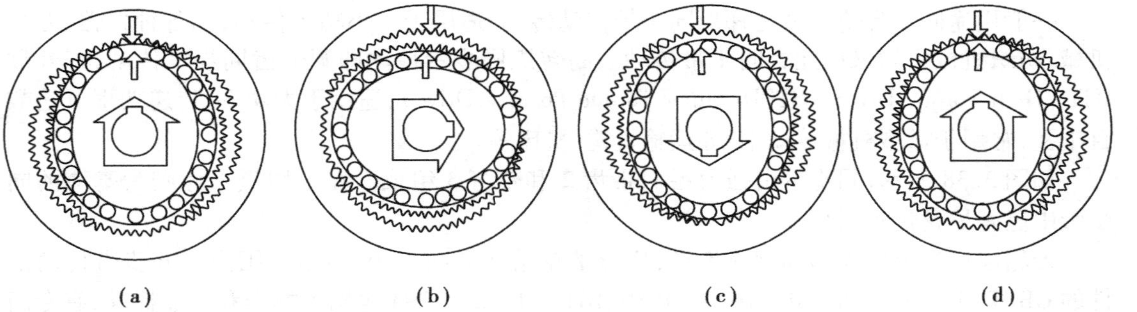

图 3.37　谐波齿轮机构工作原理

谐波齿轮传动的波发生器相当于行星轮系的转臂,柔轮相当于行星轮,刚轮则相当于中心轮。则传动比为:

$$i_{rg}^{H} = \frac{\omega_r - \omega_H}{\omega_g - \omega_H} = \frac{Z_g}{Z_r} \tag{3.16}$$

式中,ω_g,ω_r,ω_H分别为刚轮、柔轮、波发生器的角速度。

柔轮固定时,$\omega_r = 0$,则

$$i_{rg}^{H} = \frac{-\omega_H}{\omega_g - \omega_H} = \frac{Z_g}{Z_r}, \frac{\omega_g}{\omega_H} = 1 - \frac{Z_r}{Z_g} = \frac{Z_g - Z_r}{Z_g}, i_{Hg} = \frac{\omega_H}{\omega_g} = \frac{Z_g}{Z_g - Z_r} \tag{3.17}$$

设 $Z_r = 200$、$Z_g = 202$,则 $i_{Hg} = 101$。结果为正值说明刚轮与波发生器转向相同。

刚轮固定时,$\omega_g = 0$,则

$$\frac{\omega_r - \omega_H}{0 - \omega_H} = \frac{Z_g}{Z_r}, 1 - \frac{\omega_r}{\omega_H} = \frac{Z_g}{Z_r}, i_{Hr} = \frac{\omega_H}{\omega_r} = \frac{Z_r}{Z_r - Z_g} \tag{3.18}$$

设 $Z_r = 200$、$Z_g = 202$,则 $i_{Hr} = -100$。结果为负值说明柔轮与波发生器的转向相反。

谐波齿轮减速器的国标是 GB/T 14118—93,设计时可购买完整的谐波减速器,也可根据需要单独购买不同减速比、不同输出转矩的谐波减速器中的刚轮、柔轮、波发生器这三大构

件,并根据其安装尺寸与系统的机械构件相联结。

(4)带传动机构

除滚珠丝杠副、齿轮副等传动部件之外,机电一体化系统中还大量使用同步齿形带、钢带、链条、钢丝绳及尼龙绳等挠性传动部件。在此对同步带传动机构作简单介绍。

同步带传动是综合了普通带传动和链轮链条传动优点的一种新型传动,它在带的工作面及带轮外周上均制有啮合齿,通过带齿与轮齿作啮合传动。为保证带和带轮作无滑差的同步传动,其齿形带采用了承载后无弹性变形的高强力材料,以保证带的节距不变。

1)同步带传动的优缺点

同步带传动的优点有:工作时无滑动,有准确的传动比;传动效率高(可达0.98),节能效果好;传动平稳,能吸振,噪音低;使用范围较广,结构紧凑;维护保养方便、不需润滑、运转费用低;恶劣环境条件下仍能正常工作。

同步带传动的缺点是:安装精度要求高、中心距要求严格,带与带轮制造工艺较复杂、制造成本高,具有一定的蠕变性。

2)同步带及带轮结构

同步带传动可分为一般用途同步带和高转矩同步带传动。

一般用途同步带传动就是梯形同步带传动传动,适用于中小功率传动,如各种仪器、办公机械、纺织机械中均采用此类同步带传动。高转矩同步带传动即圆弧齿同步带传动,国外称HTD(High Torque Drive)、STPD(Super Torque Positive Drive),适用于大功率,传递功率可达数百千瓦,常用于重型机械传动中,如运输机构、机床等。

如图3.38所示,同步带由强力层1、带齿2和带背3组成。在采用氯丁橡胶为基体的同步带中还有尼龙包布层4。

带轮齿形有梯形齿形和圆弧齿形,梯形带轮结构如图3.39所示。国内有同步带传动部件的GB/T 11362—2008、GB 11616—1989、JBT 7512.2—1994等国家标准和行业标准,有专门厂家生产供选用。

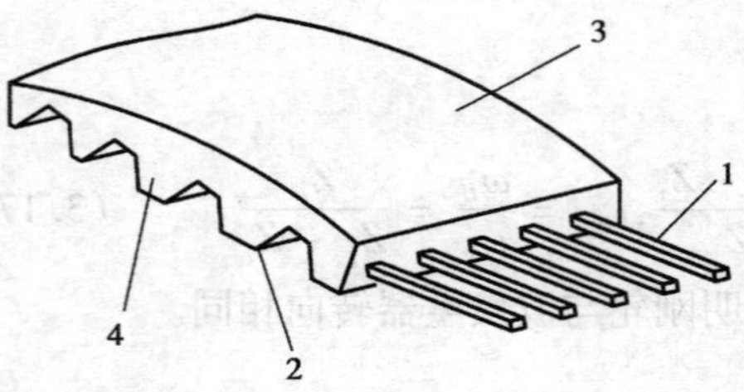

图3.38 同步带的结构

1—加强筋;2—带齿;3—带背;4—尼龙包布层

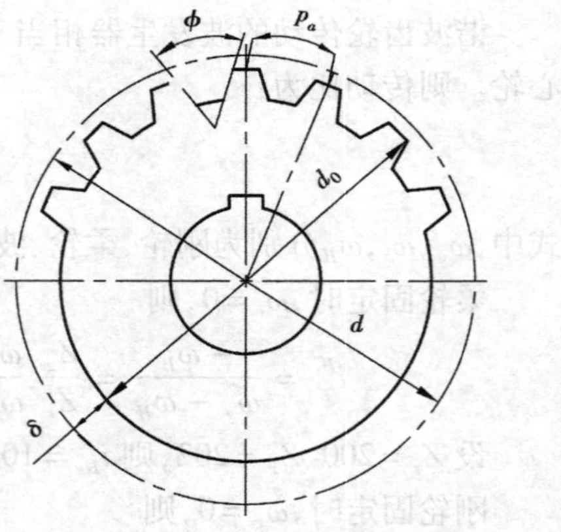

图3.39 梯形同步带轮的结构

ϕ—带轮齿槽角;d_0—带轮外径;Pa—带轮节距;d—带轮节径;δ—带轮节顶距

3.4 导向支承机构

3.4.1 主要功能与分类

导向支承机构的作用是导向和承载，使运动部件能安全、准确地按照给定的运动要求和规定的运动方向运动，并承受运动部件的载荷。导向机构通常被称为导轨副，简称导轨，其功能是让运动部件沿着一定的轨迹（直线或圆周）运动，并承受运动部件上的载荷。

(1)导轨副的分类

导轨副包括运动件和承导件两部分。图3.40是直线运动导轨副的组成。在导轨副中，运动的一方叫运动件，不动的一方叫做承导件。承导件用以支承和约束运动件，使之按功能要求作正确的运动。通常，运动件相对于承导件只能作直线运动或者回转运动。

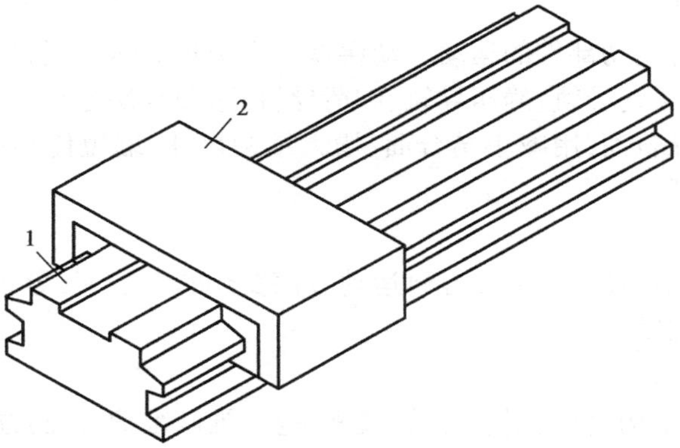

图3.40 直线运动导轨副的组成

1—承导件;2—运动件

导轨可按下列方式分类：

1)按运动方式

它可分为直线运动导轨和回转运动导轨。

2)按接触表面的摩擦性质

它可分为滑动导轨和滚动导轨。滑动摩擦按两导轨面间的摩擦状态又可分为混合摩擦导轨、边界摩擦导轨、液体动压导轨和液体静压导轨等。

3)按结构形式

它可分为开式导轨和闭式导轨。开式导轨即借助自重、载荷或弹簧弹力保证运动件与承导面之间的接触，其特点是结构简单，但不能承受较大颠覆力矩；闭式导轨靠导轨本身的结构形状和一些辅助装置保证运动件与承导面之间的接触，既能承受不同方向的外力，还能承受较大颠覆力矩。

(2)导轨副应满足的基本要求

导轨副应满足的基本要求是：

1)导向精度高

导向精度指动导轨沿给定方向运动时应保证的准确程度。

2)刚性好

刚度指导轨抵抗外载荷的能力,从而不影响导向部件的导向精度(运动精度)。

在一般情况下,为减轻或平衡外力的影响,可采用加大导轨尺寸、添加辅助导轨、增加接触面积的方法提高刚度。

3)精度的保持性好

精度的保持性指导轨副表面的耐磨性(耐磨能力)应达到导轨面的使用寿命要求。它主要取决于导轨的结构、材料、摩擦性质、表面粗糙度、表面硬度、表面润滑及受力情况等。提高导轨的精度保持性,必须进行正确的润滑与保护。

4)导轨运动灵活性和低速运动平稳性好

①导轨运动灵活性

它是指对系统控制指令的反应能力。

②低速运动平稳性

它是指低速运动时运动部件的运动波动误差。为防止低速“爬行”现象的出现,可同时采取以下几项措施:采用滚动导轨、静压导轨、卸荷导轨、贴塑料层导轨等;在普通滑动导轨上使用含有极性添加剂的导轨油;用减小结合面、增大结构尺寸、缩短传动链、减少传动副等方法来提高传动系统的刚度。

5)温度敏感性小

温度敏感性指导轨在环境温度和导轨运动摩擦发热的影响下,导轨运动灵活性、平稳性、导向精度产生变化的程度。

6)结构工艺性好

结构工艺性好,即结构简单、制造容易、装配调整、维修维护、检测方便、生产成本低。

3.4.2 几种典型导轨

(1)滑动导轨

滑动导轨是最常用的导轨,其他类型的导轨都是在滑动导轨基础上逐步发展形成的。滑动导轨的摩擦性质为具有一定动压效应的混合摩擦。

1)导轨副的截面形状及其特点

①直线运动导轨截面形状

直线运动导轨常见的导轨截面形状,有三角形(分对称、不对称两类)、矩形、燕尾形及圆形等四种,每种又分为凸形和凹形两类。如图 3.41 所示,凸形导轨不易积存切屑等脏物,也不易储存润滑油,宜在低速下工作;凹形导轨则相反,可用于高速,但必须有良好的防护装置,以防切屑等脏物落入导轨。各种导轨的特点如下:

A. 三角形导轨

支承导轨尖顶朝上的导轨副称为三角形导轨,尖顶朝下的称为 V 形导轨。该导轨在垂直载荷的作用下,磨损后能自动补偿,不会产生间隙,故导向精度较高。但压板面仍需有间隙调整装置。它的截面角度由载荷大小及导向要求而定,一般为 90°。为增加承载面积,减小比压,在导轨高度不变的条件下,应采用较大的顶角(110° ~120°);为提高导向性,可采用较小的顶角(60°)。如果导轨上所受的力,在两个方向上的分力相差很大,应采用不对称三角形,以使力的作用方向尽可能垂直于导轨面。此外，导轨水平与垂直方向误差会相互影响，给制造、检验和修理带来困难。

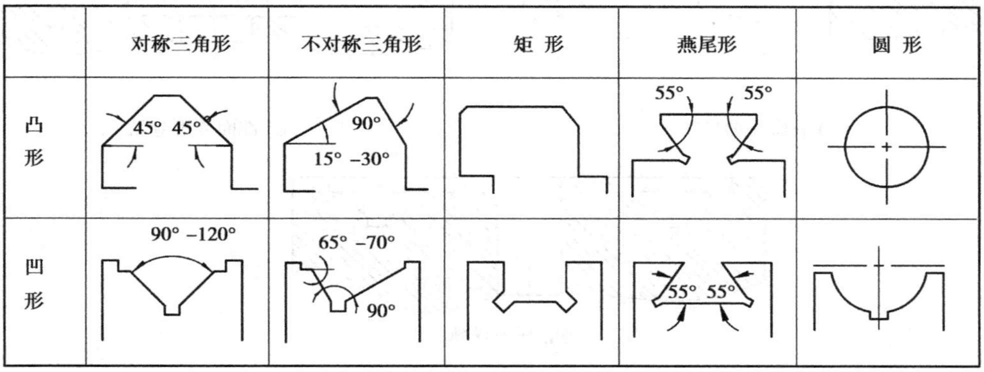

图 3.41　直线运动导轨截面形状

B. 矩形导轨

矩形导轨的特点是结构简单，制造、检验和修理方便，导轨面较宽，承载能力大，刚度高，故应用广泛。

矩形导轨的导向精度没有三角形导轨高，磨损后不能自动补偿，须有调整间隙装置，但水平和垂直方向上的位置各不相关，即一方向上的调整不会影响到另一方向的位移，因此安装调整均较方便。在导轨的材料、载荷、宽度相同情况下，矩形导轨的摩擦阻力和接触变形都比三角形导轨小。

C. 燕尾形导轨

此类导轨磨损后不能自动补偿间隙，需设调整间隙装置。两燕尾面起压板面作用，用一根镶条就可调节水平与垂直方向的间隙，且高度小，结构紧凑，可以承受颠覆力矩。但刚度较差，摩擦力较大，制造、检验和维修都不方便。用于运动速度不高，受力不大，高度尺寸受到限制的场合。

D. 圆形导轨

圆形导轨制造方便，外圆采用磨削，内孔经过珩磨，可达到精密配合，但磨损后很难调整和补偿间隙。圆柱形导轨有两个自由度，适用于同时作直线运动和转动的地方。若要限制转动，可在圆柱表面开键槽或加工出平面，但不能承受大的扭矩，亦可采用双圆柱导轨。圆柱导轨多只用于承受轴向载荷的场合。

②回转圆周运动导轨的截面形状

如图 3.42 所示，回转运动导轨副基本截面形状主要有以下 3 种。

A. 平面环形导轨（图 3.42（a））

承载能力大，工艺性较好，能承受较大轴向载荷，但不能承受径向力，因此必须与主轴联合使用，由主轴的径向轴承承受径向载荷。适用于由主轴定心的各种回转运动导轨的机床，如高速大载荷立式车床、齿轮机床等。

B. 锥面环形导轨（图 3.42（b））

α 角在 15° ~ 45°。除承受轴向载荷外，能承受一定的径向载荷。

C. 双锥面环形导轨（图 3.42（c））

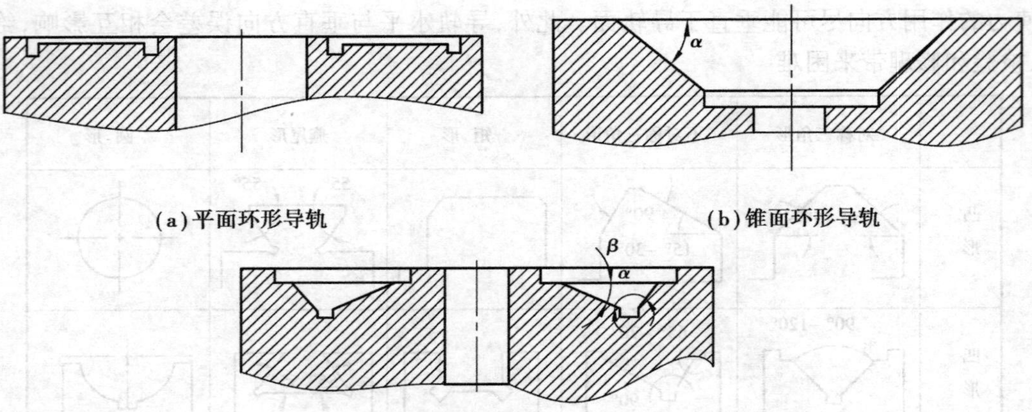

(a)平面环形导轨 (b)锥面环形导轨

(c)双锥面环形导轨

图 3.42 回转运动导轨的基本截面形状

α 角一般为 90°，β 角可在 20°～70°范围内变化。除承受轴向和径向载荷外，能承受一定的颠覆力矩。一般用于载荷大、速度高的立式车床。

锥面导轨和双锥面导轨的缺点是工艺性差，在与主轴联合使用时既要保证导轨面的接触，又要保证导轨锥面与主轴的同心是相当困难的，因此它们有被平面环形导轨取代的趋势。

2）导轨的组合形式

①双三角形导轨（图 3.43）

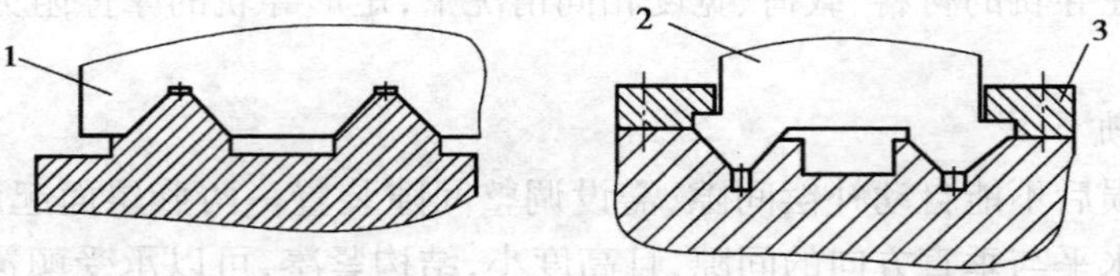

图 3.43 双三角形导轨

1—三角形导轨；2—V 形导轨；3—压板

两条三角形导轨同时起支承和导向作用。由于结构对称，驱动元件可对称地放在两导轨中间，并且两条导轨磨损均匀，磨损后相对位置不变，能自动补偿垂直和水平方向的磨损，故导向性和精度保持性都高，接触刚度好。但工艺性差，对导轨的四个表面刮削或磨削也难以完全接触，如果床身和运动部件热变形不同，也很难保证四个面同时接触。加工、检验、维修不便，因此多用于精度要求较高的机床设备。

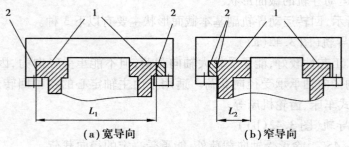

②双矩形导轨（图 3.44）

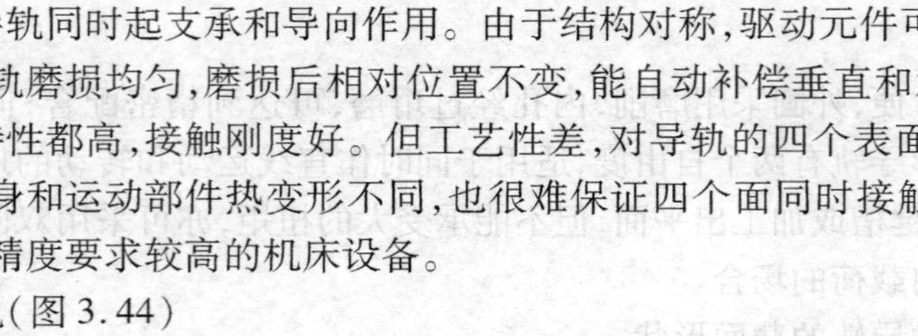

(a)宽导向 (b)窄导向

图 3.44 双矩形导轨

1—承载面；2—导向面

承载能力较大,但导向性稍差,多用于一般精度的重型机械。当分别由两条导轨的外侧或内侧导向时,叫做宽导向(图3.44(a));由一条导轨的两侧导向时,叫做窄导向(图3.44(b))。导轨受热膨胀时宽导向比窄导向变形量大,调整时应留有较大的侧向间隙,因而导向性较差。无论宽导向或窄导向,导向侧面都需要镶条调整间隙。为提高导向精度,数控机床上多采用窄导向式的双矩形导轨。

③三角形和矩形组合(图3.45(a))

这种组合形式兼有三角形导轨的导向性好、矩形导轨的制造方便、刚性好等优点,并避免了由于热变形所引起的配合变化,应用最广。但导轨磨损不均匀,一般是三角形导轨比矩形导轨磨损快,磨损后又不能通过调节来补偿,故对位置精度有影响。闭合导轨有压板面,能承受颠覆力矩。这种组合有V-矩、棱-矩两种形式。V-矩组合导轨易储存润滑油,低、高速都能采用,棱-矩组合不能储存润滑油,只用于低速运动。

④三角形和平面导轨组合(图3.45(b))

此种组合具有三角形和矩形组合导轨的基本特点,但由于没有闭合导轨装置,因此只能用于受力向下的场合。

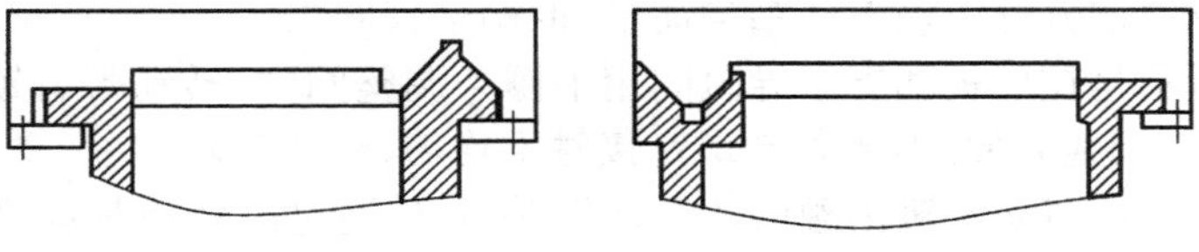

(a)三角形和矩形导轨组合

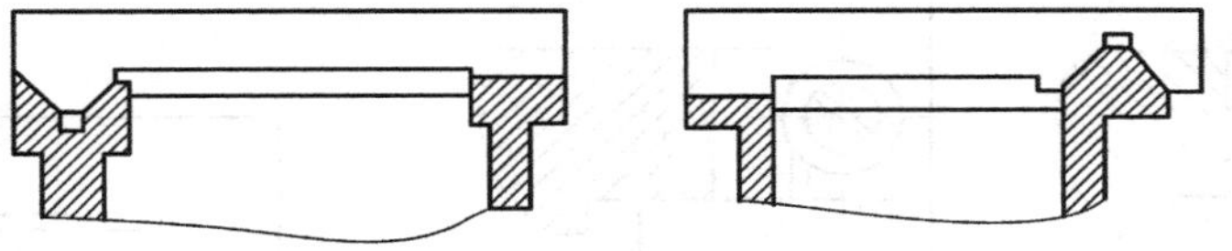

(b)三角形和平面导轨组合

图3.45 三角形和矩形平面导轨组合

对于三角形和矩形、三角形和平面组合导轨,由于三角形和矩形(或平面)导轨的摩擦阻力不相等,因此在布置牵引力的位置时,应使导轨的摩擦阻力的合力与牵引力在同一直线上,否则就会产生力矩,使三角形导轨对角接触,影响运动件的导向精度和运动的灵活性。

⑤燕尾形-矩形组合(图3.46)

这类组合兼有调整方便和能承受较大力矩的优点,多用于横梁、立柱和摇臂导轨。

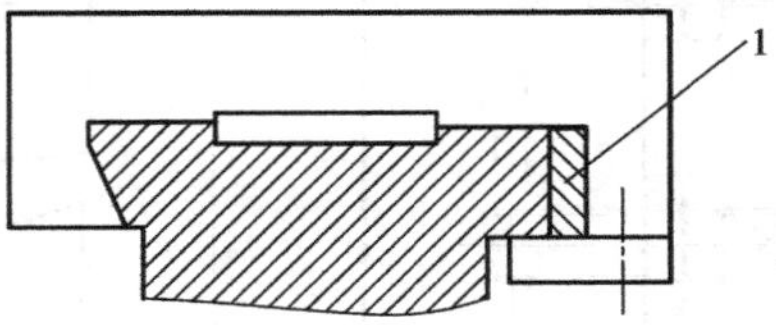

图3.46 燕尾形-矩形组合

1—直镶条

3)导轨副间隙的调整

为保证导轨正常工作,导轨滑动表面之间应保持适当的间隙。间隙过小,会增加摩擦阻力,加速磨损;间隙过大,会降低导向精度,还容易产生振动。因此,必须使导轨结合面间具有合理间隙,磨损后又能方便调整。除装配时应仔细调整导轨间隙外,导轨经长期使用后,间隙会因磨损而增大,需要及时调整,故导轨应有间隙调整装置。压板和镶条是常用的导轨间隙调整装置。

①压板

压板用螺钉固定在运动件上，用修刮、垫片来调整间隙，承受颠覆力矩。图 3.47 所示为矩形导轨上常用的 3 种压板结构：

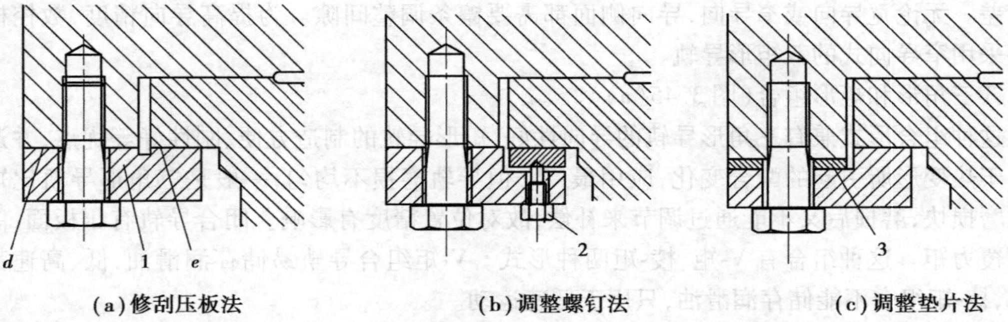

图 3.47　常用压板结构

1—压板；2—调整螺钉；3—调整垫片

图 3.47(a)用磨刮压板的 d 面和 e 面来调整间隙。间隙过大时磨刮 d 面，间隙过小磨刮 e 面。d 面、e 面用空刀槽分开。该方式结构简单，但调整较麻烦。

图 3.47(b)所示是在压板和支承导轨间用平镶条调整间隙，转动带有锁紧螺母的调整螺钉 2 即可调整间隙，调整方便，但镶条与螺钉接触不均匀，刚度较差。

图 3.47(c)在压板与动导轨接触面放几层薄垫片 3，通过改变垫片厚度来调整垂直方向的间隙。

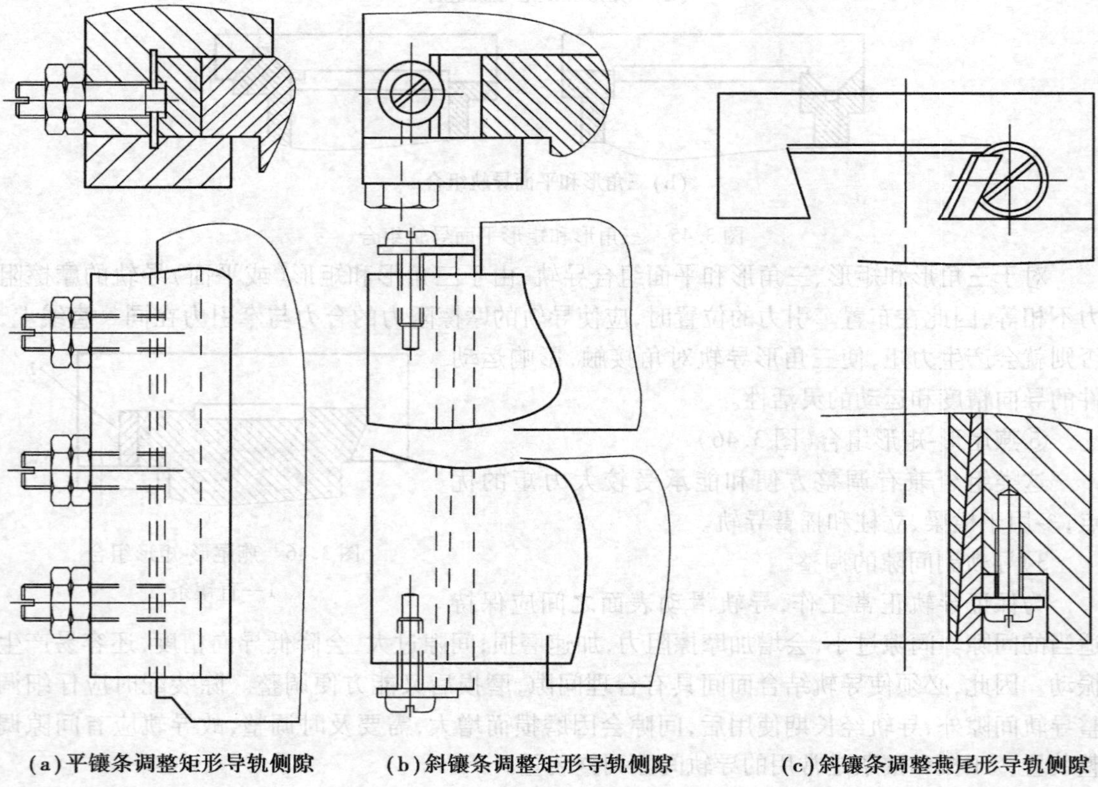

图 3.48　镶条结构

②镶条

图3.48(a)所示为采用平镶条调整导轨侧面间隙的结构。平镶条横截面积为矩形或平行四边形(用于燕尾导轨),以镶条的横向位移来调整间隙。平镶条一般放在受力小的一侧,用螺钉调节,螺母锁紧。因各螺钉单独拧紧,收紧力不易一致,使镶条在螺钉的着力点有挠度,使接触不均匀,刚性差,易变形,调整较麻烦,故用于受力较小的导轨,或短导轨。图3.48中(b)、(c)所示为采用两根斜镶条调整导轨侧面间隙的结构。调整时拧动螺钉,使斜镶条纵向(平行运动方向)移动来调整间隙。为了缩短斜镶条的长度,一般将镶条放在移动件上。斜镶条是在全长上支承,其斜度为1∶40～1∶100,镶条长度越长,斜度应越小,以免两端厚度相差过大。

4)导轨副材料的选择

导轨副材料选择的基本要求:应具有高的耐磨性、减振性、热稳定性以及易于生产制造。

①铸铁导轨

铸铁导轨的耐磨性和减振性好,热稳定性高,易于铸造和切削加工,成本低。导轨常用铸铁有:灰铸铁(200HT)、耐磨铸铁(高磷铸铁、低合金铸铁、稀土铸铁、孕育铸铁)。为提高导轨硬度,常采用高频淬火、中频淬火及电接触自冷淬火等表面淬火处理。

②镶钢导轨

为了提高导轨的耐磨性,可以采用淬硬的钢导轨。淬火的钢导轨都是镶装或焊接在铸铁或钢制的床身上的,如图3.49所示。淬硬钢导轨的耐磨性比不淬硬铸铁导轨高5～10倍。目前国内主要用于数控机床的滚动导轨上。

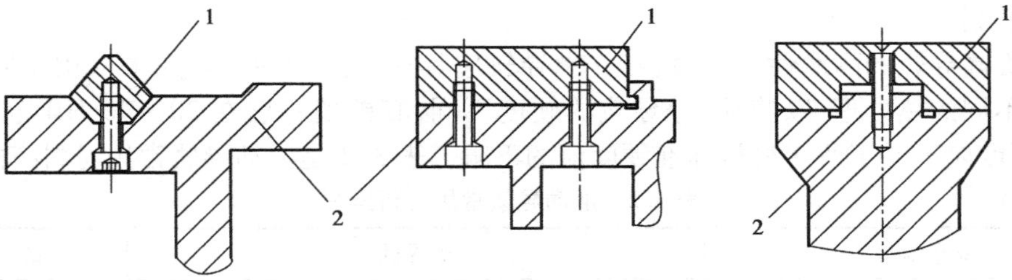

图3.49　镶钢导轨

1—钢导轨;2—床身、机架

③有色金属导轨

有色金属镶装导轨常用于重型机床的动导轨上,与铸铁支承导轨配合。常用的有色金属有黄铜、锡青铜、铝青铜和锌合金、超硬铝、铸铝等,其中以铝青铜较好。

④塑料导轨

塑料导轨的优点是:耐磨性好(但略低于铝青铜),抗振性能好,工作温度适应范围广,抗撕伤能力强;动、静摩擦系数低,差别小;加工性和化学稳定性好,工艺简单,成本低。塑料导轨多与不淬火的铸铁导轨搭配。适用于中小精密机床和数控机床,也可用于大型、重型机床上承载不太大的进给导轨,尤其是竖直导轨。常见的塑料导轨有以下类型:

A. 粘贴塑料导轨软带

粘贴的塑料导轨软带多以聚四氟乙烯为基体,加入青铜粉、二硫化钼和石墨等填充剂混合烧结,并做成软带状。塑料软带一般粘贴在动导轨上,形成塑料-金属导轨副,维修时只需更换软带。

B. 金属塑料复合导轨板

如图 3.50 所示,该导轨板分为三层,内层钢板,以保证导轨板的机械强度和承载能力。钢板上被铜并烧结球形青铜粉或者铜丝网形成多孔中间层,在青铜间隙中压入聚四氟乙烯及其他填料。当青铜与配合面摩擦发热时,由于塑料的热膨胀系数远大于金属,因而塑料将从多孔层的孔隙中挤出,向摩擦表面转移补充,形成厚为 0.01 ~0.05 的表面自润滑塑料外层。

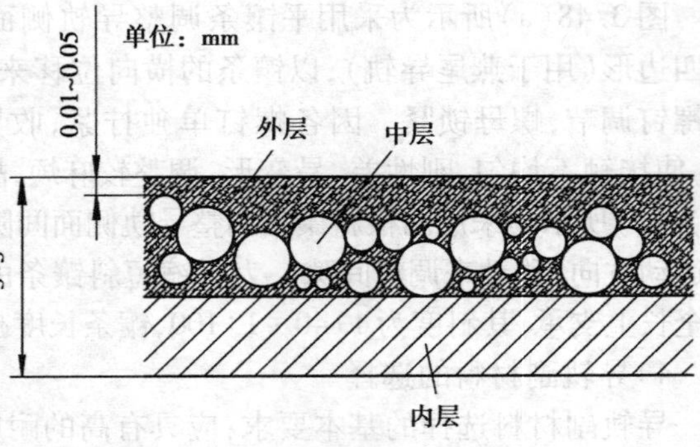

图 3.50　金属塑料复合导轨板

金属塑料导轨板也采用粘接的方法安装在动导轨表面上,使用、维修、换带方便,应用较广泛。

C. 涂塑导轨

涂塑导轨也称注塑导轨。它是以环氧树脂为基体,加入二硫化钼和胶体石墨及其他填充剂而成。导轨塑料涂层具有良好的可加工性,可车、刨、铣、钻、磨削和刮研,也有良好的摩擦特性、耐磨性、抗压强度(抗压强度比聚四氟乙烯导轨软带高)和热导率。对于修复导轨磨损非常方便,也特别适用于重型机床和不能用导轨软带的复杂配合型面。

5)导轨材料的搭配

为了提高导轨的耐磨性,动导轨和支承导轨应具有不同的硬度。如果采用相同的材料,也应采用不同的热处理,以使动、静导轨的硬度不同,其差值一般在 20 ~40 HB 范围内。而且,最低硬度应不低于所用材料标准硬度值的下限。表 3.2 是滑动导轨常用材料搭配。

表 3.2　滑动导轨常用材料搭配

支承导轨		动导轨	备　注
铸铁		铸铁、青铜、黄铜、塑料	
淬火铸铁		铸铁	
淬火钢	40 钢、50 钢、40Cr、T8A、T10A、GCr15	30 钢、40 钢	多用于圆柱导轨
20Cr、40Cr		一般要求:200HT、300HT、青铜 较高要求:耐磨铸铁、青铜	

(2)滚动导轨

在动、定导轨面间放置一定数量的滚动体,如滚珠、滚柱、滚针,使导轨面间的摩擦成为滚动摩擦,这种导轨称为滚动导轨。

滚动导轨与滑动导轨相比,具有以下特点:摩擦系数小(0.002 5 ~0.005),运动灵活;动、静摩擦系数基本相同,因而启动阻力小,而不易产生爬行;可以预紧,刚度高;定位精度高,重复定位误差为 0.1 ~0.2 μm,是滑动导轨的 1/100;精度保持性好,寿命长;润滑方便,可以采用脂润滑,一次装填,长期使用。滚动导轨可用于要求实现微量进给、精密定位和对运动灵敏度要求高的场合,因此广泛地被应用于精密机床、数控机床、测量机和测量仪器等。

其缺点是:导轨面与滚动体是点接触或线接触,所以抗振性差,接触应力大;对导轨的表面硬度、表面形状精度和滚动体的尺寸精度要求高,若滚动体的直径不一致,导轨表面有高低,会使运动部件倾斜,产生振动,影响运动精度;结构复杂,制造困难,成本较高;对脏物比较敏感,必须有良好的防护装置。

1)滚动导轨副的分类

①按滚动体类型分类

常用的滚动体有滚珠、滚柱和滚针3种,如图3.51所示。

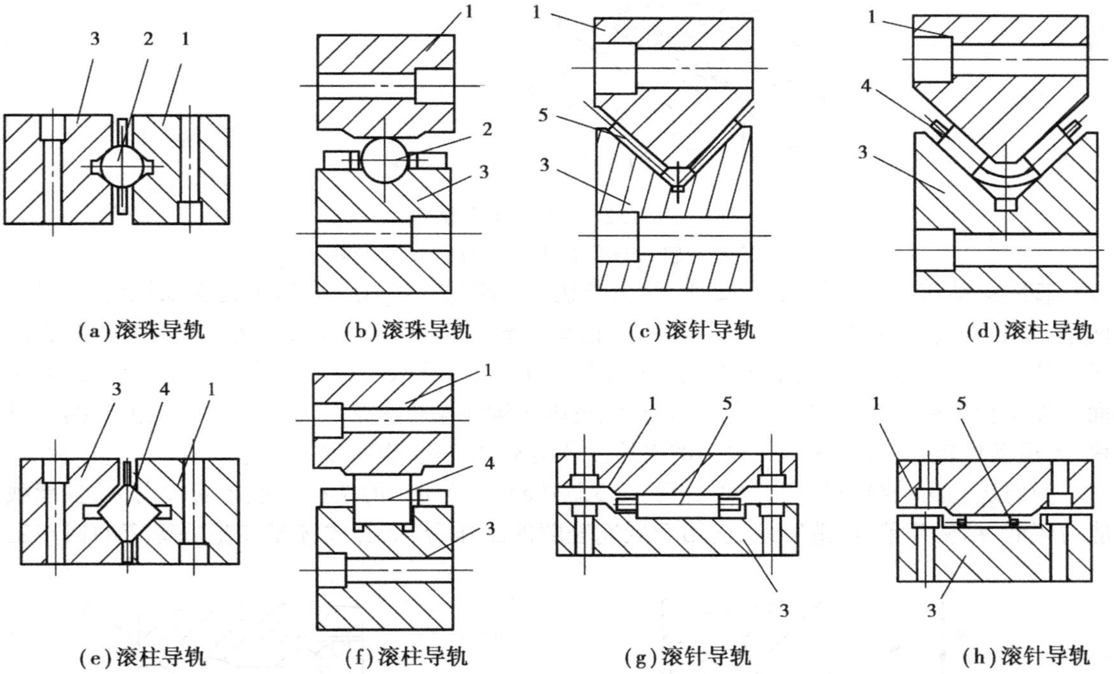

图3.51 滚动体不循环的滚动导轨副

1—动导轨;2—滚珠;3—定导轨;4—滚柱;5—滚针

滚珠导轨的特点是:摩擦阻力小,但承载能力差,刚度低;不能承受大的颠覆力矩和水平力;经常工作的滚珠接触部位,容易压出凹坑,使导轨副丧失精度。适用于载荷不超过200 N的小型部件。滚柱导轨和滚针导轨的承荷能力比滚珠导轨副高近10倍,刚度也比滚珠导轨副高;其中的交叉滚柱导轨副四个方向均能受载,导向性能也高。但是,滚针和滚柱对导轨面的平行度误差比较敏感,且容易侧向偏移和滑动,引起磨损加剧。滚针直径小,结构紧凑,承载能力比滚柱导轨更大,常用于径向尺寸小的导轨中。

②按循环方式分类

滚动导轨副的滚动体有循环式和非循环式两种类型。

循环式滚动导轨的滚动体在运行过程中沿自己的工作轨道和返回轨道作连续循环运动,因此行程不受限制。这种结构装配使用都很方便,防护可靠,应用广泛,在数控机床上的滚动导轨很多是这种结构。图3.52是循环式直线滚动导轨。

非循环式滚动导轨的滚动体在运行过程中不循环,始终与导轨面保持接触,行程有限。

③按运动轨迹分类

按按运动轨迹可分为直线运动和圆周运动两类。

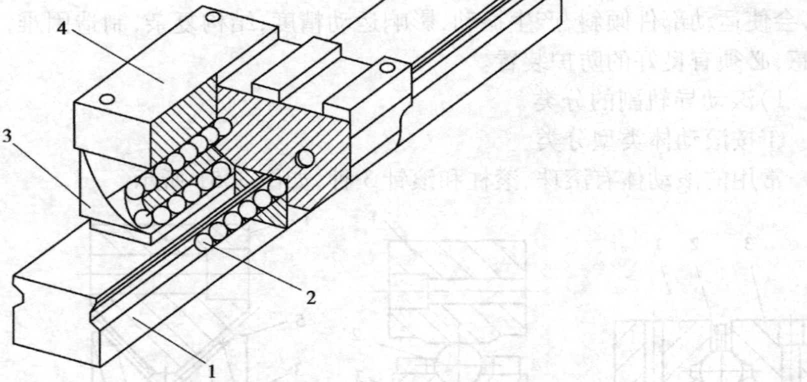

图 3.52　直线滚动导轨

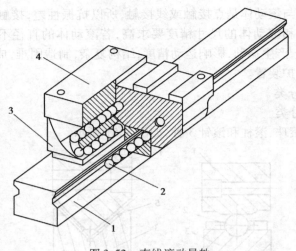

1—支承导轨;2—滚珠;3—端面挡板;4—滑块

直线运动滚动导轨如图 3.52 所示,由导轨 1 和滑块 4 组成。导轨 1 是支承导轨,一般有两根,安装在支承件(如床身)上,滑块安装在运动部件上,沿导轨作直线运动。滑块中装有两组滚珠,每组滚珠各有自己的工作轨道和返回轨道,当滚珠从工作轨道滚到滑块端部时,经端面挡板 3 和滑块中的返回轨道孔返回,在滚道内连续地循环滚动。每根导轨上至少有两个滑块,若运动件较长,可装 3 个或更多的滑块。若运动件较宽,也可用 3 根导轨。

圆周运动滚动导轨如图 3.53 所示,图 3.53(a)、(b)所示的结构只能承受轴向力,且承载能力较低、结构简单、制造容易,适用于低速轻载的工作台,如卧式镗床和坐标镗床的回转工

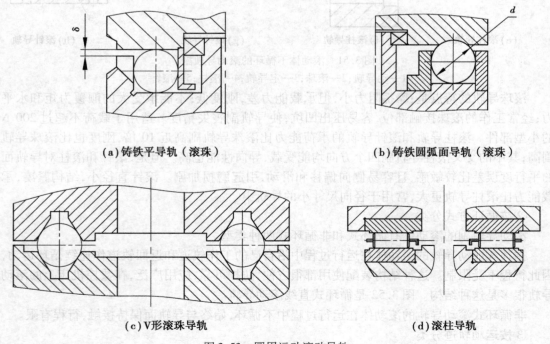

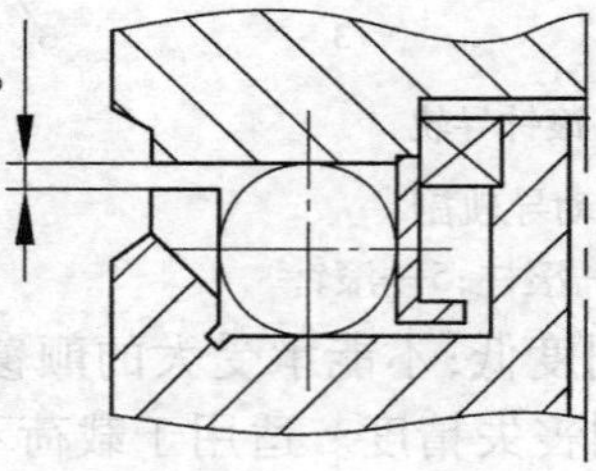

(a)铸铁平导轨(滚珠)

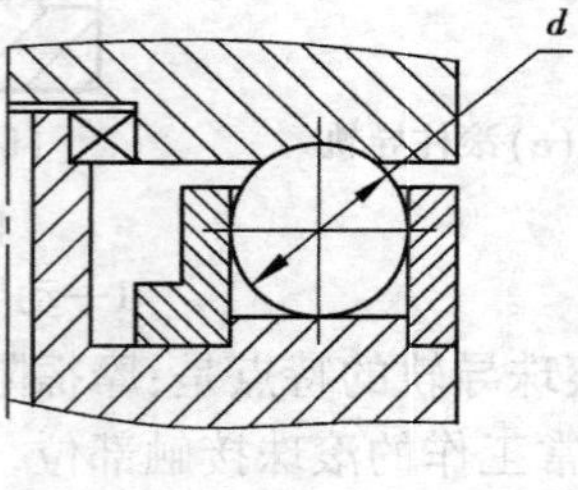

(b)铸铁圆弧面导轨(滚珠)

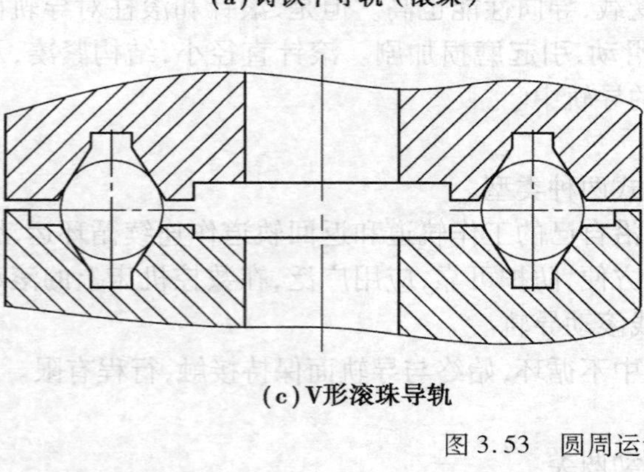

(c)V形滚珠导轨

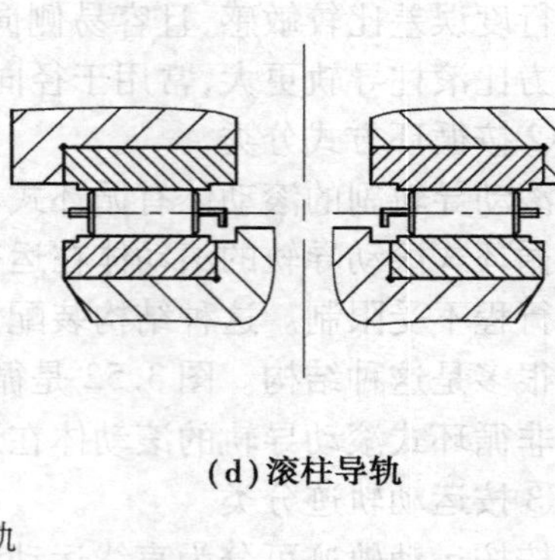

(d)滚柱导轨

图 3.53　圆周运动滚动导轨

作台；图3.53(c)所示的结构中，下导轨为对称V形，上导轨为非对称V形，承载能力较大，还能承受一定径向力，但制造复杂，可用于精密回转工作台等；图3.53(d)所示的结构只能承受轴向力，承载能力大，安装时需预紧，用于数控立式车床、立式磨床的回转工作台。

2)滚动导轨块

如图3.54所示，导轨块2用螺钉1固定在动导轨体3上，滚动体4在导轨块2与支承导轨5之间滚动，并经两端的挡板7和6及上面的返回导轨返回，作连续循环运动。滚动导轨块通常装在运动部件每条导轨的两端，运动部件较长、垂直载荷较大时，可沿导轨全长均匀布置若干个导轨块。滚动导轨块的滚动体除图3.54所示的滚柱外，还可以是滚珠。滚动导轨块已经标准化、系列化、模块化，有各种规格，由专业厂家生产。

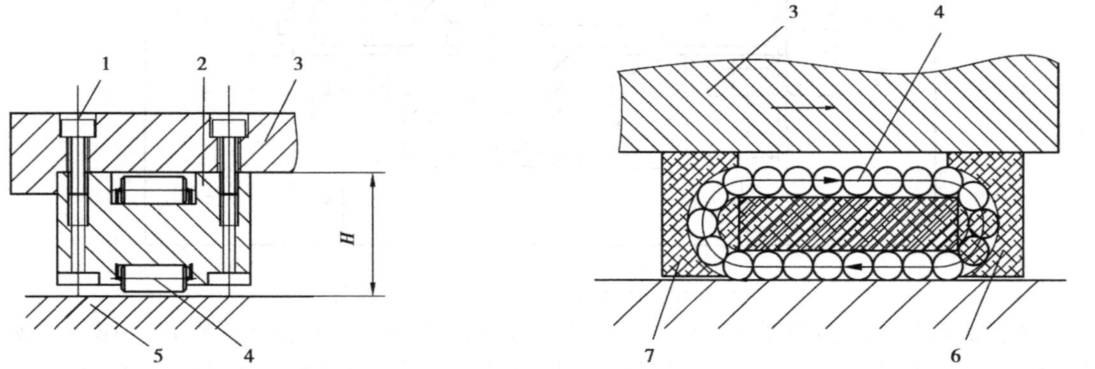

图3.54　滚动导轨块

1—固定螺钉；2—导轨块；3—动导轨体；4—滚动体；5—支承导轨；6、7—挡板

数控机床常用有直线滚动导轨和滚动导轨块。前者一般用滚珠作滚动体，后者一般用滚柱。滚动导轨块一般用于载荷较大和刚度要求较高的地方。

(3)动压导轨

动压导轨是将润滑油通入导轨面间的楔形间隙，动导轨以较高相对速度运动，形成压力油膜，从而将运动部件浮起。导轨面间属于纯液体摩擦，避免了磨损，提高了导轨的耐磨性。但动压导轨的油膜刚度与相对运动速度有关，相对运动速度越高，油膜承载能力越大；反之，相对运动速度越低，油膜承载能力越小，因此在起动、停止过程或低速运动时出现摩擦时仍难免磨损。

(4)静压导轨

静压导轨是将具有一定压力的油或气体介质通入导轨的运动件与导向支承件之间，运动件浮在压力油或气体薄膜之上，与导向支承件脱离接触，导轨面间处于纯液体摩擦状态，使摩擦阻力(力矩)大大降低。运动件受外载荷作用后，介质压力会反馈升高，以支承外载荷。

图3.55为一能承受载荷F_p、F与颠覆力矩T的闭式液体静压导轨原理图。当工作台受集中力F_p(外力和工作台重力)作用而下降，使间隙h_1、h_2减小，h_3、h_4增大，则流经节流器1、2的流量减小，其压力降也相应减少，使油腔压力p_1、p_2升高；流经节流器3、4的流量增大，p_3、p_4则降低。四个油腔所产生的向上的支承合力与力F_p达到平衡状态，使工作台稳定在新的平衡位置。若工作台受水平外力F作用时，则h_5减小、h_6增大，左、右油腔产生的压力p_5、p_6的合力与水平外力F处于平衡状态。当工作台受到颠覆力矩T作用时，会使h_2、h_3减小，

h_1、h_4 增大,则四个油腔产生反力矩与颠覆力矩处于平衡状态。上述力(或力矩)的变化都会使工作台重新稳定在新的平衡位置。如果仅有油腔1、2,则成为开式静压导轨,它不能承受颠覆力矩和水平方向的作用力。

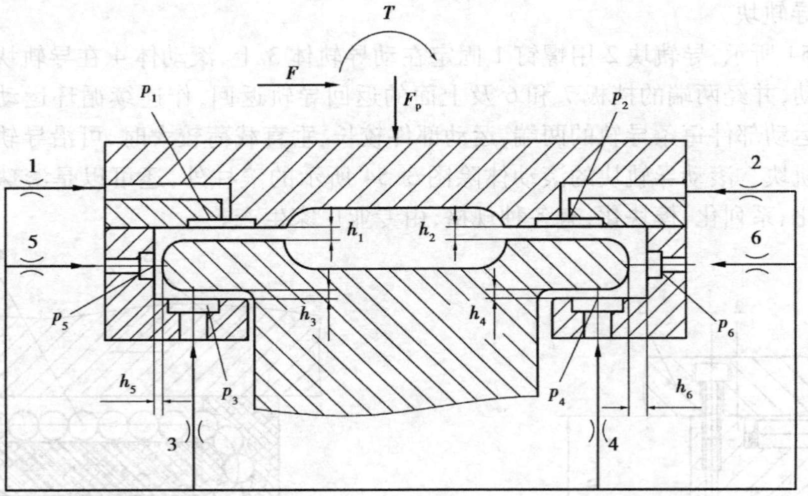

图3.55　闭式液体静压导轨工作原理图

要提高静压导轨的刚度,可提高供油(或气)的系统压力 p,加大油(气腔)受力面积,减小导轨间隙。一般情况下,由于气体的可压缩性,气体静压导轨比液体静压导轨的刚度低。

(5)卸荷导轨

卸荷导轨可以减轻支承导轨的负荷,降低导轨面压力,减小导轨静摩擦系数,提高导轨的耐磨性和低速运动平稳性,提高导轨运动精度和寿命。尤其是对于大型、重型机床而言,工作台和工件的质量很大,导轨面上摩擦阻力很大,常采用卸荷导轨。

1)机械卸荷导轨

图3.56为机械卸荷导轨工作原理。1、3、6为主导轨,2、4、5为辅助导轨。它是将主导轨承受的载荷的一部分或大部分用辅助导轨支承,从而改善主导轨的负载条件,以提高耐磨性和低速运动的稳定性。如图3.56所示,装在活塞销7上的滚动轴承9压在辅助导轨上,其弹簧8的压力即可分担部分负载,弹簧压力之大小可由调节螺钉10调节。当导轨运动时可松开手柄11,使运动件基本上在辅助支承导轨面上运动,到达定位位置后用手柄锁紧,弹簧受压,其定位精度主要靠主导轨保证。

2)液压卸荷导轨

液压卸荷的原理与静压导轨相同,只是油腔作用面积较小,油腔压力不足以将运动部件浮起,但可以抵消部分载荷,从而减少滑动面上的比压。将高压油压入工作台导轨上一连串纵向油槽,产生向上的浮力,分担工作台的部分外载,起到卸荷的作用。如果工作台上工件质量变化较大,可采用类似静压导轨的节流器调整卸荷压力。如果工作台全长上受载不均匀,可用节流器调整各段导轨的卸荷压力,以保证导轨全长保持均匀的接触压力。

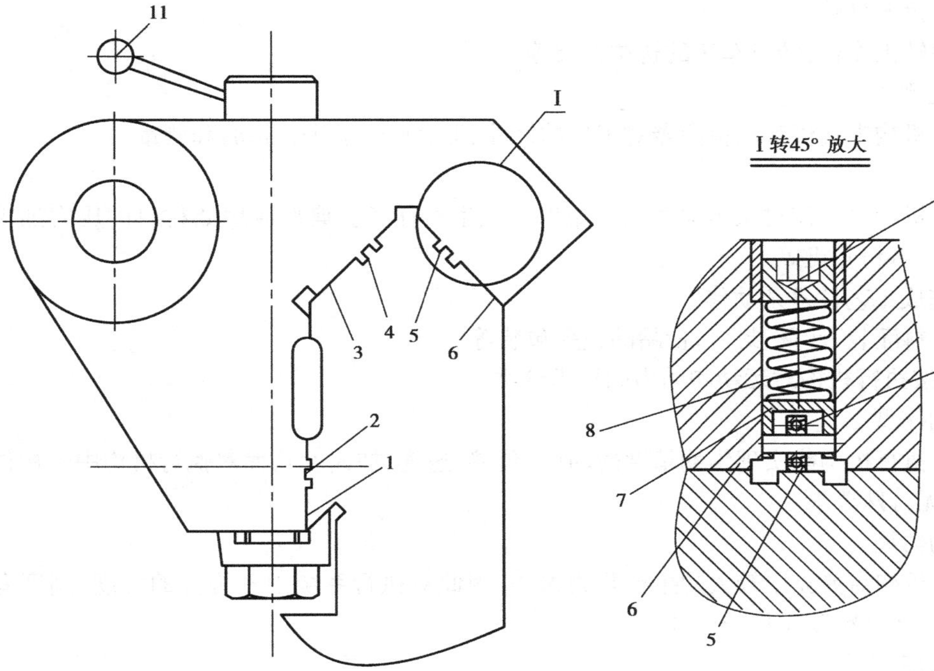

图 3.56　机械卸荷导轨

1、3、6—主导轨；2、4、5—辅助导轨；7—活塞销；8—弹簧；9—滚动轴承；10—调节螺钉；11—手柄

3.5　执行机构

在机电一体化系统中，为实现不同的目的（功能），需要采用不同形式的执行机构，主要有机械式、电子式、激光式和电动执行机构等。本节主要讨论机电一体化机械系统中的执行机构。执行机构是实现机电一体化产品主要功能的一个重要环节，它要能够保证按时、准确地完成预期的动作，并且要求具有动态特性好、响应速度快、精度高、灵敏度高等特点。

3.5.1　主要功能与分类

(1)按照执行机构的工作任务分类

1)夹持

完成在加工和搬运工件时的夹持动作。

2)搬运

即无需限定移送路线而将物体从一个位置移送到另一个位置，常用于生产自动线或自动机中。

3)输送

将物体按指定路线从一个位置移送到另一个位置。按输送路线可分为直线输送、环形输送、空间输送；按输送节拍可分为连续输送和间隙输送。

4)分度与转位

如回转工作台,转塔车床的转位刀架等。

5)检测

执行机构末端件带动检测器对工件的尺寸、形状或性能进行检验和测量。

6)施力

执行机构对工作对象施加力或力矩以完成生产任务。典型应用如材料的压力加工和试验设备、矿石粉碎机等。

7)完成工艺性复杂动作

如饮料灌装、计量、封口,食品的包裹包装等。

(2)按执行机构对运动和动力的要求分类

1)动作型

要求执行机构能实现预期精度的动作(位移、速度、加速度),而对执行机构中各构件的强度、刚度无特殊要求。

2)动力型

执行机构需要克服较大的生产阻力做功,因此对执行系统中各构件的强度、刚度有严格要求,而对运动精度无特殊要求。

3)动作-动力型

要求执行机构既能实现预期精度的动作,又能克服较大生产阻力做功。

(3)按机电一体化系统中执行机构的相互关系分类

1)单一型

在执行系统中,只有一个执行机构工作。

2)相互独立型

在系统中有多个执行机构工作,但相互独立,没有运动及生产阻力等方面的联系和制约。

3)相互联系型

系统中有多个执行机构工作,而且相互间有运动及生产阻力等方面的联系和制约。如印刷机、包装机、纺织机、缝纫机等。

3.5.2 几种典型执行机构

(1)微动机构

微动机构是一种能在一定范围内精确、微量地移动到给定位置或实现特定的进给运动的机构。在机电一体化产品中,它一般用于精确、微量地调节某些部件的相对位置。如在仪器的读数系统中,利用微动机构调整刻度尺的零位;在磨床中,用螺旋微动机构调整砂轮架的微量进给;在医学领域中各种微型手术器械均采用微动机构。

微动机构按执行件的原理不同分为机械式、电气-机械式、弹性变形式、热变形式、磁致伸缩式、压电式等多种形式,下面介绍其中的几种形式。

1)热变形式

该类机构利用电热元件作为动力源,靠电热元件通电后产生的热变形实现微小位移,其工作原理见图 3.57。传动杆 1 的一端固定在机座上,另一端固定在沿导轨移动的运动件 3 上。当电阻丝 2 通电加热时,传动杆 1 受热伸长,其伸长量为:

$$\Delta L = \alpha L \Delta t \tag{3.19}$$

式中，α——传动杆 1 材料的热膨胀系数，$\frac{1}{℃}$；

L——传动杆长度，m；

Δt——加热前后温度差值，℃。

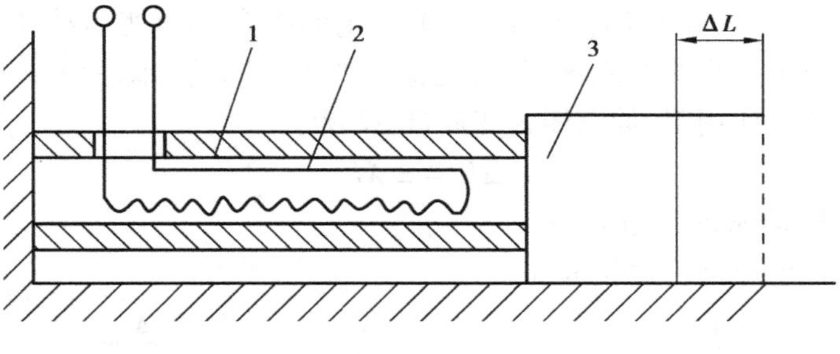

图 3.57 热变形微动机构原理

1—传动杆；2—电阻丝；3—运动件

当传动杆 1 由于伸长而产生的力大于导轨副中的静摩擦力时，运动件 3 就开始移动。理想情况为运动件的移动量等于传动杆的伸长量；但由于导轨副摩擦力性质、位移速度、运动件质量以及系统阻尼的影响，实际运动件的移动量与传动件的伸长量有一定差值，称为运动误差。

为减少微量位移的相对误差，应增加传动杆的弹性模量 E、线膨胀系数 α 和截面积 A，因此作为传动杆的材料，其线性膨胀系数和弹性模量要高。热变形微动机构可利用变压器、变阻器等来调节传动杆的加热速度，以实现对位移速度和进给量的控制。为了使传动杆恢复到原来的位置（或使运动件复位），可利用压缩空气或乳化液流经传动杆的内腔使之冷却。热变形微动机构具有高刚度和无间隙的优点，并可通过控制加热电流来得到所需微量位移，但由于热惯性以及冷却速度难以精确控制等原因，这种微动系统只适用于行程较短、效率不高的场合。

图 3.58 所示为机床的热变形微动机构，传动杆 2 与托架 4、8 联接，托架 4 固定在运动件 5 上，托架 8 固定在机座上。传动杆内装有加热件 3 和高频感应线圈，套筒 1 与传动杆 2 之间形成一个空腔，供冷却液流过。传动杆 2 和加热件 3 之间有绝缘体 7 隔离。当高频电流经导线 6 通入线圈后，加热件 3 被加热，传动杆因此受热伸长，经托架 4 使运动件 5 产生微量位移。

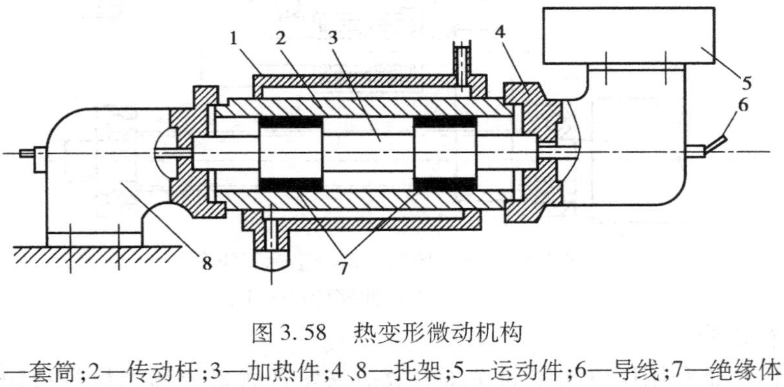

图 3.58 热变形微动机构

1—套筒；2—传动杆；3—加热件；4、8—托架；5—运动件；6—导线；7—绝缘体

该机构可根据所需的位移量严格控制所需的加热量。当运动件 5 达到预定位置后，通入

冷却液或压缩空气,使传动杆冷却而恢复到原来位置。绝缘体用于隔离传动件和加热元件。该机构可保证微米级的位移精度。

2)磁致伸缩式

该类机构利用某些材料在磁场作用下具有改变尺寸的磁致伸缩效应,来实现微量位移。其原理如图 3.59 所示。磁致伸缩棒 1 左端固定在机座上,右端与运动件 2 相连,绕在伸缩棒外的磁致线圈通电励磁后,在磁场作用下,棒 1 产生伸缩变形而使运动件 2 实现微量移动。通过改变线圈的通电电流来改变磁场强度,使棒 1 产生不同的伸缩变形,从而运动件可得到不同的位移量。在磁场作用下,伸缩棒的变形量 ΔL 为:

$$\Delta L = \pm \lambda L \tag{3.20}$$

式中,λ——材料磁致伸缩系数,μm/m;

L——伸缩棒被磁化部分的长度,m。

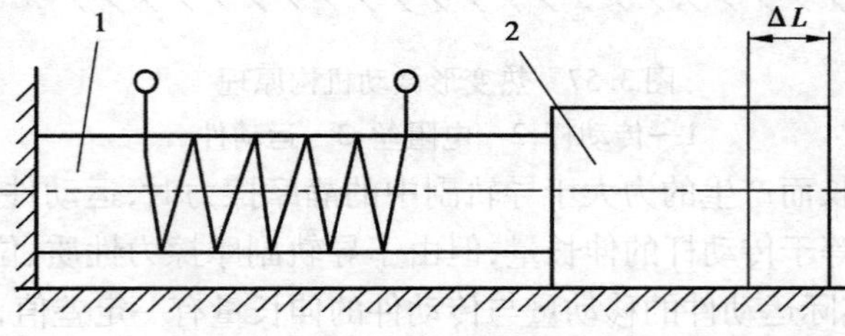

图 3.59　磁致伸缩机构原理

1—伸缩棒;2—运动件

磁致伸缩式微动机构的特征为:重复精度高,无间隙;刚度好,转动惯量小,工作稳定性好;结构简单、紧凑;但由于工程材料的磁致伸缩量有限,该类机构所提供的位移量很小,如 100 mm 长的铁钴钒棒磁致伸缩只能伸长 7 μm。因而该类机构适用于精确位移调整、切削刀具的磨损补偿、温度补偿及自动调节系统。

图 3.60 所示为磁致伸缩式精密坐标工作台,它利用粗、精位移相结合得到所需的较大的进给量:传动箱 1 经丝杠螺母副传动实现工作台的粗位移,装在螺母与工作台 3 之间的磁致伸缩棒 2 实现微量位移。

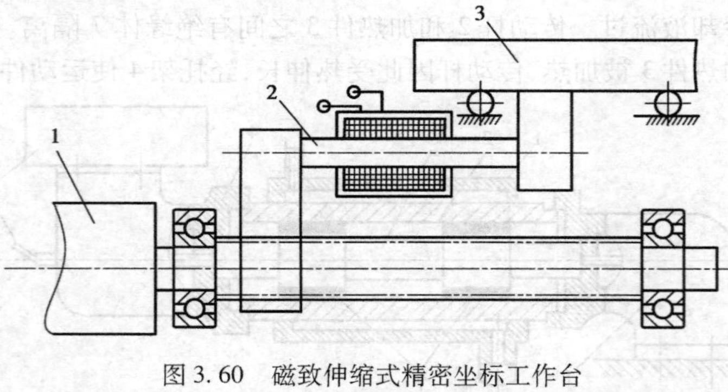

图 3.60　磁致伸缩式精密坐标工作台

1—传动箱;2—磁致伸缩棒;3—工作台

3)压电执行机构

压电执行机构是利用压电陶瓷的逆压电效应来实现微量位移的执行机构。所谓的压电效应是指某些压电材料在机械力的作用下发生变形,内部产生极化现象,在材料的上下表面产生极性相反的电荷,当去掉外力后,电荷消失。这种现象就是压电效应。逆压电效应是指对压电陶瓷施加一直流电场,改变其表面的极性强度,从而使压电陶瓷的形状和尺寸发生改变。

工程应用的压电陶瓷有圆管式和叠压式两种结构。图 3.61 为叠压式压电陶瓷结构。它由许多相同的压电陶瓷片叠加而成。使用时,电压以并联方式加到每片上,相邻的陶瓷片有相反的极化方向,但每片的极化方向与电场方向一致。如果每片伸长量为 ΔL,有 n 片压电陶瓷,则总伸长量为 $L = n\Delta L$。

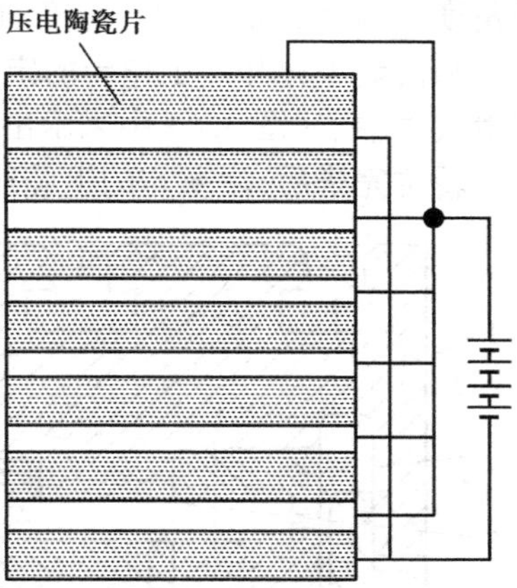

图 3.61　叠压式压电陶瓷结构

图 3.62 为用计算机控制的高精度压电式车削微动装置的结构。用压电陶瓷 PZT(锆钛酸铅压电陶瓷)作为微位移发生器,将其以过盈配合嵌在一矩形槽内,两个端面分别和刀头、刀体粘接在一起。当压电陶瓷通以直流电后,压电体伸长,推动刀头作微量位移。当去掉直流电后,压电陶瓷收缩,在弹簧的作用下使刀头后移。移动的位移量可用式 3.21进行计算

$$L = \frac{nM}{h}U^2 \tag{3.21}$$

式中,L——位移量,m;

n——压电陶瓷片数;

M——电致伸缩系数,m^2/V^2;

h——每片压电陶瓷的厚度,m;

U——加在压电陶瓷片上的直流电压,V。

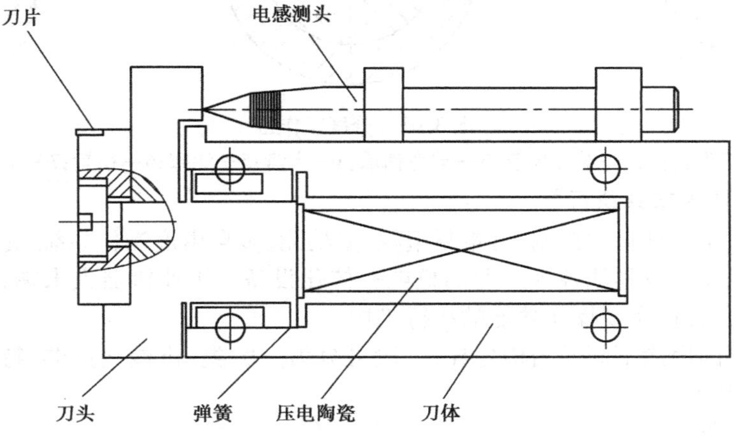

图 3.62　压电式车削微动装置结构

(2)定位机构

定位机构是机电一体化机械系统中一种确保移动件占据准确位置的执行机构,通常采用将分度机构和锁紧机构组合的形式来实现精确定位的要求。图 3.63 所示 XH754 型式加工中心的分度工作台就是这样一种定位机构。工作台面 1 靠端齿盘 2 和 4 精确定位。活塞 5 将工作台面抬起,蜗杆蜗轮副 6 使工作台面转动位置。齿盘共有 72 齿,每齿间隔 5°,故每次转位

的角度必须为5°的倍数。分度前,活塞5的下腔通压力油,经推力轴承3把工作台1抬起,齿盘2和齿盘4分开。工作台的定心轴7的花键与蜗轮联接。分度时,直流伺服电动机通过十字滑块联轴节(图3.63中未示出)、蜗杆传动蜗轮6,经工作台定心轴7上的花键使工作台转位。转位完毕后,活塞5的上腔通压力油,把工作台下拉,靠齿盘2和齿盘4定位。

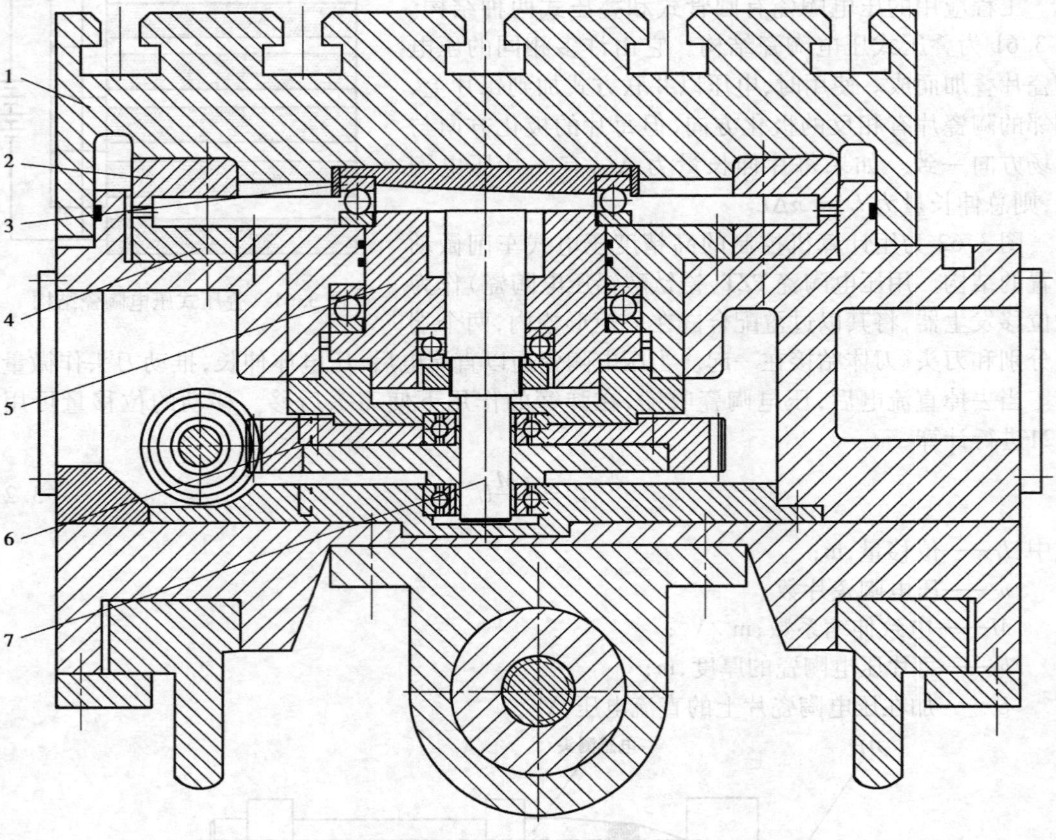

图3.63　分度工作台

1—工作台面;2—端面齿盘;3—推力轴承;4—齿盘;5—活塞;6—蜗轮;7—定心轴

(3)工业机器人末端执行器

工业机器人是一种自动控制、可重复编程、多功能、多自由度操作系统,是能搬动物料、工件或操作工具以及完成其他各种作业的机电一体化设备。工业机器人末端执行器装在操作机手腕的前端,是直接实现操作功能的执行机构。

末端执行器因用途不同而结构各异,一般可分为三大类:机械夹持器、特种末端执行器、万能手(或灵巧手)。

1)机械夹持器

它是工业机器人中最常用的一种末端执行机构。机械夹持器首先应有一定的力约束和形状约束,以保证被夹工件在移动、停留和装入过程中,不改变姿态。当需要松开工件时,应完全松开。另外,它还应保证工件夹持姿态再现几何偏差在给定的公差带内。

机械夹持器常用压缩空气作动力源,经传动机构实现手指的运动,根据手指夹持工件时的运动轨迹的不同,机械夹持器可有下述几种型式。

①圆弧开合型

在传动机构带动下,手指指端的运动轨迹为圆弧,如图 3.64 所示。图 3.64(a)采用凸轮机构,图 3.64(b)采用连杆机构作为传动件。夹持器工作时,两手指绕支点作圈弧运动,同时对工件进行夹持和定心。这类夹持器对工件被夹持部位的尺寸有严格要求,否则可能会造成工件状态失常。

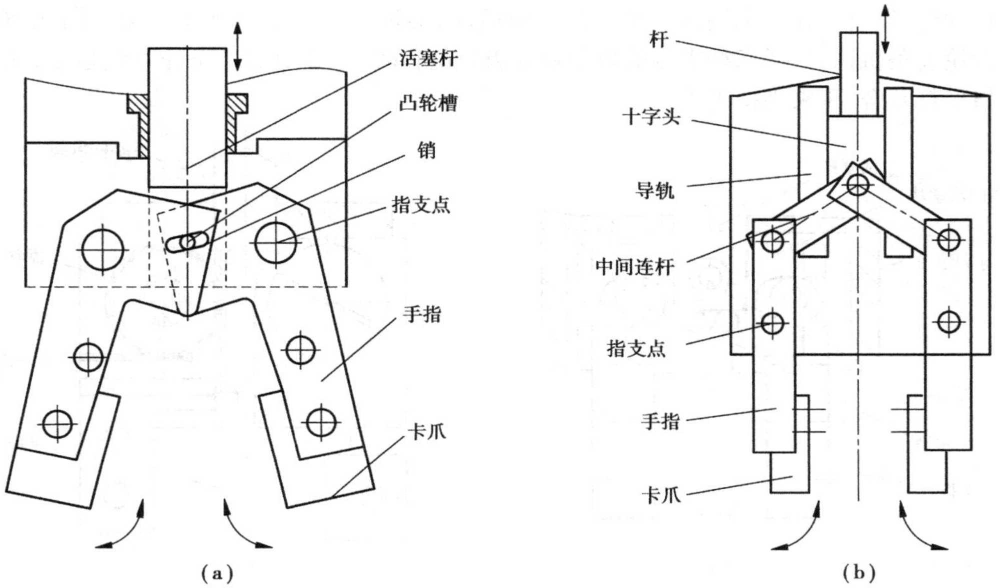

图 3.64　圆弧开合型夹持器

②圆弧平行开合型

这类夹持器两手指工作时作平行开合运动,而指端运动轨迹为一圆弧。图 3.65 所示的

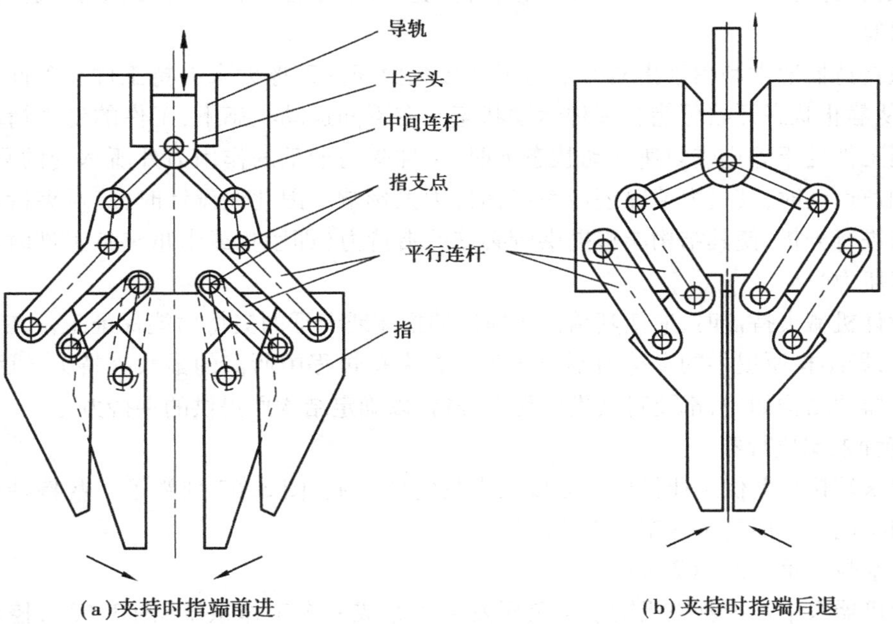

图 3.65　圆弧平行开合型夹持器

夹持器是采用平行四边形传动机构带动手指的平行开合的两种情况,其中图 3.65(a)所示机构在夹持时指端前进,图 3.65(b)所示机构在夹持时指端后退。

③直线平行开合型

这类夹持器两手指的运动轨迹为直线,且两指夹持面始终保持平行,如图 3.66 所示。图 3.66(a)采用凸轮机构实现两手指的平行开合,在各指的带动块上开有斜形凸轮槽,当活塞杆上下运动时,通过装在其末端的滚子在凸轮中运动,实现手指的平行夹持运动。图 3.66(b)采用齿轮齿条机构,当活塞杆末端的齿条带动齿轮旋转时,手指上的齿条作直线运动,从而使两手指平行开合,用来夹持工件。

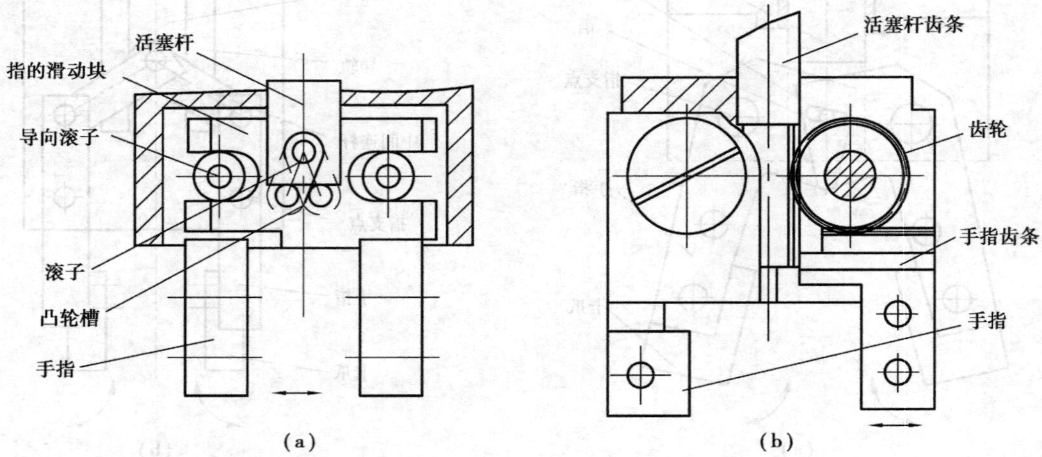

图 3.66　直线平行开合型夹持器

根据作业的需要,夹持器的形式有很多,有时为了抓取形体特别复杂的工件,还设计有特种手指机构的夹持器,如具有钢丝绳滑轮机构的多关节柔性手指夹持器、膨胀式橡胶手袋手指夹持器等。

机械夹持器通常利用手指或卡爪与工件接触面间的摩擦力来夹持工件。工件在被夹持过程中,从静止状态开始可能有多种运动状态。在不同运动状态下,工件的受力情况是不同的。如当工件处于静止或匀速移动状态下时,工件除与卡爪的作用力外所承受的只是自重,当工件加速运动时,其受力情况还应考虑惯性力的影响。因此在设计时,应对夹持器的各种工作状态进行分析,使其结构能够提供所必需的夹持力(即手指或卡爪夹持工件时对工件接触处的正压力)。

在设计机械夹持器时,应使其结构所提供的指端或卡爪的夹持力能保证工件在运动过程中不滑落,即结构所提供的夹持力不小于工件在夹持过程中所需的最大夹持力。因此,无论设计夹持器的结构如何,都要对其进行受力分析,以确定结构所提供的夹持力。

2)特种末端执行器

特种末端执行器供工业机器人完成某类特定的作业,图 3.67 列举了一些特种末端执行器的应用实例。下面简单介绍其中的两种。

①真空吸附手(图 3.67(a))

工业机器人中常把真空吸附手与负压发生器组成一个工作系统(图 3.68),控制电磁换向阀的开合可实现对工件的吸附和脱开。它结构简单,价格低廉,且吸附作业其有一定柔顺

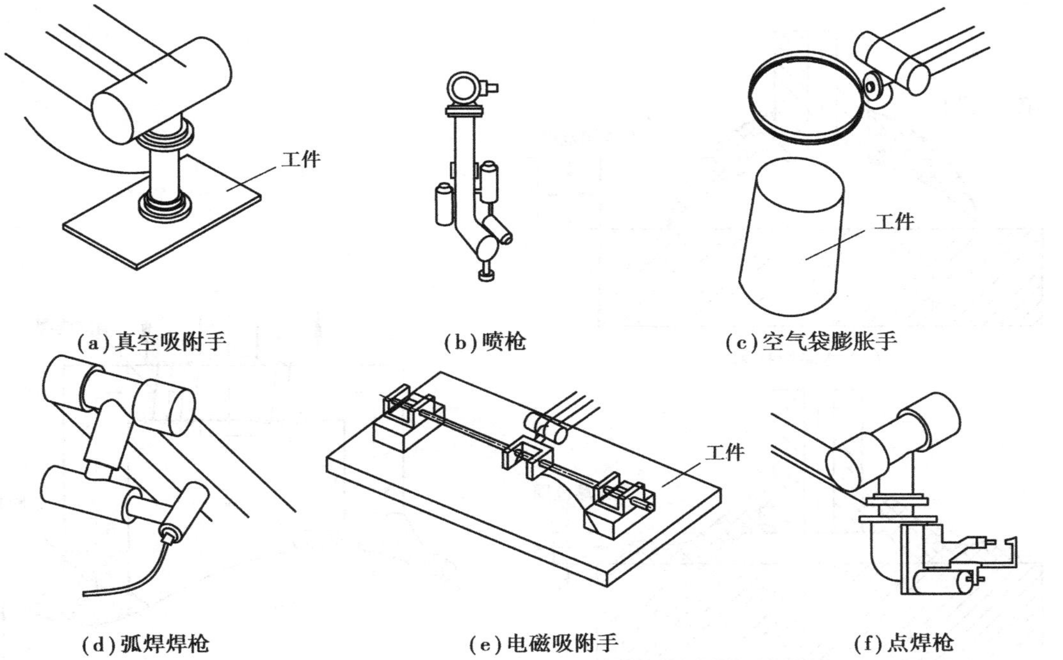

图3.67　特种末端执行器

性(图3.69),这样即使工件有尺寸偏差和位置偏差也不会影响吸附手的工作。它常用于小件搬运,也可根据工件形状、尺寸、质量大小的不同将多个真空吸附手组合使用。

②电磁吸附手

它利用通电线圈的磁场对可磁化材料的作用力来实现对工件的吸附作用。它同样具有结构简单、价格低廉等特点,但它吸附工件的过程是从不接触工件开始的,工件与吸附手接触之前处于飘浮状态,即吸附过程由极大的柔顺状态突变到低柔顺状态。这种吸附手的吸附力是由通电线圈的磁场提供的,所以可用于搬运较大的可磁化性材料的工件。

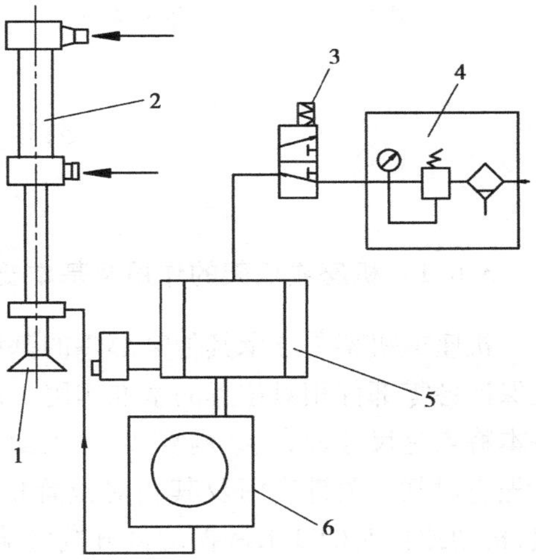

图3.68　负压真空吸附手

1—吸附手;2—送进缸;3—电磁换向阀;4—调压单元;5—负压发生器;6—空气净化过滤器

吸附手的形式根据被吸附工件表面形状来设计。图3.67(e)所示的电磁吸附手用于吸附平坦表面的工件。

图3.70所示的电磁吸附手可用于吸附不同的曲面工件,这种吸附手在吸附部位装有磁粉袋。线圈通电前将可变形的磁粉袋贴在工件表面上,当线圈通电励磁后,在磁场作用下,磁粉袋端部外形固定成被吸附工件的表面形状,从而达到吸附不同表面形状工件的目的。

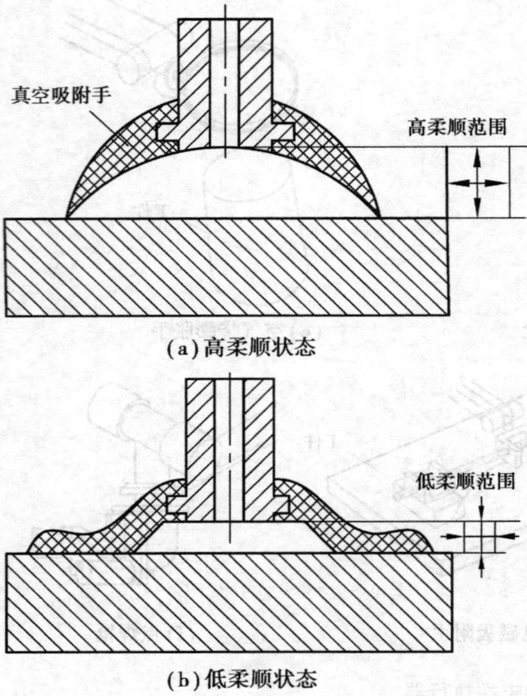

图 3.69　真空吸附手的柔顺性

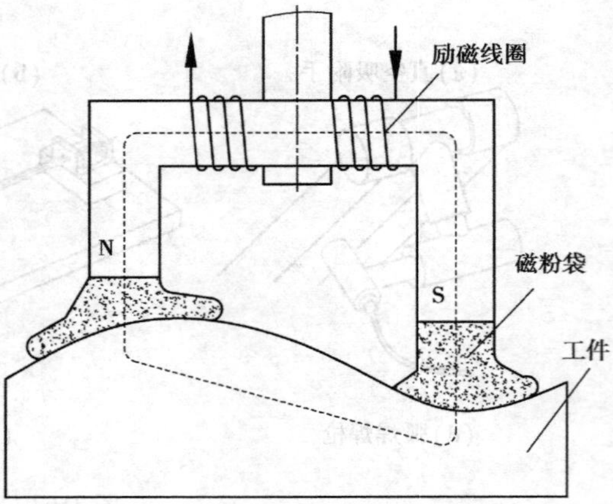

图 3.70　具有磁粉袋的吸附手

3.6　机座或机架

3.6.1　机座或机架的作用及基本要求

机座或机架是支承其他零部件的基础部件，它既承受其他零部件的重量和工作载荷，又起保证各零部件相对位置的基准作用。机座多采用铸件，机架多由型材装配或焊接构成。其基本特点是尺寸较大、结构复杂、加工面多，几何精度和相对位置精度要求较高。在设计时，首先应对某些关键表面及其相对位置精度提出相应的精度要求，以保证产品总体精度。其次，机架或机座的变形和振动将直接影响产品的质量和正常运转，故应对其刚度和抗振性提出下列基本要求。

(1)刚度与抗振性

刚度是抵抗载荷变形的能力。抵抗恒定载荷变形的能力称静刚度；抵抗交变载荷变形的能力称为动刚度。如果基础部件的刚性不足，则在工件的重力、夹紧力、摩擦力、惯性力和工作载荷等的作用下，就会产生变形、振动或爬行，而影响产品定位精度、加工精度及其他性能。机座或机架的静刚度，主要是指它们的结构刚度和接触刚度。动刚度与静刚度、材料阻尼及固有振动频率有关。

动刚度是衡量抗振性的主要指标。在一般情况下，动刚度越大，抗振性越好。抗振性是指承受受迫振动的能力。受迫振动的振源可能存在于系统(或产品)内部，为驱动电动机转子或转动部件旋转时的不平衡等。振源也可能来自于设备的外部，如邻近机器设备、运行车辆、人员活动（走路、开门、关门、搬运东西等）以及恒温设备等。当机座或机架受到振源的影响时，整机会摇晃振动，使各主要部件及其相互间产生弯曲或扭转振动，尤其是当振源振动频率与机座或机架的固有振动频率重合时，将产生共振而严重影响机电一体化系统的正常工作和使用寿命。为提高机架或机座的抗振性，可采取如下措施：

①提高静刚度，即从提高固有振动频率入手，以避免产生共振。

②增加阻尼，因为增加阻尼对提高动刚度的作用很大。如液（气）动、静压导轨的阻尼比滚动导轨大，故抗振性能好。

③在不降低机架或机座静刚度的前提下，减轻质量可提高固有振动频率。如适当减薄壁厚、增加筋和隔板，采用钢材焊接代替铸件等。

④采取隔振措施，如加减振橡胶垫脚、用空气弹簧隔板等。

(2)热变形

系统运转时，电动机、强光源、烘箱等热源散发的热量，零部件间相对运动而摩擦生热，电子元器件发热等，都将传到机座或机架上。如果热量分布不均匀、散热性能不同，就会由于不同部位的温差而产生热变形，影响其原有精度。为了减小热变形，可采取以下措施：

1)控制热源

除了控制环境温度之外，对机座或机架内的热源（如强光源、电动机等）也要严格控制。例如，采用延时继电器，以控制灯光的发光时间；采用发光二极管等冷光源；采用胶木、石棉等隔热垫片；采用风扇、冷却液等措施以充分散热；将热源远离机座或机架；对于有相对运动的零部件，如轴承副、导轨副、丝杠副等，则应从结构上和润滑方面改善其摩擦性、减少摩擦生热和减小热传递。

2)热平衡

采用热平衡的办法，控制各处的温差，从而减小其相对变形。

(3)稳定性

机座或机架的稳定性是指长时间地保持其几何尺寸和主要表面相对位置的精度，以防止产品原有精度的丧失。为此，对铸件机座应进行时效处理来消除产生机座变形的内应力。时效的常用方法有自然时效和人工时效（热处理法和振动法等）。振动时效，是将铸件或焊接件在其固有振动频率下，共振10~40 min即可。其优点是时间短，设备费用低，消耗动力少；结构轻巧，操作简便；可以消除热处理无法处理的非金属材料的内应力；时效后无氧化皮和尺寸变化，也不会因振动而引起新的内应力。

(4)其他要求

除上述要求之外，还应考虑工艺性、经济性及人机工程等方面的要求。

3.6.2　机座或机架的结构设计要点

机座或机架的结构设计必须保证其自身刚度、连接处刚度和局部刚度，同时要考虑安装方式、材料选择、结构工艺性以及节省材料、降低成本和缩短生产周期等问题。

(1)铸造机座的设计

1)保证自身刚度的措施

①合理选择截面形状和尺寸

机座虽受力复杂,但不外是拉、压、弯、扭的作用。当受简单拉、压作用时,变形只和截面积有关;设计时主要根据拉力或压力的大小选择合理的结构尺寸。如果受弯曲和扭转载荷,机座的变形不但与截面面积大小有关,且与截面形状(截面惯性矩)有关。合理选择截面形状,可以提高机座的自身刚度。一般来讲:

A. 封闭空心截面结构的自身刚度比实心的大。

B. 无论是实心截面还是空心的封闭截面,都是矩形的抗弯刚度最大,圆形的最小,而抗扭刚度则相反,圆形最大;矩形最小。

C. 保持横截面积不变,减小壁厚、增大轮廓尺寸,可提高刚度。

D. 封闭截面比不封闭截面的抗扭刚度大的多。

②合理布置筋板和加强筋

如上所述,封闭空心截面的刚度较高。但为了便于铸造清砂及其内部零部件的装配和调整,需要在机座上开"窗口",结果使其刚度显著降低。为了提高其刚度,则应增加筋板或筋条。常见筋板和加强筋的形式,如图 3.71 所示。在两壁之间起连接作用的内壁,称为筋板,又称隔板。纵向筋板,主要用于提高抗弯刚度;横向筋板,主要用于提高空心构件的抗扭刚度;斜向筋板兼有提高抗弯和抗扭刚度之效果。加强筋一般布置在内壁上,以减少构件的局部变形和薄壁振动。加强筋也有纵向、横向和斜向等基本形式,其作用与筋板相同。常见的加强筋有直形筋,其结构简单,铸造容易但刚度较差,一般用于窄壁和受载较小的机座或机身上;十字筋结构较简单,但是由于在交叉处金属有堆积现象,会产生内应力,一般用于箱形截面机身或平板上;斜向筋呈三角形分布,具有足够的刚度,多用于矩形截面机座的宽壁处。加强筋的高度,一般不应大于支承部件壁厚的 5 倍,厚度一般取壁厚的 0.7 ~ 0.8 倍。

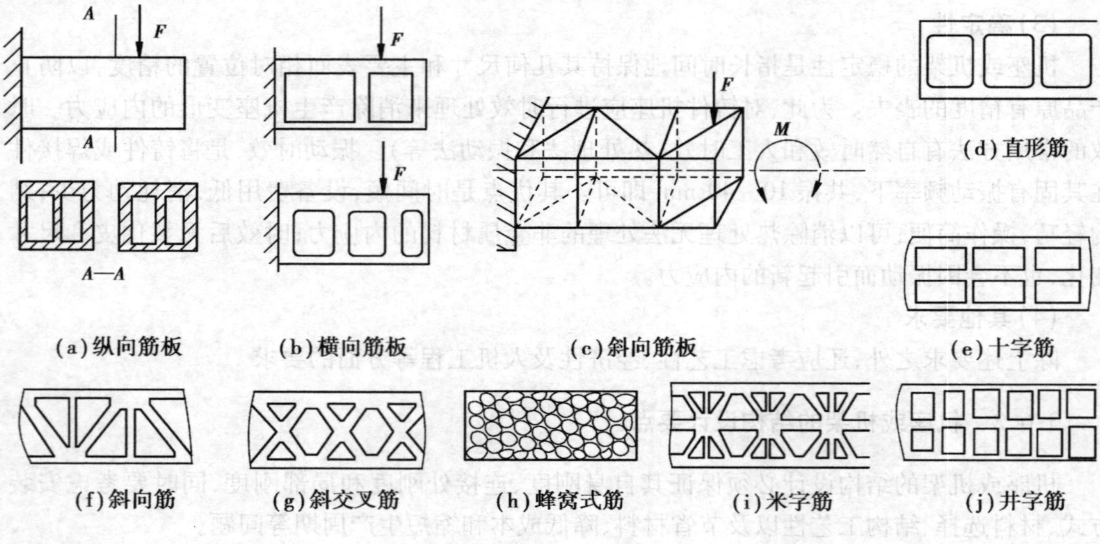

图 3.71　筋板及加强筋的形式

③合理的开孔和加盖

在机座壁上开窗孔，将显著降低机座的刚度，特别是扭转刚度。实践证明，当 $b_0/b < 0.2$ 时，其刚度降低很少。在开一孔后再在对面壁上开孔（图 3.72），其下降幅度也较小。因此开孔应沿机座或机架壁中心线排列，或在中心线附近交错排列，孔宽（孔径）以不大于机座或机架壁宽的 0.25 倍为宜，即 $b_0/b < 0.25$ 。在开孔上加盖板，并用螺钉紧固，则可将弯曲刚度恢复到接近未开孔时的刚度，而对提高抗扭刚度无明显效果。

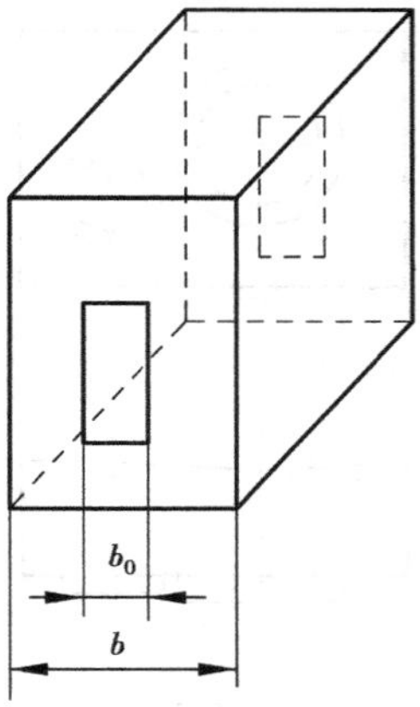

图 3.72　面壁开孔

2）提高机座连接处的接触刚度

在两个平面接触处，由于微观的不平度，实际接触的只是凸起部分。当受外力作用时，接触点的压力增大，产生一定的变形，这种变形称为接触变形。为了提高连接处的接触刚度，固定接触面的表面粗糙度 R_a 应小于 2.5 μm ，以便增加实际接触面积；固定螺钉应在接触面上造成一个预压力，压强一般为 2 MPa，并据此设计固定螺钉的直径和数量，以及拧紧螺母的扭矩（其大小在装配时用测力扳手控制）；采用如图 3.73 所示的方法可增加局部刚度，并提高连接刚度。

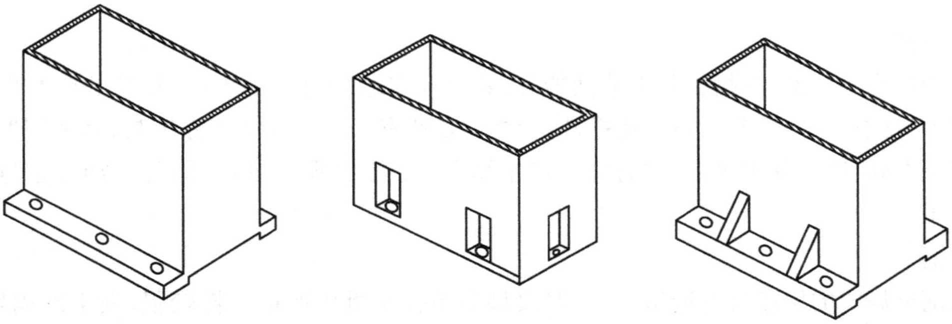
(a)在安装螺钉处加厚凸缘　(b)采用壁龛式螺钉孔　(c)添置加强筋

图 3.73　提高连接刚度的方法

3）机座的结构

机座一般体积较大、结构复杂、成本高，尤其要注意其结构工艺性，以便于制造和降低成本，在保证刚度的条件下，应力求铸件形状简单，拔模容易，泥芯要少，便于支撑和制造。机座壁厚应尽量均匀，力求避免截面的急剧变化，凸起过大、壁厚过薄、过长的分型线和金属的局部堆积等。铸件要便于清砂，为此，必须开有足够大的清砂口，或几个清砂口。在同一侧面的加工表面，应处于同一个平面上，以便一起刨出或铣出。如图 3.74 所示，图（b）的结构比图（a）的好。

机座必须有可靠的加工工艺基面，若因结构原因没有工艺基准，必须铸出四个或两个工艺凸台，如图 3.75 所示，图（b）的结构比图（a）的好。加工时，先把凸台加工平，然后以凸台作基面来加工 B 面，加工完毕后把凸台割去。

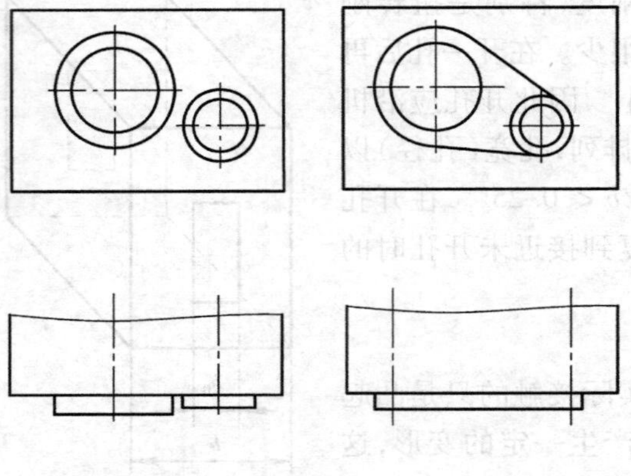

(a)　　(b)

图 3.74　同侧加工面要在一个平面上

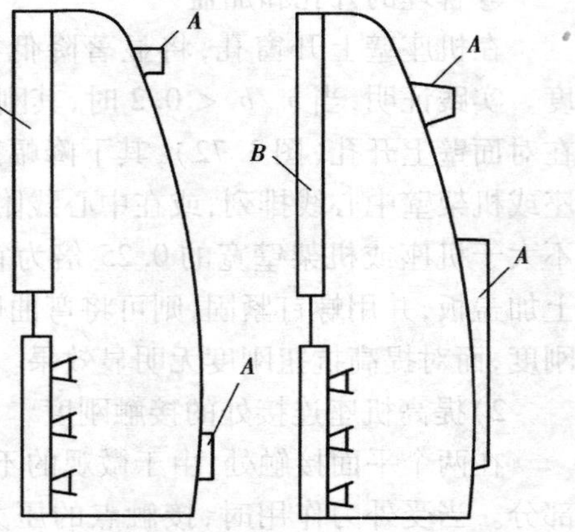

(a)　　(b)

图 3.75　工艺凸台

4）机座的材料选择

机座材料应根据其结构、工艺、成本、生产批量和生产周期等要求选择，常用的有以下几种。

①铸铁

用铸铁作为机座的材料，其工艺性能好，容易获得结构复杂的零件，铸铁的内摩擦大，阻尼作用大，动态刚性好，有良好的抗振性，价格比较便宜。其缺点是需做模具，制造周期长，单件生产成本高，铸造易出废品，如有时会产生缩孔、气泡、砂眼等缺陷；铸件的加工余量大，机加工费用大。

②钢

用钢材焊成的机座具有造型简单，对改型和单件小批生产适应性较强，其生产周期比铸铁缩短 30% ~50%；钢的弹性模量比铸铁的大，在同样的载荷下，壁厚可做得比铸铁的薄，质量轻（比铸铁轻 20% ~50%），固有振动频率高；在单件小批生产情况下，生产周期较短；所需制造设备简单，成本较低。但钢的抗振性能比铸铁差，在结构上需采取防振措施；钳工工作量大；成批生产时，成本较高。

③其他材料

近年来，花岗岩、大理石、天然岩石已广泛作为各种高精度机电一体化系统的机座材料。如三坐标测量机的工作台、金刚石车床的床身等就采用了高精度的花岗岩和大理石的标准机座架体等。目前，国外还出现了采用陶瓷材料制作的机座、架体、立柱、横梁、平板等。天然岩石及陶瓷的优点很多，如：性能稳定、精度保持性好、经过长期的自然时效、残余应力极小，内部组织稳定，抗振性好，阻尼系数比钢大 15 倍，而耐磨性比铸铁高 5 ~10 倍，膨胀系数小，热稳定性好。其主要缺点是抗冲击性能差、脆性较大；油、水易渗入晶体中，使岩石产生变形。

（2）焊接机架的设计

焊接机架具有许多优点：在刚度相同的情况下可减轻重量 30% 左右；改型快，废品极少；生产周期短、成本低。机架常用普通碳素结构钢材（钢板、角钢、槽钢、钢管等）焊接制造。轻型机架也可用铝制型材连接制成。

对于轻载焊接机架，由于其承受载荷较小，故常用型材焊成立体框架，再装上面板、底板及盖板。槽钢制成的框架的接头型式见图 3.76 所示。板料型材制成的框架接头型式如图 3.77所示。角铁构成机架的接头形式如图 3.78 所示。图 3.79(a) 是用薄钢板折弯成型后，焊接而成的机箱，顶板的连接可采用图(b)、(c)所示的接头形式。

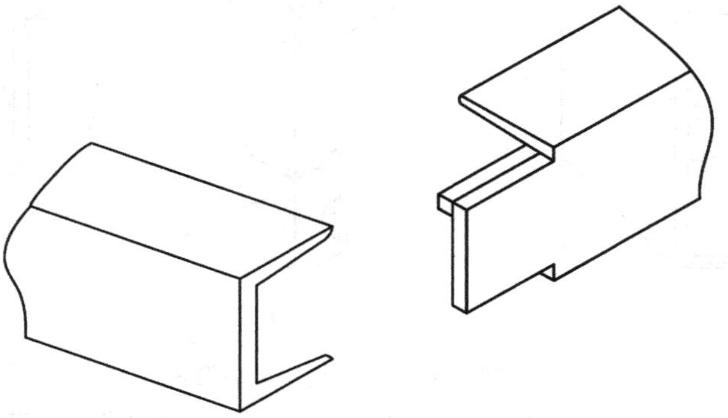

图 3.76　槽钢的接头形式

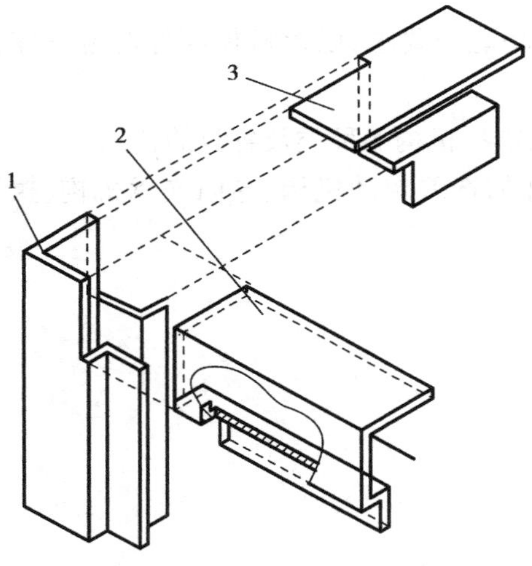

图 3.77　机架接头形式
1—竖梁；2—前横梁；3—左横梁

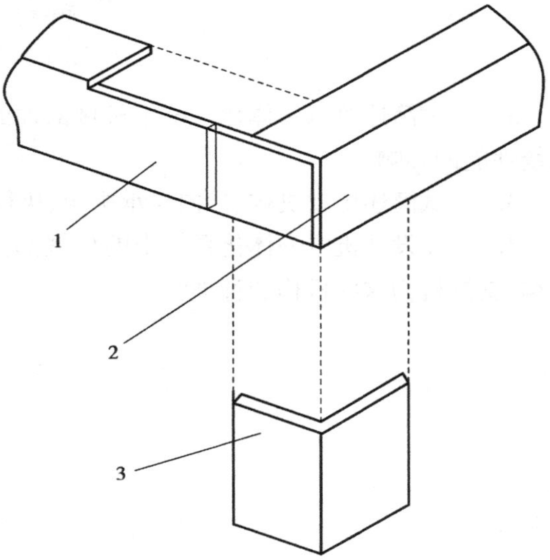

图 3.78　角铁的接头形式
1—左横梁；2—前横梁；3—竖梁

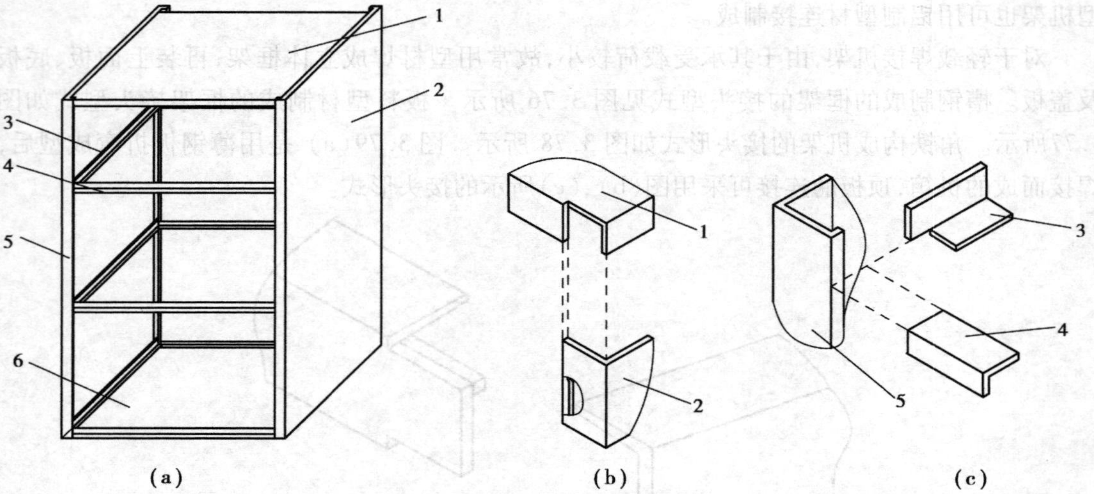

图 3.79 板料机箱及其接头形式

1—顶板;2—右侧板;3—左横梁;4—前横梁;5—左侧板;6—底板

习题与思考题

3.1 试简述机电一体化系统中机械部件的基本功能与要求,以及机械部件对电一体化系统性能的影响。

3.2 试简述传动机构、导向支承机构、执行机构、支撑机构的种类及各类的特点。

3.3 在设计机电一体化系统中的机械部件时,如何选取传动机构、导向支承机构、执行机构、支撑机构这些机构的种类?

第4章 电学基础

机电一体化系统是以电信号为信息传输和处理的媒体，系统的输入接口往往规定了特定的信号形式（如数字信号、直流信号、开关信号），因此测试系统是机电一体化系统的一个重要组成部分。测试系统通常要用传感器将被测物理量（如位移、速度、加速度、力、力矩等）变为电信号或电参数，再经过变换、放大、调制、解调、滤波等信号调理电路，得到控制系统（或显示、记录等仪器）需要的信号。

本章重点介绍各种机电一体化系统中常见物理量的检测方法、测试系统的工作原理、常用传感器的工作原理及应用特点、信号处理以及常见电力电子元件的工作原理等。

4.1 测　量

4.1.1 测量系统概述

在科学实验和工程测试中，经常会遇到正确选择测量系统的问题。测量系统一般由传感器、中间变换电路、记录和显示装置等组成。实际的测量系统在组成的繁简程度和中间环节上差别很大，有时可能是一个完整的小仪表（如数字温度计）；有时则可能是一个由多路传感器和数据采集系统组成的庞大系统。它们都被称为测量系统，也可称为测量装置。

在选用测试系统时，要综合考虑多种因素。如被测物理量变化的特点、精度要求、测量范围性能价格比等。其中，最主要的一个因素是测试系统的基本特性是否能使其输入的被测物理量在精度要求范围内被反映出来。作用于系统，激起系统出现某种响应的外力或其他输入，称为激励（Excitation，Stimulus）；系统受外力或其他输入作用时的输出，称为响应（Response），如图4.1所示。图中 $x(t)$ 表示测量系统的输入信号，$y(t)$ 表示测量系统的输出信号。

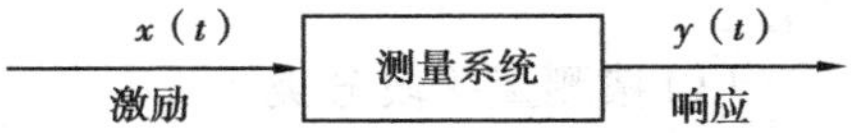

图4.1　测量系统框图

测量系统的特性指的是传输特性，即系统的激励与响应之间的关系。系统特性可分为静态特性和动态特性，这是因为被测量的变化特点大致可以分为两种情况：一种情况是被测量不变或变化极其缓慢，此时，可用一系列静态参数来表征测量系统的特性；另一种情况是被测量变化极其迅速，它要求测量系统的响应也必须极其迅速，此时，可用一系列动态参数表征测量系统的特性。一般情况下，测量系统的静态特性与动态特性是相关的，静态特性也会影响到动态条件下的测量。例如，如果考虑死区、滞后等静态参数的影响，列出的动态微分方程就是非线性的，求解就复杂化了。为了便于分析，通常把静态特性与动态特性分开，把造成非线性的因素作为静态特性处理，在列运动方程时，忽略非线性因素，简化为线性微分方程。虽然这样会有一定的误差，但在多数工程测试问题中是可以忽略的。

4.1.2 测量系统的组成

机电一体化产品中需要检测的物理量分为电量和非电量两种形式。非电量的检测系统有两个重要环节：①把各种非电量信息转换为电信号，这就是传感器的功能，传感器又称为一次仪表。②对转换后的电信号进行测量，并进行放大、运算、转换、记录、指示、显示等处理，称为电信号处理系统，通常被称为二次仪表。

机电一体化系统一般采用计算机控制方式，因此，电信号处理系统通常是以计算机为中心的电信号处理系统。综上所述，非电量检测系统的结构形式如图 4.2 所示。对于电量检测系统，只保留了电信号的处理过程，省略了一次仪表的处理过程。

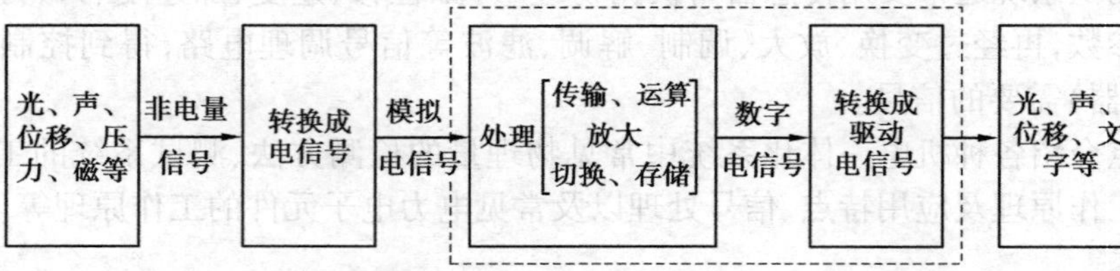

图 4.2 非电量检测系统的结构形式

4.1.3 测量方法

在科学研究和工程试验中，往往需要探求物理现象之间的定量关系。为了确定被测对象的量值而进行的实验过程称为测量。测量是人类认识客观世界，获取定量信息的重要手段。测量的最基本形式是将待测的未知量和给定的标准作比较。由测量所得到的被测对象的量值表示为数值和计量单位的乘积。

对于测量方法，从不同的角度出发，有不同的分类方法。本节重点阐述按测量手段分类的直接测量、间接测量和联立测量，以及按测量方式分类的偏差式测量、零位式测量和微差式测量。

(1) 按测量手段分类

1) 直接测量

直接测量法是工程上广泛采用的方法。这种在使用测量仪表进行测量时，对仪表读数不需要经过任何运算就能直接得到测量结果的方法，称为直接测量法。例如用弹簧管式压力表测量流体压力就是直接测量。直接测量的优点是测量过程简单而迅速，缺点是测量精度不易达到很高。

2) 间接测量

在使用仪表进行测量时，首先对与被测物理量有确定函数关系的几个量进行测量，将测量值代入函数关系式，经过计算得到测量所需的结果，这种测量称为间接测量。例如，导线电阻率 ρ 的测量就是间接测量。由于

$$\rho = \frac{\pi d^2}{4\pi Rl} \tag{4.1}$$

式中，R、l、d——导线的电阻值、长度和直径。

这时，只有先经过直接测量得到导线的长度 l 和直径 d 以后，再代入 ρ 的表达式，才能经计算得到最后所需要的电阻率 ρ 值。

这种测量过程手续较多，花费时间较长，但有时可以得到较高的测量精度。间接测量多用于科学实验中的实验室测量，工程测量中也有应用。

3）联立测量

在应用仪表进行测量时，若被测物理量必须经过求解联立方程组才能得到最后结果，则称这样的测量为联立测量。在进行联立测量时，一般需要改变测试条件，才能获得一组联立方程所需要的数据。联立测量操作手续复杂，花费时间长，是一种特殊的测量方法，只适用于科学实验或特殊场合。

（2）按测量方式分类

1）偏差式测量

在测量过程中，用仪表指针的位移（即偏差）决定被测量的恻量方法，称为偏差式测量法。应用这种方式进行测量时，标准量具不装在仪表内，而是事先用标准量具对仪表刻度进行校准；在测量时，输入被测量，按照仪表指针在标尺上的示值决定被测量的数值。它以间接方式实现被测量与标准量的比较。例如，用磁电式电流表测量电路中某支路的电流、用磁电式电压表测量某电气元件两端的电压等，就属于偏差式测量法。采用这种方法进行测量，测量过程比较简单、迅速，但是测量结果的精度低。这种测量方法广泛应用于工程测量中。

2）零位式测量

在测量过程中，用指零仪表的零位指示检测测量系统的平衡状态，在测量系统达到平衡时，用已知的基准量决定被测未知量的测量方法，称为零位式测量法。应用这种方法进行测量时，标准量具装在仪表内，在测量过程中，标准量直接与被测量相比较；调整标准量直到被测量与标准量相等，即使指零仪表回零。例如天平和电位差计等都采用这种测量方法。

采用零位式测量法进行测量，优点是可以获得比较高的测量精度，但是测量过程比较复杂。采用自动平衡操作以后，虽然可以加快测量过程，但测量的反应速度由于受工作原理所限，也不会很高。因此，这种测量方法不适用于测量变化迅速的信号，只适用于测量变化较缓慢的信号。

3）微差式测量

微差式测量法是综合了偏差式测量法与零位式测量法的优点而提出的测量方法。这种方法是将被测的未知量与已知的标准量进行比较，取得差值后，用偏差法测得比较值。应用这种方法测量时，标准量具装在仪表内，在测量过程中标准量直接与被测量进行比较。由于二者的值很接近，因此在测量过程中不需要调整标准量，而只需要测量二者的差值。微差式测量法的优点是反应快，而且测量精度高，特别适用于在线控制参数的检测。

4.2　传感器及其基本特性

传感器是一种转换装置，是以一定精度将被测的物理量转换为与之相对应的，容易检测、传输或处理的信号的装置。它是实现测试与自动控制系统的首要环节。如果没有传感器对原始参数进行精确可靠的测量,那么,无论是信号转换或信息处理或者最佳数据的显示和控制都将无法实现。

传感器技术是现代信息技术的主要内容之一。信息技术包括计算机技术、通信技术和传感器技术。计算机和通信技术发展极快,相当成熟,从事这方面工作的工程技术人员也非常多。深入研究传感器的类型、原理和应用,研究开发新型传感器对于科学技术、生产过程中的自动控制和智能化发展,以及不断提高人类认识自然都具有重要的现实意义。为了适应现代科学技术的发展,世界许多国家都把传感器技术列为现代的关键技术之一。

4.2.1 传感器及其组成

国际电工委员会(International Electrotechnacal Committee,IEC)的定义为:"传感器是测量系统中的一种前置部件,它将输入变量转换成可供测量的信号。"目前,一般对传感器的理解往往是指非电量与电量的转换,即传感器是将被测的非电量(如压力、力矩、应变、位移、速度、加速度、温度、流量、转速等)转换成与之对应的、易于处理和传输的电量(如电流、电压)或电参量(如电阻、电感、电容、电荷等)。

这一定义包含了以下几方面的含意:①传感器是测量装置,能完成检测任务。②它的输出量是某一被测量,可能是物理量,也可能是化学量、生物量等。③它的输出量是某种物理量,这种量要便于传输、转换、处理、显示等,这种量可以是气、光、电物理量,但主要是电物理量;④输出输入有对应关系,且应有一定的精确程度。

目前,一般对传感器的理解往往是指非电量与电量的转换,即传感器是将被测的非电量(如压力、力矩、应变、位移、速度、加速度、温度、流量、转速等)转换成与之对应的、易于处理和传输的电量(如电流、电压)或电参量(如电阻、电感、电容、电荷等)。

传感器一般由敏感元件、转换元件和基本转换电路三部分组成,如图 4.3 所示。

图 4.3 传感器组成框图

①敏感元件

敏感元件是传感器的核心,它直接感受被测物理量,并输出与被测量成确定关系的某一物理量元件。如弹性敏感元件将力转换为位移或应变输出。

②转换元件

转换元件则把敏感元件的输出转换成电路参量,如将位移、应变、光强等转换成电路参数电阻、电感、电容等量。

③基本转换电路

基本转换电路将电路参数量转换成便于测量的电量,如电压、电流、频率等。

实际的传感器,有的很简单,有的则较复杂。有些传感器(如热电偶)只有敏感元件,感受被测量时直接输出电动势。有些传感器由敏感元件和转换元件组成,无需基本转换电路,如压电式加速度传感器。还有些传感器由敏感元件和基本转换电路组成,如电容式位移传感器。有些传感器,转换元件不只一个,要经过若干次转换才能输出电量。大多数传感器是开环系统,但也有个别的是带反馈的闭环系统。

4.2.2　传感器分类

机电一体化系统中使用的传感器种类较多,分类方法也不完全相同,一种物理量可用多种类型传感器来测量,而同一种传感器也可以测量多种物理量。为了对传感器有一个概括认识,进行适当分类是十分必要的。传感器的分类方法主要有以下几种:

(1)根据被测物理量分类

根据被测物理量,传感器可分为位移传感器、角位移传感器、速度传感器、角速度传感器、压力传感器、力传感器、力矩传感器、振动传感器、电流传感器、温度传感器、流量传感器、磁敏传感器、气敏传感器及浓度传感器等。

(2)根据工作原理分类

根据工作原理,传感器可分为电阻式传感器、电容式传感器、电感式传感器、压电式传感器、光电式传感器、热电式传感器、光纤传感器、超声波传感器及激光传感器等。

(3)根据输出信号的性质分类

根据输出信号的性质,传感器可分为模拟式传感器和数字式传感器。模拟式传感器将被测量的非电学量转换成模拟电信一号;数字式传感器将被测量的非电量转换成数字输出信号(包括直接和间接转换)。

(4)根据能量转换原理分类

根据能量转换原理,传感器可分为有源传感器和无源传感器。有源传感器将非电量转换为电能量,如压电式传感器、电磁式传感器、电荷式传感器等,不需要外电源;无源传感器不起能量转换作用,只是将被测非电量转换为电参量的变化,如电阻应变片式传感器、电感式传感器及电容式传感器等,需要外电源。

有时人们常把被测参数和变换原理结合起来称为传感器,如电阻式压力传感器、电容式液位传感器、压电式加速度传感器等。本节即将介绍的传感器见表 4.1。

表 4.1　传感器转换原理及应用

传感器分类		工作原理	传感器名称	应　用
转换形式	中间参量			
电参量	电阻	电阻的应变效应	电阻丝应变传感器	微应变、力、负荷
		半导体的压阻效应	半导体应变片	
		热阻效应	热电阻传感器	温度
		半导体材料的光导效应	光敏电阻传感器	温度、光强
	电感	改变磁路几何尺寸、导磁体位置	电感传感器	位移
		涡电流效应	电涡流式传感器	位移、厚度、硬度
	电容	电容量变化	电容式传感器	力、压力、负荷、位移、液位、厚度、湿度

续表

传感器分类		工作原理	传感器名称	应　用
转换形式	中间参量			
电能量	电荷	压电效应	压电传感器	动态力、加速度
	电动势	电磁效应	磁电式传感器	速度、加速度
		霍尔效应	霍尔传感器	磁通、电流
		光电效应	光电式传感器	光强
		热电效应	热电偶传感器	温度、热流
		温度引起结电压降变化	半导体 PN 结	温度
		光的全反射原理	光纤传感器	温度、距离
		波在介质中的传播特性	超声波传感器	距离

4.2.3　传感器的静态特性

传感器变换的被测量的数值处在稳定状态时，传感器的输出-输入关系称为传感器的静态特性。描述传感器静态特性的主要技术指标是：线性度、灵敏度、迟滞、重复性、分辨力和零漂。

(1) 线性度

传感器的静态特性是在静态标准条件下，利用一定等级的标准设备，对传感器进行往复循环测试，得到输出-输入特性（列表或画曲线）。通常希望这个特性（曲线）为线性，这对标定和数据处理带来方便。但实际的输出与输入特性只能接近线性，对比理论直线有偏差，如图4.4 所示。实际曲线与其两个端点连线（称理论直线）之间的偏差称为传感器的非线性误差。取其中最大值与输出满度值之比作为评价线性度（或非线性误差）的指标。

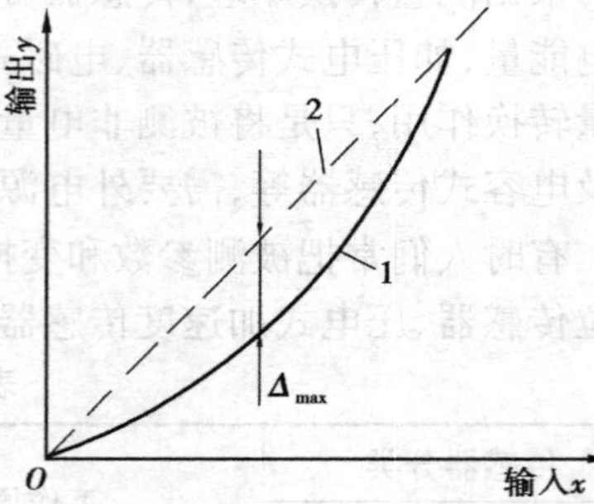

图 4.4　线性度示意图

1—实际曲线；2—理想曲线

$$\gamma_L = \pm \frac{\Delta_{max}}{y_{FS}} \times 100\% \tag{4.2}$$

式中，γ_L——线性度（非线性误差）；

Δ_{max}——最大非线性绝对误差；

y_{FS}——输出满度值。

(2) 灵敏度

传感器在静态标准条件下，输出变化对输入变化的比值称灵敏度，用 S_0 表示，即

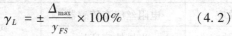

$$S_0 = \frac{\text{输出量的变化}}{\text{输入量的变化}} = \frac{\Delta_y}{\Delta_x} \tag{4.3}$$

对于线性传感器来说，它的灵敏度 S_0 是个常数。

(3) 迟滞

传感器在正（输入量增大）反（输出量减小）行程中输出输入特性曲线的不重合程度称迟滞，迟滞误差一般以满量程输出 y_{FS} 的百分数表示：

$$\gamma_H = \frac{\Delta H_m}{y_{FS}} \times 100\% \text{ 或 } \gamma_H = \pm \frac{1}{2} \frac{\Delta H_m}{y_{FS}} \times 100\% \tag{4.4}$$

式中，ΔH_m——输出值在正、反行程间的最大差值。

迟滞特性一般由实验方法确定，如图4.5所示。

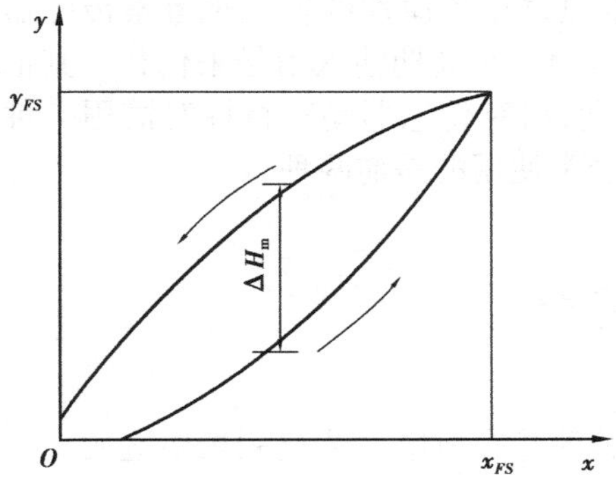

图4.5　迟滞特性

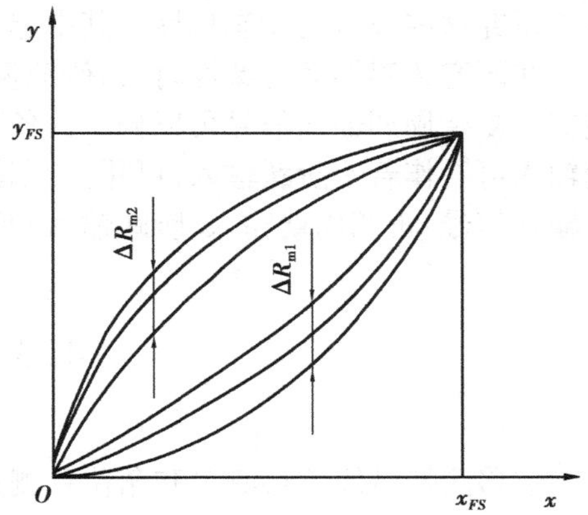

图4.6　重复特性

(4)重复性

传感器在同一条件下，被测输入量按同一方向作全量程连续多次重复测量时，所得输出-输入曲线的不一致程度，称重复性。重复性误差用满量程输出的百分数表示，即

1)近似计算

$$\gamma_R = \frac{\Delta H_m}{y_{FS}} \times 100\% \tag{4.5}$$

2)精确计算

$$\gamma_R = \frac{2 \sim 3}{y_{FS}} \sqrt{\sum_{i=1}^{n} \frac{y_i - \bar{y}}{n - 1}} \tag{4.6}$$

式中，ΔR_m——输出最大重复性误差；

y_i——第 i 次测量值；

$\bar{y}$——测量值的算术平均值；

n——测量次数。

重复特性也用实验方法确定，常用绝对误差表示，如图4.6所示。

(5)分辨力

传感器能检测到的最小输入增量称分辨力，在输入零点附近的分辨力称为阀值。

(6)零漂

传感器在零输入状态下，输出值的变化称零漂，零漂可用相对误差表示，也可用绝对误差表示。

4.2.4　传感器的动态特性

传感器的动态特性是指传感器对随时间变化的输入量的响应特性。很多传感器要在动态条件下检测，被测量可能以各种形式随时间变化。只要输入量是时间的函数，则其输出量也将是时间的函数，其间的关系要用动态特性来说明。设计传感器时，要根据其动态性能要求与使用条件选择合理的方案和确定合适的参数；使用传感器时，要根据其动态特性与使用条件确定合适的使用方法,同时对给定条件下的传感器的动态误差作出估计。

传感器的动态特性首先取决于传感器本身。传感器一般由若干环节组成,这些环节可能是模拟环节,也可能是数字环节,模拟环节又可分为接触式环节和非接触式环节。以某一环节组成的传感器,其动态特性就取决于这类环节的动态特性,有些传感器兼有几个环节,这时就要研究这些环节的动态特性。其中起主要作用者就决定了整个传感器的动态特性。

在研究传感器动态特性时,为研究简单起见,通常只根据规律性的输入来考察传感器的响应。复杂周期输入信号可以分解为各种谐波,所以可用正弦周期输入信号来代替。其他瞬变输入可看作若干阶跃输入,可用阶跃输入代表。因此,研究传感器动态特性时需用一种标准输入信号:正弦周期输入、阶跃输入和线性输入,而经常使用的是前两种。

4.3 位移传感器

位移测量是线位移测量和角位移测量的总称,位移测量在机电一体化领域中应用十分广泛,这不仅因为在各种机电一体化产品中常需位侈测量,而且还因为速度、加速度、力、压力、扭矩等参数的测量都是以位移测量为基础的。

直线位移传感器主要有:电感传感器、差动变压器传感器、电容传感器、感应同步器和光栅传感器等。

角位移传感器主要有:电容传感器、旋转变压器和光电编码盘等。

4.3.1 电感式传感器

电感式传感器是基于电磁感应原理,将被测非电量转换为电感量变化的一种结构型传感器。按其转换方式的不同,可分为自感型(包括可变磁阻式与涡流式)、互感型(如差动变压器式)等两大类型。

(1)自感型电感式传感器

自感型可分为变磁阻式和涡流式两类。

1)可变磁阻式电感传感器

典型的可变磁阻式电感传感器的结构如图 4.7 所示,主要由线圈、铁芯和活动衔铁所组成。在铁芯和活动衔铁之间保持一定的空气隙 δ,被测位移构件与活动衔铁相连,当被测构件产生位移时,活动衔铁随着移动,空气隙 δ 发生变化,引起磁阻变化,从而使线圈的电感值发生变化。当线圈通以激磁电流时,其自感 L 与磁路的总磁阻 R_m 有关,即

$$L = \frac{W^2}{R_m} \tag{4.7}$$

式中,W——线圈匝数;

R_m——总磁阻。

如果至气隙 δ 较小,而且不考虑磁路的损失,则总磁阻为:

$$R_m = \frac{l}{\mu A} + \frac{2\delta}{\mu_0 A_0} \tag{4.8}$$

式中,l—— 铁芯导磁长度,m;

μ—— 铁芯导磁率,H/m;

A——铁芯导磁截面积,m^2;$A = a \cdot b$;

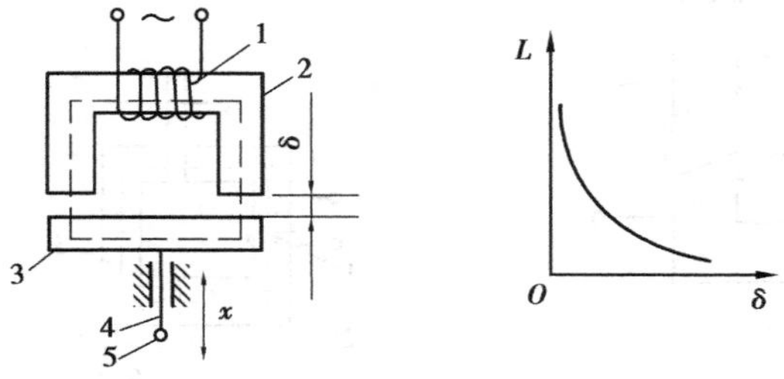

图 4.7　可变磁阻式电感传感器

1—线圈;2—铁芯;3—活动衔铁;4—测杆;5—被测件

δ——空气隙,m,$\delta = \delta_0 = \Delta\delta$;

μ_0——空气磁导率,H/m,$\mu_0 = 2\pi \times 10^7$;

A_0——空气隙导磁截面积,m^2。

由于铁芯的磁阻与空气间隙的磁阻相比是很小的,计算时铁芯的磁阻可以忽略不计,故

$$R_m \approx \frac{2\delta}{\mu_0 A_0} \tag{4.9}$$

将式(4.9)代入式(4.7),得

$$L = \frac{W^2 \mu_0 A_0}{2\delta} \tag{4.10}$$

式(4.10)表明,自感 L 与空气隙 δ 的大小成反比与空气隙导磁截面积 A_0 成正比。当固定 A_0 不变,改变 δ 时,L 与 δ 成作线性关系,此时传感器的灵敏度

$$S = \frac{\mathrm{d}L}{\mathrm{d}\delta} = \frac{W^2 \mu_0 A_0}{2\delta^2} \tag{4.11}$$

由式(4.11)得知,传感器的灵敏度与空气隙 δ 的平方成反比,δ 越小,灵敏度越高,由于 S 不是常数,故会出现非线性误差,同变极距型电容式传感器类似、为了减小非线性误差,通常规定传感器应在较小间隙的变化范围内工作。在实际应用中,可取$\frac{\Delta\delta}{\delta_0} \leqslant 0.1$。这种传感器适用于较小位移的测量,一般为 0.001 ~1 mm。此外,这类传感器还常采用差动式接法。图 4.8 为差动型磁阻式传感器,它由两个相同的线圈、铁芯及活动衔铁组成。当活动衔铁接于中间位置(位移为零)时,两线圈的自感 L 相等,输出为零,当衔铁有位移 $\Delta\delta$ 时,两个线圈的间隙为 $\delta_0 - \Delta\delta$,这表明一个线圈自感增加,而另一个个线圈自感减小。将两个线圈接入电桥的相邻臂时,其输出的灵敏度可提高一倍,并改善了线性特性,消除了外界干扰。

可变磁阻式传感器还可做成如图 4.9 所示的改变气隙导磁截面积的形式。当固定 δ,改变气隙截面积 A_0,自感 L 与 A_0 呈线性关系。

如图 4.10 所示,在可变磁阻螺管线圈中插入一个活动衔铁,当活动衔铁在线圈中运功时,磁阻将变化,导致自感 L 的变化。这种传感器结构简单,制造容易,但是其灵敏度较低,适合于测量比较大的位移量。

2）涡流式传感器

涡流式传感器的变换原理,是利用金属导体在交流磁场中的涡电流效应,如图 4.11 所示。金属板置于一只线圈的附近,它们之间相互的间距为 δ。当线圈输入一交变电流 i_H 时,便产生交变磁通量 Φ。金属板在此交变磁场中会产生感应电流 i,这种电流在金属体内是闭合的,所以称之为"涡电流"或"涡流"。涡流的大小与金属板的电阻率 ρ、磁导率 μ、厚度 h、金

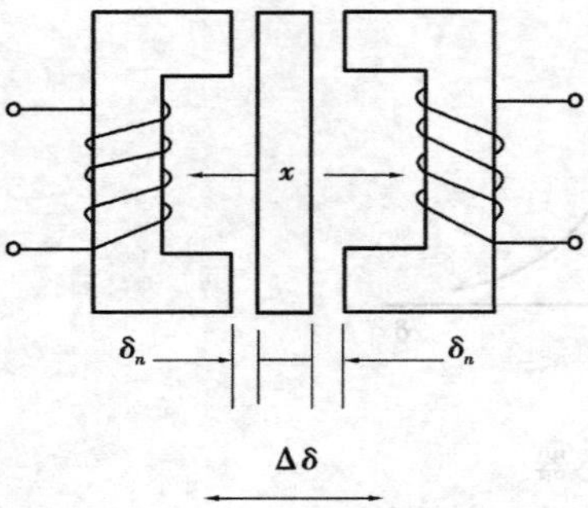

图 4.8　可变磁阻差动式传感器

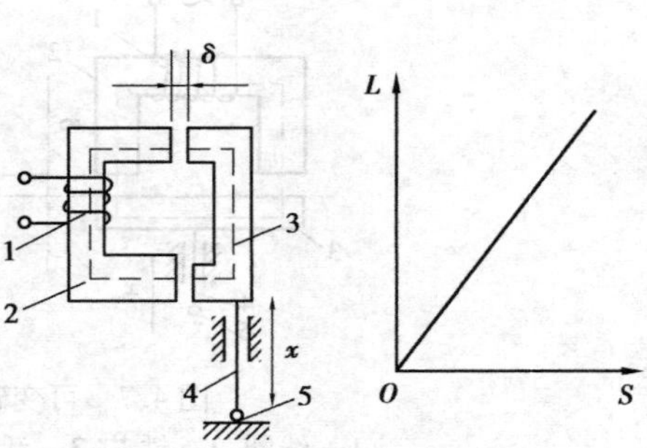

图 4.9　可变磁阻面积型电感传感器

1—线圈;2—铁芯;3—活动衔铁;4—测件;5—被测件

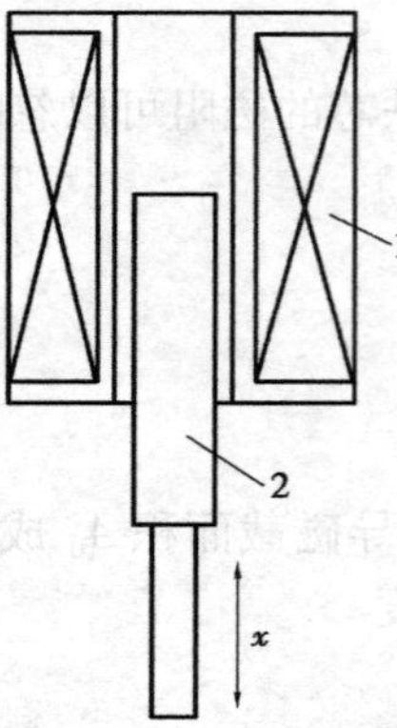

图 4.10　可变磁阻螺管型传感器图

1—线圈;2—铁芯

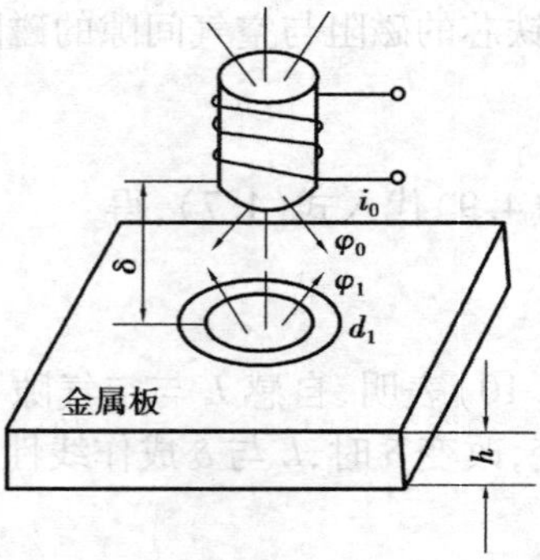

图 4.11　高频反射式涡流传感器

属板与线圈的距离 δ、激励电流角频率等 ω 参数有关。若改变其中某一参数,而固定其他参数不变,就可根据涡流的变化测量该参数。

涡流式传感器可分为高频反射式和低频透射式两种。

①高频反射式涡流传感器

如图 4.11 所示,高频(>1 MHz)激励电流 i_0 产生的高频磁场作用于金属板的表面,由于集肤效应,在金属板表面将形成涡电流。与此同时,该涡流产生的交变磁场又反作用于线圈,引起线圈自感 L 或阻抗 Z_L 的变化,其变化与距离 δ、金属板的电阻率 ρ、磁导率 μ、激励电流 i_0 及角频率 ω 等有关。若只改变距离而保持其他系数不变,则可将位移的变化转换为线圈自感的变化,通过测量电路转换为电压输出。高频反射式涡流传感器多用于位移测量。

②低频透射式涡流传感器

低频透射式涡流传感器的工作原理如图 4.12 所示,发射线圈 W_1 和接收线圈 W_2 分别置于被测金属板材料 G 的上、下方。由于低频磁场集肤效应小,渗透深,当低频(音频范围)电压加到 u_1 线圈 W_1 的两端后,所产生磁力线的一部分透过金属板材料 G,使线圈 W_2 产生电感应电动势 u_2。但由于涡流消耗部分磁场能量,使感应电动势 u_2 减少,当金属板材料 G 越厚时,损耗的能量越大,输出电动势 u_2 越小。因此,u_2 的大小与的厚 G 度及材料的性质有关。试验表明,随材料厚度 h 的增加,按负指数规律减少,如图 4.12(b)所示,因此,若金属板材料的性质一定,则利用 u_2 的变化即可测量其厚度。

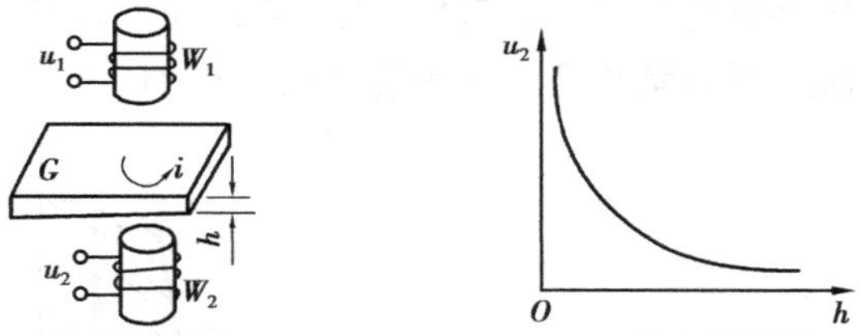

(a)原理图　　(b)曲线图

图4.12 低频投射式涡流传感器

(2)互感型差动变压器式电感传感器

互感型电感传感器是利用互感 M 的变化来反映被测量的变化。这种传感器实质是一个输出电压的变压器。当变压器初级线圈输入稳定交流电压后,次级线圈便产生感应电压输出,该电压随被测量的变化而变化。

差动变压器式电感传感器是常用的互感型传感器,其结构形式有多种,以螺管形应用较为普遍,其结构及工作原理如图4.13(a)、(b)所示。传感器主要由线圈、铁芯和活动衔铁三个部分组成。线圈包括一个初级线圈和两个反接的次级线圈,当初级线圈输入交流激励电压时,次级线圈将产生感应电动势 e_1 和 e_2。由于两个次级线圈极性反接,因此传感器的输出电压为两者之差,即 $e_y=e_1-e_2$。活动衔铁能改变线圈之间的耦合程度。输出 e_y 的大小随活动衔铁的位置而变。当活动衔铁的位置居中时,即 $e_1=e_2$ 时,$e_y=0$;当活动衔铁向上移时,即 $e_1>e_2$时,$e_y>0$;当活动衔铁向下移时,即 $e_1<e_2$ 时,$e_y<0$。活动衔铁的位置往复变化,其输出电压 e_y 也随之变化。输出特性如图4.13(c)所示。

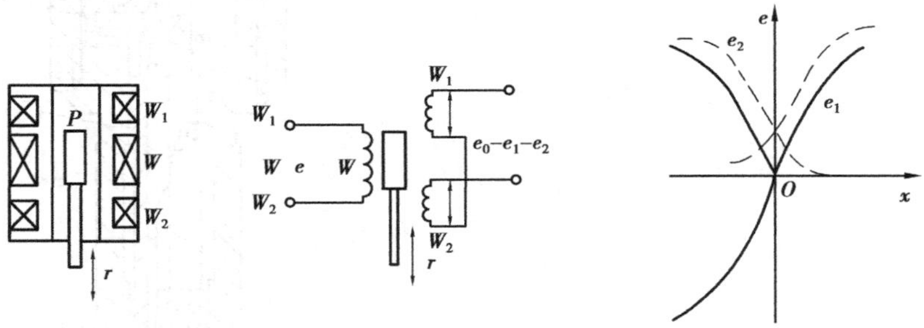

(a)工作原理　　(b)工作原理　　(c)输电特性

图4.13 差动变压器式传感器

值得注意的是:首先,差动变压器式传感器输出的电压是交流电压,如用交流电压表指示,则输出值只能反应铁芯位移的大小,而不能反应移动的极性;其次,交流电压输出存在一定的零点残余电压,零点残余电压是由于两个次级线圈的结构不对称,以及初级线圈铜损电阻、铁磁材质不均匀、线圈间分布电容等原因所形成。所以,即使活动衔铁位于中间位置时,输出也不为零。鉴于这些原因,差动变压器的后接电路应采用既能反应铁芯位移极性,又能补偿零点残余电压的差动直流输出电路。

图4.14是用于小位移测量的差动相敏检波电路的工作原理。当没有信号输入时,铁芯处于中间位置,调节电阻 R,使零点残余电压减小;当有信号输入时,铁芯移上或移下,其输出电压经交流放大、相敏检波、滤波后得到直流输出。由表头指示输入位移量的大小和方向。

差动变压器传感器具有精度高达 0.1 μm 量级，线圈变化范围大（可扩大到 ±100 mm，视结构而定），结构简单，稳定性好等优点，被广泛应用于直线位移及其他压力、振动等参量的测量。图 4.15 是电感测微仪所用的差动型位移传感器的结构图。

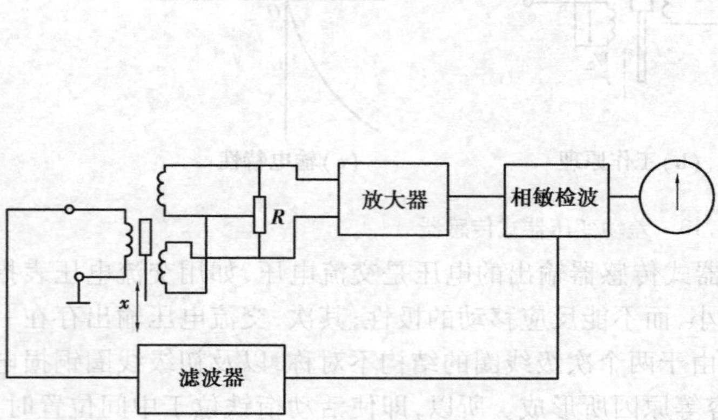

图 4.14　差动相敏检波电路工作原理

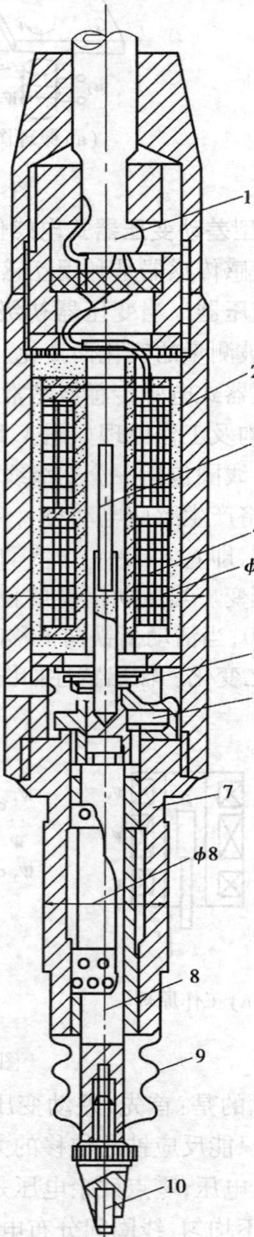

图 4.15　螺管差动型传感器的结构图

1—引线；2—固定磁筒；3—衔铁；4—线圈；5—测力弹簧；6—防转销；7—钢球导轨；8—测杆；9—密封套；10—测端

4.3.2　电容式位移传感器

电容式传感器是将被测量（如尺寸、压力等）的变化转换为电容量变化的一种传感器。实质上，它是一个可变参数的电容器。电容传感器的输出是电容的变化量。

电容传感器的转换原理可用平板电容器来说明。由物理学可知，在忽略边缘效应的情况下，平板电容器的电容量为：

$$C = \frac{\varepsilon_0 \varepsilon A}{\delta} \tag{4.12}$$

式中，ε_0——真空的介电常数，$\varepsilon_0 = 8.854 \times 10^{-12}$，F/m；

ε——极板间介质的相对介电系数，在空气中，$\varepsilon = 1$；

A——极板相互覆盖的面积，m^2；

δ——极板间距离，m。

上式表明，当被测量使δ、A或ε发生变化时，都会引起电容的变化。如果保持其中的两个参数不变，而仅改变另一个参数，就可把该参数的变化变换为单一电容量的变化，再通过测量电路，将电容的变化转换为电信号输出。根据电容器参数变化的特性，电容式传感器可分为极板间距变化式、面积变化式和介质变化式三种。在实际中，极距变化式和面积变化式应用较广。

（1）极板间距变化式

极板间距变化式电容传感器的两极板间相互覆盖的面积A和极间介质ε不变，只改变两极板之间的间距δ，从而引起电容量变化，达到将被测参数转换成电容量变化的目的。由式(4.12)可知，传感器的电容与极板间距是双曲线关系。

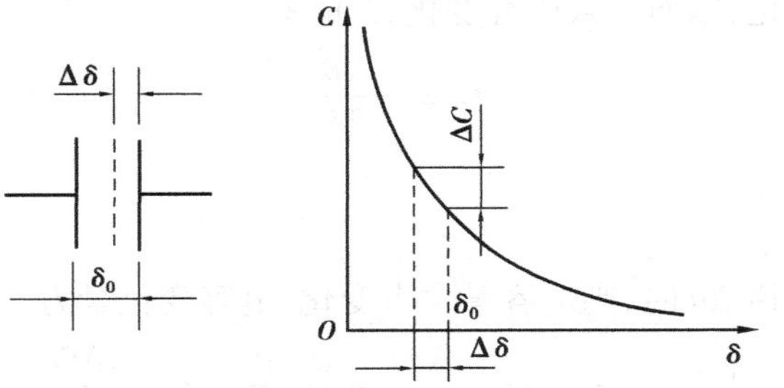

图4.16　极板间距变化式电容传感器及输出特性

如图4.16所示，初始间隙为δ_0，电容为C_0，当动极板向左运动$\Delta\delta$时，极板间的距离$\delta = \delta_0 - \Delta\delta$，根据式(4.12)电容的增量为：

$$\Delta C = \frac{\varepsilon_0 \varepsilon A}{\delta_0 - \Delta\delta} - \frac{\varepsilon_0 \varepsilon A}{\delta_0} = C_0 \frac{\frac{\Delta\delta}{\delta}}{1 - \frac{\Delta\delta}{\delta_0}} \tag{4.13}$$

将上式按泰勒级数展开为：

$$\Delta C = C_0 \frac{\frac{\Delta\delta}{\delta}}{1 - \frac{\Delta\delta}{\delta_0}} = C_0 \frac{\Delta\delta}{\delta_O}\left[1 + \frac{\Delta\delta}{\delta_O} + \left(\frac{\Delta\delta}{\delta_O}\right)^2 + \cdots\right] \tag{4.14}$$

可见，电容量的变化与极板间距呈非线性关系。当 $\Delta\delta \ll \delta_0$ 时，略去展开式的非线性项（高次项），则电容的变化量 ΔC 与被测位移 $\Delta\delta$ 近似成正比关系，即

$$\Delta C \approx C_0 \frac{\Delta\delta}{\delta_0} \tag{4.15}$$

其灵敏度为：

$$S = \frac{\Delta C}{\Delta\delta} = \frac{C_0}{\delta_0} = -\varepsilon_0 \varepsilon A \frac{1}{\delta_0^2} \tag{4.16}$$

可以看出，灵敏度 S 与极板间距平方成反比，极板间距越小，灵敏度越高。显然，由于灵敏度随极板间距而变化，这将引起非线性误差。为减小这一误差，通常规定在较小的间隙变化范围内工作，以便获得近似线性关系。一般取极距变化范围为 $\Delta\delta/\delta_0 \approx 0.1$。

在实际应用中，为提高传感器的灵敏度、线性度以及克服某些外界条件（如电源电压、环境温度等）的变化对测量精度的影响，常采用能有效地减少非线性误差的差动式电容式传感器。

极板间距变化式电容式传感器的优点是可进行动态非接触式测量，对被测系统的影响小，灵敏度高，适用于小位移（0.01～100 μm）的测量。但这种传感器有非线性特性，传感器的杂散电容也对灵敏度和测量精度有影响与传感器配合使用的电路也比较复杂。由于这些缺点，其使用范围受到一定限制。

（2）面积变化式

面积变化式电容式传感器，按其极板相互遮盖的方式不同一般常用的有角位移式和线位移式两种。其工作原理是在被测量的作用下来改变极板的相互覆盖面积。

对于角位移式电容式传感器，如图 4.17（a）所示。当动板转动某一角度时，与定板之间相互覆盖面积就发生变化，因而导致电容变化，此时有：

$$C = \frac{\varepsilon_0 \varepsilon \theta r^2}{2\delta} \tag{4.17}$$

式中，r——覆盖角，rad；

θ——极板半径，m。

当动极板有一角位移 $\Delta\theta$ 时，则电容量发生变化，电容变化量为：

$$\Delta C = \frac{\varepsilon_0 \varepsilon r^2(\theta + \Delta\theta)}{2\delta} - \frac{\varepsilon_0 \varepsilon \theta r^2}{2\delta} = \frac{\varepsilon_0 \varepsilon \Delta\theta r^2}{2\delta} \tag{4.18}$$

其灵敏度为

$$S = \frac{\Delta C}{\Delta\theta} = \frac{\varepsilon_0 \varepsilon r^2}{2\delta} = \text{常数} \tag{4.19}$$

可见，输出（电容量的变化 ΔC）与输入（被测量引起的电容极板的角位移 $\Delta\theta$）呈线性关系。

对于平面线位移式电容式传感器，如图 4.17（b）所示。当动板沿 x 方向移动时，与定板之间相互覆盖面积就发生变化，因而导致电容变化。此时初始电容量为：

$$C = \frac{\varepsilon_0 \varepsilon b x}{\delta} \tag{4.20}$$

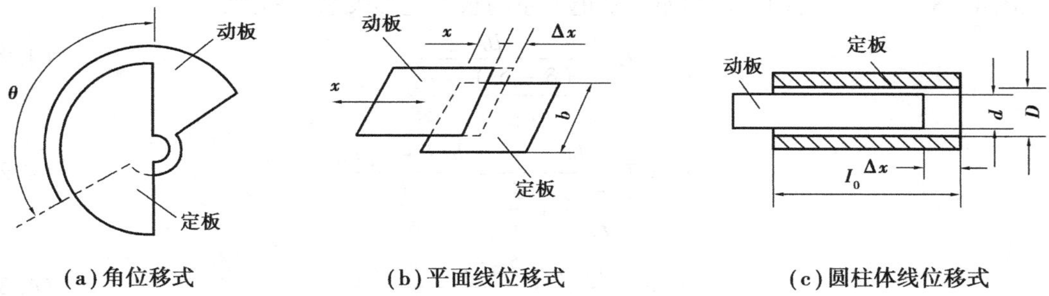

图4.17 面积变化式电容传感器

当动极板移动 Δx 后,覆盖面积发生变化,由此产生的电容变化量为:

$$\Delta C = \frac{\varepsilon_0\varepsilon b(x + \Delta x)}{\delta} - \frac{\varepsilon_0\varepsilon bx}{\delta} = \frac{\varepsilon_0\varepsilon b\Delta x}{\delta} \tag{4.21}$$

式中,b——极板宽度,m。

其灵敏度为:

$$S = \frac{\Delta C}{\Delta x} = \frac{\varepsilon_0\varepsilon b}{\delta} = \text{常数}$$

对于圆柱体线位移式电容式传感器,如图4.17(c)所示。它由两个同心圆筒构成,动板(圆柱)与定板(圆筒)之间相互覆盖,当覆盖长度 l_0 变化时,电容发生变化。初始电容量为:

$$C = \frac{2\pi\varepsilon_0\varepsilon l_0}{\ln\frac{D}{d}} \tag{4.22}$$

式中,D——圆筒孔径,m;

d——圆柱外径,m。

当覆盖长度变化 Δx 时,电容的变化量为:

$$C = \frac{2\pi\varepsilon_0\varepsilon(l_0 + \Delta x)}{\ln\frac{D}{d}} - \frac{2\pi\varepsilon_0\varepsilon l_0}{\ln\frac{D}{d}} = \frac{2\pi\varepsilon_0\varepsilon\Delta x}{\ln\frac{D}{d}}$$

其灵敏度为

$$S = \frac{\Delta C}{\Delta x} = \frac{2\pi\varepsilon_0\varepsilon}{\ln\frac{D}{d}} = \text{常数}$$

面积变化式电容式传感器的优点是输出与输入呈线性关系,但与极板间距变化式相比,灵敏度较低,适于较大直线位移及角位移测量。

(3)介质变化式

该传感器是利用被测量使介质介电常数发生变化,并转换为电量的一种传感器,如图4.18所示。这种传感器大多用来测量电介质的厚度、位移和液位,分别如图4.18(a)、图4.18(b)、图4.18(c)所示,也可根据极板间介质的介电常数随温度、湿度、容量改变来测量温度、湿度和容量等。

图 4.18(a)、(b)、(c)所示传感器的电容量与被测量的关系分别为:

$$C = \frac{lb}{\dfrac{(\delta - \delta_x)}{\varepsilon_0} + \dfrac{\delta_x}{\varepsilon}} \tag{4.23}$$

$$C = \frac{ba_x}{\dfrac{\delta - \delta_x}{\varepsilon_0} + \dfrac{\delta_x}{\varepsilon}} + \frac{b(l - a_x)}{\dfrac{\delta}{\varepsilon_0}} \tag{4.24}$$

$$C = \frac{2\pi\varepsilon_0 h}{\ln \dfrac{D}{d}} + \frac{2\pi(\varepsilon - \varepsilon_0) h_x}{\ln \dfrac{D}{d}} \tag{4.25}$$

式中,ε_n、ε——极板间隙内空气的介电常数和被测物体的介电常数;

δ、l、b——两固定极板间的距离和极板的长度、宽度;

D、d、h——外极筒的内径、内极筒的外径和极筒的高度;

δ_x、h_x、a_x——被测物的厚度、被测液面高度和被测物进入两极板间的长度。

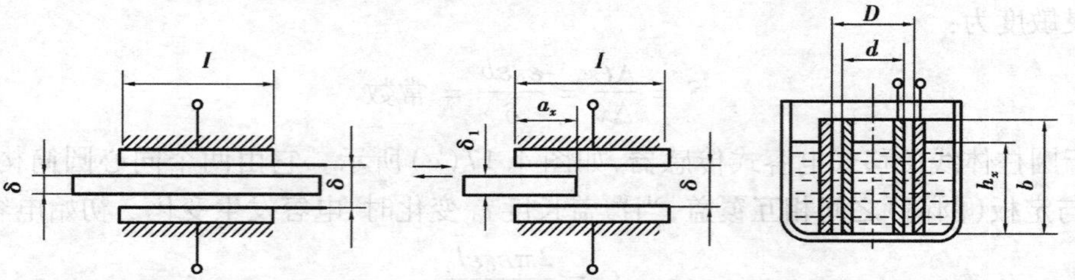

(a)测量电介质厚度　(b)测量电介质位置　(c)测量电介质液位

图 4.18　变介电常数式电容传感器

4.3.3　光栅

光栅是一种新型的位移检测元件,有圆光栅和直线光栅两种。它的特点是测量精确高(可达 ±1 μm)、响应速度快和量程范围大(一般为 1 ~ 2 m,连接使用可达到 10 m)等。

光栅由标尺光栅和指示光栅组成,两者的光刻密度相同,但体长相差很多,其结构如图 4.19所示。光栅条纹密度一般为每毫米 25、50、100、250 条等。

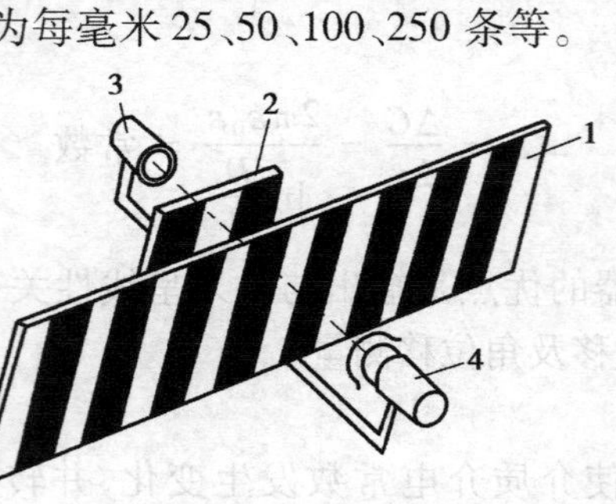

图 4.19　光栅测量原理

1—光栅尺;2—指示光栅;3—光电二极管;4—光管

把指示光栅平行地放在标尺光栅上面,并使它们的刻线相互倾斜一个很小的角度 θ,这时在指示光栅上就出现几条较粗的明暗条纹,称为莫尔条纹。它们是沿着与光栅条纹几乎成垂直的方向排列,如图 4.20 所示。

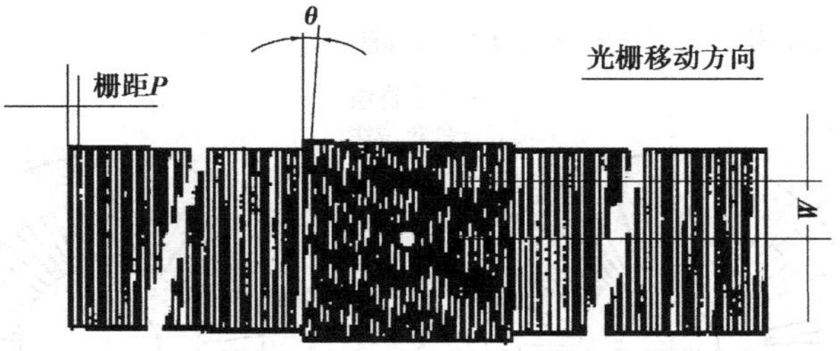

图4.20 莫尔条纹示意图

光栅莫尔条纹的特点是起放大作用,用 W 表示条纹宽度,P 表示栅距 θ 表示光栅条纹间的夹角,则有:

$$W \approx \frac{P}{\theta} \tag{4.26}$$

若 $P=0.01$ mm,把莫尔条纹的宽度调成 10 mm,则放大倍数相当于 1 000 倍,即利用光的干涉现象把光栅间距放大 1 000 倍,因而大大减轻了电路的负担。

光栅可分透射和反射光栅两种。透射光栅的线条刻制在透明的光学玻璃上,反射光栅的线条刻制在具有强反射能力的金属板上,一般用不锈钢。

光栅测量系统的基本构成如图 4.21 所示。光栅移动时产生的莫尔条纹明暗信号可以用光电元件接受,图 4.21 中的 a、b、c、d 是四块光电池,产生的信号,相位彼此差 90°,对这些信号进行适当的处理后,即可变成光栅位移量的测量脉冲。

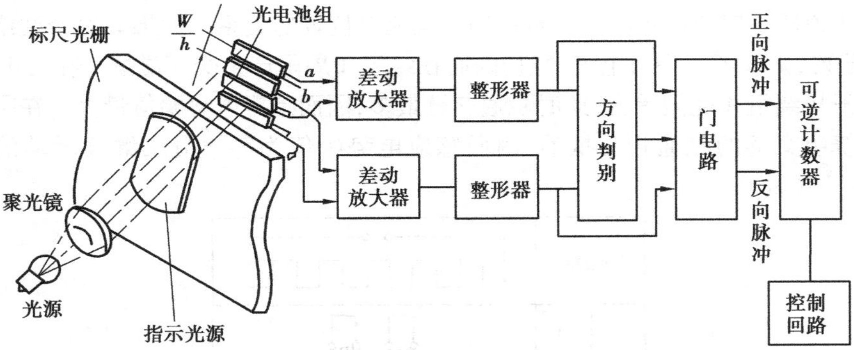

图4.21 光栅测量系统

4.3.4 感应同步器

感应同步器是一种应用电磁感应原理制造的高精度检测元件,有直线和圆盘式两种,分别用作检测直线位移和转角。

直线感应同步器由定尺和滑尺两部分组成。定尺一般为 250 mm,上面均匀分布节距为 2 mm 的绕组;滑尺长 100 mm,表面布有两个绕组,即正弦绕组和余弦绕组,如图 4.22 所示。当余弦绕组与定子绕组相位相同时,正弦绕组与定子绕组错开 1/4 节距。

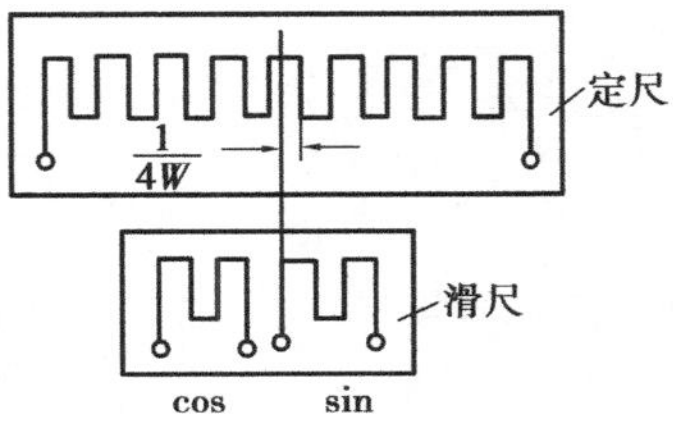

图4.22 感应同步器原理图

圆盘式感应同步器,如图 4.23 所示,其转子相当于直线感应同步器的滑尺,定子相当于定尺,而且定子绕组中的两个绕组也错开 1/4 节距。

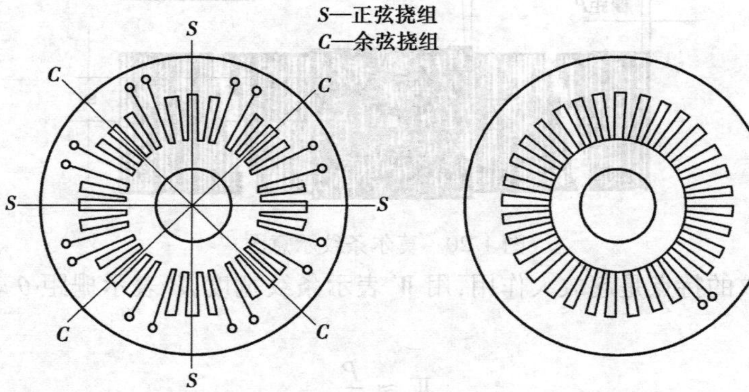

图 4.23　圆盘式感应同步器绕组图形

感应同步器根据其激磁绕组供电电压形式不同,分为鉴相测量方式和鉴幅测量方式。

(1)鉴相式

所谓鉴相式就是根据感应电势的相位来鉴别位移量。

如果将滑尺的正弦和余弦绕组分别供给幅值、频率均相等,但相位相差 90°的激磁电压,即 $V_A = V_m \sin \omega t$,$V_B = V_m \cos \omega t$ 时,则定尺上的绕组由于电磁感应作用产生与激磁电压同频率的交变感应电势。

图 4.24 说明了感应电势幅值与定尺和滑尺相对位置的关系。如果只对余弦绕组 A 加交流激磁电压 V_A,则绕组 A 中有电流通过,因而在绕组 A 周围产生交变磁场。在图 4.24 中 1 位置,定尺和滑尺绕组 A 完全重合,此时磁通交链最多,因而感应电势幅值最大。在图 4.24 中 2 位置,定尺绕组交链的磁通相互抵消,因而感应电势幅值为零。滑尺继续滑动的情况如图 4.24中 3、4、5 位置。

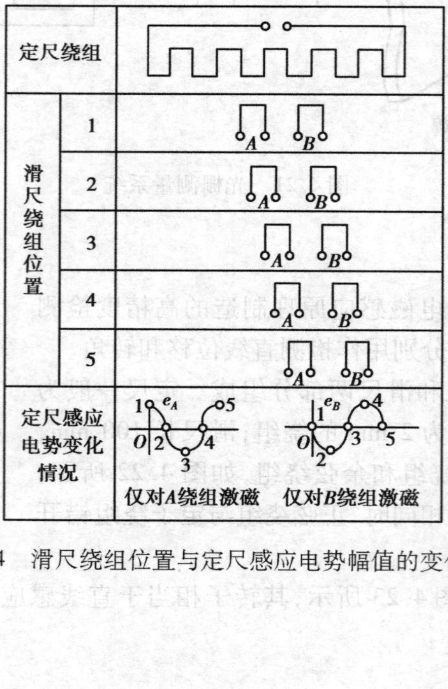

图 4.24　滑尺绕组位置与定尺感应电势幅值的变化关系

可以看出，滑尺在定尺上滑动一个节距，定尺绕组感应电势变化了一个周期，即

$$e_A = KV_A\cos\theta \tag{4.27}$$

式中，K——滑尺和定尺的电磁耦合系数；

θ——滑尺和定尺相对位移的折算角。

若绕组的节距为 W，相对位移为 l，则

$$\theta = \frac{l}{W}360° \tag{4.28}$$

同样，当仅对正弦绕组 B 施加交流激磁电压 V_B 时，定尺绕组感应电势为：

$$e_B = -KV_B\cos\theta \tag{4.29}$$

对滑尺上两个绕组同时加激磁电压，则定尺绕组上所感应的总电势为：

$$\begin{aligned} e &= e_A + e_B = KV_A\cos\theta - KV_B\cos\theta \\ &= KV_m\sin\omega t\cos\theta - KV_m\cos\omega t\sin\theta = KV_m\sin(\omega t - \theta) \end{aligned} \tag{4.30}$$

从上式可以看出，感应同步器把滑尺相对定尺的位移 l 的变化转成感应电势相角 θ 的变化。因此，只要测得相角 θ，就可以知道滑尺的相对位移 l 为：

$$l = \frac{\theta}{360°}W \tag{4.31}$$

(2)鉴幅式

在滑尺的两个绕组上施加频率和相位均相同，但幅值不同的交流激磁电压 V_A 和 V_B 为：

$$V_A = V_m\sin\theta_1\sin\omega t \tag{4.32}$$

$$V_B = V_m\mathrm{con}\,\theta_1\sin\omega t \tag{4.33}$$

式中，θ_1——指令位移角。

设此时滑尺绕组与定尺绕组的相对位移角为 θ，则定尺绕组上的感应电势为：

$$\begin{aligned} e &= KV_A\cos\theta - KV_B\cos\theta \\ &= KV_m(\sin\theta_1\cos\theta - \cos\theta_1\sin\theta)\sin\omega t = KV_m\sin(\theta_1 - \theta)\sin\omega t \end{aligned} \tag{4.34}$$

式(4.34)把感应同步器的位移与感应电势幅值 $KV_m\sin(\theta_1 - \theta)$ 联系起来，当 $\theta = \theta_1$ 时，$e = 0$。这就是鉴幅测量方式的基本原理。

4.4　速度、加速度传感器

4.4.1　直流测速机

直流测速机是一种测速元件，实际上它就是一台微型的直流发电机。根据定子磁极激磁方式的不同，直流测速机可分为电磁式和永磁式两种。如以电枢的结构不同来分，有无槽电枢、有槽电枢、空心杯电枢和圆盘电枢等。近年来，又出现了永磁式直线测速机。现在常用的是永磁式测速机。

尽管测速机的结构有多种，但原理基本相同。图4.25所示为永磁式测速机原理电路图。恒定磁通由定子产生，当转子在磁场中旋转时，电枢绕组中即产生交变的电势，经换向器和电刷转换成与转子速度成正比的直流电势。

直流测速机的输出特性曲线,如图 4.26 所示。从图中可以看出,当负载电阻 $R_L \to \infty$ 时,其输出电压 V_0 与转速 n 成正比。随着负载电阻 R_L 变小,其输出电压下降,而且输出电压与转速之间并不能严格保持线性关系。由此可见,对于要求精度比较高的直流测速机,除采取其他措施外,负载电阻 R_L 应尽量大。

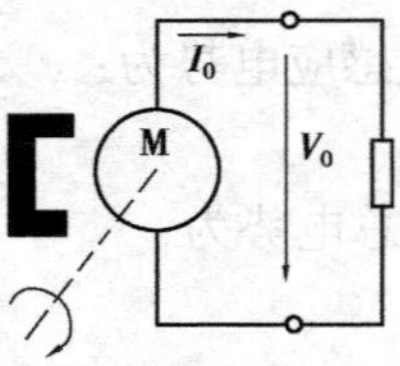

图 4.25　永磁式测速机原理图

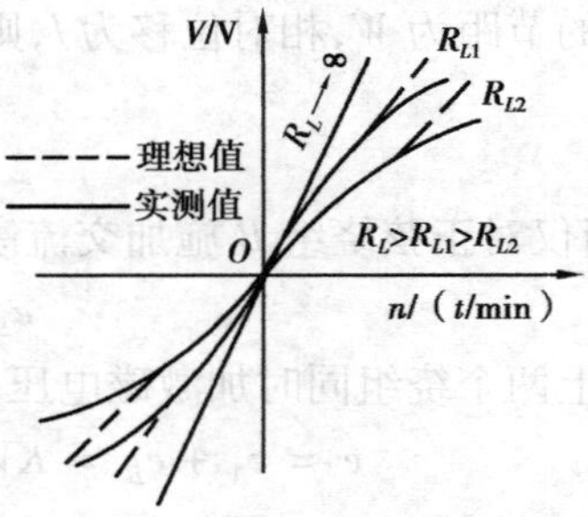

图 4.26　直流测速机输出特性

直流测速机的特点是输出斜率大、线性好,但由于有电刷和换向器,构造和维护比较复杂,摩擦转矩较大。直流测速机在机电控制系统中,主要用作测速和校正元件。在使用中,为了提高检测灵敏度,尽可能把它直接连接到电机轴上,有的电机本身就已安装了测速机。

4.4.2　光电式转速传感器

光电传感器是将光量转换为电量的传感器。其工作原理是利用物质的光电效应。光电传感器由光源、光学元件和光电元件组成。光源发射出一定光通量的光线,经光学元件照射到光电元件上。光的粒子即光电子具有能量。当光照射到光电元件时,光电元件吸收了光的能量而产生电量输出,这就是光电效应。只要被测量的变化能够引起光通量的变化,就可以被转换为电量的变化,从而实现被测星的间接测量。光电效应有以下几种类型。

(1)外光电效应

在光的作用下,光电元件的表面会逸出电子,这种光电效应称为外光电效应。基于外光电效应的光电器件属于光电发射型器件,有光电管、光电倍增管等。

(2)内光电效应

在光的作用下,光电元件的电阻率将发生变化,这种光电效应称为内光电效应。应用内光电效应的光电器件有光敏电阻、光敏晶体管等。

(3)光生伏特效应

在光的作用下,光电元件的内部产生电动势的现象,称为光生伏特效应,因此光生伏特型光电器件是自发电式的,属有源器件。光电池、光电晶体管就是利用光生伏特效应的光电变换元件。用可见光作光源的光电池是常用的光生伏特型器件。

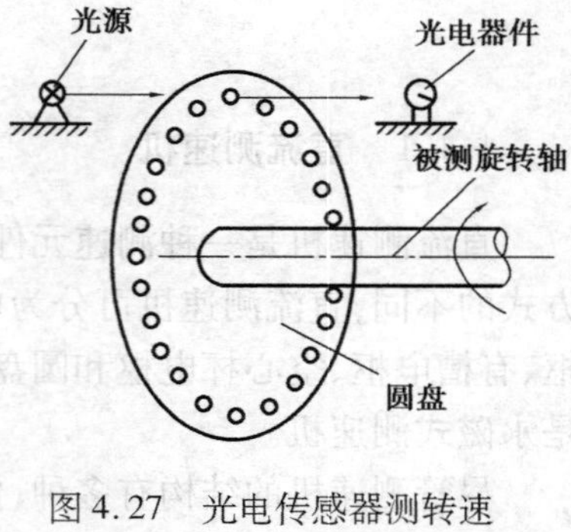

图 4.27　光电传感器测转速

光电式转速传感器是由装在被测轴(或与被测轴相连接的输入轴)上的带缝隙圆盘、光源、光电器件和指示缝隙盘组成,如图 4.27 所示。光源发生的光通过缝隙圆盘和指示缝隙照射到光电器件上,当缝隙圆盘随被测轴转动时,由于圆盘上的缝隙间距与指示缝隙的间距相同，因此圆盘每转一周，光电器件输出与圆盘缝隙数相等的电脉冲，根据测量时间 t 内的脉冲数 N，则可测出转速为：

$$n = \frac{60N}{Zt} \tag{4.35}$$

式中，Z——圆盘上的缝隙数；

n——转速，r/min；

t——测量时间，s。

一般取 $Z \cdot t = 60 \times 10^m$（$m = 0,1,2,\cdots$），利用两组缝隙间距 W 相同，位置相差 $\left(\frac{i}{2} + \frac{1}{4}\right)W$（$i$ 为正整数）的指示缝隙和两个光电器件，则可辨别出圆盘的旋转方向。

4.4.3　磁电式转速传感器

磁电式传感器是把被测量转换为感应电动势的一种传感器，又称电磁感应式传感器或电动力式传感器。

由电工学知道，对于一个匝数为 N 的线圈，当穿过该线圈的磁通 ϕ 发生变化时，其感应电动势为：

$$e = -N\frac{\mathrm{d}\phi}{\mathrm{d}t} \tag{4.36}$$

可见，线圈感应电动势的大小，取决于匝数和穿过线圈的磁通变化率 $\mathrm{d}\phi/\mathrm{d}t$。磁通变化率与磁场强度、磁路磁阻、线圈的运动速度有关。如果改变其中一个参数，都会改变线圈的感应电动势。按照结构方式的不同，磁电式传感器可分为动圈式与磁阻式。

（1）动圈式

动圈式又可分为线速度式和角速度式。图 4.28（a）表示线速度式传感器工作原理。在永久磁铁产生的磁场内，放置一个可动线圈，当线圈在磁场中作直线运动时，所产生感应电动势为：

$$e = NBlv\sin\theta \tag{4.37}$$

式中，N——线圈的匝数；

B——磁场的磁感应强度，T；

l——单匝线圈的有效长度，m；

v——线圈相对磁场的线速度，m/s；

θ——线圈运动方向与磁场方向的夹角，rad。

式（4.37）表明，当 N,B,l 均为常数时，感应电动势与线圈运动线速度成正比，且为线性关系。通常，这种传感器用于线速度测量。

图 4.28（b）表示角速度式传感器工作原理，线圈在磁场中转动时，产生感应电动势为：

$$e = NBA\omega\sin\theta \tag{4.38}$$

式中，A——单匝线圈的截面积，m^2；

ω——线圈转动圆频率，rad/s。

当传感器结构确定后，感应电动势与圆频率有关，且为线性关系。通常，这种传感器用于角速度测量，此时，传感器本质上就是一个发电机。

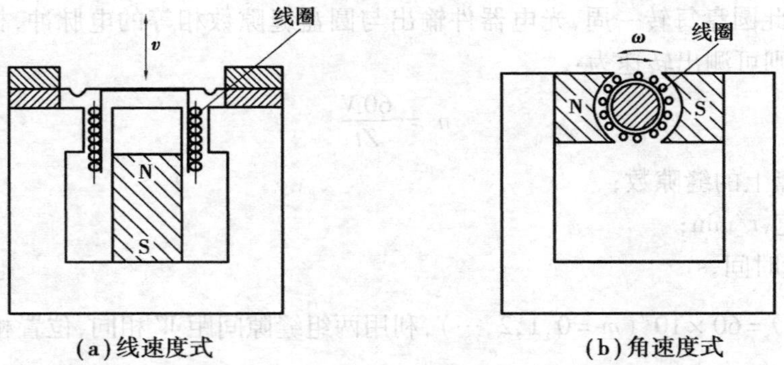

图 4.28　动圈式磁电式传感器

(2)磁阻式

动圈式磁电传感器的工作原理可以看作是线圈在磁场中运动时切割磁力线而产生电动势。而磁阻式磁电传感器则是线圈与磁铁不动,由运动着的物体(导磁材料)改变磁路的磁阻,引起磁力线增强或减弱,使线圈产生感应电动势。

4.4.4　加速度传感器

作为加速度检测元件的加速度传感器有多种形式,它们的工作原理都是利用惯性质量受加速度所产生的惯性力而造成的各种物理效应,并将其进一步转化成电量,从而实现间接度量被测加速度。最常用的有应变式和压电式等。

(1)电阻应变式

电阻应变片式传感器简称电阻片或应变片。它是一种将应变转换成电阻变化的元件,进而通过电路转变成电压或电流信号输出的一类传感器。

电阻应变式加速度计原理结构如图 4.29 所示。它由重块、悬臂梁、应变片和阻尼液体等构成。当有加速度时,重块受力,悬臂梁弯曲,按梁上固定的应变片之变形便可测出力的大小,在已知质量的情况下即可算出被测加速度。壳体内充满的黏性液体作为阻尼之用。这一系统的固有频率可以做得很低。

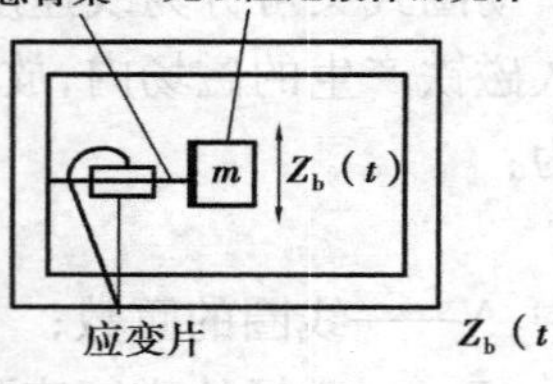

图 4.29　应变式加速度传感器

(2)压电式

压电式传感器的工作原理是以某些物质的压电效应为转换机理实现压力到电量的转换。它是一种可逆型换能器,既可以将机械能转换为电能,又可以将电能转换为机械能。压电传感器是一种典型的发电型传感器,其敏感元件是压电材料。

压电式传感器是在压电晶体切片的两个工作面上蒸镀了一层很薄的金属膜,构成两个电极,如图 4.30(a)所示。当晶体片受到外力作用时,在两个极板上积聚数量相等而极性相反的电荷,形成了电场。这种情况和电容器十分相似,所不同的是晶片表面上的电荷会随着时间的推移逐渐漏掉,因为压电晶片材料的绝缘电阻(也称漏电阻)虽然很大,但毕竟不是无穷大,从信号变换角度来看,压电元件相当于一个电荷发生器。从结构上看,它又是一个电容器。所以压电传感器可以看作是一个电荷发生器与电容器 C_a 和压电晶片的等效漏电阻 R_a 的并联,等效电路如图 4.30(b)所示。

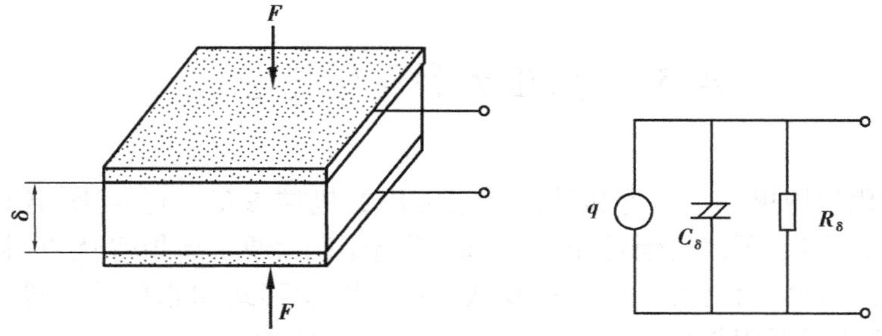

(a)压电晶体膜片　　(b)等效电路

图 4.30　压电晶体膜片及等效电路

试验证明，在极板上积聚的电荷量 q 与作用力 F 成正比，即：

$$q = DF$$

式中，D——压电常数，与材质及切片方向有关，C/N；

F——作用力，N。

压电式加速度传感器在飞机、汽车、船舶、桥梁和建筑的振动和冲击测量中已经得到了广泛的应用。常用的压电式加速度传感器的结构形式如图 4.31 所示。当壳体随被测振动体一起振动时，作用在压电晶体上的力 $F = Ma$。当质量 M 一定时，压电晶体上产生的电荷与加速度 a 成正比。图 4.31(a)是外缘固定型，其压紧块与壳体相连，外壳本身就是弹簧一质量系统中的一个弹簧，它与起弹簧作用的压电元件并联，由于壳体和压电元件之间这种机械上的并联连接，因此，壳体内的任何变化都将影响到传感器的弹簧一质量系统，使传感器灵敏度发生变化。图 4.31(b)是中间固定型，压电元件、质量块和压紧块一起被固定在一个中心轴上，而不与外壳直接接触，外壳只是起到防护和屏蔽作用。这种结构可以克服外界温度和噪声的干扰，但如果其基座的刚度不够大时，试件变形对输出仍会有影响。图 4.31(c)为倒置式中间固定型，由于中心柱离开基座，所以避免了基座应变引起的误差。但由于壳体是质量一弹簧系统的一个组成部分，所以壳体的谐振会使传感器的谐振频率有所降低，以致减小传感器的频响范围。另外，这种形式的传感器的加工和装配也比较困难，这是它的主要缺点。图 4.31(d)为剪切结构型，其基座向上延伸，如同一根圆柱，管式压电元件(极化方向平行于轴线)套在这根圆柱上，压电元件上再套上惯性质量块。如传感器感受向上的振动，在压电元件中就出现剪切应力，使其产生剪切变形，从而在压电元件的内外表面上就产生电荷，其电场方向垂直于极化方向。这种结构既可排除外界温度和噪声的干扰，又可避免基座变形的影响。

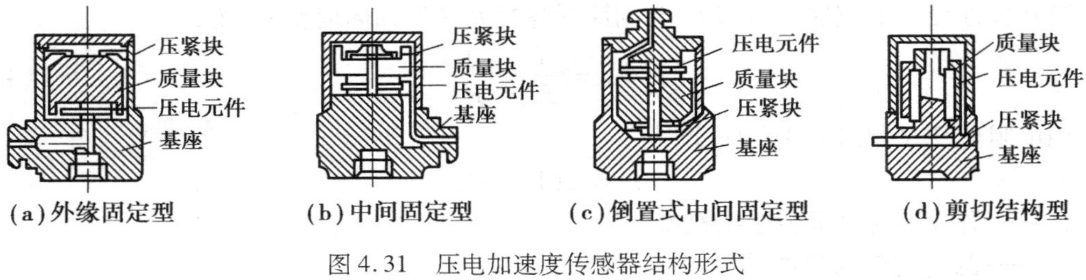

(a)外缘固定型　(b)中间固定型　(c)倒置式中间固定型　(d)剪切结构型

图 4.31　压电加速度传感器结构形式

压电加速度传感器可以做得很小，质量很轻，故对被测机构的影响就小。压电式加速度传感器的频率范围广、动态范围宽、灵敏度高，应用较为广泛。

4.5　力、压力和转矩传感器

在机电一体化领域里，力、压力和转矩是很常用的机械参量。近年来，各种高精度力、压力和转矩传感器的出现，更以其惯性小、响应快、易于记录、便于遥控等优点得到了广泛的应用。按其工作原理可分为弹性式、电阻应变式、气电式、位移式和相位差式等，在以上测量方式中，电阻应变式传感器用得最为广泛。

电阻应变片式的力、压力和转矩传感器的工作原理是利用弹性敏感器元件将被测力、压力或转矩转换为应变、位移等，然后通过粘贴在其表面的电阻应变片换成电阻值的变化，经过转换电路输出电压或电流信号。

4.5.1　测力传感器

测力传感器按其量程大小和测量精度不同而有很多规格品种，它们的主要差别是弹性元件的结构形式不同，以及应变计在弹性元件上粘贴的位置不同。通常测力传感器的弹性元件有柱形、筒形、环形、梁式和轮辐式等。

(1)柱形或筒形弹性元件

如图4.32(a)所示，这种弹性元件结构简单，可承受较大的载荷，常用于测量较大力的拉(压)力，但其抗偏心载荷和侧向力的能力差，制成的传感器高度大。应变计在柱形和筒形弹性元件上的接桥方法及粘贴位置如图4.32(b)和4.32(c)所示。这种接桥方法能减少偏心载荷引起的误差，且能增加传感器的输出灵敏度。

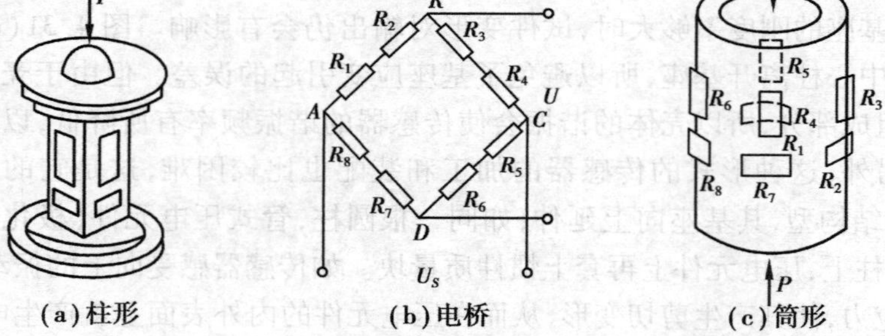

(a)柱形　(b)电桥　(c)筒形

图4.32　柱形和圆筒弹性元件组成的测力传感器

若在弹性元件上施加一压缩力 P，则筒形弹性元件的轴向应变 ε_l，为：

$$\varepsilon_l = \frac{\sigma}{E} = \frac{P}{EA} \tag{4.39}$$

用电阻应变仪测出的指示应变为：

$$\varepsilon = 2(1+\mu)\varepsilon_l \tag{4.40}$$

式中，P——作用于弹性元件上的载荷；

E——圆筒材料的弹性模量；

μ——圆筒材料的泊松系数；

A——筒体截面积 $A = \pi\frac{(D_1 - D_2)^2}{4}$（$D_1$ 为筒体外径、D_2 为筒体内径）。

(2)梁式弹性元件

1)悬臂梁式弹性元件

它的特点是结构简单、容易加工、粘贴应变计方便、灵敏度较高,适用于测量小载荷的传感器中。

图4.33所示为一截面悬臂梁弹性元件,在其同一截面正反两面粘贴应变计,组成差动工作形式的电桥输出。

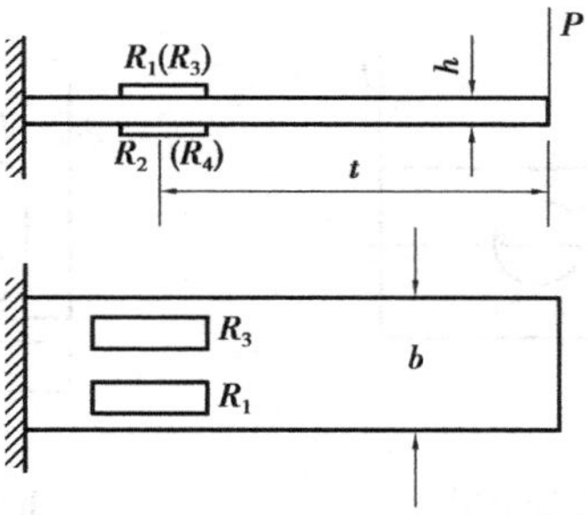

图4.33 悬臂梁式测力传感器示意图

若梁的自由端有被测力 P,则应变计感受的应变为:

$$\varepsilon = \frac{bl}{Ebh^2}P \tag{4.41}$$

电桥输出为:

$$U_{SC} = K_{\varepsilon}U_0 \tag{4.42}$$

式中,l——应变计中心处距受力点距离;

b——悬臂梁宽度;

h——悬臂梁厚度;

E——悬臂梁材料的弹性模量;

K——应变计的灵敏系数。

2)两端固定梁

这种弹性元件的结构形状、参数以及应变计粘贴组桥形式如图4.34所示。它的悬臂梁刚度大,抗侧向能力强。粘贴应变计感受应变与被测力 P 之间的关系为:

$$\varepsilon = \frac{3(4l_0 - l)}{4Ebh^2}P \tag{4.43}$$

它的电桥输出与式(4.42)相同。

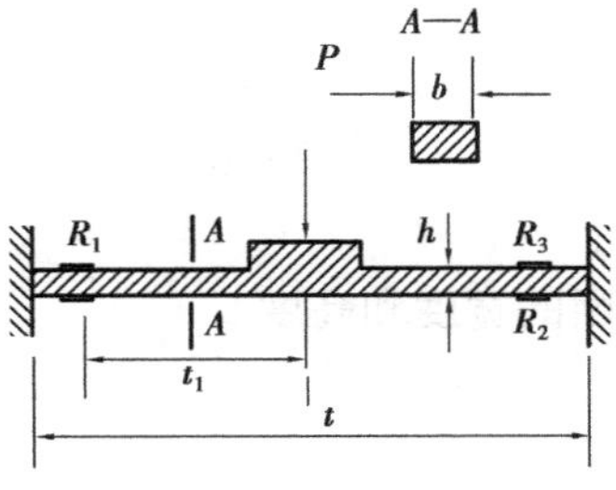

图4.34 两端固定式测力传感器示意图

3)双孔形弹性元件

图4.35(a)为双孔形悬臂梁,图4.35(b)为双孔S形弹性元件。它们的特点是粘贴应变计处应变大。因而传感器的输出灵敏度高,同时其他部分截面积大、刚度大,则线性好,并且抗偏心载荷和侧向力的能力好。通过差动电桥可进一步消除偏心载荷的侧向力的影响,因此,这种弹性元件广泛地应用于高精度、小量程的测力传感器中。

双孔形弹性元件粘贴应变计处应变与载荷之间的关系常用标定式试验确定。

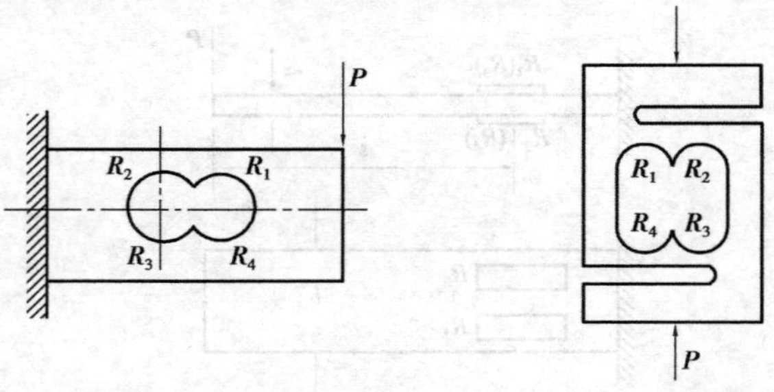

图4.35 双孔型弹性元件测力传感器示意图

4)梁式剪切弹性元件

这种弹性元件的结构与普通梁式弹性元件基本相同,只是应变计粘贴位置不同。应变计受的应变只与梁所承受的剪切力有关,而与弯曲应力无关。因此,它具有对拉伸和压缩载荷相同的灵敏度,适用于同时测量拉力和压力的传感器。此外,它与梁式弹性元件相比,线性好、抗偏心载荷和侧向力的能力大,其结构和粘贴应变计的位置如图4.36所示。

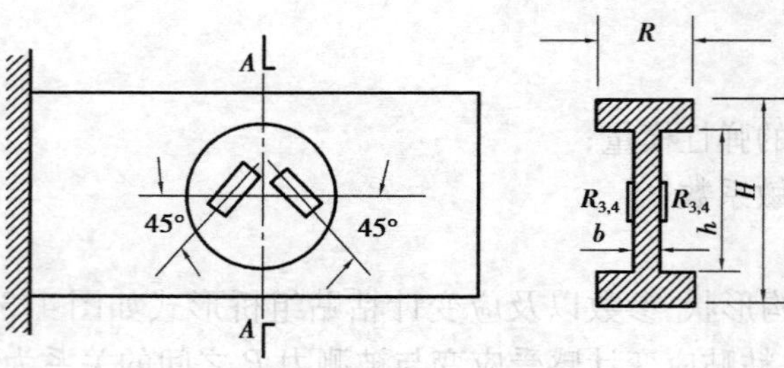

图4.36 梁式剪切型测力传感器示意图

应变计一般粘贴在矩形截面梁中间盲孔两侧,与梁的中性轴成45°方向上。该处的截面为工字形,以使剪切应力在截面上的分布比较均匀,且数值较大,粘贴应变计处的应变与被测力 P 之间的关系近似为:

$$\varepsilon = \frac{P}{2bhG} \tag{4.44}$$

式中,G——弹性元件的剪切模量;

b、h——粘贴应变计处梁截面的宽度和高度。

4.5.2 压力传感器

电阻应变压力传感器主要用于测量流体压力,有时也用于测量土壤压力。测量压力范围一般为 $10^4 \sim 10^7$ Pa。同样,按传感器所用弹性元件分为膜式、筒式等。

(1)膜式压力传感器

它的弹性元件为四周固定的等截面圆形薄板,又称平膜板或膜片。其一表面承受被测分布压力,另一侧面贴有应变计。应变计接成桥路输出,如图4.37所示。

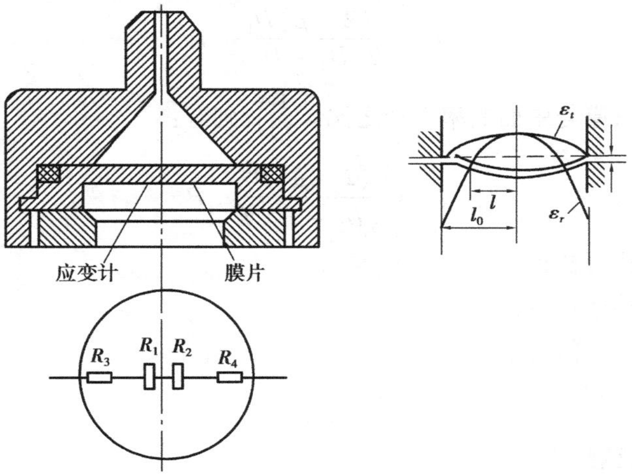

图4.37 膜式压力传感器

应变计在膜片上的粘贴位置根据膜片受压后的应变分布状况来确定,通常将应变计分别贴于膜片的中心(切向)和边缘(径向)。因为这两种应变最大符号相反,接成全桥线路后传感器输出最大。

膜片上粘贴应变计处的径向应变 ε_r 和切向应变 ε_t 与被测力 P 之间的关系为:

$$\varepsilon_r = \frac{3P}{8h^2E}\cdot(1-\mu^2)(r^2-3x^2) \tag{4.45}$$

$$\varepsilon_t = \frac{3P}{8h^2E}\cdot(1-\mu^2)(r^2-x^2) \tag{4.46}$$

式中,x——应变计中心与膜片中心的距离;

h——膜片厚度;

r——膜片半径;

E——膜片材料的弹性模量;

μ——膜片材料的泊松比。

为保证膜式传感器的线性度小于3%,在一定压力作用下,要求:

$$\frac{r}{h} \leqslant 4\sqrt{3.5\frac{E}{P}} \tag{4.47}$$

(2)筒式压力传感器

它的弹性元件为薄壁圆筒,筒的底部较厚。这种弹性元件的特点是,圆筒受到被测压力后外表面各处的应变是相同的。因此应变计的粘贴位置对所测应变不影响。如图4.38所示,应变计 R_1、R_3 沿圆周方向贴在筒壁,温度补偿应变计 R_2、R_4 贴在筒底外壁上,并接成全桥线路,这种传感器适用于测量较大压力。

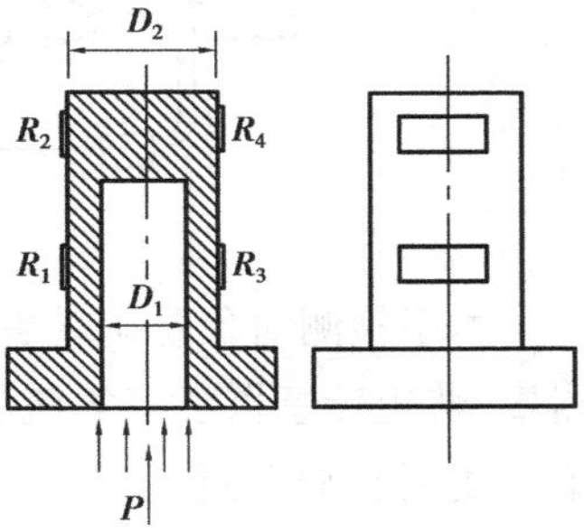

图4.38 筒式压力传感器

对于薄壁圆筒$\left(\text{壁厚与臂的中面曲率半径之比}<\frac{1}{20}\right)$,筒壁上工作应变计处的切向应变 ε_t 与被压力 P 的关系,可求得

$$\varepsilon_t = \frac{(2-\mu)D_1}{2(D_2-D_1)} \cdot P \tag{4.48}$$

对于厚壁圆筒$\left(\text{壁厚与中面曲率半径之比}>\frac{1}{20}\right)$,则有:

$$\varepsilon_r = \frac{(2-\mu)D_1^2}{(D_2^2-D_1^2)E} \cdot P \tag{4.49}$$

式中,D_1——圆筒内孔直径;

D_2——圆筒的外壁直径;

E——圆筒材料的弹性模量;

μ——圆筒材料的泊松系数。

4.5.3 转矩传感器

图 4.39 所示为电阻应变转矩传感器。它的弹性元件是一个与被测转矩的轴相连的转轴,转轴上贴有与轴线成 45°的应变计,应变计两两相互垂直,并接成全桥工作的电桥,应变计感受的应变 ε 与被测试件的扭矩 M_T 的关系为:

$$M_T = 2GW_T \tag{4.50}$$

式中,$G=\frac{E}{2(1+\mu)}$——剪切弹性量;

W_T——抗扭截面模量,实心圆轴 $W_T=\pi\frac{D^3}{16}$,空心圆轴 $W_T=\frac{\pi D^3(1-\alpha^4)}{16}$,$a=\frac{d}{D}$($d$ 为空心圆柱内径,D 为外径)。

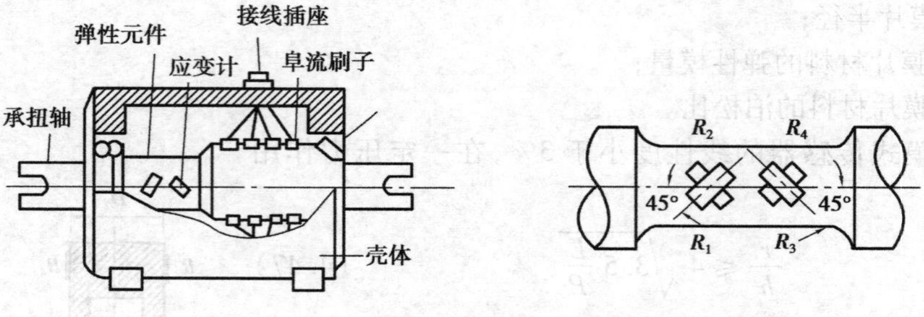

图 4.39　转矩传感器示意图

由于检测对象是旋转着的轴,因此应变计的电阻变化信号要通过集流装置引出才能进行测量,转矩传感器已将集流装置安装在内部,所以只需将传感器直接相联就能测量转轴的转矩。使用非常方便。

4.6　位置传感器

位置传感器和位移传感器不一样,它所测量的不是一段距离的变化量,而是通过检测,确定是否已到某一位置。因此,它只需要产生能反映某种状态的开关量就可以了。位置传感器分接触式和接近式两种。所谓接触式传感器就是能获取两个物体是否已接触的信息的一种传感器;而接近式传感器是用来判别在某一范围内是否有某一物体的一种传感器。

4.6.1　接触式位置传感器

这类传感器用微动开关之类的触点器件便可构成,它分为以下两种。

(1)由微动开关制成的位置传感器

它用于检测物体位置,有如图 4.40 所示的几种构造和分布形式。

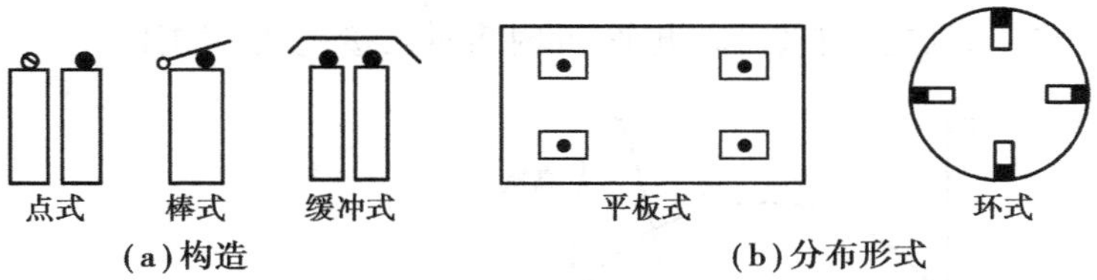

图 4.40　微动开关制成的位置传感器

(2)二维矩阵式配置的位置传感器

如图 4.41 所示,它一般用于机器人手掌内侧。在手掌内侧常安装有多个二维触觉传感器,用以检测自身与某一物体的接触位置,被握物体的中心位置和倾斜度,甚至还可识别物体的大小和形状。

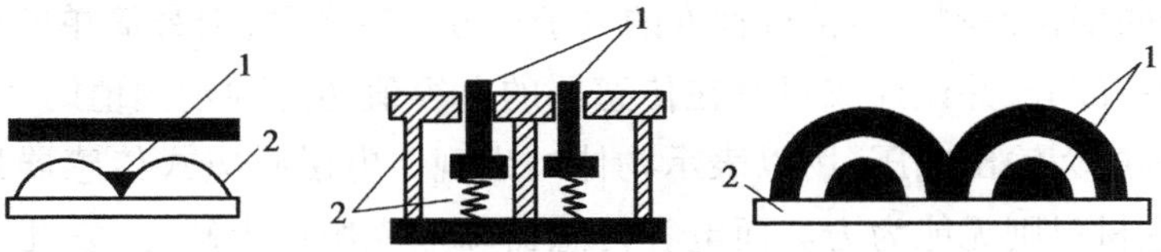

图 4.41　二维矩阵式配置的位置传感器

1—柔软电极;2—柔软绝缘体

4.6.2　接近式位置传感器

接近式位置传感器按其工作原理主要分为:电磁式、光电式、静电容式、气压式、超声波式等。其基本工作原理如图 4.42 所示。这里重点介绍前三种较常用的接近式位置传感器。

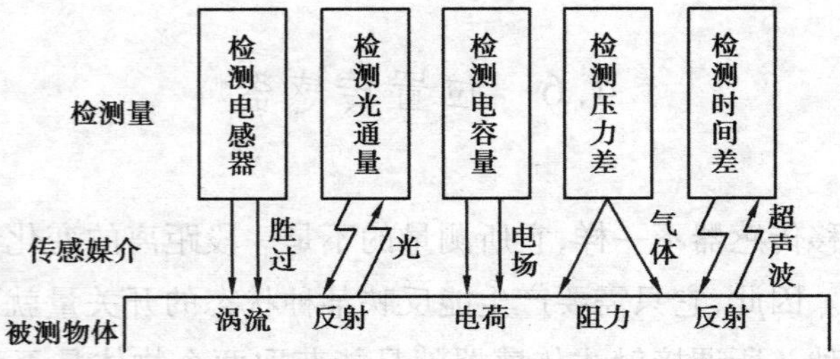

图 4.42　接近式位置传感器工作原理

(1)电磁式传感器

当一个永久磁铁或一个通有高频电流的线圈接近一个铁磁体时,它们的磁力线分布将发生变化,因此,可以用另一组线圈检测这种变化。当铁磁体靠近或远离磁场时,它所引起的磁通量变化将在线圈中感应出一个电流脉冲,其幅值正比于磁通的变化率。图 4.43 给出了线圈两端的电压随铁磁体进入磁场的速度而变化的曲线,其电压极性取决于物体进入磁场还是离开磁场。因此,对此电压进行积分便可得出一个二值信号。当积分值小于一特定的阀值时,积分器输出低电平;反之,则输出高电平,此时表示已接近某一物体。

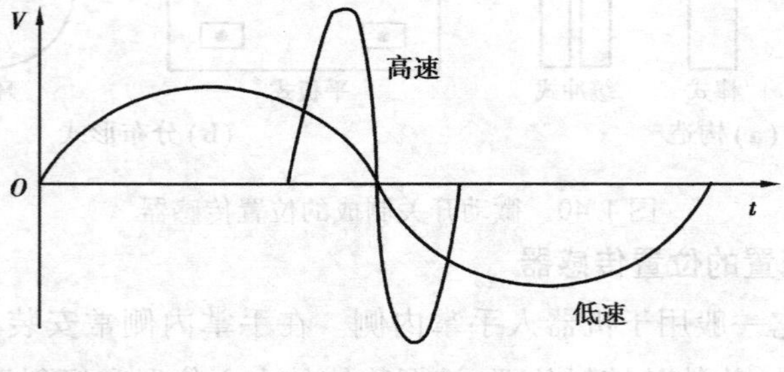

图 4.43　电压-速度曲线

(2)电容式传感器

根据电容量的变化检测物体接近程度的电子学方法有多种,但最简单的方法是将电容器作为振荡电路的一部分,并设计成只有在传感器的电容值超过预定阀值时才产生振荡,然后再经过变换,使其成为输出电压,用以表示物体的出现。电磁感应式传感器只能检测电磁材料,对其他非电磁材料则无能为力。而电容传感器却能克服以上缺点,它几乎能检测所有的固体和液体材料。

(3)光电式传感器

这种传感器具有体积小、可靠性高、检测位置精度高、响应速度快、易与 TTL 及 CMOS 电路兼容等优点,它分为透光型和反射型两种。

在透光型光电传感器中,发光器件和受光器件相对放置,中间留有间隙。当被测物体到达这一间隙时,发射光被遮住,从而接收器件(光敏元件)便可检测出物体已经到达。这种传感器的接口电路如图 4.44 所示。

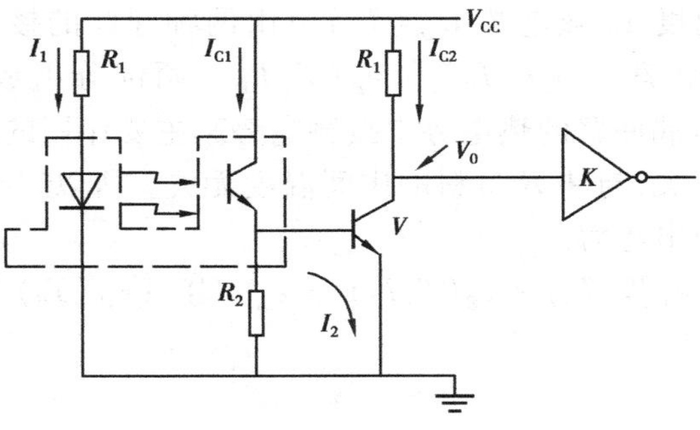

图 4.44　透光型光电传感器接口电路

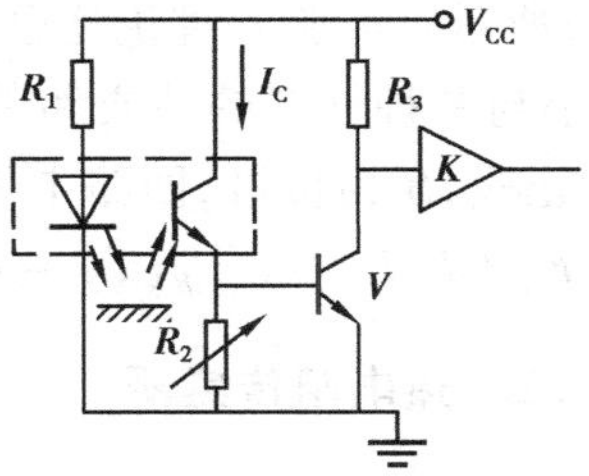

图 4.45　反射型光电传感器的应用

反射型光电传感器发出的光经被测物体反射后再落到检测器件上，它的基本情况大致与透射型传感器相似，但由于是检测反射光，所以得到的输出电流 I_C 较小。另外，对于不同的物体表面，信噪比也不一样，因此，设定限幅电平就显得非常重要。图 4.45 表示这种传感器的典型应用。它的电路和透射型传感器大致相同，只是接收器的发射极电阻用得较大，且为可调，这主要是因为反射型光电传感器的光电流较小且有很大分散性。

4.7　温度传感器

工程上常用的热敏传感器测量温度。热敏传感器分为热电式和热电阻式两大类型。热电式是利用热电效应将热直接转换成为电量输出，典型的器件就是热电偶；热电阻式是将热转换为材料的电阻变化，转换原理是热—电阻效应，根据材料的不同，可分为金属热电阻和半导体热敏电阻。

4.7.1　热电偶传感器

热电偶是基于热电效应原理工作的，如 4.46(a)所示。将两种不同性质的导体 A、B 串接成一个闭合回路，如果两导体接合处 1、2 两点的温度不同($T_0 \neq T$)，则在两导体间产生电动势，并在回路中有一定大小的电流，这种现象称之为热电效应，相应的输出电势称做热电势，回路中产生的电流则称做热电流，导体 A、B 称为热电极，导体 A 与 B 组成的转换元件叫做热电偶。

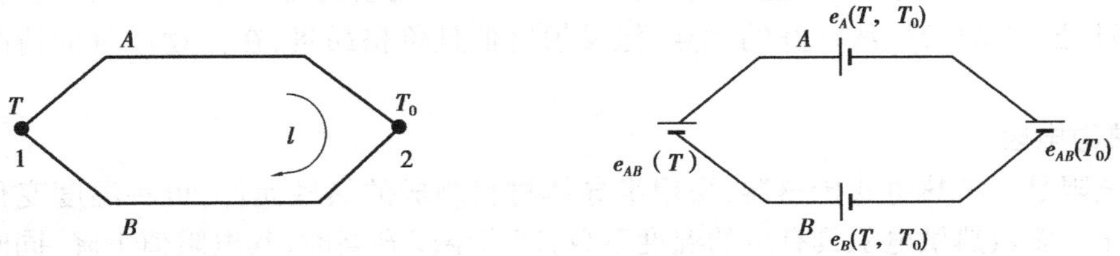

(a) 热电偶结构　　(b) 接触电势和温差电势

图 4.46　热电偶的热电效应

测温时，将热电偶一端置于被测温度场，称之为工作端(又称测量端)，另一端置于某一恒定温度场，称之为自由端(又称参考端)。对于一个确定的热电偶，当自由端温度 T_0 恒定时，热电势与工作端温度 T 有关，故可测量温度 T_0 热电势 $E_{AB}(T,T_0)$ 由两种导体的接触电势 [$e_{AB}(T)$ 和 $e_{AB}(T_0)$] 和单一导体的温差电势 [$e_A(T,T_0)$ 和 $e_B(T,T_0)$] 两部分组成，如图 4.46(b) 所示。实验和理论均已证明，热电偶回路的热电势中接触电势起主要作用的。热电势的大小与两种材料的性质和节点温度有关，与 A、B 材料的中间温度无关。所以，当 $T>T_0$ 时，A 为正极，B 为负极，回路中热电偶的总电势为：

$$E_{AB}(T,T_0)=e_{AB}(T)-e_{AB}(T_0)-e_A(T,T_0)+e_B(T,T_0)\approx e_{AB}(T)-e_{AB}(T_0) \tag{4.51}$$

4.7.2 热电阻传感器

热电阻温度传感器的基本工作原理是利用金属导体或半导体的电阻率随温度变化而变化的特性，即热阻效应。当温度变化时，热电阻材料的电阻值随温度面变化，这样，用测量电路可将变化的电阻值转换成电信号输出，从而得到被测温度。按敏感元件材料分类，热电阻传感器可分为金属热电阻和半导体热电阻两大类。半导体热电阻又称为热敏电阻。

(1) 金属热电阻

金属热电阻测温是根据金属导体的电阻值随温度变化的性质，将电阻值的变化转换为电信号，从而达到测温的目的。金属热电阻是中低温区（-200~650 ℃）最常用的一种温度检测器。如图 4.47(b) 所示为工业热电阻的基本结构，其外形与热电偶相似，使用时要注意区分。

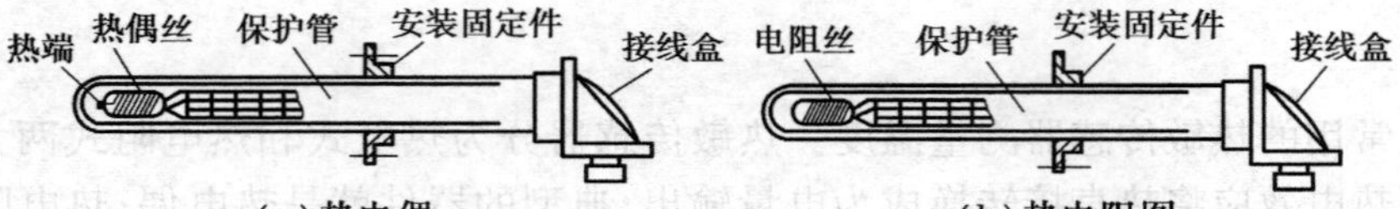

(a) 热电偶　　(b) 热电阻图

图 4.47　工业热电偶及热电阻的基本结构

大多数金属材料的电阻随温度的升高而增加，但作为热电阻的金属材料，其电阻温度系数 α 值要高且保持常值，电阻率 ρ 要高，以减小热惯性（元件尺寸小），在使用温度范围内，材料的物理化学性能稳定，工艺性好。常用的金属热电阻材料有铂、铜、镍、铟、锰、铁等。

金属热电阻包括适用于温度较低的铂热电阻、铜热电阻和适用于超低温测量的铟热电阻、锰热电阻。

金属热电阻测温的优点是信号的灵敏度高，易于连续测量，与热电偶相比可以远距离传输，无需参考温度；金属热电阻稳定性高，互换性好，精度高，可以用于作基准仪表。金属热电阻的主要缺点在于需要电源，产生影响精度的自热现象，测量温度不能太高。而且，金属热电阻如铂电阻，虽有精度高、线性好的优点，但灵敏度低且价格昂贵，在振动严重的情况下容易出现破损。

(2) 热敏电阻

热敏电阻是一种热电式传感器，采用半导体材料制成的热敏元件，可将温度变化转化为电阻的变化。多数热敏电阻具有负的温度系数，即当温度升高时，其电阻值下降，同时灵敏度也下降。这个特性限制了它在高温条件下使用。目前热敏电阻使用的上限温度约为 350 ℃。热敏电阻的灵敏度高，可以应用于各个领域，在温度低于 200 ℃以下时热敏电阻较为方便。

根据半导体理论，热敏电阻在温度 T 时的电阻为：

$$R_T=R_0e^{B\left(\frac{1}{T}-\frac{1}{T_0}\right)} \tag{4.52}$$

式中，R_r——温度时的阻值，Ω；

R_0——温度 T_0（通常指0 ℃或室温）时的阻值，Ω；

B——热敏电阻材料常数，常取2 000～6 000 K；

T——热力学温度，K。

由上式可以求得电阻温度系数为：

$$\alpha = \frac{1}{R_T}\frac{dR_T}{dT} = -\frac{B}{T^2} \tag{4.53}$$

热敏电阻按其温度特性通常分为三类：随温度升高其阻抗下降的负温度系数热敏电阻NTC、当温度超过某一温度后其阻抗急剧增加的正温度系数热敏电阻PTC和当温度超过某一温度后其阻抗减小的临界温度系数热敏电阻CTR。它们的使用温度范围见表4.2。在温度测量方面，负温度系数热敏电阻NTC广泛应用，而PTC型和CTR型在一定温度范围内，阻值将随温度而剧烈变化，因此可用作开关元件。热敏电阻是非线性元件，其温度-电阻关系是指数关系，通过热敏电阻的电流和热敏电阻两端的电压不服从欧姆定律。

表4.2　热敏电阻的使用范围

热敏电阻的种类	使用温度范围	用　途
NTC热敏电阻	超低温 1×10^{-3}～100 K	用于产品温度测量
	低温 −130～0 ℃	
	常温 −50～350 ℃	
	中温 150～750 ℃	
	高温 500～1 300 ℃	
PTC热敏电阻	−50～150 ℃	电子电路的温度补偿、电子器件过热保护
CTR热敏电阻	0～350 ℃	恒温装置的温度开关

热敏电阻与金属丝电阻比较，具有下述优点：

1）电阻温度系数大，灵敏度高，可测0.001～0.005 ℃微小温度的变化，比金属热电阻大10～100倍，由于灵敏度高，可以大大降低对后面调理电路的要求。

2）热敏电阻元件可制成片状、柱状，直径可达0.5 mm，由于结构简单，体积小，可测量点温度。

3）热惯性小，响应速度快，时间常数可小到毫秒级，适宜动态测量。

4）元件本身的电阻可达3～700 kΩ，在远距离测量时，导线电阻的影响可不考虑。

5）结构简单、坚固，能承受较大的冲击、振动，易于实现远距离测量。

热敏电阻的缺点是阻值与温度变化呈非线性关系，对环境温度敏感性大，测量时易受到干扰，而且元件的稳定性、一致性和互换性较差。除特殊高温热敏电阻外，绝大多数热敏电阻仅适合0～150 ℃范围的温度测量。

4.7.3　半导体PN结

半导体PN结温度传感器是利用晶体二极管和晶体三极管的PN结的结电压降随温度变化的特性而制成的温度敏感元件。集成温度传感器是把温敏器件、偏置电路、放大电路及线性化电路集成在同一芯片上的温度传感器。其特点是使用方便、外围电路简单、性能稳定可靠,但测温范围较小、使用环境有一定限制。

在一定温度范围内,PN 结正向电压 U 与温度呈近似线性关系,即

$$U = \frac{kT}{q}\ln\frac{I}{I_S} \tag{4.54}$$

式中,q——电子电荷($q = 1.610\ 217\ 733 \times 10^{-19}$C);

I——PN 结的电流,A;

I_x——反向饱和电流,是一个和 PN 结构材料的禁带宽度以及温度等有关的系数,A;

K——波尔兹曼常数($K = 1.380\ 658 \times 10^{-19}$J/K);

T——绝对温度,K。

因绝对温度 T(K)与摄氏温度 t(℃)的关系为 $T = 273.2 + t$,故近似有

$$U = U_0 - Ct \tag{4.55}$$

式中,U_0——摄氏零度时的 PN 结正向电压,V;

C——电压温度系数(通常在 0 ~ 250 ℃温度范围内,C = 2mV/℃)。

PN 结温度传感器具有灵敏度高、线性好、热响应快和轻巧等特点,在温度测量数字化、温度控制以及用微机进行温度实时信号处理等方面,是其他温度传感器所不能相比的。

4.8 其他传感器

4.8.1 霍尔式传感器

霍尔传感器是根据霍尔效应制作的一种磁场传感器。霍尔效应是磁电效应的一种,这一现象是 A · H · Hall 于 1879 年在研究金属的导电机构时发现的。后来发现半导体、导电流体等也有这种效应,而且半导体的霍尔效应比金属强得多,从而利用这现象制成了各种霍尔元件。霍尔元件是一种半导体磁电转换元件,一般由锗(Ge)、砷化铟(InAs)等半导体材料制成。如图 4.48 所示,将霍尔元件置于磁场中,如果有电流流过(a、b 端)时,在垂直于电流和磁场的方向上(c、d 端)将产生电动势,这种物理现象称为霍尔效应,所产生的电动势称为霍尔电动势。

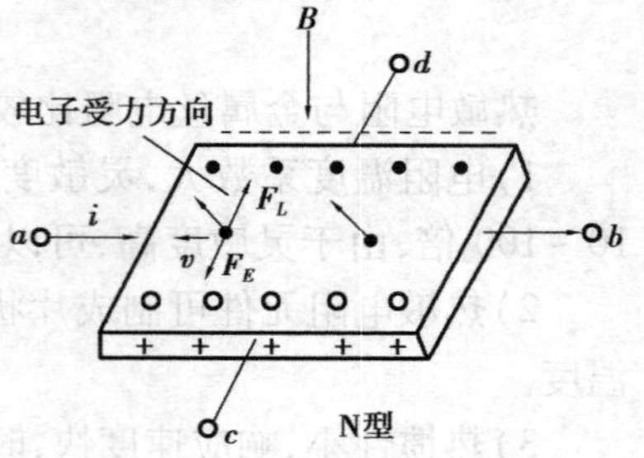

图 4.48 霍尔效应原理

霍尔效应的产生是由于运动电荷受磁场中洛伦兹力作用的结果。假定把 N 型半导体薄片放在磁场中,通以固定方向的电流 i,那么半导体中的载流子(电子)将沿着与电流方向相反的方向运动。从物理学可知,任何带电质点在磁场中沿着与磁力线垂直的方向运动时,都要受到磁场力的作用,这个力称为洛伦兹力 F_L。由于 F_L 的作用,电子向一边偏转,并形成电子积累,而另一边则积累正电荷,于是形成了电场。该电场将阻止运动电子的继续偏转,当电场作用在运动电子上的力 F_E 与洛伦兹力 F_L 相等时,电子的积累便达到动态平衡。这时在元件的 c、d 两端之间建立的电场称为霍尔电场,相应的电动势称为霍尔电动势 U_H。其大小为:

$$U_H = K_H iB \sin \alpha \tag{4.56}$$

式中，K_H——霍尔常数，由材料、温度和元件尺寸决定；

B——磁感应强度，T；

α——电流与磁场方向的夹角，rad。

根据式(4.56)，霍尔电势的大小正比于外磁场 B 和控制电流 i。当改变 B 或 i 的大小，或者两者同时改变，就可以改变 U_H 值。当 B 或 i 换向时，U_H 也相应换向；B、i 同时换向，U_H 的极性不变。运用上述特点，就可以把被测量转换为电压的变化。

霍尔传感器在自动化技术、检测技术和信息处理技术等方面得到了广泛的应用。

图4.49所示是利用开关型霍尔元件测量转速，利用各种方法设置磁体，将它们和开关型霍尔元件组合起来可以构成各种旋转传感器。霍尔电路通电后，磁体每经过霍尔电路一次，霍尔传感器就输出一个脉冲，从而可测出转数(计数器)，若接入频率计，便可测出转速。

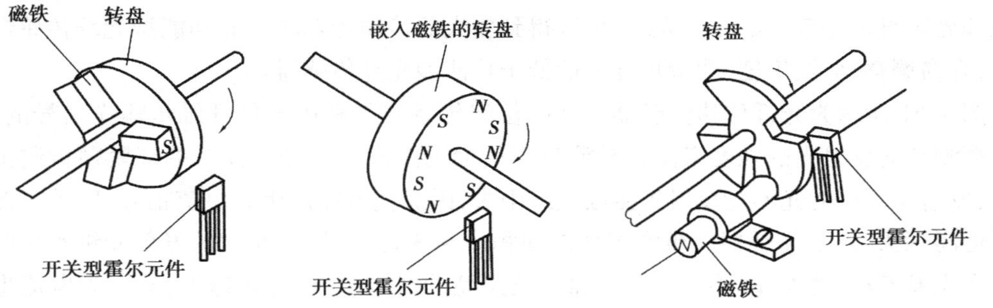

(a)径向磁极　(b)轴向磁极　(c)遮断式

图4.49　利用开关型霍尔元件测量转速

4.8.2　光纤传感器

光纤传感器是最近几年出现的新技术，它可以用来测量多种物理量，比如声场、电场、压力、温度、角速度、加速度等，还可以完成现有测量技术难以完成的测量任务。如在狭小的空间、在强电磁干扰和高电压的环境里，光纤传感器都显示出独特的能力。

光纤传感器一般由光源、光纤、光电元件等组成。根据光纤传感器的用途和光纤的类型，对光源一般要提出功率和调制的要求。常用的光源有激光二极管和发光二极管。激光二极管具有亮度高、易调制、尺寸小等优点；而发光二极管具有结构简单和温度对发射功率影响小等优点。除此之外，还有采用白炽灯等作光源。

目前光纤传感器已经有70多种，根据光纤在传感器中所起的作用，通常可将光纤传感器分为两类：一类是功能型(传感型)；另一类是非功能性(传光型)。

功能型光纤传感器中的光纤，不仅起到传输光信号的作用，而且还起敏感元件的作用，即是利用被测物理量直接或间接对光纤中传送光的光强(振幅)、相位、偏振态、波长等进行调制而构成的一类传感器。这类传感器根据传输特性的变化又可分为光强调制型(应用最多)、相位调制型和波长调制型等几种，图4.50是功能型光纤压力传感器的示意图。由于功能型光纤传感器中光纤本身就是敏感元件，因此加长光纤的长度可以得到很高的灵敏度，尤其是利用干涉技术对光的相位变化进行测量的光纤传感器，具有极高的灵敏度。这种传感器测量精度高，但结构复杂，调整困难。由于制造这类传感器使用单模光纤，其技术难度大，结构复杂，调整较困难。

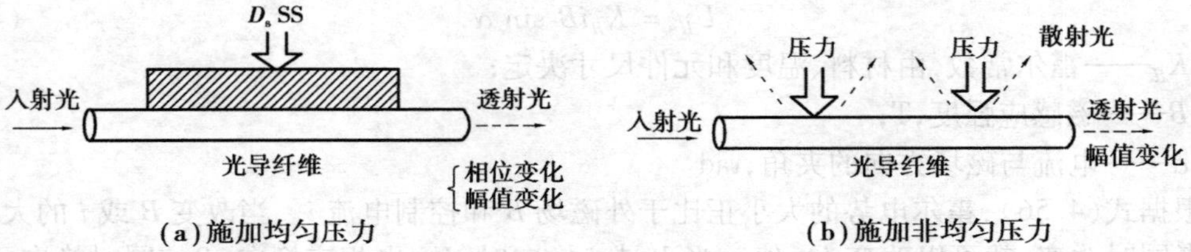

图 4.50　功能型光纤压力传感器

非功能型光纤传感器中的光纤不起敏感元件的作用,只起到传输光信号的作用,所以,又称为传光型。它是利用在光纤的端面放置光学材料或其他敏感元件来感受被测量的变化,从而使透射光或反射光强度随之发生变化来进行检测的。在这种情况下,光纤只起光的传输回路作用,所以要使光纤得到足够大的受光量和传输的光功率。这种光纤传感器使用的是数值孔径和光芯直径都较大的多模光纤,可以得到较大的传输光功率。非功能型光纤传感器结构简单,容易调整,但灵敏度、测量精度一般低于功能型光纤传感器。

图 4.51 所示为光纤位移传感器。光纤位移传感器是利用光导纤维传输光信号的功能,根据探测到的反射光的强度来测量被测反射表面的距离。当光纤探头端部紧贴被测试件表面时,发射光纤中的光不能反射到接收光纤中去,因而就不能产生光电流信号;随着被测表面逐渐远离探头,发射光纤照亮被测表面的面积 A 越来越大,因而相应的发射光锥和接收光锥重合面积 B_1 越来越大,故接收光纤端面上被照亮的区域 B_2 也越来越大,输出光电流也随之增加。在一定位移范围内输出的光电流与探头到被测试件距离 x 成正比,因而可以利用此类传感器来测定位移。

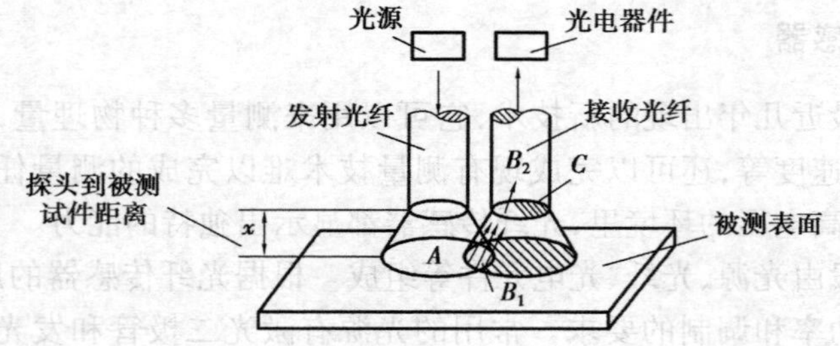

图 4.51　光纤位移传感器原理图

4.8.3　超声波传感器

超声波传感器是利用波在介质中的传播特性,实现自动检测的测量元件。具体地说,超声波在传播中遇到相界面时,有一部分反射回来,另一部分则折射入相邻介质中。但当它由气体传播到液体或固体中,或由固体、液体传播到空气中时,由于介质密度相差太大而几乎全部发生反射。因此,超声波发射器发射出的超声波在相界面被反射,由接收器接收,测出超声波从发射到接收的时间差,便可测出反射界面与发射器之间的距离。

以超声波作为检测手段,必须产生超声波和接收超声波,完成这种功能的装置就是超声波传感器,习惯上称为超声换能器,或者超声波探头。

常用的超声波传感器有两种,即压电式超声波传感器(或称压电式超声波探头)和磁致式超声波传感器。压电式超声波探头是利用压电材料的压电效应来工作的，实质上是一种压电式传感器。逆压电效应将高频电振动转换成高频机械振动，以产生超声波，可作为发射探头；而利用压电效应则将接收的超声振动转换成电信号，可作为接收探头。图 4.52 是一种超声波探头结构示意图。压电片是换能器的主要元件。探头通过保护膜向外发射超声波，吸收背衬的作用是吸收晶片向背面发射的声波，以减少杂波。匹配电感的作用是调整脉冲波的波形。

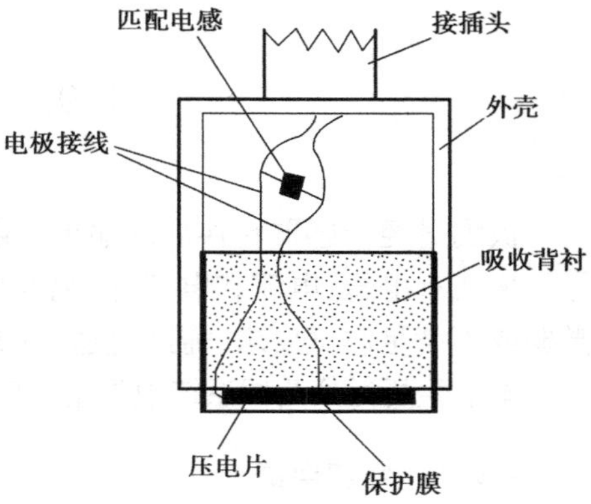

图 4.52 超声波探头的结构简图

超声波传感器的测距原理是超声波发射探头向某一方向发射超声波，在发射时刻的同时开始计时，超声波在空气中传播，途中碰到障碍物就立即返回来，超声波接收器收到反射波就立即停止计时。超声波在空气中的传播速度为 340 m/s，根据计时器记录的时间 t，就可以计算出发射点距障碍物的距离 S，即 $S = 340\ \frac{t}{2}$。

超声波由于它的频率高（可达 10^9 Hz）、波长短、绕射现象小，具有束射特性，方向性强，可以定向传播，其能量远远大于振幅相同的声波，因此超声波对液体、固体的穿透能力很强，在钢材中甚至可以穿透 10 m 以上的厚度。

汽车倒车防撞超声波雷达可以探测到倒车路径上或附近存在的任何障碍物，为驾驶员提供倒车警告和辅助泊车功能。其整个电路由超声波传感器、超声波发射电路、超声波接收电路、超声波信号接收处理电路、报警、显示和电源等电路组成。该系统有两对超声波传感器，并排均匀地分布在汽车的后保险杠上，如图 4.53 所示。从超声波发射到超声波反射接收所用的时间可以计算出到障碍物的距离，完成一个检测周期（从发射超声波到接收超声波的过程）仅为 0.25 ~ 0.85 s，完全可以满足倒车的时间要求。图 4.54 是用超声波传感器测量液面位置。

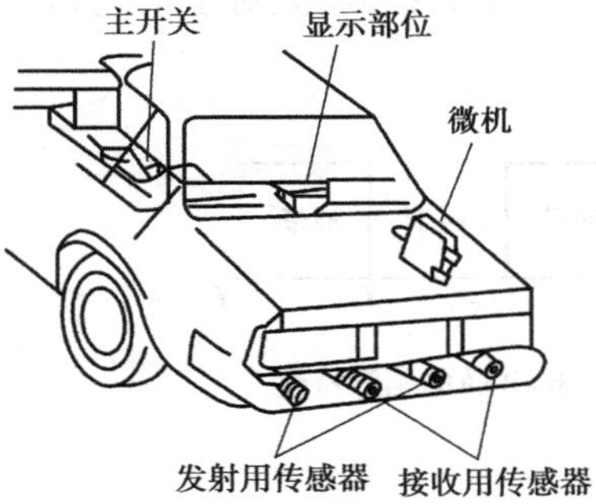

图 4.53 汽车倒车防撞系统示意图

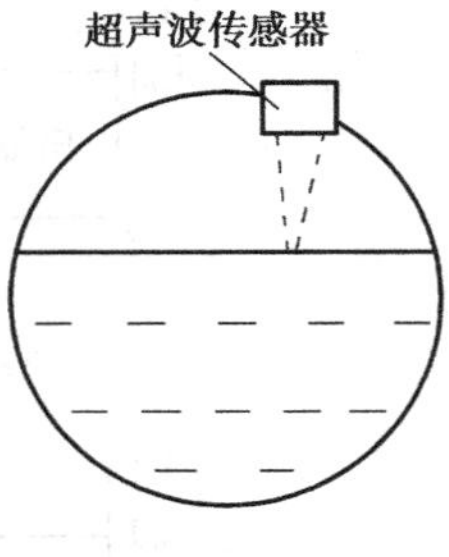

图 4.54 超声波传感器测量液面位置

4.9 测试信号调理电路

被测量经传感器转换后的输出一般是模拟信号,它以电信号或电参数的形式出现。电信号的形式有电压、电流和电荷等;电参数变化的形式有电阻、电容、电感等。以上信号由于太微弱或不满足测试要求,需经过适当的调理,转换成便于处理、接收或显示记录的形式。

本节主要讨论测试系统中常用的信号调理电路,如信号的滤波、比例、积分、微分、隔离等。

4.9.1 滤波电路

对信号的频率具有选择性的电路称为滤波电路,它的功能是使特定频率范围内的信号顺利通过,而极大地衰减其他频率成分。利用滤波器的选频特性,可以滤除干扰噪声或进行频谱分析。

(1)有源滤波电路

通常按照滤波电路的工作频带为其命名,分为低通滤波器(Low Pass Filter,LPF)、高通滤波器(High Pass Filter,HPF)、带通滤波器(Band Pass Filter,BPF)、带阻滤波器(Band Elimination Filter,BEF)和全通滤波器(All Pass Filter,APF)。

设截止频率为f_P,频率低于f_P的信号可以通过,高于f_P的信号被衰减的滤波电路称为低通滤波器;反之,频率高于f_P的信号可以通过,而频率低于f_P的信号被衰减的滤波电路称为高通滤波器。前者可以作为直流电源整流后的滤波电路,以便得到平滑的直流电压;后者可以作为交流放大电路的耦合电路,隔离直流成分,削弱低频信号,只放大频率高于f_P的信号。

设低频段的截止频率为f_{P1},高频段的截止频率为f_{P2},频率为f_{P1}到f_{P2}之间的信号可以通过,低于f_{P1}或高于f_{P2}的信号被衰减的滤波电路称为带通滤波器;反之,频率低于f_{P1}和高于f_{P2}的信号可以通过,而频率是f_{P1}到f_{P2}之间的信号被衰减的滤波电路称为带阻滤波器。前者常用于载波通信或弱信号提取等场合,以提高信噪比;后者用于在已知干扰或噪声频率的情况下阻止其通过。

全通滤波器对于频率从零到无穷大的信号具有同样的比例系数,但对于不同频率的信号将产生不同的相移。

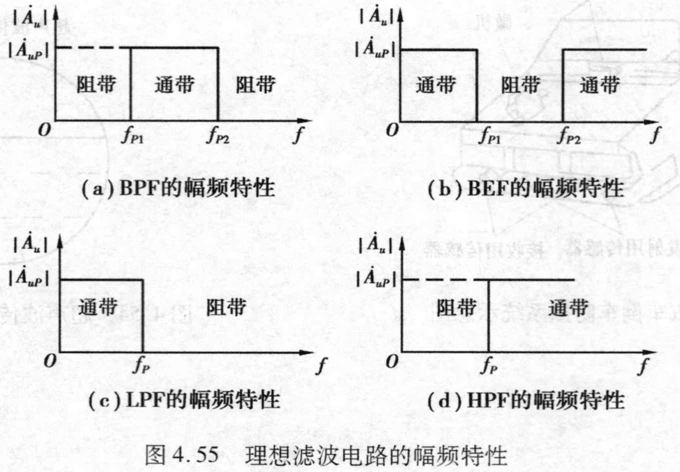

(a) BPF的幅频特性　(b) BEF的幅频特性

(c) LPF的幅频特性　(d) HPF的幅频特性

图 4.55　理想滤波电路的幅频特性

理想滤波电路的幅频特性如图 4.55 所示。允许通过的频段称为通带，将信号衰减到零的频段称为阻带。

实际上，任何滤波器均不可能具备图 4.55 所示的幅频特性，在通带和阻带之间存在着过渡带。称为通带中输出电压与输入电压之比$\dot{A}_{uP}$为通带放大倍数。图 4.56 所示为低通滤波器的实际幅频特性，$\dot{A}_{uP}$是频率等于零时输出电压与输入电压之比。使$|\dot{A}_u| \approx 0.707|\dot{A}_{uP}|$的频率为通带截止频率$f_P$。从$f_P$到$|\dot{A}_u|$接近零的频段称为过渡带。使$|\dot{A}_u|$趋近于零的频段称为阻带。过渡带越窄，电路的选择性越好，滤波特性越理想。

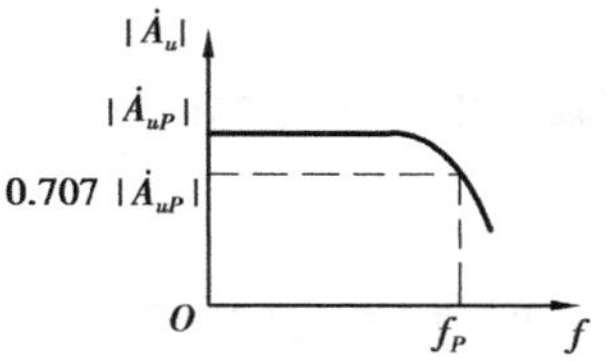

图 4.56　实际低通滤波器的幅频特性

分析滤波电路，就是求解电路的频率特性。对于 LPF、HPF、BPF 和 BEF，就是求解出$|\dot{A}_u|$、f_P 和过渡带的斜率。

(2) 无源滤波电路

若滤波电路仅由无源元件（电阻、电容、电感）组成，则称为无源滤波电路。若滤波电路不仅由无源元件，还由有源元件（双极型管、单极型管、集成运放）组成，则称为有源滤波电路。利用电阻、电容等无源器件可以构成简单的滤波电路，称为无源滤波器。图 4.57(a)、(b)所示分别为无源低通滤波电路和高通滤波电路。图 4.57(c)、(d)分别为它们的幅频特性。

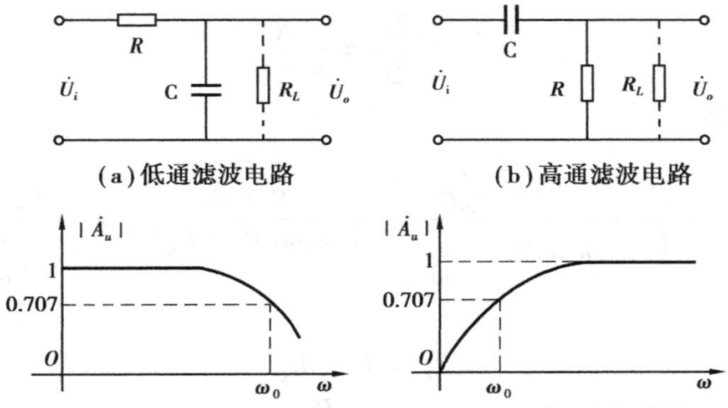

(a) 低通滤波电路　　(b) 高通滤波电路

(c) 低通幅频特性　　(d) 高通幅频特性

图 4.57　无源滤波器及其幅频特性

图 4.57(a)所示为 RC 低通滤波器，当信号频率趋于零时，电容的容抗趋于无穷大，故通带放大倍数

$$\dot{A}_{uP} = \frac{U_o}{U_i} = 1 \tag{4.57}$$

频率从零到无穷大时的电压放大倍数

$$\dot{A}_u = \frac{\dot{U}_o}{\dot{U}_i} = \frac{\frac{1}{j\omega C}}{R + \frac{1}{j\omega C}} = \frac{1}{1 + j\omega RC} = \frac{1}{1 - j\frac{\omega_0}{\omega}} \tag{4.58}$$

图 4.57(b)所示为高通滤波器，通带放大倍数也为式(4.57)，而频率从零到无穷大时的电压放大倍数

$$\dot{A}_u = \frac{\dot{U}_o}{\dot{U}_i} = \frac{R}{R + \frac{1}{j\omega C}} = \frac{1}{1 + \frac{1}{j\omega C}} = \frac{1}{1 - j\frac{\omega_0}{\omega}} \tag{4.59}$$

它们的截止角频率均为：

$$\omega_0 = \frac{1}{RC}$$

当 $\omega = \omega_0$ 时，代入式(4.57)、式(4.58)和(4.59)，有

$$|\dot{A}_u| = \frac{|\dot{A}_{up}|}{\sqrt{2}} \approx 0.707|\dot{A}_{up}|$$

上式的变换也可以令 $f_p = \frac{1}{2\pi\tau} = \frac{1}{2\pi RC}$。

根据式(4.58)、(4.59)均可作出它们的幅频特性，由其幅频特性可以看出，它们分别具有低通滤波和高通滤波特性。

无源滤波电路主要存在如下问题：

1)电路的增益小，最大仅为1

2)带负载能力差

如在无源滤波电路的输出端接一负载电阻 R_L，如图4.57(a)、(b)虚线所示，则其截止频率和增益均随 R_L 而变化。以低通滤波电路为例，接入 R_L 后，通带放大倍数变为：

$$\dot{A}_{up} = \frac{\dot{U}_o}{\dot{U}_i} = \frac{R}{R + R_L}$$

传递函数将成为：

$$\dot{A}_u = \frac{\dot{U}_o}{\dot{U}_i} = \frac{R_L /\!/ \frac{1}{j\omega C}}{R + R_L /\!/ \frac{1}{j\omega C}} = \frac{\frac{R}{R + R_L}}{1 + j\omega(R /\!/ R_L)C} = \frac{\dot{A}_{up}}{1 + j\frac{\omega}{\omega'}}$$

式中

$$\dot{R}_L = R /\!/ R_L$$

$$A'_u = \frac{R}{R + R_L}$$

$$\omega'_0 = \frac{1}{R'_L C}$$

可见，增益 $A'_u = \frac{R}{R + R_L} < 1$，而截止频率 $\omega'_0 = \frac{1}{R'_L C} > \omega_0 = \frac{1}{RC}$。带负载后，通带放大倍数的数值减小，通带截止频率升高。可见，无源滤波电路的通带放大倍数及其截止频率都随负载而变化，这一缺点常常不符合信号处理的要求。为了克服上述缺点，可将RC无源网络接至集成运放的输入端，组成有源滤波电路。

在有源滤波电路中，集成运算放大器起着放大的作用，提高了电路的增益，而且因集成运放的输入电阻很高，故集成运放本身对RC网络的影响小，同时由于集成运放的输出电阻很低，因而大大增强了电路的带负载能力。有源滤波电路一般由RC网络和集成运放组成，因而必须在合适的直流电源供电的情况下才能起滤波作用，与此同时还可以进行放大。组成电路时应选用带宽合适的集成运放。有源滤波电路不适合于高电压大电流的负载，只适用于信号

处理。通常,直流电源中整流后的滤波电路均采用无源电路;且在大电流负载时,应采用 LC(电感、电容)电路,由于在有源滤波电路中,集成运放是作为放大元件,所以集成运放应工作在线性区。

(3)低通滤波电路

低通滤波电路如图 4.58 所示,在图 4.58(a)中无源滤波网络 RC 接至集成运放的同相输入端,在图 4.58(b)中 RC 接至反相输入端。下面以图 4.58(a)为例进行讲解。

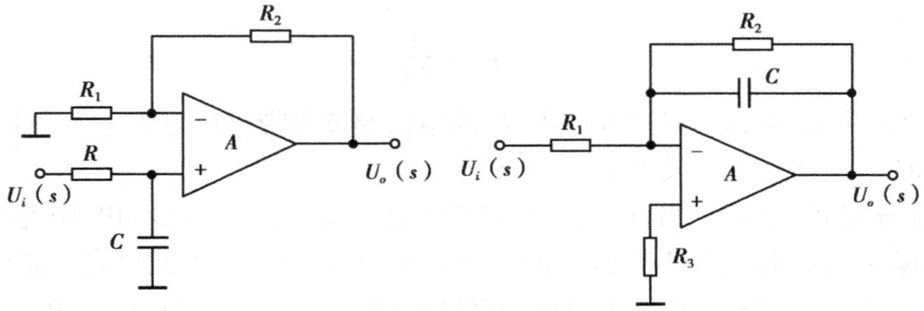

(a)RC接同相输入端　　(b)RC接反相输入端

图 4.58　低通滤波电路

图 4.58(a)为一阶低通滤波电路,其输出电压为:

$$\dot{U}_o = \left(1 + \frac{R_2}{R_1}\right)\dot{U}_P$$

而

$$\dot{U}_P = \frac{\frac{1}{j\omega C}}{R + \frac{1}{j\omega C}} = \frac{1}{1 + j\omega RC}\dot{U}_i$$

所以,传递函数为:

$$\dot{A}_u = \left(1 + \frac{R_1}{R_2}\right)\frac{1}{1 + j\omega RC} = \frac{A_{up}}{1 + j\frac{\omega}{\omega_0}} \tag{4.60}$$

其中,$\omega_0 = \frac{1}{RC}$为截止角频率,A_{up}为频率为零时的电压放大倍数。

低通滤波器的通带电压放大倍数是当工作频率趋近于零时,其输出电压 $\dot{U}_o$ 与其输入电压 $\dot{U}_i$ 的比值,记作 A_{up};截止角频率是随着工作频率的提高,电压放大倍数(传递函数的模)下降到$\frac{A_{up}}{\sqrt{2}}$时,对应的角频率,记作 ω_0 对于图 4.58(a)

$$A_{up} = \left(1 + \frac{R_2}{R_1}\right)$$

$$\omega_0 = \frac{1}{RC}$$

由式(4.60)可以画出低通滤波器的幅频特性,如图 4.59(b)所示,图 4.59(a)是低通滤波器的理想特性。

以同样的方法可得图 4.58(b)的特性

$$\dot{A}=-\frac{\dfrac{R_2}{R_1}}{1+j\dfrac{\omega}{\omega_0}}=\frac{A_{up}}{1+j\dfrac{\omega}{\omega_0}}$$

式中

$$A_{up}=-\frac{R_2}{R_1}$$

$$\omega_0=\frac{1}{RC}$$

由上述公式可见，可以通过改变电阻 R_1 的阻值调节通带电压放大倍数，如需改变截止频率，应调整 RC（图 4.58（a））或 R_2C（图 4.58（b））。

一阶滤波电路的缺点是：当 $\omega<\omega_0$ 时，幅频特性衰减太慢，以 −20 dB/10 倍频程的速率下降，与理想的幅频特性相比相差甚远，如图 4.59（a）、（b）所示。为此可在一阶滤波电路的基础上，再增加一级 RC，组成二阶滤波电路，它的幅频特性在 $\omega>\omega_0$ 时，以 −40 dB/10 倍频程的速率下降，衰减速度快，其幅频特性更接近于理想特性。为进一步改善滤波波形，常将第一级的电容 C 接到输出端，引入一个反馈，这种电路又称为赛伦-凯电路，实际工作中更为常用。二阶低通滤波电路如图 4.60 所示。

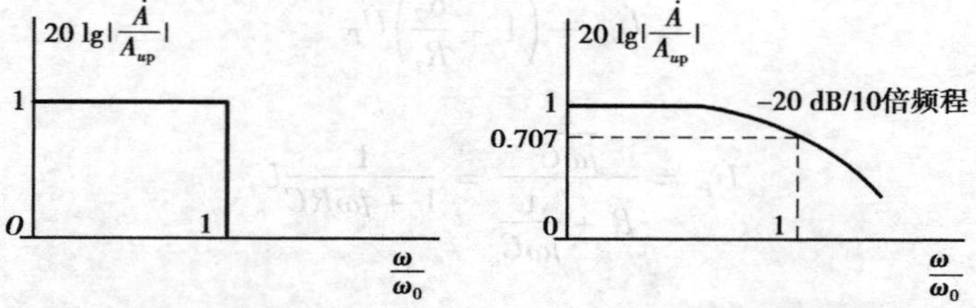

（a）理想特性　　（b）一阶实际低通幅频特性

图 4.59　低通滤波电路的幅频特性

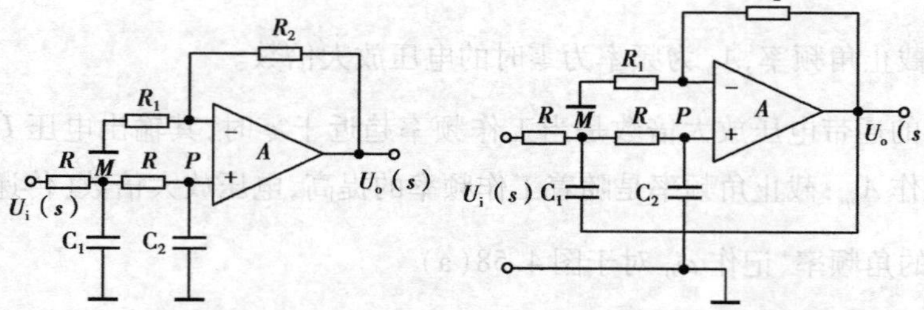

（a）二阶低通滤波电路　　（b）改进型低通滤液电路

图 4.60　二阶低通滤波电路

（4）高通滤波电路

高通滤波电路与低通滤波电路具有对偶性，如果将图 4.58（a）、（b）所示电路中滤波环节的电容替换成电阻，电阻替换成电容，就可得各种高通滤波器。图 4.61（a）为压控电压源二阶高通滤波电路，图 4.62（b）为无限增益多路反馈高通滤波电路。

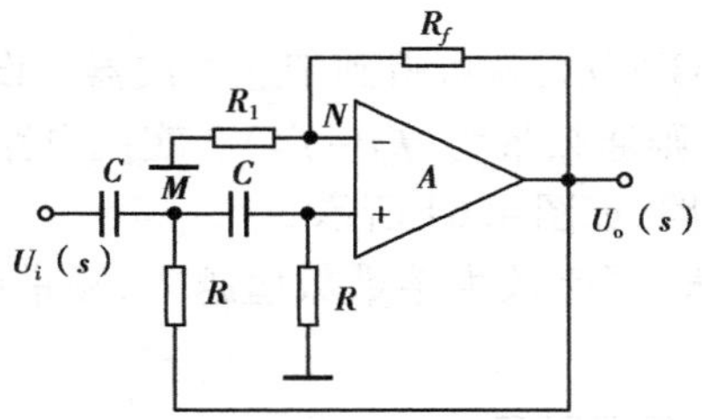

(a)压控电压源二阶高通滤波电路

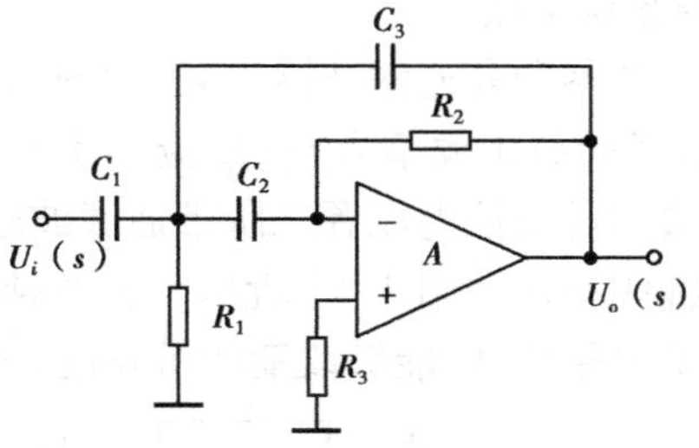

(b)无限增益多路反馈高通滤波电路

图4.61　二阶高通滤波电路

图4.61(a)所示电路的传递函数、通带放大倍数、截止频率和品质因数分别为：

$$A_u(s) = A_{up}(s) \cdot \frac{(sCR)^2}{1 + [3 - A_{up}(s)]sCR + (sCR)^2}$$

$$A_{up} = 1 + \frac{R_f}{R_1}$$

$$f_p = \frac{1}{2\pi RC}$$

$$Q = \frac{1}{3 - A_{up}}$$

图4.61(b)所示电路的传递函数、通带放大倍数、截止频率和品质因数分别为：

$$A_u(s) = A_{up}(s) \cdot \frac{s^2 R_1 R_2 C_2 C_3}{1 + s\dfrac{R_2}{C_2 C_3}(C_1 + C_2 + C_3) + s^2 R_1 R_2 C_2 C_3}$$

$$A_{up} = -\frac{C_1}{C_2}$$

$$f_p = \frac{1}{2\pi\sqrt{R_1 R_2 C_2 C_3}}$$

$$Q = (C_1 + C_2 + C_3)\sqrt{\frac{R_1}{C_2 C_3 R_2}}$$

其幅频特性如图4.62所示。

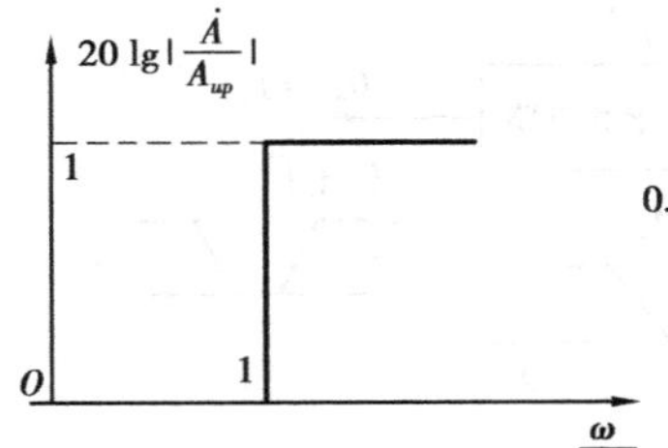

(a)理想幅频特性

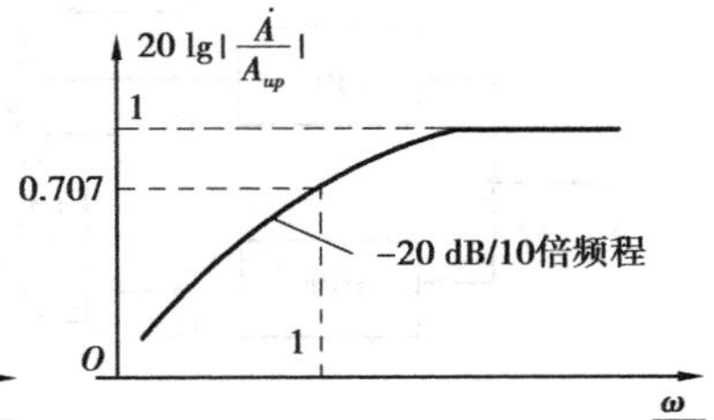

(b)实际高通幅频特性

图4.62　高通滤波器的幅频特性

(5)带通滤波电路

将低通滤波器和高通滤波器串联,如图 4.63 所示,就可得到带通滤波器。设前者的截止频率为 f_{p1},后者的截止频率为 f_{p2},f_{p2} 应小于 f_{p1},则通频带为($f_{p1}-f_{p2}$)。实用电路中也常采用单个集成运放构成压控电压源二阶带通滤波电路,如图 4.64 所示。

电路的幅频特性如图 4.65 所示。Q 值越大,通带放大倍数数值越大,频带越窄,选频特性越好。调整电路的 $\dot{A}_{up}$ 能够改变频带宽度。

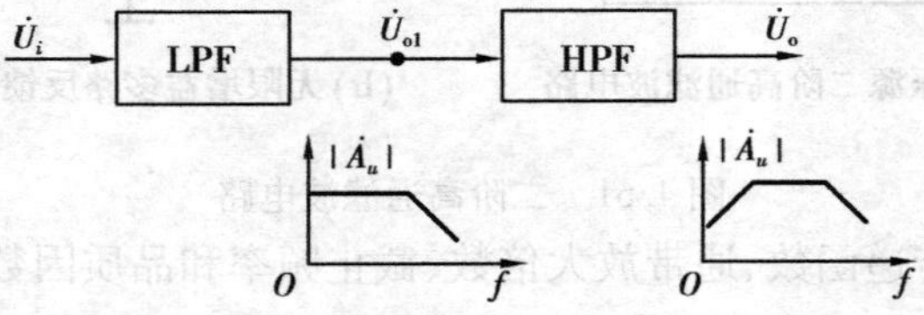

图 4.63　由低通滤波器和高通滤波器串联组成的带通滤波器

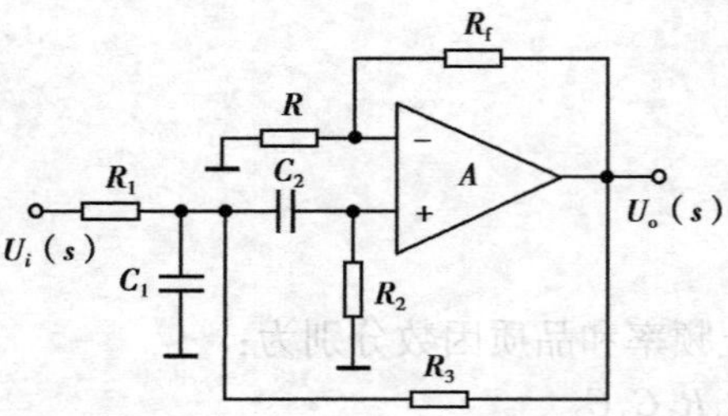

图 4.64　压控电压源二阶带通滤波电路

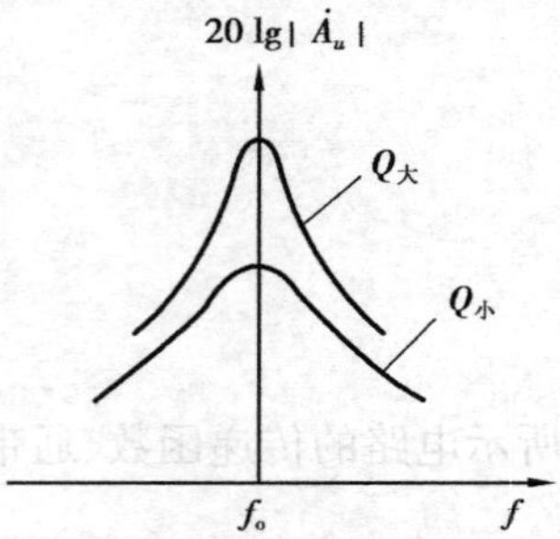

图 4.65　压控电压源二阶带通滤波电路幅频特性

(6)带阻滤波器

将输入电压同时作用于低通滤波器和高通滤波器,再将两个电路的输出电压求和,就可以得到带阻滤波器,如图 4.66 所示。其中低通滤波器的截止频率 f_{p1} 应小于高通滤波器的截止频率 f_{p2},因此电路的阻带为($f_{p1}-f_{p2}$)。

实用电路常利用无源 LPF 和 HPF 并联构成无源带阻滤波电路,然后接同相比例运算电路,从而得到有源带阻滤波电路,如图 4.67 所示。

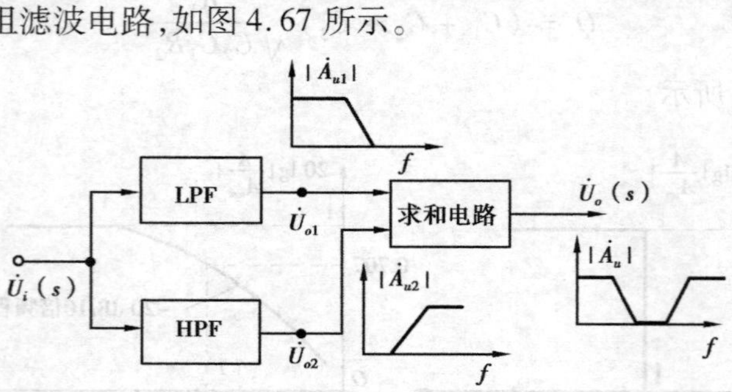

图 4.66　带阻滤波器的方框图

4.9.2　比例电路

利用集成运算放大器作为放大电路,引入各种不同的反馈,就可以构成具有不同功能的

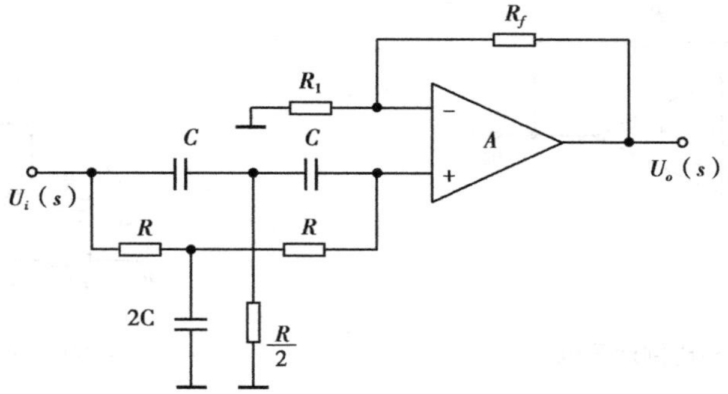

图4.67　有源带阻滤波电路

实用电路。集成运放的应用首先表现在它能构成各种运算电路上,并因此而得名。在运算电路中,以输入电压作为自变量,以输出电压作为函数;当输入电压变化时,输出电压将按一定的数学规律变化,即输出电压反映输入电压某种运算的结果。

将输入信号按比例放大的电路,称为比例运算电路。按输入信号加在不同的输入端,把比例运算分为反相比例运算、同相比例运算、差分比例运算。

(1)反相比例运算电路

反相比例运算电路如图4.68所示。输入电压 u_i 通过电阻 R 作用于集成运放的反相输入端,故输出电压 u_0 与 u_i 反相。电阻 R_f 跨接在集成运放的输出端和反相输入端,引入了电压并联负反馈。同相输入端通过电阻 R' 接地,R' 为补偿电阻,以保证集成运放输入级差分放大电路的对称性;其值为 $u_i=0$(即输入端接地)时反相输入端总等效电阻,即各支路电阻的并联,所以 $R'=R/R_f$。

由于理想运放的净输入电压和净输入电流均为零,故 R' 中电流为零,所以

$$u_P = u_N = 0 \tag{4.61}$$

$$i_P = i_N = 0$$

式(4.61)表明,集成运放两个输入端的电位均为零,但由于它们并没有接地,故称之为"虚地",节点 N 的电流方程为 :

$$i_R = i_F, \frac{u_i - u_N}{R} = -\frac{u_0 - u_N}{R_f}$$

由于 N 点为"虚地",整理得出:

$$u_0 = -\frac{R_f}{R}u_i \tag{4.62}$$

u_0 与 u_i 成比例关系,比例系数为 $-\frac{R_f}{R}$,负号表示 u_0 与 u_i 反向。比例系数的数值可以是大于、等于或小于1的任何值。

(2)同相比例运算电路

将图4.68所示电路中的输入端和接地端互换,就得到同相比例运算电路,如图4.69所示。电路引入了电压串联负反馈,故可以认为输入电阻为无穷大,输出电阻为零。即使考虑集成运放参数的影响,输入电阻也可达 $10^9\ \Omega$。

根据"虚短"和"虚断"的概念,集成运放的净输入电压为零,即

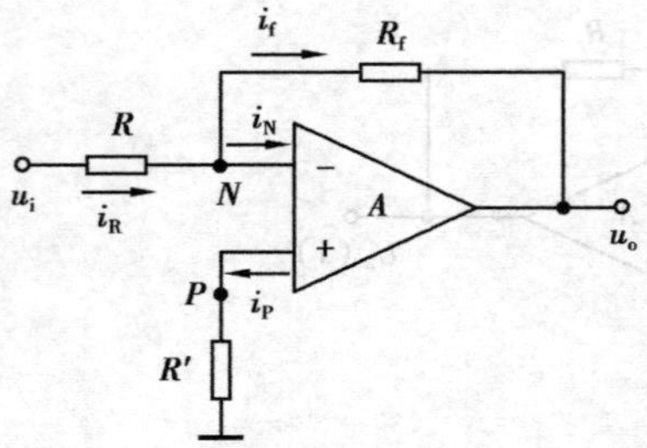

图 4.68　反相比例运算电路

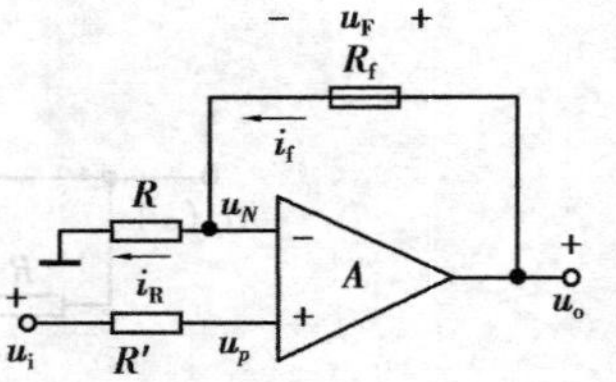

图 4.69　同相比例运算电路

$$u_P = u_N = u_i \tag{4.63}$$

说明集成运放有共模输入电压。净输入电流为零,因而

$$i_R = i_f, 即\frac{u_i - 0}{R} = \frac{u_0 - u_N}{R_f}$$

$$u_0 = \left(1 + \frac{R_f}{R}\right)u_N = \left(1 + \frac{R_f}{R}\right)u_p \tag{4.64}$$

将式(4.63)带入,得

$$u_0 = \left(1 + \frac{R_f}{R}\right)u_i \tag{4.65}$$

式(4.65)中的 u_0 与 u_i 同相且大于 u_i。

应当指出,虽然同相比例运算电路具有高输入电阻、低输出电阻的优点,但因为集成运放有共模输入,所以为了提高运算精度,应当选用高共模抑制比的集成运放。从另一角度看,在对电路进行误差分析时,应特别注意共模信号的影响。

4.9.3　积分电路

在机电一体化系统中,积分电路主要用于波形变换、放大电路失调电压的消除及反馈控制中的积分补偿等场合。

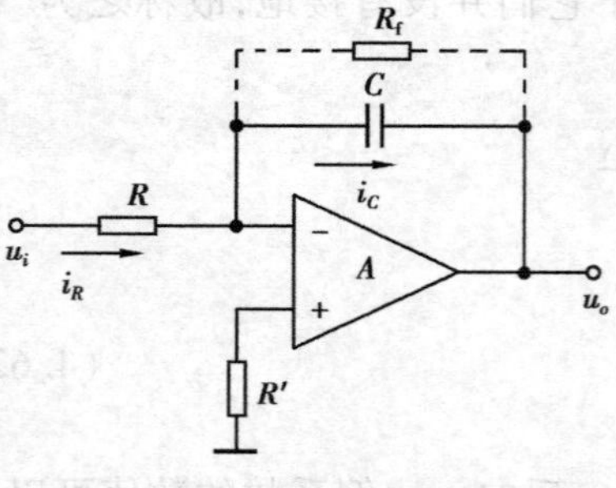

图 4.70　积分运算电路

在图 4.70 所示积分运算电路中,由于集成运放的同相输入端通过 R' 接地,$u_P = u_N = 0$,为“虚地”。电路中,电容 C 中电流等于电阻 R 中电流为

$$i_C = i_R = \frac{u_i}{R}$$

输出电压与电容上电压的关系为:

$$u_o = -u_c$$

而电容上电压等于其电流的积分,故

$$u_o = -\frac{1}{C}\int i_C \mathrm{d}t = -\frac{1}{RC}\int u_i \mathrm{d}t$$

在求解 t_1 到 t_2 时间段的积分值时

$$u_o = -\frac{1}{RC}\int_{t_1}^{t_2} u_i \mathrm{d}t + u_o(t_1)$$

式中,$u_o(t_1)$ 为积分起始时刻的输出电压,即积分运算的起始值,积分的终值是 t_2 时刻的输出电压。

当 u_i 为常量时，

$$u_o = -\frac{1}{RC}u_i(t_2 - t_1) + u_o(t_1)$$

当输入为阶跃信号时，若 t_0 时刻电容上的电压为零，则输出电压波形如图 4.71(a)所示。当输入为方波和正弦波时，输出电压波形分别如图 4.71(b)和(c)所示。

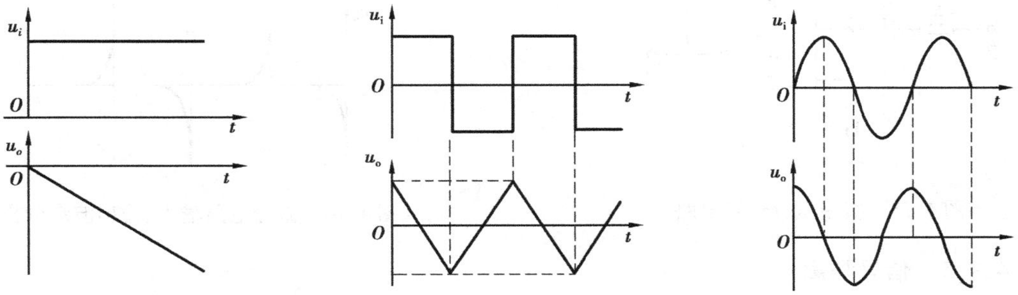

图 4.71　积分运算电路在不同输入情况下的波形

在实用电路中，为了防止低频信号增益过大，常在电容上并联一个电阻加以限制，如图 4.70中虚线所示。

4.9.4　微分电路

若将图 4.70 所示电路中电阻 R 和电容 C 的位置互换，则可得到基本微分运算电路，如图 4.72 所示。

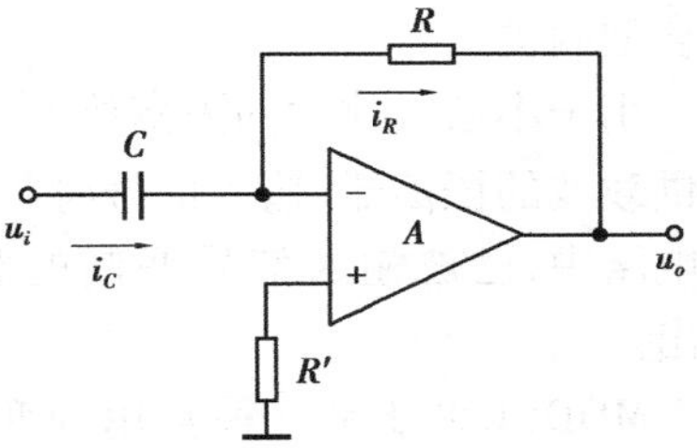

图 4.72　基本微分运算电路

根据“虚短”和“虚断”的原则，$u_P = u_N = 0$ 为“虚地”，电容两端电压 $u_c = u_i$。因而

$$i_R = i_C = C\frac{\mathrm{d}u_i}{\mathrm{d}t}$$

输出电压

$$u_o = -i_R R = -RC\frac{\mathrm{d}u_i}{\mathrm{d}t}$$

输出电压与输入电压的变化率成比例。

在图 4.73 所示电路中，无论是输入电压产生阶跃变化，还是脉冲式大幅值干扰，都会使得集成运放内部的放大管进入饱和或截止状态，即使信号消失，管子仍不能脱离原状态回到放大区，出现阻塞现象，电路不能正常工作；同时，由于反馈网络为滞后环节，它与集成运放内部的滞后环节相叠加，易于满足自激振荡的条件，从而使电路不稳定。

为了解决上述问题，可在输入端串联一个小阻值的电阻 R_1，以限制输入电流，也就限制了 R 中电流；在反馈电阻 R 上并联稳压二极管，以限制输出电压，也就保证集成运放中的放大管始终工作在放大区，不至于出现阻塞现象；在 R 上并联小容量电容 C_1，起相位补偿作用，提高电路的稳定性，如图 4.73 所示。该电路的输出电压与输入电压成近似微分关系。若输入电压为方波，且 $RC = \frac{T}{2}$（T 为方波的周期），则输出为尖顶波，如图 4.74 所示。

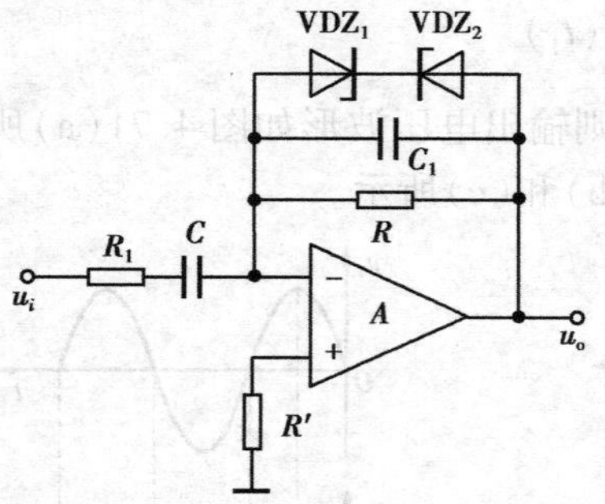

图 4.73 实用微分运算电路

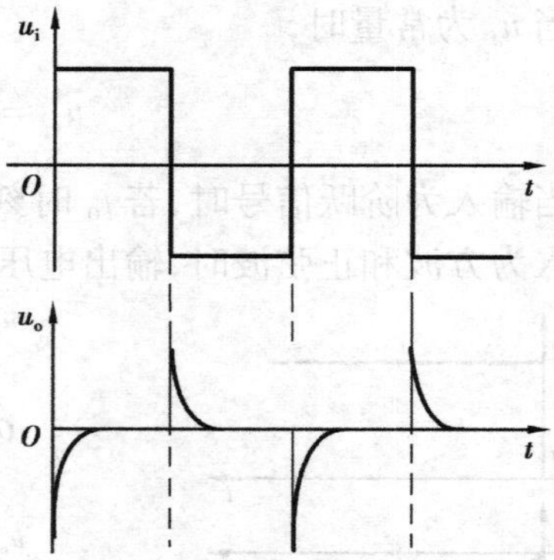

图 4.74 微分电路输入、输出波形分析

4.9.5 信号隔离

在传感器产生的有用信号中,不可避免地会夹杂着各种干扰和噪声等对系统性能有不良影响的因素,因此,在测量系统中,有时需要将仪表与现场相隔离(指无电路的联系),这时可采用隔离放大器。这种放大器能完成小信号的放大任务,并使输入和输出电路之间没有直接的电耦合,因而具有很强的抗共模干扰的能力。隔离放大器有变压器耦合(磁耦合)型和光电耦合型两类。

用于小信号放大的隔离放大器通常采用变压器耦合型,这种放大器内含有一个为调制器提供载波的振荡器,输入信号对载波进行幅度调制,然后通过变压器耦合到输出电路。在输出电路中,已被输入信号调制的载波又被解调,恢复为输入信号,并经运算放大器放大后输出。

MODEL284J 是一种常用的变压器耦合型隔离放大器,其内部包含有输入放大器、调制器、变压器、解调器和振荡器等部分,它的接法如图 4.75 所示。

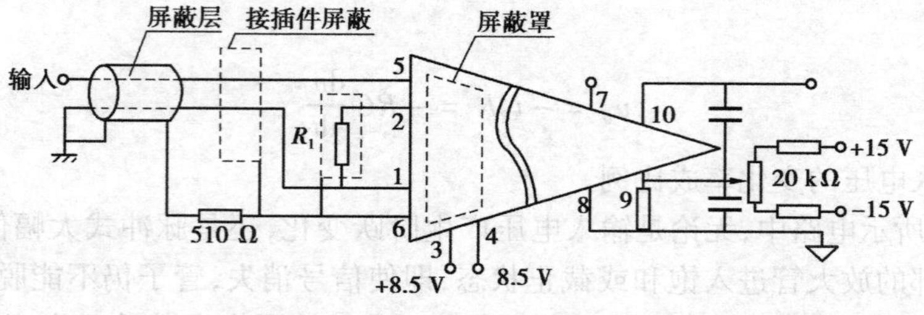

图 4.75 变压器耦合型隔离放大器 MODEL284J 接线图

4.9.6 几种典型传感器的信号调理电路

(1)电容式传感器信号调理电路

电容式传感器将被测物理量转换为电容量后,还不能直接推动仪表记录或显示,需要由测量电路转换为电压、电流或频率信号,以便做进一步处理。测量电路种类很多,下面仅介绍电桥型电路(调幅电路)、直流极化电路、谐振电路、调频电路和运算放大器电路。

1)电桥型电路

将电容式传感器作为电桥的一部分,由电容变化转换为电桥电压输出,通常采用电阻与电容或电感与电容组成的交流电桥。图4.76是一种电感与电容组成的电桥,C_1 和 C_2 是差动电容式传感器的两个电容,作为交流电桥的两个相邻的桥臂。测量时,被测物理量变化引起传感器 C_1 和 C_2 的电容量变化并被转变为电桥的输出。输出的电压信号经放大、相敏检波、解调和滤波后,再推动显示仪表。图4.77是一种电阻与电容组成的电桥,其中电桥部分 C_1 和 C_2 是差动电容式传感器的两个电容,也可以接入单个电容式传感器 C_1,此时 C_2 应配以一固定电容,电桥另两个桥臂接入相同的固定电阻 R_0。

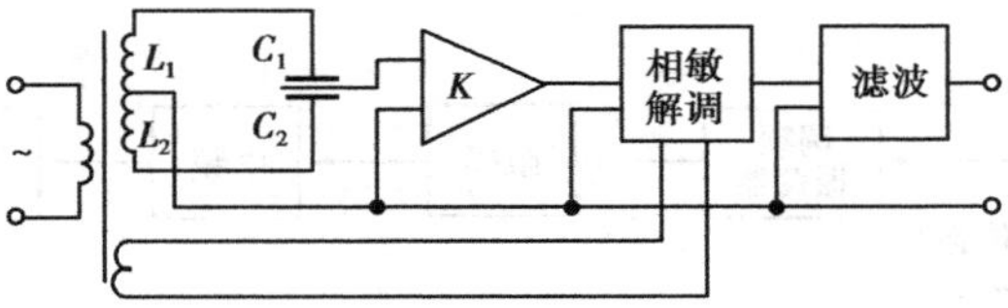

图4.76 电感电容电桥式电路

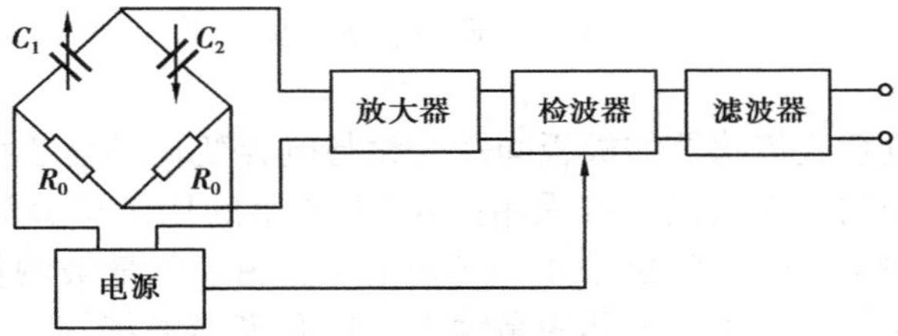

图4.77 电阻电容电桥式电路

2)直流极化电路

此电路又称为静压电容式传感器电路,多用于电容传声器或压力传感器中。如图4.78所示,弹性膜片在外力(气压、液压)作用下发生位移,使电容量发生变化。电容器接于具有直流极化电压 E_0 的电路中,电容的变化由高阻值电阻 R 转换为电压变化。由图可知,电压输出为:

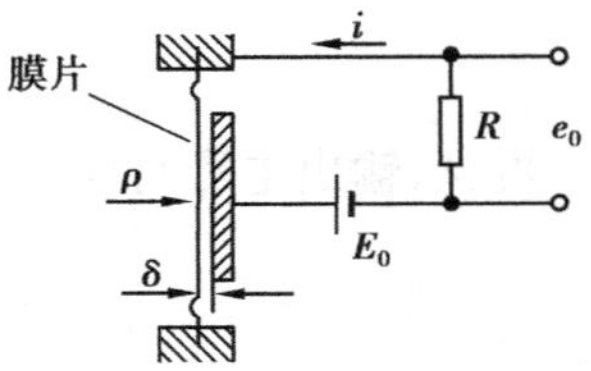

图4.78 直流极化电路

$$e_0 = RE_0 \frac{\mathrm{d}C}{\mathrm{d}t} = -RE_0 \frac{\varepsilon_0 \varepsilon A}{\delta^2} \frac{\mathrm{d}\delta}{\mathrm{d}t}$$

可见,输出电压与膜片位移速度成正比,因此这种传感器可以测量气流(或液流)的压力振动速度。

3)谐振电路

图4.79为谐振电路原理及其工作特性。电容式传感器的电容 C_1 与 C_2、L_2 组成谐振回路,从高频振荡器通过电感耦合获得振荡电压。当传感器电容量 C_1 发生变化时,谐振回路的阻抗发生相应变化,这个变化被转换为电压或电流,经放大、检波,即可得到相应的输出。为了获得较好的线性关系,一般谐振电路的工作点选在谐振曲线的线性区域内最大振幅70%附近的区域。这种电路比较灵敏,但缺点是工作点不容易选好,变化范围也较窄,传感器连接电缆的杂散电容影响也较大,同时为了提高测量精度,要求振荡器的频率具有很高的稳定性。

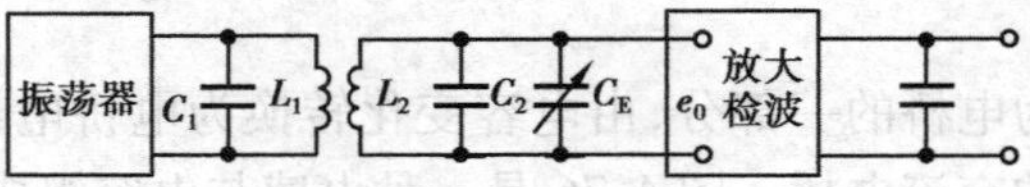

图 4.79　谐振电路原理

4)调频电路

调频电路如图 4.80 所示,电容式传感器是振荡器谐振回路的一部分。当被测物体使传感器电容量发生变化时,振荡器的振荡频率发生变化。频率的变化经鉴频器变为电压变化,再经放大后可输入记录或显示装置。这种测量电路具有抗干扰性强、灵敏度较高等优点,可测 0.01 μm 的位移变化量。但其振动频率容易受温度和电缆分布电容的影响,测试精度不很稳定。

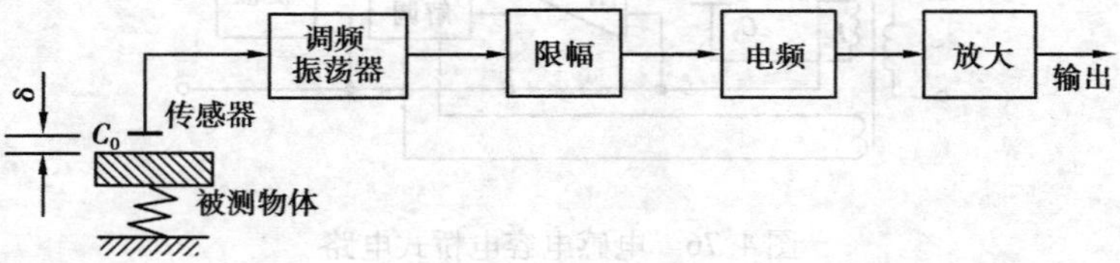

图 4.80　调频电路原理

5)运算放大器电路

极板间距变化式电容式传感器的极板间距变化与电容变化量呈非线性关系,这一缺点使电容式传感器的应用受到一定限制。若采用图 4.81 所示的比例运算放大器电路,就可以用来改善原有的非线性关系。输入阻抗采用固定电容 C_0,用来测量被测量的电容式传感器 C_x 为运算放大器的反馈元件。由于放大器的高输入阻抗和高增益特性,当激励电压为 e_1 时,比例器的运算关系为:

$$e_0 = -e_i \frac{C_0}{C_x} = -e_i \frac{C_0 \delta}{\varepsilon_0 \varepsilon A}$$

可见,输出电压与电容式传感器极板间距 δ 呈线性关系,这种电路一般用于位移测量。

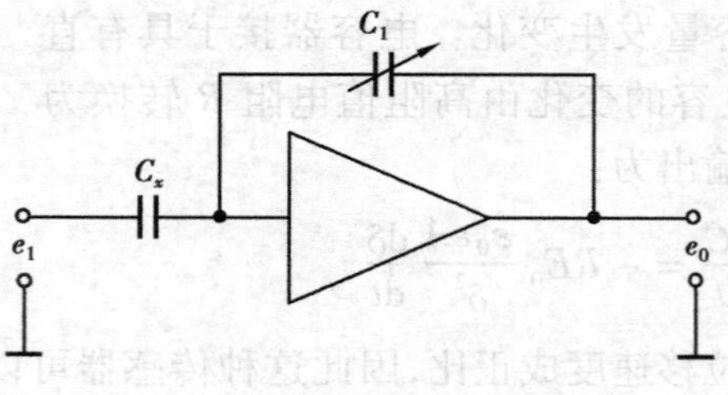

图 4.81　运算放大电路图

(2)压电式传感器信号调理电路

由于压电式传感器的输出电信号是很微弱的电荷,而且传感器本身有很大的内阻,故输出能量甚微,这给后接电路带来了一定困难。为此,通常把传感器信号先输出到高输入阻抗的前置放大器,经过阻抗变换后,再用一般的放大、检波电路,最终推动显示仪表。

前置放大器的主要作用有两点:一是起阻抗转换功能,即将传感器的高阻抗输出变换为低阻抗输出;二是放大传感器输出的微弱电信号。

前置放大器有两种形式:一种是用电阻反馈的电压放大器,其输出电压与输入电压(即传感器的输出)成正比,尽管电路简单、价格便宜,但电缆分布电容对传感器测量精度影响很大,现在已很少使用;另一种是带电容反馈的电荷放大器,其输出电压与输入电荷成正比,尽管电路复杂,但电缆长度变化的影响几乎可以忽略不计,目前电荷放大器的应用日益增多。

电荷放大器是一个高增益带电容反馈的运算放大器,如果忽略传感器漏电阻以及放大器输入电阻时,它的等效电路如图4.82(a)所示,而改善低频响应的电荷放大器等效电路见图4.82(b)。

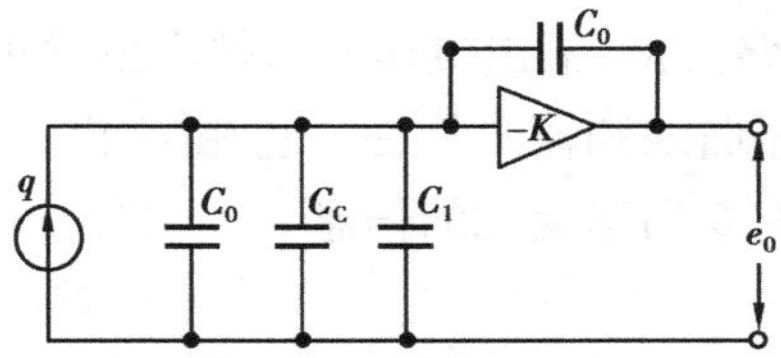

(a)电荷放大器等效电路

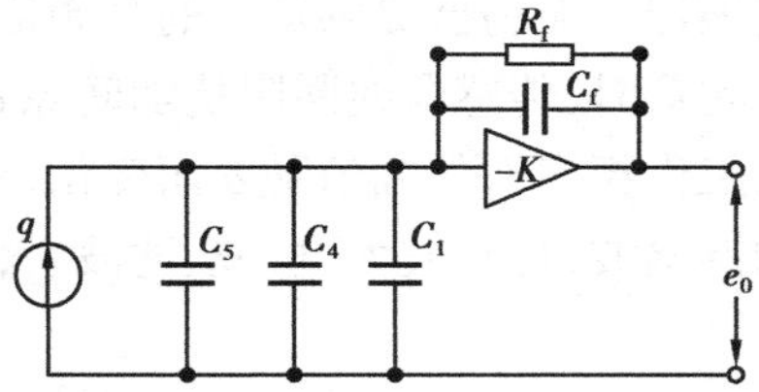

(b)改善低频响应的电荷放大器等效电路

图4.82 电荷放大器等效电路及改进电路

传感器输出的电荷量为:

$$q \approx e_i(C_a + C_c + C_i) + (e_i - e_0)C_f = e_iC + (e_i - e_0)C_f \tag{4.66}$$

式中,e_i——放大器输入端电压,V;

e_0——放大器输出端电压,$e_0 = -Ke_2K$ 为电荷放大器开环放大倍数,V;

C_a——压电晶片电容,F;

C_c——连接电缆的等效电容,F;

C_i——电荷放大器的输入等效电容,F;

C——压电晶片电容、连接电缆的等效电容与电荷放大器的输入等效电容之和,即

$$C = C_a + C_c + C_i;$$

C_f——电荷放大器的反馈电容,F。

放大器中,$e_0 = -Ke_i$,代人式(4.68)整理后,得

$$e_0 = -\frac{K_q}{C + C_f + KC_f} \tag{4.67}$$

如果放大器开环增益足够大,则 $KC_r = (C + C_r)$,上式可以简化为

$$e_0 \approx -\frac{q}{C_f}$$

可见,在一定条件下,电荷放大器的输出电压与传感器的电荷量成正比,并且与电缆分布电容无关。因此,采用电荷放大器时,可以不考虑电缆分布电容的影响,其灵敏度也不会有明显变化,这是电荷放大器突出的优点。

在电荷放大器中,由于采用电容负反馈,对直流工作点相当于开路,因此,放大器零点漂移比较大。为减小零漂,使电荷放大器工作稳定,一般在反馈电容 C_f 的两端并联一个大电阻 R_f($10^{10} \sim 10^{14}$ Ω),如图4.82(b)所示,其作用是提供直流反馈并改善低频特性。

电荷放大器的下限截止频率(放大器增益下降3 dB时的对应频率)为

$$f_L = \frac{1}{2\pi R_f C_f}$$

若选取 $R_f=10^{10}\ \Omega, C_f=10^4$ pF,则 $f_L=0.001\,6$ Hz。

可见,放大器在适当选取 R_f 和 C_f 后,低频截止频率几乎接近于零。也就是说,压电式传感器配用电荷放大器时,低频响应很好,可以对某些稳态参数进行测量。

(3)电涡流式传感器信号调理电路

电涡流式传感器的测量电路一般有阻抗分压式调幅电路及调频电路。

图 4.83 所示是用于涡流测振仪上的分压式调幅电路原理。传感器线圈 L 与电容 C 并联构成谐振器。振荡器提供稳定的高频信号电源,当谐振频率与该电源频率相同时,输出电压 e 最大。测量时,传感器线圈阻抗随间隙 δ 而改变,LC 回路失谐,输出电压 e 的频率虽然仍为振荡器的工作频率 f,但幅值随 δ 而变化,图 4.84 是其谐振曲线和输出特性。它相当于一个被 δ 调制的调幅波,再经放大、检波、滤波后,即可以得到间隙 δ 动态变化的信息。

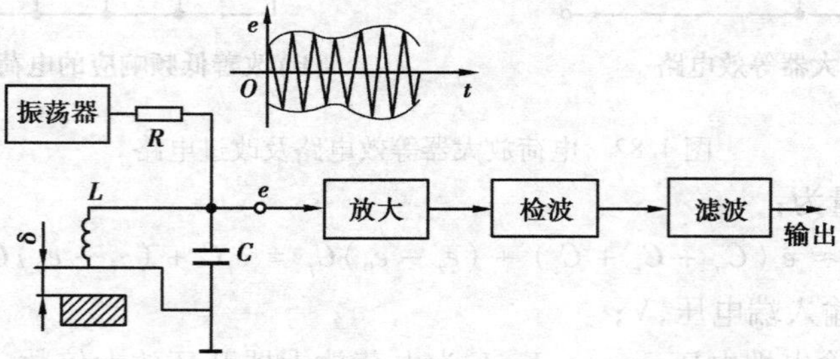

图 4.83 分压式调幅电路原形

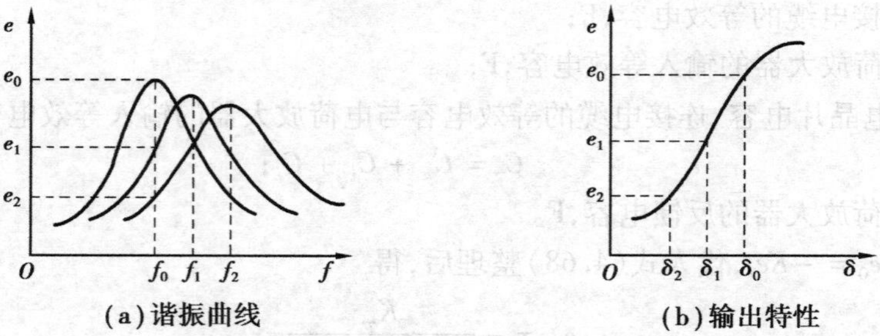

图 4.84 分压式调幅电路原理及输出特性

调频电路如图 4.85 所示。这种传感器把电感线圈接入 LC 振荡回路,与调幅法不同之处在于把回路的谐振频率作为输出量。当被测试件(金属导体)与传感器之间的距离 δ 发生变化时,线圈的自感 L 发生变化,导致 LC 振荡频率变化。鉴频器可以将频率的变化转换为电压的变化,这样,将引起线圈电感的变化转变为振荡器的振荡频率 f 的变化,再通过鉴频器进行频率—电压转换,可得到与 δ 成比例的输出电压。

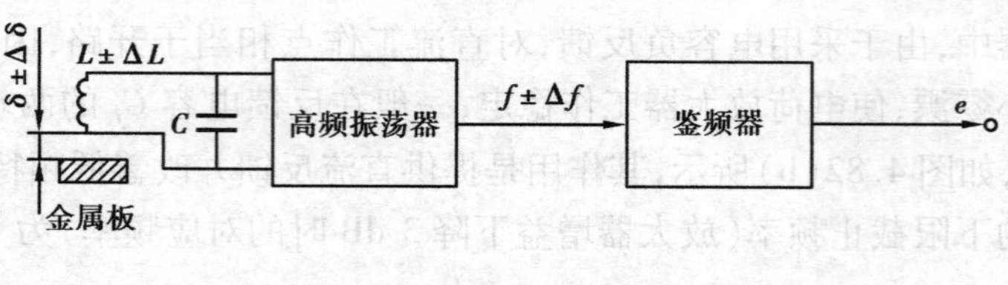

图 4.85 调频电路工作原理

4.10　电力电子器件

4.10.1　电力电子器件的特点

电力电子器件(Power Electronic Device,PED)是指能实现电能变换或控制的电子器件。它和信息系统中的电子器件相比,具有以下特点:

(1)具有较大的耗散功率

与信息系统中的电子器件主要承担信号传输任务不同,电力电子器件处理的功率较大,具有较高的导通电流和阻断电压。由于自身的导通电阻和阻断时的漏电流,电力电子器件会产生较大的耗散功率,往往是电路中主要的发热源。为便于散热,电力电子器件往往具有较大的体积,在使用时一般都要安装散热器,以限制因耗散功率造成的升温。

(2)工作在开关状态

举个例子,若一个晶体管处于放大工作状态,承受 1 000 V 的电压,且流过 200 A 的电流,该晶体管承受的瞬时功耗是 200 kW,显然这么严重的发热使得该晶体管无法工作。因此为了降低工作损耗,电力电子器件往往工作在开关状态。关断时承受一定的电压,但基本无电流流过;导通时流过一定的电流,但器件只有很小的导通压降。电力电子器件工作时在导通和关断之间不断切换,其动态特性(即开关特性)是器件的重要特性。

(3)需要专门的驱动电路来控制

电力电子器件的工作状态通常由信息电子电路来控制。由于电力电子器件处理的电功率较大,信息电子电路不能直接控制,需要中间电路将控制信号放大,该放大电路就是电力电子器件的驱动电路。

(4)需要缓冲和保护电路

电力电子器件的主要用途是高速开关,与普通电气开关、熔断器和接触器等电气元件相比,其承受过载能力不强,电力电子器件导通时的电流要严格控制在一定范围内。过电流不仅会使器件特性恶化,还会破坏器件结构,导致器件永久失效。与过电流相比,电力电子器件的过电压能力更弱,为降低器件导通压降,器件的芯片总是做得尽可能薄,仅有少量的裕量,即使是微秒级的过电压脉冲都可能造成器件永久性的损坏。

在电力电子器件开关过程中,电压和电流会发生急剧变化,为了增强器件工作的可靠性,通常要采用缓冲电路来抑制电压和电流的变化率,降低器件的电应力;采用保护电路来防止电压和电流超过器件的极限值。

4.10.2　电力电子器件的分类

按照电力电子器件能够被控制电路信号所控制的程度,可对电力电子器件进行如下分类:

(1)不可控器件

它不能用控制信号控制其通断,器件的导通与关断完全由自身在电路中承受的电压和电流来决定。这类器件主要指功率二极管。

(2)半控型器件

它是指通过控制信号能控制其导通而不能控制其关断的电力电子器件。这类器件主要是指晶闸管,它由普通晶闸管及其派生器件组成。

(3)全控型器件

它是指通过控制信号既可以控制其导通,又可以控制其关断的电力电子器件。这类器件的品种很多,目前常用的有门极可关断晶闸管(GTO)、电力晶体管(GTR)、功率场效应管(Power MOSFET)和绝缘栅双极型晶体管(IGBT)等。

按照控制电路加在电力电子器件控制端和公共端之间信号的性质,又可将可控器件分为电流驱动型和电压驱动型。电流驱动型器件通过从控制极注入和抽出电流来实现器件的通断,其典型代表是GTR。大容量GTR的开通电流增益较低,即基极平均控制功率较大。与此相反,电压驱动型器件通过在控制极上施加正向控制电压实现器件导通,通过撤除控制电压或施加反向控制电压使器件关断。当器件处于稳定工作状态时,其控制极无电流,因此平均控制功率较小。由于电压驱动型器件是通过控制极电压在主电极间建立电场来控制器件导通,故也称场控或场效应器件,其典型代表是Power MOSFET和IGBT。

根据器件内部带电粒子参与导电的种类不同,电力电子器件又可分为单极型、双极型和复合型三类。器件内部只有一种带电粒子参与导电的称为单极型器件,如Power MOSFET;器件内有电子和空穴两种带电粒子参与导电的称为双极型器件,如GTR和GTO;由双极型器件与单极型器件复合而成的新器件称为复合型器件,如IGBT等。

4.10.3 结型功率二极管

(1)结型功率二极管基本结构和工作原理

二极管的基本结构是半导体PN结,具有单向导电性,正向偏置时表现为低阻态,形成正向电流,称为正向导通;而反向偏置时表现为高阻态,几乎没有电流流过,称为反向截止。

为了提高PN结二极管承受反向电压的阻断能力,需要增加硅片的厚度来提高耐压,但厚度的增加会使二极管导通压降增加。由于PIN结构可以用很薄的硅片厚度得到PN结构在硅片很厚时才能获得的高反压阻断能力,故结型功率二极管多采用PIN结构。PIN功率二极管在P型半导体和N型半导体之间夹有一层掺有轻微杂质的高阻抗N^-区域,该区域由于掺杂浓度低而接近于纯半导体,即本征半导体。在NN^-界面附近,尽管因掺杂浓度的不同也会引起载流子的扩散,但由于其扩散作用产生的空间电荷区远没有PN^-界面附近的空间电荷区宽,故可以忽略,内部电场主要集中在PN^-界面附近。由于N^-区域比P区域的掺杂浓度低的多,PN^-空间电荷区主要在N^-侧展开,故PN^-结的内电场基本集中在N^-区域中,N^-区域可以承受很高的外向击穿电压。低掺杂N^-区域越厚,功率二极管能够承受的反向电压就越高。在PN结反向偏置的状态下,N^-区域的空间电荷区宽度增加,其阻抗增大,足够高的反向电压还可以使整个区N^-域耗尽,甚至将空间电荷区扩展到N区域。如果P区域和N区域的掺杂浓度足够高,则空间电荷区将被局限在N^-区域,从而避免电极的穿通。

根据容量和型号,功率二极管有各种不同的封装,如图4.86(a)所示,其结构和电气符号如图4.86(b)、(c)所示。功率二极管有两个电极,分别是阳极A和阴极K。

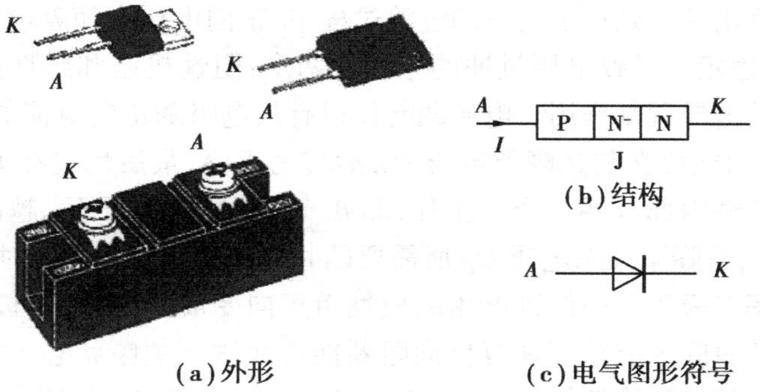

图 4.86　功率二极管的外形、结构和电气图形符号

当结型功率二极管外加一定的正向电压时,有正向电流流过,功率二极管电压降很小,处于正向导通状态;当它的反向电压在允许范围之内时,只有很小的反向漏电流流过,表现为高电阻,处于反向截止状态;若反向电压超过允许范围,则可能造成反向击穿,损坏二极管。

(2)结型功率二极管的基本特性

1)稳态特性

图 4.87 是结型功率二极管的伏安特性曲线。当外加正向电压大于门槛电压 U_{TO} 时,电流开始迅速增加,二极管开始导通。若流过二极管的电流较小,二极管的电阻主要是低掺杂 N^- 区的欧姆电阻,阻值较高且为常数,因而其管压降随正向电流的上升而增加。当流过二极管的电流较大时,注入并积累在低掺杂 N^- 区的少子空穴浓度将增大,为了维持半导体电中性条件,其多子浓度也相应大幅度增加,导致其电阻率明显下降,即电导率大大增加,该现象称为电导调制效应。电导调制效应使得功率二极管在正向电流较大时导通压降仍然很低,且不随电流的大小而变化。

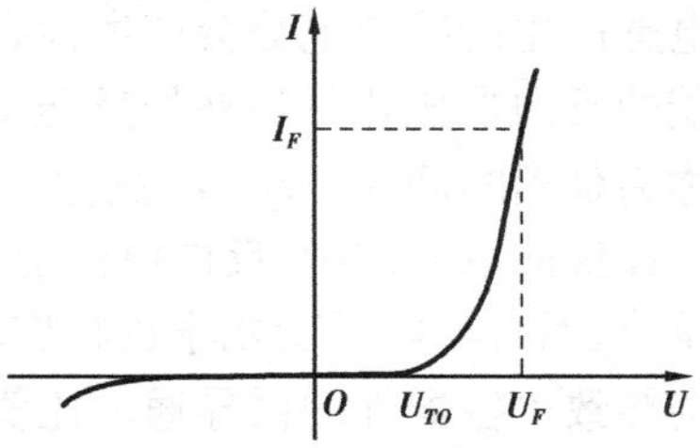

图 4.87　结型功率二极管的伏安特性

2)动态特性

结型功率二极管属于双极型器件,具有载流子存储效应和电导调制效应,这些特性对其开关过程会产生重要的影响。结型功率二极管开通和关断的动态过程如图 4.88 所示。

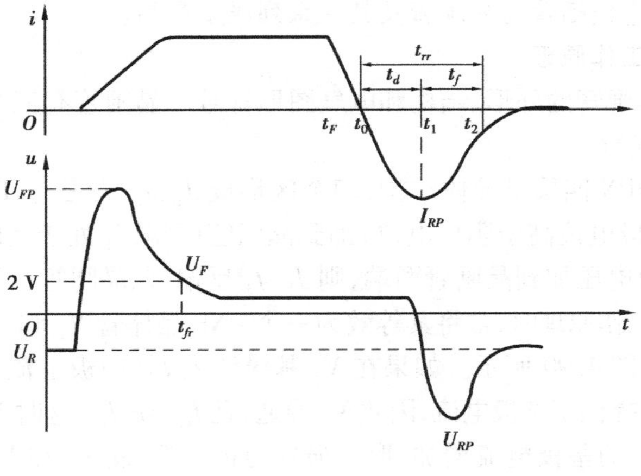

图 4.88　结型功率二极管的开关过程

结型功率二极管由断态到稳定通态的过渡过程中,正向电压会随着电流的上升出现一个过冲,然后逐渐趋于稳定。导致电压过冲的原因有两个:阻性机制和感性机制。阻性机制是指少数载流子注入的电导调制作用。电导调制使得有效电阻随正向电流的上升而下降,管压降随之降低,因此正向电压在到达峰值电压 U_{FP}后转为下降,最后稳定在 U_F。感性机制是指电流随时间上升在器件内部电感上产生压降,d_i/d_t 越大,峰值电压 U_{FP}越高。正向电压从零开始经峰值电压 U_{FP},再降至稳态电压 U_F 所需要的时间被称为正向恢复时间 t_{fr}。

当加在结型功率二极管上的偏置电压的极性由正向变成反向时,二极管不能立即关断,而需经过一个短暂的时间才能重新恢复反向阻断能力而进入关断状态。如图 4.88 中所示,当原来处于正向导通的二极管外加电压在 t_f 时刻从正向变为反向时,正向电流开始下降到 t_0 时刻二极管电流降为零,由于 PN 结两侧存有大量的少子,它们在反压的作用下被抽出器件形成反向电流,直到 t_1 时刻 PN 结内储存的少子被抽尽时,反向电流达到最大值 I_{RP}之后虽然抽流过程还在继续,但此时被抽出的是离空间电荷区较远的少子,二极管开始恢复反向阻断能力,反向电流迅速减小。由于 t_2 时刻电流的变化方向改变,反向电流由增大变为减小,外电路中电感产生的感应电势会产生很高的反向电压 U_{RP}。当电流降到基本为零的 t_2 时刻,二极管两端的反向电压才降到外加反压 U_R,功率二极管完全恢复反向阻断能力。其中 $t_d=t_1-t_0$。被称为延迟时间,$t_f=t_2-t_1$ 被称为下降时间。功率二极管反向恢复时间为 $t_{rr}=t_d+t_f$。

在反向恢复期中,反向电流上升率越高,反向电压过冲 U_{RP}越高,这不仅会增加器件电压耐压值,而且其电压变化率也相应增高。当结型二极管与可控器件并联时,过高的电压变化率会导致可控器件的误导通。比值 $S=t_f/t_d$ 称为反向恢复系数,用来衡量反向恢复特性的硬度。S 较小的器件其反向电流衰减较快,被称为具有硬恢复特性。S 越小,反向电压过冲 U_{RP} 越大,高电压变化率引发的电磁干扰(EMI)强度越高。为避免结型二极管的关断过电压 U_{RP} 过高和降低 EMI 强度,在实际工作中应选用软恢复特性的结型二极管。

4.10.4 晶闸管

晶闸管(Thyristor)是能承受高电压、大电流的半控型电力电子器件,也称可控硅整流管(Silicon Controlled Rectifier,SCR)。由于它电流容量大、电压耐量高以及开通的可控性,已被广泛应用于可控整流和逆变、交流调压、直流变换等领域,成为特大功率、低频(200 Hz 以下)装置中的主要器件。它包括普通晶闸管及其一系列派生产品。

(1) 基本结构和工作原理

图 4.89 所示为晶闸管的外形、结构和电气图形符号。晶闸管有三个电极,分别是阳极阴极 K 和门极(或称栅极)G。

晶闸管内部是 PNPN 四层半导体结构,四个区形成 J_1、J_2、J_3 三个 PN 结。若不施加控制信号,将正向电压(阳极电位高于阴极电位)加到晶闸管两端,J_2 处于反向偏置状态,A、K 之间处于阻断状态;若反向电压加到晶闸管两端,则 J_1、J_3 反偏,该晶闸管也处于阻断状态。

在分析晶闸管的工作原理时,常将其等效为一个 PNP 晶体管 V_1 和一个 NPN 晶体管 V_2 的复合双晶体管模型,如图 4.90 所示。如果在 V_2 基极注入 I_G(门极电流),则 V_2 导通,产生 I_{c2}($\beta_2 I_G$)。由于 I_{c2}为 V_1 提供了基极电流,因此 V_1 导通,且 $I_{c1}=\beta_1 I_{c2}$,这时 V_2 的基极电流由 I_G 和 I_{c1}共同提供,从而使 V_2 的基极电流增加,形成强烈的正反馈,使 V_1 和 V_2 很快进入饱和导通。此时即使将 I_G 调整为零也不能解除正反馈,晶闸管会继续导通,即 G 极失去控制作用。

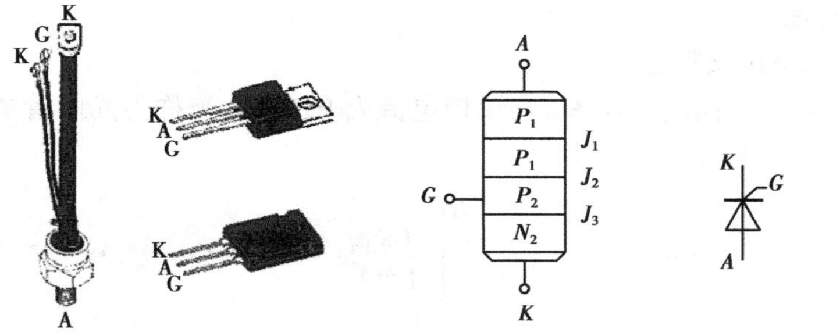

(a)外形　　(b)结构　　(c)电气图形符号

图 4.89　晶闸管的外形、结构和电气图形符号

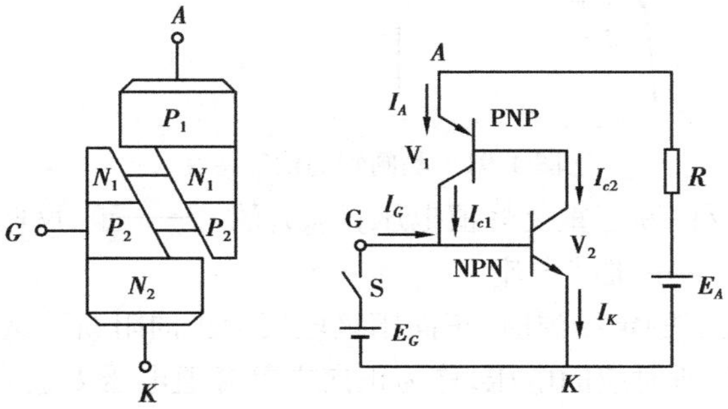

(a)双晶体管模型　　(b)工作原理

图 4.90　晶闸管的双晶体管模型及其工作原理

按照晶体管工作原理,忽略两个晶体管的共基极漏电流,可列出如下方程:

$$I_K = I_A + I_G \tag{4.68}$$

$$I_A = I_{c1} + I_{c2} = \alpha_1 I_A + \alpha_2 I_K \tag{4.69}$$

式中,α_1,α_2——晶体管 V_1 和 V_2 的共基极电流增益。

则可推导出

$$I_A = \frac{\alpha_2 I_G}{1-(\alpha_1+\alpha_2)} \tag{4.70}$$

根据晶体管的特性,在低发射极电流下其共基极电流增益 α 很小,而当发射极电流建立起来后,α 迅速增大。因此,在晶体管阻断状态下,$\alpha_1+\alpha_2$ 很小。若 I_G 使两个发射极电流增大以致 $\alpha_1+\alpha_2>1$(通常晶闸管的 $\alpha_1+\alpha_2\geqslant 1.15$),流过晶闸管的电流 I_A 将趋向无穷大,从而实现器件饱和导通,实际通过晶闸管的电流为 E_A/R。由式(4.70)分析可知:当 $\alpha_1+\alpha_2\geqslant 1$ 时,晶闸管的正反馈才可能形成,其中 $\alpha_1+\alpha_2=1$ 是临界导通条件,$\alpha_1+\alpha_2>1$ 为饱和导通条件,$\alpha_1+\alpha_2<1$ 则器件退出饱和而关断。

以上分析表明,晶闸管的导通条件可归纳为阳极正偏和门极正偏,即 $U_{AK}>0$ 且 $U_{GK}>0$,晶闸管导通后,即使撤除门极触发信号 I_G,也不能使晶闸管关断,只有设法使阳极电流 I_A 减小到维持电流 I_H(约十几毫安)以下,导致内部已建立的正反馈无法维持,晶闸管才能恢复阻断状态。很明显,如果给晶闸管施加反向电压,无论有无门极触发信号 I_G,晶闸管都不能导通。

(2)晶闸管特性

1)晶闸管的稳态伏安特性

晶闸管阳极、阴极之间的电压 U_{AK} 与阳极电流 I_A 的关系,被称为晶闸管的伏安特性,如图 4.91 所示。

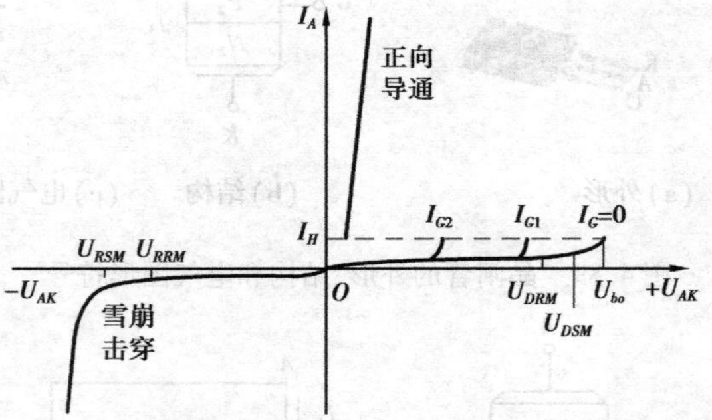

图 4.91　晶闸管的伏安特性

U_{DRM},U_{RRM}——正、反向断态重复峰值电压;U_{DSM},U_{RSM}——正、反向断态不重复峰值电压;U_{bo}——正向转折电压;I_H——维持电流。

门极断开,晶闸管处于额定结温时,正向阳极电压为正向阻断不重复峰值电压 U_{DSM}(此电压不可连续施加)的 80% 所对应的电压,称为正向重复峰值电压 U_{DRM}(此电压可重复施加,其重复频率为 50 Hz,每次持续时间不大于 10 ms)。晶闸管承受反向电压时,阳极电压为反向不重复峰值电压 U_{RSM} 的 80% 所对应的电压,称为反向重复峰值电压 U_{RRM}。

晶闸管的反向特性与一般二极管的反向特性相似。正常情况下,晶闸管承受反向阳极电压时,晶闸管总是处于阻断状态,只有很小的反向漏电流流过。当反向电压增加到一定值时,反向漏电流增加较快,再继续增大反向阳极电压,会导致晶闸管反向击穿。

晶闸管的正向特性可分为阻断特性和导通特性。正向阻断时,晶闸管的伏安特性是一组随门极电流 I_G 的增加而不同的曲线簇。

$I_G=0$ 时,逐渐增大阳极电压 U_{AK},只有很小的正向漏电流,晶闸管正向阻断;随着阳极电压的增加,当达到正向转折电压 U_{bo} 时,漏电流剧增,晶闸管由正向阻断突变为正向导通状态。这种在 $I_G=0$ 时,仅依靠增大阳极电压而强迫晶闸管导通的方式称为"硬开通",多次"硬开通"会使晶闸管损坏。

随着门极电流 I_G 的增大,晶闸管的正向转折电压 U_{bo} 迅速下降,当 I_G 足够大时,晶闸管的正向转折电压很小,可以看成与二极管一样,一旦加上正向阳极电压,晶闸管就导通了。晶闸管正向导通状态的伏安特性与二极管的正向特性相似,即当晶闸管导通时,导通压降一般较小。

当晶闸管正向导通后,要使晶闸管恢复阻断,只有逐步减小阳极电流 I_A,使其下降到维持电流 I_H 以下时,晶闸管才由正向导通状态变为正向阻断状态。

2)晶闸管的动态特性

①开通过程

由于晶闸管内部的正反馈形成需要时间,考虑到引线及外部电路中电感的限制,晶闸管受到触发后,其阳极电流的增加需要一定的时间。如图 4.92 所示,从门极电流阶跃时刻开始,到阳极电流上升到稳态值 I_A 的 10% 的时间称为延迟时间 t_d,同时晶闸管的正向电压减小。阳极电流从 10% I_A 升到 90% I_A，所需的时间称为上升时间 t_r，开通时间 $t_{gt}=t_d+t_r$。普通晶闸管延迟时间为 0. 5 ~1. 5 μs，上升时间为 0.5 ~3 μs，这是设计触发脉冲的依据。

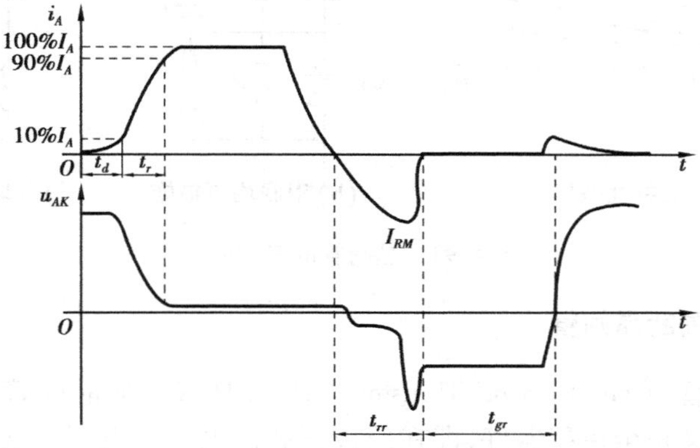

图 4. 92　晶闸管的开通和关断过程波形

②关断过程

原处于导通状态的晶闸管在外加电压由正向变为反向时，由于外部电感的存在，其阳极电流的衰减也需要时间。阳极电流衰减到零后，在反方向会流过反向恢复电流，其过程与功率二极管的关断过程类似。正向电流降为零到反向恢复电流衰减至接近于零的时间称为反向阻断恢复时间 t_{rr}。反向恢复过程结束后，晶闸管恢复对反向电压的阻断能力，但要恢复对正向电压的阻断能力还需要一段时间，该时间称为正向阻断恢复时间 t_{gr}。若在正向阻断恢复时间 t_{gr} 内，再次对晶闸管施加正向电压，晶闸管会重新导通。因此实际应用中，应对晶闸管施加足够长时间的反向电压，使晶闸管充分恢复其对正向电压的阻断能力，电路才能可靠工作。晶闸管的关断时间 $t_q=t_{rr}+t_{gr}$，约为几百微秒，这是设计反向电压时间的依据。

(3)晶闸管的应用特点

由于晶闸管是半控型器件，控制起来较复杂，近年来在中小功率领域已逐渐被 IGBT 等全控型器件所取代，但在高功率领域仍有其独到之处。另外由于其制造工艺简单，价格相对较低，在某些成熟的控制线路仍得到广泛的应用。

由于晶闸管的导通压降具有负温度系数，简单的并联并不能保证晶闸管的均流工作，同样，晶闸管也不能简单的串联起来在高压下工作。

晶闸管阻断时，串联的晶闸管流过的漏电流相同，但因静态伏安特性的分散性，各器件的承受电压不同。如图 4. 93(a)所示，承受电压高的器件首先达到转折电压而导通，是另一个器件承担全部电压也导通，失去控制作用：反向时，可能使其中一个器件先反向击穿，另一个随之击穿。为达到静态分压，应选用参数和特性尽量一致的器件；此外可采用电阻均压，如图 4. 93(b)所示。R 的阻值应比器件阻断时的正、反向电阻小得多，其阻值的选取原则是在工作电压下让流过电阻的电流为晶闸管在额定结温下漏电流的 2 ~5 倍。由于各晶闸管的开通和关断过程可能存在差异，因此采用并联阻容吸收电路进行动态均压也是必不可少的。R、C 应选择无感电阻和无感电容，具体数值可由调试决定，并用尽量短的线就近连接在晶闸管两端。

当晶闸管并联使用时，动态均流很重要，也较难控制。首先要保证晶闸管的开关控制尽可能一致，如晶闸管往往采用强制触发开通；其次可以采用均流变压器一类的强制均流措施，如图 4. 93(c)所示。

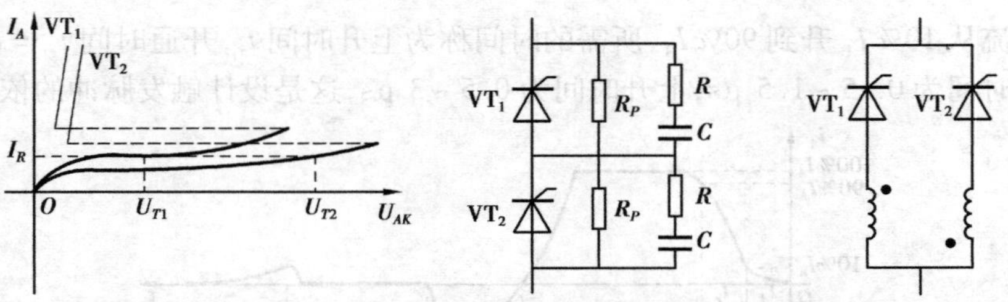

(a)伏安特性差异　　(b)串联均压措施　　(c)并联均流措施

图 4.93　晶闸管的串、并联

4.10.5　门极可关断晶闸管

门极可关断晶闸管(Gate Turn off Thrustor,GTO),具有普通晶闸管的全部优点,如耐压高、电流大等,同时它又是全控型器件,即在门极正脉冲电流触发下导通,在负脉冲电流触发下关断。GTO 开关时间在几微秒至几十微秒之间,是目前容量唯一与晶闸管接近的全控型器件,适用于开关频率为数百至几千赫兹的大功率场合。目前 GTO 已被广泛应用于电力机车的逆变器、电网动态无功补偿和大功率直流斩波调速装置中。

(1)基本结构和工作原理

GTO 的内部结构与普通晶闸管相同,都是 PNPN 四层三端结构,但在制作时采用特殊的工艺使管子导通后处于临界饱和,而不像普通晶闸管那样处于深度饱和状态,这样可以利用门极负脉冲电流破坏临界饱和状态使其关断。GTO 的外部管脚与普通晶闸管相同,也有阳极 A、阴极 K 和门极 G 三个电极,其外形、结构断面示意图和电气符号如图 4.94 所示。

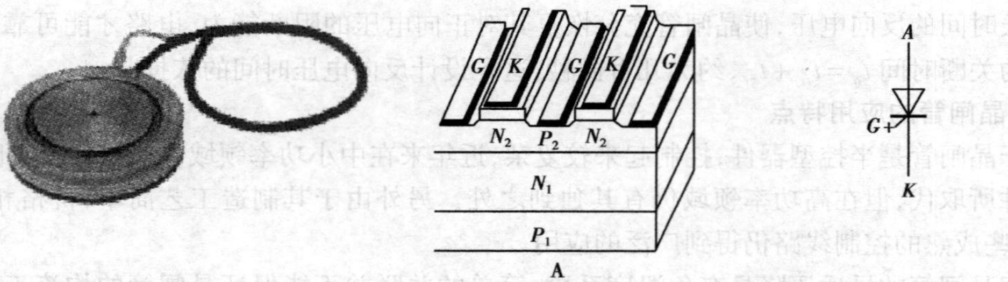

(a)外形　　(b)结构断面示意　　(c)电气图形符号

图 4.94　GTO 的外形、结构断面示意图和电气图形符号

GTO 是一种多元的功率集成器件,内部包含数十个甚至数百个共阳极的小 GTO 元,这些 GTO 元的阴极和门极则在器件内部并联在一起。这种结构使得门极和阴极间的距离大为缩短。P_2 基区的横向电阻很小,便于从门极抽出较大的电流。

在 GTO 的等效晶体管结构中,根据式(4.72)可推导出在门极电流为负时,

$$\beta_{off} = \frac{I_A}{I_G} = \frac{\alpha_2}{(\alpha_1 + \alpha_2) - 1} \tag{4.71}$$

β_{off}定义为 GTO 的电流关断增益。若β_{off}太大,则 GTO 处于深度饱和,不能用门极抽取电流的方法来关断。因此在允许范围内,要求 $\alpha_1 + \alpha_2$ 尽可能接近 1,且 α_2 要大。GTO 与晶闸管在结构上的不同点除了其多元集成结构外,其 α_2 较大,使得晶体管 V_2 对门极电流的反应比较灵敏,同时其 $\alpha_1 + \alpha_2 \approx 1.05$,更接近于 1,使得 GTO 导通时饱和程度不深,更接近于临界饱

和,从而为门极控制关断提供有利条件。

通导通时的正反馈相似,关键时也会产生正反馈。门极加负脉冲即从门极抽出电流,则 I_{b2} 减小,使 I_K 和 I_{c2} 减小,I_{c2} 的减小又使得 I_A 和 I_{c1} 减小,又进一步减小 V_2 的基极电流。当 I_A 和 I_K 的减小使 $\alpha_1+\alpha_2<1$ 时,器件退出饱和而关断。

(2)可关断晶闸管特性

GTO 的特性与晶闸管基本相同,但也有其特殊性。图 4.95 给出了 GTO 开通和关断过程中阳极电流 i_A 的波形。与普通晶闸管类似,开通过程中需要延迟时间 t_d 和上升时间 t_r。关断过程则有所不同,首先需要经历抽取饱和导通时储存的大量载流子的储存时间 t_s,从而使等效晶体管退出饱和状态;然后是等效晶体管从饱和区退至放大区,阳极电流逐渐减小的下降时间 t_f;最后还有残存载流子复合所需的尾部时间 t_t。

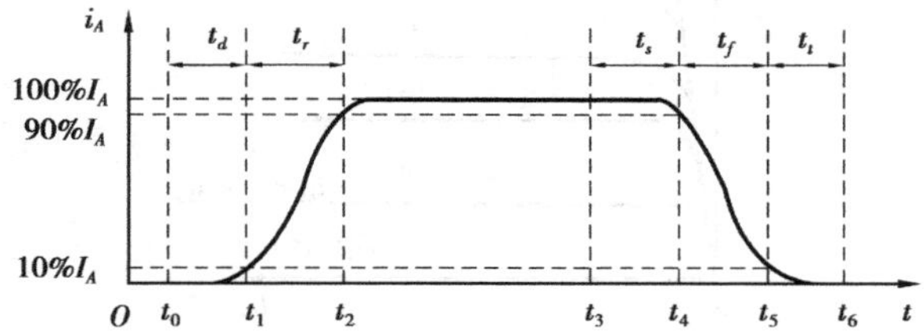

图 4.95　GTO 的开通和关断过程电流波形

GTO 也是电流型驱动器件,用门极正脉冲可使 GTO 开通,门极负脉冲可以使其关断,这是 GTO 最大的优点。但要使 GTO 关断的门极反向电流比较大,即 β_{off} 较小,约为阳极电流的 1/5,这造成对驱动电路功率要求较高。

4.10.6　电力晶体管

电力晶体管(Giant Transistor,GTR),是一种双极型大功率高反压晶体管,因此电力晶体管也简称 BJT。国际电工委员会(IEC)已规定电力晶体管用 BJT 缩写来表示,但由于 GTR 叫法已成习惯,故本书也遵循此习惯。GTR 属于全控型器件,工作频率可达 10 kHz,被广泛用于不间断电源和交流电机调速等电力变流装置中。

(1)基本结构和工作原理

GTR 的外形、结构断面示意图和电气符号如图 4.96 所示。GTR 与普通的双极结型晶体管基本原理一样,多为 NPN 结构,也有基极 b、集电极 c 和发射极 e 三个电极。

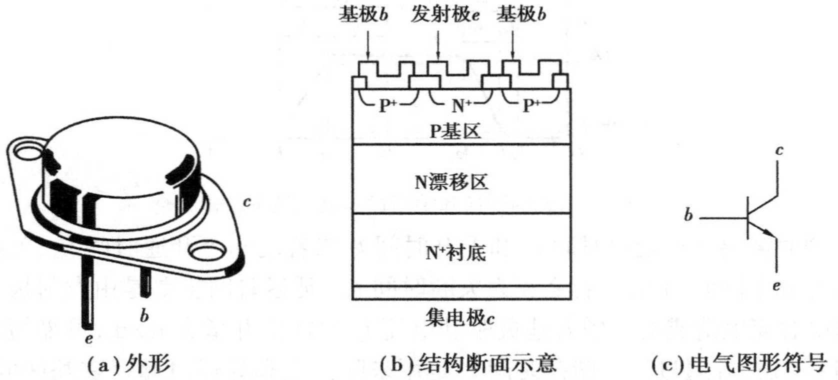

图 4.96　GTR 的外形、结构断面示意图和电气图形符号

在实际应用中,GTR 多采用共发射极接法。电流放大系数 $\beta = i_c/i_b$,表示 GTR 的电流放大能力。单管 GTR 的 β 值比处理信息用的小功率晶体管小得多,通常为 10 左右,采用达林顿接法可有效地增大电流增益。

(2) GTR 特性

1) 静态特性

图 4.97 为 GTR 在共发射极接法时的典型输出特性,分为截止区、放大区和饱和区三个区域。给 GTR 的基极施加幅度足够大的脉冲驱动信号,它将工作于导通与截止的开关工作状态,在两种状态的转换过程中 GTR 快速地通过放大区。

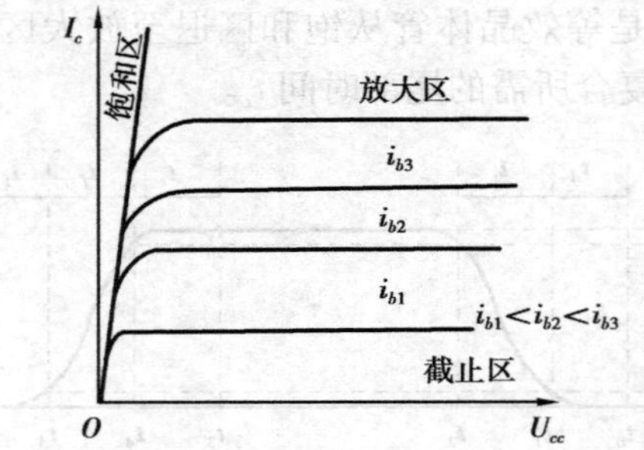

图 4.97　GTR 共发射极接法时的输出特性

在截止区 $i_b<0$ (或 $i_b=0$),GTR 承受高电压,且只有很小的电流流过,类似于开关的断态;在放大区 $i_c=\beta i_b$,工作在开关状态的 GTR 应避免工作在放大区以防止功耗过大损坏 GTR;在饱和区,i_b 变化时,i_c 不再改变,管压降 U_{ces} 很小,类似于开关的通态。在 i_c 不变时,U_{ces} 随管壳温度 T_c 的增加而增加。

2) 动态特性

GTR 属于电流型驱动器件,用基极电流来控制集电极电流,图 4.98 给出了 GTR 开通和关断过程中基极电流 i_b 和集电极电流 i_c 波形的关系。

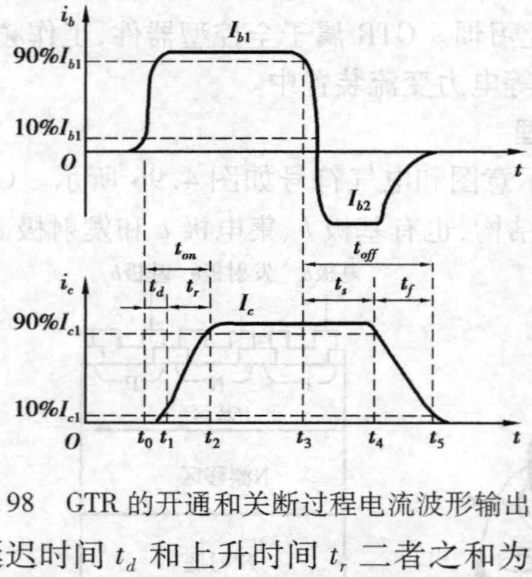

图 4.98　GTR 的开通和关断过程电流波形输出特性

GTR 开通时需要经过延迟时间 t_d 和上升时间 t_r 二者之和为开通时间 t_{on},关断时需要经过储存时间 t_s 和下降时间 t_f,二者之和为关断时间 t_{off},延迟时间主要是由发射极势垒电容和集电极势垒电容充电造成的。增大基极驱动电流 i_b 的幅值并增大 d_i/d_t,可缩短延迟时间 t_d 和上升时间 t_r,加快开通过程。储存时间 t_s 是用来除去饱和导通时储存在基区的载流子的,是关断时间的主要部分。减小导通时的饱和深度以减小储存的载流子,或者增大基极抽取负

电流 I_{b2} 的幅值和负偏压,可缩短储存时间,加快关断速度。但减小导通时饱和深度的负面作用是使集电极和发射极间的饱和导通压降 U_{ces} 增加,增大通态损耗。GTR 的开关时间在几微秒以内,比晶闸管和 GTO 都快很多。

4.10.7 功率场效应晶体管

功率场效应晶体管(Power MOSFET)即功率 MOSFET,是一种单极型电压全控器件,具有输入阻抗高、工作速度快(开关频率可达 500 kHz 以上)、驱动功率小且电路简单、热稳定性好、无二次击穿问题、安全工作区宽等优点,在各类开关电路中应用极为广泛。

(1)基本结构和工作原理

MOSFET 种类和结构繁多,按导电沟道可分为 P 沟道和 N 沟道。当栅极电压为零时漏源极间存在导电沟道的称为耗尽型;对于 N(P)沟道器件,栅极电压大于(小于)零时才存在导电沟道的称为增强型。在功率 MOSFET 中,应用较多的是 N 沟道增强型。功率 MOSFET 导电机理与小功率 MOS 管相同,但在结构上有较大区别。小功率 MOS 管是一次扩散形成的器件,其导电沟道平行于芯片表面,是横向导电器件。而功率 MOSFET 大都采用垂直导电结构,这种结构能大大提高器件的耐压和通流能力,所以功率 MOSFET 又称为 VMOSFET(Vertical MOSFET)。

图 4.99(a)为常用的功率 MOSFET 的外形,图 4.99(b)给出了 N 沟道增强型功率 MOSFET 的结构,图 4.99(c)为功率 MOSFET 的电气图形符号,其引出的三个电极分别为栅极 G、漏极 D 和源极 S。当栅源极间电压为零时,若漏源极间加正电源,P 基区与 N 区之间形成的 PN 结反偏,漏源极之间无电流流过,如图 4.100(a)所示。若在栅源极间加正电压 U_{GS},栅极是绝缘的,所以不会有栅极电流流过。但栅极的正电压会将其下面 P 区中的空穴推开,而将 P 区中的电子吸引到栅极下面的 P 区表面,如图 4.100(b)所示。当 U_{GS} 大于 U_T(开启电压)时,栅极下 P 区表面的电子浓度将超过空穴浓度,使 P 型半导体反型成 N 型而成为反型层,该反型层形成 N 沟道而使 PN 结消失,漏极和源极导电,如图 4.100(c)所示。

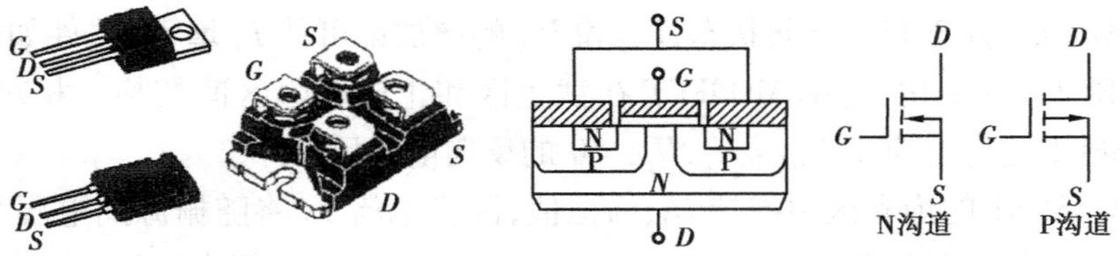

(a)外形　(b)结构　(c)电气图形符号

图 4.99 功率 MOSFET 的外形、结构和电气图形符号

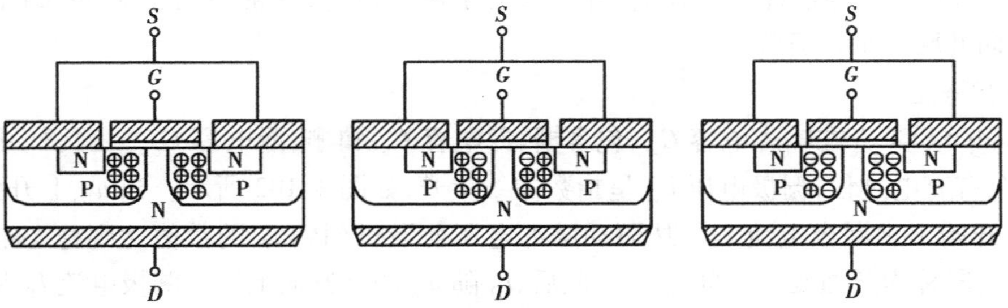

(a) $U_{GS}=0$　(b) $0<U_{GS}<U_T$　(c) $U_{GS}>U_T$

图 4.100 功率 MOSFET 导电机理

(2) 功率 MOSFET 特性

1) 安全工作区

功率 MOSFET 的通态电 R_{DS}:随着温度的上升而增大,而不像 GTR 等双极性器件中的通态电阻随着温度的上升而减小。

导致这个差异的根本原因是这两种器件的工作载流子性质不同。GTR 这类双极性器件主要依靠少数载流子的注入传导电流,少数载流子的注入密度随结温升高而增大。电流的增大使结温进一步升高,从而使得电流与结温之间具有正反馈的关系。而功率 MOSFET 主要依靠多数载流子导电,多数载流子的迁移率随温度的上升而下降,其宏观表现就是漂移区的电阻升高,电阻升高会使电流减小,电流的减小使得结温下降,从而使得电流与结温之间呈负反馈关系。该特性不仅使得功率 MOSFET 没有热反馈引起的二次击穿现象,其安全工作区大大增大,而且电流越大,发热越大,通态电阻就加大,从而限制电流的加大,这对于功率 MOSFET 并联运行的均流也非常有利。

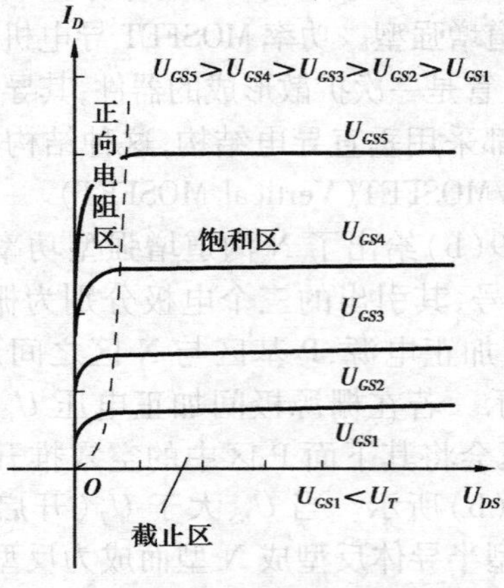

图 4.101　功率 MOSFET 的静态正向输出特性

2) 静态特性

功率 MOSFET 的静态正向输出特性如图 4.101所示,其描述了在不同的 U_{GS} 下,漏极电流 I_D 与漏极电压 U_{DS} 间的关系曲线。它可以分为三个区域:当 $U_{GS}<U_r$(U_T 为 MOSFET 的开启电压,也称阀值电压,典型值为 2～4 V)时,功率 MOSFET 工作在截止区;当 $U_{GS}<U_r$ 当器件工作在器件饱和区时,随着 U_{DS} 的增大,I_D 几乎不变,只有改变 U_{GS} 才能使 I_D 发生变化。而在正向电阻区,功率 MOSFET 处于充分导通状态,U_{GS} 和 U_{DS} 的增加都可使 I_D 增大,器件如同线性电阻。正常工作时,随 U_{GS} 的变化,功率 MOSFET 在截止区和正向电阻区间切换。相对于正向电阻区,功率 MOSFET 还有对应于 $U_{GS}<U_r$,$U_{DS}<0$ 的反向电阻区。

在功率 MOSFET 的饱和区中维持 U_{GS} 为恒值,漏极电流 I_D 将随栅源间电压 U_{GS} 变化。定义 $G_{fs}=I_D/(U_{GS}-U_T)$ 为直流跨导,G_{fs} 越大,说明 U_{GS} 对 I_D 的控制能力越强。

功率 MOSFET 漏源极之间有寄生二极管,漏源极间加反向电压时器件导通,因此功率 MOSFET 可看作是逆导器件。在画电路图时,为了避免遗忘,常常在功率 MOSFET 的电气符号两端反向并联一个二极管。

3) 动态特性

功率 MOSFET 存在输入电容 C_{in},包含栅、源电容 C_{GS} 和栅、漏电容 C_{GD}。当驱动脉冲电压到来时,C_{in} 有充电过程,栅极电压 u_{GS} 呈指数曲线上升,如图 4.102 所示。当 u_{GS} 上升到开启电压 U_T 时,开始出现漏极电流 i_D。从驱动脉冲电压前沿时刻到 i_D 的数值达到稳态电流 I_D 的 10% 的时间段称为开通延迟时间 $t_{d(on)}$。此后,i_D 随 u_{GS} 的上升而上升。漏极电流 I_D 从 10% I_D 到 90% I_D 的时间段称为电流上升时间 t_{ri}。此时 u_{GS} 的数值为功率 MOSFET 进入正向电阻区的栅压 U_{GSP}。当 u_{GS} 上升到 U_{GSP} 时,功率 MOSFET 的漏、源极电压 u_{DS} 开始下降,受栅、漏电容 U_{GD} 的影响,驱动回路的时间常数增大,u_{GS} 增长缓慢,波形上出现一个平台期,当 u_{DS} 下降到导通压降,功率 MOSFET 进入到稳态导通状态,这一时间段为电压下降时间 t_{fv}。此后 u_{GS}继续升高直至达到稳态。功率 MOSFET 的开通时间 t_{on}是开通延迟时间、电流上升时间与电压下降时间之和,即 $t_{on} = t_{d(on)} + t_{ri} + t_{fv}$。

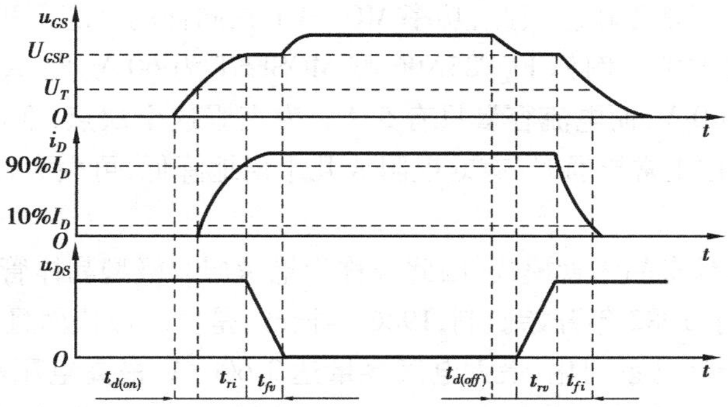

图 4.102　功率 MOSFET 的开关过程波形

当驱动脉冲电压下降到零时,栅源极输入电容 C_{in}通过栅极电阻放电,栅极电压 u_{GS}按指数曲线下降,当下降到 U_{GSP}时,功率 MOSFET 的漏、源极电压 u_{DS}开始上升,这段时间称为关断延迟时间 $t_{d(off)}$。此时栅、漏电容 C_{GD}放电,u_{GS}波形上出现一个平台。当 u_{DS}上升到输入电压时,i_D 开始减小,这段时间称为电压上升时间 t_{rv}。此后 C_{in}继续放电,u_{GS}从 U_{GSP}继续下降,i_D 减小,到 $u_{GS} < U_T$ 时沟道消失,i_D 下降到稳态电流的 10%,这段时间称为电流下降时间 t_{fi}。关断延迟时间、电压上升时间和电流下降时间之和为功率 MOSFET 的关断时间 t_{off}即 $t_{off} = t_{d(off)} + t_{ri} + t_{fi}$。功率 MOSFET 是单极性器件,只靠多子导电,不存在少子储存效应,因而关断过程非常迅速,是常用电力电子器件中最快的。

(3)功率 MOSFET 的应用特点

功率 MOSFET 的薄弱之处是绝缘层易被击穿损坏,栅源间电压不得超过 20 V。为此,在使用时必须注意若干保护措施。

1)防止静电击穿

功率 MOSFET 具有极高的输入阻抗,因此在静电较强的场合难于释放电荷,容易引起静电击穿,功率 MOSFET 的存放应采取防静电措施。

2)防止栅源过电压

由于功率 MOSFET 的输入电容是低泄漏电容,故栅极不允许开路或悬浮,否则会因静电干扰使输入电容上的电压上升到大于门限电压而造成误导通,甚至损坏器件。为保护栅极,应在栅、源极之间并接阻尼电阻或并接约 15 V 的稳压管。

功率 MOSFET 的通态电阻 R_{on}具有正温度系数,并联使用时具有电流自动均衡的能力,易进行并联使用。为了更好地动态均流,除选用参数尽量接近的器件外,还应在电路走线和布局方面做到尽量对称,也可在源极电路中串入小电感,起到均流电抗器的作用。

由于功率 MOSFET 属于多子导电的器件,其开关速度具有很大优势,而且其在导通时没有饱和压降(GTR 的饱和压降为 2 ~3 V),通态压降与电流成正比是性能理想的中小容量的高速压控型电力电子器件。但也正因为如此,功率 MOSFET 难以在大功率领域发挥作用,在耐压相等和硅片面积相同的器件中,功率 MOSFET 的通流能力一般是 GTR 的 1/5。

4.10.8 绝缘栅双极型晶体管

功率 MOSFET 属于多子导电,无电导调制效应,当要提高阻断电压时,其导通电阻将迅速增加,以致使器件无法正常工作。因此,功率 MOSFET 在同样的管芯面积下,随着耐压值的提高,电流容量下降得很厉害。例如 FQP85N06 型 MOSFET 为 60 V,85 A,而同样尺寸的 MOS 管 FQP5N90,电压为 900 V,而电流容量只有 5 A。为克服这个缺点,在功率 MOSFET 中的漏极侧引入一个 PN 结,在正常导通时,有效电阻成几十倍地降低,可大大提高电流密度,这样就产生了新的器件 IGBT。

IGBT 的等效结构具有晶体管模式,因此被称为绝缘栅双极型晶体管(Insulated Gate Bipolar Transistor)。IGBT 于 1982 年开始研制,1986 年投产,是发展最快而且很有前途的一种复合型器件。目前 IGBT 产品已系列化,最大电流容量达 3 600 A,最高电压等级达 6 500 V,工作频率达 150 kHz。IGBT 综合了功率 MOSFET 和 GTR 的优点,在电机控制、中大功率开关电源中已得到广泛应用,正逐渐向 GTO 的应用领域扩展。

(1)基本结构和工作原理

图 4.103 是 IGBT 的外形、简化等效电路和电气图形符号,它有三个电极,分别是集电极 C、发射极 E 和栅极 G。在应用电路中 C 接电源正极,E 接电源负极,它的导通和关断由栅极电压来控制。栅极加正电压时,MOSFET 内形成导电沟道,为 PNP 型 GTR 提供基极电流,则 IGBT 导通。撤除栅极正压或在栅极上加反向电压时 MOSFET 的导电沟道消失,GTR 的基极电流被切断,则 IGBT 被关断。

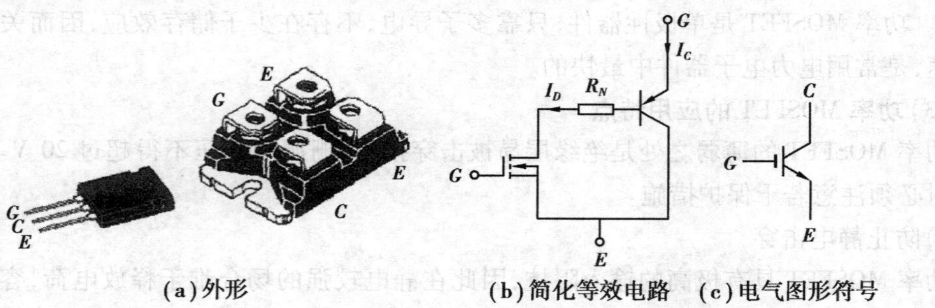

图 4.103 IGBT 的外形、简化等效电路和电气图形符号

(2)IGBT 特性

1)静态伏安特性

IGBT 的导通原理和功率 MOSFET 相似。图 4.104 为 IGBT 的伏安特性,它反映在一定的栅极-发射极电压 U_{GE} 下 IGBT 的输出端电压 U_{CE} 与电流 I_C 的关系。当 $U_{GE} > U_{GE(th)}$(开启电压,一般为 3 ~6 V)时,IGBT 开通;当 $U_{GE} < U_{GE(th)}$ 时,IGBT 关断。IGBT 的伏安特性分为正向阻断区、有源区和饱和区。值得注意的是,IGBT 的反向电压承受能力很差,其反向阻断电压只有几十伏,因此限制了它在需要承受高反压场合的应用。为满足实际电路的要求,IGBT 往往与反并联的快速二极管封装在一起,成为逆导器件,选用时应加以注意。

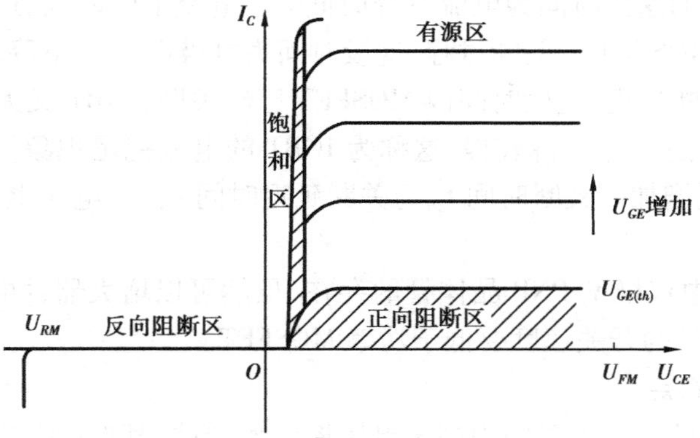

图4.104　IGBT的伏安特性

2）动态特性

图4.105给出了IGBT开关过程中集电极电流 i_c 和集电极和源极间电压 u_{CE} 的波形图。IGBT的开通过程与功率MOSFET的开通过程很相似，这是因为IGBT在开通过程大部分时间是作为MOSFET来运行的。从驱动电压 u_{GE} 的前沿上升至其幅值的10%的时刻，到集电极电流 i_c 上升至电流幅值 I_C 的10%的时刻止，这段时间为开通延迟时间 $t_{d(on)}$。而 i_c 从10% I_C 上升至90% I_C 所需时间为电流上升时间 t_{ri}。开通时，集射电压 u_{CE} 的下降过程分为 t_{fv1} 和 t_{fv2} 两段。t_{fv1} 为IGBT中MOSFET单独工作的电压下降过程，这一阶段中IGBT的栅极驱动电压 u_{GE} 基本维持在一个电压水平上，这主要是由IGBT的栅极-集电极寄生电容 C_{GC} 造成的 t_{fv2} 为MOSFET和PNP晶体管同时工作的电压下降过程，由于 u_{CE} 下降时IGBT中MOSFET的栅漏电容增加，而且IGBT中的PNP晶体管由放大状态转入饱和状态也需要一个过程，因此 t_{fv2} 段电压下降过程变缓。只有在 t_{fv2} 段结束时，IGBT才完全进入饱和导通状态。开通时间 t_{on} 为开通延迟时间 $t_{d(on)}$、电流上升时间 t_{ri} 与电压下降时间 $t_{fv1}+t_{fv2}$ 之和。

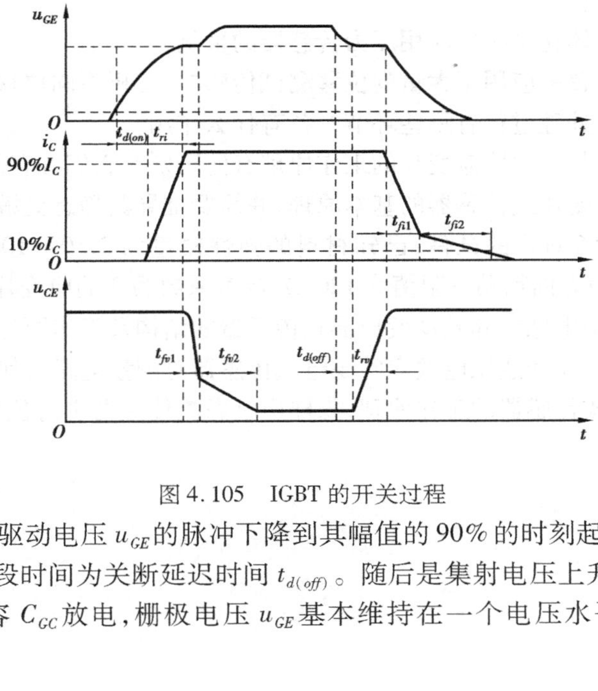

图4.105　IGBT的开关过程

IGBT关断时，从驱动电压 u_{GE} 的脉冲下降到其幅值的90%的时刻起，到集射电压 u_{CE} 上升到其幅值的10%，这段时间为关断延迟时间 $t_{d(off)}$。随后是集射电压上升时间 t_{rv}，这段时间内栅极-集电极寄生电容 C_{GC} 放电，栅极电压 u_{GE} 基本维持在一个电压水平上。集电极电流从

$90\% I_C$ 下降至 $10\% I_C$ 的这段时间为电流下降时间 t_f。电流下降时间分为 t_{fi1} 和 t_{fi2} 两段，其中 t_{fi1} 对应 IGBT 内部的 MOSFET 的关断过程，这段时间集电极电流 i_c 下降较快；t_{fi2} 对应 IGBT 内部的 PNP 晶体管的关断过程，这段时间内 MOSFET 已经关断，IGBT 又无反向电压，所以 N 基区内的少子复合缓慢，造成 i_c 下降较慢，这称为 IGBT 的电流拖尾现象。由于此时 u_{CE} 已处于高位，相应的关断损耗增加。关断时间 t_{off} 为关断延迟时间 $t_{d(off)}$、电压上升时间 t_{rv} 与电流下降时间 $(t_{fi1}+t_{fi2})$ 之和。

可以看出，IGBT 中双极型 PNP 晶体管的存在，虽然可以增大器件的通流量，但也引入了少子储存现象，故 IGBT 的开关速度要低于功率 MOSFET。

(3) IGBT 的应用特点

IGBT 是性能理想的中大容量的中高速电压控制型器件，其控制要求简单，在中大功率电力电子装置中已全面取代电力晶体管 GTR 。

在通流能力方面，IGBT 综合了功率 MOSFET 与 GTR 的导电特性，在 1/2 或 1/3 额定电流以下时，GTR 的压降起主要作用，IGBT 的通态压降表现出负的温度系数；当电流较大时，功率 MOSFET 的压降起主要作用，则 IGBT 通态压降表现出正的温度系数，并联使用时也具有电流的自动均衡能力。事实上，大功率的 IGBT 模块内部就是由许多电流较小的芯片并联制成的。

由于 IGBT 包含双极型导电机构，其开关速度受制于少数载流子的复合，与功率 MOSFET 相比有较长的尾部电流时间，因此在设计电路时应考虑降低尾部电流时间引起的功率损耗。

习题与思考题

4.1　在机电一体化系统中，需要测试的常见物理量有哪些？试举例说明。

4.2　在家用电器中，有些传感器是借助敏感元件来进行测试的。举一个事例，并分析其检测原理（绘出原理框图）。

4.3　举出机电一体化系统中应用压力传感器的事例。

4.4　机械加工装置中应用了大量的位移测试传感器，分析不同位移传感器的应用场合。

4.5　传感器信号处理过程有哪些环节？各有什么作用？

4.6　电阻应变片与半导体应变片的工作原理有何区别？它们各有何特点？

4.7　说明电阻应变片式传感器的基本原理，并简要推导其静态灵敏度系数。

4.8　某截面积为 5 cm^2 的试件，已知材料的弹性模量为 2.0×10^{11} N/m^2，沿轴向受到 10^5 N的拉力，若沿受力方向粘贴一阻值为 120 Ω、灵敏系数为 2 的应变片，试求电阻变化。

4.9　电感式、差动电感式和差动变压器式传感器的结构及工作原理有何区别？

4.10　何谓压电效应和逆压电效应？压电式传感器对测量电路有何特殊要求？为什么？

4.11　简述涡流式传感器的工作原理，怎样用电涡流传感器进行位移测量？其测量特点有哪些？

第 5 章
控制与计算机基础

机电一体化装置、系统的良好性能一般是通过其多种控制实现的。而这些及时、精确控制通常借助于计算机的强有力支撑。控制与计算机是机电一体化装置、系统的两个基本点。本章将探讨这些方面的知识。

5.1 控制的基本功效与要求

控制是指为了改善系统的性能或达到特定的目的,通过信息的采集、加工而施加到系统的作用。控制是为了达到某种目的而使用的基本手段。信息是控制基础,实现控制作用的系统通常称为控制系统。不同的控制系统有不同的结构,但所有的控制系统至少包含这样几个基本组成部分:检测比较装置、控制器、执行机构和控制量。检测比较装置主要用于获取反馈信息,并且计算所要达到的目的与实际情况之间的差值;控制器用于产生控制指令,决定系统应该怎样做;执行机构用于执行控制器的指令,完成控制器做出的决定;控制量是控制所有达到的最终目的。

机电一体化装置、系统中的控制一般为自动控制。自动控制指在无人直接干预的情况下利用外加的设备或装置(通常为控制器或控制装置),让机器、设备或生产过程等受控对象的某一工作、运动状态或参数(如温度、压力等受控量)自动、准确地按照预期的规律运动。实现这些控制的由相互制约的各部分按照一定规律组成的具有特定功能的有机整体称为自动控制系统。基于反馈原理建立的自动控制系统为反馈控制系统,通称也称为闭环控制系统。反馈控制是自动控制的主要形式。工程上常将输出量和期望值保持一致的反馈控制系统称为自动调节系统,而把精确跟随或复现某种过程的反馈控制系统称为伺服系统或随动系统。反馈分为正反馈和负反馈两种。负反馈指反馈信息的作用与控制信息的作用方向相反,对控制部分的活动起制约或纠正作用。其优点是维持稳定,缺点是滞后、波动。正反馈指反馈信息的作用与控制信息的作用方向相同,对控制部分的活动起增强作用。其优点是加速受控过程,缺点是容易造成系统不稳定。

人们对控制系统的基本要求主要体现在三个方面:稳定性、准确性和快速性。对恒值系统而言,稳定性是指当系统受到扰动后,经过一定时间的调整,系统能够回到原来的期望值。

对随动系统，稳定性是指受控制量始终跟踪参变量的变化。稳定性是系统工作的首要条件。若系统不稳定，则当系统失控时，受控对象的输出量将不再趋于期望值，而是远离期望值，系统不能正常工作，并有可能损伤设备，甚至造成系统崩溃进而引起重大事故。故稳定性是对系统最基本也是最重要的要求。稳定性通常由控制系统的结构决定。

控制系统一般含有电容、电感等储能元件或电动机、齿轮等惯性元件，这些元件的能量和状态不可能突变，因此受控对象在响应控制输入信号时，不可能立刻达到期望的位置或状态，而有一定的响应过程，这一过程常称为过渡过程。在过渡过程中，系统的实际输出与期望输出总存在一定的偏差。若系统为一稳定系统，则随着过渡过程的结束，该偏差会逐渐减小，甚至接近于零。故对于稳定系统，过渡过程总会结束，终将进入稳定工作阶段。控制系统的准确性即指系统在稳定工作阶段其实际输出与期望输出之间的偏差大小，通常也称为静态误差或稳态误差。显然，这种误差越小，表示系统的输出跟随参考输入的精度越高。

在绝大多数的实际工程中，人们希望控制系统的过渡过程尽快结束，有时，还对过渡过程的形式提出要求。这就对控制系统的快速性提出了要求，例如，稳定高射炮射角随动系统，虽然炮身最终能跟踪目标，但如果目标变动迅速，而炮身行动迟缓，仍然抓不住目标。又如，对于机床上的刀具，如果能控制它快速到达指定位置，就可以提高机床的工作效率。所以快速性是控制系统一个非常重要的性能指标。

由上述知，对控制系统快速性的要求，即是对系统动态响应过程的要求。也就是说，快速性属于系统的动态性能，而准确性则属于系统的稳态性能。由于被控对象具体情况的不同，各种系统对上述三方面性能要求的侧重点也有所不同。例如随动系统对快速性和稳态精度的要求较高，而恒值系统一般侧重于稳定性能和抗扰动的能力。在同一个系统中，上述三方面的性能要求通常是相互制约的。例如为了提高系统的动态响应的快速性和稳态精度，就需要增大系统的放大能力，而放大能力的增强，必然促使系统动态性能变差，甚至会使系统变为不稳定。反之，若强调系统动态过程平稳性的要求，系统的放大倍数就应较小，从而导致系统稳态精度的降低和动态过程的缓慢。由此可见，系统动态响应的快速性、高精度与动态稳定性之间是一对矛盾。

另外，目前的一些控制系统还有鲁棒性方面的要求。鲁棒性就是系统的健壮性，指控制系统在一定的参数摄动下维持某些性能的特性。它是在异常和危险情况下系统生存的关键。根据对性能的不同定义，可分为稳定鲁棒性和性能鲁棒性。以闭环系统的鲁棒性作为目标设计得到的固定控制器称为鲁棒控制器。当系统中存在模型摄动或随机干扰等不确定性因素时能保持其满意功能品质的控制理论和方法称为鲁棒控制。

5.2 控制系统的性能指标

控制系统的单项性能指标是根据工业生产过程对控制系统的要求来指定的，如上述稳定性、准确性、快速性等方面的要求，则可体现在为若干时域上的性能指标。一般地，以系统的阶跃响应来研究这些性能指标。

(1)超调量

超调量是指给定值阶跃响应中，过渡过程开始后第一个波峰超过其稳态值的幅度，或者该幅值占其稳态值的百分比。超调量是衡量控制系统动态准确性的质量指标。它越小,表明系统的动态过程越准确。

(2)稳态误差

稳态误差是指过渡过程结束后系统的稳态值与其期望值之间的差,用来衡量系统的控制静态精度。一般按照生产工艺过程的控制精度要求来确定稳态误差值,该值越小,说明控制准确度的精度要求越高。

(3)调节时间

调节时间是指给定值阶跃响应从过渡过程开始到结束所需的时间。理论上它为无穷长,但在工程上,它是指从扰动开始至受控量进入新稳态值的95% ~105%(或98% ~102%)范围内所经历的时间。通常要求调节时间越短越好,但也有些情况例外,如飞机自动驾驶系统,当飞机飞离预定航线时,自动驾驶仪应缓慢调整飞行航向,而非快速调整,因为剧烈的航向变化会让乘客感觉不适。

(4)上升时间

在暂态过程中给定值阶跃响应第一次达到稳态值的时间称为上升时间。

(5)振荡次数

振荡次数是指给定值阶跃响应在调节时间内波动的次数。

(6)衰减比

衰减比是衡量给定值阶跃响应一个震荡过程衰减程度的指标,它等于两个相邻的同向波峰之比。为确保系统有一定的稳定裕度,工程中一般要求衰减比为4∶1 ~10∶1。

5.3　控制系统中的典型环节

实际工程中的控制系统,尽管千差万别,也不管它有多么复杂,多简单,通常总可将其分解成多个一阶、二阶环节。也就是说,一阶、二阶环节是构成控制系统的基本环节,也是典型环节。对它们特性的掌握有利于控制系统的分析、综合。因此,在本节中我们将认识、分析这两种环节。

5.3.1　一阶环节

一阶环节的微分方程为:

$$T\frac{\mathrm{d}x_c(t)}{\mathrm{d}t}+x_c(t)=x_r(t) \tag{5.1}$$

式中,$x_c(t)$——输出量;

$x_r(t)$——输入量;

T——时间常数。

由该微分方程可得其结构框图如图 5.1 所示。

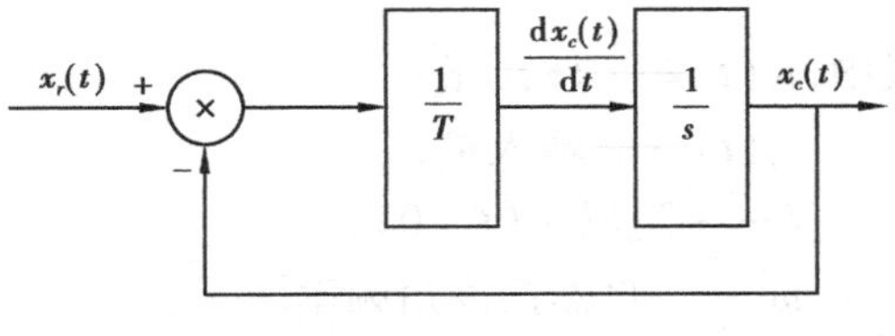

图 5.1　一阶环节结构框图

由此可得

$$Tsx_c(s)=x_r(s)-x_c(s) \tag{5.2}$$

故其闭环传递函数为：

$$G(s) = \frac{x_c(s)}{x_r(s)} = \frac{1}{Ts+1} \tag{5.3}$$

式(5.1)、式(5.3)通常称为一阶环节的数学模型。设输入信号 $x_r(t)$ 为阶跃函数，即

$$x_r(t) = \begin{cases} 0, t < 0 \\ A, t \geqslant 0 \end{cases} \tag{5.4}$$

其拉氏变换为：

$$x_r(s) = L[x_r(t)] = \frac{A}{s} \tag{5.5}$$

将式(5.5)代入式(5.3)，有

$$x_c(s) = \frac{A}{(Ts+1)s}$$

即

$$x_c(t) = A(1 - e^{-\frac{1}{T}t}) \tag{5.6}$$

由此可知，输出 $x_c(t)$ 为一条由 0 开始，按指数规律上升并最终趋于 A 的曲线。由式(5.6)，有

$$\left.\frac{\mathrm{d}x_c(t)}{\mathrm{d}t}\right|_{t=0} = \left.\frac{A}{T}e^{-\frac{1}{T}t}\right|_{t=0} = \frac{A}{T}$$

即时间常数 T 表示一阶环节的单位阶跃响应以初始速度等速上升至其稳态值($x_c(\infty) = A$)所需的时间。一阶环节的阶跃响应没有超调量，所以其性能指标主要是调节时间 t_s，它表征系统过渡过程进行的快慢。由式(5.6)知 $t_s = 3T$ 时，输出响应可达稳态值的95%；$t_s = 4T$ 时，输出响应可达稳态值的98%。也就是说，T 表征了系统的惯性，所以一阶环节通常称为惯性环节。式(5.3)表明，T 是表征系统响应特性的唯一参数。显然，时间常数 T 越小，调节时间 t_s 越小，响应过程的快速性也越好。

5.3.2 二阶环节

分析二阶环节的暂态特性，对于研究自动控制系统的的暂态特性具有重要意义。这是因为实际工作中，在一定的条件下，忽略一些次要因素，常常可以把一个高阶系统降为二阶环节来处理，仍不失其运动过程的基本性质。另外，在初步设计时，常常将高阶系统简化为二阶环节来作近似分析。

二阶环节的微分方程一般可描述为：

$$\frac{\mathrm{d}^2 x_c(t)}{\mathrm{d}t^2} + 2\xi\omega_n \frac{\mathrm{d}x_c(t)}{\mathrm{d}t} + \omega_n^2 x_c(t) = \omega_n^2 x_r(t) \tag{5.7}$$

式中，$x_c(t)$——输出量；

$x_r(t)$——输入量；

ξ——阻尼比($\xi > 0$)；

ω_n——自然振荡角频率。

由式(5.7)可得其结构框图如图5.2所示。

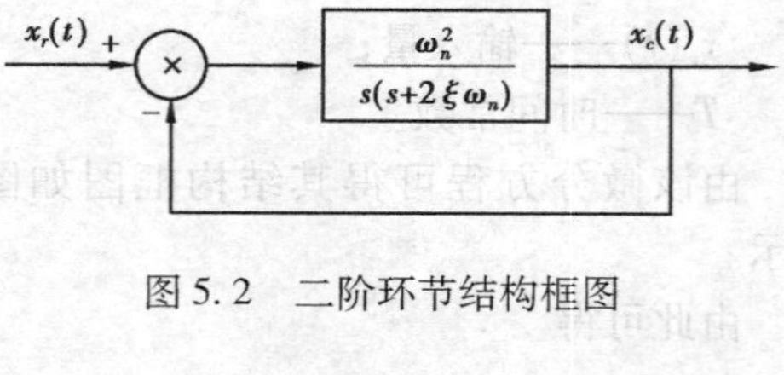

图5.2 二阶环节结构框图

由此可得

$$x_c(s)s^2 + 2\xi\omega_n x_c(s)s + \omega_n^2 x_c(s) = \omega_n^2 x_r(s) \tag{5.8}$$

故其闭环传递函数为：

$$G(s) = \frac{x_c(s)}{x_r(s)} = \frac{\omega_n^2}{s^2 + 2\xi\omega_n s + \omega_n^2} \tag{5.9}$$

式(5.7)、式(5.9)通常称为二阶环节的数学模型。

假设初始条件为零，当输入量为式(5.4)所示的阶跃函数时，输出量的拉氏变换为：

$$x_c(s) = \frac{A\omega_n^2}{s(s^2 + 2\xi\omega_n s + \omega_n^2)} \tag{5.10}$$

由式(5.9)知，该二阶环节的特征方程为：

$$s^2 + 2\xi\omega_n s + \omega_n^2 = 0$$

当 $\xi > 1$ 时，系统处于过阻尼状态。此时，其特征根 p_1、p_2 为：

$$p_1 = -\xi\omega_n + \omega_n\sqrt{\xi^2 - 1}$$

$$p_2 = -\xi\omega_n - \omega_n\sqrt{\xi^2 - 1}$$

p_1、p_2 均位于根平面虚轴的左侧，并且均在实轴上，故系统为稳定的。此时，对式(5.10)所示的 $x_c(s)$ 进行拉普拉氏反变换，可得

$$x_c(t) = A - \frac{A}{2\sqrt{\xi^2 - 1}}\left(\frac{e^{-(\xi-\sqrt{\xi^2-1})\omega_n t}}{\xi - \sqrt{\xi^2 - 1}} - \frac{e^{-(\xi+\sqrt{\xi^2-1})\omega_n t}}{\xi + \sqrt{\xi^2 - 1}}\right), t \geqslant 0 \tag{5.11}$$

后一项的衰减指数远比前一项大得多。也就是说，在暂态过程中后一分量衰减得快，因此后一项暂态分量只是在响应的前期对系统有所影响，而在后期，则影响甚小，此时，可以将后一项忽略不计，这样二阶环节的暂态响应就类似于一阶环节的响应。

当 $0 < \xi < 1$ 时，系统处于欠阻尼状态。

此时，其特征根 p_1、p_2 为：

$$p_1 = -\xi\omega_n + \sqrt{1 - \xi^2}\omega_n j$$

$$p_2 = -\xi\omega_n - \sqrt{1 - \xi^2}\omega_n j$$

此时，对式(5.10)所示的 $x_c(s)$ 进行拉普拉氏反变换，可得

$$x_c(t) = A - \frac{A}{\sqrt{1 - \xi^2}}e^{-\xi\omega_n t}\sin(\sqrt{1 - \xi^2}\omega_n t + \theta), t \geqslant 0 \tag{5.12}$$

式中

$$\theta = \arctan\left(\frac{\sqrt{1-\xi^2}}{\xi}\right)$$

由式(5.12)知，在欠阻尼时，二阶环节暂态响应的暂态分量为一按指数衰减的简谐振动时间函数。

当 $\xi = 1$ 时，环节处于临界阻尼状态。

此时，其特征根为 $p_1 = p_2 = -\omega_n$。

$$x_c(t) = A - Ae^{-\omega_n t}(1 + \omega_n t), t \geqslant 0 \tag{5.13}$$

即当环节处于临界阻尼状态时，二阶系统的暂态响应仍为一上升曲线。

当 $\xi = 0$ 时，环节处于无阻尼状态。

此时,其特征根为 $p_1 = j\omega_n, p_2 = -j\omega_n$。

$$x_c(t) = A - A\cos(\omega_n t), t \geqslant 0 \tag{5.14}$$

即环节为不衰减的振荡,其振荡角频率为 ω_n。由此可以看出自然振荡角频率 ω_n 的物理意义。

综上所述,二阶环节的阻尼比 ξ 对其阶跃暂态响应有很大的影响。当 $\xi = 0$ 时,系统不能正常工作,而在 $\xi = 1$ 时,系统暂态响应进行得比较慢。所以,对于二阶环节来说,欠阻尼情况 $(0 < \xi < 1)$ 是最有实际意义的。因此阻尼比 ξ 是二阶环节的重要参量。下面讨论这种情况下的暂态特性指标。

设上升时间为 t_τ,则

$$\sin(\sqrt{1-\xi^2}\omega_n t_\tau + \theta) = 0$$

即

$$t_\tau = \frac{\pi - \theta}{\omega_n \sqrt{1-\xi^2}} \tag{5.15}$$

由此可知,阻尼比 ξ 和自然振荡角频率 ω_n 对上升时间 t_τ 均有影响。当 ξ 一定时,ω_n 越小,则 t_τ 越长;当 ω_n 一定时,阻尼比 ξ 越小,则 t_τ 越短。

设 $t = t_m$ 时,输出达到其第一个周期中的最大值,则有

$$\left.\frac{\mathrm{d}x_c(t)}{\mathrm{d}t}\right|_{t=tm} = 0$$

解之,得

$$t_m = \frac{\pi}{\omega_n \sqrt{1-\xi^2}} \tag{5.16}$$

将式(5.16)代入式(5.12),有

$$\begin{cases} x_{cm} = x_c(t_m) = A(1 + e^{-\frac{\xi\pi}{\sqrt{1-\xi^2}}}) \\ \dfrac{x_{cm} - x_c(\infty)}{x_c(\infty)} \times 100\% = e^{-\frac{\xi\pi}{\sqrt{1-\xi^2}}} \times 100\% \end{cases} \tag{5.17}$$

由此可知,最大超调量与阻尼比 ξ 值有密切的关系:ξ 越小,超调量越大。

若忽略式(5.12)中正弦函数的影响,可近似获得调节时间 t_s 为

$$t_s \approx \begin{cases} \dfrac{3}{\xi\omega_n}, \Delta = 5\% \\ \\ \dfrac{4}{\xi\omega_n}, \Delta = 2\% \end{cases} \tag{5.18}$$

式中,$\Delta = \left|\dfrac{x_c(t) - x_c(\infty)}{x_c(\infty)}\right| \times 100\%$。

由此可见,调节时间 t_s 近似与 $\xi\omega_n$ 成反比关系。在设计系统时,ξ 通常由要求最大的调节量所决定,所以,调节时间由自然振荡角频率 ω_n 所决定。也就是说,在不改变超调量的条件下,通过改变 ω_n 的值可以改变 t_s。

由式(5.12)可得振荡次数为:

$$\frac{t_s\omega_n\sqrt{1-\xi^2}}{2\pi} \tag{5.19}$$

由式(5.15)~式(5.19),我们可得二阶环节特征参数与性能之间的关系。

①阻尼比ξ是一个重要的系统参量,由ξ值的大小可间接判断一个二阶环节的暂态品质

当$\xi>1$时,暂态特性为单调变化曲线,没有超调和振荡,但调节时间较长,系统反应迟缓。当$\xi=1$时,输出量作等幅振荡,系统不能稳定工作。

②一般情况下,系统在欠阻尼即$0<\xi<1$情况下工作

但是ξ过小,则超调量大,振荡次数多,调节时间长,暂态特性品质差。应注意到,最大超调量只和阻尼比ξ这一特征参数有关。因此,通常可以根据允许的超调量来选择阻尼比ξ。

③调节时间与系统阻尼比和自然振荡角频率这两个特征参数的乘积成反比

在阻尼比ξ一定时,可以通过改变自然振荡角频率ω_n来改变暂态响应的持续时间。ω_n越大,系统的调节时间越短。

④阻尼比一般为0.4~0.8,为了限制超调量,并使调节时间较短,阻尼比一般应为0.4~0.8,这时阶跃响应的超调量将为1.5%~2.5%。

目前,在某些控制系统中常常采用所谓二阶工程最佳参数作为设计控制系统的依据。这种系统选择的参数使$\xi=\frac{1}{\sqrt{2}}\approx0.707$。令$T=\frac{1}{\xi\omega_n}=\frac{1}{\sqrt{2}\omega_n}$,则此时单位阶跃响应暂态特性指标为:

$$t_\tau = 4.7T$$

$$\frac{x_{cm}-x_c(\infty)}{x_c(\infty)}\times100\% = 4.3\%$$

$$t_s \approx \begin{cases}4.14T, \Delta = 5\% \\ 8.43T, \Delta = 2\%\end{cases}$$

5.4　集成电路与计算机

目前,集成电路、计算机已经深入到我们生活、工作的各个方面,小至我们常用的手机、冰箱等,大至航空航天的各种飞行器等。机电一体化设备、系统离不开集成电路、计算机的强有力支撑。接着,我们将从应用的角度了解这方面的基础知识。

5.4.1　集成电路与常用芯片

杰克·基尔比、罗伯特·诺伊思先后发明了基于硅、锗的一种新型半导体器件即集成电路集成电路(Integrated Circuit,IC)。IC从20世纪60年代初期开始获得发展。它是经过氧化、光刻、扩散、外延、蒸铝等半导体制造工艺,把构成具有一定功能的电路所需的半导体、电阻、电容等元件及它们之间的连接导线全部集成在一小块硅片上,然后焊接封装在一个管壳内的电子器件。其封装外壳有圆壳式、扁平式或双列直插式等多种形式。目前,应用较多的是为基于硅的IC。

IC具有质量轻,体积小,引出线和焊接点少,可靠性高,寿命长,性能好等优点。同时因便于大规模生产,成本低。它不仅在诸如收录机、电视机、计算机等工、民用电子设备方面得到广泛应用,同时在通讯、遥控等方面也得到广泛的应用。用集成电路来装配电子设备,其装配密度比纯粹用晶体管的可提高几十倍至几千倍,设备的稳定工作时间也可大大提高。

根据国际标准，我国集成电路的命名由五部分组成：第一部分表示符合的国家标准，C 意味着中国国际产品；第二至五部分分别表示 IC 器件的类型、序列代号、工作温度、封装，其具体情况如表 5.1 所示。

表 5.1　我国 IC 器件型号各组成部分的符号及意义

第二部分		第三部分	第四部分		第五部分	
符　号	意　义	符号及意义	符号	意　义	符号	意　义
T	TTL 电路		C	0 ~ 70 ℃	F	多层陶瓷扁平
H	HTL 电路		G	−25 ~ 70 ℃	B	塑料扁平
E	ECL 电路		L	−24 ~ 85 ℃	H	黑瓷扁平
C	CMOS 电路		E	−40 ~ 85 ℃	D	多层陶瓷双列直插
M	存储器		R	−55 ~ 85 ℃	J	黑瓷双列直插
&micro	微型机电路		M	−55 ~ 125 ℃	P	塑料双列直插
F	线性放大器				S	塑料单列直插
W	稳定器	用数字表示器件的系列代号			K	金属菱形
B	非线性电路				T	金属圆形
J	接口电路				C	陶瓷芯片载体
AD	A/D 转换器				E	塑料芯片载体
DA	D/A 转换器				G	网络针栅陈列
D	音响、电视电路					
SC	通信专用电路					
SS	敏感电路					
SW	钟表电路					

74 系列 IC 是各类数字集成电路中应用最广泛、产量也最大的集成电路。其中，晶体管-晶体管逻辑（Transistor-Transistor Logic，TTL）集成电路居多，并向 CMOS 集成电路发展。TTL 集成电路因其输入、输出级都采用半导体三极管而得名。CMOS 集成电路都是用 P 沟道增强型和 N 沟道增强型 MOS 管，按照互补对称形式连接起来构成的。它具有电压控制、功耗低、连接方便等系列优点。表 5.2、表 5.3、表 5.4 为常用逻辑门电路、时序器件、功能器件的几种 74 系列 IC。

表 5.2　常用逻辑门电路

功　能	型　号	描　述
与门	7408	四 2 输入与门
	7411	三 3 输入与门
	7421	双 4 输入与门

续表

功　能	型　号	描　述
或门	7432	四 2 输入或门
非门	7404	六反相器
	7405	六反相器(OC,OD)
	7406	六反相缓冲/驱动器(OC)
与非门	7400	四 2 输入与非门
	7410	三 3 输入与非门
	7420	三 3 输入与非门(OC)
	7402	四 2 输入或非门
或非门	7427	三 3 输入或非门
	7433	四 2 输入或非缓冲器
异或门	7486	四 2 输入异或门
	74136	四 2 输入异或门(OC)
	74386	四 2 输入异或门

表 5.3　常用时序器件

名　称	型　号	描　述
计数器	7468	双 4 位十进制计数器
	7469	双 4 位二进制计数器
	7492	十二分频计数器
寄存器/移位寄存器	7494	4 位移位寄存器(双异步预置)
	7495	4 位移位寄存器(并行存取,左移/右移,串联输入)
	7496	5 位移位寄存器
	7499	4 位双向通用移位寄存器
	74164	8 位移位寄存器(并联置数,互补输出)
	74166	8 位移位寄存器(并/串行输入,串行输出)

表 5.4　常用功能器件

名　称	型　号	描　述
编码器	74147	10 线-4 线优先编码器
	74148	8 线-3 线优先编码器
	74149	8 线-8 线优先编码器

续表

名称	型号	描述
译码器	7442	4 线-10 线译码器(BCD 输入)
	7446	4 线-7 段译码器/驱动器(BCD 输入,开路输出)
	74138	3 线-8 段译码器/多路分配器(有地址锁存)
数据选择器	74150	16 选 1 数据选择器/多路转换器(反码输出)
	74151	8 选 1 数据选择器/多路转换器(原、反码输出)
	74157	双 2 选 1 数据选择器/多路转换器(原码输出)
数值比较器	7485	4 位数值比较器
	74518	8 位恒等比较器(OC)
	74526	熔断型可编程 16 位恒等比较器(反相输入)
加法器	74182	超前进位产生器
	74183	双进位保留全加器
	74283	4 位二进制超前进位全加器

除了以上一些常用的器件以外,还有大量的 74 系列 IC 器件的存在,它们都具备各自不同的功能,读者可以根据自身应用的需要,查阅 74 系列芯片手册,找到合适的器件型号。

5.4.2 处理器

(1)单片机

目前,8 位单片机这种电子集成芯片在嵌入式设备中仍然有着极其广泛的应用。由于其低廉的价格,优良的功能,所以拥有的品种和数量最多,比较有代表性的包括 8051、MCS-251、MCS-96/196/296、P51XA、C166/167、68K 系列以及 MCU 8XC930/931、C540、C541,并且有支持 I2C、CAN-Bus、LCD 及众多专用 MCU 和兼容系列。下面就介绍一下最具有代表性的 51 系列单片机 89C51。

1)89C51 的基本配置

①8 位 CPU

②4 kB 的片内 ROM

③128 字节可使用的片内 RAM

④21 个特殊功能寄存器

⑤32 根 I/O 线

⑥2 个 16 位定时/计数器

⑦1 个全双工的串行接口

⑧5 个中断源,两个中断优先级

2)89C51 的引脚

89C51 单片机的管脚分布如图 5.3 所示。

40 个引脚按照功能,可以分为三个部分:

①电源及时钟引脚

VCC:接 +5 V 电源正端;

VSS:接 +5 V 电源地端;

XTAL1:接外部晶体振荡器的一端;

XTAL2:接外部晶体振荡器的另一端;

②控制引脚

RST:即 RESET,为单片机的上电复位端;

ALE:地址锁存允许信号;

PSEN:访问外部程序存储器的读选通信号;

EA:外部程序存储器地址允许输入端。

③输入/输出(I/O)引脚

P0 口:P0.0 ~ P0.7 统称为 P0 口;

P1 口:P1.0 ~ P1.7 统称为 P1 口;

P2 口:P2.0 ~ P2.7 统称为 P2 口;

P3 口:P3.0 ~ P3.7 统称为 P3 口。

P3 口还具有如下一些特殊功能:

P3.0:RXD(串行输入口);

P3.1:TXD(串行输出口);

P3.2:/INT0(外部中断 0);

P3.3:/INT1(外部中断 1);

P3.4:T0(计时器 0 外部输入);

P3.5:T1(计时器 1 外部输入);

P3.6:/WR(外部数据存储器写选通);

P3.7:/RD(外部数据存储器读选通)。

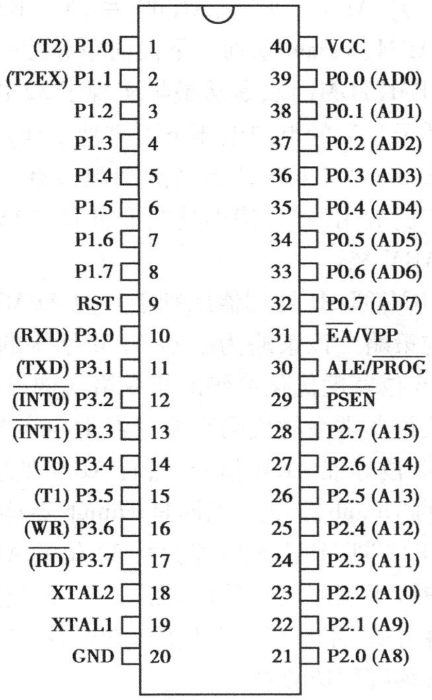

图 5.3　89C51 单片机的引脚

(2)ARM 处理器

1)ARM 处理器的特点

ARM(Advanced RISC Machines),既可以认为是一个公司的名字,也可以认为是对微处理器的通称,还可以认为是一种技术的名字。ARM 处理器是一个 32 位元精简指令集(RISC)处理器架构,其广泛地使用在许多嵌入式系统设计中。ARM 处理器具有以下特点:

①体积小、低功耗、低成本、高性能。

②支持 Thumb(16 位)/ARM(32 位)双指令集,能很好的兼容 8 位/16 位器件。

③大量使用寄存器,指令执行速度更快。

④大多数数据操作都在寄存器中完成。

⑤寻址方式灵活简单,执行效率高。

⑥指令长度固定。

ARM 公司开发了很多系列的 ARM 处理器核,目前最新的系列已经是 ARM11 了,但是 ARM6 核及更早的系列已经很罕见了,ARM7 以后的核也不是都获得广泛应用。目前,应用比较多的是 ARM7 系列、ARM9 系列、ARM9E 系列、ARM10 系列、SecurCore 系列和 Intel 的 StrongARM、Xscale 系列。下面简单介绍一下 ARM7 系列的 ARM7TDMI。

ARM7TDMI 核，是从最早实现了 32 位地址空间编程模式的 ARM6 核发展而来的，可稳定地在低于 5 V 的电源电压下可靠地工作。增加了 64 位乘法指令、支持片上调试、Thumb 指令集和 Embedded ICE 片上断点和观察点。ARM7TDMI 是 ARM 公司最早为业界普遍认可且得到了广泛应用的核，特别是在手机和 PDA 应用中。随着 ARM 技术的发展，它已是目前最低端的 ARM 核。

ARM7TDMI 处理器区别于其他 ARM7 处理器的一个重要特征是其独有的称之为 Thumb 的架构策略。该策略为基本 ARM 架构的扩展，由 36 种基于标准 32 位 ARM 指令集、但重新采用 16 位宽度优化编码的指令格式构成。由于 Thumb 指令的宽度只为 ARM 指令的一半，因此能获得非常高的代码密度。当 Thumb 指令被执行时，其 16 位的操作码被处理器解码为等效的 32 位标准 ARM 指令，然后 ARM 处理器核就如同执行 32 位的标准 ARM 指令一样执行 16 位的 Thumb 指令。也即是 Thumb 架构为 16 位的系统提供了一条获得 32 位性能的途径。

ARM7TDMI 内核既能执行 32 位的 ARM 指令集，又能执行 16 位的 Thumb 指令集，因此允许用户以子程序段为单位，在同一个地址空间使用 Thumb 指令集和 ARM 指令集混合编程，采用这种方式，用户可以在代码大小和系统性能上进行权衡，从而为特定的应用系统找到一个最佳的编程解决方案。

2）32 位的 ARM 指令集

32 位的 ARM 指令集由 13 种基本的指令类型组成，可分为如下四大类：

①4 类分支指令用于控制程序的执行流程、指令的特权等级可在 ARM 代码与 Thumb 代码之间进行切换。

②3 类数据处理指令用于操作片上的 ALU、桶型移位器和乘法器，以完成在 31 个 32 位的通用寄存器之间的高速数据处理。

③3 类加载/存储指令用于控制在存储器和寄存器之间的数据传输。一类为方便寻址进行了优化，另一类用于快速的上下文切换，第三类用于数据交换。

④3 类协处理器指令用于控制外部的协处理器，这些指令以开放统一的方式扩展用于片外功能指令集。

3）16 位的 Thumb 指令集

16 位的 Thumb 指令集为 32 位 ARM 指令集的扩展，共包含 36 种指令格式，可分为如下四个功能组。

①4 类分支指令。

②12 类数据处理指令，为标准 ARM 数据处理指令的一个子集。

③8 类加载/存储寄存器指令。

④4 类加载/存储乘法指令。

在同一种处理模式下，每一条 16 位的 Thumb 指令都有对应的 32 位 ARM 指令。

如前所述，ARM7TDMI 内核支持两种工作状态和七种操作模式，当系统响应中断或异常或者访问受保护的系统资源时，处理器会进入特权模式（除用户模式以外的所有模式）。

（3）DSP 处理器

DSP 处理器对系统结构和指令进行了特殊设计，使其适合于执行 DSP 算法，编译效率较高,指令执行速度也较快。在数字滤波、FFT、谱分析等方面DSP算法正在大量进入嵌入式领域,DSP应用正从在通用单片机中以普通指令实现DSP功能,过渡到采用嵌入式DSP处理器。

嵌入式DSP处理器比较具有代表性的产品是Texas Instruments的TMS320系列和Motorola的DSP56000系列。TMS320系列处理器包括用于控制的C2000系列,移动通信的C5000系列,以及性能更高的C6000和C8000系列。DSP56000目前已经发展成为DSP56000、DSP56100、DSP56200和DSP56300等几个不同系列的处理器。另外,PHILIPS公司近年也推出了基于可重置嵌入式DSP结构低成本、低功耗技术上制造的R. E. A. L. DSP处理器,特点是具备双Harvard结构和双乘/累加单元,应用目标是大批量消费类产品。

(4)X86处理器

X86是英特尔首先开发制造的一种微处理器体系结构的泛称。该系列较早期的处理器名称是以数字来表示,并以"86"作为结尾,包括Intel 8086、80186、80286、80386以及80486,因此其架构被称为"X86"。由于数字并不能作为注册商标,因此Intel及其竞争者均在新一代处理器使用可注册的名称,如Pentium。现时Intel把X86-32称为IA-32,全名为"Intel Architecture,32-bit"。

X86架构于1978年推出的Intel 8086中央处理器中首度出现,它是从Intel 8008处理器中发展而来的,而8008则是发展自Intel 4004的。8086在三年后为IBM PC所选用,之后X86便成为了个人计算机的标准平台,成为了历来最成功的CPU架构。

其他公司也有制造X86架构的处理器,既有Cyrix(现为VIA所收购)、NEC集团、IBM、IDT以及Transmeta。Intel以外最成功的制造商为AMD,其早先产品Athlon系列处理器的市场份额仅次于Intel Pentium。

8086是16位处理器;直到1985年32位的80386的开发,这个架构都维持是16位。接着一系列的处理器表示了32位架构的细微改进,推出了数种的扩充,直到2003年AMD对于这个架构发展了64位的扩充,并命名为AMD64。后来Intel也推出了与之兼容的处理器,并命名为Intel 64。两者一般被统称为X86-64或X64,开创了X86的64位时代。

值得注意的是Intel早在1990年代就与HP合作提出了一种用在安腾系列处理器中的独立的64位架构,这种架构被称为IA-64。IA-64是一种崭新的系统,和X86架构完全没有相似性;不应该把它与X86-64或X64弄混。

5.5　计算机接口

我们都知道输入/输出计算机的信息多种多样,计算机的外围设备也千差万别。要把这千差万别的外围设备与计算机有效的连接起来,并能使多种多样的信息十分方便的输入/输出,这就离不开接口电路。因此,所谓接口(Interface)就是微处理器或微机与外界的连接部件,它是CPU与外界进行信息交换时,所必须的电路。因此,接口电路的作用就是将计算机以外的信息转换成与计算机匹配的信息,使计算机能有效的进行传送和处理这些信息。接口技术的实现是采用硬件与软件相结合的方法,以便CPU与外界世界之间实现高效,可靠的信息交换。因而接口技术是硬件和软件的综合技术。

在实际应用中,用户可以根据自己的需要,选用不同类型的外设,设置相应的接口电路,构成不同用途和不同规模的系统。

CPU 和不同外设之间的接口,主要能实现数据缓冲功能、接收和执行 CPU 命令、信号转换、设备选择、中断管理、数据宽度变换、可编程控制等功能,下面将分别介绍实现这些功能的相关接口。

5.5.1 数据缓冲接口

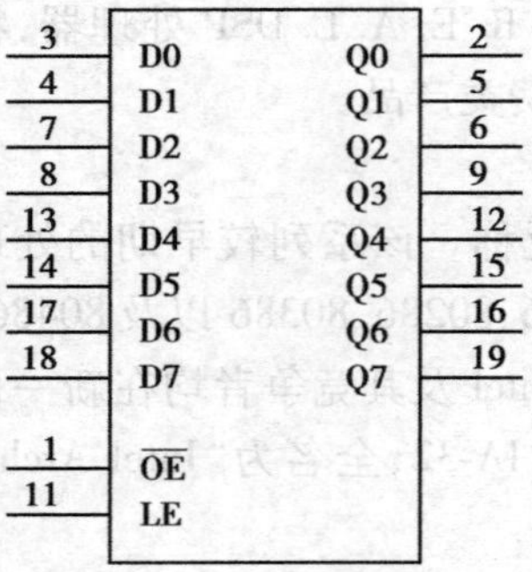

图 5.4 74LS373 引脚图

为了解决 CPU 高速与外设低速的矛盾,接口中一般都设置数据寄存器或锁存器,避免因速度不一致而丢失数据信息或状态信息。以典型芯片 74LS373 为例进行分析,例如当高速的微处理器外接 LCD 显示模块的时候,当显示的内容不变的时候,则需要微处理器的数据缓冲接口将数据锁存,无论输入怎么变化但是输出是不变的,这样处理器就可以去执行其他的任务,从而达到了用户的要求。常用的地址锁存器芯片 74LS373 是带三态缓冲输出的 8D 触发器,其引脚图如图 5.4 所示。

LE 是数据锁存控制端;当 LE =1 时,锁存器输出端同输入端;当 LE 由“1”变为“0”时,数据锁存锁存器中。

OE 为输出允许端;当 OE =“0”时,三态门打开;当 OE =“1”时,三态门关闭,输出呈高阻状态。

1D ~8D 为 8 个输入端;1Q ~8Q 为 8 个输出端。1D 端对应 1Q 端,依次类推。

1 脚是输出使能(OE),是低电平有效,当 1 脚是高电平时,不管输入 3、4、7、8、13、14、17、18 如何,也不管 11 脚(锁存控制端 LE)如何,输出 2(Q0)、5(Q1)、6(Q2)、9(Q3)、12(Q4)、15(Q5)、16(Q6)、19(Q7)全部呈现高阻状态(或者叫浮空状态)。

当 1 脚是低电平时,只要 11 脚(锁存控制端 LE)上出现一个下降沿,输出 2(Q0)、5(Q1)、6(Q2)、9(Q3)、12(Q4)、15(Q5)、16(Q6)、19(Q7)立即呈现输入脚 3、4、7、8、13、14、17、18 的状态。

锁存端 LE 由高变低时,输出端 8 位信息被锁存,直到 LE 端再次有效。当三态门使能信号 OE 为低电平时,三态门导通,允许 Q0 ~ Q7 输出,OE 为高电平时,输出悬空,呈高祖状态。当 74LS373 用作地址锁存器时,应使 OE 为低电平,此时锁存使能端 LE 为高电平时,输出 Q0 ~ Q7 状态与输入端 D1 ~ D7 状态相同;当 LE 发生负的跳变时,输入端 D0 ~ D7 数据锁入 Q0 ~ Q7。当 LE 为低电平时,输出端保持上次的状态不变。由上所述,可以得出如表 5.5 的功能表。

表 5.5 74LS373 的功能表

OE	LE	功 能
L	下降沿	锁存
L	H	Q = D
H	X	高阻
L	L	保持 Q0

表中，L——低电平；

H——高电平；

X——不定态；

Q0——建立稳态前 Q 的电平；

LE——锁存端；

OE——使能端；

当 LE ＝“1”时，74LS373 输出端 1Q～8Q 与输入端 1D～8D 相同；

当 LE 为下降沿时，将输入数据锁存。

74LS373 是常用的地址锁存器芯片，它实质是一个是带三态缓冲输出的 8D 触发器，在单片机系统中为了扩展外部存储器，通常需要一块 74LS373 芯片。

5.5.2　CPU 命令接口

接口电路应具有接收和执行 CPU 命令的功能，以便 CPU 向 I/O 端口发出的控制命令（如开始，结束工作等）得以转达并实施。

5.5.3　信号转换接口

由于外设所需的控制信号和它所能提供的状态信号往往与微机的总线信号不匹配，信号变换就不可避免。因此，信号转换包括 CPU 的信号与外设信号的逻辑关系，时序配合以及电平匹配上的转换，它是接口设计中的一个重要内容。

以典型芯片 ADC0809 作如下的分析，此芯片的作用是把输入的模拟信号转换为数字信号供处理器进行进一步的处理。

ADC0809 的引脚图如图 5.5 所示，ADC0809 芯片有 28 条引脚，采用双列直插式封装。其中，IN0～IN7：8 路模拟量输入端；2-1～2-8：8 位数字量输出端；ADD A、ADD B、ADD C：3 位地址输入线，用于选通 8 路模拟输入中的一路；ALE：地址锁存允许信号，输入，高电平有效；START：A/D 转换启动，脉冲输入端，输入一个正脉冲（至少 100 ns 宽）使其启动（脉冲上升沿使 0809 复位，下降沿启动 A/D 转换）；EOC：A/D转换结束信号，输出，当 A/D 转换结束时，此端输出一个高电平（转换期间一直为低电平）；OUTPUT_ENABLE：数据输出允许信号，输入，高电平有效。当 A/D 转换结束时，此端输入一个高电平，才能打开输出三态门，输出数字量；CLK：时钟脉冲输入端。要求时钟频率不高于 640KHZ；REF（＋）、REF（－）：基准电压；VCC：电源，＋5 V；GND：地。

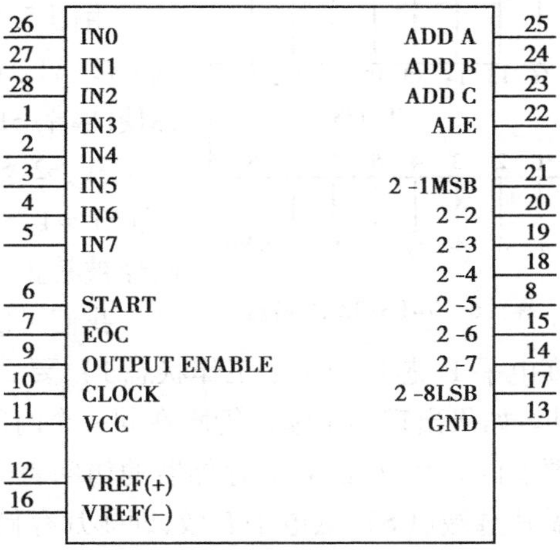

图 5.5　ADC0809 的引脚图

ADC0809 转换芯片的工作过程：首先输入 3 位地址，并使 ALE＝1，将地址存入地址锁存器中。此地址经译码选通 8 路模拟输入之一到比较器。START 上升沿将逐次逼近寄存器复位。下降沿启动 A/D 转换,之后 EOC 输出信号变低,指示转换正在进行。直到 A/D 转换完成,EOC 变为高电平,指示 A/D 转换结束,结果数据已存入锁存器,这个信号可用作中断申请。当 OUTPUT_ENABLE 输入高电平时,输出三态门打开,转换结果的数字量输出到数据总线上。数据传送的关键问题是如何确认 A/D 转换的完成,因为只有确认完成后,才能进行传送。为此可采用下述三种方式:

(1)定时传送方式

对于一种 A/D 转换器来说,转换时间作为一项技术指标是已知的和固定的。例如 ADC0809 转换时间为 128 μs,相当于 6 MHz 的 MCS-51 单片机共 64 个机器周期。可据此设计一个延时子程序,A/D 转换启动后即调用此子程序,延迟时间一到,转换肯定已经完成了,接着就可进行数据传送。

(2)查询方式

A/D 转换芯片由引脚表明转换完成的状态信号,例如 ADC0809 的 EOC 端。因此可以用查询方式,测试 EOC 的状态,即可确认转换是否完成,并接着进行数据传送。

(3)中断方式

把表明转换完成的状态信号(EOC)作为中断请求信号,以中断方式进行数据传送。

5.5.4 设备选择接口

微机系统中一般带有多种外设,同一种外设也可能配备多台,一台外设也可能包含多个 I/O 端口,这就需要接口具有设备和端口选择能力,以便 CPU 能根据需要启动其中部分设备或全部设备工作。而 CPU 在同一时间里只能选择一个端口进行数据传送。以典型芯片 74LS138 进行如下的分析:

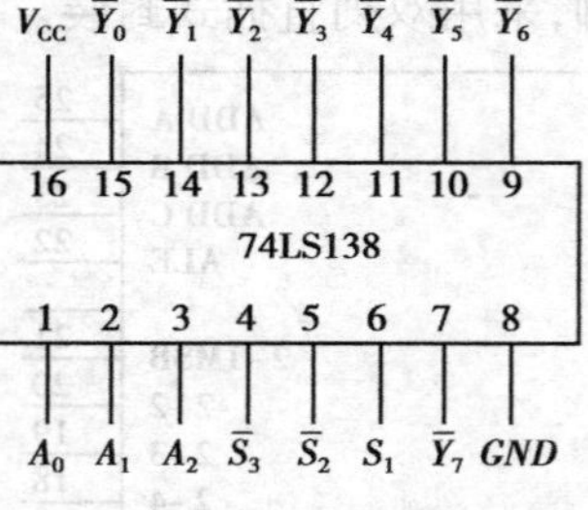

图 5.6 74LS138 译码器

74LS138 称为三八译码器,其引脚图如图 5.6 所示。

由图 5.6 可知,它包含了三个译码输入端(又称地址输入端)A2、A1、A0,八个译码输出端 Y0 ~ Y7,以及三个控制端(又称使能端)S1 、S2、S3 。

S1、S2、S3,是译码器的控制输入端,当 S1 = 1、S2 + S3 = 0(即 S1 = 1,S2 和 S3 均为 0)时,译码器处于工作状态。否则,译码器被禁止。

我们可以看到 74LS138 的八个输出管脚,任何时刻要么全为高电平 1(芯片处于不工作状态 1),要么只有一个为低电平 0,其余 7 个输出管脚全为高电平 1。如果出现两个输出管脚在同一个时间为 0 的情况,说明该芯片已经损坏。通常处理器需要访问多片存储器,对存储器的访问首先要知道选择那片存储器,存储器一般有一个引脚叫做片选端(CS),低电平有效,即哪片存储器的 CS 端为低电平就代表哪片存储器被选中,因此在多个存储器中我们就可以通过这个引脚来访问所要访问的存储器了。通过观察如表 5.6 所示的真值表,可以想象当处理器需要连接多片存储器的时候,如果利用 74LS138 译码器来决定访问哪片存储器,那么就节约了处理器的引脚个数,当寻址范围越大的时候,效果越明显。

表 5.6　74LS138 译码器的真值表

S_1	$\overline{S_2}+\overline{S_3}$	A_2	A_1	A_0	$\overline{Y_0}$	$\overline{Y_1}$	$\overline{Y_2}$	$\overline{Y_3}$	$\overline{Y_4}$	$\overline{Y_5}$	$\overline{Y_6}$	$\overline{Y_7}$
0	X	X	X	X	1	1	1	1	1	1	1	1
X	1	X	X	X	1	1	1	1	1	1	1	1
1	0	0	0	0	0	1	1	1	1	1	1	1
1	0	0	0	1	1	0	1	1	1	1	1	1
1	0	0	1	0	1	1	0	1	1	1	1	1
1	0	0	1	1	1	1	1	0	1	1	1	1
1	0	1	0	0	1	1	1	1	0	1	1	1
1	0	1	0	1	1	1	1	1	1	0	1	1
1	0	1	1	0	1	1	1	1	1	1	0	1
1	0	1	1	1	1	1	1	1	1	1	1	0

5.5.5　中断管理接口

当外设需要及时得到 CPU 的服务，特别是在出现故障时，在接口中设置中断控制器，为 CPU 处理有关中断事务（如发出中断请求，进行中断优先级排队，提供中断向量等），这样既做到微机系统对外界的实时响应，又使 CPU 与外设并行工作，提高了 CPU 的效率。以典型芯片 8259A 为例进行如下的介绍，其引脚图如图 5.7 所示。

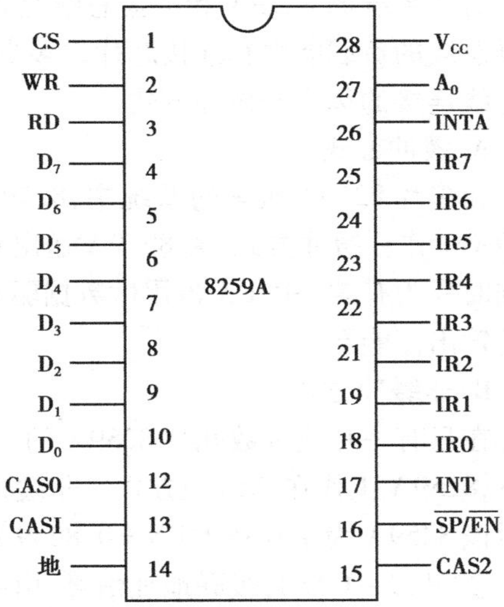

图 5.7　8259A 引脚图

当前在微型机系统中解决中断优先级管理的最常用的方法是采用可编程中断控制器 8259A。8259A 是一个功能很强的中断扩充和多中断源管理电路，具有前面提过的中断扩展、自动提供中断向量、中断优先级裁决等等多种中断管理功能。而且它内部的很多寄存器以及功能部件都是可编程的，给用户带来了极大方便。它与 Intel 微处理器兼容，单片可连接 8 个中断请求源，而且它自身可以扩展，将多个 8259A 级联，最多可扩充到 64 级中断。由此可见 8259A 的功能十分强大。通过对 8259A 编程，可以设置中断触发方式、中断类型码、中断屏蔽、还可以设置中断优先级以及是否允许中断嵌套等。

（1）8259A **基本功能**

1）单片 8259A 可以连接 8 个中断源

多片 8259A 连接后，可以控制多达 64 个中断源。

2）可以设置中断源的中断类型号

在 CPU 应答后，能自动地向 CPU 发送中断类型号。

3)能管理中断源的优先级

有固定优先级(自动嵌套方式)和循环优先级(相等优先级)两种管理方式。

4)可以设置中断请求的方式(电平方式和脉冲方式)

(2)引脚特性

1)采用28引脚的封装

2)有8个中断输入IR0~IR7

3)数据线用于包括从CPU写入控制信息、读出8259A状态信息以及向8259A写入中断类型号

4)中断请求INT可以直接连接到CPU,或在级联时,连接到另一片8259A的IRi

CS/RD/WR/D0~D7/INT/INTA/A0:片选(由端口地址高位译码产生,决定芯片内端口地址的高位)、读、写、数据线、中断请求线、中断响应线、端口选择线(由A0,即端口地址的低位选择,这表明8259A内只有2个端口),可以与系统信号直接连接。

5)级联信号

①SP/EN:SP用于芯片工作在非缓冲方式时作主/从设置信号,输入线,接+V为主片;接地为从片。EN用于芯片工作在缓冲方式时作为缓冲器选通的方向信号,输出线,控制8259A与CPU之间的数据缓冲器的数据流向。

有些系统的8259A和数据总线是直接连接的,有些是通过驱动器连接的,这主要取决于数据总线的负载能力和连接芯片的多少。通过驱动器和数据总线相连的称为缓冲方式,直接和总线连接的称为非缓冲方式。

A.缓冲方式

在多片8259A级联的系统中,8259A和数据总线之间需要安排数据总线驱动器。如果8259A工作在缓冲方式,当8259A送出状态字或者类型码时,能使信号SP/EN在8259A输出数据时变为有效,SP/EN被用做数据驱动器的驱动。因此,可以将SP/EN直接连接数据驱动器的输出使能端。

B.非缓冲方式

在只有一片或少数几片8259A的小系统中,8259A可以直接与数据总线相连,在这种情况下,8259A工作在非缓冲方式。非缓冲方式下,SP/EN仅仅作为输入信号。当SP/EN=1,表示该8259A为主片;SP/EN=0,8259A为从片。

②CAS2~CAS0:级联地址信号,由主片发生输出,从片接收(各从片有各自的地址编号),用于主片选择从片。

6)中断源中断请求信号

IR7~IR0,输入线,来自外设的中断请求。

(3)8259A基本结构

8259A内包括:数据总线缓冲器、读/写逻辑、中断请求寄存器、优先权裁决器、中断服务服务寄存器、中断屏蔽寄存器、控制逻辑、级联/缓冲比较器。

1)数据总线缓冲器

每个接口芯片都有这样的数据缓冲器,以便接口电路和CPU之间的命令与数据的传送。

2）读/写逻辑

根据CPU发出的读/写信号，将控制信息写入8259A，或者将8259A中三个寄存器的状态读入到CPU。

3）中断请求寄存器IRR

外部的中断请求直接存放在中断请求寄存器，共可以存放8个外部中断请求。

4）优先级分析器PR

识别和管理中断请求的优先级。在有多个中断请求同时到来时，PR将判定其中级别最高的中断请求，转发到CPU。

5）中断服务寄存器ISR

①登记CPU正在服务的中断请求。登记就是指把与请求对应位的ISRi = 1。可以认为凡是在ISR中登记的中断就是正在服务的中断，而如果在ISR中的登记被取消了，就认为这个中断服务已经结束。

②如果在ISR中的登记取消，就将允许相应的中断输入再次申请。

③例如，原来ISR中登记了IR4的服务（ISR4 = 1），如果这个登记取消（ISR4 = 0），则将允许IR4再次申请。

6）中断屏蔽寄存器IMR

①中断屏蔽寄存器可以用来屏蔽外来的中断请求，使它不能通过8259A而向CPU发出申请。

②一般的做法是在不需要考虑中断的时候，将所有的中断输入都屏蔽掉，使得系统中可能产生的干扰信号不能在中断输入产生作用，也不会引起错误的中断过程。

③只有在需要考虑某个中断输入端的输入时，才将这个输入的屏蔽打开，以便向CPU发出申请。

7）控制逻辑

根据IRR的登记和PR的判断向CPU发出了中断申请INT，并且接收CPU返回的应答信号INTA。

8）级联缓冲器/比较器

它的一个功能就是实现8259A的级联，CAS0 ~ CAS2是级联信号。SP/EN是双向信号：8259A在缓冲方式下，它是输出的缓冲器控制信号，在非缓冲方式下，作为输入信号，高电平指定为主8259A，低电平指定为从8259A。

中断请求寄存器、优先权裁决器、中断正在服务寄存器和中断屏蔽寄存器这4个功能部件协同工作，从而实现中断的请求和对多个中断源的管理。下面就分析一下8259A对外部中断的处理过程。8位中断请求寄存器IRR可以保存中断请求的状态，当中断请求线IR7 ~ IR0连接的某个中断源发出有效的中断请求信号时，中断请求寄存器IRR中与之对应的某一位置就位。为满足实际应用的多种情况要求，我们可以通过编程选择中断源的请求信号到底是电平有效还是脉冲边沿有效。这就是中断请求寄存器IRR的主要功能。IRR保存了中断请求后，并不是说这个中断请求可以马上得到响应，需要判断是否有比其他优先级高的中断申请。另外一个功能部件优先权裁决器PR就负责对多中断源的优先权裁决。如果有两个或两个以上的中断请求信号同时有效，优先权裁决器将根据中断屏蔽寄存器的状态和所设置的中断优先级状态判断哪一个中断请求有可能被响应。8位的中断屏蔽寄存器IMR和8根中断请求线对应,可以通过它们分别对 8 个中断请求设置屏蔽。控制逻辑首先判断该中断源的申请是否被屏蔽,如果 IMR 中的对应位是 0,就表示没有屏蔽这个中断,被屏蔽的中断请求是不送往优先权裁决器的。如果当前没有正在服务的中断程序,优先权裁决器就选择这个中断请求响应。然后 8 位的正在服务寄存器 ISR 把正在被服务中断源的序号保存下来。就是说某级中断请求信号一旦被响应,该级正在服务寄存器的相应位置 1。如果中断服务期间没有其他中断申请,则执行完中断服务程序,回到原来的状态。如果服务过程中又发生了新的中断请求,优先权裁决器裁决时,比较当前申请中断的优先级和正在服务中断的优先级,如果当前申请中断的优先级高于正在服务中断的优先级,就驱动 INT 信号有效,向 CPU 发出申请。这就意味着优先权等于或低于正在服务中断的中断请求将一律被挂起。

综上所述,我们可以看出,整个控制逻辑是根据中断请求、裁决的结果来决定是否激活 INT 信号的。INT 信号就是对 CPU 的中断请求信号(实际应用中与 CPU 的 INTR 连接)。INT 被驱动为有效状态,也就是向 CPU 发出中断申请以后,如果 CPU 的中断允许标志 IF = 1 允许中断,CPU 将从 INTA 引线上回应 2 个负脉冲给控制逻辑。第 1 个 INTA 负脉冲到达时,IRR 的锁存功能被禁止,也就是此时不响应 IR0 ~ IR7 上的中断请求,直到第 2 个负脉冲到达才恢复锁存功能。第 1 个负脉冲通知 8259A 当前的申请得到响应,于是,当前中断服务寄存器 ISR 中对应的位置 1,将对应的 IRR 位清零(就是中断申请时候 IRR 设置的对应位)。第 2 个 INTA 相当于读信号,它令 8259A 的控制逻辑把编程时设定的中断类型码(存放在中断类型寄存器中)送上数据总线,CPU 读取这个类型码,并转向执行该类型码的中断服务程序。

(4)8259A 的工作方式

1)中断触发方式

对 8086 来说,INTR 的输入和 INTA#的输出电平都是固定的。但通过 8259A 请求中断的信号可以有两种选择:脉冲触发和电平触发(高电平有效)。

中断触发方式指的是系统采用什么形式来表示提出了中断申请。通常有边沿触发和电平触发两种方式。8259A 可以通过程序分别选择这两种触发方式。边沿触发方式就是说当所要采样的信号出现一个上升沿,也就是从低电平跳变到高电平的时候,信号有效,表示发出了中断请求;电平触发方式是说当所要采样的信号为高电平时,信号有效,表示发出了中断请求。

无论采用哪种触发方式,当外设向 8259A 发出的中断请求信号满足编程定义的中断触发条件时,8259A 的中断请求寄存器中的与发出请求的外设相对应的 IRRi 就被置位为 1。经过优先级裁决器准许后,8259A 通过把 INT 信号置位有效,向 CPU 发出中断请求,此时如果 CPU 的 IF 为 1,中断便可以得到响应;如果 IF 为 0,中断便被禁止。

最后还有一种方式,8259A 设计了一种硬件中断和软件查询相结合的中断查询方式,在发生中断请求以后,8259A 并不是通过硬连线向 CPU 请求中断的,就是说 8259A 的 INT 不连接到 CPU 的 INTR,而是靠 CPU 对 8259A 发送查询命令,读取查询字来判断是否有中断发生以及应该为哪一级中断服务。由此看来对外设来讲是采用了中断方式申请服务,对 CPU 来讲是采用查询方式来判断何时提供服务。这种中断查询方式在高档微机系统中较少使用。

2)电平触发中断申请,对电平信号的延续时间应该有一定的要求

要延续到中断响应信号 INTA 的到来,过早结束可能造成中断掉失;但要及时清除请求,一般不能延续到一次中断服务的结束,否则有可能引起重复触发或重复申请。

3)脉冲触发也称边沿触发

实际是上升沿触发,可以利用负脉冲的后沿上升沿来进行触发,该方式即使请求信号的高电平维持较长的时间也不会产生重复触发。但若第2个请求脉冲在第1个请求的响应INTA未到前就发出,第1个请求就可能被第2个请求掩盖而掉失。脉冲触发常用于不希望产生重复触发的时候。

(4)中断查询方式

可由CPU通过程序查询确定中断源而不用INT去中断CPU。

(5)中断类型号的确定

1)8259A为8个中断输入分配了8个连续的中断类型号

2)8个中断类型号的高5位是相同的

高5位可由指令在初始化时写入8259A;低3位由8259A按中断请求所在的输入引脚决定:IR0～IR7对应于000～111。如:高5位为11000,则对应于IR0～IR7的8个中断类型号为C0H～C7H。

(6)中断优先权管理方式

1)完全嵌套方式

完全嵌套方式即固定优先级方式。IR0～IR7的中断优先级都是固定的:IR0最高,IR7最低。在CPU开中断状态下,可以实现中断嵌套,即在处理低级别中断时还可以响应高级别的中断申请。

中断服务程序结束返回前,应向8259A传送EOI的结束命令(普通EOI,特殊EOI,自动EOI三种方式均可用),取消该中断在ISR中登记项。

完全嵌套是8259A的默认优先级控制方式。

中断结束方式有普通、特殊、自动三种。普通方式的结束命令取消ISR中的中断中优先级最高的登记。特殊方式的结束命令取消ISR中指定优先级的登记项。自动方式在初始化时设定,无需结束命令,一旦中断响应(第2个INTA结束时),自动取消该中断中优先级在ISR中的登记项。该方式由于过早取消了登记项,因此只要CPU允许中断,比当前优先级低的中断也能中断当前中断服务。这种方式主要用在不会产生中断嵌套的场合。

2)循环优先级方式

初始化时可设置成该方式,即非固定优先级。初始时优先级仍然由IR0到IR7从高到低排列。某个中断输入被响应后,这个输入的优先级降为最低,原来比它低一级的输入的优先级上升为最高。其余的仍然依次排列。如:IR4的中断被响应后,优先级由高到低的顺序为:IR5—IR6—IR7—IR0—IR1—IR2—IR3—IR4。这种循环优先级实际上就是属于相同优先级的一种处理方式。由于优先级的轮转,8个中断源的优先级都可以是最高,也都可以是最低。说明彼此之间是互相平等的。但在具体的中断处理时,中断源必须有优先级,否则就无法处理几个中断源同时申请中断时,CPU先响应哪一个中断申请。因此在一个具体的时间上,8个中断源的级别不能是一样的。但总的来说,各中断源的优先级没有什么差别。中断结束方式有以下几种。

①普通EOI的循环方式

被设置为循环优先级的芯片,中断程序结束返回前,向芯片发普通EOI命令,该命令取消现行中断中优先级最高的登记项,并使其优先级降为最低,其他中断源的优先级顺推。

②自动 EOI 的循环方式

按自动 EOI 方式结束,由第 2 个中断响应信号 INTA 的后沿自动将 ISR 寄存器中相应登记位清“0”,并立即改变各级中断的优先级别,改变方案与上述普通 EOI 循环方式相同。与前述的自动 EOI 方式一样,有可能出现“重复嵌套”现象,使用中要特别小心,否则有可能造成严重后果。

③特殊 EOI 的循环方式

可根据用户要求将最低优先级赋给指定的中断源。用户可在主程序或中断服务程序中,利用置位优先权命令把最低优先级赋给某一中断源 IRi,于是最高优先级便赋给 IRi +1,其他各级按循环方式类推。例如,在某一时刻,8259A 中的 ISR 寄存器的第 2 位和第 6 位置“1”,表示当前 CPU 正在处理第 2 级和第 6 级中断。它们以嵌套方式引入系统,如果当前 CPU 正在执行优先级高的第 2 级中断服务程序,用户在该中断服务程序中安排了一条优先权置位指令,将最低级优先权赋给 IR4,那么 IR4 具有最低优先级,IR5 则具有最高优先级,但这时第 2 级中断服务程序并未结束,因此,ISR 寄存器中仍保持第 2 位和第 6 位置“1”,只是它们的优先级别已经分别被改变为第 5 级和第 1 级,使用了置位优先权指令后,正在处理的中断不一定在尚未处理完的中断中具有最高优先级。上例中,原来优先级高的第 2 级现在变成了第 5 级,而原来的第 6 级现在上升为第 1 级。这种情况下当第 2 级中断服务程序结束时,不能使用普通 EOI 方式,而必须使用:①特殊 EOI 方式,就是向 8259A 发送 IR2 结束命令。②同时还应将 IR2 的当前级别(第 5 级)传送给 8259A,8259A 才能正确地将 ISR 寄存器中的第 2 位清“0”。

(7)中断结束方式

1)自动结束中断(自动 EOI 方式)

在中断周期结束时,8259A 自动地将 ISR 中的服务登记清除掉,使得 8259A 认为这个中断的处理以及结束。但实际中断处理并没有结束。如果这个时候在接受同样输入端的中断申请,就属于不正常的中断嵌套:同级中断也可以互相打断。实际使用时,这种方式用得较少。

2)非自动结束中断方式

①普通 EOI 方式

如果不选择自动结束中断,用户必须在中断子程序的结束处,向 8259A 送一条 EOI 命令,即结束中断的命令,其目的就是清除这个中断在 ISR 寄存器中的(最高优先级)登记。如果没有给 8259A 发送 EOI 命令,则 ISR 中的这个登记就不会清除,已响应的中断输入线就再也不会被响应。

②特殊 EOI 方式

这种方式仍然属于非自动结束中断方式,在向 8259A 发出的结束中断命令中,还允许指定清除哪一个中断输入在 ISR 寄存器中的登记。EOI 命令是 8259A 的一种工作命令字,将在后面叙述。

(8)中断屏蔽方式

在有多个中断源的系统当中,有些时候不希望某些中断发生,这就需要对中断源进行屏蔽。8259A 对中断源的屏蔽是通过中断屏蔽寄存器进行的,有普通屏蔽和特殊屏蔽两种方式。

1）普通屏蔽方式

①若是直接设置 CPU 的 IF = 0，则屏蔽所有通过 INTR 线的可屏蔽中断申请。

②使用 8259A 中断屏蔽寄存器 IMR 来实现中断源的分别屏蔽：IMRi 作用于 IRi，IMRi = 1 时，屏蔽由 IRi 输入的中断请求。

2）特殊屏蔽方式

特殊屏蔽方式仅对本级中断进行屏蔽，而允许其他优先级比它高或低的中断进入系统，这被称作特殊屏蔽方式。

如果屏蔽了某些中断，优先级比它们低的中断就可以得到响应。但是如果优先级高的中断正在服务，即它们的 ISR = 1，低级中断仍然不能得到响应。为此，8259A 设计了特殊屏蔽方式，用来动态地改变中断的优先级。特殊屏蔽进行如下操作，如果对某一中断的屏蔽寄存器位置 1，则对应的正在服务寄存器同时位被置 0。假设较高级别的中断 i 正在被服务，通过设置特殊屏蔽，令 IMRi = 1，同时 ISRi = 0。结果，优先级比 i 低的 i + 1、i + 2…级中断也可以中止 i 级中断而被响应，发生中断嵌套。不难看出，特殊屏蔽用在中断服务程序当中，用来动态调整中断优先级。

由于完全嵌套方式下，低优先级不能中断高优先级，特殊屏蔽方式仅对本级中断进行屏蔽，用于解决在特殊情况下允许低优先级中断高优级。对 8259A 进行初始化时，可利用控制寄存器的 SMM 位的置位来使 8259A 进入这种特殊屏蔽方式。例如，若当前正在执行 IR3 的中断服务程序，希望进入特殊屏蔽方式时，只需要在开中断 STI 指令后，将 IMR 寄存器的第 3 位置“1”，并将控制寄存器的 SMM 位置“1”，标志 8259A 已进入特殊屏蔽方式。此后，除 IR3 之外，其他任何级的中断均可进入，待 IR3 的中断服务程序结束时，应将 IMR 寄存器的第 3 位复位，并将 SMM 位复位，标志退出特殊屏蔽方式，然后利用特殊 EOI 方式，由 8259A 将 ISR 寄存器的第 3 位清“0”。

当系统中只有单个 8259A 时，进行中断处理过程如下：

有一个或者多个中断请求时，对应的与中断源连接的一个或者多个 IR 端上会出现高电平。假设第 i 号上出现中断请求，于是中断请求寄存器的第 i 位 IRi = 1；如果此时第 j 号中断正在服务，正在服务中断寄存器中的第 j 位 ISRj = 1。首先看第 i 号中断是否被屏蔽，如果中断屏蔽寄存器中第 i 号中断的屏蔽位 IMRi 为 0，表示允许中断。则 IRi 上的请求信号被送往优先级裁决器 PR 裁决，裁决器将 i 与 j 的中断优先级相比较，若中断 i 的优先级高于中断 j，则 i 被准许申请，于是 8259A 的控制逻辑置 INT 有效，向 CPU 发出中断申请。由于 INT 是连接到 CPU 的 INTR 端的，所以 CPU 的 INTR 随之有效。申请就建立了。反之，如果 IMRi 为 1 或 i 号中断本身正在服务（ISRi = 1），或 i 的优先级低于 j，则 IRi 被禁止。不向 CPU 发出中断请求。

继续刚才的过程，假设符合优先级的要求，在 8259A 的 INT 信号有效以后，INTR 也有效了。这时候 CPU 已经知道有中断源提出了中断申请，但并不是马上终止目前操作，而是要看 CPU 的中断允许标志位。如果 CPU 的中断允许触发器 IF = 1，CPU 执行完当前指令以后才进入中断应答周期。第 1 个中断应答周期，CPU 发出的 INTA#信号将 8259Ai 号中断的正在服务寄存器相应位 ISRi 置为 1，表示开始为第 i 号中断服务。同时清除中断请求寄存器相应位 IRRi，表示刚才的中断请求已经响应了，可以清除。第 1 个中断应答周期是不驱动数据总线的。接着，CPU 进入第 2 个中断应答周期，再次使 INTA#信号有效，INTA#信号相当于读信号，通知 8259A 将 1 字节的中断类型码送到数据总线。CPU 读入类型码,再根据类型码从中断向量表中读取中断入口地址,转去执行 i 的中断服务程序。

从优先级裁决器的处理过程中可以看出,一旦 ISRi 位置为 1,将屏蔽 i 和优先级低于 i 的中断请求,这些请求暂时都得不到响应。因此在 i 的中断服务程序结束之前,必须向 8259A 发送结束中断操作 EOI 命令,EOI 命令将会使 ISRi 清零,这样 CPU 才能响应这些请求。为满足程序员不同的需要,8259A 设置有两种结束中断操作的方式:自动结束中断 AEOI 模式和非 AEOI 模式。如果程序设定 8259A 工作在 AEOI 模式,在第 2 个 INTA#周期结束时,8259A 就会自动使 ISRi 清零。如果设定在非 AEOI 模式,必须由中断子程序在结束之前发送 EOI 命令,清零 ISRi。

前面介绍的是单片 8259A 处理中断请求的过程。下面介绍一个较为复杂的例子:级联方式下 8259A 是如何工作的。

前面提到过中断扩展时候,采用级联方式如何连接主片和从片。在级联方式下,假设某从片 8259A 的 INT 连接到主片 8259A 的 IRj,定义为 IRj(m),m 在这里表示 master,即主片的意思。当某个从片的第 i 号中断输入 IRi 定义为 IRi(s),s 在这里表示 slave,即从片的意思有效时,主片的 IRj(m)同时有效。在第一个中断应答周期,优先级裁决器对申请中断的中断优先级进行裁决,如果主 8259A 的 IRj(m)为所有参加申请中断信号中的最高优先级,主片 8259A 的 CAS2 ~ CAS0 变为有效电平,主片通过这三位的输出选择并应答第 j 个从片 8259A。和单片的情况相类似,从 CPU 发出 INTA#信号令从片 8259A 的 ISRi(s) =1,IRRi(s) =0,就是表示正在处理第 j 个从片的第 i 号中断请求,刚才从片锁存起来的这个中断请求标志就被清除了;同时主 8259A 的 ISRj(m) =1,IRRj(m) =0。就是表示正在处理第 j 个从片的中断请求,也就是主片的第 j 号中断请求,刚才主片锁存起来的这个中断请求标志就被清除了。

在第 2 个中断应答周期,INTA 和 CAS2 ~ CAS0 信号仍然有效,通知第 j 个从片 8259A 送出类型码。

这些和单片的 8259A 都是基本类似的。另外还有两个地方要注意:第一,主片和从片 8259A 芯片必须分别初始化,不能初始化一次就完毕了。第二,中断结束时,CPU 必须分别送 EOI 命令给主片和从片。一个是清除 ISRj(m),一个是清除 ISRi(s)。

(9)8259A 的级联特性

①一片 8259A 芯片能管理 8 个中断源,在多于 8 个中断源的系统中,将多片 8259A 级联使用。

②级联方式:2 级级联,第 1 级只需一片 8259A 作为主片,第 2 级可接 1 ~ 8 片 8259A 用作从片。

③每一从片集合自己的 8 个中断源的中断请求,用从片的 INT 接主片中断源输入线 IRi,向主片请求中断,再由主片向 CPU 请求中断。

④两级级联情况下可管理的中断源最多达 64 个,如果还要增多中断源数量,可进一步扩展为多级级联。

(10)级联的工作特点

8 个中断源可以适应一些小型系统的需求,但对于规模比较大的系统,8 个中断源就远远不够了。8259A 在设计的时候充分考虑了这一点,可以级联扩展。当系统希望扩充 8 个以上中断时,需要两片以上的 8259A 级联工作。最多可以扩充到 64 个中断源,通过 9 片 8259A 进行二级级联来实现。其中 1 片是主片,其他 8 片是从片。8 个从片的中断信号 INT 端不是连接到 CPU 的 INTR,而是分别连接到主片的中断请求信号 IR0 ~ IR7 上,从片通过主片请求中断,从片通过初始化命令字 ICW3 的低 3 位(ID 码)来记录与主片连接位置的。三位正好是 8 个 ID 码,分别对应 IR0 ~ IR7。主片是通过级联/缓冲比较器来鉴别以及选择从片的,判断方式如下:级联/缓冲比较器有 4 根既可以输入也可以输出的双向引脚,CAS0 ~ CAS2 和 SP/EN。CAS0 ~ CAS2 相当于级联地址线,主片和从片的 CAS0 ~ CAS2 互相连接,主片的这三位用于输出从片 ID 码,从片的用于输入。主片根据发出中断请求的从片与 IRi 连接的情况来判断是哪一片从片,再通过 CAS0 ~ CAS2 向它发出选择信号。从片的级联/缓冲比较器通过 CAS0 ~ CAS2 接收主片发来的地址,把它们和初始化命令字中的 ID 码进行比较,相等时,便在 INTA 周期将从片的中断类型码送到数据总线上。

级联/缓冲比较器的 SP/EN 引脚也是双向的,既可以做输入信号,又可以做输出信号。到底定义 SP/EN 是输入还是输出,取决于 8259A 是否采用缓冲方式工作。按照 8259A 以及系统总线的连接来分,8259A 可以工作在缓冲方式和非缓冲方式,这可以通过初始化命令字来设置。在较大规模系统中,一般都具有总线驱动器,此时,8259A 需要工作在缓冲方式。把 8259A 的 SP/EN 端和总线驱动器的使能端相连,在缓冲方式下,SP/EN 端被定义为输出状态,8259A 输出状态字或者中断类型码的时候,从 SP/EN 输出一个低电平,供使能数据总线驱动器。在不需要对数据总线驱动器选通的场合,8259A 可以工作在非缓冲方式,在非缓冲方式下,SP/EN 定义为输入信号。如果只有单片 8259A,该端必须接高电平。如果有多片,那么可以用来确定该片 8259A 是主片还是从片。SP/EN 接高电平时是主片,接低电平时是从片。

1)初始化设置的支持

对 8259A 初始化时,应使用支持级联方式的控制字进行定义。

2)结束处理

由从片引入的中断处理过程结束时,CPU 应分别送出两个 EOI 结束命令,一个送给从片 8259A,将从片中的 ISR 寄存器相应位清“0”;另一个送给主片,将主 8259A 中的 ISR 寄存器的相应位清“0”。但从片上有可能不止一个中断处在服务之中时,EOI 送给主片前要先确认从片已无中断(即从片 ISR = 00H)否则不要向主片送 EOI 命令。到此才标志一次由从片产生的中断处理过程的结束。

3)中断类型号给出方式

级联方式下,中断类型号由主片寻址从片后,由从片向 CPU 传送。

第 1 个 INTA#有效时,主 8259A 将级联地址从 CAS2 ~ CAS0 三端输出给所有的从 8259A 芯片,到第 2 个 INTA 有效时,与主 8259A 发出的级联地址相符的从 8259A 将向 CPU 送出当前的中断类型码 n,以后的操作过程与单级使用时相同。

4)级联工作方式下优先级管理——特殊完全嵌套

设从片上 IR6 进入中断处理,这时又有 IR2 的中断请求,按完全嵌套方式,从主片的角度看:IR2 与 IR6 属相同优先级,因此不接受从片 IR2 的中断请求;但从从片的角度看:IR2 的优先级高于 IR6,因此对 IR2 的请求应给予响应。为此,需要采取特殊措施来解决这个问题。一种可取的方式被称作特殊完全嵌套方式,它只在级联方式下有效。当中断系统工作在级联方式,对主 8259A 初始化时,应将它定义为特殊完全嵌套方式。

采用特殊完全嵌套方式的中断级联系统中,任意一个从 8259A 接收到一个中断请求经过判优确定为当前最高优先级应该响应这一中断请求时，立即通过 INT 端向主 8259A 的相应 IRi 端提出请求。如果这时主 8259A 中 ISR 寄存器的相应位已置“1”，说明当前在同一个从 8259A 中接收到了比原先更高级的中断请求，主 8259A 应允许它进入；只要它是当前主 8259A 中最高级的中断请求，就应通过 INT 向 CPU 发出新的中断请求，CPU 将打断原来的中断服务程序而优先处理这一中断请求，转去执行相应的中断服务程序，以保证任一从 8259A 控制器能按完全嵌套方式正常操作。

(11)8259A 的控制字与工作方式的介绍

8259A 是通过编程初始化命令字和操作命令字来选择定义各种工作方式的。初始化命令字(Initialization Command Word, ICW)在 8259A 工作之前定义，它规定了 8259A 的基本操作。操作命令字(Operation Command Word, OCW)在正常操作过程中定义，它控制 8259A 的操作。8259A 有 4 个初始化命令字 ICW1 ~ ICW4 和 3 个操作命令字 OCW1 ~ OCW3。8259A 仅有一个地址线引脚(A0)，却有 8 个需要访问的寄存器，为此 8259A 规定在 A0 为 0 时，第一个被写入芯片的是初始化命令字，其他初始化命令字和操作命令字则根据标识位及先后顺序来判断。

1)8259A 初始化设置

8259A 使用前需要用初始化命令字——预置命令字(ICW)作初始化设置，初始化后 8259A 自动进入操作状态；在使用之中，通过操作命令字(OCW)来确定 8259A 的操作方式。

2)8259A 的端口地址

8259A 有两个端口地址，偶地址端口(A0 = 0；简称 0 口)和奇地址端口(A0 = 1；简称 1 口)，其他高位地址码由用户定义，用来作为 8259A 的片选信号(CS)。

3)预置命令

预置命令字共 4 个(ICW1 ~ ICW4)，另有 3 个操作命令字，分别从 0 口和 1 口送入。从 0 口送入的不同控制字靠标志位来区分，而写入 1 口的控制字则按顺序，其顺序如下：

(12)8259A 的预置命令字

1)ICW1

D4 = 1 为 ICW1 的标志位。它区分同样从 0 口写入的 OCW2/OCW3(D4 = 0)。

D0 为 IC4 位，D0 = 1 表示初始化时需输入 ICW4，D0 = 0 表示不需输入 ICW4。8086/8088 系统中使用的 8259A，IC4 位恒置 1，即需要设置 ICW4 来对 8259A 进行初始化。

2)ICW2

ICW2 从 1 口写入，其高 5 位决定了 8259A 中断时产生的中断类型号的高 5 位，中断类型号的低 3 位按 IRi 的下标 i 由 8259A 自动生成。

3)ICW3

ICW3 从 1 口写入，只用于有级联时使用，分为主片的 ICW3 和从片的 ICW3。主片 ICW3 用于告知主片其哪些 IR 线上有接从片；从片的 ICW3 则用于告知从片它的级联编号(级联地址)，该编号等于从片接入主片 IRi 线的下标号 i。

例如：从片 1 的 INT 线接在主片的 IR6 线上，从片 2 接在主片的 IR7 线上，则主片的ICW3 = 11000000B = 0C0H，从片 1 的 ICW3 = 06H，从片 2 的 ICW3 = 07H。

4)ICW4

ICW4 从 1 口写入。

①D4(SFNM)非级联方式下无效，级联方式下：① = 0，设置为完全嵌套；② = 1，设置为特

殊完全嵌套。

②D3D2(BUF、M/S),BUF = 0 为无缓冲方式,此时 M/S 无效;BUF = 1 为缓冲方式,M/S =1为主片, =0 为从片。

③D1(AEOI) =0 为普通 EOI 方式; =1 为自动 EOI 方式。

④D0 =1(8088/8086CPU)。

(13)8259A 的操作命令字

芯片被初始化后,可以用操作命令反复操作芯片的工作,操作命令包括:OCW1 中断屏蔽字;OCW2 结束方式与优先级控制;OCW3 特殊屏蔽与查询命令。

1)OCW1:中断屏蔽字

操作命令字 OCW1 是 8259A 的中断屏蔽字,当某个或几个屏蔽位被置位时,它(们)将屏蔽相应的中断输入,M7 ~ M0 对应 IR7 ~ IR0。还可以通过 OCW1 读取屏蔽寄存器的状态。初始化时要根据需要编程 OCW1。

操作命令字 OCW1 是 8259A 的中断屏蔽字,当某个或几个屏蔽位被置位时,它(们)将屏蔽相应的中断输入,M7 ~ M0 对应 IR7 ~ IR0。例如:OCW1 =10H,则 IR3 和 IR1 引腿上的中断请求就被屏蔽了,其他引腿的则被允许。还可以通过 OCW1 读取屏蔽寄存器的状态。初始化时要根据需要编程 OCW1。

2)OCW2

OCW2 是用于设置循环优先方式以及特殊循环优先方式的中断优先级。还用来选择并实现一般中断结束方式和特殊中断结束方式。

D7:R 为 1,表示循环优先方式有效。

D6:SL(set level)是级别设定使能位。R 和 SL 位均为 1 时,选择特殊循环优先方式。

D5:EOI 只用在当 ICW4 未选择 AEOI 方式的情况下,如果选择 AEOI,则中断自动复位正在服务位以及中断请求位,并且不修改优先权,否则,可以通过 EOI 设置一般结束中断方式或与 SL 结合起来选择特殊中断结束方式。

D4、D3:OCW2 的标识位,D4 为 0,表示该命令字为操作命令字;D3 为 0,是 OCW2 的标志,用来区别 OCW3。D7 位 R 为 1,表示循环优先方式有效。

D2 ~ D0:SL 和 D2 ~ D0 位的 L2、L1、L0 结合起来使用,SL 为 1 时 L2、L1、L0 的编码指定了 8 个中断请求之一。在特殊循环优先方式下,被指定序号的中断优先级最低。在 EOI 和 SL 均为 1 时,同样需要 L2 ~ L1 的配合,为特殊中断结束方式指定操作对象,即指定将要对哪一序号中断的正在服务和请求触发器清零。这两个方式下,SL 都必须为 1。

3)OCW3

当 P =1 时,可从 1 号端口读出中断状态字:D7 =1 为有中断源通过本芯片进入中断,D2 ~ D0为所有在中断服务中的最高优先级的中断源号。

RR、RIS =10,可从 8259A 中读到 IRR 的值。

RR、RIS =11,可从 8259A 中读到 ISR 的值。

与 OCW3 无关,可从 8259A 的 1 端口中读到 IMR 的值。

5.5.6 数据宽度变换接口

CPU 能直接处理的是并行数据(8 位,16 位或 32 位等),而有的外设(如串行通信设备,绘图仪和打字机等)只能处理串行数据,在这种情况下,接口就应具有数据“并 -> 串”和“串 -> 并”变换的能力。在微处理器的内部集成了串行通信模块,此模块帮我们实现了“并 -> 串”和“串 -> 并”变换的功能,可以和其他计算机系统以及同单片机外部扩展独立的外设芯片之间进行串行通信。然而由于电脑串口 RS232 电平是 -10 V 至 +10 V,而一般的外设(如单片机应用系统)的信号电压是 TTL 电平 0 V 至 +5 V,于是 Max232 就是用来进行电平转换的,其引脚图如图 5.8 所示。

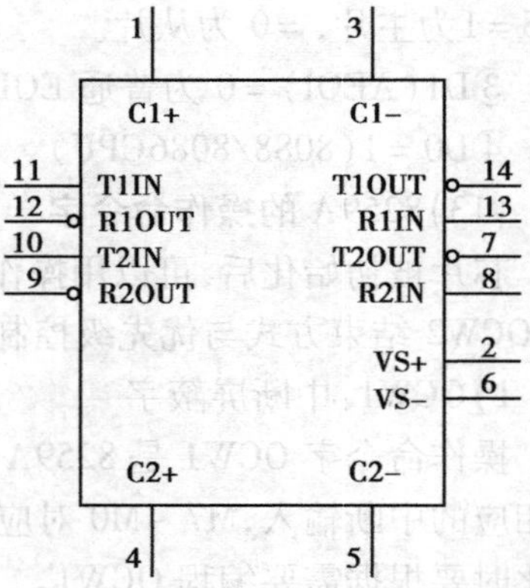

图 5.8 Max232 引脚图

于是,在计算机系统和外围设备进行通信的时候需要在两者之间采用 Max232 进行电平的转换,在串行通信时常采用的通信介质是串口,因此只需要把转换后的电平接到串口对应的端口上就行了。具体接法如图 5.9 所示。

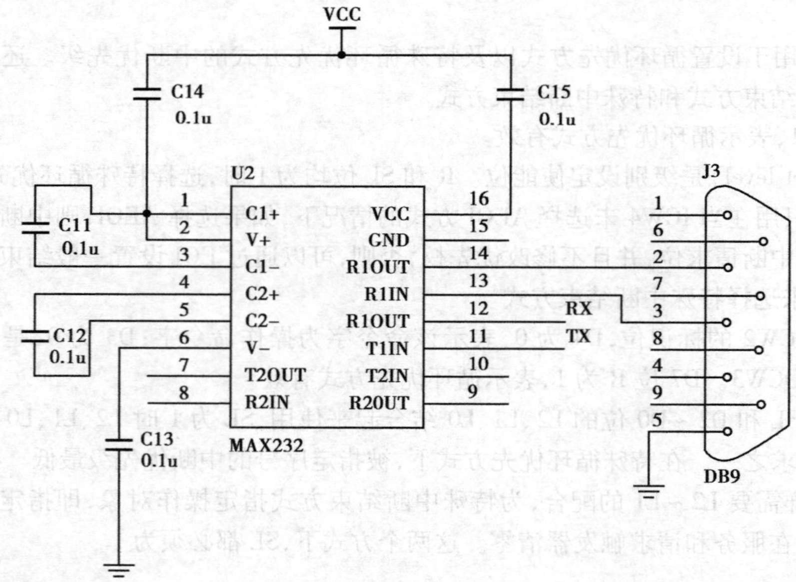

图 5.9 Max232 电平转换接口图

其中,Max232 的第 11 脚和 12 脚即标注了 RX 和 TX 两个引脚分别接到外围设备如单片机(如 AT89C52)的 RX 和 TX 两个引脚上,13 脚和 14 脚分别接到串口的端口的第 7 脚和第 2 脚上即(TX 和 RX)上,这样外围设备就和计算机系统建立了进行串行通信的通道。

5.5.7 功能可编程接口

现在的接口芯片基本上都是可编程的,这样在不改动硬件的情况下,只修改相应的驱动程序就可以改变接口的驱动方式,使一种接口电路能同多种类外设连接,大大地增加了接口的灵活性和可扩充性。

以典型芯片 8255A 和 8253 为例进行简单的介绍,8255A 是可编程并行接口芯片,8253 是可编程定时/计数器芯片。其引脚图分别如图 5.10 和图 5.11 所示。

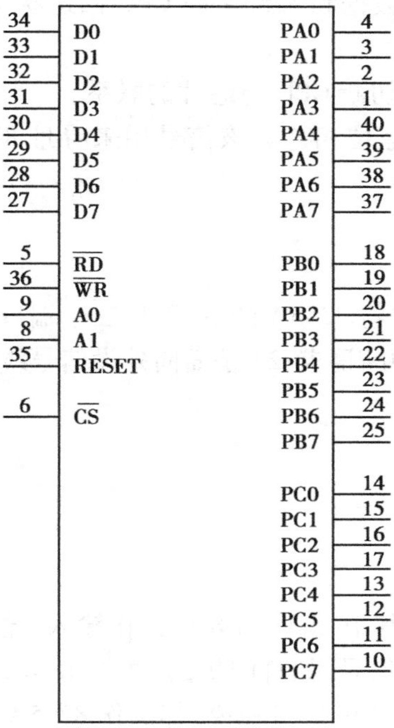

图 5.10　8255A 可编程并行接口芯片

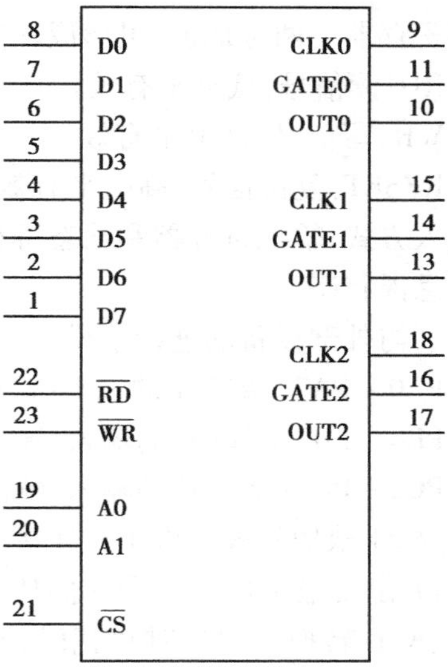

图 5.11　8253 可编程定时/计数器芯片

(1)并行接口芯片的概述

CPU 与外设之间的信息传送都是通过接口电路来进行的。计算机与外部设备、计算机与计算机之间交换信息称之为计算机通信,计算机通信可分为两大类:

并行通信:8 位或 16 位或 32 位数据同时传输,速度快,效率高,成本高;

串行通信:一位一位数据传送(在一条线上顺序传送),成本低。

(2)8255A 的基本特性

具有两个 8 位(A 口和 B 口)和两个 4 位(C 口高/低 4 位)并行 I/O 端口的接口芯片。能适应 CPU 与 I/O 接口之间的多种数据传送方式的要求。

PC 口的使用比较特殊,除作数据口外,当工作在 1 方式和 2 方式时,它的大部分引脚被分配作专用联络信号;PC 口可以进行按位控制;在 CPU 读取 8255A 状态时,PC 口又作 1,2 方式的状态口用,等等。

可执行功能很强,内容丰富的命令(方式字和控制字)为用户如何根据外界条件(I/O 设备需要哪些信号线以及它能提供哪些状态线)来使用 8255A 构成多种接口电路,组成微机应用系统提供了灵活方便的编程环境。

8255 芯片内部主要由控制寄存器、状态寄存器和数据寄存器组成。

(3)8255A 的外部引线与内部结构

8255A 是一个单 +5 V 电源供电,40 个引脚的双列直插式组件,其外部引线如图 5.10

所示。

1）外部引脚

①面向系统总线的信号线

D0 ~ D7：双向数据线，用于 CPU 向 8255A 发送命令、数据和 8255A 向 CPU 回送状态、数据和 8255A 向 CPU 回送状态、数据。

CS：片选信号线，该信号低电平有效。当为高电平时，切断 CPU 与芯片的联系。

A1、A0：芯片内部端口地址信号线，与系统地址总线地位相连。该信号用来寻址 8255A 内部寄存器。两位地址，可形成片内 4 个端口地址。

RD：读信号，低电平有效。

WR：写信号，低电平有效。

RESET：复位信号，高电平有效。它清除控制寄存器并将 8255A 的 A、B、C 三个端口均置为输入方式；输入寄存器和状态寄存器被复位，并且屏蔽中断请求；24 条面向外设信号线呈现高阻悬浮状态。

②与外部设备的连接信号

PA0 ~ PA7：端口 A 的输入/输出线。

PB0 ~ PB7：端口 B 的输入/输出线。

PC0 ~ PC7：端口 C 的输入/输出线。

这 24 根信号线均可用来连接 I/O 设备和传送信息。其中，A 口和 B 口只作输入/输出的数据口用，尽管有时也利用它们从 I/O 设备读取一些状态信号，如打印机的“忙”（Busy）状态信号、A/D 转换器的“转换结束”（EOC）状态信号，但对 A 口和 B 口来说，都是作 8255A 的数据口读入，而不是作 8255A 的状态口读入的。C 口的作用与 8255A 的工作方式有关，它除了作数据口以外，还有其他用途，故 C 口的使用比较特殊，可作数据口、状态口、专用（固定）联络（握手）信号线、按位控制用。

2）内部结构

①数据总线缓冲器

这是一个三态双向 8 位缓冲器，它是 8255A 与 CPU 系统数据总线的接口。

②读/写控制逻辑

读/写控制逻辑由读信号 RD、写信号 WR、选片信号 CS 以及端口选择信号 A1A0 等组成。

③输入/输出端口 A、B、C

8255A 包括 3 个 8 位输入输出端口（port）。每个端口都有一个数据输入寄存器和一个数据输出寄存器。

④A 组和 B 组控制电路

控制 A、B 和 C 三个端口的工作方式。

（4）8255A 的编程命令

1）方式命令（见表 5.7）

作用：指定 8255A 的工作方式及其方式下 3 个并行端口（PA、PB、PC）的功能，是作输入还是作输出。

格式：8 位，其中最高位是特征位，一定要写 1，其余各位定义如下，应根据用户的设计要求填写 1 或 0。

表5.7　方式命令表

$D_7=1$	D_6	D_5	D_4	D_3	D_2	D_1	D_0
特征位	A组方式 00=0方式 01=1方式 10=2方式 11=不用		PA 0=输出 1=输入	$PC_{4\text{-}7}$ 0=输出 1=输入	B组方式 0=0方式 1=1方式	PB 0=输出 1=输入	$PC_{0\text{-}3}$ 0=输出 1=输入

2)按位置位/复位命令

作用:指定PC口的某一位(某一个引脚)输出高平或低电平。

格式:8位,其中最高位是特征位,一定要写0,其余各位的定义如下,应根据用户的设计要求填写1或0。

表5.8　置位/复位命令表

$D_7=0$	D_6	D_5	D_4	D_3	D_2	D_1	D_0
特征位	不用 (写0)			位选择 000=C口0位 001=C口1位 … 111=C口7位		1=置位 (高电平) 0=复位 (低电平)	

(5)8255A的工作方式

1)方式0的特点

①方式0是一种基本输入/输出工作方式。通常不用联络信号,或不使用固定的联络信号。

②在0方式下,彼此独立的两个8位和两个4位并行口,都能被指定作为输入或者输出用,共有16种不同的使用状态。

③端口信号线之间无固定的时序关系,由用户根据数据传送的要求决定输入/输出的操作过程。方式0没有设置固定的状态字。

④是单向I/O,一次初始化只能指定端口(PA、PB和PC)作输入或输出,不能指定端口同时既作输入又作输出。

2)方式1的特点

①1方式是一种选通输入/输出方式或叫应答方式,因此,需设置专用的联络信号线或应答信号线,以便对I/O设备和CPU两侧进行联络。这种方式通常用于查询(条件)传送或中断传送。数据的输入输出都有锁存功能。

②PA和PB为数据口,而PC口的大部分引脚分配作专用(固定)的联络信号的C口引脚,用户不能再指定作其他作用。

③各联络信号线之间有固定的时序关系,传送数据时,要严格按照时序进行。

④输入/输出操作过程中,产生固定的状态字,这些状态信息可作为查询或中断请求之

用。状态字从 PC 口读取。

⑤单向传送。一次初始化只能设置在一个方向上传送,不能同时作两个方向的传送。

A. 方式 1 下输入的联络信号线定义及时序

a. 联络信号的定义

因为输入是从 I/O 设备向 8255A 送数据进来,所以 I/O 设备应先把数据准备好,并送到 8255A,然后 CPU 再从 8255A 读取数据。这个传递过程中需要使用一些联络信号线。所以当 A 口和 B 口为输入时,各指定了 C 口的 3 根线作为 8255A 与外设及 CPU 之间应答信号。

STB:外设给 8255A 的“输入选通”信号,低电平有效。

IBF:8255A 给外设的回答信号“输入缓冲器满”,高电平有效。

INTR:8255A 给 CPU 的“中断请求”信号,高电平有效。

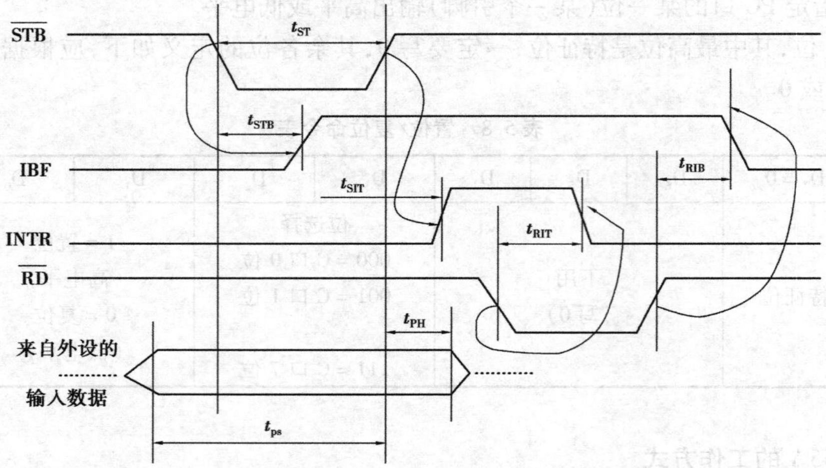

图 5.12　方式 1 输入时工作时序图

b. 方式 1 输入的工作时序

方式 1 输入时的工作时序如图 5.12 所示。其信号交接过程如下:

首先,当数据输入时,外设处于主动地位,当外设准备好数据并放到数据线上时,首先发 STB 信号,由它把数据输入到 8255A。

然后,在 STB 的下升沿约 300 ns,数据已锁存到 8255A 的锁存器后,引起 IBF 变成高电平,表示“输入缓冲器满”,禁止输入新数据。

接着,在 STB 的上升沿约 300 ns 后,在中断允许(INTE = 1)的情况下 IBF 的高电平产生中断请求,使 INTR 上升变高,通右 CPU,接口中已有数据,请求 CPU 读取。

最后,CPU 得知 INTR 信号有效之后,执行读操作时,RD 信号的下降沿使 INTR 复位,撤消中断请求,为下一次中断请求作好准备。

从上述分析可知,在 1 方式下,数据从 I/O 设备发出,通过 8255A,送到 CPU 的整个过程有 4 步,如图 5.13 所示。

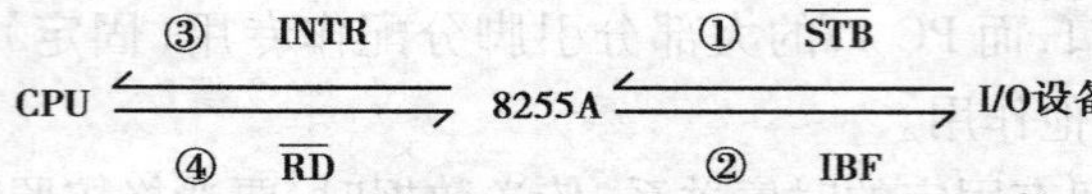

图 5.13　方式 1 设备到 CPU 数据流程图

B. 方式 1 下输出的联络信号线定义及时序

a. 联络信号的定义

OBF——输出缓冲器满信号,低有效。

8255A 输出给外设的一个控制信号,当其有效时,表示 CPU 已把数据输出给指定的端口,外设可以取走。

ACK——响应信号,低有效。

外设的响应信号,指示 8255A 的端口数据已由外设接受。

INTR——中断请求信号,高有效。

当输出设备已接受数据后,8255A 输出此信号向 CPU 提出中断请求,请求 CPU 向 8255A 写数据。

b. 方式 1 输出的工作时序

方式 1 输出的工作时序,如图 5.14 所示。其信号交接的过程如下:

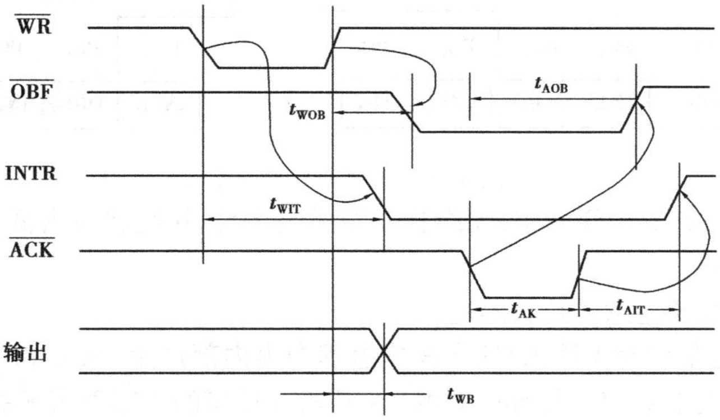

图 5.14　方式 1 输出时工作时序

首先,在数据输出时,CPU 应先准备如数据,并把数据写到 8255A 输出数据寄存器。当 CPU 向 8255A 写完一个数据后,WR 的上升沿使 OBF 有效,表示 8255A 的输出缓冲器已满,通知外设读取数据。并且 WR 使中断请求 INTR 变低,封锁中断请求。

然后,外设得到 OBF 有效的通知后,开始读数。当外设读取数据后,用 ACK 回答 8255A,表示数据已收到。

紧接着,ACK 的下降沿将 OBF 置高,使 OBF 无效,表示输出缓冲器变空,为下一次输出作准备,在中断允许(INTE = 1)的情况下 ACK 上升沿使 INTR 变高,产生中断请求。CPU 响应中断后,在中断服务程序中,执行 OUT 指令,向 8255A 写下一个数据。

从上述分析可知,在 1 方式下,数据从 CPU,通过 8255A 送到 I/O 设备有 4 步,如图 5.15 所示:

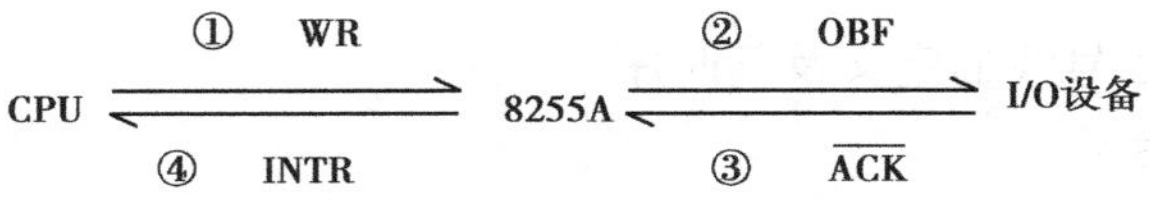

图 5.15　方式 1 下 CPU 到设备数据流程图

C. 方式 1 的状态字

a. 状态字的作用

在1方式下8255A有固定的状态字。状态字为查询方式提供了状态标志位,如IBF和OBF,同时,由于8255A不能直接中断矢量,因此当8255A采用中断方式时,CPU也要通过读状态字来确定中断源,实现查询中断。

b. 状态字的格式

状态字的格式如图5.16所示。

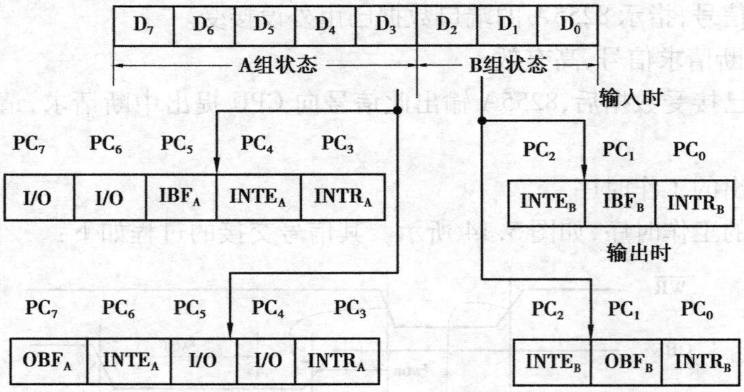

图5.16　方式1的状态字

状态字有8位,分A和B两组,A组状态位占高5位,B组状位占低3位,并且输入和输出时的状态字不相同。

c. 使用状态字时要注意的几个问题

其一,状态字是在8255A输入/输出操作过程中由内部产生,从C口读取的,因此从C口读出的状态字是独立于C口的外部引脚的,或者说与C口的外部引脚无关。

其二,状态字中供CPU查询的状态位有:输入时——IBF位和INTR位;输出时——OBF位和INTR位。

其三,状态字中的INTE位,是控制标志位,是控制标志位,控制8255A能否提出中断请求,因此它不是I/O操作过程中自动产生的状态,而是由程序通过按位置位/复位命令来设置或清除的。

3)方式2的特点

①PA口为双向选通输入/输出或叫双向应答式输入/输出。一次初始化可指定PA口既作输入口又作输出口。

②设置专用的联络信号线和中断请求号信线,因此,2方式下可采用中断方式和查询方式与CPU交换数据。

③各联络线的定义及其时序关系和壮态基本上是在1方式下输入和输出两种操作的组合。

A. 方式2下联络信号线的定义及其时序

a. 联络信号线的定义

方式2是一种双向选通输入输出方式,它把A口作为双向输入/输出口,把C口的5根线(PC3~PC7)作为专用应答线,所以,8255A只有A口才有2方式。

b. 工作时序

方式 2 的时序关系如图 5.17 所示。

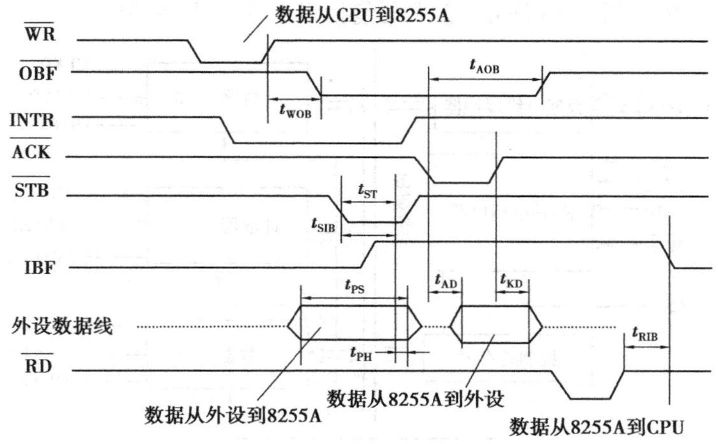

图 5.17　方式 2 时序关系

(6) 可编程定时/计数器芯片 8253

1) 定时与计数

在微机系统或智能化仪器仪表的工作过程中，经常需要使系统处于定时工作状态，或者对外部过程进行计数。定时或计数的工作实质均体现为对脉冲信号的计数，如果计数的对象是标准的内部时钟信号，由于其周期恒定，故计数值就恒定地对应于一定的时间，这一过程即为定时，如果计数的对象是与外部过程相对应的脉冲信号（周期可以不相等），则此时即为计数。

2) 定时与计数的实现方法

①硬件法

专门设计一套电路用以实现定时与计数，特点是需要花费一定硬设备，而且当电路制成之后，定时值及计数范围不能改变。

②软件法

利用一段延时子程序来实现定时操作，特点为：无需太多的硬设备，控制比较方便，但在定时期间，CPU 不能从事其他工作，降低了机器的利用率。

③软、硬件结合法

设计一种专门的具有可编程特性的芯片，来控制定时和计数的操作，而这些芯片，具有中断控制能力，定时、计数到时能产生中断请求信号，因而定时期间不影响 CPU 的正常工作。

3) 定时/计数器芯片 Intel8253 的一般性能概述

①每个 8253 芯片有 3 个独立的 16 位计数器通道。

②每个计数器通道都可以按照二进制或二、十进制（BCD 码）计数。

③每个计数器的计数速率可以高达 2 MHz。

④每个通道有 6 种工作方式，可以由程序设定和改变。

8253 是 24 引脚双列直插式芯片，其中：D7 ~ D0 是数据线引脚，RD 和 WD 分别是读写控制引脚，CS 是片选信号。A1、A0 是片内地址选择引脚。8253 的三个计数通道在结构上和功能上完全一样，每个通道均有两个输入引脚 CLK 和 GATE，一个输出信号引脚 OUT。

4）8253 内部结构

8253 的内部结构如图 5.18 所示，它主要包括以下 3 个主要部分：

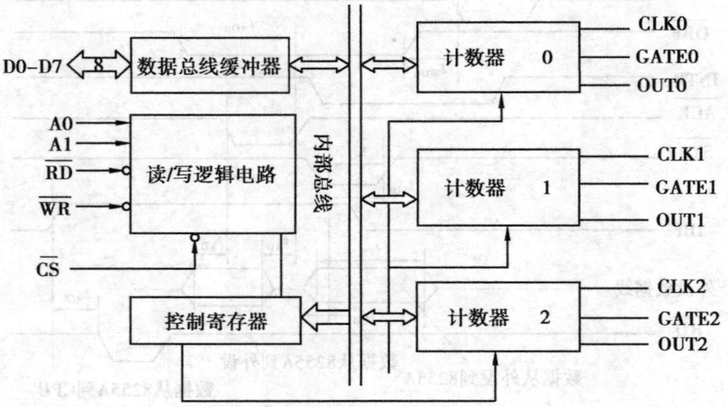

图 5.18　8253 的内部结构

①数据总线缓冲器

实现 8253 与 CPU 数据总线连接的 8 位双向三态缓冲器，用以传送 CPU 向 8253 的控制信息、数据信息以及 CPU 从 8253 读取的状态信息，包括某时刻的实时计数值。

②读/写控制逻辑

控制 8253 的片选及对内部相关寄存器的读/写操作，它接收 CPU 发来的地址信号以实现片选、内部通道选择以及对读/写操作进行控制。

③控制字寄存器

在 8253 的初始化编程时，由 CPU 写入控制字，以决定通道的工作方式，此寄存器只能写入，不能读出。

5）计数通道 0、1、2 的介绍

这是三个独立的，结构相同的计数器/定时器通道，每一个通道包含一个 16 位的计数寄存器，用以存放计数初始值，一个 16 位的减法计数器和一个 16 位的锁存器，锁存器在计数器工作的过程中，跟随计数值的变化，在接收到 CPU 发来的读计数值命令时，用以锁存计数值，供 CPU 读取，读取完毕之后，输出锁存器又跟随减 1 计数器变化。

6）8253 的控制字

8253 有一个 8 位的控制字寄存器，其格式如图 5.19 所示：

D7	D6	D5	D4	D3	D2	D1	D0
SC1	SC0	RW1	RW0	M2	M1	M0	BCD

图 5.19　8253 的控制字格式

其中：

D0：数制选择控制。为 1 时，表明采用 BCD 码进行定时/计数；否则，采用二进制进行定时/计数。

D3～D1：工作方式选择控制。000，0；001，1；X10，2；X11，3；100，4；101，5。

D5、D4:读写格式。00,计数锁存命令;01,读/写高 8 位命令;10,读/写低 8 位命令;11,先读/写低 8 位,再读写高 8 位命令。

D7、D6:通道选择控制。00,0 通道;01,1 通道;10,2 通道;11,非法。

7)8253 的初始化编程

要使用 8253,必须首先进行初始化编程,初始化编程包括设置通道控制字和送通道计数初值两个方面,控制字写入 8253 的控制字寄存器,而初始值则写入相应通道的计数寄存器中。

初始化编程包括如下步骤:

①写入通道控制字,规定通道的工作方式

②写入计数值

若规定只写低 8 位,则高 8 位自动置 0,若规定只写高 8 位,则低 8 位自动置 0。若为 16 位计数值则分两次写入,先写低 8 位,后写高 8 位。D0:用于确定计数数制,0,二进制;1,BCD 码。

【例 1】设 8253 的端口地址为:04H ~ 0AH,要使计数器 1 工作在方式 0,仅用 8 位二进制计数,计数值为 128,进行初始化编程。

控制字为:01010000B = 50H

初始化程序:

```
MOV AL,50H
OUT 0AH,AL
MOV AL,80H
OUT 06H,AL
```

【例 2】设 8253 的端口地址为:F8H ~ FEH,若用通道 0 工作在方式 1,按二——十进制计数,计数值为 5080H,进行初始化编程。

控制字为:00110011B = 33H

初始化程序:

```
MOV AL,33H
OUT 0FEH,AL
MOV AL,80H
OUT 0F8H,AL
MOV AL,50H
OUT 0F8H,AL
```

【例 3】设 8253 的端口地址为:04H ~ 0AH,若用通道 2 工作在方式 2,按二进制计数,计数值为 02F0H,进行初始化编程。

控制字为:10110100B = 0B4H

初始化程序:

```
MOV AL,0B4H
OUT 0AH,AL
MOV AL,0F0H
```

OUT 08H,AL

MOV AL,02H

OUT 08H,AL

【例 4】读取 8253 通道中的计数值

8253 可用控制命令来读取相应通道的计数值,由于计数值是 16 位的,而读取的瞬时值,要分两次读取,所以在读取计数值之前,要用锁存命令,将相应通道的计数值锁存在锁存器中,然后分两次读入,先读低字节,后读高字节。

当控制字中,D5、D4 = 00 时,控制字的作用是将相应通道的计数值锁存的命令,锁存计数值在读取完成之后,自动解锁。

如要读通道 1 的 16 位计数器,编程如下:地址 F8H ~ FEH。

```
MOV AL,40H;
OUT 0FEH,AL;锁存计数值
IN AL,0FAH
MOV CL,AL;低八位
IN AL,0FAH;
MOV CH,AL;高八位
```

8)8253 的工作方式

8253 共有 6 种工作方式,各方式下的工作状态是不同的,输出的波形也不同,其中比较灵活的是门控信号的作用。由此组成了 8253 丰富的工作方式、波形,下面我们逐个介绍:

①方式 0 计数结束产生中断

方式 0 的波形如图 5.20 所示,当控制字写入控制字寄存器后,输出 OUT 就变低,当计数值写入计数器后开始计数,在整个计数过程中,OUT 保持为低,当计数到 0 后,OUT 变高;GATE 的高低电平控制计数过程是否进行。

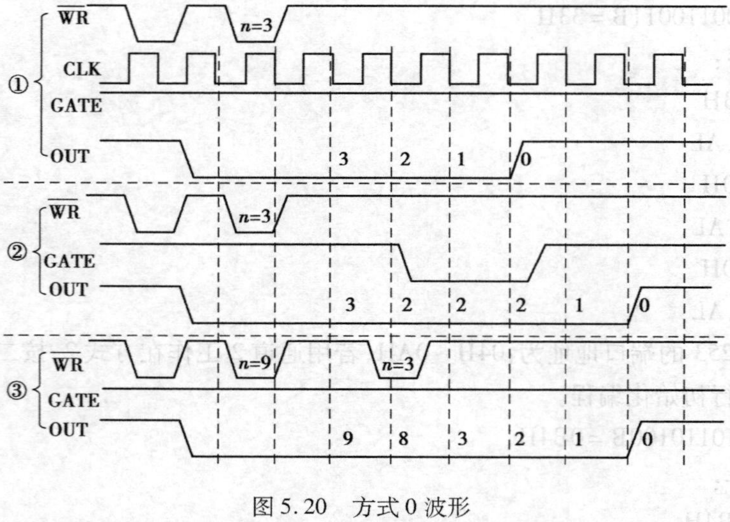

图 5.20 方式 0 波形

从波形图中不难看出,工作方式 0 有如下特点:

A. 计数器只计一遍,当计数到 0 时,不重新开始计数保持为高,直到输入一新的计数值,

OUT 才变低,开始新的计数。

B. 计数值是在写计数值命令后经过一个输入脉冲,才装入计数器的,下一个脉冲开始计数,因此,如果设置计数器初值为 N,则输出 OUT 在 $N+1$ 个脉冲后才能变高。

C. 在计数过程中,可由 GATE 信号控制暂停。当 GATE = 0 时,暂停计数;当 GATE = 1 时,继续计数。

D. 在计数过程中可以改变计数值,且这种改变是立即有效的,分成两种情况:若是 8 位计数,则写入新值后的下一个脉冲按新值计数;若是 16 位计数,则在写入第 1 个字节后,停止计数,写入第 2 个字节后下一个脉冲按新值计数。

②方式 1 程序可控单稳

方式 1 的波形如图 5.21 所示,CPU 向 8253 写入控制字后 OUT 变高,并保持,写入计数值后并不立即计数,只有当外界 GATE 信号启动后(一个正脉冲)的下一个脉冲才开始计数,OUT 变低,计数到 0 后,OUT 才变高,此时再来一个 GATE 正脉冲,计数器又开始重新计数,输出 OUT 再次变低。

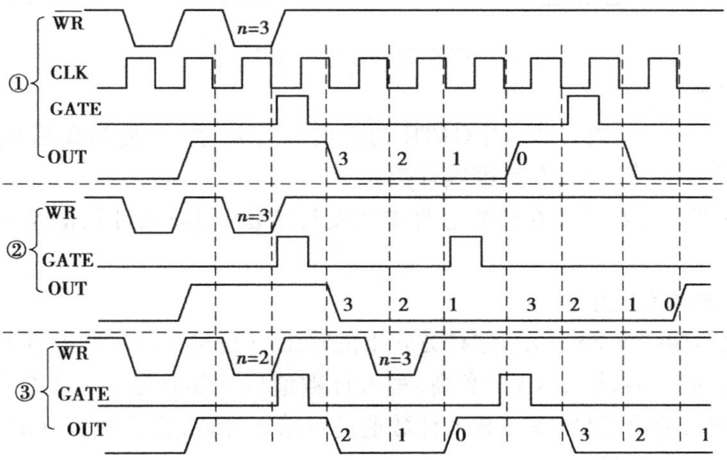

图 5.21　方式 1 波形

从波形图不难看出,方式 1 有下列特点:

A. 输出 OUT 的宽度为计数初值的单脉冲。

B. 输出受门控信号 GATE 的控制,分 3 种情况:

计数到 0 后,再来 GATE 脉冲,则重新开始计数,OUT 变低;在计数过程中来 GATE 脉冲,则从下一 CLK 脉冲开始重新计数,OUT 保持为低;改变计数值后,只有当 GATE 脉冲启动后,才按新值计数,否则原计数过程不受影响,仍继续进行,即新值的改变是从下一个 GATE 开始的。

C. 计数值是多次有效的,每来一个 GATE 脉冲,就自动装入计数值开始从头计数,因此在初始化时,计数值写入一次即可。

③方式 2 频率发生器

方式 2 的波形如图 5.22 所示,在这种方式下,CPU 输出控制字后,输出 OUT 就变高,写入计数值后的下一个 CLK 脉冲开始计数,计数到 1 后,输出 OUT 变低,经过一个 CLK 以后,OUT 恢复为高,计数器重新开始计数,因此在这种方式下,只需写入一次计数值,就能连续工作,输

出连续相同间隔的负脉冲(前提:GATE 保持为高),即周期性地输出,方式 2 下,8253 有下列使用特点:

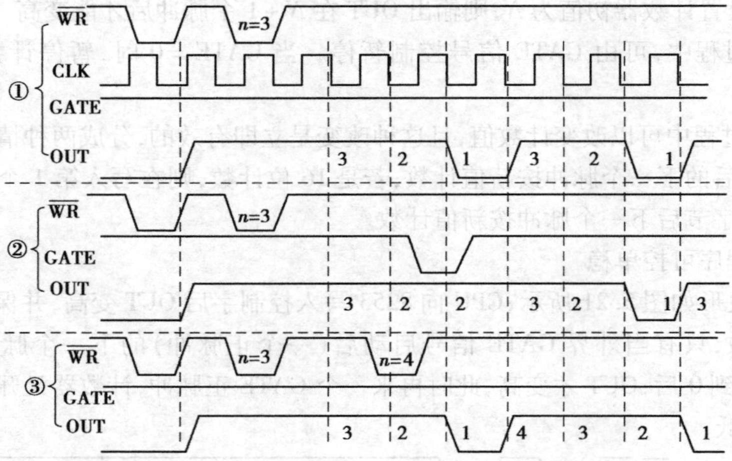

图 5.22　方式 2 波形

A. 通道可以连续工作。

B. GATE 可以控制计数过程,当 GATE 为低时暂停计数,恢复为高后重新从初值。(注意:该方式与方式 0 不同,方式 0 是继续计数)

C. 重新设置新的计数值即在计数过程中改变计数值,则新的计数值是下次有效的,同方式 1。

④方式 3 方波频率发生器

方式 3 的波形如图 5.23 所示,这种方式下的输出与方式 2 都是周期性的,不同的是周期不同,CPU 写入控制字后,输出 OUT 变高,写入计数值后开始计数,不同的是减 2 计数,当计数到一半计数值时,输出变低,重新装入计数值进行减 2 计数,当计数到 0 时,输出变高,装入计数值进行减 2 计数,循环不止。

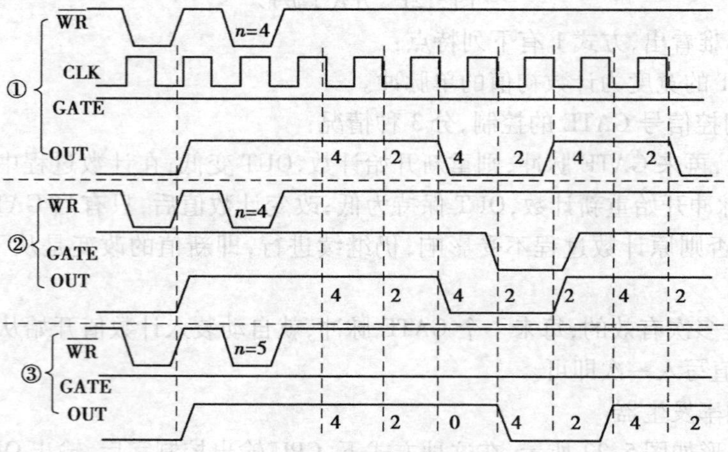

图 5.23　方式 3 时计数器的工作波形

在方式3下,8253有下列使用特点:

A. 通道可以连续工作。

B. 关于计数值的奇偶,若为偶数,则输出标准方波,高低电平各为$N/2$个;若为奇数,则在装入计数值后的下一个CLK使其装入,然后减1计数,$(N+1)/2$,OUT改变状态,再减至0,OUT又改变状态,重新装入计数值循环此过程,因此此时输出有$(N+1)/2$个CLK个高电平,$(N-1)/2$个CLK个低电平。

C. GATE信号能使计数过程重新开始,当GATE=0时,停止计数,当GATE变高后,计数器重新装入初值开始计数,尤其是当GATE=0时,若OUT此时为低,则立即变高,其他动作同上。

D. 在计数期间改变计数值不影响现行的计数过程,一般情况下,新的计数值是在现行半周结束后才装入计数器。但若中间遇到有GATE脉冲,则在此脉冲后即装入新值开始计数。

⑤方式4 软件触发

方式4的波形如图5.24所示,在这种方式下,也是当CPU写入控制字后,OUT立即变高,写入计数值开始计数,当计数到0后,OUT变低,经过一个CLK脉冲后,OUT变高,这种计数是一次性的(与方式0有相似之处),只有当写入新的计数值后才开始下一次计数。

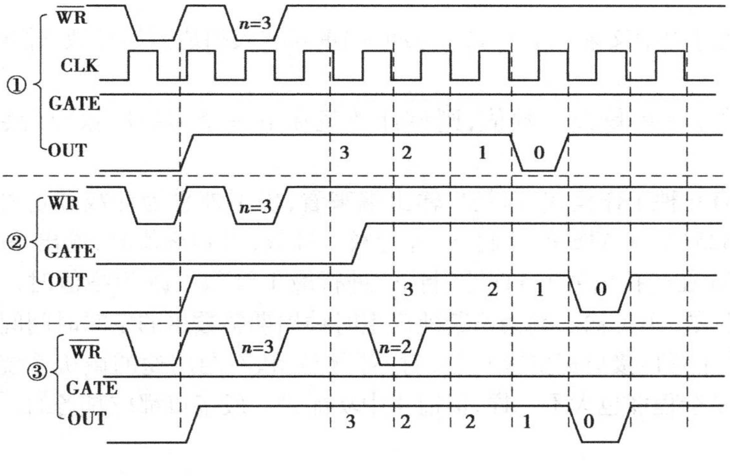

图5.24 方式4波形

方式4下,8253有下列使用特点:

A. 当计数值为N时,则间隔$N+1$个CLK脉冲输出一个负脉冲(计数一次有效)。

B. GATE=0时,禁止计数,GATE=1时,恢复继续计数。

C. 在计数过程中重新装入新的计数值,则该值是立即有效的(若为16位计数值,则装入第1个字节时停止计数,装入第2个字节后开始按新值计数)。

⑥方式5 硬件触发

方式5的波形如图5.25所示,在这种方式下,当控制字写入后,OUT立刻变高,写入计数值后并不立即开始计数,而是由GATE的上升沿触发启动计数的,当计数到0时,输出变低,经过一个CLK之后,输出恢复为高,计数停止,若再有GATE脉冲来,则重新装入计数值开始计数,上述过程重复。

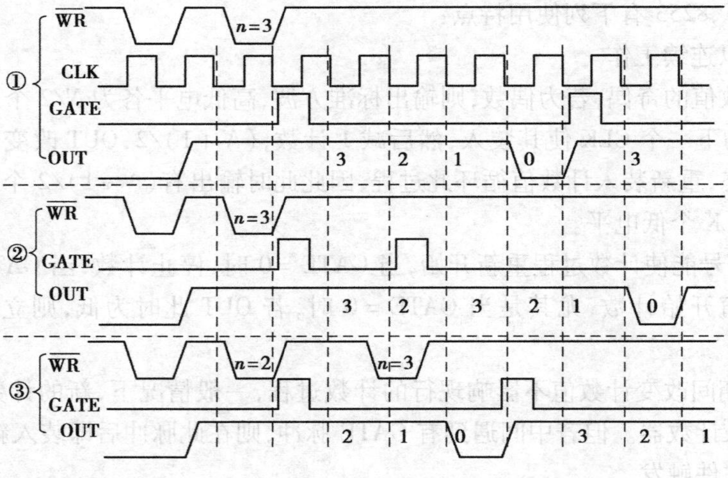

图 5.25　方式 5 波形

方式 5 下，8253 有下列使用特点：

A. 在这种方式下，若设置的计数值是 N，则在 GATE 脉冲后，经过 $(N+1)$ 个 CLK 才一个负脉冲。

B. 若在计数过程中又来一个 GATE 脉冲，则重新装入初值开始计数，输出不变，即计数值多次有效。

C. 若在计数过程中修改计数值，则该计数值在下一个 GATE 脉冲后装入开始按此值计数。

尽管 8253 有 6 种工作模式，但是从输出端来看，仍不外乎为计数和定时两种工作方式。作为计数器时，8253 在 GATE 的控制下，进行减 1 计数，减到终值时，输出一个信号。作为定时器工作时，8253 在门控信号 GATE 控制下，进行减 1 计数。减到终值时，又自动装入初始值，重新作减 1 计数，于是输出端会不断地产生时钟周期整数倍的定时时间间隔。

上述功能并非每种接口都要求具备，对不同配置和不同用途的微机系统，其接口功能不同，接口电路的复杂程度也大不一样，但前 4 中功能是一般接口都应具备的。

习题与思考题

5.1　简述控制系统有哪些性能指标，每项指标的含义分别是什么。

5.2　控制系统中有哪些典型环节？请分别画出它们的结构模型并分析它们的性能。

5.3　常见的处理器有哪几类？各有什么特点？

5.4　请简述计算机接口的基本功能。

5.5　8253 芯片共有几种工作方式？每种方式各有什么特点？

5.6　某系统中 8253 芯片的通道 0 ~ 2 和控制端口地址分别为 FFF0H ~ FFF3H。定义通道 0 工作在方式 2，CLK0 = 2 MHz，要求输出 OUT0 为 1 kHz 的速率波；定义通道 l 工作在方式 CLKl 输入外部计数事件，每计满 100 个向 CPU 发出中断请求。试写出 8253 通道 0 和通道 1 的初始化程序。

5.7　试说明定时和计数在实际系统中的应用？这两者之间有和联系和差别？

5.8　定时和计数有哪几种实现方法？各有什么特点？

5.9　试说明定时/计数器芯片 Intel8253 的内部结构。

5.10　定时/计数器芯片 Intel8253 占用几个端口地址？各个端口分别对应什么？

5.11　用 74LS138 构成时序脉冲分配器，画出分配器的实验电路。

5.12　用两片 74LS138 组成一个 4 线-16 线的译码器。

5.13　74LS138 三八译码器的连接情况及第六脚输入信号 A 的波形如图 5.26，试画出 8 个输出引脚的波形。

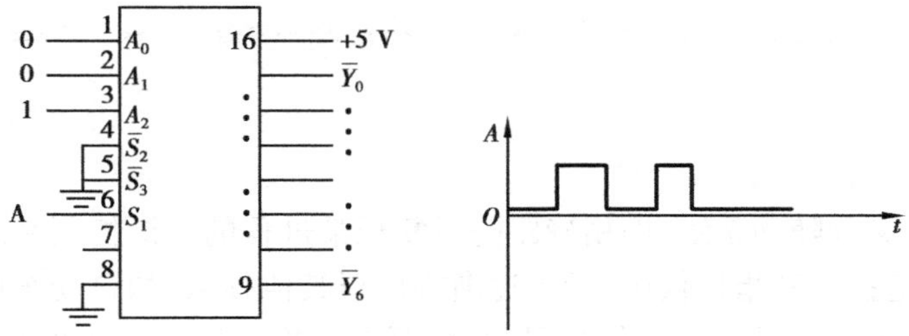

图 5.26　74LS138 连接图

5.14　8259A 是如何提供中断方式的？

5.15　8259A 有几种中断结束方式？各有何特点？

5.16　8259A 有几种优先权循环方式？各有何特点？

5.17　将 8255A 编程：A 口为输入，B 口为输出，C 口的第四位为输入，高四位为输出，请写出方式选择控制字。

5.18　请编一段输出程序，使 8255A 的 C 口的 PC1 输出占空比为 1/3 的周期脉冲。

5.19　某系统应用中 8253 口地址为 340H-343H，定时器 0 用作分频器（N 为分频系数），定时器 2 用作外部事件计数器，请写出初始化程序。

5.20　为什么要在 RS-232 与 TTL 之间进行电平转换？

5.21　A/D 转换器接口一般应完成哪些任务？是通过什么方式来确定 A/D 转换结束的？

5.22　请描述 74LS373 的各引脚的定义和功能。

5.23　请描述 74LS373 在什么情况下发生数据锁存？什么情况下输出端始终和输入端相等？

第 6 章

伺服系统基础

伺服系统通常又称随动系统,即精确跟随或复现某过程的反馈控制系统。它最初用于船舶的自动驾驶、火炮控制和指挥仪中,后来逐渐推广至其他领域,如自动车床、天线位置控制、导弹和飞船的制导等。在机电一体化装置中,伺服系统提供装置所需的运动。目前,机电一体化产品的性能一般取决于其伺服系统的性能,高性能的伺服系统是精密机电一体化装置的基础。

目前,绝大多数的机电一体化装置采用电气伺服系统。常用的电气伺服系统有步进伺服系统、直流伺服系统和交流伺服系统三大类。本章将在引入伺服基本概念、基本知识的基础上,从这三类系统的基础能换部件即电动机开始,系统介绍伺服系统的基础。数控机床是一种精密机电一体化产品,对其伺服系统要求很高,为便于阐述,本章的伺服系统相关基础均以数控机床为例进行说明。

6.1 基本结构、性能指标

6.1.1 伺服系统及其分类

伺服源自英文单词"Servo",顾名思义,就是指系统跟随外部指令进行人们所期望的运动,其中,运动要素包括位置、速度和力矩等物理量。伺服系统(servo-system, i. e, servo mechanism)的定义有多种,在机电一体化装置中,它是指以机械位置或角度作为控制对象的自动控制系统。它通过控制电动机等能换器将电能或其他形式的能量转换成具有机电一体化装置所需转矩、转速或转角的机械能。它是整个装置的驱动部件,以电动机为控制对象,以控制器为核心,以电力电子功率变换装置为执行机构,在自动控制理论的指导下组成的电气传动伺服控制系统。

(1)按控制理论分类

按控制理论,伺服系统一般分为:开环伺服系统、闭环伺服系统和半闭环伺服系统三类。

1)开环伺服系统

开环伺服系统的能换部件主要是步进电机或电液脉冲马达,其指令脉冲个数与转过的角度成线性关系，故开环系统一般不用位置检测元件实现定位，它通过指令脉冲的个数控制位移量，借助指令脉冲的频率控制其运动速度。该系统结构简单，易于控制，但精度差，低速不平稳，高速扭矩小。它一般适用于运动精度要求不太高的场合，例如轻载负载变化不大或经济型数控机床一般采用这种系统。

2）闭环伺服系统

闭环伺服系统是误差控制随动系统，对于数控机床，其进给系统的误差是 CNC 输出的位置指令和机床工作台（或刀架）实际位置的差值。显然，其闭环伺服系统不能反映运动的实际位置，因此需要有位置检测系统。该系统测出实际位移量或者实际所处位置，并将测量值反馈给 CNC 装置，与指令进行比较，求得误差，因此构成闭环位置控制。由于闭环伺服系统是反馈控制，反馈测量系统精度一般比较高，所以系统传动链的误差，环内各元件的误差以及运动中造成的误差都可以得到补偿，从而大大提高了跟随精度和定位精度。闭环数控机床的分辨率多数为 1 μm，定位精度可达 ±0.01 ~ ±0.005 mm；高精度的分辨率可达 0.1 μm。整个装置的精度主要取决于测量系统的制造精度和安装精度。

3）半闭环伺服系统

开环伺服系统的位置检测元件不直接安装在装置的最终运动部件上，最终运动部件的位置需要经过中间机械传动部件的转换才能获得，因而为间接测量。也就是说整个装置的传动链有一部分在位置闭环以外，这之外的传动误差就不能获得完全补偿，因而这种伺服系统的精度低于闭环伺服系统，即半闭环伺服系统。

半闭环伺服系统和闭环伺服系统的不同点在于闭环系统环内包括较多的机械传动部分，传动误差均可被补偿。理论上精度可以达到很高。但由于受机械变形、温度变化、振动以及其他影响，系统稳定性难以调整。此外，机床运行一段时间后，由于机械传动部件的磨损、变形及其他因素的改变，容易使系统稳定性改变，精度发生变化。因此，目前使用半闭环系统较多。只在具备传动部件精密度高、性能稳定、使用过程温差变化不大的高精度数控机床上才使用全闭环伺服系统。

（2）根据输入能量的类型分类

根据输入能量类型，伺服系统可分为气动伺服系统、电液伺服系统、电气伺服系统。其中，电液伺服系统的能换部件为液动机和液压缸，并辅有电气元件。常用的有电液脉冲马达和电液伺服马达。数控机床发展初期，多数采用电液伺服系统。电液伺服系统具有在低速下可以得到很高的输出力矩，以及刚性好、时间常数小、反应快和速度平稳等优点。然而，液压系统需要油箱、油管等供油系统，体积大。此外，还有漏油、噪声等问题，故从 20 世纪 70 年代起逐步被电气伺服系统代替。一般在有特殊要求的场合才采用电液伺服系统。电气伺服系统全部采用电子器件，操作维护方便，可靠性高。电气伺服系统中的能换部件主要有步进电机、直流伺服电机和交流伺服电机。它们没有噪声、污染和维修费用高等问题，但反应速度和低速力矩不如液压系统高。借助于电力电子技术、计算机技术、控制技术的发展，电气伺服系统已经具有较高的性能，在很多场合已经取代了液压伺服系统并成为了主流。

（3）根据能换装置分类

根据能换装置的不同，电气伺服系统可分为步进伺服系统、直流伺服系统、交流伺服系统三大类。其中，步进伺服系统一般为开环伺服系统，直流伺服系统、交流伺服系统一般为闭环伺服系统或半闭环伺服系统。

直流伺服系统常用的能换部件有小惯量直流伺服电机和永磁直流伺服电机(也称为大惯量宽调速直流伺服电机)。小惯量伺服电机最大限度地减小了电枢的转动惯量,所以能获得最好的快速性。在早期的数控机床上应用较多,现在也有应用。小惯量伺服电机一般都设计成高的额定转速和低的惯量,所以应用时,要经过中间机械传动(如齿轮副)才能与丝杠相连接。永磁直流伺服电机能在较大过载转矩下长时间工作以及电动机的转子惯量较大,能直接与丝杠相连而不需中间传动装置。此外,它还有一个特点是可在低速下运转,如能在 1 r/min 甚至在 0.1 r/min 下平稳地运转。因此,这种直流伺服系统在数控机床上获得了广泛的应用。自 20 世纪 70 年代至 80 年代中期,在数控机床上运用占绝对统治地位,至今,许多数控机床上仍使用这种电机的直流伺服系统。永磁直流伺服电机的缺点是有电刷限制了转速的提高,一般额定转速为 1 000 ~ 1 500 r/min,且结构复杂,价格昂贵。

交流伺服系统使用交流伺服电机(一般用于主轴伺服电机)。由于直流伺服电机存在着如上述的固有缺点,使其应用环境受到限制。交流伺服电机没有这些缺点,且转子惯量较直流电机小,使得动态响应好。另外在同样体积下,交流电机的输出功率可比直流电机提高 10% ~70%。还有交流电机的容量可以比直流电机造得大,达到更高的电压和转速。因此,交流伺服系统得到了迅速发展,已经形成潮流。从 80 年代后期开始,大量使用交流伺服系统,至今,有些国家的厂家,已全部使用交流伺服系统。电气伺服系统已经经历了五十多个春秋的发展。

6.1.2 伺服系统的结构

从功效的角度看,伺服系统是一种能独立提供精确机械能的动力装置或系统。对于一个独立的机械能提供装置,由能量守恒定律可知,需要有一个能将其他种类的能量转换成机械能的能换部件。对于电气伺服系统,该部件为电动机。然而,从能换部件出来的机械能往往并不恰好就能满足系统的需求,因而一般存在机械能变换装置,将能换部件产生的机械能变换成系统所需的机械能。然后,将该机械能提供给外部执行机构。另外,机械能提供装置至少能实现动力提供的启动与停止,即有控制部件。故一套完整的机械能动力提供系统至少包括能量转换部件、机械能变换部件和控制部件。一个简化的机械能动力提供系统的功能结构如图 6.1 所示。

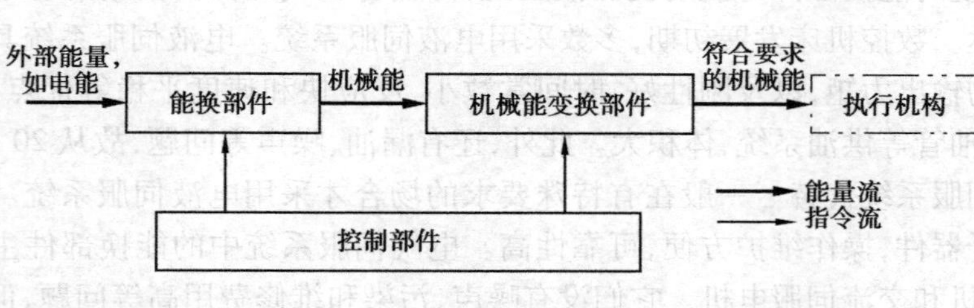

图 6.1　机械能动力提供系统功能简图

随着人们对伺服系统等机械能动力提供装置要求的日益提高,科技工作者一方面通过不断改进、完善能换部件、机械能变换部件等来提高动力提供装置的性能。但通过这方面的努力所获得的整个装置精度的提高是有限的。图 6.1 中,机械能变换部件一般借助于变速机构实现。变速机构通常有轮式机构、带式机构、链式机构。轮式机构及链式机构的齿轮间隙、带式机构较大的弹性收缩等均导致从机械能变换部件出来的机械能其精度越来越不能满足人们对伺服系统提出的越来越高的要求,而这些又是变速机构能够工作的不可或缺的一部分。如果能够从能换部件获得接近于执行机构所需的机械能甚至能换部件直接就产生执行机构所需的机械能,则可极大地简化甚至不需要机械能变换部件,从而大幅度地高动力提供装置输出的机械能精度。于是,人们从能换部件的机械特性入手,基于控制理论研究能换部件的机械能控制。

研究表明,只要控制好能换部件的输入能量(如电压、电流等),就能从能换部件的输出得到近似于需要的机械能,该机械能甚至可直接用于驱动执行部件。对于由伺服电动机和控制其输入能量的伺服驱动电路、检测反馈等伺服控制部件构成的伺服系统,其输入能量的精确控制即可实现高精度的机械能控制。目前,从数控机床的数控系统发来的位移指令已经相当精确,而传动部件和执行机构的机械结构现在已经得到极大的简化,因而整个系统的性能在很大程度上取决于伺服系统的精度。由此可得电气伺服系统的功能结构,如图6.2所示。

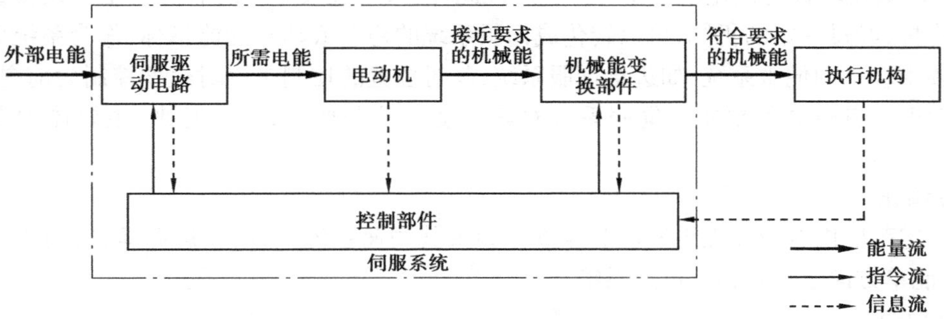

图6.2　电气伺服系统功能结构

由图6.2可知,伺服系统是通过设计合适的伺服驱动电路来实现简化甚至消除机械能变换部件的目的,同时,控制部件就变得复杂了,系统需要较多的如位移、速度等测试模块以获取系统的状态。目前,较多的伺服系统能提供比较精确的机械能,可直接驱动执行机构,如数控机床的进给伺服系统。它们不包含机械能变换部件。

对于数控机床,其进给伺服系统的结构如图6.3所示。

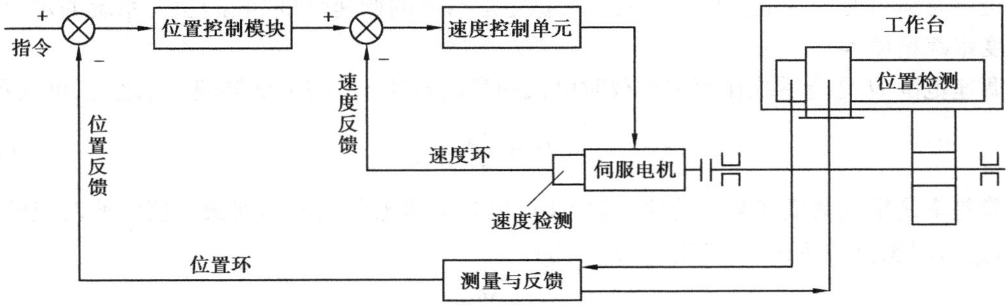

图6.3　数控机床进给伺服系统结构简图

它是一个双闭环系统,内环是速度环,外环是位置环。速度环中用作速度反馈的检测装置为测速发电机、脉冲编码器等。速度控制单元是一个独立的单元部件,它由速度调节器、电流调节器及功率驱动放大器等各部分组成。位置环是由 CNC 装置中的位置控制模块、速度控制单元、位置检测及反馈控制等各部分组成。位置控制主要是对机床运动坐标轴进行控制,轴控制是要求最高的位置控制,不仅对单个轴的运动速度和位置精度的控制有严格要求,而且在多轴联动时,还要求各移动轴有很好的动态配合,才能保证加工效率、加工精度和表面粗糙度。

6.1.3 伺服系统的性能指标

在机械加工工业中,精密机床要求加工精度达百分之几毫米;中型铣床的进给机构需要在很宽的范围内调速,快速移动时的最高速达 600 mm/min,而精加工时最低速只有 2 mm/min。在轧钢工业中,现代化巨型可逆初轧机的轧辊在不到 1 s 的时间内就得完成从正转到反转的全部过程,而且操作频繁;轧制薄钢板的轧钢机压下装置随动系统的定位精度要求不大于 0.01 mm;在造纸工业中,日产新闻纸 400 t 以上的高速造纸机,抄纸速度达到 1 000 m/min,要求稳定误差小于 ±0.01%。凡此种种,不胜枚举。所有这些生产设备量化了的技术指标,经过一定的折算,可以转化成伺服系统的稳态或动态性能指标,作为系统设计的依据。要求较高的伺服系统,如进给伺服系统,其对位置的控制是以对速度控制为前提的,即它对其速度具有较高的要求。伺服系统对其速度的控制要求,归纳起来,主要体现在三个方面。

(1)调速

在一定范围内有级或无级地调节速度。如果其调速系统允许正、反向运转,则为可逆系统,若只能单方向运转则为不可逆系统。

(2)稳速

以一定的精度在要求的转速上稳定运行,在各种可能的扰动下不允许有过大的转速波动,以确保产品质量。

(3)加、减速

频繁起、制动的设备要求尽量快地加、减速,以提高生产效率;不宜经受速度变化的机械则要求起、制动尽量平稳。

这三方面的要求可具体转化为伺服系统调速的稳态和动态性能指标。稳态技术指标是指系统稳态运行时的性能指标,例如:系统稳定运行时的调速范围和静差率,系统的定位精度和速度跟踪精度等。

调速范围 D 是指系统在额定负载时电机的最高转速 $n_{\max}$ 与最低转速 $n_{\min}$ 之比,可表示为:

$$D = \frac{n_{\max}}{n_{\min}} \tag{6.1}$$

静差率是指电动机在某一转速下运行时,负载由理想空载增加到额定值时所对应的转速降 Δn_{nom} 与理想空载转速 n_0 之比,可表示为:

$$S = \frac{\Delta n_{nom}}{n_0} \tag{6.2}$$

或者

$$S\% = \frac{\Delta n_{nom}}{n_0} \times 100\% \tag{6.3}$$

静差率是用来衡量系统在负载变化时转速的稳定度的。系统要求的静差率是根据生产机械工艺要求提出的。系统静差率大,当负载增加时,电机转速下降很多,就会降低设备的生产能力,也会影响产品质量,这对数控加工而言,就会使产品表面质量下降。

一般地,

$$n_{\max} = n_{nom}$$

$$n_{\min} = n_{0\min} - \Delta n_{nom}$$

于是有

$$D = \frac{n_{\max}}{n_{\min}} = \frac{n_{nom}}{n_{0\min} - \Delta n_{nom}}$$

又

$$n_{0\min} = \frac{\Delta n_{nom}}{S}$$

故

$$D = \frac{n_{nom}}{\dfrac{\Delta n_{nom}}{S} - \Delta n_{nom}}$$

即

$$D = \frac{n_{nom} S}{\Delta n_{nom}(1 - S)} \tag{6.4}$$

式(6.4)表达了 D、S、n_{nom} 间的关系。其中,D 与 S 由生产机械要求确定,n_{nom} 由铭牌给出。当系统的额定转速降 Δn_{nom} 一定时,若要求 S 愈小,则系统可能达到的调速范围 D 就愈小;反之,若要求调速范围 D 很大,则静差率 S 也很大,将可能达不到生产工艺的要求。若系统 S、D 要求一定时,只有 Δn_{nom} 小于某一值时才有可能。这就要求调速系统要减小静态转速降 Δn_{nom} 之值。一般数控机床的速度控制单元其调速范围 D 可达 100 甚至 1 000 以上,负载由 10% 变化到 100% 时,速度的波动要求小于 0.4%,这些指标,更是开环调速系统难以达到的。

伺服调速控制系统在动态过程中的性能指标称作动态指标。由于实际系统存在着电磁和机械惯性,因此当转速调节时总有一个动态过程。衡量系统动态性能的指标分为跟随性能指标和抗扰性能指标两类。在给定信号作用下,系统输出量变化的情况用跟随性能指标来描述。伺服系统通常以阶跃信号作为输入,系统描述在零初始条件下的响应过程来表示系统对给定输入的典型跟随过程,此时的动态过程又称为阶跃响应。随性能指标主要有上升时间、超调量、调节时间。在阶跃响应过程中,输出量从零至第一次上升到稳态值所经历的时间称上升时间,它反映动态响应的快速性。在阶跃响应过程中,输出量超出稳态值的最大偏差与稳态值之比的百分值,称为超调量。在阶跃响应过程中,输出衰减到与稳态值之差进入 ±5% 或 ±2% 允许误差范围之内所需的最小时间,称为调节时间,又称为过渡过程时间。调节时间用来衡量系统整个调节过程的快慢。它越小,表示系统的快速性就越好。

伺服系统在稳态运行中,由于电动机负载的变化,电网电压的波动等干扰因素的影响,都会引起输出量的变化,经历一段动态过程后,系统总能达到新的稳态。这就是系统的抗扰过程。抗扰性能指标主要有动态降落和恢复时间。系统稳定运行时,突加一阶跃扰动(例如额定负载扰动)后引起的输出量最大降落,用原稳态值 $C_{\infty 1}$ 的百分数表示,叫做动态降落。输出量在动态降落后又逐渐恢复稳定,达到新的稳态值 $C_{\infty 2}$,$C_{\infty 1} - C_{\infty 2}$ 是系统在该扰动作用下的稳态降落。动态降落一般大于稳态降落(即静差)。从阶跃扰动作用开始,到输出量恢复到与新稳态值 $C_{\infty 2}$ 之差进入某基准量 C_b 的 $\pm 5\%$(或 $\pm 2\%$)范围之类所需的时间,定义为恢复时间。一般地,阶跃扰动下输出量的动态降落越小,恢复时间越短,系统的抗扰性能越强。

不同伺服调速系统对于各种动态指标的要求各异。例如,可逆轧钢机需要正反轧制钢材多次,因而对系统的动态跟随性能和抗扰性能要求都较高;而一般不可逆的调速系统则主要要求有一定的抗扰性能,跟随性能的好坏问题不大。数控机床的加工轨迹控制和仿形机床的跟随控制要求有较严格的跟随性能;而雷达天线随动系统则对跟随性能和抗扰性能都有一定的要求。一般来说,调速系统的动态指标以抗扰性能为主,而随动系统的动态指标则以跟随性能为主。

对于整个伺服控制系统,其性能指标主要有频带宽度和精度。频带宽度简称带宽,由系统频率响应特性来规定,反映伺服系统的跟踪的快速性。带宽越大,快速性越好。伺服系统的带宽主要受控制对象和执行机构的惯性的限制。惯性越大,带宽越窄。一般伺服系统的带宽小于 15 Hz,大型设备伺服系统的带宽则在 1 ~ 2 Hz 以下。自 20 世纪 70 年代以来,由于发展了力矩电机及高灵敏度测速机,使伺服系统实现了直接驱动,革除或减小了齿隙和弹性变形等非线性因素,使带宽达到 50 Hz,并成功应用在远程导弹、人造卫星、精密指挥仪等场所。伺服系统的精度主要决定于所用的测量元件的精度。因此,在伺服系统中必须采用高精度的测量元件,如精密电位器、自整角机和旋转变压器等。此外,也可采取附加措施来提高系统的精度,例如将测量元件(如自整角机)的测量轴通过减速器与转轴相连,使转轴的转角得到放大,来提高相对测量精度。采用这种方案的伺服系统称为精测粗测系统或双通道系统。通过减速器与转轴啮合的测角线路称精读数通道,直接取自转轴的测角线路称粗读数通道。

6.2 步进伺服驱动

步进伺服系统的能换部件是步进电动机。步进电动机是一种将电脉冲信号变换成相应的角位移或直线位移的机电执行元件,每当输入一个电脉冲时,它便转过一个固定的角度,这个角度称为步距角 β,简称为步距。脉冲一个一个地输入,电动机便一步一步地转动,步进电动机便因之而命名。

步进电动机的位移量与输入脉冲数严格成比例,这就不会引起误差的积累,其转速与脉冲频率和步距角有关。控制输入脉冲数量、频率及电动机各相绕组的接通次序,可以得到各种需要的运行特性。尤其是当与其他数字系统配套时,它将体现出更大的优越性,因而,广泛地用于数字控制系统中,例如,在数控机床中,将零件加工的要求编制成一定符号的加工指令,或编成程序软件存放在磁带上,然后送入数控机床的控制箱,其中的数字计算机会根据纸带上的指令,或磁带上的程序,发出一定数量的电脉冲信号,步进电动机就会作相应的转动,通过传动机构,带动刀架作出符合要求的动作,自动加工零件。

6.2.1　步进电动机结构

步进电动机和一般旋转电动机一样,分为定子和转子两大部分。定子由硅钢片叠成,装上一定相数的控制绕组,由环行分配器送来的电脉冲对多相定子绕组轮流进行励磁;转子用硅钢片益成或用软磁性材料做成凸极结构,转子本身没有励磁绕组的叫做反应式步进电动机,用永久磁铁做转子的叫做永磁式步进电动机。步进电动机的结构形式虽然繁多,但工作原理都相同,下面仅以三相反应式步进电动机为例说明之。

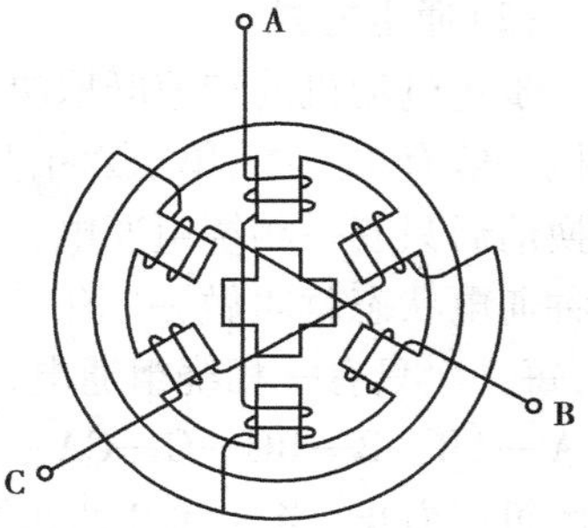

图6.4　三相反应式步进电动机的结构示意图

图6.4所示为一台三相反应式步进电动机的结构示意图,定子有6个磁极,每两个相对的磁极上绕有一相控制绕组。转子上装有4个凸齿。

6.2.2　步进电动机工作原理

(1)基本工作原理

步进电动机的工作原理,其实就是电磁铁的工作原理,如图6.5所示。由环形分配器送来的脉冲信号,对定子绕组轮流通电,设先对A相绕组通电,B相和C相都不通电。由于磁通具有力图沿磁阻最小路径通过的特点,图6.5(a)中转子齿1和3的轴线与定子A极轴线对齐,即在电磁吸力作用下,将转子1、3齿吸引到A极下,此时,因转子只受径向力而无切线力,故转矩为零,转子被自锁在这个位里上,此时, B, C两相的定子齿则和转子齿在不同方向各错开30°。随后,如果A相断电,B相控制绕组通电,则转子齿就和B相定子齿对齐,转子顺时针方向旋转30°(见图6.5(b))。然后使B相断电,C相通电,同理转子齿就和C相定子齿对齐,转子又顺时针方向旋转30°(见图6.5(c))。可见,通电顺序为A—B—C—A时,转子便按顺时针方向一步一步转动。每换接一次,则转子前进一个步距角。电流换接三次,磁场旋转一周,转子前进1个齿距角(此例中转子有4个齿时为90°)。

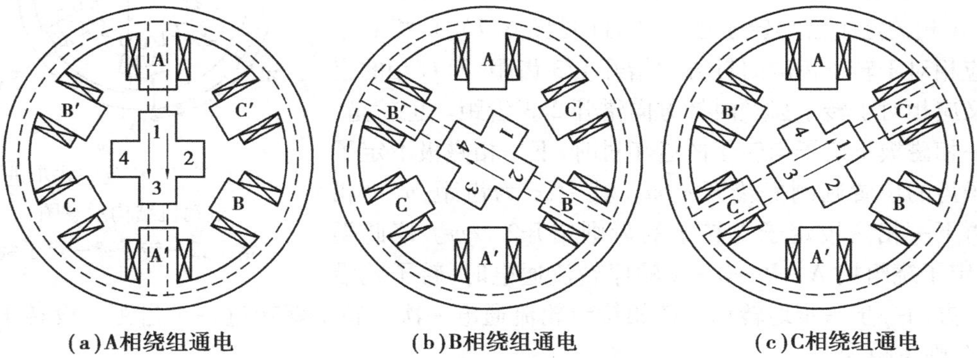

图6.5　单三拍通电方式时转子的位置

欲改变旋转方向,则只要改变通电顺序即可,例如通电顺序改为 A—C—B—A,转子就反向转动。

(2)通电方式

步进电动机的转速既取决于控制绕组通电的频率,也取决于绕组通电方式,三相步进电动机一般有单三拍、单双六拍及双三拍等通电方式,“单”“双”“拍”的意思是:“单”是指每次切换前后只有一相绕组通电,“双”就是指每次有两相绕组通电,而从一种通电状态转换到另一种通电状态就叫做一“拍”。步进电动机若按 A—B—C—A 方式通电,因为定子绕组为三相,每一次只有一相绕组通电,而每一个循环只有三次通电,故称为三相单三拍通电,如果按照 A—AB—B—BC—C—CA—A 的方式循环通电,就称为三相六拍通电,如图 6.6 所示。从该图可以看出:当 A 和 B 两相同时通电时,转子稳定位置将会停留在 A, B 两定子磁极对称的中心位置上。因为每一拍,转子转过一个步距角,由图 6.6 可明显看出:三相三拍步距角为 30°;三相六拍步距角为 15°。上述步距角显然太大,不适合一般用途的要求,接着将讨论实际的步进电动机。

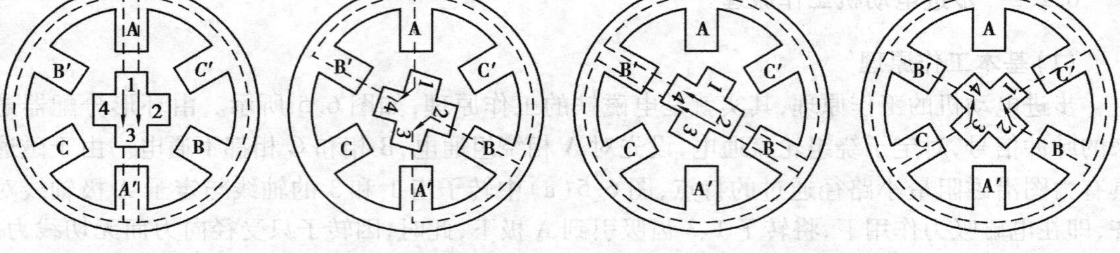

(a)A相绕组通电 (b)A、B相绕组通电 (c)B、C相绕组通电 (d)A、C相绕组通电

图 6.6 步进电动机通电方式

(3)小步距角步进电动机

图 6.7 所示为一个实际的小步距角步进电动机。从图 6.7 看出,它的定子内圆和转子外圆均有齿和槽,而且定子和转子的齿宽和齿距相等。定子上有三对磁极,分别绕有三相绕组,定子极面小齿和转子上的小齿位里则要符合下列规律:当 A 相的定子齿和转子齿对齐时(见图 6.7),B 相的定子齿应相对于转子齿顺时针方向错开 1/3 齿距,而 C 相的定子齿又应相对于转子齿顺时针方向错开 2/3 齿距。也就是,当某一相磁极下定子与转子的齿相对时,下一相磁极下定子与转子齿的位置则刚好错开 τ/m。其中,τ 为齿距,m 为相数。再下一相磁极定子与转子的齿则错开$2\ \tau/m$。依此类推,当定子绕组按 A—B—C—A 顺序轮流通电时,转子就沿顺时针方向一步一步地转动。各相绕组轮流通电一次。转子就转过一个齿距。设转子的齿数为 Z,则齿距为:

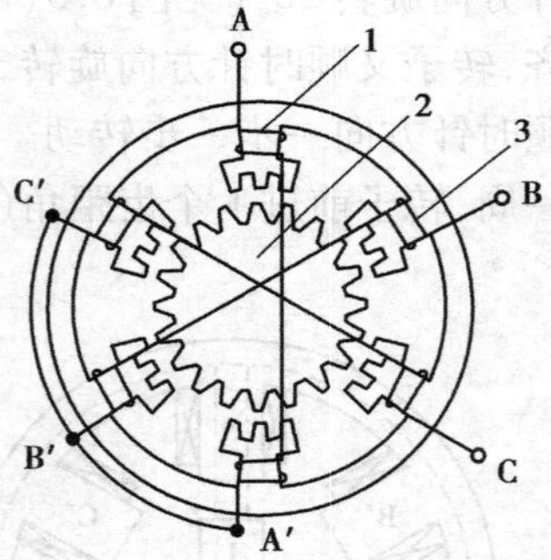

图 6.7 三相反应式步进电动机结构示意图

1—定子;2—转子;3—定子绕组

$$\tau = \frac{360°}{Z}$$

因为每通电一次(即运行一拍),转子就走一步,故步距角为:

$$\beta = \frac{齿距}{拍数} = \frac{360°}{Z \times 拍数} = \frac{360°}{ZKm}$$

式中，K——状态系数（单三拍、双三拍时，$K=1$；单、双六拍时，$K=2$）。

若步进电动机的 $Z=40$，三相单三拍运行时，其步距角为：

$$\beta = \frac{360°}{3 \times 40} = 3°$$

若按三相六拍运行时，步距角为：

$$\beta = \frac{360°}{2 \times 3 \times 40} = 1.5°$$

由此可见，步进电动机的转子齿数 Z 和定子相数（或运行拍数）愈多，则步距角 β 愈小，控制越精确。

当定子控制绕组按着一定顺序不断地轮流通电时，步进电动机就持续不断地旋转。如果电脉冲的频率为 f（通电频率），步距角用弧度表示，则步进电动机的转速为：

$$\{n\}_{r/min} = \frac{\{\beta\}_{(°)}\{f\}_{Hz}}{2\pi}60 = \frac{\frac{2\pi}{KmZ}\{f\}_{Hz}}{2\pi}60 = \frac{60}{KmZ}\{f\}_{Hz} \tag{6.5}$$

6.2.3　环形分配器

步进电动机绕组是按一定通电方式工作的，为实现这种轮流通电，需将控制脉冲按规定的通电方式分配到电动机的每相绕组。这种分配既可以用硬件来实现也可以用软件来实现。实现脉冲分配的硬件逻辑电路称为环形分配器。在计算机数字控制系统中，采用软件实现脉冲分配的方式相应称作软件环分。

经分配器输出的脉冲能保证步进电动机绕组按规定顺序通电。但输出的脉冲未经放大时，其驱动功率很小，而步进电动机绕组需要相当大的功率，包含一定的电流和电压才能驱动，所以，分配器出来的脉冲还需进行功率放大才能驱动步进电动机。步进伺服系统的原理框图如图 6.8 所示。

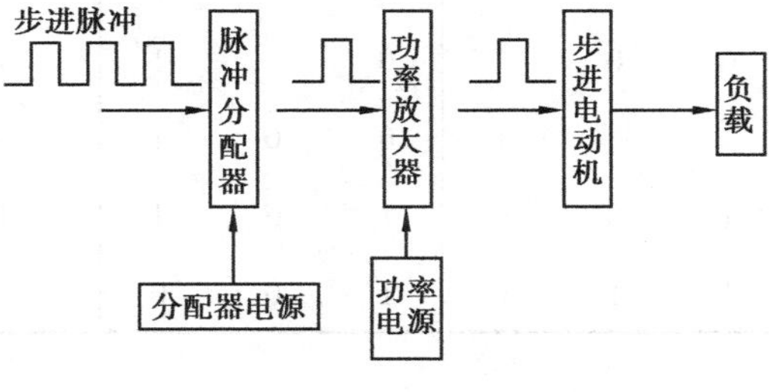

图 6.8　步进伺服系统原理简图

步进电动机驱动电源的环形分配器有硬件和软件两种方式。硬件环形分配器有较好的响应速度，且具有直观、维护方便等特点。软件环分则往往受到微型计算机运算速度的限制，有时难以满足高速实时控制的要求。

(1) 硬件环形分配器

硬件环形分配器循根据步进电动机的相数和要求的通电方式设计，图 6.9 所示是一个三相六拍的环形分配器。

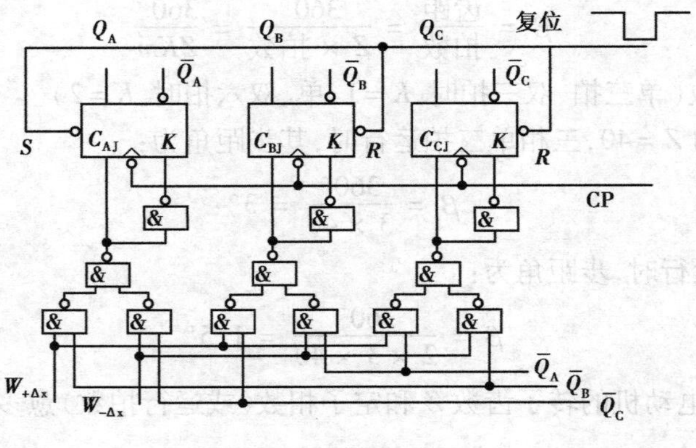

图 6.9　三相六拍的环形分配器

分配器的主体是三个 J-K 触发器。三个 J-K 触发器的 Q 输出端分别经各自的功放线路与步进电动机 A, B,C 三相绕组连接。当 $Q_A=1$ 时,A 相绕组通电;$Q_B=1$ 时,C 相绕组通电;$Q_C=1$ 时,C 相绕组通电。$W_{+\Delta X}$ 和 $W_{-\Delta X}$ 是步进电动机的正、反转控制信号。

正转时,各相通电顺序为 A—AB—B—BC—C—CA。

反转时,各相通电顺序为 A—AC—C—CB—B—BA。

根据上述通电顺序,可以得到环形分配器的逻辑状态真值表如表 6.1 所示(表中以正向分配为例)。正转时:$W_{+\Delta X}=1$, $W_{-\Delta X}=0$;反转时:$W_{+\Delta X}=0$, $W_{-\Delta X}=1$。

表 6.1　环形分配器的逻辑状态真值表

序号	控制信号状态			输出状态			导电绕阻
	C_{AJ}	C_{BJ}	C_{CJ}	Q_A	Q_B	Q_C	
0	1	1	0	1	0	0	A
1	0	1	0	1	1	0	AB
2	0	1	1	0	1	0	B
3	0	0	1	0	1	1	BC
4	1	0	1	0	0	1	C
5	1	0	0	1	0	1	CA
6	1	1	0	1	0	0	A

根据真值表以及 J-K 触发器的逻辑关系,可以得出三个 J-K 触发器 1 端和 K 端的控制信号,从而得到如图 6.9 所示的分配器逻辑图。

(2)**软件环分**

对于不同的计算机和接口器件,软件环分有不同的形式,现以 Z-80A CPU 和 PIQ 配置的系统为例加以说明。

1)由 PIO 作为驱动电路接口

控制脉冲经 Z-80A 的并行 I/O 接口 PIO 输出到步进电动机各相的功率放大器输入,设

PIO 口的 PA_0，输出至 A 相，PA_1 输出至 B 相，PA_2 输出到 C 相，其简单接口图如图 6.10 所示。

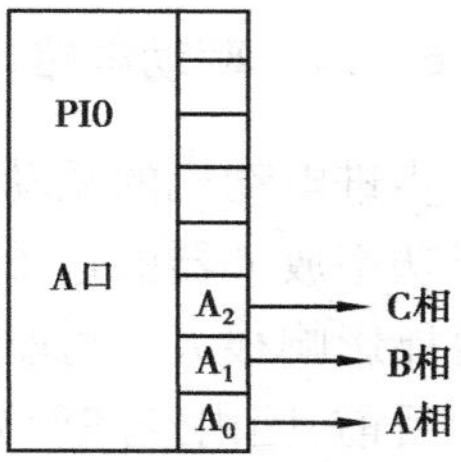

图 6.10　I/O 接口图

2）建立环形分配表

PIO 口是可编程控制器件，为了使电动机按照如前所述顺序通电，首先必须在存储器中建立一个环形分配表，存储器各单元中存放对应绕组通电的顺序数值。当运行程序时，依次将环形分配表中的数据，也就是对应存储器单元的内容送到 PIO 的 A 口，使 A_0，A_1，A_2 依次送出有关信号，从而使电动机绕组轮流通电。

表 6.2 为环形分配表，K 为存储单元基地址（十六位二进制数），后面所加的数为地址的索引值。

表 6.2　环形分配表

存储单元地址	单元内容	对应通电相
K＋0	01H(0001)	A
K＋1	03H(0011)	AB
K＋2	02H(0010)	B
K＋3	06H(0110)	BC
K＋4	04H(0100)	C
K＋5	05H(0101)	CA

3）环形分配子程序

整个程序必须与主程序配合，环形分配器以子程序的形式出现。当需正转时，则调用正转子程序。正转子程序如下：

在主程序中，使 A 相通电，寄存器 B 置 0。

```
HXFB:  LD   A,B;              取索引值
       CP   A,05H;            判断是否到表底
       JR   Z, DYY;           已到表底则转移
       INC  A;                索引值加 1
       JR   ROUT;
DYY:   LD   A,00H;            索引值修改为零
ROUT:  LD   B,A;              保护索引值
       LD   L,A
       LD   H,00H;            建立地址索引值
       ADD  HL,K;             形成实际地址
       LD   A,(HL};           取输出状态
       OUT  (PIODRA),A;       由 PIO 口输出
       RET;                   子程序返回
```

其中，HL——地址指针；B—存索引值。

6.2.4 驱动电路

步进电动机的驱动电路实际上是一种脉冲放大电路,使脉冲具有一定的功率驱动能力。由于功率放大器的输出直接驱动电动机绕组,因此,功率放大电路的性能对步进电动机的运行性能影响很大。对驱动电路要求的核心问题则是如何提高步进电动机的快速性和平稳性。

目前,国内经济型数控机床步进电动机驱动电路主要有单电压限流型驱动电路和高低压切换型驱动电路两种。

(1)单电压限流型驱动电路

如图6.11所示,单电压驱动电路是步进电动机一相的驱动电路,L是电动机绕组,晶体管VT可以认为是一个无触点开关,它的理想工作状态应使电流流过绕组L的波形尽可能接近矩形波。但由于电感线圈中的电流不能突变,在接通电源后绕组中的电流按指数规律上升,其时间常数 $\tau = L/r$,须经 3τ 时间后才能达到稳态电流(L为绕组电感,r 为绕组电阻)。由于步进电动机绕组本身的电阻很小(阻值约为零点几欧),所以,时间常数很大,从而严重影响电动机的启动频率。为了减小时间常数,在励磁绕组中串以电阻 R,这样时间常数 $\tau = L(r+R)$ 就大大减小,缩短了绕组中电流上升的过渡过程,从而提高了工作速度。

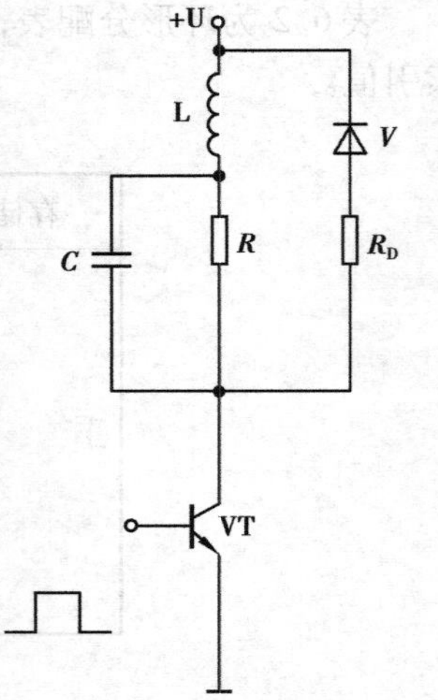

图6.11 单电压驱动电路

在电阻 R 两端并联电容 C,是由于电容上的电压不能突变,在绕组由截止到导通的瞬间,电源电压全部降落在绕组上,使电流上升更快,所以,电容 C 又称为加速电容,二极管V在晶体管VT截止时起续流和保护作用,以防晶体管截止瞬间绕组产生的反电势造成管子击穿,串联电阻 R_D 使电流下降更快,从而使绕组电流波形后沿变陡。

这种电路的缺点是 R 上有功率消耗。为了提高快速性,需加大 R 的阻值,随着阻值的加大,电源电压也势必提高,功率消耗也进一步加大,正因为这样,单电压限流型驱动电路的使用受到了限制。

(2)高低压切换型驱动电路

高低压切换型驱动电路的最后一级如图6.12(a)所示,相应的电压电流波形图如图6.12(b)所示。这种电路中,采用高压和低压两种电压供电,一般高压为低压的数倍。若加在 VT_1 和 VT_2 管基极的电压 U_{b1} 和 U_{b2} 如图(b)所示,则在 $t_1 - t_2$ 时间内。VT_1 和 VT_2 均饱和导通,+80 V的高压电源经 VT_1 和 VT_2 管加到步进电动机的绕组L上,使其电流迅速上升,当时间到达 t_2 时(可采用定时方式),或电流上升到某一数值时(可采用定流方式),U_{b_2} 变为低电平,VT_2 管截止,电动机绕组的电流由+12 V电源经 VT_1 管来维持,此时,电流下降到电动机的额定电流,直到 t_3 时,U_{b_1} 也为低电平,VT_1 管截止,电动机绕组电流下降到0。一般电压 U_{b_1} 由脉冲分配器经几级电流放大获得,电压 U_{b_2} 由单稳定时或定流装置再经脉冲变压器获得。

高低压驱动线路的优点是:功耗小,启动力矩大,突跳频率和工作频率高;缺点是:大功率管的数量要多用一倍,增加了驱动电源。

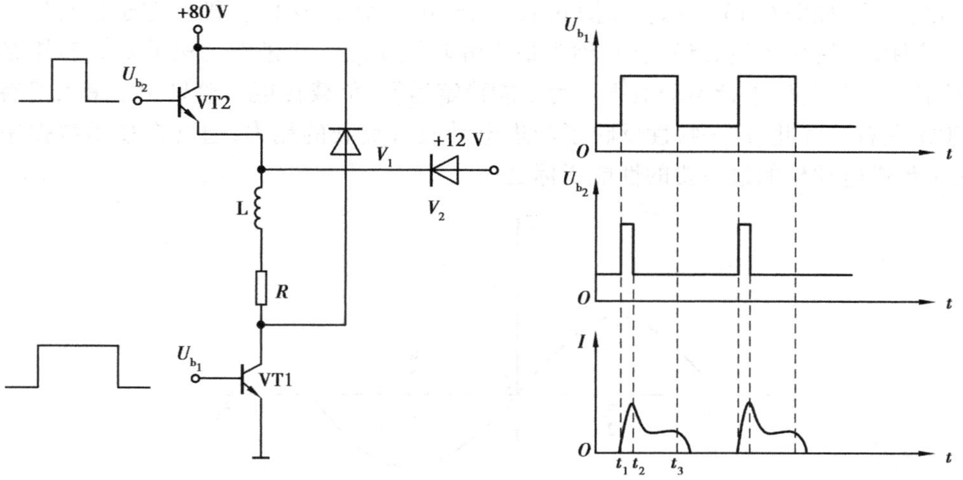

(a)原理图　　(b)电压、电流波形图

图6.12　高低压切换型驱动电路

6.2.5　工程中需要注意的问题

(1)步进电动机的运行特性及影响因素

1)步进电动机的基本特点

反应式步进电动机可以按特定指令进行角度控制,也可以进行速度控制。角度控制时,每输入一个脉冲,定子绕组换接一次,输出轴就转过一个角度,其步数与脉冲数一致、输出轴转动的角位移与输入脉冲数成正比。速度控制时,各相绕组不断地轮流通电,步进电动机就连续转动。由式(6.5)可知,反应式步进电动机转速只取决于脉冲频率、转子齿数和拍数而与电压、负载、温度等因素无关。当步进电动机的通电方式选定后,其转速只与输入脉冲频率成正比,改变脉冲频率就可以改变转速,故可进行无级调速,调速范围很宽。同时步进电动机具有自锁能力,当控制电脉冲停止输入,而让最后一个脉冲控制的绕组继续通入直流时,则电动机可以保持在固定的位置上,这样,步进电动机可以实现停车时转子定位。

综上所述,步进电动机工作时的步数或转速既不受电压波动和负载变化的影响(在允许负载范围内),也不受环境条件〔温度、压力、冲击和振动等)变化的影响,只与控制脉冲同步,同时,它又能按照控制的要求进行启动、停止、反转或改变速度,这就是它被广泛地应用于各种数字控制系统中的原因。

2)矩角特性

矩角特性是反映步进电动机电磁转矩 T 随偏转角 θ 变化的关系。定子一相绕组通以直流电后,如果转子上没有负载转矩的作用,转子齿和通电相磁极上的小齿对齐,这个位置称为步进电动机的初始平衡位置。当转子有负载作用时,转子齿就要偏离初始位置,由于磁力线有力图缩短的倾向,从而产生电磁转矩,直到这个转矩与负载转矩相平衡。转子齿偏离初始平衡位置的角度就叫转子偏转角 θ(空间角),若用电角度 θ_e 表示,则由于定子每相绕组通电循环一周(360°电角度),对应转子在空间转过一个齿距($\tau=360°/Z$空间角度),故电角度是空间角度的 Z 倍,即 $\theta_e=Z\theta$ 而 $T=f(\theta_e)$ 就是矩角特性曲线。可以证明,此曲线可近似地用一条正弦曲线表示，如图 6.13 所示。从图 6.13 看出，θ_e 达到 $\pm\pi/2$ 时，即在定子齿与转子齿错开 1/4 个齿距时，转矩 T 达到最大值，称为最大静转矩 T_{smax}。步进电动机的负载转矩必须小于最大静转矩，否则，根本带不动负载。为了能稳定运行，负载转矩一般只能是最大静转矩的 30%～50% 左右。因此，这一特性反映了步进电动机带负载的能力，通常在技术数据中都有说明，它是步进电动机的最主要的性能指标之一。

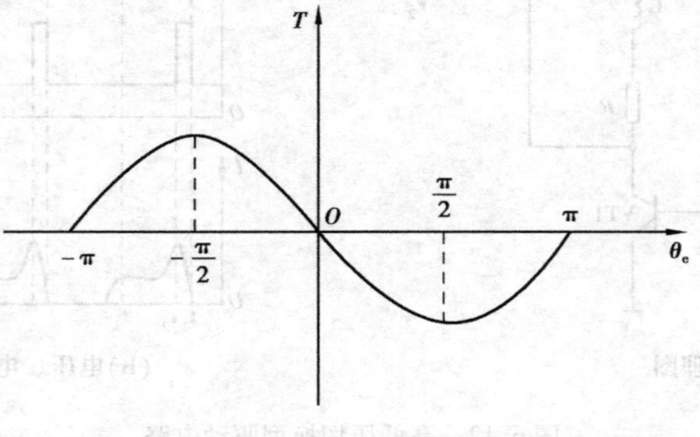

图 6.13　步进电动机的矩角特性

3）脉冲信号频率对步进电动机运行的影响

当脉冲信号频率很低时，控制脉冲以矩形波输入，电流波形比较接近于理想的矩形波，如图 6.14(a) 所示。如果脉冲信号频率增高，由于电动机绕组中的电感有阻止电流变化的作用，因此电流波形发生畸变，变成图 6.14(b) 所示波形。在开始通电瞬间，由于电流不能突变，其值不能立即升起，故使转矩下降，而使启动转矩减小，有可能启动不起来，在断电的瞬间，电流也不能迅速下降，而产生反转矩致使电动机不能正常工作。如果脉冲频率很高，则电流还来不及上升到稳定值了就开始下降，于是，电流的幅值降低（由 I 下降到 I'），变成图 6.14

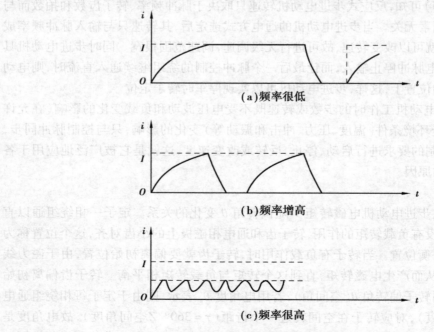

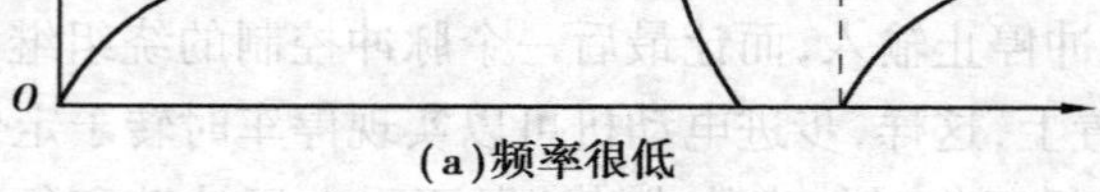

(a) 频率很低

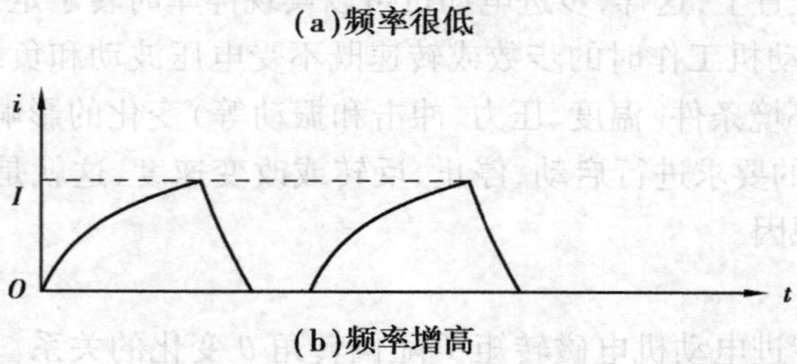

(b) 频率增高

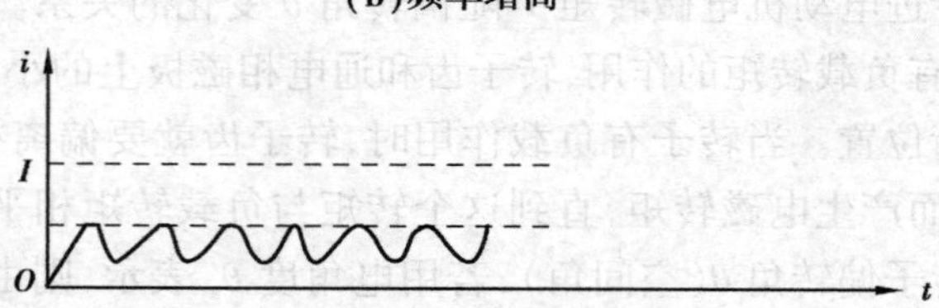

(c) 频率很高

图 6.14　脉冲信号的畸变

(c)所示波形,因而产生的转矩减小,致使带负载的能力下降。所以频率过高会使步进电动机启动不了或运行时失步而停下,因此,对脉冲信号频率是有限制的。

4)转子机械惯性对步进电动机运行的影响

从物理学可知,机械惯性对瞬时运动的物体要发生作用,当步进电动机从静止到起步,由于转子部分的机械惯性作用,转子一下子转不起来,因此,要落后于它应转过的角度,如果落后不太大,还会跟上来,如果落后太多,或者脉冲频率过高,电动机将会启动不起来。

另外,即使电动机在运转,也不是每走一步都迅速地停留在相应的位置,而是受机械惯性的作用,要经过几次振荡后才停下来,如果这种情况严重,就可能引起失步。因此,步进电动机都采用阻尼方法,以消除(或减弱)步进电动机的振荡。

(2)步进电动机的主要性能指标和使用

1)步进电动机的主要性能指标

①步距角 β

β 是步进电动机的主要性能指标之一。不同的应用场合,对步距角大小的要求不同。它的大小直接影响步进电动机的启动和运行频率,因此,在选择步进电动机的步距角夕时,若通电方式和系统的传动比已初步确定,则步距角应满足

$$\beta \leqslant i\theta_{\min}$$

式中,i——传动比;

$\theta_{\min}$——负载轴要求的最小位移增量(或称脉冲当量,即每一个脉冲所对应的负载轴的位移增量)。

②最大静转矩 $T_{s\max}$

负载转矩与最大静转矩的关系为:

$$T_L = (0.3 - 0.5)T_{s\max}$$

为保证步进电动机在系统中正常工作,还必须满足

$$T_{st} > T_{L\max}$$

式中,T_{st}——步进电动机启动转矩;

$T_{L\max}$——最大静负载转矩。

通常取 $T_{st} = T_{L\max}/(0.3 - 0.5)$ 以便有相当的力矩储备。

③空载启动频率 f_{0st}

f_{0st}是指步进电动机在空载情况下,不失步启动所能允许的最高频率。由于在负载情况下,步进电动机不失步启动所允许的最高频率是随负载的增加而显著下降的,因此,在选用电动机时应该注意到这一点。

④精度

精度是用一周内最大的步距角误差值表示的。对于所选用的步进电动机,其步距精度 $\Delta\beta$ 应满足:

$$\Delta\beta = i(\Delta\beta_L)$$

式中,$\Delta\beta_L$——负载轴上所允许的角度误差。

⑤连续运行频率 f_c 和矩频特性

步进电动机运行频率连续上升时,电动机不失步运行的最高频率称为连续运行频率 f_c,它的值也与负载有关。很显然,在同样负载下,运行频率 f_c 远大于启动频 f_{0st}。

在连续运行状态下，步进电动机的电磁力矩随频率的升高而急剧下降。这两者之间的关系称为矩频特性，图 6.15 所示为某步进电动机的矩频特性。至于输入电压 V 输入电流 I、相数。这三项技术指标，反映了步进电动机对驱动电源所提出的要求。

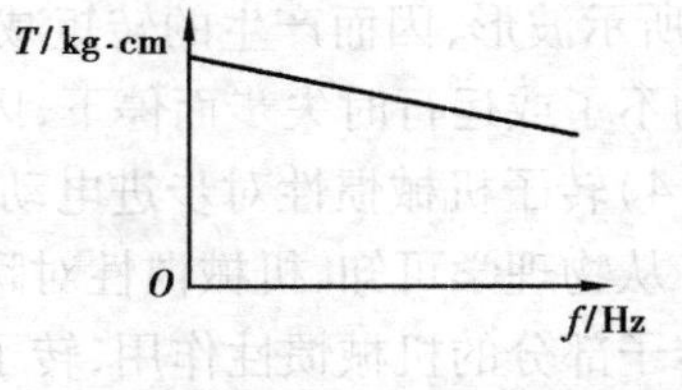

图 6.15　步进电动机的矩频特性

2) 使用步进电动机时应注意的几个问题

①驱动电源的优劣对步进电动机控制系统的运行影响极大，使用时要特别注意，需根据运行要求，尽量采用先进的驱动电源，以满足步进电动机的运行性能。

②若所带负载转动惯量较大，则应在低频下启动，然后再上升到工作频率，停车时也应从工作频率下降到适当频率再停车。

③在工作过程中，应尽全避免由于负载突变而引起的误差。

④若在工作中发生失步现象，首先，应检查负载是否过大，电源电压是否正常，再检查驱动电源输出波形是否正常，在处理问题时不应随意变换元件。

6.3　直流伺服驱动

步进伺服系统的能换部件是直流电动机。直流电动机虽不及交流电动机结构简单、制造容易、维护方便、运行可靠，但由于长期以来交流电动机的调速问题未能得到满意的解决，在此之前，直流电动机具有交流电动机所不能比拟的良好的启动性能和调速性能。到目前为止，虽然交流电动机的调速问题已经解决，但是在速度调节要求较高，正、反转和启、制动频繁或多单元同步协调运转的生产机械上，仍采用直流电动机。

6.3.1　直流电动机结构

直流电机的结构包括定子和转子两部分，定子和转子之间由空气隙分开。定子的作用是产生主磁场和在机械上支撑电机，它的组成部分有主磁极、换向极、机座、端盖、轴承等，电刷也用电刷座固定在电子上。转子的作用是产生感应电势或产生机械转矩以实现能量的转换，它的组成部分有电枢铁芯、电枢绕组、换向器、轴、风扇等。图 6.16 为直流电机结构，图 6.17 为二级直流电机的剖面图。

(1) 主磁极

主磁极包括主磁极铁芯和套在上面的励磁绕组，其主要任务是产生主磁场。磁极下面扩大的部分为极掌，它的作用是使通过空气隙中的磁通分布最为合适，并使励磁绕组能牢固地定在铁芯上。磁极是磁路的一部分，采用 1.0 ~ 1.5 mm 的钢板制成。励磁绕组是用绝缘铜线绕成。

(2) 换向极

换向极用来改善电枢电流的换向性能。它也是铁芯和绕组构成，用螺杆固定在定子的两个主磁极的中间。

(3) 机座

机座一般用铸钢或厚钢板焊接而成。它用来固定主磁极、换向极及端盖，借助底脚将电

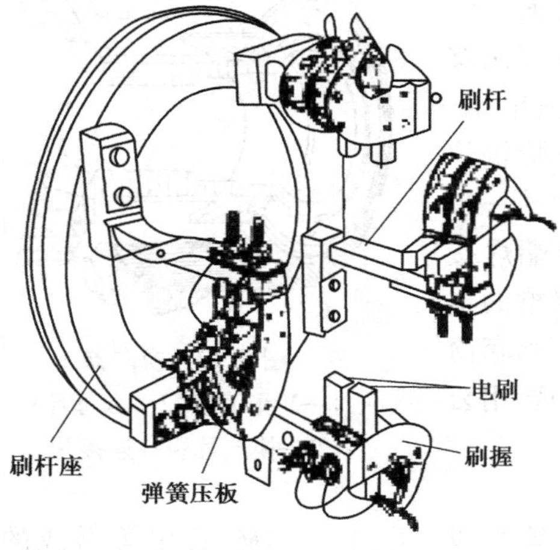

(a)刷架的结构示意图

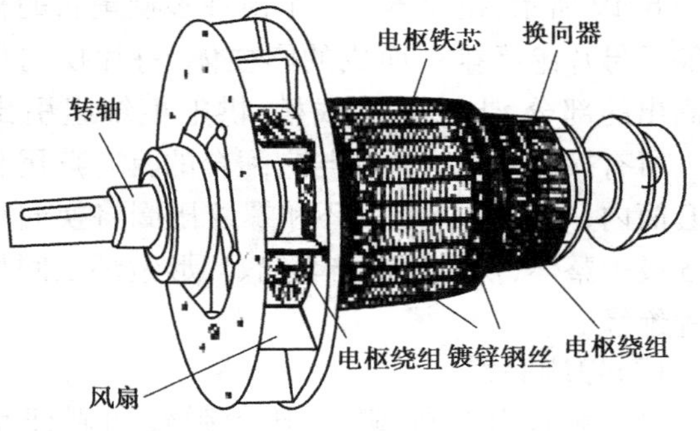

(b)电枢示意图

图 6.16　直流电机结构图

机固定于基础上、机座还是磁路的一部分，用以通过磁通的部分称为磁轭，端盖主要起支撑作用，端盖固定于机座上，其上放置轴承，支撑直流电机的转轴，使直流电机能够旋转。

(4)电枢铁芯

电枢铁芯一般用 0.5 mm 厚的涂有绝缘漆的硅钢片冲片叠成，这样铁芯在主磁场中转动时可以减少磁滞和涡流损耗。如图 6.18 所示，铁芯表面有均匀分布的齿和槽，槽中嵌放电枢绕组。电枢铁芯构成磁的通路。电枢铁芯固定在转子支架或转轴上。

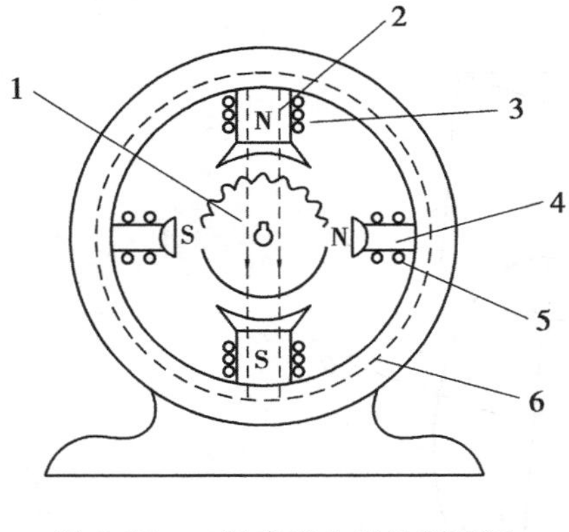

图 6.17　二级直流电机的剖面图

1—电枢；2—主磁极；3—磁励绕组；4—换向极；
5—换向极绕组；6—机座

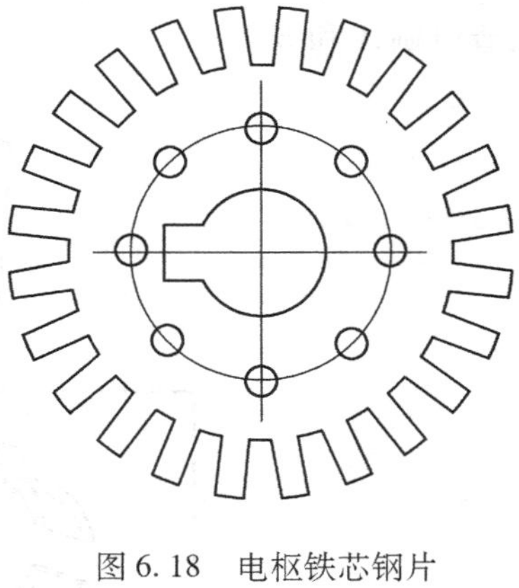

图 6.18　电枢铁芯钢片

(5)电枢绕组

电枢绕组是用绝缘铜线绕制成的线圈按一定规律嵌放到电枢铁芯槽中，并与换向器作相应的连接。线圈与铁芯之间以及线圈的上下层之间均要妥善绝缘，用槽楔压紧，再用玻璃丝带或钢丝扎紧。电枢绕组是电机的核心部件，电机工作时在其中产生感应电动势和电磁转矩，实现能量的转换。

(6)换向器

换向器的作用是与电刷配合,将直流电动机输入的直流电流转换成电枢绕组内的交变电流,或是将直流发电机电枢绕组中的交变电动势转换成输出的直流电压。如图 6.19 所示,换向器是一个由许多燕尾状的梯形铜片间隔云母片绝缘排列而成的圆柱体,每片换向片的一端有高出的部分,上面铣有线槽,供电枢绕组引出端焊接用。所有换向片均放置在与它配合的具有燕尾状槽的金属套筒内,然后用 V 形钢环和螺纹压圈将换向片和套筒紧固成一整体,换向片组与套筒、V 形钢环之间均要用云母片绝缘。

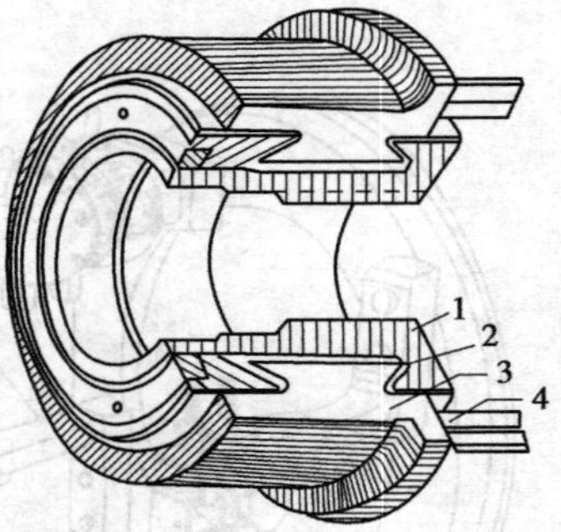

图 6.19 换向器
1—V 形套筒;2—云母环;
3—换向片;4—连接片

(7)电刷装置

电刷装置由电刷,刷握、压紧弹簧和刷杆座等组成。电刷是用碳-石墨等做成的导电块,电刷装在刷握的盒内,用压紧弹簧把它压紧在换向器的表面上。压紧弹簧的压力可以调整,保证电刷与换向器表面有良好的滑动接触,刷握固定在刷杆上,刷杆装在刷杆座上,彼此之间绝缘。刷杆座装在端盖或轴承盖上,根据电流的大小,每一刷杆上可以有几个电刷组成的电刷组,电刷组的数目一般等于主磁极数。电刷的作用是与换向器配合引入、引出电流。

6.3.2 直流电动机工作原理

为了讨论直流电机的工作原理,可把复杂的直流电机结构简化为图 6.20 所示的工作原理图。电机具有一对磁极,电枢绕组只是一个线圈,线圈两端分别联在两个换向片上,换向片上压着电刷 A 和 B。

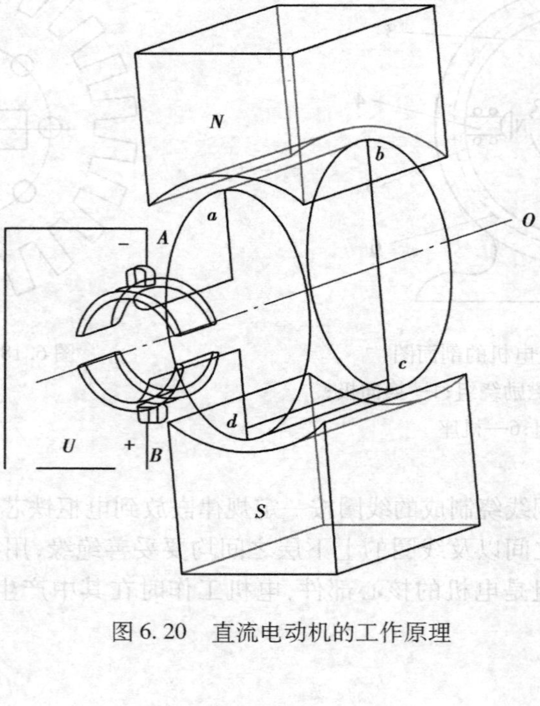

图 6.20 直流电动机的工作原理

将直流电源接在电刷之间而使电流通入电枢线圈。电流方向应该是这样的:N 极下的有效边中的电流总是一个方向,而 S 极下的有效边中的电流总是另一个方向,这样才能使两个边上受到的电磁力的方向一致,电枢因而转动。因此,当线圈的有效边从 N(S)极下转到 S(N)极下时,其中电流的方向必须同时改变,以使电磁力的方向不变,而这也必须通过换向器才得以实现。电动机电枢线圈通电后在磁场中受力而转动,这是问题的一个方面;另外,当电枢在磁场中转动时,线圈中也要产生感应电动势 E,这个电动势的方向由右手定则确定,与电流或外加电压的方向总是相反,所以称为反电势。

任何电机的工作原理都是建立在电磁力和电磁感应这个基础上的,直流电机也是如此。

直流电机电刷间的电动势常用下式表示:

$$E = K_e \Phi n \tag{6.6}$$

式中,E——电动势(V);

Φ——一对磁极的磁通(Wb);

n——电枢转速(r/min);

K_e——与电机结构有关的常数。

直流电机电枢绕组中的电流与磁通 Φ 相互作用,产生电磁力和电磁转矩。直流电机的电磁转矩常用下式表示:

$$T = K_t \Phi I_a \tag{6.7}$$

式中,T——电磁转矩(N·m);

Φ——对磁极的磁通(Wb);

I_a——电枢电流(A);

K_t——与电机结构有关的常数。

电动机的电磁转矩是驱动转矩,它使电枢转动。因此,电动机的电磁转矩 T 必须与机械负载转矩 T_L,及空载损耗转矩 T_0 相平衡。当轴上的机械负载发生变动时,则电动机的转速、电动势、电流及电磁转矩将自动进行调整,以适应负载的变化,保持新的平衡。比如,当负载增加,即阻转矩增加时,电动机的电磁转矩暂时小于阻转矩,所以,转速开始下降,随着转速的下降,当磁通 Φ 不变时,反电动势 E 必将减小,而电枢电流[$I_a = (U - E)/R_a$]将增加,于是电磁转矩也随着增加,直到电磁转矩与阻转矩达到新的平衡后,转速不再下降,而电动机以较原先为低的转速稳定运行,这时的电枢电流已大于原先的数值,也就是说从电源输入的功率增加了(电源电压保持不变)。

6.3.3　直流电动机机械特性

直流电动机按励磁方法划分,可分为他励、并励、串励和复励 4 类。它们的运行特性也不尽相同,这一节主要介绍在调速中用得最多的他励电动机的机械特性。

(1)他励电动机的机械特性

图 6.21 所示为直流他励电动机与直流并励电动机的原理电路图,电枢回路中的电压平衡方程式为:

$$U = E + I_a R_a \tag{6.8}$$

将式(6.6)代入式(6.8)并整理后,得

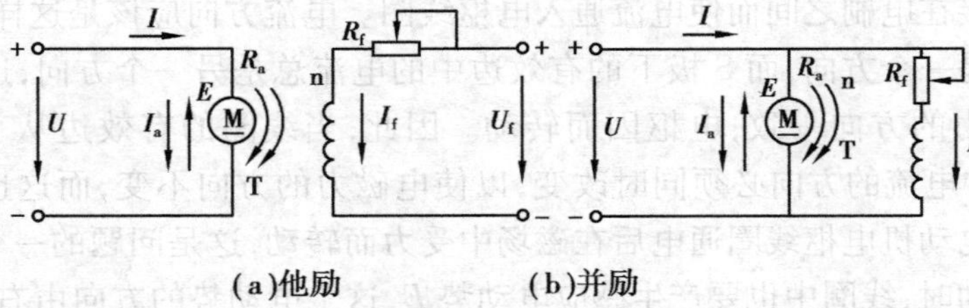

图 6.21　直流电动机原理电路图

$$n = \frac{U}{K_e\Phi} - \frac{R_a}{K_e\Phi}I_a \tag{6.9}$$

式(6.4)称为直流电动机的转速特性,$n=f(I_a)$,再将式(6.7)代入式(6.9),即可得直流电动机机械特性的一般表达式:

$$n = \frac{U}{K_e\Phi} - \frac{R_a}{K_eK_t\Phi^2}T = n_0 - \Delta n \tag{6.10}$$

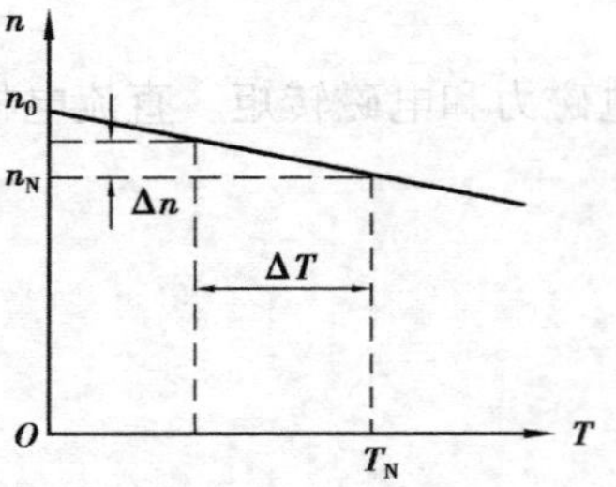

图 6.22　他励电动机机械特性

由于电动机的励磁方式不同,磁通 Φ 随 I_a 和 T 变化的规律也不同,所以在不同励磁方式下,式(6.10)所表示的机械特性形状就有差异。当 U_f 与 U 同属一个电源,且不考虑供电电源的内阻时,他励式电动机励磁电流 I_f(或磁通 Φ)的大小均与电枢电流 I_a 无关,其机械特性如图 6.22 所示。

式(6.10)中,$T=0$ 时的转速 $n_0 = U/(K_e\Phi)$ 称为理想空载转速。实际上,电动机总存在空载制动转矩,靠电动机本身的作用是不可能使其转速上升到 n_0 的,"理想"的含义就在这里。

为了衡量机械特性的平直程度,引进一个机械特性硬度的概念,记作 β,其定义为:

$$\beta = \frac{\mathrm{d}T}{\mathrm{d}n} = \frac{\Delta T}{\Delta n} \tag{6.11}$$

即转矩变化 dT 与所引起的转速变化 dn 的比值,称为机械特性的硬度,根据 β 值的不同,可将电动机机械特性分为 3 类:

1)绝对硬特性($\beta \to \infty$):如交流同步电动机的机械特性。

2)硬特性($\beta > 10$):如直流他励电动机的机械特性,交流异步电动机机械特性的上半部。

3)软特性($\beta < 10$):如直流串励电动机和直流积复励电动机的机械特性。

在生产实际中,应根据生产机械和工艺过程的具体要求来决定选用何种特性的电动机。例如,一般金属切削机床、连续式冷轧机、造纸机等需选用硬特性的电动机;而对起重机、电车等则需选用软特性的电动机。

(2)固有机械特性

电动机的机械特性有固有特性和人为特性之分。固有特性又称自然特性,它是指在额定条件下的 $n=f(T)$,对于直流他励电动机,就是在额定电压 U_N 和额定磁通 Φ 下,电枢电路内不外接任何电阻时的 $n=f(T)$。直流他励电动机的固有特性可以根据电动机的铭牌数据来绘制。由式(6.10)知,当 $U=U_N$,$\Phi=\Phi_N$ 时 K_t、K_e、K_a 都为常数,故 $n=f(T)$ 是一条直线。只要确定其中的两个点就能画出这条直线，一般就用理想空载点$(0,n_0)$和额定运行点(T_N,n_N)近似地来作出直线。通常在电动机铭牌上给出了额定功率P_N，额定电压U_N，额定电流I_N，额定转速n_N等，由这些已知数据就可求出R_a,K_e,Φ_N,n_0,T_N，其计算步骤如下。

1）估算电枢R_a

通常电动机在额定负载下的铜耗$I_a^2R_a^2$约占总损耗50%～75%。因

$$\begin{aligned}\sum\Delta P_N &= \text{输入功率} - \text{输出功率}\\ &= U_N - P_N\\ &= U_N I_N - \eta_N U_N I_N\\ &= (1-\eta_N)U_N I_N\end{aligned}$$

又
$$I_a^2R_a^2 = (0.50\sim0.75)(1-\eta_N)U_N I_N$$

式中，$\eta_N = P_N/(U_N I_N)$是额定运行条件下电动机的效率，且此时$I_a = I_N$，故得

$$R_a = (0.50\sim0.75)\left(1-\frac{P_N}{U_N I_N}\right)\frac{U_N}{I_N}$$

2）求$K_e\Phi_N$

额定运行条件下的反电势$E_N = K_e\Phi_N n_N = U_N - I_N R_a$，故

$$K_e\Phi_N = (U_N - I_N R_a)/n_N$$

3）求理想空载转速

$$n_0 = U_N/(K_e\Phi_N)$$

4）求额定转矩

$$\{T_N\}_{\mathrm{N\cdot m}} = \frac{\{P_N\}_{\mathrm{W}}}{\{w\}_{\mathrm{rad/s}}} = 9.55\frac{\{P_N\}_{\mathrm{W}}}{\{n_N\}_{\mathrm{r/min}}}$$

根据$(0,n_0)$和(T_N,n_N)两点，就可以作出他励电动机近似的机械特性曲线$n=f(T)$。

前面讨论的是直流他励电动机正转时的机械特性，它在T_{-n}。直角坐标平面的第一象限内。实际上电动机既可正转，也可反转，若将式(6.5)的等号两边乘以负号，即得电动机反转时的机械特性表示式。因为n和T均为负，故其特性应在$T-n$平面的第三象限中，如图6.23所示。

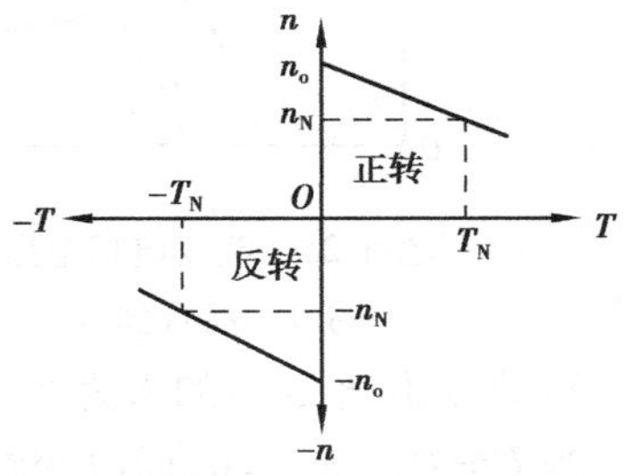

图6.23　直流他励电动机正反转时的固有特性

(3)人为机械特性

人为机械特性就是指式(6.10)中供电电压U或磁通Φ不是额定值、电枢电路内接有外加电阻R_{ad}时的机械特性，亦称人为特性。下面分别介绍直流他励电动机的三种人为机械特性，亦称为特性。下面分别介绍直流他励电动机的三种人为机械特性。

1）电枢回路中串接附加电阻时的人为机械特性

如图6.24(a)所示，当$U=U_N$，$\Phi=\Phi_N$，电枢回路中串接附加电阻R_{ad}，若以$R_{ad}+R_a$代替式(6.5)中的R_a就可求得人为机械特性方程式：

$$n = \frac{U}{K_e\Phi} - \frac{R_a + R_{ad}}{K_e K_t \Phi^2}T$$

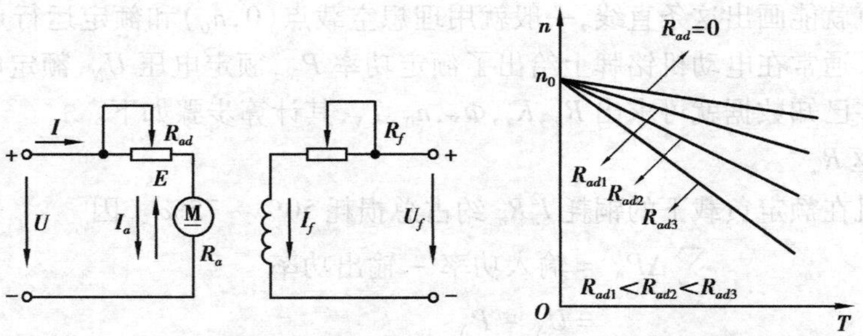

(a)原理电路图　　(b)机械特性

图 6.24　电枢回路中串接附加电阻的他励电动机

它与固有机械特性式(6.10)比较可看出,当 U 和 Φ 都是额定值时,二者的理想空载转速 n_0 是相同的,而转速降 Δn 却变大了,即特性变软。R_{ad} 越大,特性越软,在不同的 R_{ad} 值时,可得一簇由同一点$(0,n_0)$出发的人为特性曲线,如图 6.24(b)所示。

2)改变电枢电压 U 时的人为特性

当 $\Phi=\Phi_N, R_{ad}=0$ 时,而改变电枢电压 $U(U\neq U_N)$ 时,由式(6.10)可知,此时,理想空载转速要随 U 的变化而变,但转速降不变,所以,在不同的电枢电压 U 时,可得一簇平行于固有特性曲线的人为特性曲线,如图 6.25 所示。由于电动机绝缘耐压强度的限制,电枢电压只允许在其额定值以下调节,所以,不同 U 值时的人为特性曲线均在固有特性曲线之下。

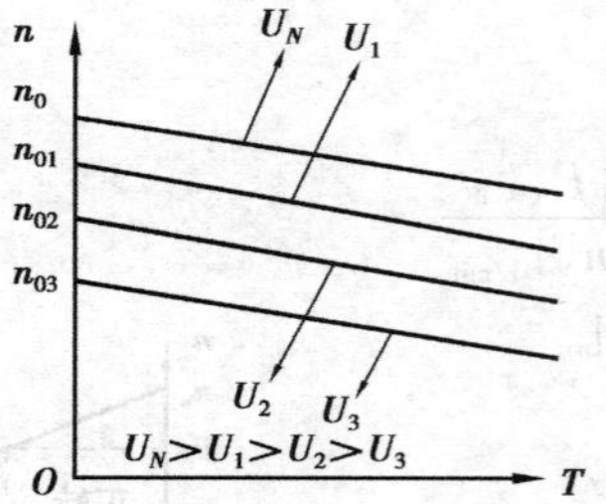

图 6.25　改变电枢电压的人为特性曲线

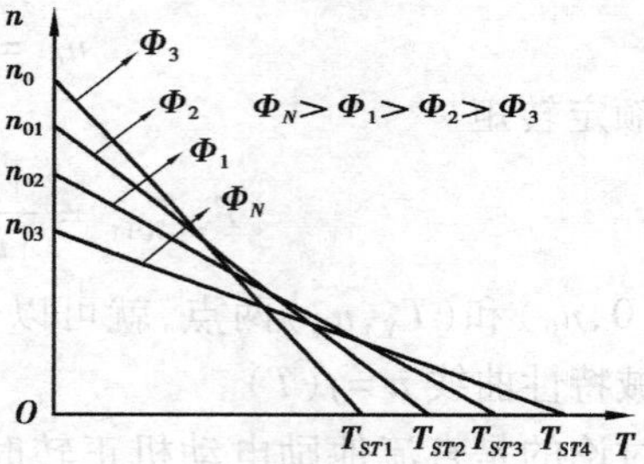

图 6.26　改变磁通 Φ 时的人为特性曲线

3)改变磁通 Φ 时的人为特性

当 $U=U_N$, $R_{ad}=0$,而改变磁通 Φ 时,由式(6.5)可见,此时,理想空载转速 $U_N/(K_e\Phi_N)$ 和转速降 $\Delta n=R_aT/(K_eK_t\Phi^2)$ 都要随磁通 Φ 的改变而变化,由于励磁线圈发热和电动机磁饱和的限制,电动机的励磁电流和它对应的磁通 Φ 只能在低于其额定值的范围内调节,所以,随着磁通中的降低,理想空载转速 n_0 和转速降 Δn 都要增大,又因为在 $n=0$ 时,由电压平衡方程式 $U=E+I_aR_a$ 和 $E=K_e\Phi_n$,此时 $I_{st}=U/R_a=$ 常数,故与其对应的电磁转矩 $T_{st}=K_t\Phi_{st}$ 随 Φ 的降低而减小。根据以上所述,就可得不同磁通必值下的人为特性曲线簇,如图 6.26 所示。从图 6.26 中可看出,每条人为特性曲线均与固有特性曲线相交,交点左边的一段在固有特性曲线之上,右边的一段在固有特性曲线之下,而在额定运转条件(额定电压、额定电流、额定功率)下,电动机总是工作在交点的左边区域内。

削弱磁通时,必须注意的是:当磁通过分削弱后,如果负载转矩不变,将使电动机电流大大增加而严重过载。另外,当 $\Phi=0$ 时,从理论上说。电动机转速将趋于 2,实际上励磁电流为 0 时。电动机尚有剩磁,这时转速虽不趋于∞,但会升到机械强度所不允许的数值,通常称为“飞车”。因此,直流他励电动机启动前必须先加励磁电流,在运转过程中,决不允许励磁电路断开或励磁电流为 0,为此,直流他励电动机在使用中,一般都设有“失磁”保护。

6.3.4　直流电动机的启动

电动机的启动就是施电于电动机,使电动机转子转动起来。达到所要求的转速后正常运转。对直流电动机而言,由式(6.5)知,电动机在未启动之前 $n=0,E=0$,而 R_a 很小,所以,将电动机直接接入电网并施加额定电压时,启动电流 $I_{st}=U_N/R_a$ 将很大,一般情况下能达到其额定电流的 10 ~20 倍。这样大的启动电流不仅使电动机在换向过程中产生危险的火花,烧坏整流子,过大的电枢电流产生过大的电动应力,可能引起绕组的损坏,而且产生与启动电流成正比例的启动转矩,会在机械系统和传动机构中产生过大的动态转矩冲击,使机械传动部件损坏,对供电电网来说,过大的启动电流将使保护装置动作,切断电源造成事故,或者引起电网电压的下降,影响其他负载的正常运行。因此,直流电动机是不允许直接启动的,即在启动时必须设法限制电枢电流,例如普通的 Z_2 型直流电动机,规定电枢的瞬时电流不得大于额定电流的 1.5 ~2 倍。

限制直流电动机的启动电流,一般有两种方法:一是降压启动,即在启动瞬间,降低供电电源电压,随着转速的升高,反电势 E 增大,再逐步提高供电电压,最后达到额定电压 U_N 时,电动机达到所要求的转速。直流发电机、电动机组和晶闸管整流装置—电动机组等就是采用这种降压方式启动,这将在后面给予讨论;二是在电枢回路内串接外加电阻启动,此时启动电流 $I_{st}=U_N/(R_a+R_{st})$ 将受到外加启动电阻 R_{st} 的限制,随着电动机转速 n 的升高,反电势 E 增大,再逐步切除外加电阻直至全部切除,电动机达到所要求的转速。

生产机械对电动机启动的要求是有差异的。例如,市内无轨电车的直流电动机传动系统,要求平稳慢速启动,若启动过快会使乘客感到不舒适。而一般生产机械则要求有足够的启动转矩,以缩短启动时间,提高生产效率。从技术上来说,一般希望平均启动转矩大些,以缩短启动时间,这样启动电阻的段数就应多些;而从经济上来看,则要求启动设备简单、经济和可靠,这样启动电阻的段数就应少些。如图 6.27(a)所示,图中只有一段启动电阻,若启动后,将启动电阻一下全部切除,则启动特性如图 6.27(b)所示,此时由于电阻被切除,工作点将从特性 1 切换到特性 2 上,由于在切除电阻的瞬间,机械惯性的作用使电动机的转速不能突变,在此瞬间 n 维持不变,即从 a 点切换到 b 点,此时冲击电流仍会很大,为了避免这种情况,通常采用逐级切除启动电阻的方法来启动。

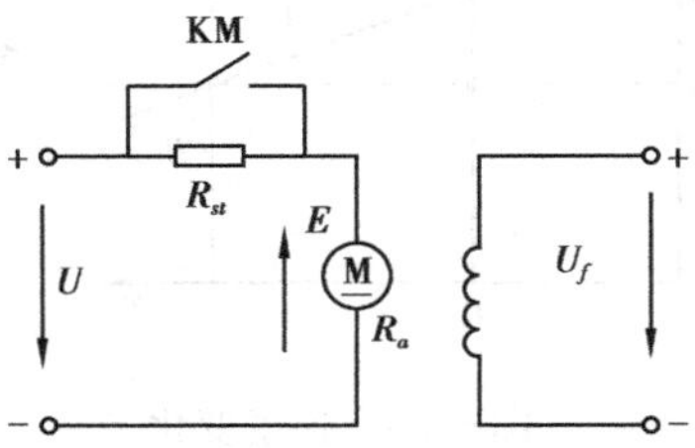

(a)原理电路图

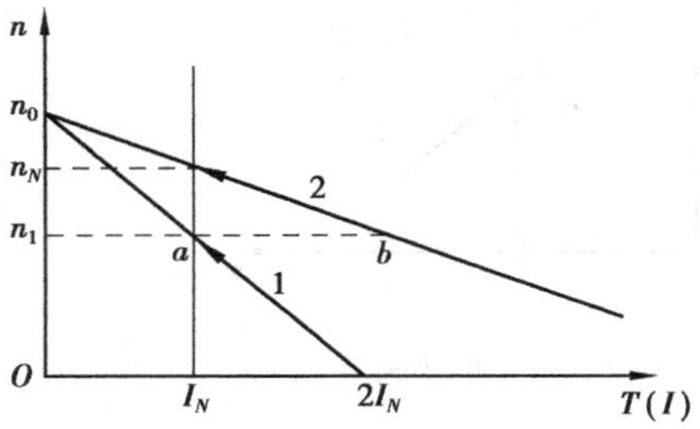

(b)启动特性

图 6.27　具有段启动电阻的他励电动机

图 6.28 所示为具有三段启动电阻的原理线路和启动特性，T_1，T_2，分别称为尖峰（最大）转矩和换接（最小）转矩，启动过程中，接触器 KM_1，KM_2，KM_3 依次将外接电阻 R_1，R_2，R_3 短接，其启动特性如图 6.28（b）所示，n 和 T 沿着箭头方向在各条特性曲线上变化。

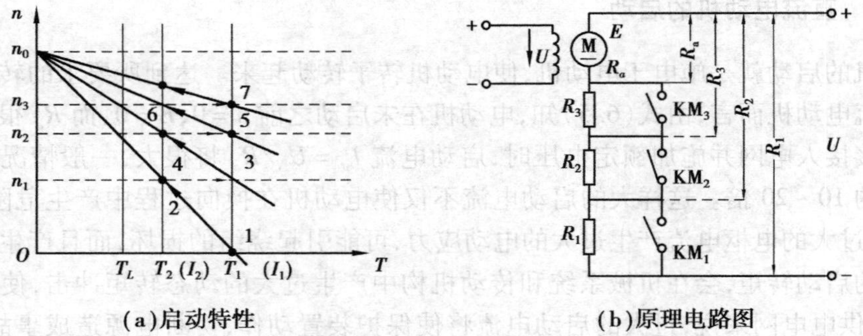

（a）启动特性　　（b）原理电路图

图 6.28　具有三段启动电阻的他励电动机

可见，启动级数愈多，T_1，T_2 愈与平均转矩 $T_{av}=(T_1+T_2)/2$ 接近，启动过程就快而平稳，但所需的控制设备也就愈多。我国生产的标准控制柜都是按快速启动原则设计的，一般启动电阻为 3 ~4 段。

多级启动时，T_1，T_2 的数值需按照电动机的具体启动条件决定，一般原则是保持每一级的最大转矩 T_1，（或最大电流 I_1）不超过电动机的允许值，而每次切换电阻时的 T_2（或 I_2）也基本相同，一般选择 $T_1=(1.6\sim2)T_N$，$T_2=(1.1\sim1.2)T_N$。

6.3.5　直流电动机的调速

电动机的调速就是在一定的负载条件下，人为地改变电动机的电路参数，以改变电动机的稳定转速，如图 6.29 所示的特性曲线 1 与 2，在负载转矩一定时，电动机工作在特性 1 上的 A 点，以 n_B 转速稳定运行；若人为地增加电枢电路的电阻，则电动机将降速至特性 2 上的 B 点，以 n_B 转速稳定运行，这种转速的变化是人为改变（或调节）电枢电路的电阻所造成的，故称调速或速度调节。

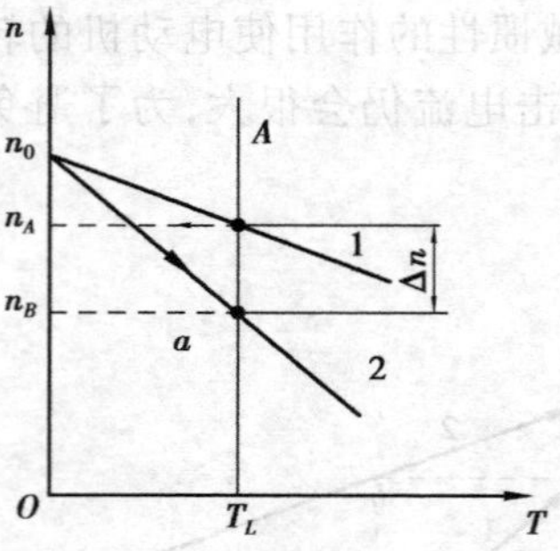

图 6.29　速度调节

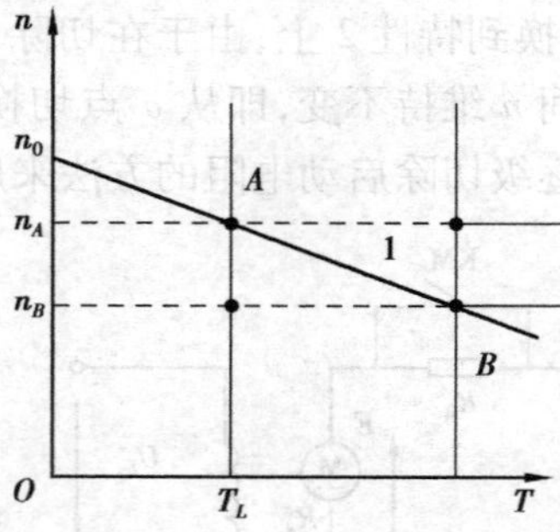

图 6.30　速度变化

请注意，速度调节与速度变化是两个完全不同的概念，所谓速度变化是指由于电动机负载转矩发生变化（增大或减小），而引起的电动机转速变化（下降或上升），如图 6.30 所示。当负载转矩由 T_1 增加到 T_2 时，电动机的转速由 n_A 降低到 n_B，它是沿某一条机械特性发生的转速变化。总之，速度变化是在某条机械特性下，由于负载改变而引起的；而速度调节则是在某一特定的负载下，靠人为改变机械特性而得到的。

电动机的调速是生产机械所要求的。如金属切削机床，根据工件尺寸、材料性质、切削用量、刀具特性、加工精度等不同，需要选用不同的切削速度，以保证产品质量和提高生产效率；电梯类或其他要求稳速运行或准确停止的生产机械，要求在启动和制动时速度要慢或停车前降低运转速度以实现准确停止，实现生产机械的调速可以采用机械的、液压的或电气的方法。下面仅就他励直流电动机的调速方法作一般性的介绍。

从直流他励电动机机械特性方程式

$$n = \frac{U}{K_e\Phi} - \frac{R_a + R_{ad}}{K_e K_t \Phi^2}T$$

可知，改变串入电枢回路的电阻 R_{ad}，电枢供电电压 U 或主磁通 Φ，都可以得到不同的人为机械特性，从而在负载不变时可以改变电动机的转速，以达到速度调节的要求，故直流电动机调速的方法有以下三种。

(1) 改变电枢电压调速

改变电枢供电电压 U 可得到人为机械特性，如图 6.31所示，从特性可看出，在一定负载转矩 T_L 下，加上不同的电压 $U_N, U_1, U_2, U_3, \cdots$，可以得到不同的转速 $n_a, n_b, n_c, n_d, \cdots$，即改变电枢电压可以达到调速的目的。

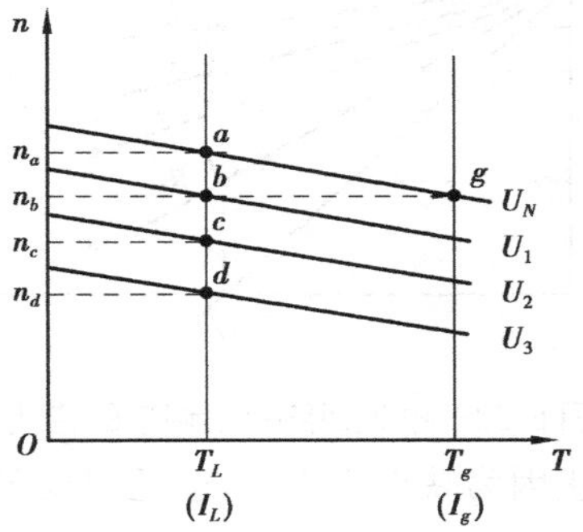

图 6.31　改变电枢电压调速的特性

现以电压由 U_1 突然升高至 U_N 为例说明其升速的机电过程，电压为 U_1 时，电动机工作在 U_1 特性的 b 点，稳定转速为 n_b，当电压突然上升为 U_N 的一瞬间，由于系统机械惯性的作用，转速。不能突变，相应的反电势 $E = I_b = \dfrac{U_2 - E}{R_a + R_{ad}}\Phi$ 也不能突变，仍为 n_b 和 E_b。在不考虑电枢电路的电感时，电枢电流将随 U 的突然上升由 $I_L = (U_1 - E_b)/R_a$ 突增至 $I_g = (U_N - E_b)/R_a$ 则电动机的转矩也由 $T = T_L = K_t\Phi I_L$ 突然增至 $T' = T_g = K_t\Phi I_g$，即在 U 突增的这一瞬间，电动机的工作点由 U_1 特性的 b 点过渡到 U_N 特性的 g 点（实际上平滑调节时，I_g 是不大的）。由于 $T_g > T_L$ 所以系统开始加速，反电势 E 也随转速 n 的上升而增加，电枢电流则逐渐减少，电动机转矩也相应减少，电动机的工作点将沿 U_N 特性由 g 点向 a 点移动，直到 $n = n_a$ 时 T 又下降到 $T = T_L$，此时电动机已工作在一个新的稳定转速 n_a。

由于调压调速过程中巾 $\Phi = \Phi_N$，所以，当 T_L = 常数时，稳定运行状态下的电枢电流 I_a 也是一个常数，而与电枢电压 U 的大小无关。这种调速方法的特点是：

①当电源电压连续变化时，转速可以平滑无级调节，一般只能在额定转速以下调节。

②调速特性与固有特性互相平行，机械特性硬度不变，调速的稳定度较高，调速范围较大。

③调速时，因电枢电流与电压 U 无关，且 $\Phi=\Phi_N$，故电动机转矩 $|n|>|-n_0|$ 不变，属恒转矩调速，适合于对恒转矩型负载进行调速。

④可以靠调节电枢电压来启动电机，而不用其他启动设备。

过去调压电源是用直流发电机组、电机放大机组、汞弧整流器、闸流管等，目前已普遍采用晶闸管整流装置了，用晶体管脉宽调制放大器供电的系统也已应用于工业生产中。

(2)改变电枢电阻调速

前已介绍，直流电动机电枢回路串电阻后，可以得到人为的机械特性图 6.24，并可用此法进行启动控制。同样，用这个方法也可以进行调速。图 6.32 所示特性为电枢回路串电阻调速的特性，从特性可看出，在一定的负载转矩 T_L 下，串入不同的电阻可以得到不同的转速，如在电阻分别为 R_a、R'_3、R'_2、R'_1 的情况下，可以得到对应于 A、C、D 和 E 点的转速 n_A、n_C、n_D 和 n_E。在不考虑电枢电路的电感时，电动机调速时的机电过程（如降低转速）见图中沿 A—B—C 的箭头方向所示，即从稳定转速 n_A 调至新的稳定转速 n_C。这种调速方法存在不少的缺点，如机械特性较软，电阻愈大则特性愈软，稳定度愈低；在空载或轻载时，调速范围不大；实现无级调速困难；在调速电阻上消耗大量电能等。特别注意，启动电阻不能当作调速电阻用，否则将烧坏。

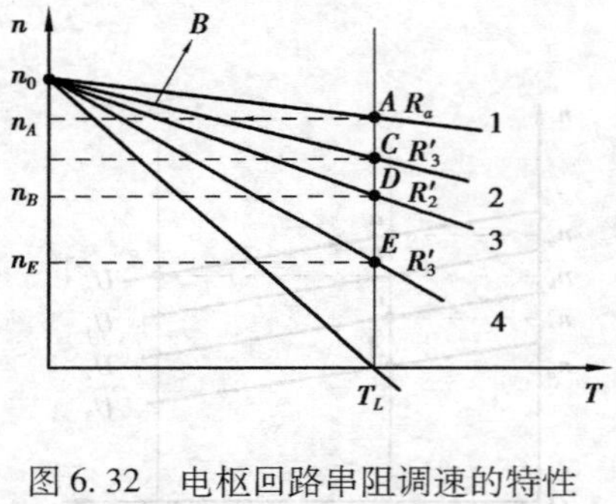

图 6.32　电枢回路串阻调速的特性

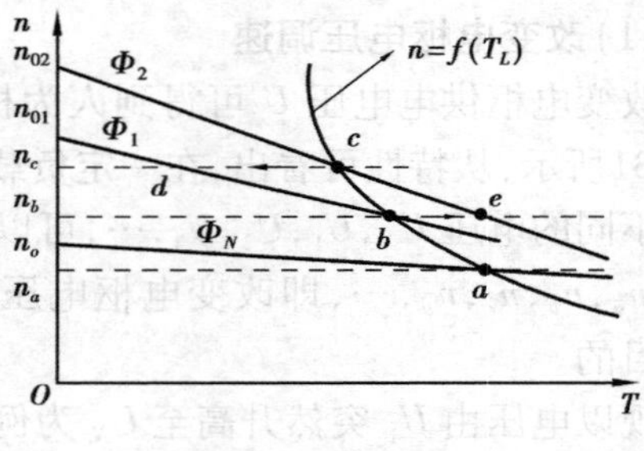

图 6.33　改变电动机主磁通 Φ 的调速特性

正因为缺点不少，目前已很少采用，仅在有些起重机、卷扬机等低速运转时间不长的传动系统中采用。

(3)改变磁通调速

改变电动机主磁通 Φ 的机械特性重示于图 6.33 中，从特性可看出下，在一定的负载功率下 P_L 下，不同的主磁通 Φ_N、Φ_1、Φ_2、…，可以得到不同的转速 n_a、n_b、n_c、…，即改变主磁通 Φ 可以达到调速的目的。

在不考虑励磁电路的电感时，电动机调速时的机电过程如图 6.33 所示，降速时沿 c—d—b 进行，即从稳定转速 n_b 降至稳定转速 n_c，升速时沿 b—e—c 进行，即从 n_b 升至 n_c，这种调速方法的特点是：

①可以平滑无级调速，但只能弱磁调速，即在额定转速以上调节。

②调速特性较软，且受电动机换向条件等的限制，普通他励电动机的最高转速不得超过额定转速的 1.2 倍，所以，调速范围不大，若使用特殊制造的“调速电动机”。调速范围可以增加，但这种调速电动机的体积和所消耗的材料都比普通电动机大得多。

③调速时维持电枢电压 U 和电枢电流 I_a 不变，即功率 $P=UI_a$ 不变，属恒功率调速，所以，这种调速适合于对恒功率型负载进行调速，在这种情况下电动机的转矩 $T=K_t\Phi I_a$ 要随主

磁通必的减小而减小。

基于弱磁调速范围不大,它往往是和调压调速配合使用,即在额定转速以下,用降压调速,而在额定转速以上,则用弱磁调速。

6.3.6　直流电动机的制动

电动机的制动是与启动相对应的一种工作状态,启动是从静止加速到某一稳定转速,而制动则是从某一稳定转速开始减速到停止或是限制位能负载下降速度的一种运转状态。

请注意,电动机的制动与自然停车是两个不同的概念,自然停车是电动机脱离电网,靠很小的摩擦阻转矩消耗机械能使转速慢慢下降,直到转速为 0 而停车,这种停车过程需时较长。不能满足生产机械的要求,为了提高生产效率,保证产品质量,需要加快停车过程,实现准确停车等,要求电动机运行在制动状态,常简称为电动机的制动。

就能量转换的观点而言,电动机有两种运转状态,即电动状态和制动状态。电动状态是电动机最基本的工作状态,其特点是电动机所发出的转矩 T 的方向与转速 n 的方向相同,如图 6.34(a)所示,当起重机提升重物时,电动机将电源输入的电能转换成机械能,使重物 G 以速度 v 上升;但电动机也可工作在其发出的转矩 T 与转速 n 方向相反的状态,如图 6.34(b)所示,这就是电动机的制动状态。此时,为使重物稳速下降,电动机必须发出与转速方向相反的转矩,以吸收或消耗重物的机械位能、否则重物由于重力作用,其下降速度将愈来愈快。又如当生产机械要由高速运转迅速降到低速或者生产机械要求迅速停车时,也需要电动机发出与旋转方向相反的转矩,来吸收或消耗机械能,使它迅速制动。

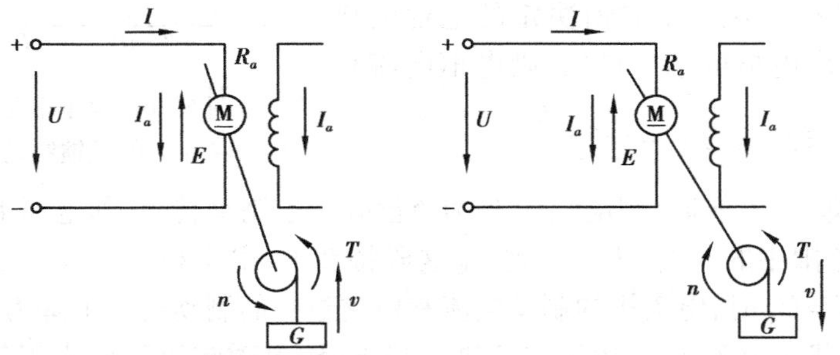

(a)电动状态　　　　(b)制动状态

图 6.34　直流他励电动机的工作状态

从上述分析可看出电动机的制动状态有两种形式:一是在卷扬机下放重物时为限制位能负载的运动速度,电动机的转速不变,以保持重物的匀速下降,这属于稳定的制动状态;二是在降速或停车制动时,电动机的转速是变化的,则属于过渡的制动状态。两种制动状态的区别在于转速是否变化,它们的共同点是,电动机发出的转矩 T 与转速 n 方向相反。电动机工作在发电机运行状态,电动机吸收或消耗机械能(位能或动能),并将其转化为电能反馈回电网或消耗在电枢电路的电阻中。根据直流他励电动机处于制动状态时的外部条件和能量传递情况,它的制动状态分为反馈制动、反接制动、能耗制动 3 种形式。

(1)反馈制动

电动机为正常接法时,在外部条件作用下电动机的实际转速 n 大于其理想空载转速 n_0,此时,电动机即运行于反馈制动状态。如电车走平路时,电动机工作在电动状态,电磁转矩 T

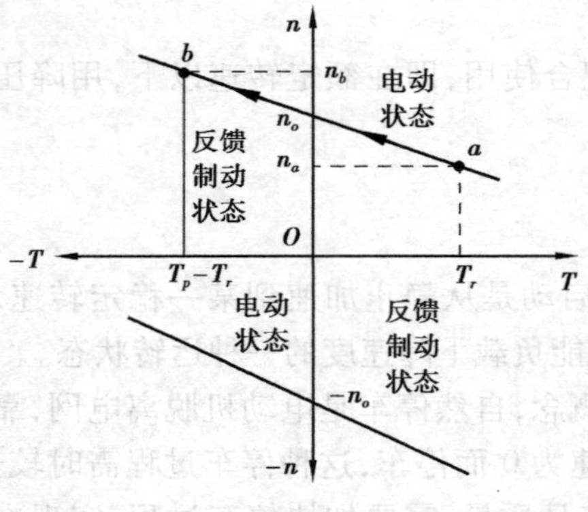

图 6.35　直流他励电动机的反馈制动

克服摩擦性负载转矩 T_t，并以 n_a 转速稳定在 a 点工作，如图 6.35 所示。当电车下坡时，电车位能负载转矩 T_p，使电车加速，转速 n 增加，越过 n_0 继续加速，使 $n>n_0$，感应电势 E 大于电源电压 U，故电枢中电流 I_a 的方向便与电动状态相反，转矩的方向也由于电流方向的改变而变得与电动运转状态相反。直到 $T_p=T+T_t$ 时，电动机以 n_b 的稳定转速控制电车下坡，实际上这时是电车的位能转矩带动电动机发电。把机械能转变成电能，向电源馈送，故称反馈制动，也称再生制动或发电制动。

在反馈制动状态下电动机的机械特性表达式仍是式(6.10)，所不同的仅是 T 改变了符号(即 T 为负值)，而理想空载转速和特性的斜率均与电动状态下的一致，这说明电动机正转时，反馈制动状态下的机械特性是第一象限中电动状态下的机械特性在第二象限内的延伸。

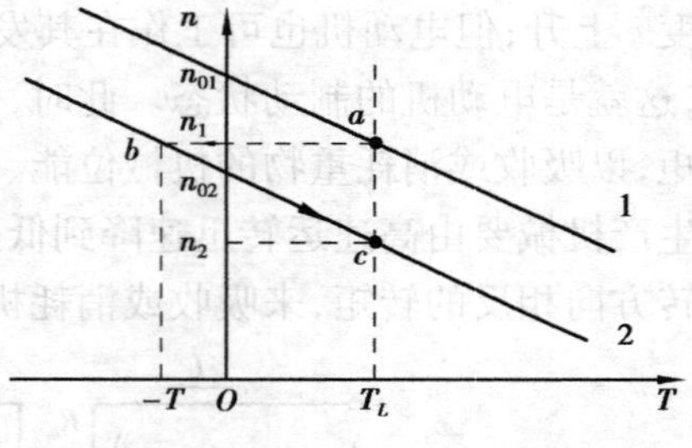

图 6.36　电枢电压突然降低时的反馈制动过程

在电动机电枢电压突然降低使电动机转速降低的过程中，也会出现反馈制动状态，例如，原来电压为 U_1，相应的机械特性为图 6.36 中的直线 1，在某一负载下以 n_1 运行在电动状态，当电枢电压由 U_1 突降为 U_2 时，对应的理想空载转速为 n_{02}，机械特性变为直线 2。但由于电动机转速和由它所决定的电枢电势不能突变，若不考虑电枢电感的作用，则电枢电流将由 $n=-\dfrac{R_a+R_{ad}}{K_eK_t\Phi^2}T$ 突然变为 $I_b=\dfrac{U_2-E}{R_a+R_{ad}}$。

当 $n_{02}<n_1$，即 $U_2<E$ 时，则电流了 I_b 为负值并产生制动转矩，即电压 U 突降的瞬时，系统的状态在第二象限中的 b 点，从 b 点到 n_{02} 这段特性上，电动机进行反馈制动，转速逐步降低，转速下降至，$E=U_2$ 时，电动机的制动电流和由它建立的制动转矩下降为 0，反馈制动过程结束。此后，在负载转矩 T_L 的作用下转速进一步下降，电磁转矩又变为正值，电动机又重新运行于第一象限的电动状态，直至达到 c 点时 $T=T_L$，电动机又以 n_2 的转速在电动状态下稳定运行。

同样，电动机在弱磁状态用增加磁通 Φ 的方法来降速时，也能产生反馈制动过程。以实现迅速降速的目的。

卷扬机构下放重物时，也能产生反馈制动过程，以保持重物匀速下降，如图 6.37 所示。设电动机正转时是提升重物，机械特性曲线在第一象限；若改变加在电枢上的电压极性，其理想空载转速为$(-n_0)$、特性在第三象限，电动机反转，在电磁转矩 T 与负载转矩(位能负载)T_L 的共同作用下重物迅速下降，且愈来愈快，使电枢电势 $E=K_t\Phi n$ 增加，电枢电流 $I_a=(U-E)/(R_a+R_{ad})$ 减小，电动机转矩 $T=K_t\Phi I_a$ 亦减小，传动系统的状态沿其特性由 a 点向 b 点移动，由于电动机和生产机械特性曲线在第三象限没有交点，系统不可能建立稳定平衡点，所以系统的加速过程一直进行到 $n=-n_0$ 和 $T=0$ 时仍不会停止，而在重力作用下继续加速。当 $|n|>|-n_0|$ 时，$E>U$，I_a 改变方向，电动机转矩 T 变为正值，其方向与 T_L 相反，系统的状

态进入第四象限，电动机进入反馈制动状态，在 T_L 的作用下，状态由 b 点继续向 c 点移动，电枢电流和它所建立的电磁制动转矩 T 随转速的上升而增大，直到 $n=-n_c$，$T=T_L$ 时为止，此时系统的稳定平衡点在第四象限中的 c 点，电动机以 $n=-n_c$ 的转速在反馈制动状态下稳定运行，以保持重物匀速下降。若改变电枢电路中的附加电阻 R_{ad} 的大小，也可以调节反馈制动状态下电动机的转速，但与电动状态下的情况相反。反馈制动状态下附加电阻越大、电动机转速越高（见图6.37(b)中所示的 c、d 两点）。为使重物下降速度不致过高，串接的附加电阻不宜过大。但即使不串接任何电阻，重物下放过程中电动机的转速仍高于 n_0，如果下放的工件较重，则采用这种制动方式运行是不太安全的。

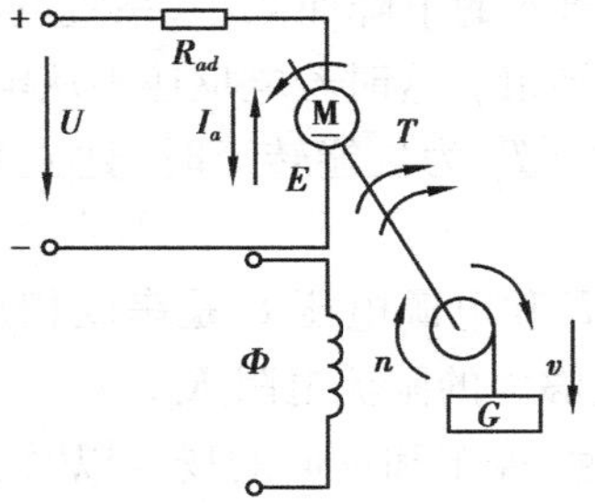

(a)原理图

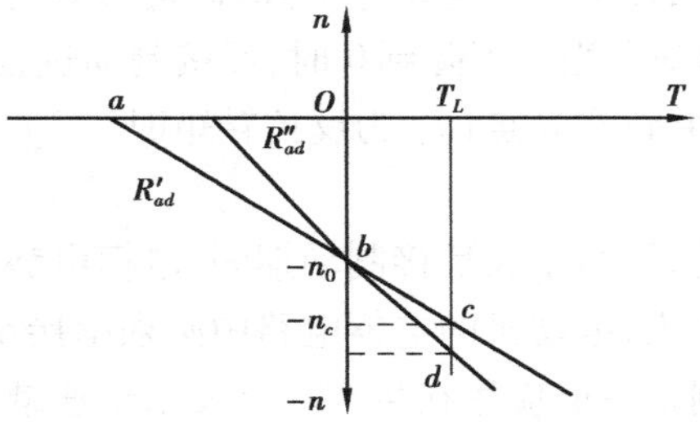

(b)制动特性

图6.37　下放重物时的反馈制动过程

(2)反接制动

当他励电动机的电枢电压 U 或电枢电势 E 中的任一个在外部条件作用下改变了方向，即二者由方向相反变为方向一致时，电动机即运行于反接制动状态，把改变电枢电压 U 的方向所产生的反接制动称为电源反接制动，而把改变电枢电势 E 的方向所产生的反接制动称为倒拉反接制动。下面对这两种反接制动分别讨论。

1)电源反接制动

如图6.38所示，若电动机原运行在正向电动状态，电动机电枢电压 U 的极性为图6.38(a)中的虚线所示，此时电动机稳速运行在第一象限中特性曲线1的 a 点，转速为 n_a。若电枢电压 U 的极性突然反接，如图6.38(a)之实线所示时，此时电势平衡方程式为：

$$E=-U-I_a(R_a+R_{ad})$$

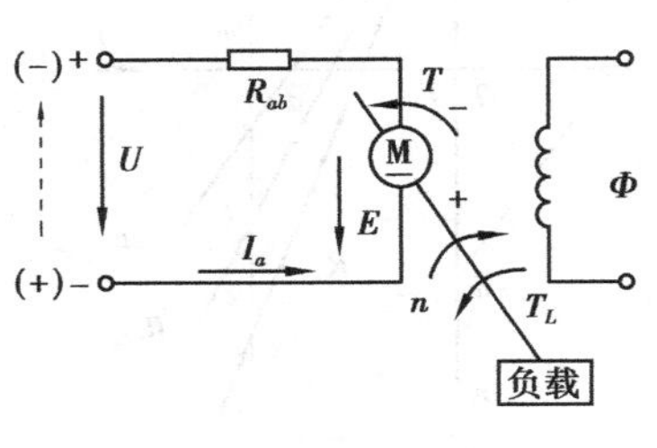

(a)原理图

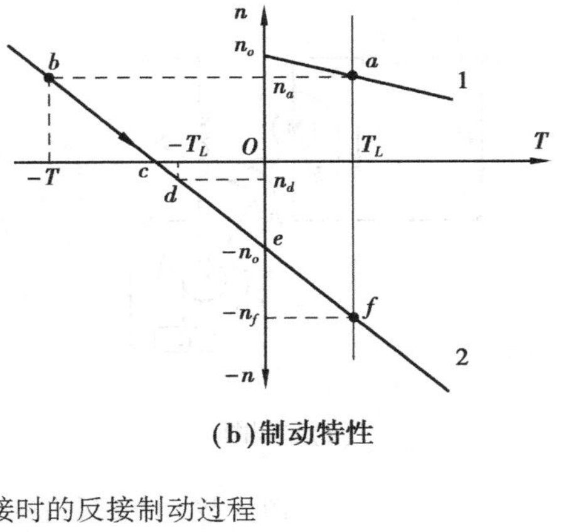

(b)制动特性

图6.38　电源反接时的反接制动过程

需要注意的是：电势 E、电枢电流 I_a 的方向为电动状态下假定的正方向。以 $E=K_e\Phi n$，$I_a=T/(K_t\Phi)$ 代入上式，便可得到电源反接制动状态的机械特性表达式：

$$n=\frac{-U}{K_e\Phi}-\frac{R_a+R_{ad}}{K_eK_1\Phi^2}T$$

可见，当理想空载转速 n_0 变为 $-n_0=-U/(K_e\Phi)$ 时，电动机的机械特性曲线为图 6.38(b)中的直线 2，其反接制动特性曲线在第二象限。由于在电源极性反接的瞬间，电动机的转速和它所决定的电枢电势不能突变，若不考虑电枢电感的作用，此时系统的状态由直线 1 的 a 点变到直线 2 的 b 点、电动机发出与转速，方向相反的转矩 T(即 T 为负值)，它与负载转矩共同作用，使电机转速迅速下降，制动转矩将随 n 的下降而减小，系统的状态沿直线 2 自 b 点向 c 点移动。当刀下降到 0 时，反接制动过程结束。这时若电枢还不从电源拉开，电动机将反向启动，并将在 d 点(T_L 为反抗转矩时)或 f 点(T_L 为位能转矩时)建立系统的稳定平衡点。

需要注意的是：由于在反接制动期间，电枢电势 E 和电源电压 U 是串联相加的，因此，为了限制电枢电流 I_a，电动机的电枢电路中必须串接足够大的限流电阻 R_{ad}。

电源反接制动一般应用在生产机械要求迅速减速、停车和反向的场合以及要求经常正反转的机械上。

2)倒拉反接制动

如图 6.39 所示，在进行倒拉反接制动以前，设电动机处于正向电动状态、以 n_a 转速稳定运转，提升重物。若欲下放重物，则需在电枢电路内串入附加电阻 R_{ad}，这时电动机的运行状态将由自然特性曲线 I 的 a 点过渡到人为特性曲线忿的 c 点，电动机转矩了远小于负载转矩 T_L。因此，传动系统转速下降(即提升重物上升的速度减慢)，即沿着特性曲线 2 向下移动。由于转速下降，电势 E 减小，电枢电流增大，则电动机转矩 T 相应增大，但仍比负载转矩 T_L 小。所以，系统速度继续下降，即重物提升速度愈来愈慢，当电动机转矩 T 沿特性曲线 2 下降到 d 点时，电动机转速为 0，即重物停止上升，电动机反电势也为 0，但电枢在外加电压 U 的作用下仍有很大电流，此电流产生堵转转矩 T_{st}，由于此时 T_{st} 仍小于 T_L。故 T_L 拖动电动机的电枢开始反方向旋转，即重物开始下降，电动机工作状态进入第四象限，这时电势 E 的方向也反

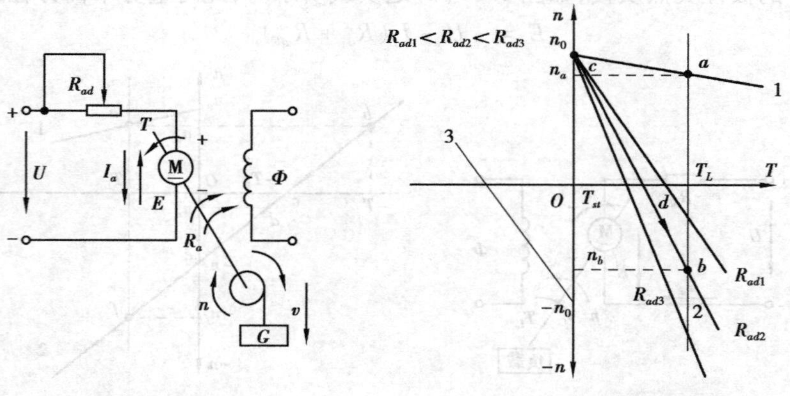

(a)原理图　　(b)制动特性

图 6.39　倒拉反接制动状态下的机械特性

过来,E 和 n_a 同方向,所以,电流增大,转矩 T 增大、随着转速在反方向增大,电势 E 增大,电流和转矩也增大,直到转矩 $T=T_L$ 的 b 点,转速不再增加,而以稳定的 n_b 速度下放重物。由于这时重物是靠位能负载转矩 T_L 的作用下放,而电动机转矩 T 是反对重物下放的,故电动机这时起制动作用,这种工作状态称为倒拉反接制动或电势反接制动状态。

适当选择电枢电路中附加电阻 R_{ad} 的大小,即可得到不同的下降速度,且附加电阻越小,下降速度越低。这种下放重物的制动方式弥补了反馈制动的不足,它可以得到极低的下降速度,保证了生产的安全。故倒拉反接制动常用在控制位能负载的下降速度,使之不致在重物作用下有愈来愈大的加速。其缺点是若对 T_L 的大小估计不准,则本应下降的重物可能向上升的方向运动。另外,其机械特性硬度小,因而较小的转矩波动就可能起较大的转速波动,即速度的稳定性较差。由于图6. 39(a)中电压 U、电势 E、电流 I_a 都是电动状态下假定的正方向反接制动状态下的电势平衡方程式、机械特性在形式上均与电动状态下的相同即分别为:

$$E=U-I_a(R_a+R_{ad})$$

$$n=\frac{U}{K_e\Phi}-\frac{R_a+R_{ad}}{K_eK_t\Phi^2}T$$

因在倒拉反接制动状态下电枢反向旋转,故上列各式中的转速 n、电势 E 应是负值,可见倒拉反接制动状态下的机械特性曲线实际上是第一象限中电动状态下的机械特性曲线在第四象限中的延伸;若电动机反向运转在电动状态,则倒拉反接制动状态下的机械特性曲线就是第三象限中电动状态下的机械特性曲线在第二象限的延伸,如图6. 39(b)曲线3所示。

(3)能耗制动

电动机在电动状态运行时,若把外施电枢电压 U 突然降为0,而将电枢串接一个附加电阻 R_{ad} 短接起来,便能得到能耗制动状态,如图6. 40所示。即制动时,接触器KM断电,其常开触点断开,常闭触点闭合,这时,由于机械惯性,电动机仍在旋转,磁通 Φ 和转速 n 的存在,使电枢绕组上继续有感应电势 $E=K_t\Phi n$,其方向与电动状态方向相同。电势 E 在电枢和 R_{ad}

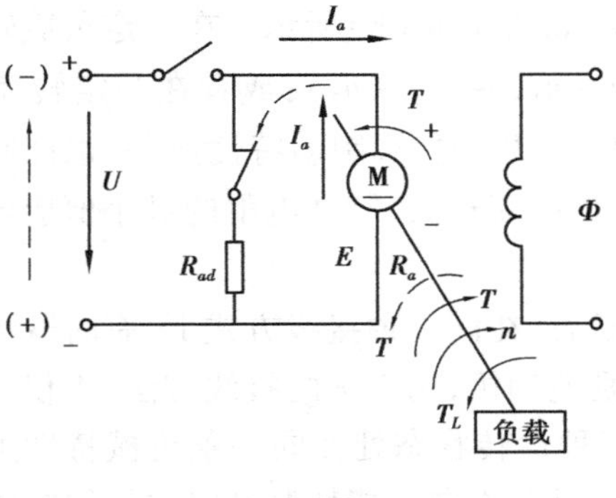

(a)原理图

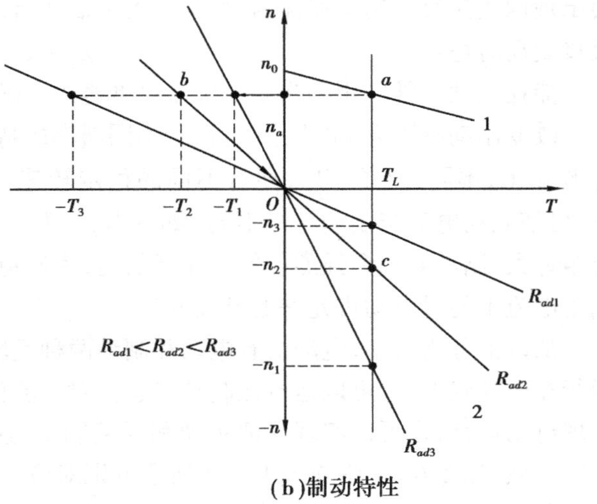

(b)制动特性

图6. 40　能耗制动状态下的机械特性

回路内产生电流 I_a,该电流方向与电动状态下由电源电压 U 所决定的电枢电流方向相反,而磁通 Φ 的方向未变,故电磁转矩 $T=K_t\Phi I_a$ 反向,即 T 与 n 反向,T 变成制动转矩。这时由工作机械的机械能带动电动机发电,使传动系统储存的机械能转变成电能通过电阻(电枢电阻 R_a 和附加的制动电阻 R_{ad})转化成热能消耗掉,故称之为"能耗"制动。

由图 6.40(a)可看出,电压 $U=0$,电势 E,电流 I_a 仍为电动状态下假定的正方向,故能耗制动状态下的电势平衡方程式为:

$$E=-I_a(R_a+R_{ad})$$

因 $E=K_e\Phi n$,故 $I_a=T/(K_t\Phi)$

有
$$n=-\frac{R_a+R_{ad}}{K_eK_t\Phi^2}T$$

其机械特性曲线见图 6.40(b)中的直线 2,它是通过原点,且位于第二象限和第四象限的一根直线。

如果电动机带动的是反坑性负载,它只具有惯性能量(动能),能耗制动的作用是消耗掉传动系统储存的动能,使电动机迅速停车。其制动过程如图 6.40(b)所示,设电动机原来运行在 a 点,转速为 n_a,刚开始制动时 n_a 不变,但制动特性为曲线 2,工作点由 a 点转到 b 点,这时电动机的转矩 T 为负值(因此时在电势 E 的作用下,电枢电流 I_a 反向),是制动转矩,在制动转矩和负载转矩共同作用下,拖动系统减速。电动机工作点沿特性 2 上的箭头方向变化,随着转速 n 的下降、制动转矩也逐渐减小,直至 $n=0$ 时,电动机产生的制动转矩也下降到 0,制动作用自行结束。这种制动方式的优点之一是不像电源反接制动那样存在着电动机反向启动的危险。

如果是位能负载,则在制动到 $n=0$ 时,重物还将拖着电动机反转,使电动机向下降的方向加速,即电动机进入第四象限的能耗制动状态。随着转速的升高,电势 E 增加,电流和制动转矩也增加,系统的状态由能耗制动特性曲线 2 的 o 点向 c 点移动,当 $T=T_L$ 时。系统进入稳定平衡状态。电动机以 $-n_2$ 转速使重物匀速下降。采用能耗制动下放重物的主要优点是:不会出现像倒拉反接制动那样因对 T_L 的大小估计错误而引起重物上升的事故。运行速度也较反接制动时稳定。

能耗制动通常应用于拖动系统需要迅速而准确地停车及卷扬机重物的恒速下放的场合。

改变制动电阻 R_{ad} 的大小,可得到不同斜率的特性,如图 6.40(b)所示。在一定负载转矩 T_L 作用下,不同大小的 R_{ad},便有不同的稳定转速(如 $-n_1$,$-n_2$,$-n_3$);或者在一定转速 n_a 下,可使制动电流与制动转矩不同(如 $-T_1$,$-T_2$,$-T_3$)。R_{ad} 愈小,制动特性愈平,也即制动转矩愈大,制动效果愈强烈。但需注意的是,为避免电枢电流过大,制动电阻的最小值应该使制动电流不超过电动机允许的最大电流。

从以上分析可知,电动机有电动和制动两种运转状态,在同一种接线方式下,有时既可以运行在电动状态,也可以运行在制动状态。对直流他励电动机,用正常的接线方法,不仅可以实现电动运转,也可以实现反馈制动和反接制动,这三种运转状态处在同一条机械特性上的不同区域,如图 6.41 中曲线 1 与 3 所示分别对应于正、反转方向。能耗制动时的接线方法稍有不同,其特性如图 6.41 中曲线之所示,第二象限对应于电动机原处于正转状态时的情况,第四象限对应于反转时的情况。

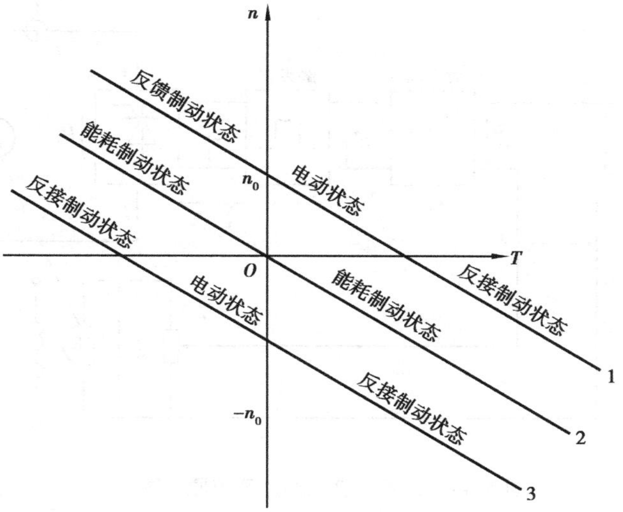

图 6.41　直流他励电动机各种运行状态下的机械特性

6.3.7　ACR 有静差直流调速系统

掌握了上述直流电动机的基本特性后，就可以研究以之为能换部件的伺服系统了，首先，我们探讨其调速系统。

直流调速系统中，目前，晶闸管-电动机（VS-M）调速系统仍在较大功率的调速系统中用得较多。晶闸管-电动机直流传动控制系统常用的有单闭环直流调速系统、双闭环直流调速系统和可逆系统。这些系统中的基本环节也是交流调速系统的基础。

图 6.42 为常见的单闭环直流调速系统框图。但闭环直流调速系统常分为有静差调速系统和无静差调速系统两类。单纯由被调量负反馈组成的按比例控制的单闭环系统属有静差的自动调节系统，简称有静差调速系统；按积分（或比例积分）控制的系统，则属无静差调速系统。

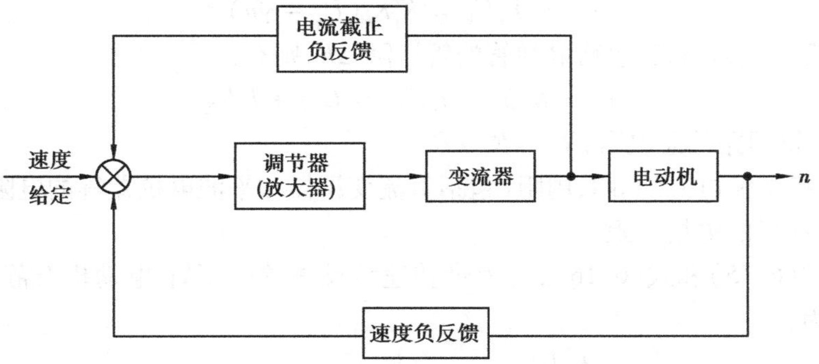

图 6.42　单闭环调速系统框图

（1）基本构成与工作原理

图 6.43 为典型的晶闸管-直流电动机有静差调速系统的原理图。

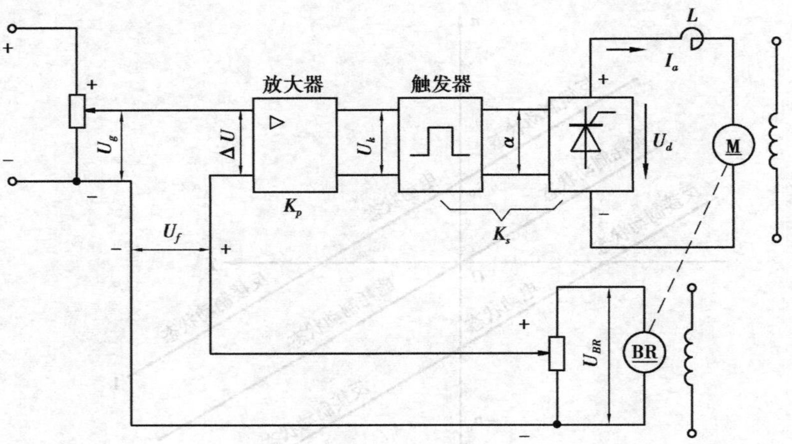

图 6.43　晶闸管直流调速系统原理图

其中,放大器为比例放大器(或比例调节器),直流电动机由晶闸管可控整流器经过平波电抗器 L 供电。整流器整流电压 U_d 可由控制角 α 来改变(图中整流器的交流电源省略未画出)。触发器的输入控制电压为 U_k。为使速度调节灵敏,使用放大器来把输入信号 ΔU 加以扩大,ΔU 为给定电压 U_g 与速度反馈信号 U_f 的差值,即

$$\Delta U = U_g - U_f \tag{6.12}$$

ΔU 又称偏差信号。速度反馈信号电压 U_f 与转速 n 成正比,即

$$U_f = \gamma n \tag{6.13}$$

式中,γ——转速反馈系数。

放大器的输出

$$U_k = K\Delta U = K_p(U_g - U_f) = K_p(U_g - \gamma n) \tag{6.14}$$

式中,K_p——放大器的电压放大倍数。

把触发器和可控整流器看成一个整体,设其等效放大倍数为 K_s,则空载时,可控整流器的输出电压为:

$$U_d = K_s U_k = K_s K_p(U_g - \gamma n) \tag{6.15}$$

对于电动机电枢回路,若忽略晶闸管的管压降 ΔE,则有:

$$U_d = K_e\phi n + I_a R_\Sigma = C_e n + I_a R_\Sigma \tag{6.16}$$

式中,R_Σ——电枢回路的总电阻,$R_\Sigma = R_x + R_a$;

R_x——可控整流电源的等效内阻(包括直流变压器和平波电抗器等的电阻);

R_a——电动机的电枢电阻。

联立求解式(6.15)和式(6.16),可得带转速负反馈的晶闸管-电动机有静差调速系统的机械特性方程为:

$$n = \frac{K_0 U_g}{C_e(1+K)} - \frac{R_\Sigma}{C_e(1+K)} I_a = n_{0f} - \Delta n_f \tag{6.17}$$

式中,K_0——从放大器输入端到可控整流电路输出端的电压放大倍数,$K_0 = K_p K_s$;

K——闭环系统的开环放大倍数,$K = \frac{\gamma}{C_e} K_p K_s$。

由图6.43可看出，如果系统没有转速负反馈（即开环系统），则整流器的输出电压为：

$$U_d = K_p K_s U_g = K_0 U_g = C_e n + I_a R_\Sigma$$

由此可得开环系统的机械特性方程

$$n = \frac{K_0 U_g}{C_e} - \frac{R_\Sigma}{C_e} I_a = n_0 - \Delta n \tag{6.18}$$

比较式(6.17)与式(6.18)，不难看出：

1)在给定电压 U_g 一定时，有

$$n_{0f} = \frac{K_0 U_g}{C_e(1+K)} = \frac{n_0}{1+K} \tag{6.19}$$

即闭环系统的理想空载转速降低到开环时的 $1/(K+1)$ 倍。为了使闭环系统获得与开环系统相同的理想空载转速，闭环系统所需要的给定电压 U_g 要比开环系统高 $1+K$ 倍。因此，仅有转速负反馈的单闭环系统在运行中，若突然失去转速负反馈，就可能造成严重的事故。

2)如果将系统闭环与开环的理想空载转速调得一样，即 $n_{0f}=n_0$，则

$$\Delta n_f = \frac{R_\Sigma}{C_e(1+K)} I_a = \frac{\Delta n}{1+K} \tag{6.20}$$

即在同样负载电流下，闭环系统的转速降仅为开环系统转速降的 $1/(1+K)$，从而大大提高了机械特性的硬度，使系统的静差度减少。

3)由式(6.4)可知，在最大运行转速 n_{max} 和低速时最大允许静差度 S_2 不变的情况下，开环系统和闭环系统的调速范围分别为

开环
$$D = \frac{n_{max} S_2}{\Delta n_N (1-S_2)} \tag{6.21}$$

闭环
$$D_f = \frac{n_{max} S_2}{\Delta n_{Nf}(1-S_2)} = \frac{n_{max} S_2}{\dfrac{\Delta n_N}{1+K}(1-S_2)} = (1+K)D \tag{6.22}$$

即闭环系统的调速范围为开环系统的 $1+K$ 倍。

由上可见，提高系统的开环放大倍数 K 是减小静态转速降落、扩大调速范围的有效措施。但是放大倍数也不能过分增大，否则系统容易产生不稳定现象。

(2)系统性能分析

现在分析这种系统转速自动调节的过程。在某一个规定的转速下，给定电压 U_g 是固定不变的。假设电动机空载运行($I_a \approx 0$)时，空载转速为 n_0，测速发电机有相应的电压 U_{BR}，经过分压器分压后，得到反馈电压 U_f，给定量 U_g 与反馈量 U_f 的差值 ΔU 加进比例调节器（放大器）的输入端，其输出电压 U_k 加入触发器的输入电路，可控整流装置输出整流电压 U_d 供电给电动机，产生空载转速 n_0。当负载增加时，I_a 加大，由于 $I_a R_\Sigma$ 的作用，电动机转速下降($n < n_0$)，测速发电机的电压 U_{BR} 下降，反馈电压 U_f 下降到 U'_f。但这时给定电压 U_g 并没有改变，于是偏差信号增加到 $\Delta U' = U_g - U'_f$，放大器输出电压上升到 U'_k。它使晶闸管整流器的控制角 α 减小，整流电压上升到 U'_d，电动机转速又回升到近视等于 n_0，但绝不可能等于 n_0。因为，如果回升到 n_0，那么反馈电压也将回升到原来的数值 U_f，而偏差信号又将下降到原来的数值 ΔU，也就是放大器输出的电压 U_k 没有增加，因而晶闸管整流装置的输出电压 U_d 也不可能增加，也就无法补偿负载电流 I_a 在电阻 R_Σ 上的电压降落，电动机转速又将下降到原来的数值。这

种维持被调量(转速)近于恒值不变,但又具有偏差的反馈控制系统通常称为有差调节系统(即有差调速系统)。系统的放大倍数越大,准确度就越高,静差度就越小,调节范围就越大。

图6.43所示调节系统中的放大器可采用单管直流放大器、差动式多级直流放大器或直流运算放大器。目前调节系统中应用最普遍的是直流运算放大器,在运算放大器的输出端与输入端之间接入不同阻抗的负反馈,可实现信号的组合和运算,通常称之为"调节器",常用的有P、PI、PID、PD调节器等。在有差调速系统中用的是比例调节器,即P调节器。

转速负反馈调节系统能克服扰动作用(如负载的变化、电动机励磁的变化、晶闸管交流电源电压的变化等)对电动机转速的影响。只要扰动引起电动机转速的变化能为测量元件——测速发电机等所测出,调节系统就能产生作用来克服它。换句话说,只要扰动是作用在被负反馈所包围的范围内,就可以通过负反馈作用来减小扰动对被调量的影响。但是必须指出,测量元件本身的误差是不能补偿的。例如发电机的磁场变化时,U_{BR}就要变化,通过系统的作用电动机的转速会发生变化。因此,正确选择与使用测速发电机是很重要的。如使用其他励式发电机时,应使其磁场工作在饱和状态或者用稳电压电压供电,也可选用永磁式的测速发电机(当安装环境不是高温,没有剧烈震动的场合),以提高系统的准确性。在安装测速发电机时,还应注意轴的对中不偏心,否则也会对系统带来干扰。

(3)无速度传感器的直流调速系统

速度(转速)负反馈是抑制转速变化的最直接而有效的方法,它是自动调速系统最基本的反馈形式。但速度负反馈需要有反映转速的测速发电机,它的安装和维修都不太方便,因此,在调速系统中还常采用其他的反馈形式。常用的有电压负反馈、电流正反馈、电流截止负反馈等反馈形式。

1)电压负反馈系统

具有电压负反馈环节的调速系统如图6.44所示。

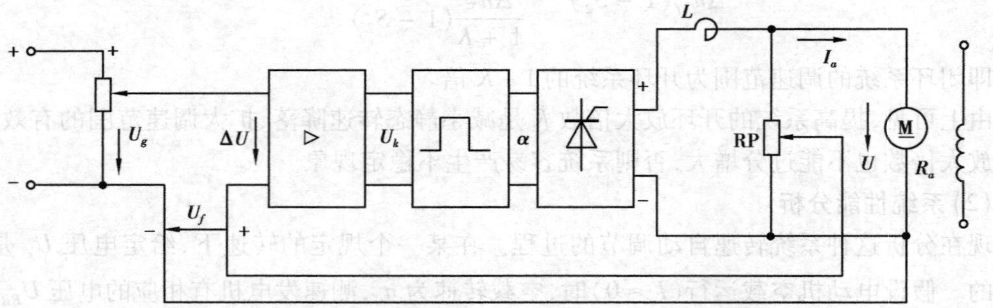

图6.44 电压负反馈系统

由式(6.10)可知,系统中电动机的转速为:

$$n = \frac{U}{K_e\varphi} - \frac{R_a}{K_e\varphi}I_a$$

因而,电动机的转速随电枢端电压的大小而变。电枢电压高,电动机转速高;电枢电压的大小,可以近似地反映电动机转速的高低。电压负反馈系统就是把电动机电枢电压作为反馈量,以调整转速。图中U_g是给定电压,U_f是电压负反馈的反馈量,它是从并联在电动机电枢两端的电位计RP上取出来的,所以,电位计RP是检测电动机端电压大小的检测元件,U_f与电动机端电压U成正比,U_f与U的比例系数(称为电压反馈系数)用α表示,即

$$\alpha = \frac{U_f}{U}$$

因 $\Delta U = U_g - U_f$，U_g 和 U_f 极性相反，故为电压负反馈。在给定电压 U_g 一定时，其调整过程如下：

负载↑→n↓→I_d↑→$U_f(\alpha U)$↓→ΔU↑→U_k↑→α↓→U_d↑→U↑→n↑。同理，负载减小时，引起 n 上升，通过调节可使 n 下降，趋于稳定。

电压负反馈系统的特点是线路简单，可是它稳定速度的效果并不大，因为，电动机端电压即使由于电压负反馈的作用而维持不变，但是负载增加时，电动机电枢内阻 R_a 所引起的内阻压降仍然要增大，电动机速度还是要降低。或者说电压负反馈顶多只能补偿可控整流源的等效内阻所引起的速度降落。

一般线路中采用电压负反馈，主要不是用它来稳速，而是用它来防止过压、改善动态特性、加快过渡过程。

2）高电阻电桥

由于电压负反馈调速系统对电动机电枢电阻压降引起的转速降落不能予以补偿，因而转速降落较大，静特性不够理想，使允许的调速范围减小。为了补偿电枢电阻压降 I_aR_a，一般在电压负反馈的基础上再增加一个电流正反馈环节，如图6.45所示。

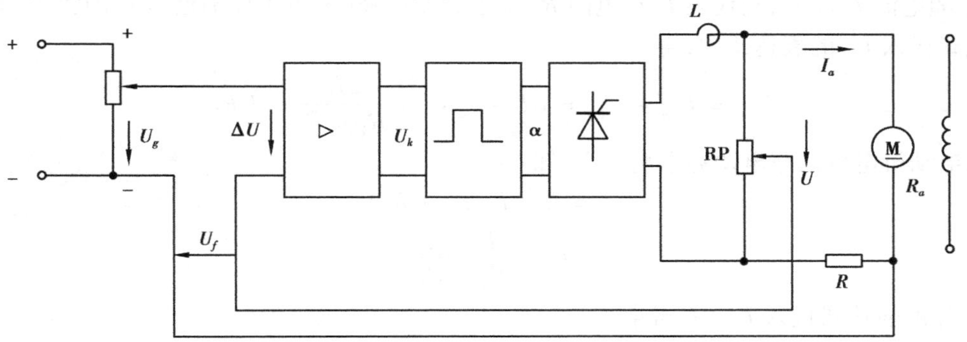

图6.45　电压负反馈和电流正反馈系统

所谓电流正反馈，是把反映电动机电枢电流大小的量 I_aR 取出，与电压负反馈一起加到放大器输入端。在加有电流正反馈的系统中，负载电流增加，放大器输入信号就增加，使晶闸管整流输出电压 U_d 也增加，以此来补偿电动机电枢电阻所产生的压降。由于这种反馈方式的转速降落比仅有电压负反馈时小了许多，因而扩大了调速范围。

为了保证"调整"效果，电流正反馈的强度与电压负反馈的强度应按一定比例组成，如果比例选择恰当的，综合反馈将具有转速反馈的性质。为了说明这种组合，在此采用简化了的高电阻电桥（见图6.46）。图6.46中，从 a、o 两点取出的是电压负反馈信号，从 b、o 两点取出的是电流正反馈信号，从 a、b 两点取出的则代表综合反馈信号。

在图6.46中，a、b 两点之间电压 U_{ab} 可看作是电压 U_{ao} 与电压 U_{ob} 之和，即

$$U_{ab}(U_f) = U_{ao} + U_{ob}$$

U_{ob} 与 U_{bo} 极性相反，所以

$$U_{ab} = U_{ao} - U_{bo}$$

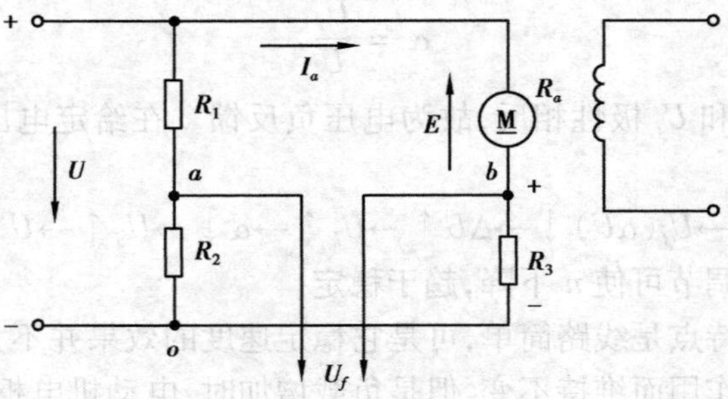

图 6.46　高电阻电桥

这里，U_{ao} 随端电压 U 而变，如果令

$$\alpha = \frac{R_2}{R_1 + R_2}$$

则有

式中，U_{ao}——电压负反馈信号；

U——电动机电枢端电压；

α——电压反馈系数。

U_{bo} 随电流 I_a 而变，它代表 I_a 在电阻 R_3 上引起的压降（电流正反馈信号），即将 U_{ao} 与 U_{bo} 的表达式代入 U_{ab} 的表达式中，得

$$U_{ab} = U_{ao} - U_{bo} = \alpha U - I_a R_3 = \frac{UR_2}{R_1 + R_2} - I_a R_3$$

从电动机电枢回路电动势平衡关系，知

$$U = E + I_a(R_a + R_3)$$

$$I_a = \frac{U - E}{R_a + R_3}$$

将 I_a 的表达式代入 U_{ab} 中，可得

$$U_{ab} = \frac{UR_2}{R_1 + R_2} - \frac{U - E}{R_a + R_3} R_3$$

$$= \frac{UR_2}{R_1 + R_2} - \frac{UR_3}{R_a + R_3} + \frac{ER_3}{R_a + R_3}$$

上式如果满足

$$\frac{UR_2}{R_1 + R_2} - \frac{UR_3}{R_a + R_3} = 0$$

即

$$\frac{UR_2}{R_1 + R_2} = \frac{UR_3}{R_a + R_3}$$

则化简后，可得电桥的平衡条件

$$\frac{R_2}{R_1} = \frac{R_3}{R_a} \tag{6.23}$$

因此

$$U_{ab} = \frac{R_3}{R_a + R_3} E \tag{6.24}$$

这就是说，满足式(6.23)所示的条件，则从 a、b 两点取出的反馈信号形成的反馈，将转化为电动机反电动势的反馈。因为反电动势与转速成正比，$E = C_e n$。所以，U_{ab} 也可以表示为：

$$U_{ab} = \frac{R_3}{R_a + R_3} C_e n \tag{6.25}$$

这种反馈也可以称为转速反馈。因为满足式(6.23)后，电动机电枢电阻 R_a 与附加电阻 R_3、R_2、R_1 组成电桥的4个臂，a、b 两点代表电桥的中点，所以，这种线路称为高电阻电桥线路，式(6.23)为高电阻电桥的平衡条件。高电阻电桥线路实际上是电动势反馈线路，或者说是电动机的转速反馈线路。

3)电流截止负反馈系统

电流正反馈可以改善电动机运行特性，而电流负反馈会使 ΔU 随着负载电流的增加而减少，使电动机的速度迅速降低，可是这种反馈却可以人为地造成"堵转"，防止电枢电流过大而烧坏电动机。加有电流负反馈的系统，当负载电流超过一定数值，电流负反馈足够强时，它足以将给定信号的绝大部分抵消掉，使电动机速度降到0，电动机停止运转，从而起到保护作用。否则，如果电动机的速度在负载过分增大时也不会降下来，这就会使电枢过流而烧坏。本来，采用过流保护继电器也可以保护这种严重过载，但是过流保护继电器，要触头断开、电动机断电方能保护，而采用电流负反馈作为保护手段，则不必切断电动机的电路，只是使它的速度暂时降下来，一旦过负载去掉后，它的速度又会自动升起来，这样有利于生产。

既然电流负反馈有使特性恶化的作用，故在正常情况下，不希望它起作用，应该将它的作用"截止"。在过流时则希望它起作用以保护电动机。满足这两种要求的线路称为电流截止负反馈线路，如图6.47所示。

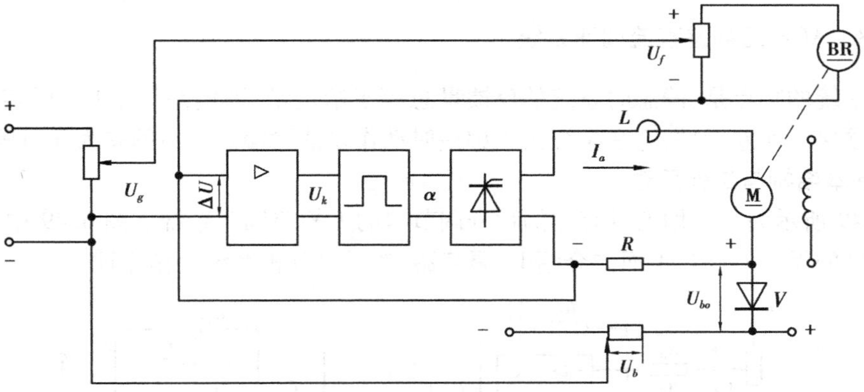

图6.47　电流截止负反馈作为调速系统限流保护

电流截止负反馈的信号由串联在回路中的电阻 R 上取出(电阻 R 上的压降 I_aR 与电流 I_a 成正比)。在电流较小时，$I_aR < U_b$，二极管 V 不导通，电流负反馈不起作用，只有转速负反馈，故能得到稳态运行所需要的比较硬的静特性。当主回路电流增加到一定值使 $I_aR > U_b$ 时，二极管 V 导通，电流负反馈信号 I_aR 经过二极管与比较电压 U_b 比较后送到放大器，其极性与 U_g 极性相反，经放大后控制移相角 α，使 α 增大，输出电压 U_d 减小，电动机转速下降。如果负载电流一直增加下去，则电动机速度最后将降到0。电动机速度降到0后，电流不再增大，这样就起到了"限流"的作用，加有电流截止负反馈的速度特性如图6.48所示(这种特性因它常被用于挖土机上，故称为"挖土机特性")。因为只有当电流大到一定程度反馈才起作用，故称

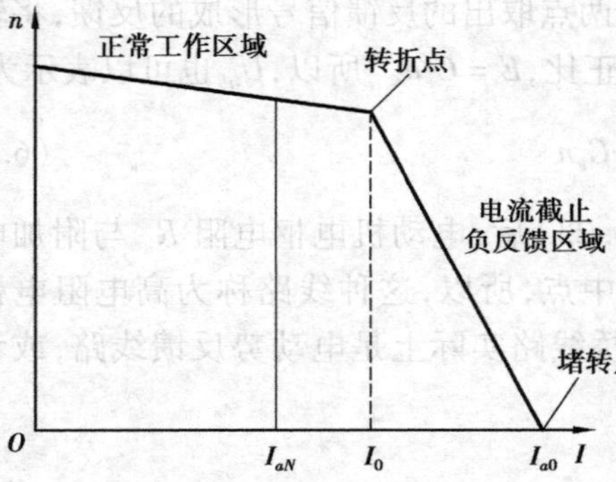

图 6.48 电流截止负反馈速度特性

电流截止负反馈。图 6.48 中:速度等于 0 时,电流为 I_{a0},称为堵转电流,一般 $I_{a0}=(2\sim2.5)*I_{aN}$。电流负反馈开始起作用的电流称为转折点电流 I_0,一般转折点电流 I_0 为额定电流 I_{aN}的 1.35 倍。且比较电压越大,则电流截止负反馈的转折点电流越大,比较电压小,则转折点电流小。所以,比较电压的大小如何选择是很重要的。一般按照转折电流 $I_0=KI_{aN}$选取比较电压 U_b。当负载没有超出规定值时,起截止作用的二极管不应该开放,也就是比较电压 U_b 应满足

$$U_b+U_{b0}\leqslant KI_{aN}R \tag{6.26}$$

式中,U_b——比较电压;

U_{b0}——是截止元件二极管的开放电压;

I_{aN}——电动机额定电流;

K——转折点电流的倍数,即 $K=I_0/I_{aN}$;

R——电动机电枢回路中所串电流反馈电阻。

上述各种反馈信号都是直接反映某一参量的大小的,即反馈信号的强弱与其反映的参量大小成正比。另外,还有其他形式的反馈,如电压微分负反馈,这种反馈与某一参量的一阶导数或二阶导数成正比,而且它只在动态时起作用,在静态时不起作用。

6.3.8 ACR 无静差直流调速系统

这种系统的特点是:静态时系统的反馈量总等于给定量,即偏差等于 0。要实现这一点,系统中必须接入无差元件,它在系统出现偏差时动作以消除偏差。当偏差为 0 时停止动作。

(1)基本结构与工作原理

图 6.49 所示为一常用的具有比例积分调节器的无静差调速系统。图 6.49 中,PI 调节器是一个典型的无差元件。下面先介绍 PI 调节器,然后再分析系统工作原理。

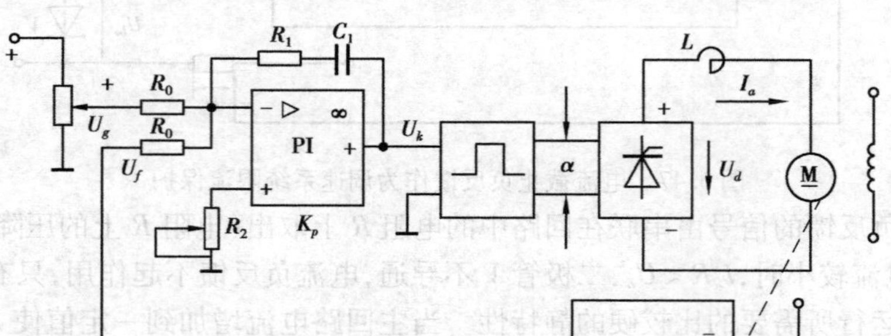

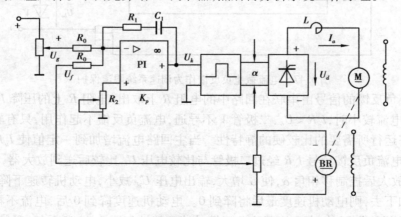

图 6.49 具有比例积分调节的无静差调速系统

比例积分(PI)调节器把比例运算电路和积分运算电路组合起来就构成了比例积分调节器,简称 PI 调节器,如图 6.50(a)所示。可知

$$U_0 = -I_1R_1 - \frac{1}{C_1}\int I_1 \mathrm{d}t$$

又

$$I_1 = I_0 = \frac{U_i}{R_0}$$

故

$$U_0 = -\frac{R_1}{R_0}U_i - \frac{1}{R_0C_1}\int U_i \mathrm{d}t \tag{6.27}$$

由此可见,PI 调节器的输出由两部分组成:第一部分是比例部分;第二部分是积分部分。

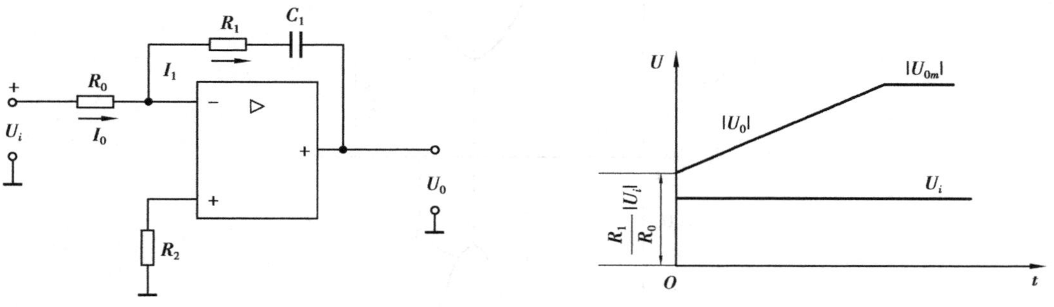

(a)原理电路　　(b)时间特性

图 6.50　比例积分(PI)调节器

在零初始状态和阶跃输入下,输出电压的时间特性如图 6.50(b)所示,这里 U_0 用绝对值表示,当突加输入信号 U_i 时,开始瞬间电容 C_1 相当于短路,反馈回路中只有电阻 R_1,此时相当于比例调节器,它可以毫无延迟地起调节作用,故调节速度快;而后随着电容 C_1 被充电而开始积分,U_0 线性增长,直到稳态。在稳态时,C_1 相当于开路,极大的开环放大倍数使系统基本上达到无静差。

采用比例积分调节器的自动调速系统,综合了比例和积分调节器的特点,既能获得较高的静态精度,又能具有较快的动态响应,因而得到了广泛的应用。

(2)系统分析

采用 PI 调节器的无静差调速系统,在图 6.49 中,由于比例积分调节器的存在,只要偏差 $\Delta U = U_g - U_f \neq 0$,系统就会起调节作用,当 $\Delta U = 0$ 时,$U_g = U_f$,则调节作用停止,调节器的输出电压 U_k 由于积分作用,保持在某一数值,以维持电动机在给定转速下运转,系统可以消除静态误差。故该系统是一个无静差调速系统。

系统的调节作用是:若电动机负载增加,如图 6.51(a)中的 t_1 瞬间,负载突然由 T_{L1} 增加到 T_{L2},则电动机的转速将由 n_1 开始下降而产生转速偏差 Δn,见图 6.51(b),它通过测速机反馈到 PI 调节器的输入端产生偏差电压 $\Delta U = U_g - U_f > 0$,于是开始了消除偏差的调节过程。首先,比例部分调节作用显著,其输出电压等于 $\frac{R_1}{R_0}\Delta U$,使控制角 α 减小,可控整流电压增加 ΔU_{d1},见图 6.51(c)之曲线 1,由于比例输出没有惯性,故这个电压使电动机转速迅速回升。偏差 Δn 越大,ΔU_{d1} 也越大,它的调节作用也就越强,电动机转速回升也就越快。而当转速回升到原给定值 n_1 时,$\Delta n = 0$,$\Delta U = 0$,故 ΔU_{d1} 也等于 0。

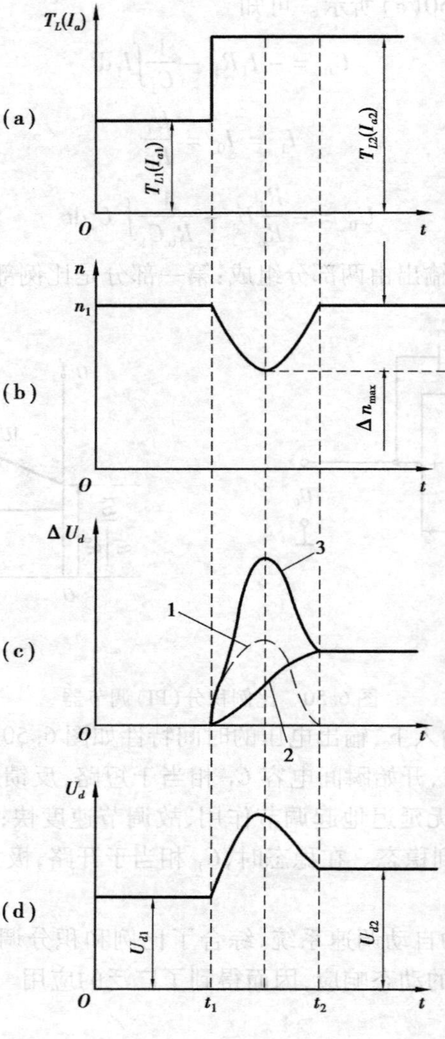

图 6.51　负载变化时 PI 调节器对系统的调节作用

1—ΔU_{d1}(比例);2—ΔU_{d2}(积分);3—($\Delta U_{d1}+\Delta U_{d2}$)

积分部分的调节作用是:积分输出部分的电压等于偏差电压 ΔU 的积分,它使可控整流电压增加,$\Delta U_{d2}\infty\int\Delta U\mathrm{d}t$ 或 $\frac{d(\Delta U_{d2})}{\mathrm{d}t}\infty\Delta U$,即 ΔU_{d2} 的增长率与偏差电压 ΔU(或偏差 Δn)成正比。开始时,Δn 很小,ΔU_{d2} 增加很慢;当 Δn 最大时,ΔU_{d2} 增加得最快;在调节过程中的后期 Δn 逐渐减小了,ΔU_{d2} 的增加也逐渐减慢了;一直到电动机转速回升到 n_1,$\Delta n=0$ 时,ΔU_{d2} 就不再增加了,且在以后就一直保持这个数值不变(见图 6.51(c)之曲线 2)。

把比例作用与积分作用合起来考虑,其调节的综合效果如图 6.51(c)的曲线 3 所示,可知,不管负载如何变化,系统一定会自动调节。在调节过程的开始和中间阶段,比例调节起主要作用,它首先阻止 Δn 的继续增大,而后使转速迅速回升;在调节过程的末期 Δn 很小,比例调节的作用不明显了，而积分调节的作用就上升到主要地位，依靠它来最后消除转速偏差 Δn，使转速回升到原值。这就是无静差调速系统的调节过程。

可控整流电压 U_d 等于原静态时的数值 U_{d1} 加上调节过程进行后的增量（$\Delta U_{d1}+\Delta U_{d2}$），如图 6.51(d)所示。可见，在调节过程结束时，U_d 稳态在一个大于 U_{d1} 的新的数值 U_{d2} 上。增加的那部分电压（即 ΔU_d）正好补偿由于负载增加引起的那部分主回路压降 $(I_{a2}-I_{a1})R_{\Sigma}$。

无静差调节系统在调节过程结束以后，转速偏差 $\Delta n=0$（PI 调节器的输入电压 ΔU 也等于 0），这只是在静态（稳态工作状态）上无偏差，而动态（如当负载变化时，系统从一个稳态变到另一个稳态的过渡过程）上却是有偏差的。在动态过程中最大的转速降落 $\Delta n_{\max}$ 叫做动态速降（如果是突卸负载，则有动态速升），它是一个重要的动态指标。有些生产机械不仅有静态精度的要求，而且有动态精度的要求。例如，热连轧机一般要求静差度小于 0.5%，动态速降小于 3%，动态恢复时间小于 0.3 s（图 6.51 中的 t_1-t_2）。如果超过这些指标，就会造成两个机架间的堆钢和拉钢现象，影响产品质量，严重的还会造成事故。

这个调速系统在理论上讲是无静差调速系统，但是由于调节放大器不是理想的，且放大倍数也不是无限大的，测速机也还存在误差，因此，实际上这样的系统仍然有一点静差。

这个系统中的 PI 调节器是用来调节电动机转速的，因此，常把它称为速度调节器（ASR）。

在晶闸管-电动机调速系统中，还常用电压负反馈及电流正反馈来代替由测速机构成的速度负反馈，组成电压负反馈及电流正反馈的自动调速系统。为了在电动机堵转时不致烧坏电动机和晶闸管，也常采用具有转速负反馈带电流截止负反馈的调速系统，获得所谓“挖土机特性”。但必须注意的是，为了提高保护的可靠性，在这种系统的主回路中还必须接入快速熔断器或过流继电器，以防止在电流截止环节出故障时把晶闸管烧坏。在允许堵转的生产机械中，快速熔断器或过流继电器的电流整定值一般应大于电动机的堵转电流，这样，在电动机正常堵转时，就可使快速熔断器或过流继电器不动作。

(3) 转速、电流双环直流调速系统

1) 系统的组成

采用 PI 调节器的速度调节器 ASR 的单闭环调速系统，既能得到转速的无静差调节，又能获得较快的动态响应。从扩大调速范围的角度来看，它已基本上满足一般生产机械对调速的要求，但有些生产机械（如龙门刨床、可逆轧钢机等）经常处于正反转工作状态，为了提高生产率，要求尽量缩短启动、制动和反转过渡过程的时间。当然，可用加大过渡过程中的电流即加大动态转矩来实现，但电流不能超过晶闸管和电动机的允许值。为了解决这个矛盾，可以采用电流截止负反馈，而得到如图 6.52 中实线所示的启动电流波形，波形的峰值 I_{am} 为晶闸管和电动机所允许的最大冲击电流，启动时间为 t_1。

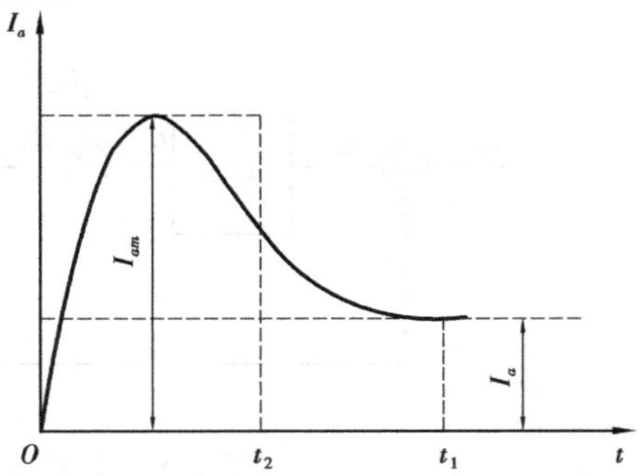

图 6.52　启动时电流的波形

为了进一步加快过渡过程而又不增加电流的最大值，若启动电流的波形变成图 6.52 中虚线所示，波形的充满系数接近 1，整个启动过程中就有最大的加速度，启动过程的时间就最

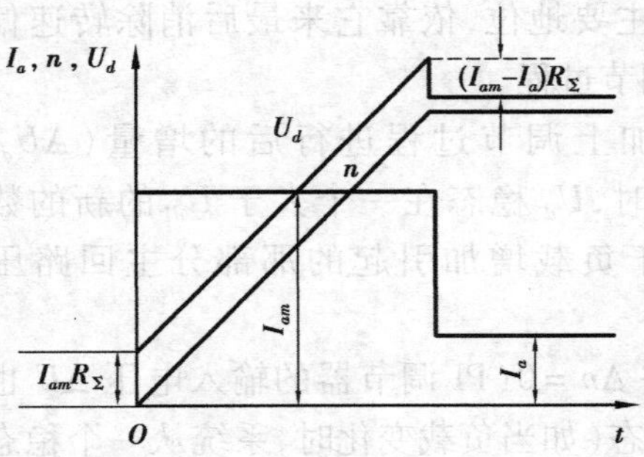

图 6.53　理想的启动过程曲线

短，只要 t_2 就可以了。为此，可把电流作为被调量，使系统在启动过程时间内维持电流为最大值不变。这样，在启动过程中，电流、转速、可控整流器的输出波形就可以出现接近于图 6.53 所示的理想启动的波形，以在充分利用电动机过载能力的条件下获最快的动态响应。它的特点是在电动机启动时，启动电流很快加大到允许过载能力值 I_{am}，并且保持不变。在这个条件下，转速 n 得到线性增长，当升到需要的大小时，电动机的电流急剧下降到克服负载所需的电流 I_a 值。对应这种要求，可控整流器的电压开始应为 $I_{am}R_\Sigma$，随着转速 n 的上升，$U_d = I_{am}R_\Sigma + C_e n$ 也上升，到达稳定转速时，$U_d = I_a R_\Sigma + C_e n$。这就要求在启动过程中，把电动机的电流当作被调量，使之维持为电动机允许的最大值 I_{am}，并保持不变。这就要求有一个电流调节器来完成这个任务。

具有速度调节器 ASR 和电流调节器 ACR 的双闭环调速系统就是在这种要求下产生的，如图 6.54 所示。来自速度给定定位器的信号 U_{gn} 与速度反馈信号 U_{fn} 比较后，偏差为 $\Delta U_n = U_{gn} - U_{fn}$，送到速度调节器 ASR 的输入端。速度调节器的输出 U_{gi} 作为电流调节器 ACR 的给定信号，与电流反馈信号 U_{fi} 比较后，偏差为 $\Delta U_i = U_{gi} - U_{fi}$，送到电流调节器 ACR 的输入端，电流调节器的输出 U_k 送到触发器，以控制可控整流器，整流器为电动机提供直流电压 U_d。系统中用了两个调节器（一般采用 PI 调节器）分别对速度和电流两个参量进行调节，这样，一方面使系统的参数便于调整，另一方面更能实现接近于理想的过渡过程。从闭环反馈的结构上看，电流调节环在里面，是内环；转速调节环在外面，是外环。

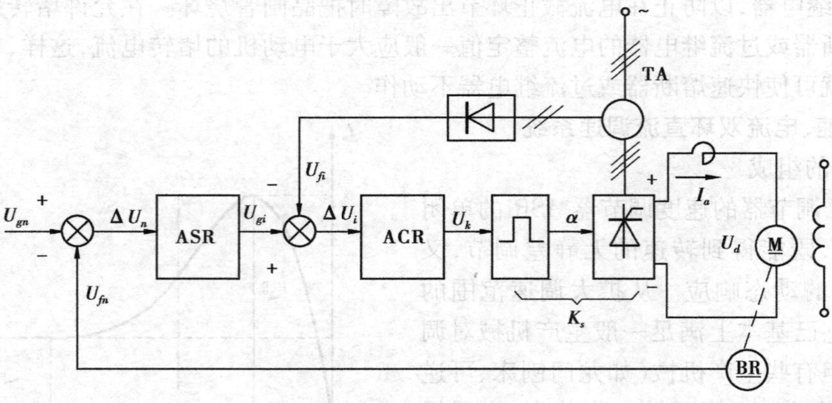

图 6.54　转速与电流双闭环调速系统方框图

2）调速系统的静态分析

从静特性上看，维持电动机转速不变是由速度调节器 ASR 来实现的。在电流调节器 ACR 上使用的是电流负反馈，它有使静特性变软的趋势，但是在系统中还有转速负反馈环包在外面，电流负反馈对于转速环来说相当于起到一个扰动作用。只要转速调节器 ASR 的放大倍数足够大而且没有饱和，电流负反馈的扰动作用就受到抑制。这个系统的本质由外环速度调节器来决定，它仍然是一个无静差的调速系统。也就是说，当转速调节器不饱和时，电流负反馈时静特性可能产生的速降完全被转速调节器的积分作用所抵消了。一旦ASR饱和,当负载电流过大,系统实现保护作用使转速下降很大时,转速环即失去作用,只剩下电流环起作用,这时系统表现为恒流调节系统,静特性便会呈现出很陡的下垂段特性。

3)动态分析

以电动机启动为例,在突加给定电压U_{gn}的启动过程中,转速调节器输出电压U_{gi}、电流调节器输出电压U_k、可控整流器输出电压U_d、电动机电枢电流I_a和转速n的动态响应波形如图6.55所示。这个过渡过程可以分成3个阶段,在图6.55中分别标以Ⅰ、Ⅱ和Ⅲ。

①第Ⅰ阶段是电流上升阶段

当突加给定电压U_{gn}时,由于电动机的机电惯性较大,电动机还来不及转动($n=0$),转速负反馈电压$U_{fn}=0$,这时,$\Delta U_n=U_{gn}-U_{fn}$很大,使ASR的输出突增为U_{gio},ACR的输出为U_{k0},可控整流器的输出为U_{d0},电枢电流I_a迅速增加。当电枢电流增加到$I_a \geqslant I_L$(负载电流)时,电动机开始转动,以后转速调节器ASR的输出很快达到限幅值U_{gim},从而使电枢电流达到所对应的最大值I_{am}(在这过程中U_k、U_d的下降是由于电流负反馈所引起的),到这时电流负反馈电压与ACR的给定电压基本上是相等的,即

$$U_{gim} \approx U_{fi} = \beta I_{am} \tag{6.28}$$

式中,β——电流反馈系数。

速度调节器ASR的输出限幅值正是按这个要求来整定的。

②第Ⅱ阶段是恒流升速阶段

从电流升到最大值I_{am}开始,到转速升到给定值为止,这是启动过程的主要阶段,在这个阶段中,ASR一直是饱和的,转速负反馈不起调节作用,转速环相当于开环状态,系统表现恒电流调节。由于电流I_a保持恒值I_{am},即系统的加速度$\mathrm{d}n/\mathrm{d}t$为恒值,所以转速n按线性规律上升,由$U_d=I_{am}R_\Sigma+C_e n$知,U_d也线性增加,这就要求U_k也要线性增加,故在启动过程中电流调节器是不应该饱和的,晶闸管可控直流环节也不应该饱和。

③第Ⅲ阶段是转速调节阶段

转速调节器在这个阶段中起作用。开始时转速已经上升到给定值,ASR的给定电压U_{gn}与转速负反馈电压U_{fn}相平衡,输入偏差ΔU_n等于0。但其输出却由于积分作用还维持在限幅值U_{gim},所以电动机仍在以最大电流I_{am}下加速,使转速超调。超调后,$U_{fn}>U_{gn}$,$\Delta U_n<0$,使ASR退出饱和,其输出电压(也就是ACR的给定电压)U_{gi}才从限幅值降下来,U_k与U_d也随之降了下来,使电枢电流I_a也降下来,但是,由于I_a仍大于负载电流I_L,在开始一段时间内转速仍继续上升。到$I_a \leqslant I_L$时,电动机才开始在负载的阻力下减速,直到稳定(如果系统的动态品质不够好,可能震荡几次后才能稳定)。在这个阶段中,ASR与ACR同时发挥作用,由于转速调节在外环,ASR处于主导地位,而ACR的作用则力图使I_a尽快地跟随ASR输出U_{gi}的变化。

稳态时,转速等于给定值n_g,电枢电流I_a等于负载电流I_L,ASR和ACR的输入偏差电压都为0,但由于积分作用,它们都有恒定的输出电压。ASR的输出电压为:

$$U_{gi} = U_{fi} = \beta I_L \tag{6.29}$$

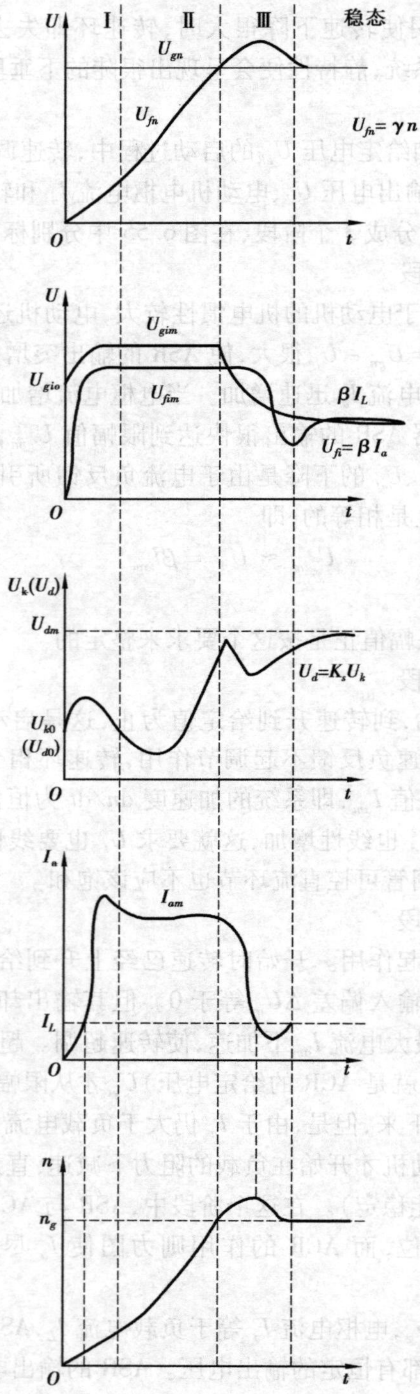

图 6.55　双闭环调速系统启动过程动态波形

（图中各参量为绝对值）

ACR 的输出电压为：

$$U_k = \frac{C_e n_g + I_L R_\Sigma}{K_s} \tag{6.30}$$

由上所述可知，双闭环调速系统在启动过程的大部分时间内，ASR 处于饱和限幅状态，转速环相当于开路，系统表现为恒电流调节，从而可基本上实现如图 6.53 所示的理想启动过程曲线。双闭环调速系统的转速响应一定有超调，只有在超调后，转速调节器才能退出饱和，使在稳定运行时 ASR 发挥调节作用，从而使在稳态和接近稳态运行中表现为无静差调速。故双闭环调速系统具有良好的静态和动态品质。

转速、电流双闭环调速系统的主要优点是：系统的调整性能好，有很硬的静特性，基本上无静差；动态响应快，启动时间短；系统的抗干扰能力强；两个调节器可分别设计，调整方便（先调电流环，再调速度环）。所以，它在自动调速系统中得到了广泛的应用。

为了进一步改善调速系统的性能和提高系统的可靠性，还可以采用三闭环（在双闭环基础上再加一个电流变化率调节器或电压调节器）调速系统。

6.3.9　PWM 直流调速系统

脉宽调速系统早已出现，但因缺乏高速开关元件而未能在生产实际中推广应用。近年来，由于大功率晶体三极管的制造成功和成本的不断下降，晶体管脉宽调速系统才又受到重视，并在生产实际中逐渐得到广泛的应用。特别是在中、小容量的高动态性能系统中，已经完全取代了 VS-M 调速系统。

（1）基本工作原理

目前，应用较广的一种直流脉宽调速系统的基本主电路如图 6.56（a）所示。三相交流电源经整流滤波变成电压恒定的直流电压，VT_1-VT_4 为 4 只大功率晶体三极管，工作在开关状态，其中，处于对角线上的一对三极管的基极，因接受同一控制信号而同时导通或截止。若 VT_1 和 VT_4 导通，则电动机电枢上加正向电压；若 VT_2 和 VT_3 导通，则电动机电枢上加反向电压；当它们以较高的频率（一般为 2 000 Hz）交替导通时，电枢两端的电压波形如图 6.56（b）所示，由于机械惯性的作用，决定电动机转向和转速的仅为此电压的平均值。

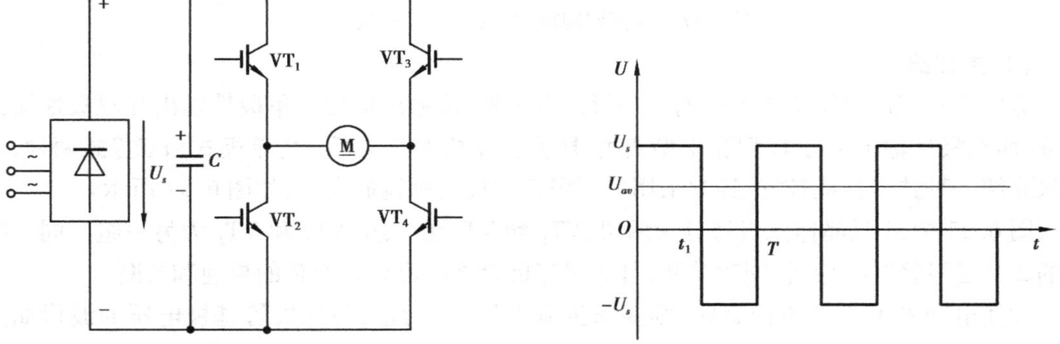

（a）PWM原理电路　　（b）电动机电枢电压的波形

图 6.56　直流脉宽调速系统

设矩形波的周期为 T，正向脉冲宽度为 t_1，并设 $\gamma = t_1/T$ 为占空比。由图 6.57 可求出电

枢电压的平均值

$$U_{av} = \frac{U_s}{T}[t_1 - (T - t_1)]$$
$$= \frac{U_s}{T}(2t_1 - T)$$
$$= \frac{U_s}{T}(2\gamma T - T)$$
$$= (2\gamma - 1)U_s \quad (6.31)$$

由式(6.31)可知,在 T = 常数时,人为地改变正脉冲的宽度以改变占空比 γ,即可改变 U_{av},达到调速的目的。当 $\gamma = 0.5$ 时,$U_{av} = 0$ 电动机转速为0;当 $\gamma > 0.5$ 时,U_{av} 为正,电动机正转,且在 $\gamma = 1$ 时,$U_{av} = U_s$,正向转速最高;当 $\gamma < 0.5$ 时,U_{av} 为负,电动机反转,且在 $\gamma = 0$ 时,$U_{av} = -U_s$,反向转速最高。连续地改变脉冲宽度,即可实现直流电机的无极调速。

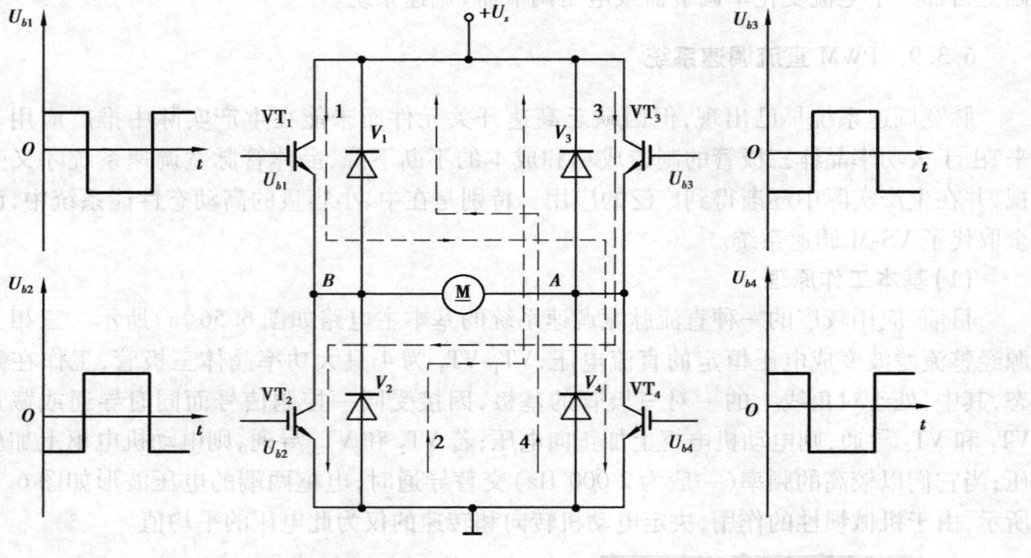

图 6.57　脉宽调制放大器(双极性双极式)

(2)主回路

晶体管脉宽调速系统主电路的结构形式有多种,按输出极性有单极性输出和双极性输出之分,而双极性输出又分 H 型和 T 型两类,H 型脉宽放大器又可分为单极式和双极式两种,这里只介绍一种技术性能较好、经常采用的双极性双极式脉宽放大器,如图 6.57 所示。

图 6.57 中,4 只晶体三极管分为两组,VT_1 和 VT_4 为一组,VT_2 和 VT_3 为另一组。同一组中的 2 只三极管同时导通,同时关断,且 2 组三极管之间可以是交替的导通和关断。

欲使电动机 M 向正方向旋转,则要求控制电压 U_k 为正,各三极管基极电压的波形如图 6.57 和图 6.58(a)、(b)所示。

当电源电压 $U_k >$ 电动机的反电动势时(如反抗转矩负载),在 $0 \leq t < t_1$ 期间,U_{b1} 和 U_{b4} 为正,三极管 VT_1 和 VT_4 导通,U_{b2} 和 U_{b3} 为负,三极管 VT_2 和 VT_3 关断。电枢电流 I_a 沿回路 1(经 VT_1 和 VT_4)从 B 流向 A,电动机工作在电动状态。

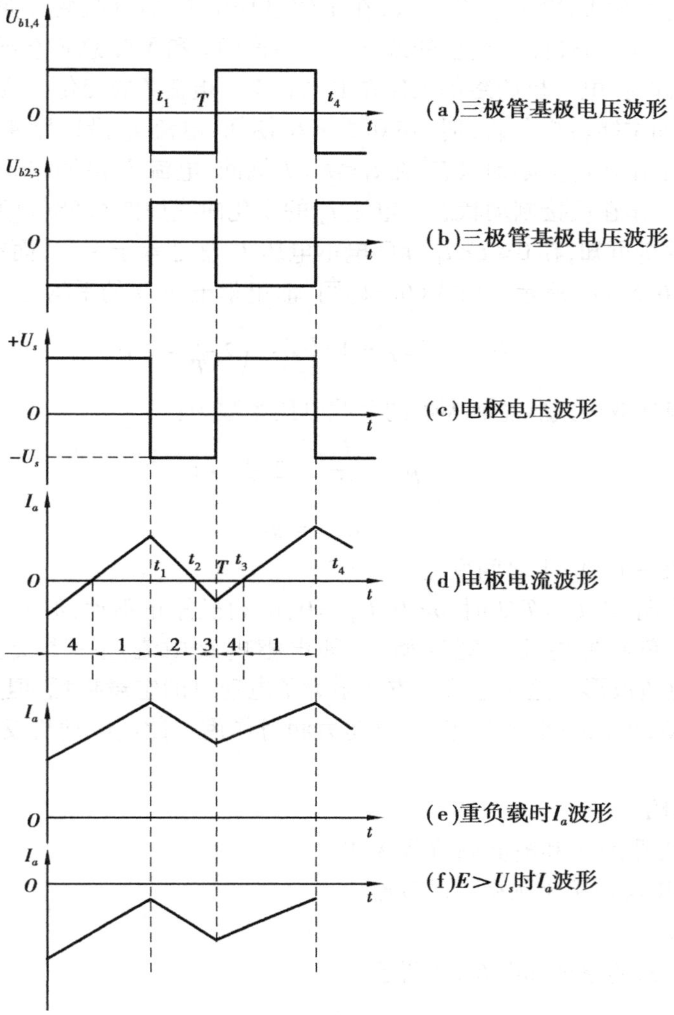

图 6. 58　功率开关放大器的电压电流波形

在 $t_1 \leqslant t < T$ 期间，U_{b1} 和 U_{b4} 为负，三极管 VT_1 和 VT_4 关断，U_{b2} 和 U_{b3} 为正，在电枢电流 L_a 中产生的自感电动势 $L_a \dfrac{di_a}{dt}$ 的作用下，电枢电流 I_a 沿回路 2（经 V_2 和 V_3）继续从 B 流向 A，电动机仍然工作在电动状态。此时虽然 U_{b2} 和 U_{b3} 为正，但受 V_2 和 V_3 正向压降的限制，VT_2 和 VT_3 仍不能导通。假若在 $t = t_2$ 时正向电流 I_a 衰减到 0，如图 6. 58(d)所示，那么，在 $t_2 < t \leqslant T$ 期间，VT_2 和 VT_3 在电源电压 U_s 和反电动势 E 的作用下即可导通，电枢电流 I_a 将沿回路 3（经 VT_3 和 VT_2）从 A 流向 B，电动机工作在反接制动状态。在 $T < t \leqslant t_4(T + t_1)$ 期间，三极管的基极电压又改变了极性，VT_2 和 VT_3 关断，电枢电感 L_a 所产生自感电势维持电流 I_a 沿回路 4（经 V_4 和 V_1）继续从 A 流向 B，电动机工作在发电制动状态。此时，虽 U_{b1} 和 U_{b4} 为正，但受 V_1 和 V_4 正向压降的限制，VT_1 和 VT_4 也不能导通。假若在 $t = t_3$ 时，反向电流（$-I_a$）衰减到 0，那么在 $t_3 < t \leqslant t_4$ 期间，在电源电压 U_s 作用下，VT_1 和 VT_4 就可导通，电枢电流 I_a 又沿回路 1（经 VT_1 和 VT_4）从 B 流向 A，电动机工作在电动状态，如图 6. 58(d)所示。

若电动机的负载重，电枢电流 I_a 大，在工作过程中 I_a 不会改变方向的话，则尽管基极电压 U_{b1}、U_{b1} 与 U_{b2}、U_{b3} 的极性在交替的改变反向，而 VT_2 和 VT_3 总不会导通，仅是 VT_1 和 VT_4 的导通或截止，此时，电动机始终都工作在电动状态。电流 I 的变化曲线如图 6.58(e)所示。

当 $E > U_s$（如位能转矩负载）时，在 $0 \leqslant t < t_1$ 期间，电流 I_a 沿回路 4（经 VT_4 和 VT_1）从 A 流向 B，电动机工作在再生制动状态；在 $t_1 \leqslant t < T$ 期间，电流 I_a 沿回路 3（经 VT_3 和 VT_2）从 A 流向 B，电动机工作在反接制动状态。电流 I_a 的变化曲线如图 6.58(f)所示。

由上面的分析可知，在 $0 \leqslant t < t_1$ 期间电枢电压 U 总是等于 $+U_s$，而在 $t_1 \leqslant t < T$ 期间总是等于 $-U_s$，如图 6.58(c)所示。由式(6.31)可知，电枢电压 U 的平均值

$$U_{av} = (2\gamma - 1)U_s = \left(2\frac{t_1}{T} - 1\right)U_s$$

并定义双极性双极式脉宽放大器的负载电压系数为：

$$\rho = \frac{U_{av}}{U_s} = 2\frac{t_1}{T} - 1$$

即

$$U_{av} = \rho U_s$$

可见，ρ 可在 -1 到 $+1$ 之间变化。

以上两式表明，当 $t_1 = T/2$ 时，$\rho = 0$，$U_{av} = 0$，电动机停止不动，但电枢电压 U 的瞬时值不等于 0，而是正、负脉冲电压的宽度相等，即电枢电路中流过一个交变的电流 I_a，相似于图 6.58(d)的电流波形。这个电流一方面增大了电动机的空载损耗，但另一方面它使电动机发生高频率微动，可以减小静摩擦，起着动力润滑作用。欲使电动机反转，则使控制电压 U_k 为负即可。

(3)控制回路

1)速度调试器 ASR 和电流调节器 ACR

ASR 和 ACR 均采用比例积分调节器。

2)三角波发生器

三角波发生器的原理如图 6.59 所示。

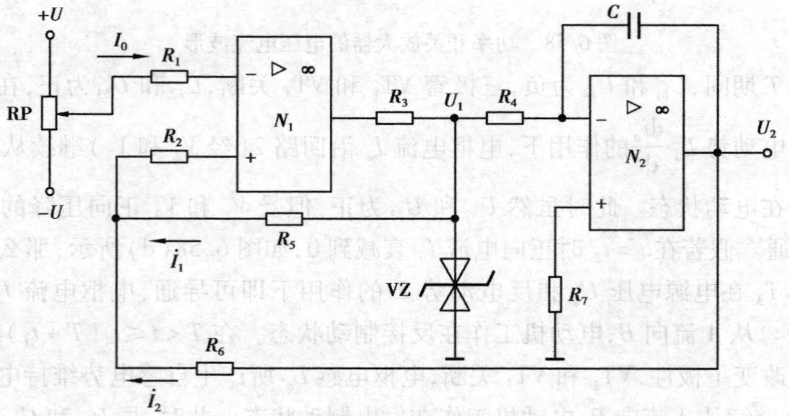

图 6.59　三角波发生器原理图

三角波发生器由运算放大器 N_1 和 N_2 组成，N_1 在开环状态下工作，它的输出电压不是正饱和值就是负饱和值，电阻 R_3 和稳压管 VZ 组成一个限幅电路，限制 N_1 输出电压的幅值。N_2

为一个积分器,当输入电压 U_1 为正时,其输出电压 U_2 向负方向变化;当输入电压 U_1 为负时,其输出电压 U_2 向正方向变化;当输入电压 U_1 正负交替变化时,它的输出电压 U_2 就变成了一个三角波。U_1 和 U_2 的变化曲线分别如图 6.60(a)和(b)所示。

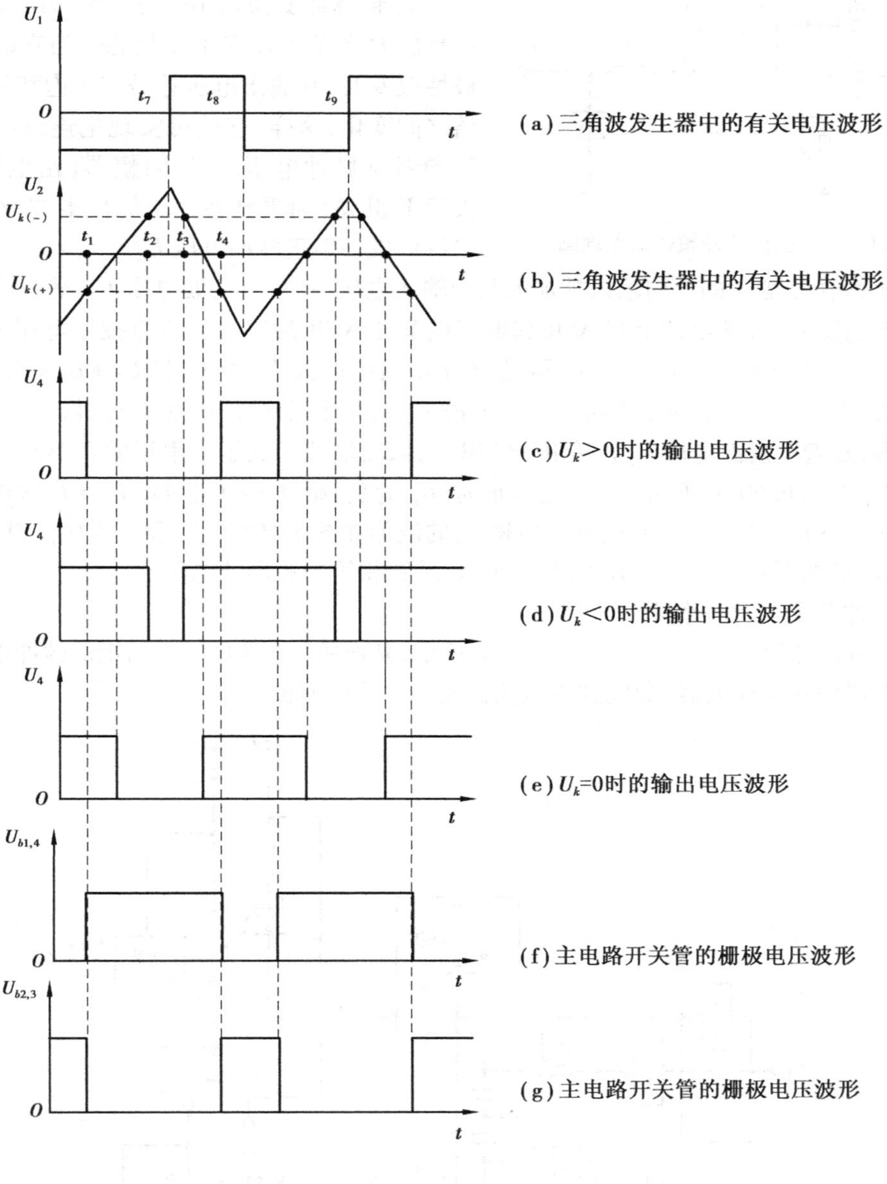

图 6.60 控制电路中各部分的电压波形

具体分析如下:电阻 R_5 构成正反馈电路,R_6 构成负反馈电路,相应的反馈电流 I_1 和 I_2 在 N_1 的同相输入端叠加。设在 $t=0$ 时,I_0 为正,U_1 为负限幅值,I_1 为负,U_2 从负值向正方向增大,I_2 亦从负值向正方向增大;当 $U_2(I_2)$ 增大到使 $I_1+I_2>I_0$ 时,即在 $t=t_7$ 时刻,U_1 为正限幅值,I_1 为正,则 $U_2(I_2)$ 从正值向负方向减小;当 $U_2(I_2)$ 减小到使 $I_1+I_2<I_0$ 时,即在 $t=t_8$ 时刻,$U_1(I_1)$ 为负,$U_2(I_2)$ 从负值向正方向增大。重复上述过程,就产生了一连串的三角波。改变积分时间常数 R_4C 的数值可以改变三角波电压 U_2 的频率 f,可以改变电阻 R_5 与 R_6 的比

值,可以改变三角波电压 U_2 的幅值,调节电位器 RP 滑点的位置可以获得一个对称的三角波电压 U_2。

3)电压-脉冲变换器

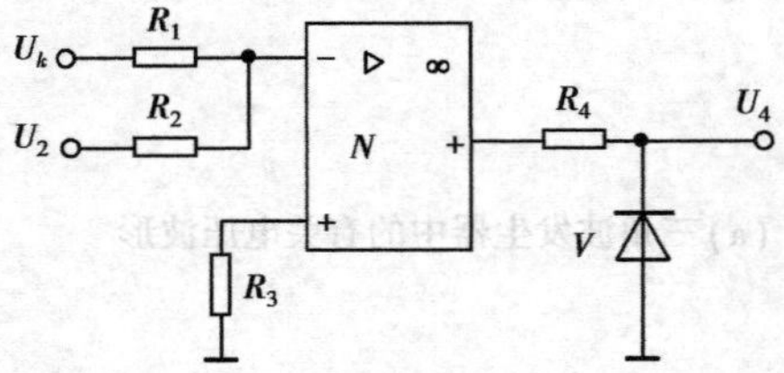

图 6.61　电压-脉冲转换器原理图

电压-脉冲变换器 BU 的原理如图 6.61 所示,运算放大器 N 工作在工作状态。当它的输入电压极性改变时,其输出电压总是在正饱和值和负饱和值之间变化,这样,它就可实现把连续的控制电压 U_k 转换成脉冲电压,再经限幅器(由电阻 R_4 而二极管 V 组成)削去脉冲电压的负半波,在 BU 的输出端形成一串正脉冲电压 U_4。

在运算放大器 N 的反向输入端加入两个输入电压:一是三角波电压 U_2;另一个是由系统输入给定电压 U_{gn} 经速度调节器 ASR 和电流调节器 ACR 后输出的直流控制电压 U_k。当 U_{gn} 为正时,U_k 为正,由图 6.60(b)、(c)可见,在 $t<t_1$ 区间,因 U_2 为负,且 $U_k+U_2<0$,故 U_4 为正的限幅值;在 $t_1<t<t_4$ 区间,因 $U_k+U_2>0$,故 U_4 为 0(因负脉冲已削去)。依次类推,将重复上述工程,随着三角波电压 U_2 的变化,在 BU 的输出端就形成了一串正的矩形脉冲,BU 的输出电压 U_4 如图 6.60(c)所示。当 U_{gn} 为负时,U_k 为负,则在 $t<t_2$ 区间,$U_k+U_2<0$,U_4 为正;在 $t_2<t<t_3$ 区间,$U_k+U_2>0$,$U_4=0$,所得 U_4 的波形如图 6.60(d)所示。当 $U_{gn}=0$ 时,$U_k=0$,则 U_4 的波形如图 6.60(e)所示,它为一正、负脉宽相等的矩形波电压。

4)脉冲分配器及功率放大

脉冲分配器及功率放大电路如图 6.62 所示,其作用是把 BU 产生的矩形脉冲电压 U_4(经光电隔离器和功率放大器)分配到主电路被控开关管的栅极。

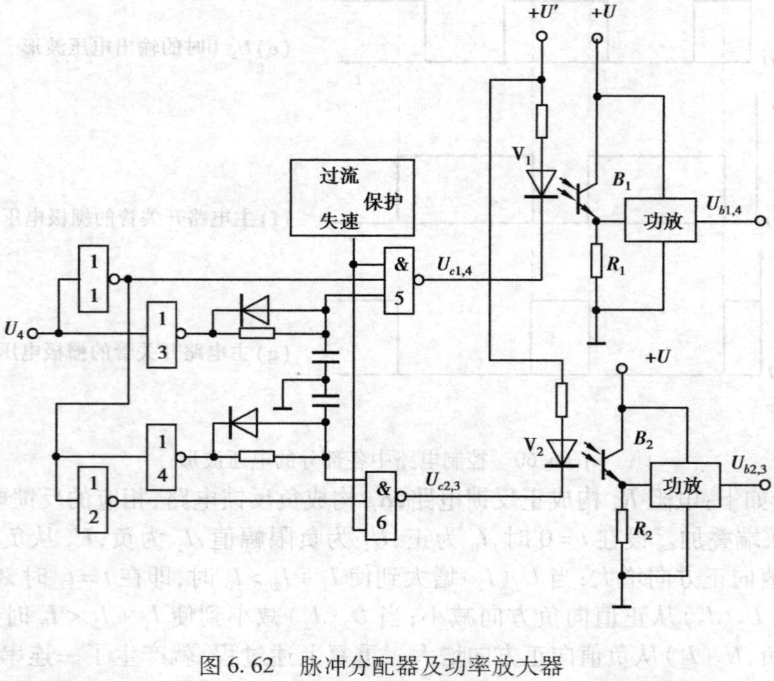

图 6.62　脉冲分配器及功率放大器

由图 6.62 可知，当 U_4 为高电平时，门 1 输出低电压，一方面，它使门 5 的输出 $U_{c1,4}$ 为高电平，V_1 截止，光电管 B_1 也截止，则 $U_{R1}=0$，经功率放大电路，其输出 $U_{b1,4}$ 为低电平，使开关管 VT_1、VT_4（见图 6.57）截止；另一方面，门 2 输出高电平，其后使门 6 的输出 $U_{c2,3}$ 为低电平，V_2 导通发光，使光电管 B_2 导通，则 U_{R2} 为高电平，经功率放大后，其输出 $U_{b2,3}$ 为高电平，B_2 截止，$U_{b2,3}$ 为低电平，使 VT_2、VT_3 截止；而 $U_{c1,4}$ 为低电平，B_1 导通，$U_{b1,4}$ 为高电平，使 VT_1、VT_4 导通。$U_{b1,4}$ 和 $U_{b2,3}$ 的波形如图 6.60(f) 和 (g) 所示。

可知，随着电压 U_4 的周期性变化，电压 $U_{b1,4}$ 与 $U_{b2,3}$ 正、负交替变化，从而控制开关管 VT_1、VT_4 与 VT_2、VT_3 的交替导通与截止。

图 6.62 中虚线框内的环节是个延时环节，它的作用是保证 VT_1 和 VT_4、VT_2 和 VT_3 两对开关管中，一对先截止而后另一对再导通，以防止在交替工作时发生电源短路。

功率放大电路的作用是把控制信号放大，使能驱动大功率开关管。

5) 其他控制电路

过流、失速保护环节。当电枢电流过大和电动机失速时，该环节输出低电平，封锁门 5 和门 6，其输出 $U_{c1,4}$ 和 $U_{c2,3}$ 均为高电平，使 $U_{b1,4}$ 和 $U_{b2,3}$ 均为低电平，从而关断开关管 VT_1-VT_4，致使电动机停转。

泵升限制电路是限制电源电压的。在由整流电源供电的电动机脉宽调制调速系统中，电动机转速由高到低，存储在转子和负载中的动能会变成电能反馈到电源的蓄能电容器中，从而使电源电压 U_s 升高 ΔU_p，即所谓泵升电压值。电源电压升高会使开关管承受的电压、电流峰值相应也升高，超过一定限度时就会使开关管损坏，泵升限制电路就是为限制泵升电压而设置的控制回路。

目前，在直流脉宽调制控制中，三角波发生器、电流环和速度环等都集成在一个芯片上，用起来非常方便，装置的体积小、可靠性高。

(4) 系统构成

至此，我们可以构建直流脉宽调制调速系统了。

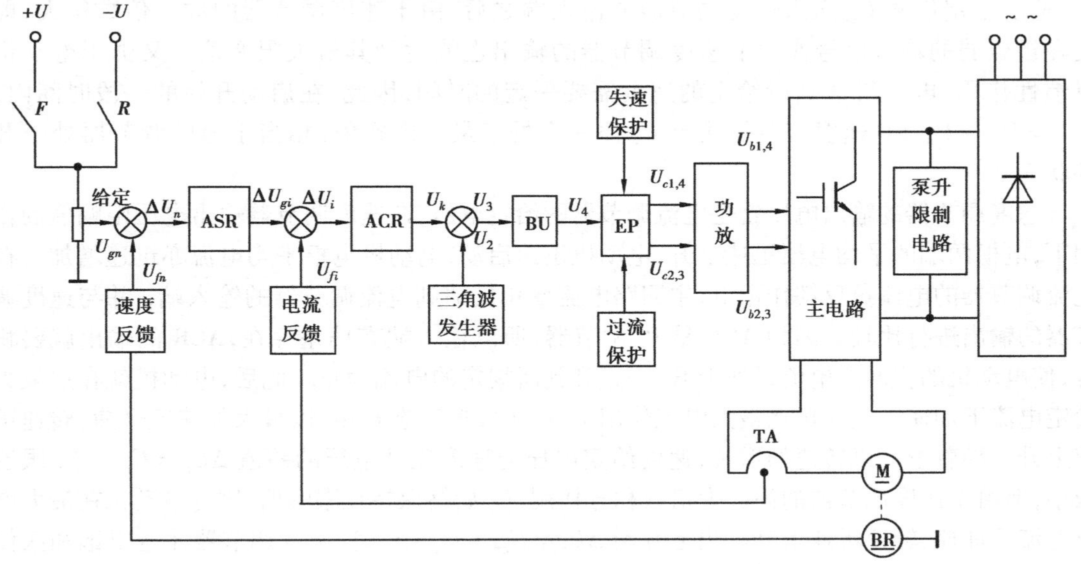

图 6.63　晶体管脉宽调速系统方框图

图 6.63 所示的系统是采用典型的双闭环原理组成的直流脉宽调制调速系统。它由上面几个主要组成部分组成,即由主回路,控制回路,电压-脉冲变换器,脉冲分配器及功率放大器以及其他控制回路组成。

(5)系统分析

如图 6.63 所示,PWM 调速系统整个装置由速度调节器 ASR 和电流调节器 ACR 组成双闭环无差调节系统,由 ACR 输出电压 U_k(可正可负且连续可调)和正负对称的三角波电压 U_2 在 BU 中进行叠加,产生频率固定而占空比可调的方波电压 U_4,然后,此方波电压由脉冲分配器产生两路相位相差 180°的脉冲信号,经功放后由这两路脉冲信号去驱动桥式功率开关主电路,使其负载(电动机)两端得到极性可变、平均值可调的直流电压,该电压控制直流电动机正反转或制动。

下面具体分析该系统在静态、启动、稳态运转、稳态运行时突加负载、制动及降速时的工作过程。

1)静态

系统处于静态时电动机停转(说电动机完全停转是不现实的。由于运算放大器有高放大倍数,系统总存在有一定的零漂,所以电动机总有一定的爬行。不过这种爬行非常缓慢,一般 1 h 左右才爬行一圈,因此可以忽略),由于速度给定信号 $U_{gn}=0$ V,此时,速度调节器 ASR 、电流调节器 ACR 的输出均为 0,电压-脉冲变换器 BU 在三角波的作用下,输出端输出一个频率同三角波频率、负载电压系数 $\rho=0$ 的正、负等宽带方波电压 U_4,经脉冲分配器和功放电路产生的 $U_{b1,4}$ 和 $U_{b2,3}$ 加在桥式功率开关管 VT_1-VT_4 的栅极,使桥式功率开关管轮流导通或截止,此时,电动机电枢两端的平均电压等于 0,电动机停止不动。必须说明的是:此时电动机电枢两端的平均电压及平均电流虽然为 0,但电动机电枢的瞬时电压及电流并不为 0,在 ASR 及 ACR 的作用下,系统实际上处于动态平衡状态。

2)启动

由于系统是可逆的,故仅以正转启动为例(反转启动类同)来介绍启动过程。在启动时,速度给定信号 U_{gn} 送入速度调节器的输入端之后,由于速度调节器的放大倍数很大,即使在极微弱的输入信号作用下速度调节器的输出也能达到其最大限幅值。又由于电动机有惯性作用,电动机达到所给定的速度需要一定的时间,因此,在启动开始的一段时间内,$\Delta U_n=U_{gn}-U_{fn}>0$ 速度节器的输出 U_{gi} 便一直处于最大限幅值,相当于速度调节器处于开环状态。

速度调节器的输出电压就是电流调节器的给定电压,在速度调节器输出电压限幅值的作用下,电枢两端的平均电压迅速上升,电动机迅速启动,电动机电枢平均电流亦迅速增加。在电流调节器的电流负反馈作用下,主回路电流变化反馈到电流调节器的输入端,并与速度调节器的输出进行比较。因为 ACR 是 PI 调节器,所以输入端有偏差存在,ACR 的输出就要积分,使电动机的主回路电流迅速上升,一直升到所规定的电流为止。此后,电动机就在这最大给定电流下加速。电动机在最大电流作用下,产生加速动态转矩,以最大加速度升速,转速迅速上升。随着电动机转速的增长,速度给定电压与速度反馈电压的差值 $\Delta U_n=U_{gn}-U_{fn}$ 跟着减小,但由于速度调节器的高放大倍数积分作用,U_{gi} 始终保持在限幅值,因此电动机在最大电枢电流下加速,转速迅速上升。当上升到 $\Delta U_n=U_{gn}-U_{fn}<0$ 时,速度调节器才退出饱和区使其输出 U_{gi} 下降,在电流闭环的作用下,电枢电流也跟着下降。当电流降到电动机的外加负载

所对应的电流以下时，电动机便减速，直到 $\Delta U_n = U_{gn} - U_{fn} = 0$ 为止，这时电动机便进入稳定运行状态。简而言之，在整个启动过程中，速度调节器处于开环状态，不起调节作用，系统的调节作用主要由电流调节器来完成。

3）稳态运转

在稳态运转时，电动机的转速等于给定转速，速度调节器的输出 $\Delta U_n = U_{gn} - U_{fn} = 0$。但由于速度调节器的积分作用，其输出不为0，而是外加负载所定的某一数值，此值也就是电流给定值。电流调节器的输入值 $\Delta U_i = U_{gi} - U_{fi} = 0$，同样，由于电流调节器的积分作用，其输出稳定在一个由当时功率开关主电路输出的电压平均值所决定的某一个值，电动机的转速不变。

4）稳定运转时突加负载的调节过程

当负载突然增加时，电动机的转速就要下降，速度调节器的输入电压 $\Delta U_n = U_{gn} - U_{fn} > 0$，速度调节器的输出电压（即电流调节器的给定电压）便增加，电流调节器的输出也增加，使得BU输出的脉冲占空比发生变化，于是功率开关放大器主电路输出的电压平均值也增加，迫使电动机的转速回升，直到 $\Delta U_n = U_{gn} - U_{fn} = 0$ 为止。这时的给定电流（即速度调节器的输出）对应于新的负载电流，系统处于新的稳定状态。

5）制动

当电动机处于某种速度的稳态运行时，若突然时速度给定信号降为0，即 $U_{gn} = 0$，此时由于速度反馈信号 $U_{fn} > 0$，即速度调节器的输入 $\Delta U_n = U_{gn} - U_{fn} < 0$，速度调节器 的输出将立即处于正的限幅值，速度调节器的输出 U_{gi} 和电流反馈的输出 U_{fi} 一起使得电流调节器的输出立即处于负的限幅值，电动机即进行制动，制动速度降为0。以后的过程与系统处于静态时的过程相同。

6）降速

当电动机处于某种速度的稳态运行时，若使速度给定信号 U_{gn} 降低，则速度调节器的输入 $\Delta U_n = U_{gn} - U_{fn} < 0$，电动机立即进行制动降速，当电动机的转速降低到所给定的转速时，又使速度调节器是输入 $\Delta U_n = U_{gn} - U_{fn} = 0$，系统又在新的转速下稳定运行。以后的过程与系统处于稳态运转时的过程相同。

6.4　交流伺服驱动

交流伺服系统的能换部件为交流电动机。常用的交流电动机有三相异步电动机（或称感应电动机）和同步电动机（同步电机既可作发电机使用，也可作电动机使用）。异步电动机机构简单，维护容易，运行可靠，价格便宜，具有较好的稳态和动态特性，因此，它是目前工业中使用得最为广泛的一种电动机。

6.4.1　感应电动机结构

感应电动机主要由定子和转子构成，定子是静止不动的部分，转子是旋转部分，在定子和转子之间有一定的气隙，图6.64为其结构图。

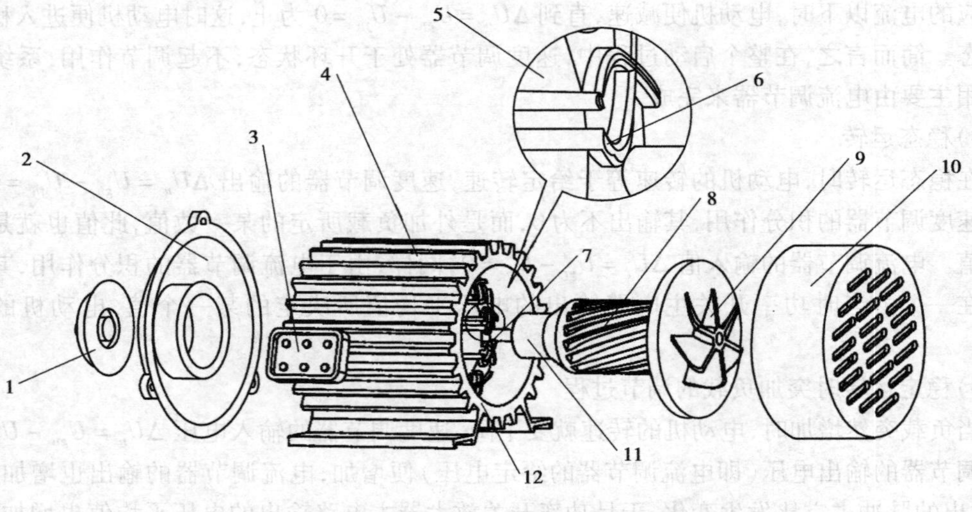

图 6.64　三相异步电动机的结构

1—轴承盖；2—端盖；3—接线盒；4—散热片；5—定子铁芯；6—定子绕组；
7—转轴；8—转子；9—风扇；10—罩壳；11—轴承；12—机座

(1)定子

定子由定子铁芯、绕组与机座3部分组成。定子铁芯是电动机磁路的一部分，它由厚0.5 mm的硅钢片叠压而成，片与片之间是绝缘的，以减少涡流损耗，定子铁芯的硅钢片的内圆冲有定子槽，如图6.65所示，槽中安放绕组，硅钢片铁芯在叠压后成为一个整体，固定于机座上。定子绕组是电动机的电路部分，由许多线圈连接而成，每个线圈有两个有效边，分别放在两个槽里。三相对称绕组AX、BY、CZ可连接成星形或三角形。机座主要用于固定与支撑定子铁芯。中小型异步电动机一般采用铸铁机座。根据不同的冷却方式采用不同的机座形式。

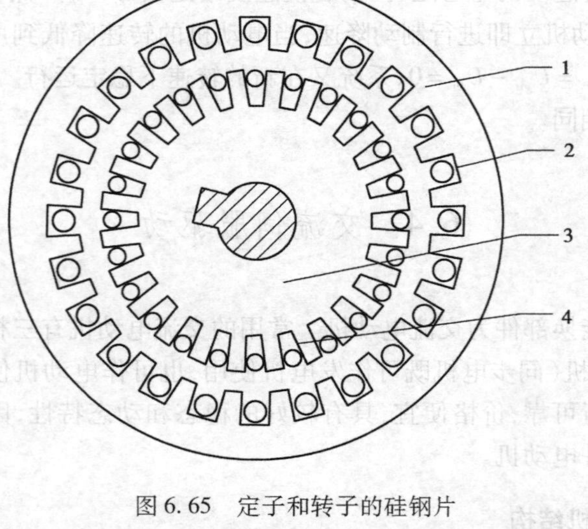

图 6.65　定子和转子的硅钢片

1—定子铁芯；2—定子绕组；3—转子铁芯；4—转子绕组

(2)转子

转子由铁芯与绕组组成。转子铁芯压装在转轴上，由硅钢片叠压而成，转子硅钢片冲片如图 6. 65 所示，转子铁芯也是电动机磁路的一部分，转子铁芯、气隙与定子铁芯构成电动机的完整磁路。

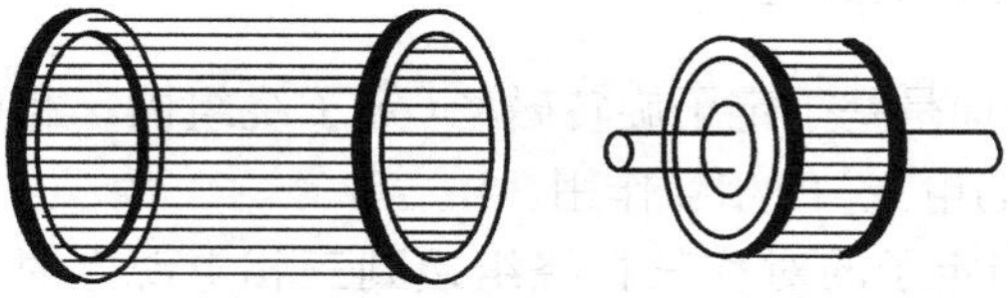

(a) 鼠笼式绕组　　(b) 转子外形

图 6. 66　鼠笼式转子

异步电动机转子绕组多采用鼠笼式，它是在转子铁芯槽里插入铜条，再将全部铜条两端焊在两个铜端环上而组成，如图 6. 66(a) 所示。小型鼠笼式转子绕组多用铝离芯浇铸而成，见图 6. 67 所示，既降低了成本(以铝代铜)，也方便了制造。

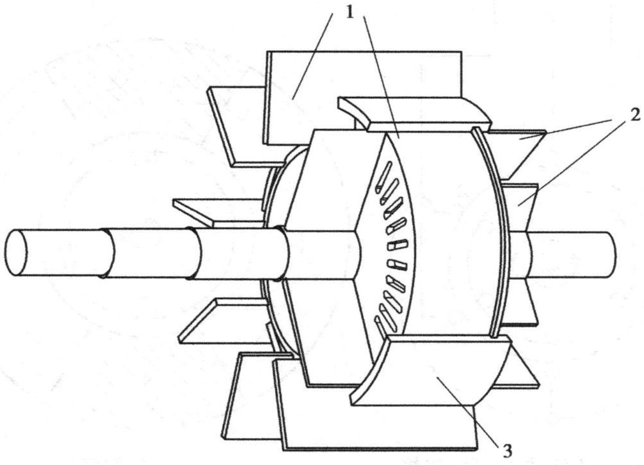

图 6. 67　铝铸的鼠笼式转子

1—转子铁芯；2—风扇；3—铸铝条

异步电动机的转子绕组除了鼠笼式外还有线绕式的。线绕式转子绕组与定子绕组一样，由线圈组成绕组放入转子铁芯槽里，转子绕组一般是连接成星形的三相绕组，转子绕组组成的磁极数与定子相同，线绕式转子通过轴上的滑环和电刷在转子回路中接入外加电阻，用以改善启动性能与调节转速，如图 6. 68 所示。

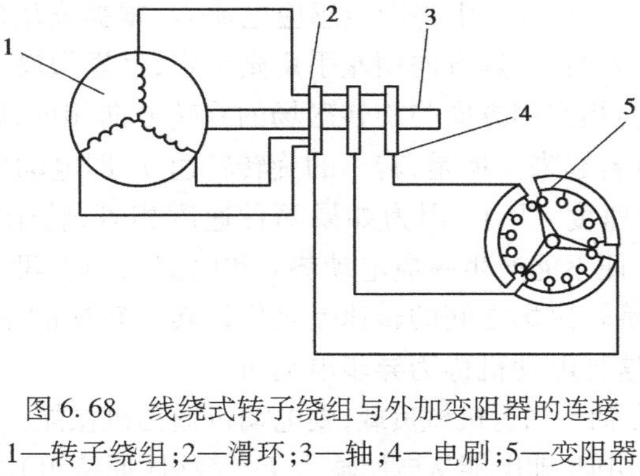

图 6. 68　线绕式转子绕组与外加变阻器的连接

1—转子绕组；2—滑环；3—轴；4—电刷；5—变阻器

线绕式和鼠笼式两种电动机的转子构造虽然不同,但工作原理是一致的。

6.4.2 感应电动机工作原理

感应电动机的工作原理是基于定子旋转磁场(定子绕组内三相电流所产生的合成磁场)和转子电流(转子绕组内的电流)的相互作用。

如图 6.69(a)所示,当定子的对称三相绕组接到三相电源上时,绕组内将通过对称三相电流,并在空间产生旋转磁场,该磁场沿定子内圆周方向旋转。图 6.69(b)所示为具有一对磁极的旋转磁场,我们可以假想磁极位于定子铁芯内画有阴影线的部分。

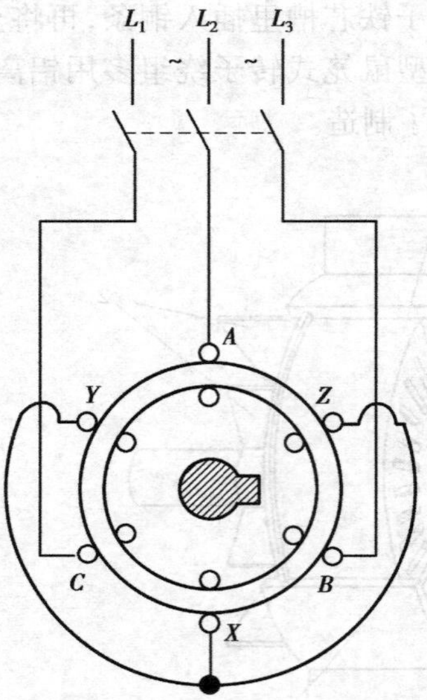

(a)定子绕组与电源的连接

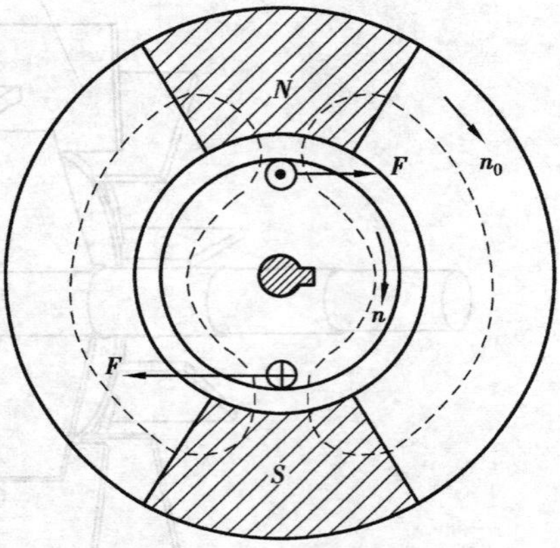

(b)工作原理

图 6.69 三相异步电动机

当磁场旋转时,转子绕组的导体切割磁通将产生感应电动势 e,假设旋转磁场向顺时针方向旋转,则相当于转子导体向逆时针方向旋转切割磁通,根据右手定则,在 N 极面下转子导体中感应电动势的方向系由图面指向读者,而在 S 极面下转子导体中感应电动势方向则由读者指向图面。

由于电动势 e 的存在,转子绕组中将产生感应电流 i。根据安培电磁力定律,转子电流与旋转磁场相互作用产生电磁力 F(其方向用左手定则决定,这里假设 i 和 e 同相),该力在转子的轴上形成电磁转矩,且转矩作用方向与旋转磁场的旋转方向相同,转子受此转矩的作用,便按旋转磁场的旋转方向旋转起来。但是,转子的旋转转速 n(即电动机的转速)恒比旋转磁场的旋转速度 n_0(称为同步速度)为小,因为如果两种速度相等,转子和旋转磁场没有相对运动,转子导体不切割磁通,便不能产生感应电动势 e 和电流 i,也就没有电磁转矩,转子将不会继续旋转。因此,转子与旋转磁场之间的转速差是保证转子转速的主要因素。由于转子转速不等于同步转速,所以把这种电动机称为异步电动机。

当转子旋转时,如果在轴上加有机械负载,则电动机输出机械能。从物理本质上来分析,异步电动机的运行和变压器相似,即电能从电源输入定子绕组(原绕组),通过电磁感应的形式,以旋转磁场作媒介，传送到转子绕组（副绕组），而转子中的电能通过电磁力的作用变换成机械能输出。由于在这种电动机中，转子电流的产生和电能的传递是基于电磁感应现象的，所以异步电动机又称为感应电动机。异步电动机的转差率 S 是分析异步电动机运行情况的主要参数。通常，异步电动机在额定负载时，n 接近于 n_0，转差率 S 很小，一般为 0.015 ~ 0.060。

6.4.3　感应电动机的旋转磁场

由上可知，要使异步电动机转动起来，必须要有一个旋转磁场。异步电动机的旋转磁场是怎样产生的呢？它的旋转方向和旋转速度是怎样确定的呢？现在分别加以说明。

(1) 旋转磁场的产生

当电动机定子绕组通以三相电流时，各相绕组中的电流都将产生自己的磁场。由于电流随时间变化，它们产生的磁场也将随时间变化，而三相电流产生的总磁场（合成磁场）不仅随时间变化，而且是在空间旋转的，故称旋转磁场。

为了简便起见，假设每相绕组只有一个线匝，分别嵌放在定子内圆周的 6 个凹槽之中，如图 6.70 所示，图中 A、B、C 和 X、Y、Z 分别代表各相绕组的首端与末端。

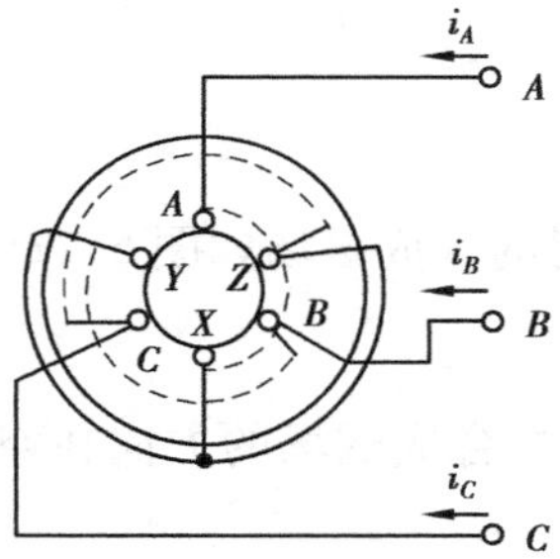

(a) 嵌放情况

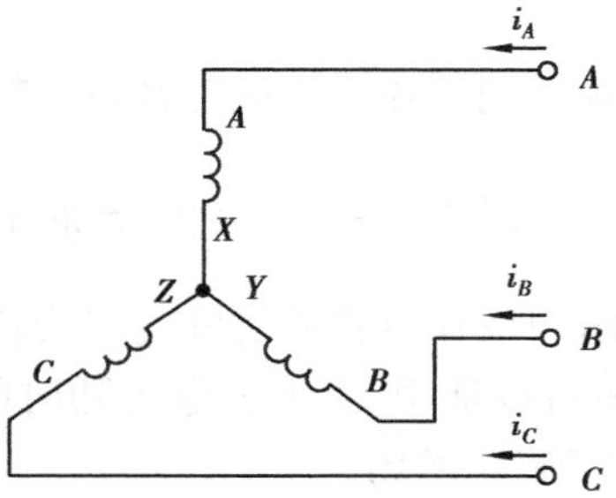

(b) 连接接线图

图 6.70　定子三相绕组

定子绕组中，流过电流的正方向规定为自各自相绕组的首端到它的末端，并取流过 A 相绕组的电流 i_A 作为参考正弦量，即 i_A 的初相位为 0，则各相电流的瞬时值可表示为（相序为 $A \rightarrow B \rightarrow C$）：

$$i_A = I_m \sin \omega t \tag{6.32}$$

$$i_B = I_m \sin\left(\omega t - \frac{2\pi}{3}\right) \tag{6.33}$$

$$i_C = I_m \sin\left(\omega t - \frac{4\pi}{3}\right) \tag{6.34}$$

图 6.71 是这些电流随时间变化的曲线。

下面分析不同时间的合成磁场：

在 $t = 0$ 时，$i_A = 0$；i_B 为负，电流实际方向与正方向相反，即电流从 Y 端流到 B 端；i_C 为正，电流实际方向与正方向一致，即电流从 C 端流到 Z 端。

按右手螺旋法则确定三相电流产生的合成磁场，如图 6.72(a) 箭头所示。

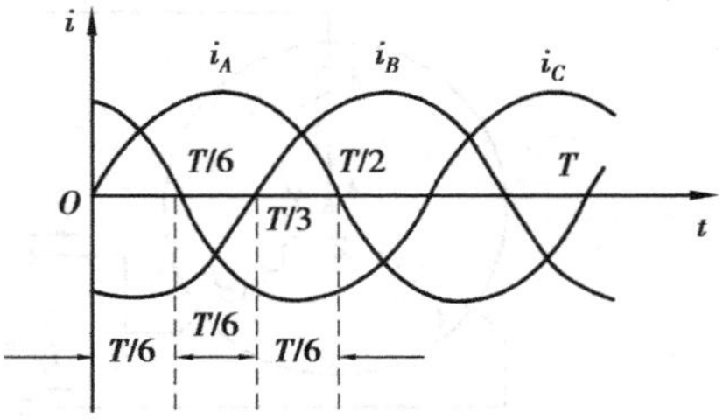

图 6.71　三相电流的波形图

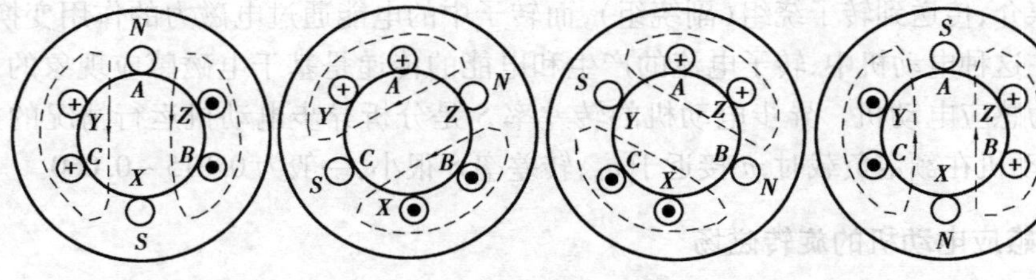

(a) $t=0$　(b) $t=T/6$　(c) $t=T/3$　(d) $t=T/2$

图 6.72　两极旋转磁场

在 $t=\frac{T}{6}$时，$\omega t=\frac{\omega T}{6}=\frac{\pi}{3}$，$i_A$ 为正（电流从 A 端流到 X 端）；i_B 为负（电流从 Y 端流到 B 端）；$i_C=0$。此时的合成磁场如图 6.72(b)所示，合成磁场已从 $t=0$ 瞬间所在位置顺时针方向旋转了$\frac{\pi}{3}$。

在 $t=\frac{T}{3}$时，$\omega t=\frac{\omega T}{3}=\frac{2\pi}{3}$，$i_A$ 为正；$i_B=0$；i_C 为负。此时的合成磁场如图 6.72(c)所示，合成磁场已从 $t=0$ 瞬间所在位置顺时针方向旋转了$\frac{2\pi}{3}$。

在 $t=\frac{T}{2}$时，$\omega t=\frac{\omega T}{2}=\pi$，$i_A=0$；$i_B$ 为正；i_C 为负。此时的合成磁场如图 6.72(d)所示。合成磁场从 $t=0$ 瞬间所在位置顺时针方向旋转了 π。

由以上分析可以证明：当三相电流随时间不断变化时，合成磁场的方向在空间也不断旋转，这样就产生了旋转磁场。

(2)旋转磁场的旋转方向

由图 6.70 和图 6.71 可见，A 相绕组内的电流，导前于 B 相绕组内的电流 $2\pi/3$，而 B 相绕组内的电流又导前于 C 相绕组内的电流 $2\pi/3$，同时图 6.72 中所示旋转磁场的旋转方向也是从 $A\to B\to C$，即向顺时针方向旋转。所以，旋转磁场的旋转方向与三相电流的相序一致。

如果将定子绕组接至电源的三根导线中的任意两根线对调，例如，将 B、C 两根线对调，如图 6.73 所示，即使 B 相与 C 相绕组中电流的相位对调，此时 A 相绕组内的电流导前于 C 相绕组内的电流 $2\pi/3$，因此，旋转磁场的旋转方向也将变为 $A\to C\to B$ 向逆时针方向旋转，如图 6.74所示，即与未对调前的旋转方向相反。

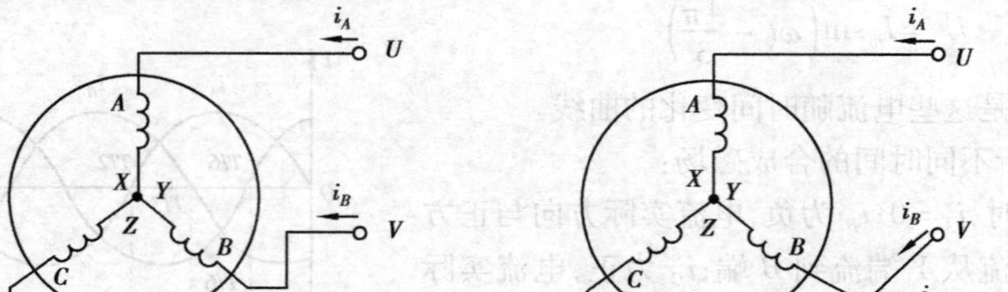

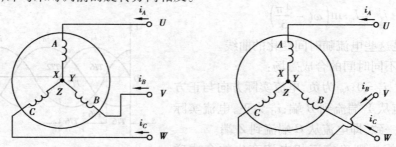

图 6.73　将 B、C 两根线对调改变绕组中的电流相序

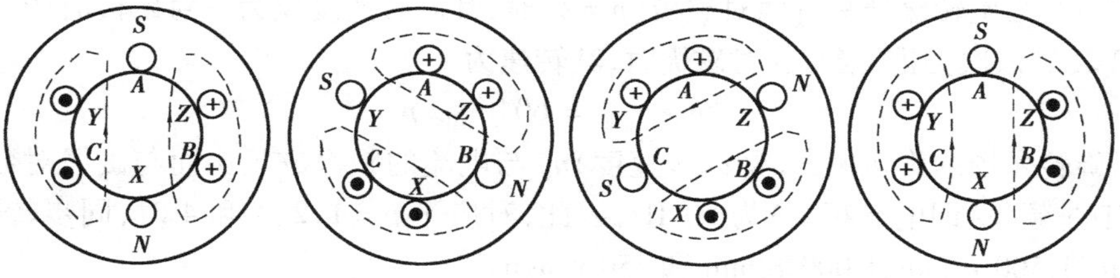

(a) $t=0$　　(b) $t=T/6$　　(c) $t=T/3$　　(d) $t=T/2$

图 6.74　逆时针方向旋转的两极旋转磁场

由此可见，要改变旋转磁场的旋转方向（亦即改变电动机的旋转方向），只要把定子绕组接到电源的三根导线中的任意两根对调即可。

（3）旋转磁场的极数与旋转速度

以上讨论的旋转磁场，具有一对磁极（磁极对数用 p 表示）即 $p=1$。从上述分析可以看出，电流变化经过一个周期（变化 360°电角度），旋转磁场在空间也旋转了一转（转了 360°机械角度），若电流的频率为 f，旋转磁场每分钟将旋转 $60f$ 转，以 n_0 表之，即

$$\{n_0\}_{r/min} = 60\{f\}_{Hz}$$

如果把定子铁芯的槽数增加 1 倍（12 个槽），制成如图 6.75 所示的三相绕组，其中，每相绕组由两个部分串联组成，再将这三相绕组接到对称三相电源使通过对称三相电流（见图 6.71），便产生具有两对磁极的旋转磁场。从图 6.76 可以看出，对应于不同时刻，旋转磁场在空间转到不同位置，此情况下电流变化半个周期，旋转磁场在空间只转过了 $\pi/2$，即 1/4 转，电流变化一个周期，旋转磁场在空间只转了 1/2 转。

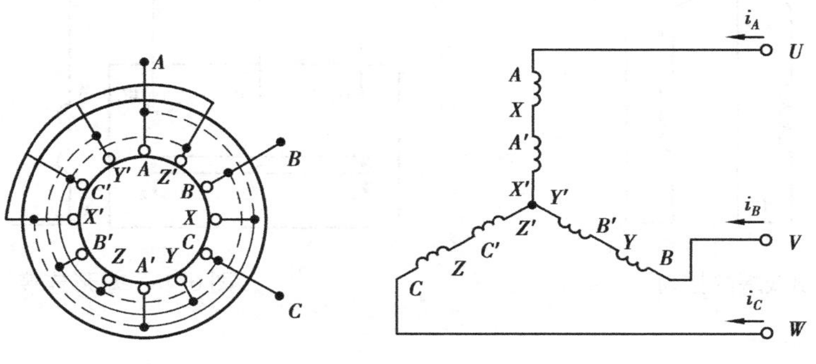

(a) 嵌放情况　　(b) 接线图

图 6.75　产生四极旋转磁场的定子绕组

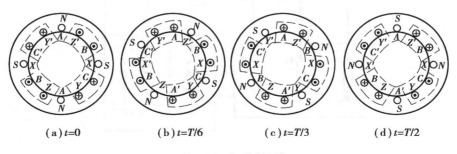

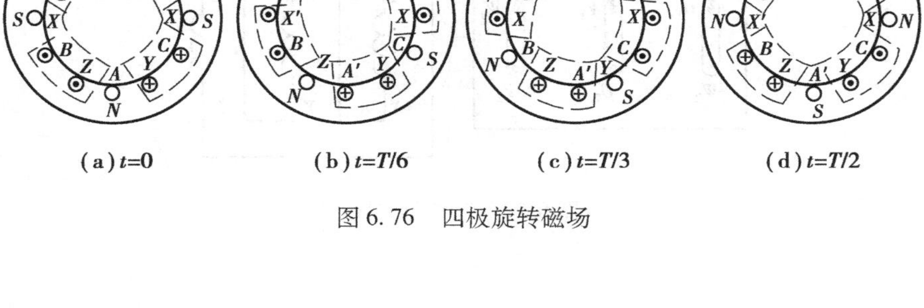

(a) $t=0$　　(b) $t=T/6$　　(c) $t=T/3$　　(d) $t=T/2$

图 6.76　四极旋转磁场

由此可知,当旋转磁场具有两对磁极($p=2$)时,其旋转速度仅为一对磁极时的一半,即每分钟 $60f/2$ 转。依次类推,当有 p 对磁极时,其转速为:

$$\{n_0\}_{\text{r/min}} = 60\{f\}_{\text{Hz}}/p \tag{6.35}$$

所以,旋转磁场的旋转速度(即同步速度)n_0 与电流的频率成正比而与磁级对数成反比,因为标准工业频率(即电流频率)为 50 Hz,因此,对应于 $p=1$、2、3 和 4 时,同步转速分别为 3 000 r/min、1 500 r/min、1 000 r/min 和 750 r/min。

实际上,旋转磁场不仅可以由三相电流来获得,任何两相以上的多相电流,流过相应的多相绕组,都能产生旋转磁场。

6.4.4 定子绕组线端连接方式

三相电机的定子绕组,每相都由许多线圈(或称绕组元件)所组成。其绕制方法此处不作详细叙述。

定子绕组的首端和末端通常都接在电动机的接线盒内的接线柱上,一般按图 6.77 所示的方法排列。这样可以很方便地接成星形(见图 6.78)或三角形(见图 6.79)。

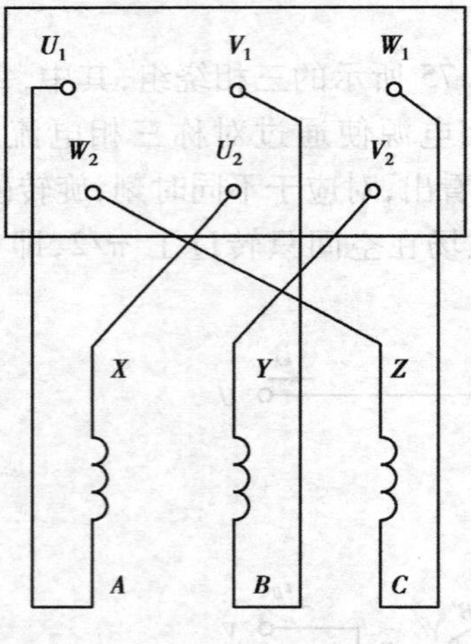

图 6.77 出线端的排列

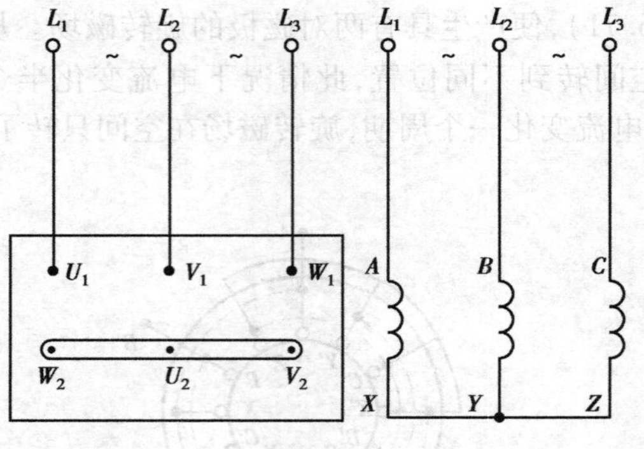

图 6.78 星形连接

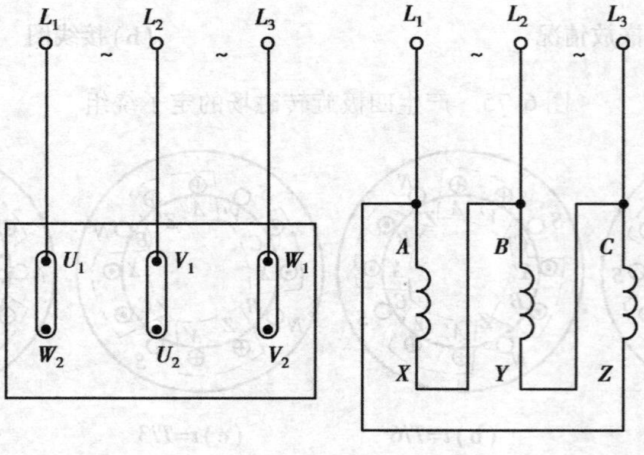

图 6.79 三角形连接

按照我国电工专业标准规定，定子三相绕组出线端的首端为 U_1、V_1、W_1，末端是 U_2、V_2、W_2。

定子三相绕组的连接方式（Y形或△形）的选择，和普通三相负载一样，须视电源的线电压而定。如果电动机所接入之电源的线电压等于电动机的额定相电压（即每相绕组的额定电压），那么，它的绕组应该接成三角形；如果电源的线电压是电动机额定相电压的$\sqrt{3}$倍，那么，它的绕组应该接成星形。通常电动机的铭牌上标有Y/△和数字 380/220，前者表示定子绕组的接法，后者表示对应于不同接法应加的线电压值。

6.4.5　感应电动机的定子电路和转子电路

(1)定子电路的分析

三相异步电动机的电磁关系同变压器类似，定子绕组相当于变压器的原绕组，转子绕组（一般是短接的）相当于副绕组。当定子绕组接上三相电源电压（相电压为 u_1）时，则有三相电流通过（相电流为 i_1），定子三相电流产生旋转磁场，其磁力线通过定子和转子铁芯而闭合，这磁场不仅在转子每相绕组中要感应出电动势 e_2，而且在定子每相绕组中也要感应出电动势 e_1（实际上三相异步电动机中的旋转磁场是由定子电流和转子电流共同产生的），如图 6.80 所示。

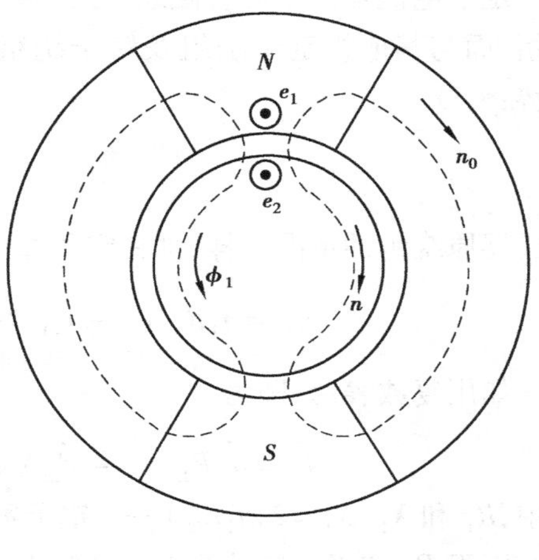

图 6.80　定子和转子电路的感应电势

定子和转子每相绕组的匝数分别为 N_1 和 N_2，图 6.81 所示电路图是三相异步电动机的一相电路图。

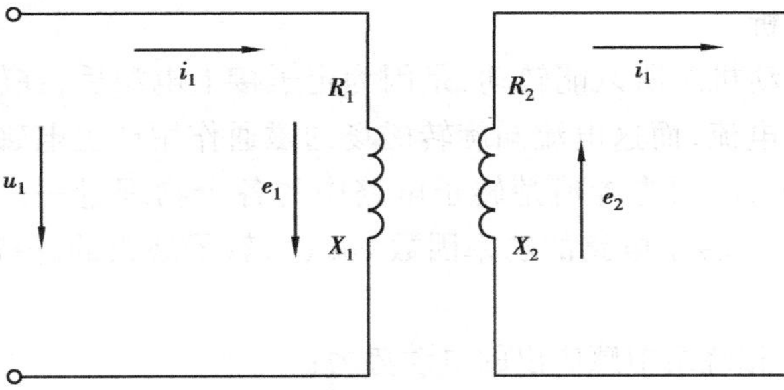

图 6.81　三相异步电动机的一相电路图

旋转磁场的磁感应强度沿定子与转子间空气隙的分布是近于按正弦规律分布的。因此，当其旋转时，通过定子每相绕组的磁通也是随时间按正弦规律变化的，即 $\varphi = \Phi_m \sin \omega t$，其中，$\Phi_m$ 是通过每相绕组的磁通最大值，在数值上等于旋转磁场的每极磁通 Φ，即为空气隙中磁感应强度的平均值与每极面积的乘积。

定子每相绕组中产生的感应电动势为：

$$e_1 = -N_1\frac{d\varphi}{dt}$$

它也是正弦量,其有效值为:

$$\{E_1\}_V = 4.44K\{f_1\}_{Hz}N_1\{\Phi\}_{Wb}(\text{绕组系数} K \approx 1,\text{常略去})$$

故

$$\{E_1\}_V = 4.44\{f_1\}_{Hz}N_1\{\Phi\}_{Wb} \tag{6.36}$$

式中,f_1——e_1 的频率。

因为旋转磁场和定子间的相对转速为 n_0,所以

$$\{f_1\}_{Hz} = \frac{p(n_0)_{r/min}}{60} \tag{6.37}$$

它等于定子电流的频率见式(6.35),即$f_1 = f$。

定子电流除产生旋转磁通(主磁通)外,还产生漏磁通 φ_{L1},该漏磁通只围绕某一相的定子绕组,而与其他相定子绕组及转子绕组不相链。因此,在定子每相绕组中还要产生漏磁电动势:

$$e_{L1} = -L_{L1}\frac{di_1}{dt}$$

变压器原绕组的情况一样,加在定子每相绕组上的电压也分成 3 个分量,即

$$u_1 = i_1R_1 + (-e_{L1}) + (-e_1) = i_1R_1 + L_{L1}\frac{di_1}{dt} + (-e_1) \tag{6.38}$$

如用复数表示,则为

$$\dot{U}_1 = \dot{I}_1R_1 + (-\dot{E}_{L1}) + (-\dot{E}_1) = \dot{I}_1R_1 + j\dot{I}_1X_1 + (-\dot{E}_1) \tag{6.39}$$

式中,R_1 和 $X_1(X_1 = 2\pi f_1L_{L1})$——定子每相绕组的电阻和漏磁感抗。

由于 R_1 和 X_1(或漏磁通 φ_{L1})较小,其上电压降与电动势 E_1 比较起来,常可忽略,于是

$$\dot{U}_1 \approx -\dot{E}, U_1 \approx E_1 \tag{6.40}$$

(2)转子电路的分析

如前所述,异步电动机之所以能转动,是因为定子接上电源后,在转子绕组中产生感应电动势,从而产生转子电流,而这电流同旋转磁场的磁通作用产生电磁转矩之故。因此,在讨论电动机的转矩之前,必须先弄清楚转子电路中的各个物理量——转子电动势 e_2、转子电流 i_2、转子电流频率 f_2、转子电路的功率因数 $\cos\varphi_2$、转子绕组的感抗 X_2 以及它们之间的相互关系。

旋转磁场在转子每相绕组中感应出的电动势为:

$$e_2 = -N_2\frac{d\varphi}{dt}$$

其有效值为:

$$\{E_2\}_V = 4.44\{f_2\}_{Hz}N_2\{\Phi\}_{Wb} \tag{6.41}$$

式中,f_2——转子电动势 e_2 或转子电流 i_2 的频率。

因为旋转磁场和转子间的相对转速为$(n_0 - n)$,所以

$$
\begin{aligned}
\{f_2\}_{\text{Hz}} &= \frac{p(\{n_0\}_{\text{r/min}} - \{n\}_{\text{r/min}})}{60} \\
&= \frac{\{n_0\}_{\text{r/min}} - \{n\}_{\text{r/min}}}{\{n_0\}_{\text{r/min}}} \frac{p\{n_0\}_{\text{r/min}}}{60} \\
&= S\{f_1\}_{\text{Hz}}
\end{aligned} \tag{6.42}
$$

可见转子频率 f_2 与转差率 S 有关，也就是与转速 n 有关。

在 $n=0$，即 $S=1$（电动机开始启动瞬间）时，转子与旋转磁场间的相对转速最大，转子导体被旋转磁力线切割得最快，所以这时 f_2 最高，即 $f_2=f_1$。

将式(6.42)代入式(6.41)，得

$$\{E_2\}_V = 4.44S\{f_1\}_{\text{Hz}}N_2\{\Phi\}_{Wb} \tag{6.43}$$

在 $n=0$，即 $S=1$ 时，转子电动势为：

$$\{E_{20}\}_V = 4.44\{f_1\}_{\text{Hz}}N_2\{\Phi\}_{Wb} \tag{6.44}$$

这时，$f_2=f_1$，转子电动势最大。

由式(6.43)和式(6.44)，得出

$$E_2 = SE_{20} \tag{6.45}$$

可见转子电动势 E_2 与转差率 S 有关。

和定子电流一样，转子电流也要产生漏磁通 φ_{L2}，从而在转子每相绕组中还要产生漏磁电动势

$$e_{L2} = -L_{L2}\frac{\mathrm{d}i_2}{\mathrm{d}t}$$

因此，对于转子每相电路，有

$$e_2 = i_2R_2 + (-e_{L2}) = i_2R_2 + L_{L2}\frac{\mathrm{d}i_2}{\mathrm{d}t} \tag{6.46}$$

如用复数表示，则为：

$$\dot{E}_2 = \dot{I}_2R_2 + (-\dot{E}_{L2}) = \dot{I}_2R_2 + j\dot{I}_2X_2 \tag{6.47}$$

式中，R_2 和 X_2——转子每相绕组的电阻和漏磁感抗。

X_2 与转子频率 f_2 有关，即

$$X_2 = 2\pi f_2L_{L2} = 2\pi Sf_1L_{L2} \tag{6.48}$$

在 $n=0$，即 $S=1$ 时，转子感抗为：

$$X_{20} = 2\pi f_1L_{L2} \tag{6.49}$$

这时 $f_2=f_1$，转子感抗最大。

由式(6.48)和式(6.49)得出

$$X_2 = SX_{20} \tag{6.50}$$

可见转子感抗 X_2 与转差率 S 有关。

转子每相电路的电流可由式(6.47)得出，即

$$I_2 = \frac{E_2}{\sqrt{R_2^2 + X_2^2}} = \frac{SE_{20}}{\sqrt{R_2^2 + (SX_{20})^2}} \tag{6.51}$$

可见转子电流 I_2 也与转差率 S 有关。当 S 增大，即转速 n 降低时，转子与旋转磁场间的

相对转速(n_0-n)增加,转子导体被磁力线切割的速度提高,于是E_2增加,I_2也增加。I_2随S的变化关系可用图5.20所示的曲线来表示。当$S=0$,即$n_0-n=0$时,$I_2=0$;当S很小时,$R_2 \gg SX_{20}$,$I_2 \approx \frac{SE_{20}}{R_2}$,即与$S$近似地成正比;当$S$接近1时,$SX_{20} \gg R_2$,$I_2 \approx \frac{E_{20}}{X_{20}}=$常数。

由于转子有漏磁通φ_{L2},相应的感抗为X_2,因此,I_2比E_2滞后φ_2角,因而转子电路的功率因数为

$$\cos\varphi_2=\frac{R_2}{\sqrt{R_2^2+X_2^2}}=\frac{R_2}{\sqrt{R_2+(SX_{20})^2}} \qquad (6.52)$$

它也与转差率S有关。当S很小时,$R_2 \gg SX_{20}$,$\cos\varphi_2 \approx 1$;当S增大时,X_2也增大,于是$\cos\varphi_2$减小;当S接近1时,$\cos\varphi_2 \approx R_2/(SX_{20})$。$\cos\varphi_2$与$S$的关系也表示在图6.82中。

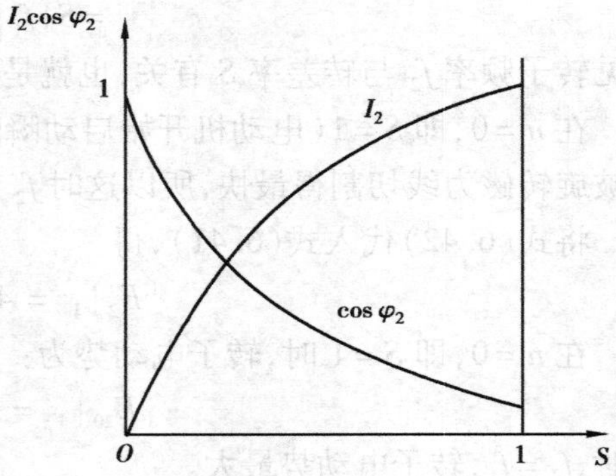

图6.82　I_2、$\cos\varphi_2$与转差率S的关系

由上可知,转子电路的各个物理量,如电动势、电流、频率、感抗及功率因数等都与转差率有关,亦即与转速有关。

(3)感应电动机的额定值

电动机在制造工厂所拟定的情况下工作时,称为电动机的额定运行,通常用额定值来表示其运行条件,这些数据大部分都标明在电动机的铭牌上。使用电动机时,必须看懂铭牌。

1)电动机的铭牌上通常标有的数据

①型号

②额定功率P_N

在额定运行情况下,电动机轴上输出的机械功率。

③额定电压U_N

在额定运行情况下,定子绕组端应加的线电压值。如标有两种电压值(例如220/380 V),这表明定子绕组采用△/Y连接时应加的线电压值。一般规定电动机的外加电压不应高于或低于额定值的5%。

④额定频率f

在额定运行情况下,定子外加电压的频率($f=50$ Hz)。

⑤额定电流I_N

在额定频率、额定电压和轴上输出额定功率时,定子的线电流值。如标有两种电流值(例如10.35/5.9 A),则对应于定子绕组为△/Y连接的线电流值。

⑥额定转速n_N

在额定频率、额定电压和电动机轴上输出额定功率时,电动机的转速。与此转速相对应的转差率称为额定转差率S_N。

⑦工作方式(定额)

⑧温升(或绝缘等级)

⑨电机重量

2）一般不标在电动机铭牌上的额定值

①额定功率因数 $\cos\varphi_N$

在额定频率、额定电压和电动机轴上输出额定功率时，定子相电流与相电压之间相位差的余弦。

②额定效率 η_N

在额定频率、额定电压和电动机轴上输出额定功率时，电动机输出机械功率与输入电功率之比，其表达式为：

$$\eta_N = \frac{P_N}{\sqrt{3}U_N I_N \cos\varphi_N} \times 100\%$$

③额定负载转矩 T_N

电动机在额定转速下输出额定功率时轴上的负载载矩。

④线绕式异步电动机转子静止时的滑环电压和转子的额定电流

通常手册上给出的数据就是电动机的额定值。

(4)感应电动机的能流图

三相异步电动机的功率和损耗可用图 6.83 所示的能流图来说明。从电源输送到定子电路的电功率为：

$$P_1 = \sqrt{3}U_1 I_1 \cos\varphi_1$$

式中，U_1、I_1 和 $\cos\varphi_1$——定子绕组的线电压、线电流和功率因数。

P_1 为异步电动机的输入功率，其中，除去定子绕组的铜损 ΔP_{Cu2}（转子铁损忽略不计，因为转子铁芯中交变磁化的频率 f_2 是很低的）后，剩下的即转换为电动机的机械功率 P_m。

在机械功率中减去机械损失功率 ΔP_m 后，即为电动机的输出（机械）功率 P_2，异步电动机的铭牌上所标的就是 P_2 的额定值。

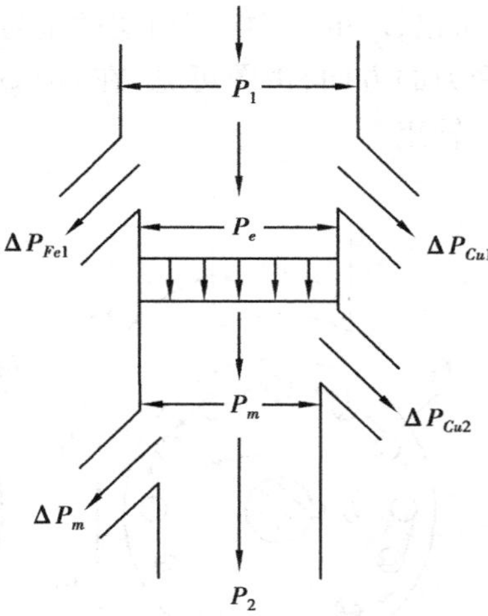

图 6.83　三相异步电动机的能流图

输出功率与输入功率的比值，称为电动机的效率，即

$$\eta = \frac{P_2}{P_1} = \frac{P_1 - \sum \Delta P}{P_1} \tag{6.53}$$

式中，$\sum \Delta P$—— 电动机的总功率损失。

电动机在轻载时效率很低，随着负载的增大，效率逐渐增高，通常在接近额定负载时，效率达到最高值。一般异步电动机在额定负载时的效率为 0.7～0.9。容量愈大，其效率也愈高。

若将 ΔP_{Cu2} 和 ΔP_m 忽略不计，则

$$P_2 = T_2\omega \approx P_e = T\omega$$

式中，T——电动机的电磁转矩；

T_2——电动机轴上的输出转矩，且

$$\{T_2\}_{N\cdot m} = \frac{\{P_2\}_W}{\{\omega\}_{rad/s}} = 9.55\frac{\{P_2\}_W}{\{n\}_{r/min}} \tag{6.54}$$

电动机的额定转矩则可由铭牌上所标的额定功率和额定转速根据式(6.54)求得。

6.4.6 感应电动机的转矩与机械特性

电磁转矩(以下简称转矩)是三相异步电动机最重要的物理量之一。机械特性是它的主要特性。

(1)感应电动机的转矩

三相异步电动机的转矩是由旋转磁场的每极磁通 Φ 与转子电流 I_2 相互作用而产生的，它与 Φ 和 I_2 的乘积成正比，此外，它还与转子电路的功率因数 $\cos\varphi_2$ 有关，图6.84反映了 $\cos\varphi_2$ 对转矩的影响。图6.84(a)所示的是假设转子感抗与其电阻相比可以忽略不计，即$\cos\varphi_2=1$ 的情况，在图6.84中旋转磁场用虚线所示的磁极表示，根据右手定则不难确定转子导体中感应电动势 E_2 的方向(用外层记号表示)。因为，在这种情况下，$\dot{I}_2$与$\dot{E}_2$同相，所以，I_2 的方向(用内层的记号表示)与 E_2 的方向一致，再应用左手定则确定转子各导体受力的方向，由图可见，在 $\cos\varphi_2=1$ 的情况下，所有作用于转子导体的力将产生同一方向的转矩。

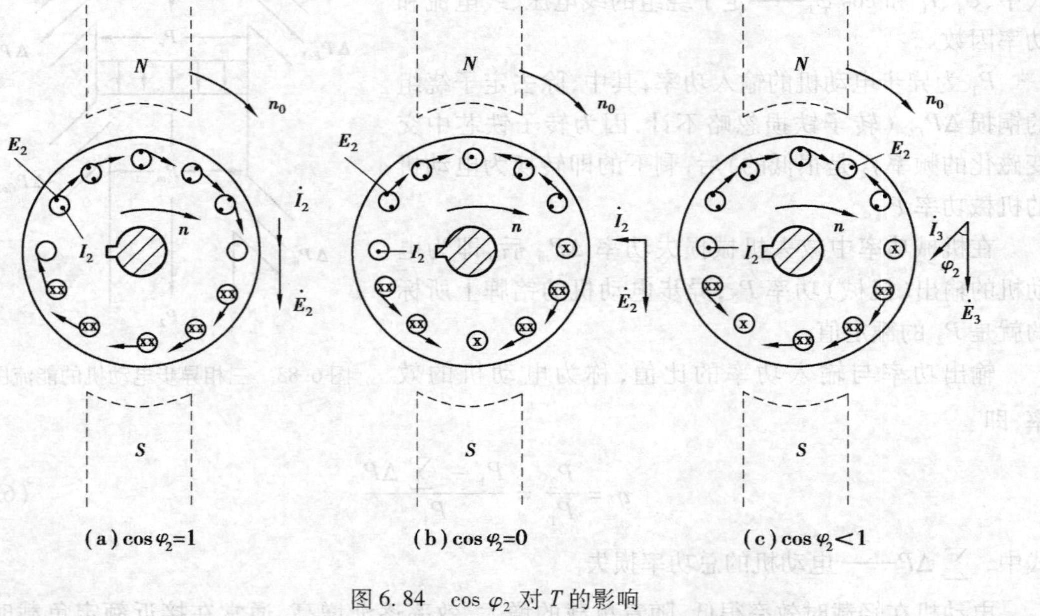

图6.84 $\cos\varphi_2$ 对 T 的影响

图6.84(b)所示是假设转子电阻与其感抗相比可以忽略不计，即 $\cos\varphi_2=0$ 的情况，这时$\dot{I}_2$比$\dot{E}_2$滞后90°。由图6.84可见，在这种情况下，作用于转子各导体的力正好互相抵消，转矩为0。

图6.84(c)所示的是实际情况，电流$\dot{I}_2$比电动势$\dot{E}_2$滞后φ_2角，即$\cos\varphi_2<1$。这时，各导体受力的方向不尽相同，在同样的电流和旋转磁通之下，产生的转矩较$\cos\varphi_2=1$时为小。由此可以得出：

$$T = K_t \Phi I_2 \cos\varphi_2 \tag{6.55}$$

式中，K_t——仅与电动机结构有关的常数。

将式(6.44)代入式(6.51)，得

$$\{I_2\}_{\mathrm{A}} = \frac{S(4.44\{f_1\}_{\mathrm{Hz}} N_2 \{\Phi\}_{Wb})_{\mathrm{V}}}{\sqrt{\{R_2^2\}_{\Omega^2} + (S\{X_{20}\}_{\Omega})^2}} \tag{6.56}$$

再将式(6.56)和式(6.52)代入式(6.55)，并考虑到式(6.36)和式(6.40)，则得出转矩的另一个表示式：

$$T = K\frac{SR_2U_1^2}{R_2^2+(SX_{20})^2} = K\frac{SR_2U^2}{R_2^2+(SX_{20})^2} \tag{6.57}$$

式中，K——与电动机结构参数、电源频率有关的常数；

U_1、U——定子绕组电压，电源电压；

R_2——转子每相绕组的电阻；

X_{20}——电动机不动($n=0$)时转子每相绕组的感抗。

(2)感应电动机机械特性

电磁转矩T与转差率S的关系$T=f(S)$通常叫做T—S曲线。

在感应电动机中，转速$n=(1-S)n_0$，为了符合习惯画法，可将T—S曲线换成转速与转矩之间的关系n—T曲线，即$n=f(T)$称为异步电动机的机械特性。和直流电动机一样，它有固有机械特性和人为机械特性之分。类似于直流电动机的分析，根据电磁知识可得感应电动机的机械特性为：

$$T = \frac{SR_2U^2}{R_2^2+(SX_{20})^2} \tag{6.58}$$

1)固有机械特性

异步电动机在额定电压和额定频率下，用规定的接线方式，定子和转子电路中不串接任何电阻或电抗时的机械特性称为固有(自然)机械特性。

根据式(6.2)和式(6.57)可得三相异步电动机的固有机械特性曲线，如图6.85所示。

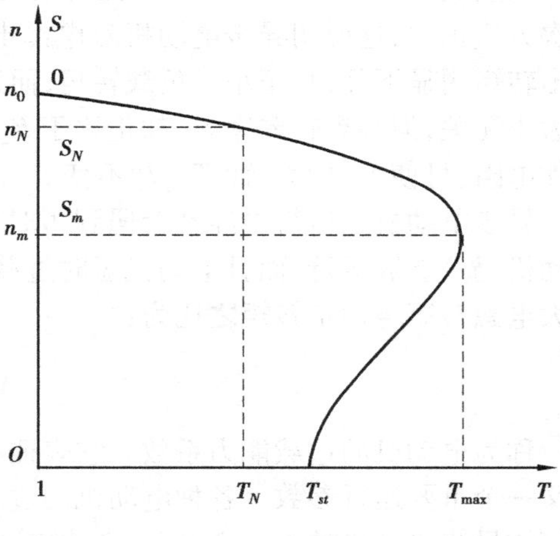

图6.85　异步电动机的固有机械特性

从特性曲线上可以看出，其上有4个特殊点可以决定特性曲线的基本形状和异步电动机的运行性能，这4个特殊点是：

①$T=0$，$n=n_0$($S=0$)为电动机处于理想空载工作点

此时电动机的转速为理想空载转速n_0。

②$T=T_N, n=n_N(S=S_N)$为电动机额定工作点

此时额定转矩和额定转差率分别为：

$$\{T_N\}_{N\cdot m} = 9.55\frac{\{P_N\}_W}{\{n_N\}_{r/min}}$$

$$S_N = \frac{n_0 - n_N}{n_0}$$

式中，P_N——电动机的额定功率；

n_N——电动机的额定转速，一般 $n_N=(0.94\sim0.985)n_0$；

S_N——电动机的额定转差率，一般 $S_N=0.06\sim0.015$；

T_N——电动机的额定输出转矩。

③$T=T_{st}, n=0(S=1)$为电动机的启动工作点

将 $S=1$ 代入转矩公式中，可得：

$$T_{st} = K\frac{R_2U^2}{R_2^2+X_{20}^2} \tag{6.59}$$

由此可知，异步电动机的启动转矩 T_{st} 与 U、R_2 及 X_{20} 有关，当施加在定子每相绕组上的电压 U 降低时，启动转矩会明显减小；当转子电阻适当增大时，启动转矩会增大；而转子电抗增大时，启动转矩则会大为减小，这是我们所不需要的。通常把在固有机械特性上启动转矩与额定转矩之比 $\lambda_{st}=T_{st}/T_N$ 作为衡量异步电动机启动能力的一个重要数据，一般 $\lambda_{st}=1.0\sim1.2$。

④$T=T_{\max}, n=n_m(S=S_m)$为电动机的临界工作点

欲求转矩的最大值，可根据转矩特性令$\frac{dT}{dn}=0$，而得临界转差率

$$S_m = \frac{R_2}{X_{20}} \tag{6.60}$$

再将 S_m 代入转矩公式中，即可得

$$T_{\max} = K\frac{U^2}{2X_{20}} \tag{6.61}$$

从上式(6.60)、(6.61)可以看出：最大转矩 $T_{\max}$ 的大小与定子每相绕组上所加电压 U 的二次方成正比，这说明异步电动机对电源电压的波动是很敏感的。电源电压过低，会使轴上输出转矩明显下降，甚至小于负载转矩，而造成电机停转；最大转矩 $T_{\max}$ 的大小与转子电阻 R_2 的大小无关，但临界转差率 S_m 却正比于 R_2，这对线绕式异步电动机而言，在转子电路中串接附加电阻，可使 S_m 增大，而 $T_{\max}$ 却不变。

异步电动机在运行中经常会遇到短时冲击负载，如果冲击负载转矩小于最大电磁转矩，电动机仍然能够运行，而且电动机短时过载也不会引起剧烈发热。通常把在固有机械特性上最大电磁转矩与额定转矩之比为：

$$\lambda_m = \frac{T_{\max}}{T_N}$$

称为电动机的过载能力系数。它表征了电动机能够承受冲击负载的能力大小，是电动机的又一个重要运行参数。各种电动机的过载能力系数在国家标准中有规定，如普通的 Y 系列鼠笼式异步电动机的 $\lambda_m=2.0\sim2.2$，供起重机械和冶金机械用的 YZ 和 YZR 型线绕式异步电动机的 $\lambda_m=2.5\sim3.0$。

在实际应用中，用转矩特性计算机械特性非常麻烦，如把它化成用 $T_{\max}$ 和 S_m 表示的形式，

则方便多了。为此,将上述公式经整理后,可得

$$T = \frac{2T_{\max}}{\frac{S}{S_m} + \frac{S_m}{S}} \tag{6.62}$$

此式为转矩—转差率特性的实用表达式,也叫规格化转矩—转差率特性。

2)人为机械特性

由上述分析可知:感应电动机的机械特性与电动机的参数有关,也与外加电源电压、电源频率有关,将关系式中的参数人为地加以改变而获得的特性称为感应电动机的人为机械特性,即改变定子电压 U、定子电源频率 f、定子电路串入电阻或电抗、转子电路串入电阻或电抗等,都可得到感应电动机的人为机械特性。

①降低电动机电源电压时的人为机械特性

$$\text{根据}\begin{cases}\{n_0\}_{\mathrm{r/min}} = \dfrac{60\{f\}_{\mathrm{Hz}}}{p} \\ S_m = \dfrac{R_2}{X_{20}} \\ T_{\max} = K\dfrac{U^2}{2X_{20}}\end{cases}$$

可以看出,电压 U 的变化对理想空载转速 n_0 和临界转差率 S_m 不发生影响,但最大转矩 $T_{\max}$ 与 U^2 成正比,当降低定子电压时,n_0 和 S_m 不变,而 $T_{\max}$ 大大减小。在同一转差率情况下,人为机械特性与固有机械特性的转矩之比等于其电压的二次方之比。因此在绘制降低电压的人为机械特性时,是以固有机械特性为基础,在不同的 S 处,取固有机械特性上对应的转矩乘以降低电压与额定电压比值的二次方,即可作出人为机械特性曲线,如图 6.86 所示。如当 $U_a = U_N$ 时,$T_a = T_{\max}$;当 $U_b = 0.8U_N$ 时,$T_b = 0.64T_{\max}$;当 $U_c = 0.5U_N$ 时,$T_c = 0.25T_{\max}$。可见,电压愈低,人为机械特性曲线愈往左移。由于感应电动机对电网电压的波动非常敏感,运行时,如电压降低太多,它的过载能力与启动转矩会大大降低,电动机甚至会发生带不动负载或者根本不能启动的现象。例如,电动机运行在额定负载 T_N 下,即使 $\lambda_m = 2$,若电网电压下降到 $70\% U_N$,则由于这时

$$T_{\max} = \lambda_m T_N \left(\frac{U}{U_N}\right)^2 = 2 \times 0.7^2 T_N = 0.98 T_N$$

电动机也会停转。此外,电网电压下降,在负载转矩不变的条件下,将使电动机转速下降,转差率 S 增大,电流增加,引起电动机发热甚至烧坏。

②定子电路接入电阻或电抗时的人为机械特性

在电动机定子电路中外串电阻或电抗后,电动机端电压为电源电压减去定子外串电阻上或电抗上的压降,致使定子绕组相电压降低,这种情况下的人为机械特性与降低电源电压时的相似,如图 6.87 所示。

图 6.87 中实线 1 为降低电源电压的人为机械特性,虚线 2 为定子电路串入电阻 R_{1S} 或电抗 X_{1S} 的人为机械特性。从图 6.87 中可看出,所不同的是定子串入 R_{1S} 或 X_{1S} 后的最大转矩要比直接降低电源电压时的最大转矩大一些,这是因为随着转速的上升和启动电流的减小,在 R_{1S} 或 X_{1S} 上的压降减小,加到电动机定子绕组上的端电压自动增大,致使最大转矩大些;而降

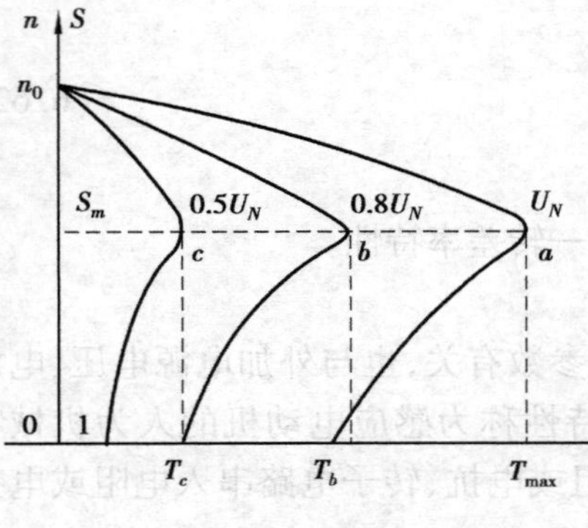

图 6.86 改变电源电压时的人为机械特性

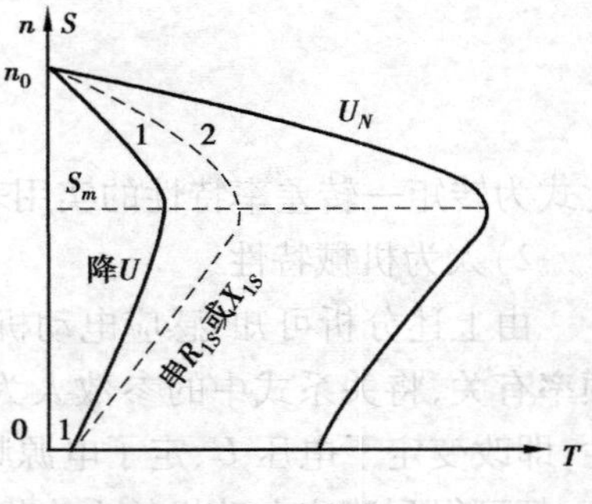

图 6.87 定子电路外接电阻或电抗时的人为机械特性

低电源电压的人为机械特性在整个启动过程中，定子绕组的端电压是恒定不变的。

③改变定子电源频率时的人为机械特性

改变定子电源频率f对感应电动机机械特性的影响是比较复杂的，下面仅定性地分析$n=f(T)$的近似关系：

$$\text{根据}\begin{cases}\{n_0\}_{\text{r/min}}=\dfrac{60\{f\}_{\text{Hz}}}{p}\\ T_{st}=K\dfrac{R_2U^2}{R_2^2+X_{20}^2}\\ S_m=\dfrac{R_2}{X_{20}}\\ T_{\max}=K\dfrac{U^2}{2X_{20}}\end{cases}$$

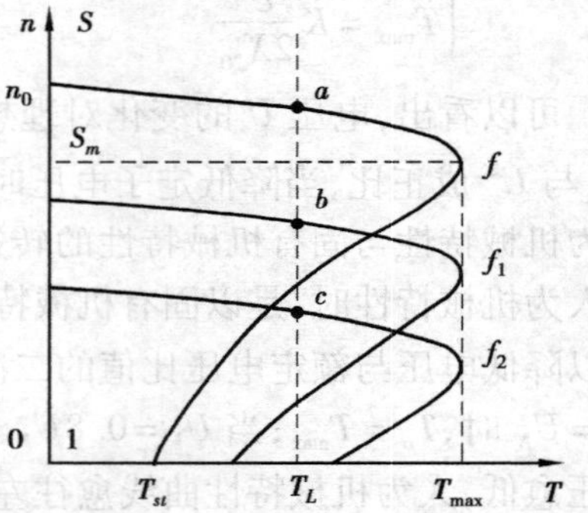

图 6.88 改变定子电源频率时的人为机械特性

注意到上列式中 $X_{20}\propto f,K\propto 1/f$，且一般变频调速采用恒转矩调速，即希望最大转矩 $T_{\max}$ 保持为恒值，为此在改变频率f的同时，电源电压 U 也要作相应的变化，使 U/f 等于常数，这在实质上是使电动机气隙磁通保持不变。在上述条件下就存在有 $n_0\propto f,S_m\propto 1/f,T_{st}\propto 1/f$ 和 $T_{\max}$ 不变的关系，即随着频率的降低，理想空载转速 n_0 要减小，临界转差率要增大，启动转矩要增大，而最大转矩基本维持不变，如图 6.88 所示。

④转子电路串入电阻时的人为机械特性

在三相线绕式感应电动机的转子电路中串入电阻 R_{2r}后，见图 6.89(a)，转子电路中的电阻为 R_2+R_{2r}。

$$\text{根据}\begin{cases}\{n_0\}_{\text{r/min}}=\dfrac{60\{f\}_{\text{Hz}}}{p}\\ S_m=\dfrac{R_2}{X_{20}}\\ T_{\max}=K\dfrac{U^2}{2X_{20}}\end{cases}$$

可以看出,R_{2r}的串入对理想空载转速 n_0、最大转矩 $T_{\max}$没有影响,但临界转差率 S_m 则随着 R_{2r}的增加而增大,此时的人为机械特性将是一根比固有机械特性较软的一条曲线,如图 6.89(b)所示。

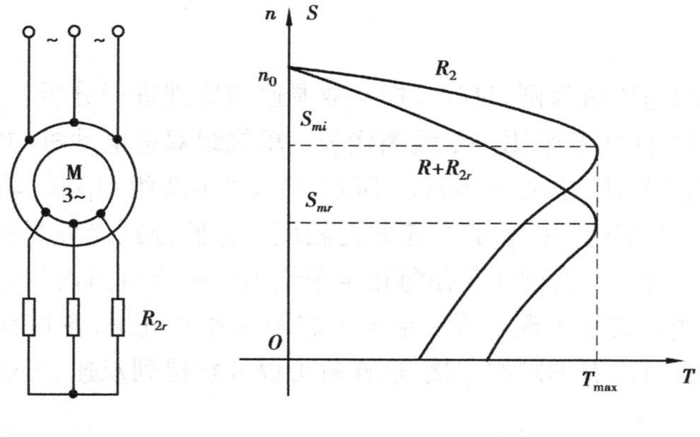

(a)原理接线图　　　　(b)人为机械特性

图6.89　线绕式异步电动机转子电路串入电阻时的原理接线图和人为机械特性

6.4.7　感应电动机的调速方式

根据 $\begin{cases} \{n_0\}_{r/\min} = \dfrac{60\{f\}_{Hz}}{p} \\ S = \dfrac{n_0 - n}{n_0} \end{cases}$,可得

$$\{n\}_{r/\min} = \{n_0\}_{r/\min}(1 - S) = \frac{60\{f\}_{Hz}}{p}(1 - S)$$

由上式可知,感应电动机在一定负载稳定运行的条件($T = T_L$)下,欲得到不同的转速 n,其调速方法有:改变极对数 p、改变转差率 S(即改变电动机机械特性的硬度)和改变电源频率 f 等。交流调速的分类如下:

- 交流调速
  - 变极对数调速:改变鼠笼式异步电动机定子绕组的极对数
  - 变转差率调速
    - 调压调速:改变定子电压
    - 转子电路串电阻调速:线绕式异步电动机转子电路串电阻
    - 串级调速:线绕式异步电动机转子电路串电动势
    - 电磁转差离合器调速:滑差电动机调速
  - 变频调速:改变定子电源的频率

在以上三种调速方法中,变极对数调速是有级的。变转差率调速不用调节同步转速,低速时电阻能耗大,效率较低;只有串级调速情况下,转差功率才得以利用,效率较高。变频调速要调节同步转速,可以从高速到低速都保持很小的转差率,效率高,调速范围大,精度高,是交流电动机一种比较理想的调速方法。

(1)改变极对数调速

在生产中,大量的生产机械并不需要连续平滑调速,只需要几种特定的转速就可以了,而且对启动性能也没有高的要求，一般只在空载或轻载下启动，在这种情况下用变极对数调速的多速鼠笼式感应电动机是合理的。

根据$\{n_0\}_{r/min}=\dfrac{60\{f\}_{Hz}}{p}$可知，同步转速 n_0 与磁极对数 p 成反比，故改变极对数 p 即可改变电动机的转速。

下面以单绕组双速电机为例，对改变极对数调速的原理进行分析。如图 6.90 所示，为简便起见，将一个线圈组集中起来用一个线圈代表。单绕组双速电动机的定子每相绕组由两个相等圈数的“半绕组”组成。如图 6.90(a)所示，两个“半绕组”串联，其电流方向相同；如图 6.90(b)所示，两个“半绕组”并联，其电流方向相反。它们分别代表两种极对数，即 $2p=4$ 与 $2p=2$。可见，改变极对数的关键在于使每相定子绕组中一半绕组内的电流改变方向，即可用改变定子绕组的接线方式来实现。若在定子上装两套独立绕组，各自具有所需的极对数，两套独立绕组中每套又可以有不同的连接，这样就可以分别得到双速、三速或四速等电动机，通称为多速电动机。

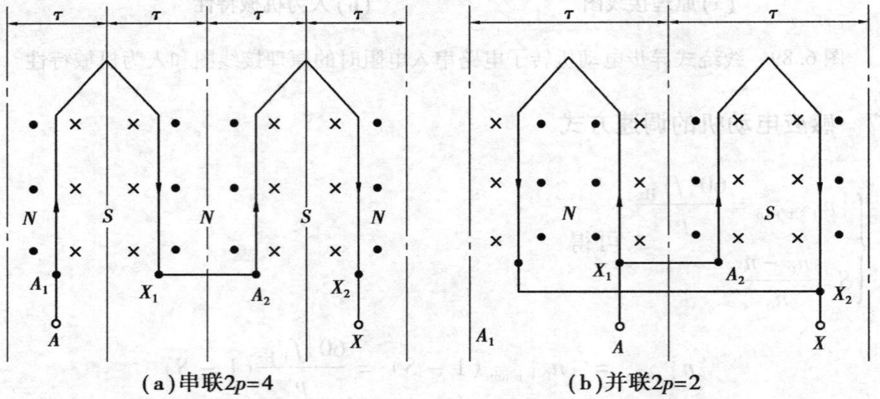

图 6.90　改变极对数调速的原理

注意：多速电动机的调速性质也与连接方式有关，如将定子绕组由 Y 连接改成 YY 连接，见图 6.91(a)，即每相绕组由串联改成并联，则极对数减少了一半，故 $n_{YY}=2n_Y$。可以证明，此

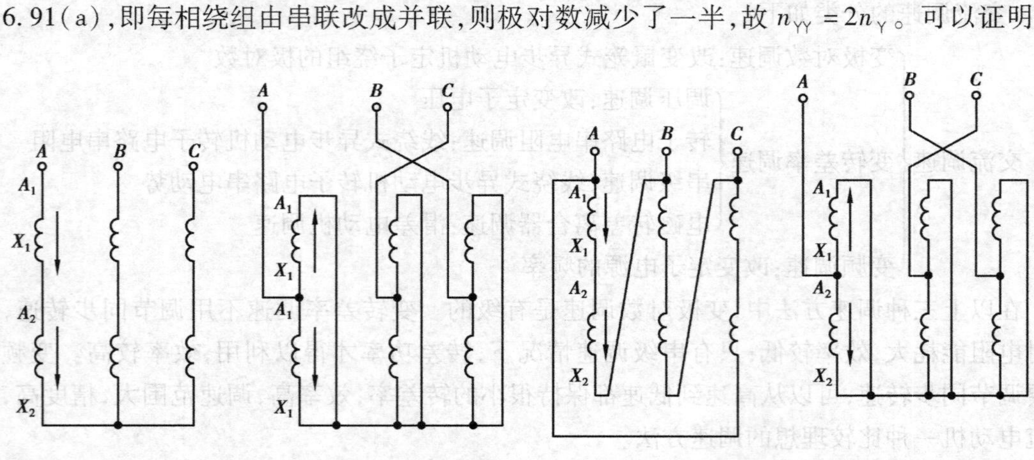

图 6.91　单绕组双速电动机的极对数变换

时转矩维持不变，而功率增加了一倍，即属于恒转矩调速；而当定子绕组由△连接改成YY连接时见图 6.91(b)，极对数也减少了一半，即 $n_{YY}=2n_{\triangle}$。也可以证明，此时功率基本维持不变，而转矩约减少了一半，即属于恒功率调速。

另外，极对数的改变，不仅使转速发生了改变，而且使三相定子绕组中电流的相序也改变了。为了改变极对数后仍能维持原来的转向不变，必须在改变极对数的同时，改变三相绕组接线的相序，如图 6.91 所示，将 B 和 C 相对换一下。这是设计变极对数调速电动机控制线路时应注意的一个问题。

多速电动机启动时宜先接成低速，然后再换接为高速，这样可获得较大的启动转矩。

多速电动机虽体积稍大，价格稍高，只能有级调速，但结构简单，效率高，特性好，且调速时所需附加设备少，因此，广泛用于机电联合调速的场合，特别是在中、小型机床上用得极多。

(2) 改变电枢电压调速

把图 6.86 所示改变电源电压时的人为机械特性重画在图 6.92 中，可见，电压改变时，T_{max}变化，而 n_0 和 S_m 不变。

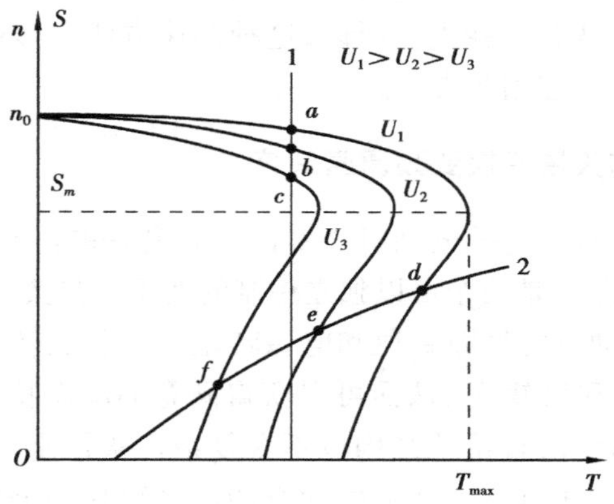

图 6.92　改变电源电压时的调速特性

对于恒转矩性负载 T_L，由负载特性曲线 1 与不同电压下电动机的机械特性的交点，可以有 a、b、c 点所决定的速度，其调速范围很小；离心式通风机型负载曲线 2 与不同电压下机械特性的交点为 d、e、f，可以看出，调速范围稍大。

这种调速方法能够无级调速，但当降低电压时，转矩也按电压的平方比例减小，所以，调速范围不大。在定子电路中串电阻(或电抗)和用晶闸管调压调速都是属于这种调速方法。

(3) 改变电枢电阻调速

原理接线图和机械特性如图 6.93 所示，从图 6.93 中可看出，转子电路串不同的电阻，其 n_0 和 T_{max}不变，但 S_m 随外加电阻的增大而增大。对于恒转矩负载 T_L，由负载特性曲线与不同外加电阻下电动机机械特性的交点(9、10、11 和 12 等点)可知，随着外加电阻的增大，电动机的转速降低。

当然，这种调速方法只适用于线绕式异步电动机，其启动电阻可兼作调速电阻用，不过此时要考虑稳定运行时的发热，应适当增大电阻的容量。

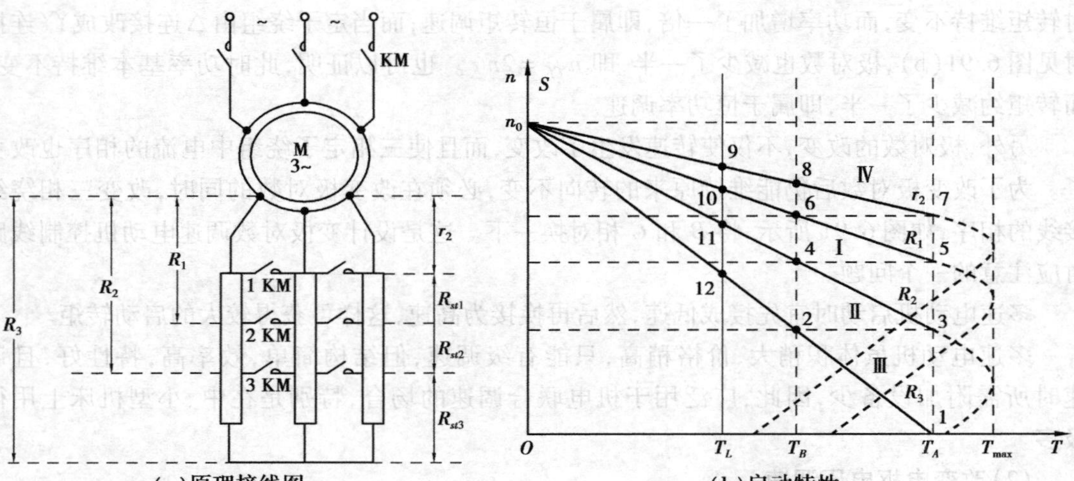

图 6.93 逐级切除启动电阻的启动过程

转子电路串电阻调速简单可靠,但它是有级调速。随转速降低,特性变软。转子电路电阻损耗与转差率成正比,低速时损耗大。所以,这种调速方法大多用在重复短期运转的生产机械中,如在起重运输设备中应用非常广泛。

6.4.8 感应电动机的矢量变换变频调速系统

由 6.3 部分的知识知,直流他励电动机之所以具有良好的静动态特性,是因为其两个参数:励磁电流 I_m 及电枢电流 I_a 是两个可以独立控制的变量。只要分别控制这两个变量,就可以独立地控制直流他励电动机的气隙磁通和电磁转矩。当负载转矩 T_L 发生变化时,只要调节电枢电流 I_a,即可调节电磁转矩 T_e,从而可以获得满意的动态特性。如采用转速电流双闭环系统还可以获得恒加速特性,且系统结构也不太复杂。从转速、电流双闭环直流调速系统的动态结构分析中我们已经知道直流他励电动机调速系统是一个单变量系统,即:系统被认为只有一个主要输入变量即电枢电压 U 和一个输出变量即转速 n。双闭环系统的主要参数有:直流电动机机电时间常数 T_m、电枢回路电磁时间常数 T_L 及晶闸管整流装置滞后时间常数 T_s,系统的传递函数是三阶的,将这个三阶线性系统应用经典控制理论进行工程设计,就可以使系统获得良好的动态性能。

然而,对于交流异步电动机,情况就不那么简单了。要把应用于直流电动机调速系统中的经典设计理论用于设计交流异步电动机的调速系统,就必须对交流电动机进行数学模型分析,得到近似的动态结构图,才能进行系统的有关参数设计,但建立异步电动机的准确数学模型相当困难:比如在异步电动机的调压调速系统中我们所得到的动态结构图就只能适用于机械特性段上某工作点附近的小范围内进行稳定性判别和动态校正,而不能适合于大范围内运行。

在转差频率控制方式的异步电动机变频调速系统中,电磁转矩 T_e 基本上与转差频率成正比,如采用转速、电流双闭环控制方案时可以获得较好的动静态特性,能基本具备直流电动机双闭环控制系统的优点,但仔细分析一下就会发现:T_e 基本上与转差频率成正比,是在保持气隙磁通恒定的先决条件下实现的,这只有在稳定情况下才能成立,因此,T_e 并不是独立的和直接可控的变量,它是定子电流的函数,只能根据负载的变化,通过随时调节定子电流才能实现 T_e 的真正恒定。

交流异步电动机中,电流、电压、磁通和电磁转矩各量是相互关联的,属于强耦合的状态。变频调速系统中有电压、频率两个独立的输入变量,且电压是三相的,因此,系统为多变量系统。又异步电动机中,转矩正比于主磁通与电流,而这两个物理量是同时变化的,决定了异步机数学模型中有两个变量的乘积项,因此,系统又称为非线性系统。

交流电动机矢量控制方式的出现,是交流异步电动机在调速技术方面能迅速发展并推广应用的重要原因。

从原理上说,矢量控制方式的特征是:它把交流电动机解析成与直流电动机一样,具有转矩发生机构,按照磁场和其正交的电流的积就是转矩这一最基本的原理,从理论上将电动机的一次电流分离成建立磁场分量和与磁场正交的产生转矩的转矩分量,然后分别进行控制。其控制思想就是从根本上改造交流电动机,改变其产生转矩的规律,设法在普通的三相交流电动机上模拟直流电动机控制转矩的规律。

(1)矢量控制基本思想

交流异步电动机产生的电磁转矩为:

$$T_e = C_m \Phi_m I_2' \cos \varphi_2 \tag{6.63}$$

这表明,异步电动机的气隙磁通、转子电流与转子功率因数都影响拖动转矩,而这些量又都与转速有关,因此,交流异步电动机的转矩控制问题就变得相当复杂。而他励直流电动机通过电刷的作用,可使电枢磁动势获得固定的空间位置,且与定子磁势正交。因此,只要控制定子励磁电流使主磁通恒定,则电磁转矩正比于电枢电流。

由电动机结构及旋转磁场的基本原理可知,三相固定的对称绕组 A、B、C,通以三相平衡正弦交流电流 I_a、I_b、I_c 时,即产生转速为 ω_0 的旋转磁场 Φ,如图 6.94(a)所示。

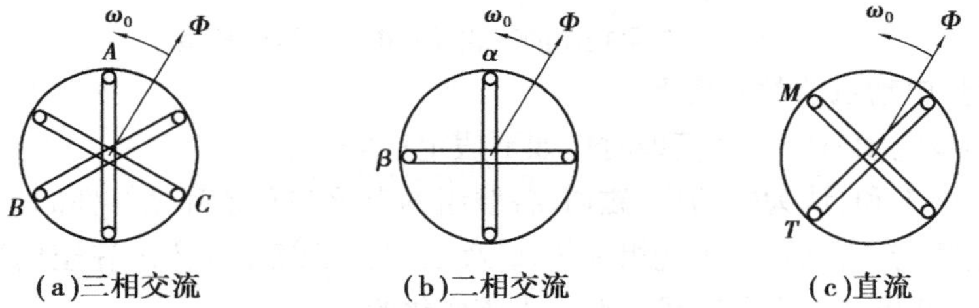

(a)三相交流　(b)二相交流　(c)直流

图 6.94　交流绕组与直流绕组等效原理图

实际上,产生旋转磁场不一定非要三相不可,二相、四相……等任意的多相对称绕组,通以多相平衡电流,都能产生旋转磁场。图 6.94(b)所示是固定的空间位置相差 90°的两相绕组 α 和 β 通以两相时间上相差 90°的平衡交流电流 I_α 和 I_β 时所产生的旋转磁场 Φ。当旋转磁场的大小和转速都相同时,图 6.94(a)和(b)中所示的两套绕组等效。图 6.94(c)中有两个匝数相等、互相垂直的绕组 M 和 T,分别通以直流电流 I_m 和 I_T,产生位置固定的磁通 Φ 和电磁转矩。如果使两个绕组同时以同步转速旋转,磁通 Φ 自然随着旋转起来,这样也可以认为和图 6.94(a)、(b)所示的绕组是等效的。

可以想象,当观察者站到铁芯上和绕组一起旋转时,在他看来是两个通以直流的相互垂直的固定绕组。如果取磁通 Φ 的位置和 M 绕组的平面正交,就和等效的直流电动机绕组没有差别了。其中,M 绕组相当于励磁绕组,T 绕组相当于电枢绕组。调节 I_m 即可调节磁场的强弱,调节 I_t 即可在磁场恒定的情况下调节转矩的大小。矢量变换控制就是基于上述设想,借用直流调速系统设计中所使用的一些经典理论来进行交流调速系统的设计。

矢量变换控制的基本思想是通过数学上的坐标变换方法,把交流三相绕组 A、B、C 中的电流 I_A、I_B、I_C 变换到两相静止绕组 α、β 中的电流 I_α、I_β,再由数学变换把 I_α、I_β 变换到两相旋转绕组 M、T 中的直流电流 I_m 和 I_t。实质上就是通过数学变换把三相交流电动机的定子电流分解成两个分量:一个是用来产生旋转磁动势的励磁分量 I_m;另一个是用来产生电磁转矩的转矩分量 I_t,如图 6.95 所示。

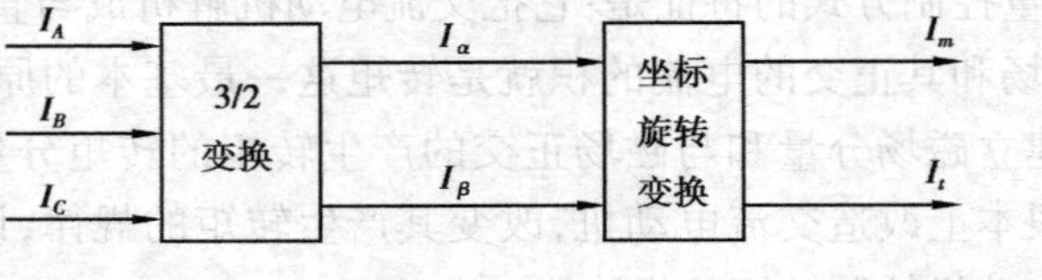

图 6.95　三相电机坐标变换结构图

在图 6.95 的基础上加上直流电机的数学模型就可以找出矢量变换控制的三相异步电动机的数学模型。通过调节三相电流 I_A、I_B、I_C 即可控制输出转矩与角速度 ω_0,如图 6.96 所示。

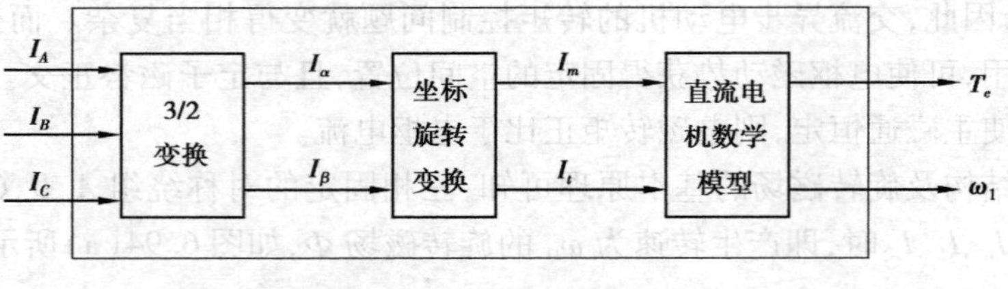

图 6.96　矢量控制的三相异步电动机数学模型

(2)三相异步电动机的数学模型

研究三相异步电动机的数学模型时作如下假定:

一是忽略磁路饱和,认为磁动势、磁通、各绕组的自感和互感都是线性的。

二是忽略空间谐波,三相定子绕组 A、B、C 及三相转子绕组 a、b、c 在空间对称分布,互差 120°,且认为磁动势和磁通等在空间上都是正弦变化的。

三是忽略铁芯损耗。

四是不考虑温度和频率变化对电机参数的影响。

无论三相异步电动机转子为绕线型还是笼型,均将它等效为绕线转子,并将转子参数换算到定子侧,换算后的每相匝数都相等。三相异步电动机的物理模型可用图 6.97 表示。

设图 6.97 中的定子三相对称绕组轴线 A、B、C 在空间上固定且互差 120°,转子对称三相绕组的轴线 a、b、c 随转子一起旋转。以 A 相绕组的轴线为空间参考坐标轴,转子 a 轴和定子 A 轴间的电角度 θ 为空间角位移变量,并规定各绕组相电压、电流及磁链的正方向符合电动机惯例和螺旋定则。

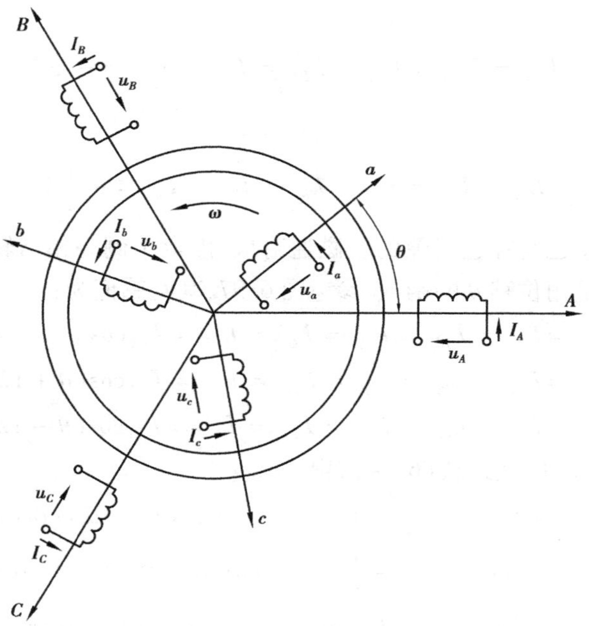

图 6.97 三相异步电动机的物理模型

1)磁链方程

由图可列出三相异步电动机的磁链方程

$$\begin{bmatrix}\psi_A\\\psi_B\\\psi_C\\\psi_a\\\psi_b\\\psi_c\end{bmatrix}=\begin{bmatrix}L_{AA} & L_{AB} & L_{AC} & L_{Aa} & L_{Ab} & L_{Ac}\\L_{BA} & L_{BB} & L_{BC} & L_{Ba} & L_{Bb} & L_{Bc}\\L_{CA} & L_{CB} & L_{CC} & L_{Ca} & L_{Cb} & L_{Cc}\\L_{aA} & L_{aB} & L_{aC} & L_{aa} & L_{ab} & L_{ac}\\L_{bA} & L_{bB} & L_{bC} & L_{ba} & L_{bb} & L_{bc}\\L_{cA} & L_{cB} & L_{cC} & L_{ca} & L_{cb} & L_{cc}\end{bmatrix}\begin{bmatrix}i_A\\i_B\\i_C\\i_a\\i_b\\i_c\end{bmatrix} \tag{6.64}$$

或写成

$$\boldsymbol{\psi}=\boldsymbol{Li}$$

电感矩阵 L 为 6×6 矩阵,矩阵中各元素为各绕组的自感或互感。电动机中各交链绕组的磁通有两类:一类为漏磁通,只与定子或转子的某一绕组交链而不穿过气隙;另一类为主磁通,穿过空气隙。定子漏磁通所对应的电感是定子漏感 L_{l1},由于各相对称故各相漏感相等,转子漏磁通对应的电感是转子漏感 L_{l2}。若以 L_{m1} 表示与主磁通对应的定子电感,L_{m2} 表示与主磁通对应的转子电感,由于转子电感已归算至定子侧,所以 $L_{m1}=L_{m2}$,于是,定子各相电感为:

$$L_{AA}=L_{BB}=L_{CC}=L_{m1}+L_{l1} \tag{6.65}$$

转子各相自感为:

$$L_{aa}=L_{bb}=L_{cc}=L_{m2}+L_{l2} \tag{6.66}$$

定子三相 A、B、C 间的互感与穿过气隙的主磁通相对应,因定子三相绕组 A、B、C 在空间上固定且相差 120°,因此彼此间互感值为:

$$L_{m1}\cos 120^\circ=L_{m1}\cos(-120^\circ)=-\frac{1}{2}L_{m1}$$

于是

$$L_{AB}=L_{BC}=L_{CA}=L_{BA}=L_{CB}=L_{AC}=-\frac{1}{2}L_{m1} \tag{6.67}$$

转子互感为:

$$L_{ab}=L_{bc}=L_{ca}=L_{ba}=L_{cb}=L_{ac}=-\frac{1}{2}L_{m1} \tag{6.68}$$

定、转子间的互感也与穿过气隙的主磁通对应,因定子侧一相与转子侧一相间的相对位置是变化的,故互感是角位移 θ 的函数,参考图 6.97,其互感值为:

$$L_{Aa}=L_{aA}=L_{Bb}=L_{bB}=L_{Cc}=L_{cC}=L_{m1}\cos\theta \tag{6.69}$$

$$L_{Ab}=L_{bA}=L_{Bc}=L_{cB}=L_{Ca}=L_{aC}=L_{m1}\cos(\theta+120^\circ) \tag{6.70}$$

$$L_{Ac}=L_{cA}=L_{Ba}=L_{aB}=L_{Cb}=L_{bC}=L_{m1}\cos(\theta-120^\circ) \tag{6.71}$$

把式(6.65)~(6.71)代入式(6.64),得

$$\begin{bmatrix}\psi_A\\\psi_B\\\psi_C\\\psi_a\\\psi_b\\\psi_c\end{bmatrix}=\begin{bmatrix}L_{m1}+L_{l1} & -\frac{1}{2}L_{m1} & -\frac{1}{2}L_{m1} & L_{m1}\cos\theta & L_{m1}\cos(\theta+120^\circ) & L_{m1}\cos(\theta-120^\circ)\\ -\frac{1}{2}L_{m1} & L_{m1}+L_{l1} & -\frac{1}{2}L_{m1} & L_{m1}\cos(\theta-120^\circ) & L_{m1}\cos\theta & L_{m1}\cos(\theta+120^\circ)\\ -\frac{1}{2}L_{m1} & -\frac{1}{2}L_{m1} & L_{m1}+L_{l1} & L_{m1}\cos(\theta+120^\circ) & L_{m1}\cos(\theta-120^\circ) & L_{m1}\cos\theta\\ L_{m1}\cos\theta & L_{m1}\cos(\theta-120^\circ) & L_{m1}\cos(\theta+120^\circ) & L_{m1}+L_{l1} & -\frac{1}{2}L_{m1} & -\frac{1}{2}L_{m1}\\ L_{m1}\cos(\theta+120^\circ) & L_{m1}\cos\theta & L_{m1}\cos(\theta-120^\circ) & -\frac{1}{2}L_{m1} & L_{m1}+L_{l1} & -\frac{1}{2}L_{m1}\\ L_{m1}\cos(\theta-120^\circ) & L_{m1}\cos(\theta+120^\circ) & L_{m1}\cos\theta & -\frac{1}{2}L_{m1} & -\frac{1}{2}L_{m1} & L_{m1}+L_{l1}\end{bmatrix}\begin{bmatrix}i_A\\i_B\\i_C\\i_a\\i_b\\i_c\end{bmatrix}$$

令 $\psi_s=[\psi_A\quad\psi_B\quad\psi_C]^T$,$\psi_r=[\psi_a\quad\psi_b\quad\psi_c]^T$,$i_s=[i_A\quad i_B\quad i_C]^T$,$i_r=[i_a\quad i_b\quad i_c]^T$,以及

$$L_{ss}=\begin{bmatrix}L_{m1}+L_{l1} & -\frac{1}{2}L_{m1} & -\frac{1}{2}L_{m1}\\ -\frac{1}{2}L_{m1} & L_{m1}+L_{l1} & -\frac{1}{2}L_{m1}\\ -\frac{1}{2}L_{m1} & -\frac{1}{2}L_{m1} & L_{m1}+L_{l1}\end{bmatrix},L_{rr}=\begin{bmatrix}L_{m1}+L_{l2} & -\frac{1}{2}L_{m1} & -\frac{1}{2}L_{m1}\\ -\frac{1}{2}L_{m1} & L_{m1}+L_{l2} & -\frac{1}{2}L_{m1}\\ -\frac{1}{2}L_{m1} & -\frac{1}{2}L_{m1} & L_{m1}+L_{l2}\end{bmatrix}$$

$$L_{rs}=L_{sr}^T=L_{m1}\begin{bmatrix}\cos\theta & \cos(\theta-120^\circ) & \cos(\theta+120^\circ)\\ \cos(\theta+120^\circ) & \cos\theta & \cos(\theta-120^\circ)\\ \cos(\theta-120^\circ) & \cos(\theta+120^\circ) & \cos\theta\end{bmatrix}$$

。其中矩阵 L_{ss} 及 L_{rr} 与 θ 角无关,而矩阵 L_{rs} 及 L_{sr} 与转子位置 θ 角有关,且二矩阵互为转置矩阵。

则上式可表示为:

$$\begin{bmatrix}\psi_s\\\psi_r\end{bmatrix}=\begin{bmatrix}L_{ss} & L_{sr}\\L_{rs} & L_{rr}\end{bmatrix}\begin{bmatrix}i_s\\i_r\end{bmatrix} \tag{6.72}$$

2)电压方程

三相定子绕组的电压平衡方程为:

$$u_A=i_AR_1+\frac{\mathrm{d}\psi_A}{\mathrm{d}t}=i_AR_1+P\psi_A$$

$$u_B = i_B R_1 + \frac{\mathrm{d}\psi_B}{\mathrm{d}t} = i_B R_1 + P\psi_B$$

$$u_C = i_C R_1 + \frac{\mathrm{d}\psi_C}{\mathrm{d}t} = i_C R_1 + P\psi_C$$

三相转子绕组归算到定子侧的电压方程为：

$$u_a = i_a R_2 + \frac{\mathrm{d}\psi_a}{\mathrm{d}t} = i_a R_2 + P\psi_a$$

$$u_b = i_b R_2 + \frac{\mathrm{d}\psi_b}{\mathrm{d}t} = i_b R_2 + P\psi_b$$

$$u_c = i_c R_2 + \frac{\mathrm{d}\psi_c}{\mathrm{d}t} = i_c R_2 + P\psi_c$$

式中，$P = \frac{\mathrm{d}}{\mathrm{d}t}$。

由此列出电压矩阵

$$\begin{bmatrix} u_A \\ u_B \\ u_C \\ u_a \\ u_b \\ u_c \end{bmatrix} = \begin{bmatrix} R_1 & 0 & 0 & 0 & 0 & 0 \\ 0 & R_1 & 0 & 0 & 0 & 0 \\ 0 & 0 & R_1 & 0 & 0 & 0 \\ 0 & 0 & 0 & R_2 & 0 & 0 \\ 0 & 0 & 0 & 0 & R_2 & 0 \\ 0 & 0 & 0 & 0 & 0 & R_2 \end{bmatrix} \begin{bmatrix} i_A \\ i_B \\ i_C \\ i_a \\ i_b \\ i_c \end{bmatrix} + P \begin{bmatrix} \psi_A \\ \psi_B \\ \psi_C \\ \psi_a \\ \psi_b \\ \psi_c \end{bmatrix} \tag{6.73}$$

即

$$u = Ri + P(Li) = (R + PL + LP)i = Zi$$

Z 为阻抗矩阵

$$Z = R + PL + LP$$

忽略磁路饱和，即认为磁路为线性的，L 矩阵中的电感 L_{ss}、L_{rr} 又与电流无关，所以

$$PL = \begin{bmatrix} 0 & PL_{sr} \\ PL_{rs} & 0 \end{bmatrix}$$

式中，$PL_{sr} = \frac{\mathrm{d}L_{sr}}{\mathrm{d}t} = \frac{\mathrm{d}L_{sr}}{\mathrm{d}\theta} \cdot \frac{\mathrm{d}\theta}{\mathrm{d}t} = \omega L'_{sr}$

同理，阻抗矩阵

$$Z = \begin{bmatrix} R_1 + L_{ss}P & \omega L'_{sr} + L_{sr}P \\ \omega L'_{rs} + L_{rs}P & R_2 + L_{rr}P \end{bmatrix} \tag{6.74}$$

则电压矩阵方程为：

$$\begin{bmatrix} u_s \\ u_r \end{bmatrix} = \begin{bmatrix} R_1 + L_{ss}P & \omega L'_{sr} + L_{sr}P \\ \omega L'_{rs} + L_{rs}P & R_2 + L_{rr}P \end{bmatrix} \begin{bmatrix} i_s \\ i_r \end{bmatrix} \tag{6.75}$$

式中，$u_s = [u_A \quad u_B \quad u_C]^T$，$u_r = [u_a \quad u_b \quad u_c]^T$，$i_s = [i_A \quad i_B \quad i_C]^T$，$i_r = [i_a \quad i_b \quad i_c]^T$。

3）转矩方程

在机电能量转换过程中，磁动势的储能为：

$$W_m = \frac{1}{2}i^T\psi = \frac{1}{2}i^T Li \tag{6.76}$$

电磁转矩等于电流不变，只有机械位移变化时磁场储能对于机械角位移 θ_m 的偏导数，因机械角位移 $\theta_m = \theta/n_p$，式中 n_p 为极对数，所以

$$T_e = \left.\frac{\partial W_m}{\partial \theta_m}\right|_{i=C} = n_p \left.\frac{\partial W_m}{\partial \theta_m}\right|_{i=C} \tag{6.77}$$

故有

$$T_e = \frac{1}{2}n_p i^T \frac{\partial L}{\partial \theta}i = \frac{1}{2}n_p i^T \begin{bmatrix} 0 & \omega L'_{sr} \\ \omega L'_{rs} & 0 \end{bmatrix} i \tag{6.78}$$

式中，$i^T = [i_A \quad i_B \quad i_C \quad i_a \quad i_b \quad i_c]^T$。展开上式，有

$$\begin{aligned} T_e &= \frac{1}{2}n_p [i_r^T L'_{rs} i_s + i_s^T L'_{sr} i_r] \\ &= -n_p L_{m1}[(i_A i_a + i_B i_b + i_C i_c)\sin\theta + (i_A i_b + i_B i_c + i_C i_a)\sin(\theta + 120°) + \\ &\quad (i_A i_c + i_B i_a + i_C i_b)\sin(\theta - 120°)] \end{aligned} \tag{6.79}$$

即 $$T_e = f(i_s, i_r, \theta)$$

上式说明 T 是定子电源、转子电流及 θ 角的函数，即拖动转矩是一个多变量、非线性且强耦合（变量间关系较复杂）的函数。

4）运动方程

一般情况下，电力拖动运动方程式为：

$$T_e = T_L + \frac{J}{n_p}\frac{d\omega}{dt} + \frac{D}{n_p}\omega + \frac{K}{n_p}\theta \tag{6.80}$$

式中，T_L——负载阻转矩；

D——与转速成正比的阻转矩阻尼系数；

J——机组转动惯量；

K——扭转弹性转矩系数；

n_p——极对数。

对于恒转矩负载，$D=0$，$K=0$，所以有

$$T_e = T_L + \frac{J}{n_p}\frac{d\omega}{dt} \tag{6.81}$$

(3)原型电机的数学模型

图 6.98 为二极原型电机的简图，它的定、转子分别由直轴绕组和交轴绕组组成。定子直轴（d）和交轴（q）各有绕组 D 和 Q，转子绕组则为 d 和 q。转子绕组 d、q 虽然是旋转的，有运动电动势产生，但认为转子绕组象直流电动机那样是具有两对正交电刷的换向器绕组。因此每个支路的导体电流方向永远是相同的，所以转子绕组 d、q 的磁效应相当于固定在 d、q 轴上的静止绕组。这种实际上旋转但其磁效应在空间却有固定方向的绕组被称为“伪静止绕组”。

1）磁链方程

按图 6.98 所示的正方向可写出 d、q 轴定转子绕组的磁链方程为：

$$\psi_D = L_D i_D + L_{Dd} i_d \tag{6.82}$$

$$\psi_Q = L_Q i_Q + L_{Qq} i_q \tag{6.83}$$

$$\psi_d = L_{dD} i_D + L_d i_d \tag{6.84}$$

$$\psi_q = L_{qQ} i_Q + L_q i_q \tag{6.85}$$

式中，L_D、L_Q、L_d、L_q——分别为绕组 D、Q、d、q 的自感；

L_{Dd}、L_{Qq}、L_{dD}、L_{qQ}——4 个绕组间的互感。

由于所有线圈的轴线在空间固定，因此自感与互感均为常值，即与转子位置无关，且 $L_{Dd} = L_{dD}$，$L_{Qq} = L_{qQ}$。

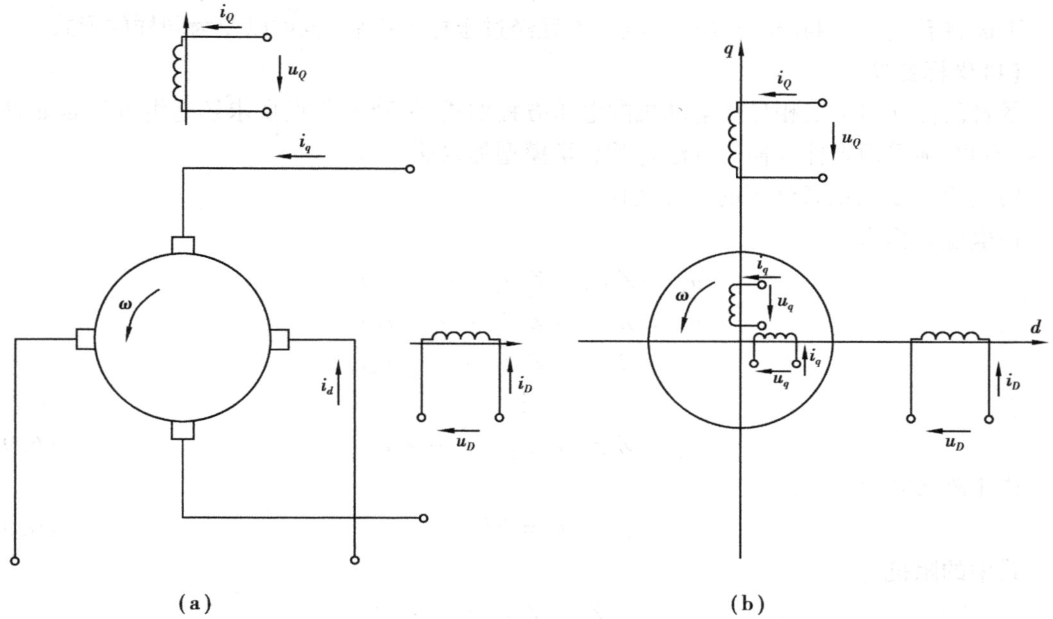

图 6.98　二极原型电机简图

2）电压方程

定子线圈 D 和 Q 的电压方程为：

$$u_D = R_D i_D + P\psi_D \tag{6.86}$$

$$u_Q = R_Q i_Q + P\psi_Q \tag{6.87}$$

式中，R_D——D 线圈的电阻；

R_Q——Q 线圈的电阻。

转子 d 和 q 线圈的电压方程为：

$$u_d = R_d i_d + P\psi_d + \omega\psi_q \tag{6.88}$$

$$u_q = R_q i_q + P\psi_q + \omega\psi_d \tag{6.89}$$

式中，R_d——d 线圈的电阻；

R_q——q 线圈的电阻；

ω——转子电角速度；

$\omega = n_p \cdot \omega_m$；

ω_m——转子机械角速度。

转子电压方程中的 $\omega\psi_q$ 和 $\omega\psi_d$ 是运动电动势,是转子的两个绕组在不同轴线的转子磁场下旋转时产生的感生电动势。

将上述磁链方程代入电压方程,有

$$\begin{bmatrix} u_D \\ u_Q \\ u_d \\ u_q \end{bmatrix} = \begin{bmatrix} R_D + L_D P & 0 & L_{Dd}P & 0 \\ 0 & R_Q + L_Q P & 0 & L_{Qq}P \\ L_{dD}P & \omega L_{Qq} & R_d + L_d P & \omega L_q \\ -\omega L_{dD} & L_{qQ}P & -\omega L_d & R_q + L_q P \end{bmatrix} \begin{bmatrix} i_D \\ i_Q \\ i_d \\ i_q \end{bmatrix} \tag{6.90}$$

下面将看到,三相异步电动机的电压方程经过坐标变换后,也可以变为同样的形式。

(4)坐标变换

尽管已推导出了三相异步电动机的电压方程如式(6.75),然而要求解这组方程是非常困难的,为此,须采用坐标变换的方法将其数学模型加以简化。

1)功率不变约束条件下的坐标变换

设电压方程为:

$$\begin{aligned} u_1 &= Z_{11}i_1 + Z_{12}i_2 + \cdots + i_{1n}i_n \\ u_2 &= Z_{21}i_1 + Z_{22}i_2 + \cdots + i_{2n}i_n \\ u_3 &= Z_{31}i_1 + Z_{32}i_2 + \cdots + i_{3n}i_n \\ &\vdots \\ u_n &= Z_{n1}i_1 + Z_{n2}i_2 + \cdots + i_{zn}i_n \end{aligned} \tag{6.91}$$

则写成矩阵形式,为

$$\boldsymbol{u} = \boldsymbol{Zi} \tag{6.92}$$

式中的阻抗阵

$$Z = \begin{bmatrix} Z_{11} & Z_{12} & \cdots & Z_{1n} \\ Z_{21} & Z_{22} & \cdots & Z_{2n} \\ \vdots & \vdots & & \vdots \\ Z_{n1} & Z_{n2} & \cdots & Z_{nn} \end{bmatrix}$$

再定义新变量

$$u' = \begin{bmatrix} u'_1 \\ u'_2 \\ \vdots \\ u'_n \end{bmatrix} \qquad i' = \begin{bmatrix} i'_1 \\ i'_2 \\ \vdots \\ i'_n \end{bmatrix} \tag{6.93}$$

现进行坐标变换,将原来的变量 u 和 i 变换为新的变量 u' 和 i'。

设电压变换阵为 C_u,电流变换矩阵为 C_i,则

$$u = C_u u' \tag{6.94}$$

$$i = C_i i' \tag{6.95}$$

假设变换前后功率不变,因变换前的功率为:

$$P = u_1 i_1 + u_2 i_2 + \cdots + u_n i_n = i^{\mathrm{T}} u \tag{6.96}$$

变换后的功率为:

$$P' = u'_1 i'_1 + u'_2 i'_2 + \cdots + u'_n i'_n = i'^{\mathrm{T}} u' \tag{6.97}$$

令

$$P = P'$$

即

$$i^{\mathrm{T}} u = i'^{\mathrm{T}} u' \tag{6.98}$$

故有

$$(C_i i')^{\mathrm{T}} C_u u' = i'^{\mathrm{T}} C_i^{\mathrm{T}} C_u u' = i'^{\mathrm{T}} u'$$

即

$$C_i^{\mathrm{T}} C_u = E \tag{6.99}$$

为简化变换系统，一般取 $C_u = C_i = C$，则有 $C^{\mathrm{T}} C = E$

亦即

$$C^{\mathrm{T}} = C^{-1} \tag{6.100}$$

式(6.100)即为在功率不变约束条件下的坐标变换矩阵所应满足的条件，满足式(6.100)的变换矩阵被称为单元变换矩阵，这种变换属于矩阵理论中的正交变换。

2)定子三相静止轴系 ABC 到二相静止轴系 dq 的变换

这种变换常简称为3/2变换。异步电动机的定子三相静止轴系和二相静止轴系及各定子绕组磁动势的空间矢量位置如图6.99所示。为方便起见，取 d 轴与 A 轴重合，三相绕组有效匝数 $N_A = N_B = N_C = N_3$，取 d、q 轴线绕组有效匝数相等，即 $N_D = N_Q = N_2$；各种磁动势均为有效匝数与其瞬时电流的乘积，其空间矢量均位于有关相的坐标轴上，磁动势大小随交流电流而变化。

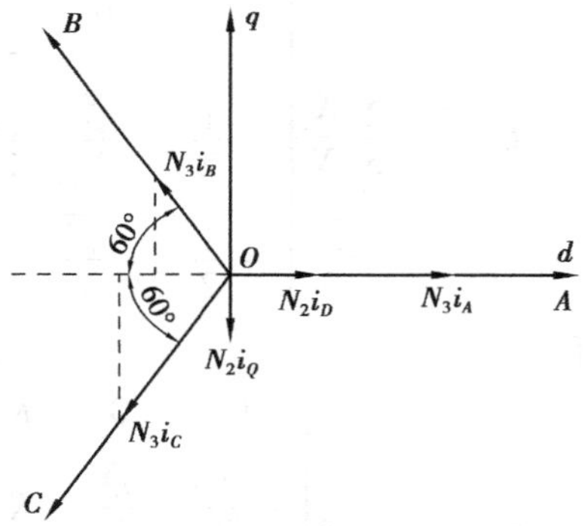

图 6.99　三相和二相静止轴系与绕组磁动势的空间矢量位置

就气隙旋转磁动势来说，三相绕组通以互差120°的正弦交流电可以产生旋转的磁动势，两相绕组通以适当的正弦交流电也可以产生同样的旋转磁动势，关键的问题是找出这两种电流间的对应关系。3/2变换的目的就是要找出两相绕组中应通以什么样的电流，才能获得与三相静止绕组等效的气隙磁动势。

各方向上三相与二相磁动势相等可写为：

$$N_2 i_D = N_A i_A + N_B i_B \cos 120° + N_C i_C \cos 240° \tag{6.101}$$

$$N_2 i_Q = D + N_B i_B \sin 120° + N_C i_C \sin 240° \tag{6.102}$$

即

$$\begin{bmatrix} i_D \\ i_Q \end{bmatrix} = \frac{N_3}{N_2} \begin{bmatrix} 1 & \cos 120° & \cos 240° \\ 0 & \sin 120° & \sin 240° \end{bmatrix} \begin{bmatrix} i_A \\ i_B \\ i_C \end{bmatrix} \tag{6.103}$$

可简写为

$$i_{DQ} = \frac{N_3}{N_2} C_{ABC}^{DQ} i_{ABC} \tag{6.104}$$

因矩阵 C_{ABC}^{DQ} 为非方阵，故 C_{ABC}^{DQ} 不存在逆矩阵。为了求逆矩阵的方便，现引入一个独立于 i_D 和 i_Q 的新量 i_0，称为零轴电流，其所产生的磁动势为零轴磁动势

$$N_2 i_0 = KN_3(i_A + i_B + i_C) \tag{6.105}$$

将上式写入矩阵，有

$$\begin{bmatrix} i_D \\ i_Q \\ i_0 \end{bmatrix} = \frac{N_3}{N_2}\begin{bmatrix} 1 & \cos 120° & \cos 240° \\ 0 & \sin 120° & \sin 240° \\ K & K & K \end{bmatrix}\begin{bmatrix} i_A \\ i_B \\ i_C \end{bmatrix} = C_{3/2}\begin{bmatrix} i_A \\ i_B \\ i_C \end{bmatrix} \tag{6.106}$$

式中

$$C_{3/2} = \frac{N_3}{N_2}\begin{bmatrix} 1 & \cos 120° & \cos 240° \\ 0 & \sin 120° & \sin 240° \\ K & K & K \end{bmatrix} = \frac{N_3}{N_2}\begin{bmatrix} 1 & -\frac{1}{2} & -\frac{1}{2} \\ 0 & \frac{\sqrt{3}}{2} & -\frac{\sqrt{3}}{2} \\ K & K & K \end{bmatrix} \tag{6.107}$$

$C_{3/2}$ 为静止三相坐标系变换到静止二相坐标系的变换矩阵，其逆矩阵为：

$$C_{3/2} = C_{3/2}^{-1} = \frac{2}{3}\frac{N_2}{N_3}\begin{bmatrix} 1 & 0 & \frac{1}{2K} \\ -\frac{1}{2} & \frac{\sqrt{3}}{2} & \frac{1}{2K} \\ -\frac{1}{2} & -\frac{\sqrt{3}}{2} & \frac{1}{2K} \end{bmatrix}$$

为满足功率不变约束，应有

$$C_{3/2}^{-1} = C_{3/2}^{\mathrm{T}} = \frac{N_3}{N_2}\begin{bmatrix} 1 & 0 & K \\ -\frac{1}{2} & \frac{\sqrt{3}}{2} & K \\ -\frac{1}{2} & -\frac{\sqrt{3}}{2} & K \end{bmatrix} \tag{6.108}$$

按逆矩阵的定义有

$$C_{3/2} C_{3/2}^{-1} = E$$

即

$$C_{3/2} C_{3/2}^{-1} = \left(\frac{N_3}{N_2}\right)^2 \begin{bmatrix} 1 & -\frac{1}{2} & -\frac{1}{2} \\ 0 & \frac{\sqrt{3}}{2} & -\frac{\sqrt{3}}{2} \\ K & K & K \end{bmatrix}\begin{bmatrix} 1 & 0 & K \\ -\frac{1}{2} & \frac{\sqrt{3}}{2} & K \\ -\frac{1}{2} & -\frac{\sqrt{3}}{2} & K \end{bmatrix}$$

$$= \left(\frac{N_3}{N_2}\right)^2 \begin{bmatrix} \frac{3}{2} & 0 & 0 \\ 0 & \frac{3}{2} & 0 \\ 0 & 0 & 3K^2 \end{bmatrix} = \frac{3}{2}\left(\frac{N_3}{N_2}\right)^2 \begin{bmatrix} 1 & 0 & 0 \\ 0 & 1 & 0 \\ 0 & 0 & 2K^2 \end{bmatrix} = E$$

于是

$$\frac{N_3}{N_2} = \frac{\sqrt{2}}{\sqrt{3}} \tag{6.109}$$

$$K = \frac{1}{\sqrt{2}} \tag{6.110}$$

最后得到的三相到二相变换矩阵为:

$$C_{3/2} = \frac{\sqrt{2}}{\sqrt{3}} \begin{bmatrix} 1 & -\frac{1}{2} & -\frac{1}{2} \\ 0 & \frac{\sqrt{3}}{2} & -\frac{\sqrt{3}}{2} \\ \frac{1}{\sqrt{2}} & \frac{1}{\sqrt{2}} & \frac{1}{\sqrt{2}} \end{bmatrix} \tag{6.111}$$

二相到三相变换矩阵为:

$$C_{2/3} = C_{3/2} = \frac{\sqrt{2}}{\sqrt{3}} \begin{bmatrix} 1 & 0 & \frac{1}{\sqrt{2}} \\ -\frac{1}{2} & \frac{\sqrt{3}}{2} & \frac{1}{\sqrt{2}} \\ -\frac{1}{2} & -\frac{\sqrt{3}}{2} & \frac{1}{\sqrt{2}} \end{bmatrix} \tag{6.112}$$

上述变换阵对电流、电压和磁链均使用。

等效二相 DQ 绕组中的电压和电流均为三相绕组中的相电压与相电流的$\sqrt{3}/\sqrt{2}$倍,因此,D 和 Q 绕组中的每相功率为三相绕组每相功率的 3/2 倍,可见变换前后三相绕组的总功率等于二相绕组的总功率,而且为了满足功率不变的约束,三相绕组的匝数是二相绕组匝数的$\sqrt{2}/\sqrt{3}$倍。

由于实际 d、q 系统中并没有零轴电流,因此三相到二相的实际变换为:

$$\begin{bmatrix} i_D \\ i_Q \end{bmatrix} = \frac{\sqrt{2}}{\sqrt{3}} \begin{bmatrix} 1 & -\frac{1}{2} & -\frac{1}{2} \\ 0 & \frac{\sqrt{3}}{2} & -\frac{\sqrt{3}}{2} \end{bmatrix} \begin{bmatrix} i_A \\ i_B \\ i_C \end{bmatrix} \tag{6.113}$$

反之

$$\begin{bmatrix} i_A \\ i_B \\ i_C \end{bmatrix} = \frac{\sqrt{2}}{\sqrt{3}} \begin{bmatrix} 1 & 0 \\ -\frac{1}{2} & \frac{\sqrt{3}}{2} \\ -\frac{1}{2} & -\frac{\sqrt{3}}{2} \end{bmatrix} \begin{bmatrix} i_D \\ i_Q \end{bmatrix} \tag{6.114}$$

当定子绕组接成不带零线的星形接法时,有

$$i_A + i_B + i_C = 0$$

即

$$i_C = -i_A - i_B \tag{6.115}$$

因而有

$$\begin{bmatrix} i_D \\ i_Q \end{bmatrix} = \begin{bmatrix} \frac{\sqrt{3}}{\sqrt{2}} & 0 \\ \frac{1}{\sqrt{2}} & \sqrt{2} \end{bmatrix} \begin{bmatrix} i_A \\ i_B \end{bmatrix} \tag{6.116}$$

$$\begin{bmatrix} i_A \\ i_B \end{bmatrix} = \begin{bmatrix} \frac{\sqrt{2}}{\sqrt{3}} & 0 \\ -\frac{1}{\sqrt{6}} & \frac{1}{\sqrt{2}} \end{bmatrix} \begin{bmatrix} i_D \\ i_Q \end{bmatrix} \tag{6.117}$$

式(6.116)、(6.117)对电压和磁链也成立。

3)转子三相旋转轴系 abc 到二相静止轴系 dq 的变换

因转子参数归算至定子侧,所以转子三相绕组匝数也为 N_3,令三相转子绕组 a 相轴线(旋转)与二相 d 相轴线夹角为 θ_r,用前面定子三相到二相的变换矩阵,只要将变换矩阵中的角度变为 a 轴与 d 轴间的夹角 θ_r 即可,如图 6.100 所示,由于已认为 d 轴与 A 轴重合,故该夹角即为 θ。

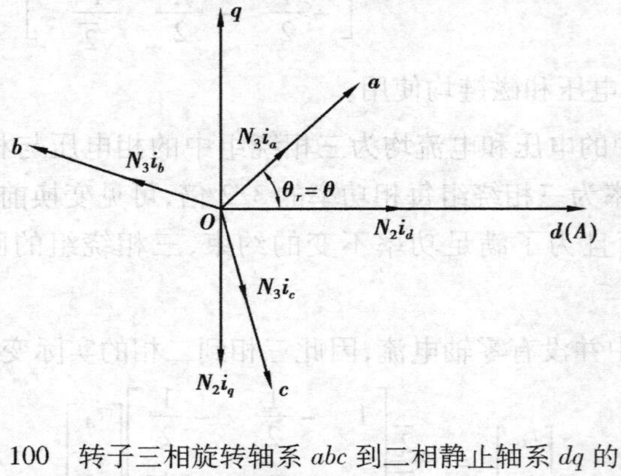

图 6.100 转子三相旋转轴系 abc 到二相静止轴系 dq 的变换

由式(75)及 K 和 N_3/N_2 的值,再根据图 6.100,得

$$\begin{bmatrix} i_d \\ i_q \\ i_0 \end{bmatrix} = \frac{\sqrt{2}}{\sqrt{3}} \begin{bmatrix} \cos\theta & \cos(\theta + 120°) & \cos(\theta + 240°) \\ 0 & \sin(\theta + 120°) & \sin(\theta + 240°) \\ \frac{1}{\sqrt{2}} & \frac{1}{\sqrt{2}} & \frac{1}{\sqrt{2}} \end{bmatrix} \begin{bmatrix} i_a \\ i_b \\ i_c \end{bmatrix} \tag{6.118}$$

简写为:

$$i_{dq0} = C_{3r/2} i_{abc} \tag{6.119}$$

因此，转子三相旋转轴系 abc 到二相静止轴系 dq 的变换矩阵 $C_{3r/2}$ 为：

$$C_{3r/2} = \frac{\sqrt{2}}{\sqrt{3}} \begin{bmatrix} \cos\theta & \cos(\theta + 120°) & \cos(\theta + 240°) \\ 0 & \sin(\theta + 120°) & \sin(\theta + 240°) \\ \frac{1}{\sqrt{2}} & \frac{1}{\sqrt{2}} & \frac{1}{\sqrt{2}} \end{bmatrix} \tag{6.120}$$

4）静止三轴到静止二轴变换的物理意义

设定子三相电流为：

$$i_A = \sqrt{2} I_1 \cos(\omega_1 t + \varphi_1) \tag{6.121}$$

$$i_B = \sqrt{2} I_1 \cos(\omega_1 t + \varphi_1 - 120°) \tag{6.122}$$

$$i_C = \sqrt{2} I_1 \cos(\omega_1 t + \varphi_1 - 240°) \tag{6.123}$$

代入前面三相到二相的变换矩阵，得

$$\begin{bmatrix} i_D \\ i_Q \end{bmatrix} = \frac{\sqrt{2}}{\sqrt{3}} \begin{bmatrix} 1 & -\frac{1}{2} & -\frac{1}{2} \\ 0 & \frac{\sqrt{3}}{2} & -\frac{\sqrt{3}}{2} \end{bmatrix} \begin{bmatrix} i_A \\ i_B \\ i_C \end{bmatrix} = \begin{bmatrix} \sqrt{3} I_1 \cos(\omega_1 t + \varphi_1) \\ \sqrt{3} I_1 \sin(\omega_1 t + \varphi_1) \end{bmatrix} \tag{6.124}$$

式中，I_1——定子电流有效值；

φ_1——定子 A 相电流相位初始角；

ω_1——定子电流角频率。

该式说明从静止三相 ABC 变换到定子二相 dq，DQ 绕组中的电流为二相对称正弦交流电，频率与三相电流相同。

将三相定子 ABC 及转子 abc 到二相 dq 的变换矩阵合在一起可得整个电动机从三相变换为二相 dq 系的总变换矩阵为：

$$C_{3s3r/2} = \begin{bmatrix} C_{3s/2} & 0 \\ 0 & C_{3r/2} \end{bmatrix} \tag{6.125}$$

设变换后的二相静止坐标系阻抗矩阵为 Z_{dq0}

$$Z_{dq0} = [C_{3s3r/2}]^{-1} Z C_{3s3r/2} \tag{6.126}$$

于是，有

$$Z_{dq0} = \begin{bmatrix} R_1 + L_s P & 0 & 0 & L_m P & 0 & 0 \\ 0 & R_1 + L_s P & 0 & 0 & L_m P & 0 \\ 0 & 0 & R_1 & 0 & 0 & 0 \\ L_m P & \omega L_m & 0 & R_2 + L_r P & \omega L_r & 0 \\ -\omega L_m & L_m P & 0 & -\omega L_r & R_2 + L_r P & 0 \\ 0 & 0 & 0 & 0 & 0 & R_2 \end{bmatrix} \tag{6.127}$$

若取消零轴，可得到阻抗矩阵 Z_{dq} 为：

$$Z_{dq}=\begin{bmatrix} R_1+L_sP & 0 & L_mP & 0 \\ 0 & R_1+L_sP & 0 & L_mP \\ L_mP & \omega L_m & R_2+L_rP & \omega L_r \\ -\omega L_m & L_mP & -\omega L_r & R_2+L_rP \end{bmatrix} \tag{6.128}$$

式中，$L_m=\dfrac{3}{2}L_{m1}$——二相坐标系中同轴等效定转子绕组间的互感；

$L_s=L_{l1}+\dfrac{3}{2}L_{m1}$——二相坐标系中等效定子绕组的自感；

$L_r=L_{l2}+\dfrac{3}{2}L_{m1}$——二相坐标系中等效转子绕组的自感。

可得磁链方程为：

$$\begin{bmatrix}\psi_D\\ \psi_Q\\ \psi_{01}\\ \psi_d\\ \psi_q\\ \psi_{02}\end{bmatrix}=\begin{bmatrix} C_{3s/2} & \cdots & 0\\ \vdots & & \vdots\\ 0 & \cdots & C_{3r/2}\end{bmatrix}\begin{bmatrix}\psi_A\\ \psi_B\\ \psi_C\\ \psi_a\\ \psi_b\\ \psi_c\end{bmatrix}$$

$$=\begin{bmatrix} C_{3s/2} & \cdots & 0\\ \vdots & & \vdots\\ 0 & \cdots & C_{3r/2}\end{bmatrix}\begin{bmatrix} L_{ss} & \cdots & L_{sr}\\ \vdots & & \vdots\\ L_{rs} & \cdots & L_{rr}\end{bmatrix}\times\begin{bmatrix} C_{2/3s} & \cdots & 0\\ \vdots & & \vdots\\ 0 & \cdots & C_{2/3r}\end{bmatrix}\begin{bmatrix}i_D\\ i_Q\\ i_{01}\\ i_d\\ i_q\\ i_{02}\end{bmatrix}$$

$$=\begin{bmatrix} L_s & 0 & 0 & L_m & 0 & 0\\ 0 & L_s & 0 & 0 & L_m & 0\\ 0 & 0 & L_{l1} & 0 & 0 & 0\\ L_m & 0 & 0 & L_r & 0 & 0\\ 0 & L_m & 0 & 0 & L_r & 0\\ 0 & 0 & 0 & 0 & 0 & L_{l2}\end{bmatrix}\begin{bmatrix}i_D\\ i_Q\\ i_{01}\\ i_d\\ i_q\\ i_{02}\end{bmatrix} \tag{6.129}$$

电压方程可表示为：

$$\begin{bmatrix}u_D\\ u_Q\\ u_d\\ u_q\end{bmatrix}=\begin{bmatrix} R_1+L_sP & 0 & L_mP & 0 \\ 0 & R_1+L_sP & 0 & L_mP \\ L_mP & \omega L_m & R_2+L_rP & \omega L_r \\ -\omega L_m & L_mP & -\omega L_r & R_2+L_rP \end{bmatrix}\begin{bmatrix}i_D\\ i_Q\\ i_d\\ i_q\end{bmatrix} \tag{6.130}$$

此方程式与原型电机的电压方程式相比，形式上是一致的。而与三相异步电动机的电压方程式相比，显然维数降低且参变量间的耦合因子减少，可见经过坐标变换后，系统数学模型得到了简化。

5）二相静止轴系 dq 到二相旋转轴系 MT 的变换（$2s/2r$ 变换）

图 6.101 所示为二相静止坐标系 dq 和二相旋转坐标系 MT 及其磁动势的示意图。$2s/2r$ 符号中，s 意为静止，r 意为旋转。MT 轴坐标以角速度 ω_1 旋转，它与 dq 的定子绕组之间有相对角速度 ω_1。静止坐标系的两相绕组通以交流电流 i_d、i_q 而旋转坐标系的两相绕组则通以直流电流 i_m、i_t，i_m 与 i_t 产生的合成磁动势 F_1 与旋转坐标系一起以角速度 ω_1 旋转。M 轴和 d 轴的夹角 φ 随时间而变化

$$\varphi = \omega_1 t + \varphi_0 \tag{6.131}$$

式中，φ_0——M 轴相对 d 轴的初始相位角。

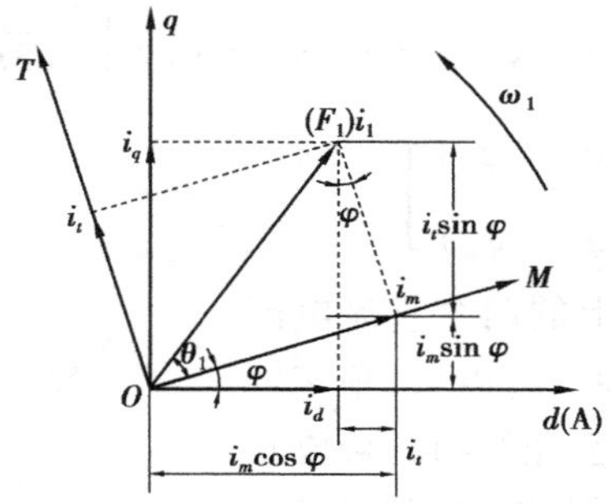

图 6.101　二相静止与二相旋转坐标系与磁动势方向矢量

根据磁动势等效要求

$$i_d = i_m\cos\varphi - i_t\sin\varphi$$
$$i_q = i_m\sin\varphi + i_t\sin\varphi$$

写成矩阵形式，为：

$$\begin{bmatrix} i_d \\ i_q \end{bmatrix} = \begin{bmatrix} \cos\varphi & -\sin\varphi \\ \sin\varphi & \cos\varphi \end{bmatrix} \begin{bmatrix} i_m \\ i_t \end{bmatrix} = C_{2r/2s} \begin{bmatrix} i_m \\ i_t \end{bmatrix} \tag{6.132}$$

式中

$$C_{2r/2s} = \begin{bmatrix} \cos\varphi & -\sin\varphi \\ \sin\varphi & \cos\varphi \end{bmatrix} \tag{6.133}$$

$C_{2r/2s}$为二相旋转坐标系到二相静止坐标系的变换矩阵。从二相静止坐标系到二相旋转坐标系的变换矩阵 $C_{2r/2s}$为其逆阵

$$C_{2r/2s} = C_{2r/2s}^{-1} = \begin{bmatrix} \cos\varphi & \sin\varphi \\ -\sin\varphi & \cos\varphi \end{bmatrix}$$

于是

$$\begin{bmatrix} i_m \\ i_t \end{bmatrix} = \begin{bmatrix} \cos\varphi & \sin\varphi \\ -\sin\varphi & \cos\varphi \end{bmatrix} \begin{bmatrix} i_d \\ i_q \end{bmatrix} \tag{6.134}$$

6）静止二相到旋转二相变换的物理意义

设定子三相电流为：

$$i_A = \sqrt{2}I_1\cos(\omega_1 t + \varphi_1)$$
$$i_B = \sqrt{2}I_1\cos(\omega_1 t + \varphi_1 - 120°)$$

$$i_C = \sqrt{2}I_1\cos(\omega_1 t + \varphi_1 - 240°)$$

则有

$$\begin{bmatrix} i_D \\ i_Q \end{bmatrix} = \begin{bmatrix} \sqrt{3}I_1\cos(\omega_1 t + \varphi_1) \\ \sqrt{3}I_1\sin(\omega_1 t + \varphi_1) \end{bmatrix}$$

再根据二相静止坐标系到二相旋转坐标系的变换式，得

$$\begin{bmatrix} i_m \\ i_t \end{bmatrix} = \begin{bmatrix} \cos\varphi & \sin\varphi \\ -\sin\varphi & \cos\varphi \end{bmatrix}\begin{bmatrix} i_D \\ i_Q \end{bmatrix}$$

$$= \begin{bmatrix} \cos(\omega_1 t + \varphi_0) & \sin(\omega_1 t + \varphi_0) \\ -\sin(\omega_1 t + \varphi_0) & \cos(\omega_1 t + \varphi_0) \end{bmatrix}\begin{bmatrix} \sqrt{3}I_1\cos(\omega_1 t + \varphi_1) \\ \sqrt{3}I_1\sin(\omega_1 t + \varphi_1) \end{bmatrix}$$

$$= \begin{bmatrix} \sqrt{3}I_1\cos(\varphi_1 - \varphi_0) \\ \sqrt{3}I_1\sin(\varphi_1 - \varphi_0) \end{bmatrix} \tag{6.135}$$

式(6.135)给出了 M、T 轴上的两个直流电流的大小。当这两个电流随 MT 轴一起以 ω_1 角速度旋转时，其合成磁动势等于三相静止绕组的合成磁动势 f_s。也就是说，三相静止绕组的合成磁动势 f_s 可以分解为二个大小不变而以 ω_1 角速度旋转的磁动势 f_m 和 f_t，如图 6.102 所示。

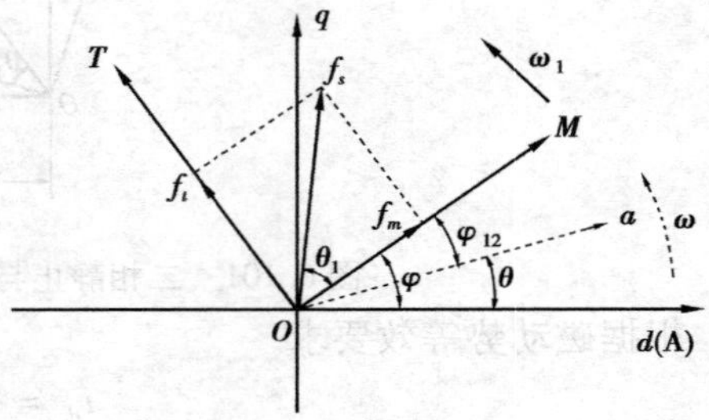

图 6.102　MT 轴系与定子合成基波旋转磁动势

7）直角坐标到极坐标的变换（K/P 变换）

参考图 6.101，已知 i_m 与 i_t，求 i_1 与 θ_1，这是直角坐标/极坐标变换，简称 K/P 变换。

其中

$$i_1 = \sqrt{i_m^2 + i_t^2} \tag{6.136}$$

$$\theta_1 = \arctan\frac{i_t}{i_m} \tag{6.137}$$

当 θ_1 在 0°~90°范围内变化时，$\tan\theta_1$ 的变化范围是 $0 \sim \infty$，该变化幅度太大，难以在实际中实现，现做一些实用的变换：

由
$$\tan\frac{\theta_1}{2} = \frac{\sin\frac{\theta_1}{2}}{\cos\frac{\theta_1}{2}} = \frac{\sin\frac{\theta_1}{2}\left(2\cos\frac{\theta_1}{2}\right)}{\cos\frac{\theta_1}{2}\left(2\cos\frac{\theta_1}{2}\right)} = \frac{\sin\theta_1}{1+\cos\theta_1} = \frac{i_t}{i_1 + i_m}$$

得

$$\theta_1 = 2\arctan\frac{i_t}{i_1 + i_m} \tag{6.138}$$

实际应用中，式(6.138)可代替式(6.137)进行计算。

8)三相静止坐标系到二相旋转坐标系的变换

利用前面已有的三相静止轴系到二相静止轴系的变换及二相静止轴系到二相旋转轴系的变换可得

$$
C_{3s/2r}=\frac{\sqrt{2}}{\sqrt{3}}\begin{bmatrix}\cos\varphi & \sin\varphi & 0\\ -\sin\varphi & \cos\varphi & 0\\ 0 & 0 & 1\end{bmatrix}\begin{bmatrix}1 & -\frac{1}{2} & -\frac{1}{2}\\ 0 & \frac{\sqrt{3}}{2} & -\frac{\sqrt{3}}{2}\\ \frac{1}{\sqrt{2}} & \frac{1}{\sqrt{2}} & \frac{1}{\sqrt{2}}\end{bmatrix}
$$

$$
=\frac{\sqrt{2}}{\sqrt{3}}\begin{bmatrix}\cos\varphi & \frac{\sqrt{3}}{2}\sin\varphi-\frac{1}{2}\cos\varphi & -\frac{\sqrt{3}}{2}\sin\varphi-\frac{1}{2}\cos\varphi\\ -\sin\varphi & \frac{1}{2}\sin\varphi+\frac{\sqrt{3}}{2}\cos\varphi & \frac{1}{2}\sin\varphi-\frac{\sqrt{3}}{2}\cos\varphi\\ \frac{1}{\sqrt{2}} & \frac{1}{\sqrt{2}} & \frac{1}{\sqrt{2}}\end{bmatrix}
$$

$$
=\frac{\sqrt{2}}{\sqrt{3}}\begin{bmatrix}\cos\varphi & \cos(\varphi-120^\circ) & \cos(\varphi+120^\circ)\\ -\sin\varphi & -\sin(\varphi-120^\circ) & -\sin(\varphi+120^\circ)\\ \frac{1}{\sqrt{2}} & \frac{1}{\sqrt{2}} & \frac{1}{\sqrt{2}}\end{bmatrix} \tag{6.139}
$$

其逆变换为:

$$
C_{2r/3s}=C_{3s/2r}^{-1}=C_{3s/3r}^{T}=\frac{\sqrt{2}}{\sqrt{3}}\begin{bmatrix}\cos\varphi & -\sin\varphi & \frac{1}{\sqrt{2}}\\ \cos(\varphi-120^\circ) & -\sin(\varphi-120^\circ) & \frac{1}{\sqrt{2}}\\ \cos(\varphi+120^\circ) & -\sin(\varphi+120^\circ) & \frac{1}{\sqrt{2}}\end{bmatrix} \tag{6.140}
$$

(5)三相异步电动机在二相旋转 *MT* 轴系上的数学模型

1)异步电动机在二相旋转 MT 轴系上的电压方程

以下变换中,MT 轴系的定子各量用下标1,转子各量用下标2加以区分。

由式(6.140),知

$$
u_A=\frac{\sqrt{2}}{\sqrt{3}}\left(u_{m1}\cos\varphi-u_{t1}\sin\varphi+\frac{1}{\sqrt{2}}u_{01}\right)
$$

同理

$$
i_A=\frac{\sqrt{2}}{\sqrt{3}}\left(i_{m1}\cos\varphi-i_{t1}\sin\varphi+\frac{1}{\sqrt{2}}i_{01}\right)
$$

$$
\psi_A=\frac{\sqrt{2}}{\sqrt{3}}\left(\psi_{m1}\cos\varphi-\psi_{t1}\sin\varphi+\frac{1}{\sqrt{2}}\psi_{01}\right)
$$

将以上各式代入 A 相绕组电压方程

$$
u_A=i_AR_1+P\psi_A
$$

得

$$(u_{m1} - R_1 i_{m1} - P\psi_{m1} + \psi_{t1} P\varphi)\cos\varphi - (u_{t1} - R_1 i_{t1} - P\psi_{t1} + \psi_{m1} P\varphi)\sin\varphi + \frac{1}{\sqrt{2}}(u_{01} - R_1 i_{01} - P\psi_{01}) = 0$$

式中,φ——任意值;

$P\varphi = \omega_1$——MT 坐标系相对定子的角速度。

上述方程可写成三个

$$\left.\begin{aligned} u_{m1} &= R_1 i_{m1} + P\psi_{m1} - \omega_1 \psi_{t1} \\ u_{t1} &= R_1 i_{t1} + P\psi_{t1} - \omega_1 \psi_{m1} \\ u_{01} &= R_1 i_{01} + P\psi_{01} \end{aligned}\right\} \tag{6.141}$$

同理,得转子电压方程

$$\left.\begin{aligned} u_{m2} &= R_2 i_{m2} + P\psi_{m2} - \omega_{12} \psi_{t2} \\ u_{t2} &= R_2 i_{t2} + P\psi_{t2} - \omega_{12} \psi_{m2} \\ u_{02} &= R_2 i_{02} + P\psi_{02} \end{aligned}\right\} \tag{6.142}$$

式中,ω_{12}——MT 轴系相对于转子的角速度。

转子角速度(a 轴对 A 轴)为

$$\omega = \omega_1 - \omega_{12} = \frac{\mathrm{d}\varphi}{\mathrm{d}t} - \frac{\mathrm{d}\varphi_{12}}{\mathrm{d}t}$$

2)异步电动机在二相旋转 MT 轴系上的磁链方程

同样,由式(6.140)可将定子磁链 ψ_A、ψ_B、ψ_C 及转子三相磁链 ψ_a、ψ_b、ψ_c 变换到二相 MT 旋转轴系上。令 M 轴与 A 轴的夹角为 φ,其间变换阵为 $C_{3s/2r}$,M 轴与 a 轴的夹角为 φ_{12},其间变换阵为 $C_{3s/2r}$,显然这两个矩阵形式相同,但空间角度不同。

$$\begin{bmatrix} \psi_{m1} \\ \psi_{t1} \\ \psi_{01} \\ \psi_{m2} \\ \psi_{t2} \\ \psi_{02} \end{bmatrix} = \begin{bmatrix} C_{3s/2r} & \cdots & 0 \\ \vdots & & \vdots \\ 0 & \cdots & C_{3r/2r} \end{bmatrix} \begin{bmatrix} \psi_A \\ \psi_B \\ \psi_C \\ \psi_a \\ \psi_b \\ \psi_c \end{bmatrix} = \begin{bmatrix} C_{3s/2r} & \cdots & 0 \\ \vdots & & \vdots \\ 0 & \cdots & C_{3r/2r} \end{bmatrix} \begin{bmatrix} L_{ss} & \cdots & L_{sr} \\ \vdots & & \vdots \\ L_{rs} & \cdots & L_{rr} \end{bmatrix} \times \begin{bmatrix} C_{3s/2r}^{-1} & \cdots & 0 \\ \vdots & & \vdots \\ 0 & \cdots & C_{3r/2r}^{-1} \end{bmatrix} \begin{bmatrix} i_{m1} \\ i_{t1} \\ i_{01} \\ i_{m2} \\ i_{t2} \\ i_{02} \end{bmatrix}$$

因

$$C_{3s/2r} = \frac{\sqrt{2}}{\sqrt{3}} \begin{bmatrix} \cos\varphi & \cos(\varphi - 120^\circ) & \cos(\varphi + 120^\circ) \\ -\sin\varphi & -\sin(\varphi - 120^\circ) & -\sin(\varphi + 120^\circ) \\ \frac{1}{\sqrt{2}} & \frac{1}{\sqrt{2}} & \frac{1}{\sqrt{2}} \end{bmatrix} \tag{6.143}$$

$$C_{3r/2r} = \frac{\sqrt{2}}{\sqrt{3}} \begin{bmatrix} \cos\varphi_{12} & \cos(\varphi_{12} - 120^\circ) & \cos(\varphi_{12} + 120^\circ) \\ -\sin\varphi_{12} & -\sin(\varphi_{12} - 120^\circ) & -\sin(\varphi_{12} + 120^\circ) \\ \frac{1}{\sqrt{2}} & \frac{1}{\sqrt{2}} & \frac{1}{\sqrt{2}} \end{bmatrix} \tag{6.144}$$

故

$$C_{3s/2r}L_{ss}C_{3s/2r}^{-1}=\frac{2}{3}\begin{bmatrix}\cos\varphi & \cos(\varphi-120^\circ) & \cos(\varphi+120^\circ)\\ -\sin\varphi & -\sin(\varphi-120^\circ) & -\sin(\varphi+120^\circ)\\ \frac{1}{\sqrt{2}} & \frac{1}{\sqrt{2}} & \frac{1}{\sqrt{2}}\end{bmatrix}\times$$

$$\begin{bmatrix}L_{m1}+L_{l1} & -\frac{1}{2}L_{m1} & -\frac{1}{2}L_{m1}\\ -\frac{1}{2}L_{m1} & L_{m1}+L_{l1} & -\frac{1}{2}L_{m1}\\ -\frac{1}{2}L_{m1} & -\frac{1}{2}L_{m1} & L_{m1}+L_{l1}\end{bmatrix}\times$$

$$\begin{bmatrix}\cos\varphi & -\sin\varphi & \frac{1}{\sqrt{2}}\\ \cos(\varphi-120^\circ) & -\sin(\varphi-120^\circ) & \frac{1}{\sqrt{2}}\\ \cos(\varphi+120^\circ) & -\sin(\varphi+120^\circ) & \frac{1}{\sqrt{2}}\end{bmatrix}$$

$$=\begin{bmatrix}L_{l1}+\frac{3}{2}L_{m1} & 0 & 0\\ 0 & L_{l1}+\frac{3}{2}L_{m1} & 0\\ 0 & 0 & L_{l1}+\frac{3}{2}L_{m1}\end{bmatrix}$$

$$C_{3s/2r}L_{rr}C_{3r/2r}^{-1}=\begin{bmatrix}L_{l2}+\frac{3}{2}L_{m1} & 0 & 0\\ 0 & L_{l2}+\frac{3}{2}L_{m1} & 0\\ 0 & 0 & L_{l2}\end{bmatrix}$$

$$C_{3s/2r}L_{sr}C_{3r/2r}^{-1}=\begin{bmatrix}\frac{3}{2}L_{m1} & 0 & 0\\ 0 & \frac{3}{2}L_{m1} & 0\\ 0 & 0 & 0\end{bmatrix}$$

$$C_{3r/2r}L_{rs}C_{3s/2r}^{-1}=\begin{bmatrix}\frac{3}{2}L_{m1} & 0 & 0\\ 0 & \frac{3}{2}L_{m1} & 0\\ 0 & 0 & 0\end{bmatrix}$$

由此，推出磁链方程为：

$$\begin{bmatrix}\psi_{m1}\\ \psi_{t1}\\ \psi_{01}\\ \psi_{m2}\\ \psi_{t2}\\ \psi_{02}\end{bmatrix}=\begin{bmatrix}L_s & 0 & 0 & L_m & 0 & 0\\ 0 & L_s & 0 & 0 & L_m & 0\\ 0 & 0 & L_{l1} & 0 & 0 & 0\\ L_m & 0 & 0 & L_r & 0 & 0\\ 0 & L_m & 0 & 0 & L_r & 0\\ 0 & 0 & 0 & 0 & 0 & L_{l2}\end{bmatrix}\begin{bmatrix}i_{m1}\\ i_{t1}\\ i_{01}\\ i_{m2}\\ i_{t2}\\ i_{02}\end{bmatrix} \tag{6.145}$$

取消与 M、T 轴无关的零轴分量，得二相旋转 MT 轴系上的磁链方程

$$\begin{bmatrix}\psi_{m1}\\ \psi_{t1}\\ \psi_{m2}\\ \psi_{t2}\end{bmatrix}=\begin{bmatrix}L_s & 0 & L_m & 0\\ 0 & L_s & 0 & L_m\\ L_m & 0 & L_r & 0\\ 0 & L_m & 0 & L_r\end{bmatrix}\begin{bmatrix}i_{m1}\\ i_{t1}\\ i_{m2}\\ i_{t2}\end{bmatrix} \tag{6.146}$$

因此，可得电压方程为：

$$\begin{bmatrix}u_{m1}\\ u_{t1}\\ u_{m2}\\ u_{t2}\end{bmatrix}=\begin{bmatrix}R_1+L_sP & -\omega_1 L_s & L_mP & -\omega_1 L_m\\ \omega_1 L_s & R_1+L_sP & \omega_1 L_m & L_mP\\ L_mP & -\omega_{12}L_m & R_2+L_rP & -\omega_{12}L_r\\ \omega_{12}L_m & L_mP & \omega_{12}L_r & R_2+L_rP\end{bmatrix}\begin{bmatrix}i_{m1}\\ i_{t1}\\ i_{m2}\\ i_{t2}\end{bmatrix} \tag{6.147}$$

由此可知，异步电动机在二相静止轴系 dq 上的数学模型是在二相旋转轴系 MT 上的数学模型的一个特例，只要令 $\varphi=0$，即 $\omega_1=\dfrac{\mathrm{d}\varphi}{\mathrm{d}t}=0$，则有：$\omega=\omega_1-\omega_2=-\omega_{12}$。

3）异步电动机在任意 MT 轴系上的转矩方程

异步电动机在三相静止坐标系上的转矩表达式为：

$$T_e=-n_pL_{m1}[(i_Ai_a+i_Bi_b+i_Ci_c)\sin\varphi+(i_Ai_b+i_Bi_c+i_Ci_a)\sin(\varphi+120°)+(i_Ai_c+i_Bi_a+i_Ci_b)\sin(\varphi-120°)]$$

又因

$$\begin{bmatrix}i_A\\ i_B\\ i_C\end{bmatrix}=\frac{\sqrt{2}}{\sqrt{3}}\begin{bmatrix}\cos\varphi & -\sin\varphi & \frac{1}{\sqrt{2}}\\ \cos(\varphi-120°) & -\sin(\varphi-120°) & \frac{1}{\sqrt{2}}\\ \cos(\varphi+120°) & -\sin(\varphi+120°) & \frac{1}{\sqrt{2}}\end{bmatrix}\begin{bmatrix}i_{m1}\\ i_{t1}\\ i_{01}\end{bmatrix}$$

$$\begin{bmatrix}i_a\\ i_b\\ i_c\end{bmatrix}=\frac{\sqrt{2}}{\sqrt{3}}\begin{bmatrix}\cos\varphi_{12} & -\sin\varphi_{12} & \frac{1}{\sqrt{2}}\\ \cos(\varphi_{12}-120°) & -\sin(\varphi_{12}-120°) & \frac{1}{\sqrt{2}}\\ \cos(\varphi_{12}+120°) & -\sin(\varphi_{12}+120°) & \frac{1}{\sqrt{2}}\end{bmatrix}\begin{bmatrix}i_{m2}\\ i_{t2}\\ i_{02}\end{bmatrix}$$

故有

$$T_e = n_p L_m (i_{t1} i_{m2} - i_{m1} i_{t2}) = T_L + \frac{J}{n_p} \frac{d\omega}{dt} \tag{6.148}$$

式中

$$\omega = \frac{d\theta}{dt} = \omega_1 - \omega_{12}$$

$$\omega_{12} = \omega_s (\text{转差角速度})$$

(6)矢量变换变频调速系统

1)磁场定向控制

图 6.102 中的二相旋转 MT 坐标系,虽然随定子磁场同步旋转,但 M、T 轴与旋转磁场的相对位置是可以任意选取的,即有无数个 MT 坐标系可供选用。对 M 轴加以取向,将它与旋转磁场的相对位置固定下来,就称为磁场定向控制。设 M 轴为沿转子总磁链 ψ_2 方向的轴(ψ_2 已折算至定子侧,故也与旋转磁场同步旋转),如图 6.103 所示。

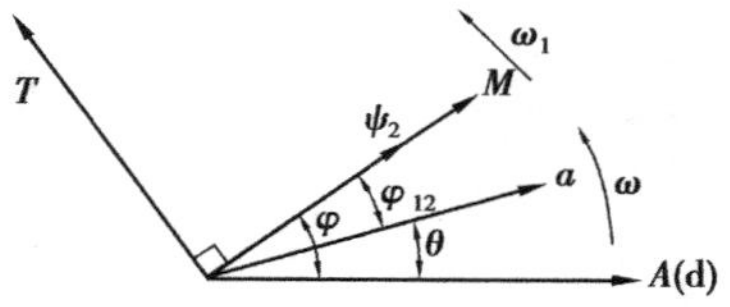

图 6.103　磁场定向的 MT 坐标系

由于将 M 轴固定在 ψ_2 方向上,所以转子磁链在 T 方向上就没有分量,即

$$\psi_{m2} = \psi_2$$

$$\psi_{t2} = 0$$

根据式(6.119),有

$$L_m i_{m1} + L_r i_{m2} = \psi_2 \tag{6.149}$$

$$L_m i_{t1} + L_r i_{t2} = 0 \tag{6.150}$$

将式(6.124)代入式(6.121),得

$$\begin{bmatrix} u_{m1} \\ u_{t1} \\ u_{m2} \\ u_{t2} \end{bmatrix} = \begin{bmatrix} R_1 + L_s P & -\omega_1 L_s & L_m P & -\omega_1 L_m \\ \omega_1 L_s & R_1 + L_s P & \omega_1 L_m & L_m P \\ L_m P & 0 & R_2 + L_r P & 0 \\ \omega_{12} L_m & 0 & \omega_{12} L_r & R_2 \end{bmatrix} \begin{bmatrix} i_{m1} \\ i_{t1} \\ i_{m2} \\ i_{t2} \end{bmatrix} \tag{6.151}$$

方程的第三、四行出现零元素,说明磁场定向之后数学模型中的耦合因子减少,系统得到简化。

将式(6.149)代入式(6.148),得到转矩方程为:

$$T_e = n_p L_m (i_{t1} i_{m2} - i_{m1} i_{t2}) = n_p L_m \left[i_{t1} i_{m2} - \frac{\psi_2 - L_r i_{m2}}{L_m} \left(-\frac{L_m}{L_r} \right) i_{t1} \right]$$

$$= n_p L_m \left[i_{t1} i_{m2} + \frac{\psi_2}{L_r} i_{t1} - i_{t1} i_{m2} \right] = n_p \frac{L_m}{L_r} i_{t1} \psi_2 \tag{6.152}$$

式(6.152)与直流电动机的转矩公式相比,i_{t1} 类似直流电动机的电枢电流,到此可以看到,采用磁场定向控制并按式(6.135)的电流关系,定子三相电流被变换为两个直流分量 i_{m1} 与 i_{t1},i_{m1} 被称为励磁分量,i_{t1} 被称为转矩分量。

当需要励磁与转矩分别控制,即要求 i_{m1}、i_{t1} 为某一数值时,只要按式(6.135)对坐标系进行反变换,去控制 i_A、i_B、i_C 即可实现。

对于笼型异步电动机,因转子电压为 0,故式(6.151)变为:

$$\begin{bmatrix} u_{m1} \\ u_{t1} \\ 0 \\ 0 \end{bmatrix} = \begin{bmatrix} R_1 + L_s P & -\omega_1 L_s & L_m P & -\omega_1 L_m \\ \omega_1 L_s & R_1 + L_s P & \omega_1 L_m & L_m P \\ L_m P & 0 & R_2 + L_r P & 0 \\ \omega_{12} L_m & 0 & \omega_{12} L_r & R_2 \end{bmatrix} \begin{bmatrix} i_{m1} \\ i_{t1} \\ i_{m2} \\ i_{t2} \end{bmatrix} \tag{6.153}$$

由式(6.153)第三行及式(6.149)，得

$$0 = L_m P i_{m1} + (R_2 + L_r P) i_{m2} = R_2 i_{m2} + P(L_m i_{m1} + L_r i_{m2}) = R_2 i_{m2} + P\psi_2$$

于是

$$i_{m2} = -\frac{1}{R_2} P\psi_2 \tag{6.154}$$

$$0 = L_m P i_{m1} - (R_2 + L_r P)\frac{P\psi_2}{R_2}$$

即

$$i_{m1} = \frac{R_2 + L_r P}{L_m R_2}\psi_2 = \frac{1 + T_2 P}{L_m}\psi_2 \tag{6.155}$$

或

$$\psi_2 = \frac{L_m}{T_2 P + 1} i_{m1} \tag{6.156}$$

式中，$T_2 = \frac{L_r}{R_2}$——转子时间常数。

于是

$$T_e = n_p \frac{L_m}{L_r} i_{t1} \frac{L_m}{T_2 P + 1} i_{m1} = n_p \frac{L_m^2}{L_r} i_{t1} \cdot \frac{i_{m1}}{T_2 P + 1}$$

当 ψ_2 稳定不变时，i_{m1} 为常数（$T_2 P + 1 = 1$），因此

$$T_e = n_p \frac{L_m^2}{L_r} i_{t1} i_{m1}$$

以上推导说明，转子磁链 ψ_2 仅与 i_{m1} 有关，这也是 i_{m1} 被称为定子电流的励磁分量的原因，而 i_{t1} 则被认为是定子电流的转矩分量，当 i_{m1} 恒定不变，ψ_2 也恒定不变，这时调节 i_{t1} 就可以方便地调节异步电动机的电磁转 T_e。

由式(6.151)第四行及式(6.149)，得

$$0 = \omega_{12} L_m i_{m1} + \omega_{12} L_r i_{m2} + R_2 i_{t2} = \omega_{12}\psi_2 + R_2 i_{t2}$$

所以

$$\omega_{12} = -\frac{R_2}{\psi_2} i_{t2} \tag{6.157}$$

考虑磁场定向，将式(6.150)代入式(6.157)，并考虑 $T_2 = \frac{L_r}{R_2}$，得

$$\omega_{12} = -\frac{L_m i_{t1}}{T_2 \psi_2} \tag{6.158}$$

转差频率控制系统可根据此式来实现。

2）三相异步电动机磁通的检测和估算

为了实现磁场定向控制，必须准确地检测和运算出实际异步电动机的内部磁通矢量，这是磁场定向控制的关键问题。能否准确地检测和运算出磁通会直接影响到整个调速系统的控制精度。

磁通检测可分为直接和间接两种检测方法。直接检测可用霍尔元件直接测气隙磁密，但因存在着工艺和技术上的问题，在低速时有较大的脉动分量。因此实用系统中多采用间接检

测法，利用直接测得的定子电压、电流、转速信号，通过数学模型估算出转子磁通的大小及相位。

①二相静止坐标系上的转子磁通观测模型

由实测的三相定子电流通过3/2变换可以得到二相静止坐标系上的等效电流 i_D 和 i_Q，再由式(6.129)，知

$$\left.\begin{aligned}\psi_d &= L_m i_D + L_r i_d \\ \psi_q &= L_m i_Q + L_r i_q\end{aligned}\right\} \tag{6.159}$$

故

$$\left.\begin{aligned}i_d &= \frac{1}{L_r}(\psi_d - L_m i_D) \\ i_q &= \frac{1}{L_r}(\psi_q - L_m i_Q)\end{aligned}\right\} \tag{6.160}$$

又由式(6.130)的第三行、第四行，令 $u_d=0,u_q=0$，得

$$L_m P i_D + L_r P i_d + \omega(L_m i_Q + L_r i_q) + R_2 i_d = 0$$
$$L_m P i_Q + L_r P i_q + \omega(L_m i_D + L_r i_d) + R_2 i_q = 0$$

将式(6.159)、(6.160)代入上述方程，得

$$P\psi_d + \omega\psi_q + \frac{1}{T_2}(\psi_d - L_m i_D) = 0$$

$$P\psi_q - \omega\psi_d + \frac{1}{T_2}(\psi_q - L_m i_Q) = 0$$

整理后，得到转子磁链在二相静止坐标系上的观测模型为

$$\left.\begin{aligned}\psi_d &= \frac{1}{T_2 P + 1}(L_m i_D - \omega T_2 \psi_q) \\ \psi_q &= \frac{1}{T_2 P + 1}(L_m i_Q - \omega T_2 \psi_d)\end{aligned}\right\} \tag{6.161}$$

由此表达式构成的转子磁通观测器运算框图如图6.104所示。根据 ψ_d 和 ψ_q，可以很容易地计算出转子磁链的大小和方向：

$$\psi_2 = \sqrt{\psi_d^2 + \psi_q^2}$$

$$\varphi = \arctan\frac{\psi_q}{\psi_d}$$

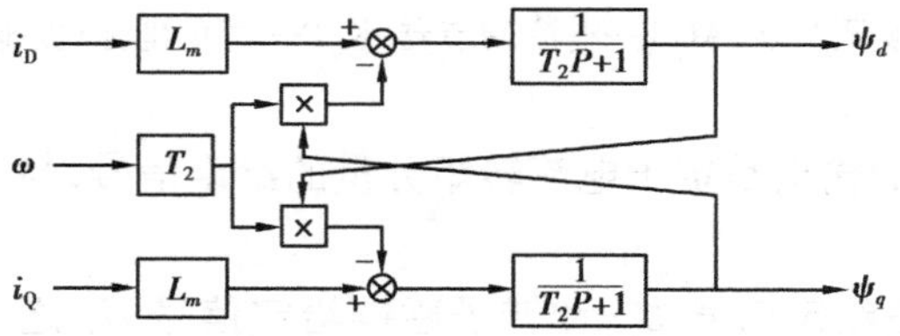

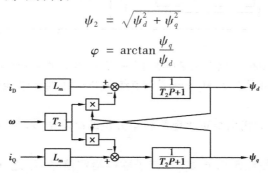

图6.104　在二相静止坐标系上的转子磁通运算框图

②磁场定向二相旋转坐标系上的转子磁通观测模型

图6.105是在磁场定向二相旋转坐标系上的转子磁通观测器的运算框图。

检测三相定子电流 i_A、i_B、i_C，经3/2变换变成二相静止坐标系电流 i_D、i_Q，再经二相静止到

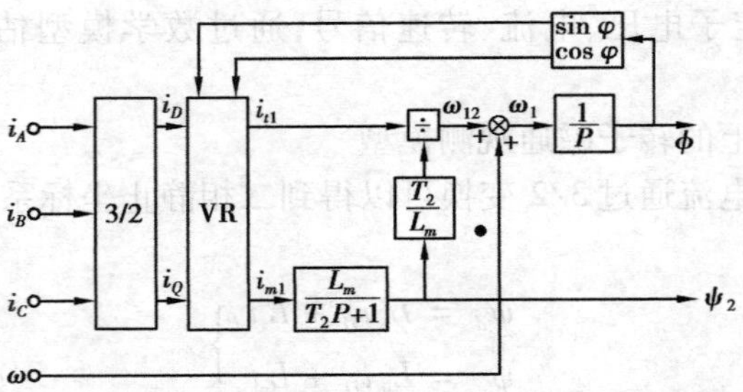

图 6.105　在磁场定向二相旋转坐标系上的转子磁通运算框图

二相同步旋转变换，并按转子磁场定向，可得 MT 坐标系下的电流 i_{m1} 和 i_{t1}，然后按式(6.156)和式(6.157)求得 ψ_2 和 ω_{12}，最后将 ω_{12} 与实测转速 ω 相加即得 ω_1，ω_1 的积分即为 φ 角。于是 ψ_2 和 φ 均得到估算。

以上两种磁通观测器的运算参数都依赖于电机参数 T_2 和 L_m，故异步电动机的参数变化将会影响到磁通估算的精确度。相比之下，图 6.104 的观测模型较适宜于模拟控制，而图 6.105的观测模型则更适宜于数字控制。

3)磁链开环的转差型矢量控制交—直—交电流源变频调速系统

系统原理框图如图 6.106 所示。

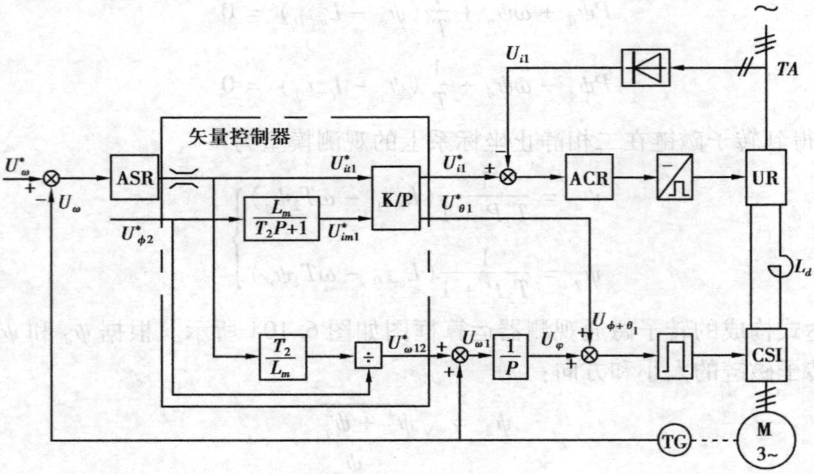

图 6.106　转差型矢量控制的交—直—交电流源变频调速系统

ASR—速度调节器；ACR—电流调节器；K/P—直角坐标/极坐标变换器

系统特点如下：

①速度调节器 ASR 的输出是定子电流转矩分量的给定信号，与双闭环直流调速系统的电枢电流给定信号相当。

②定子电流励磁分量给定信号 U_{m1}^* 和转子磁链给定信号 $U_{\psi_2}^*$ 之间的关系是靠式(6.155)建立起来的，其中的比例微分环节是使 i_{m1} 在动态过程中获得强迫励磁效应，以克服实际磁通的滞后。

③U_{it1}^*Z 及 U_{im1}^* 经直角坐标到极坐标(K/P)变换器合成后产生定子电流幅值给定信号 U_{i1}^* 和相角给定信号 $U_{\theta1}^*$，前者经电流调节器 ACR 控制定子电流的大小，后者则控制逆变器换相

的触发时刻，以决定定子电流的相位。

④转差频率给定信号 $U_{\omega 12}^*$ 和 U_{it1}^*、$U_{\psi_2}^*$ 的关系符合另一个矢量控制关系式(6.158)。

⑤定子频率信号 $U_{\omega 1}=U_{\omega}+U_{\omega 12}$。由 $U_{\omega 1}$ 积分产生决定 M 轴（转子磁链方向）相位角 φ 的信号 U_{φ}，随着坐标的旋转，φ 角应不断增大，积分的结果正是如此。在实际电路中，φ 是从 0 到 2π 周而复始地变化的。θ_1 角作为定子电流矢量和 M 轴的夹角叠加在 φ 角上面，以保证及时的相位控制。转差型矢量控制系统 M、T 坐标的磁场定向是由给定信号确定并靠矢量控制方程来保证的，并没用实际进行转子链通检测，这种情况属于间接的磁场定向控制。在动态过程中实际的定子电流幅值及相位与给定值之间总会存在偏差，实际参数与矢量控制方程所用的参数也不会完全一致，这些都会造成磁场定向上的误差，从而影响系统的动态性能。

要使矢量变换控制系统具有和直流调速系统一样的动态性能，转子磁通就必须在动态过程中真正保持恒定。在图 6.106 所示的系统中，磁通的控制实际上是开环的，容易造成动态过程中的偏差，如采用磁通反馈和磁通调节器进行直接磁场定向则可以解决这个问题。

4）转速、磁链闭环控制的电流滞环型 SPWM 变频调速系统

图 6.107 为转速和磁链都采用闭环微机控制的矢量变换控制系统框图。系统中考虑了正反向和弱磁升速问题，磁通给定信号由函数发生器获得，转矩给定信号同样受到磁通信号的控制。系统中用转矩调节器 ATR 代替了 T 轴电流调节器，转矩反馈信号是根据式(6.152)由转子磁链和定子电流的 T 轴分量运算而得的。

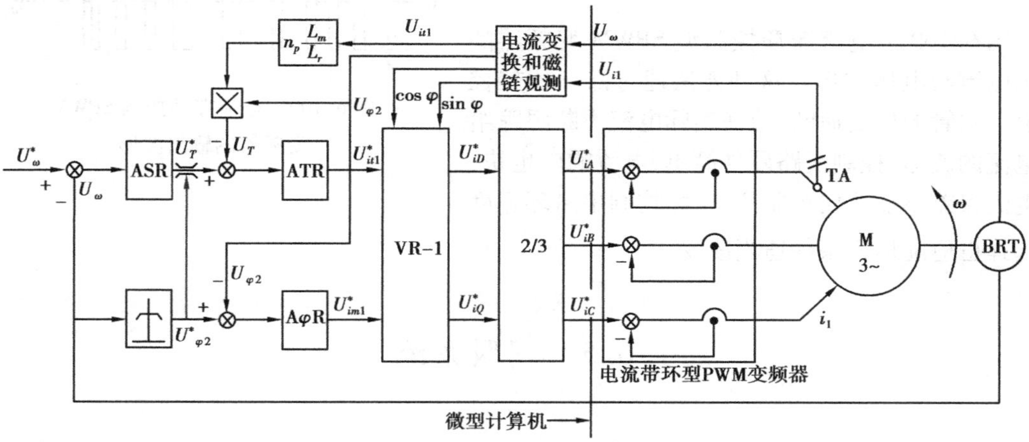

图 6.107　转速、磁链闭环的电流滞环型 SPWM 变频调速系统

ASR—速度调节器；ATR—转矩调节器；AφR—磁链调节器；BRT—速度传感器

该系统的变频器部分采用了电流滞环型 SPWM 变频器。其基本控制思想是将各相定子电流的给定参考信号 U_{iA}^*、U_{iB}^*、U_{iC}^*，与实际各相定子电流的检测信号 U_{iA}、U_{iB}、U_{iC} 分别进行比较，将各偏差经过具有滞环特性的高增益放大器，即滞环比较器后，去控制各相上下两个桥臂电力晶体管的通或断，从而及时对各相定子电流进行闭环调节。

图 6.108 为 A 相桥臂的电流滞环 SPWM 控制方式原理框图。

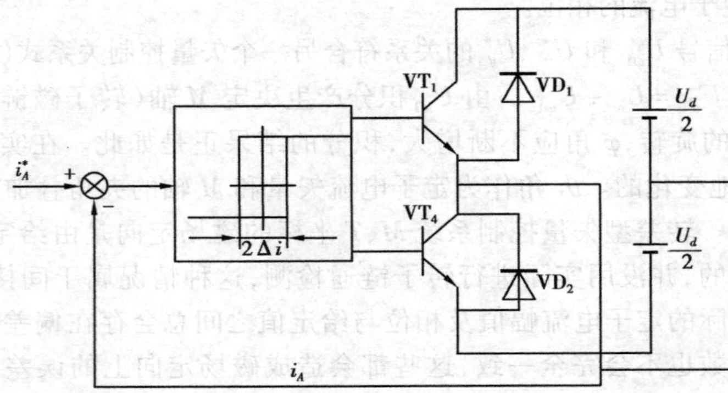

图 6.108　A 相桥臂电流滞环 SPWM 控制方式原理框图

这种控制方式下 A 相晶体管的导通模式为：

①当实际相电流 i_A 超过给定电流 i_A^*，且偏差达到 Δi 时，滞环比较器控制 VT_1 关断，VT_4 导通，A 相输出电压切换到 $-\frac{U_d}{2}$，使电流 i_A 开始下降。

②当实际相电流 i_A 低于给定电值 i_A^*，且偏差达到 Δi 时，滞环比较器控制 VT_1 导通，VT_4 关断，A 相输出电压切换到 $+\frac{U_d}{2}$，使电流 i_A 开始上升。

图 6.109 为电流滞环控制型 SPWM 变频器的输出电流与电压波形。这种方法通过滞环比较控制上下两管的反复通断，迫使实际电流不断跟踪给定电流的波形，控制线路硬件简单，电流响应也快，但电流误差不能严格控制住，实际控制中滞环宽度的选择也应随运行条件适当改变。

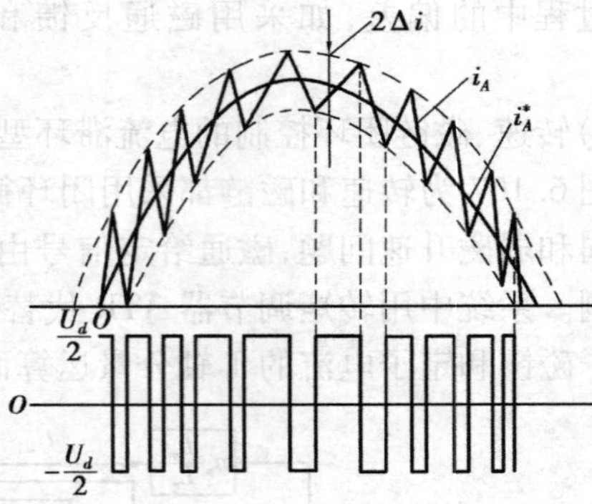

图 6.109　电流滞环控制 SPWM 变频器的输出波形

6.5　伺服系统

通过前面的学习，我们掌握了目前电气伺服的几种主要能换部件及其基本的调速方法。然而，由 6.1 部分知，伺服电动机及其速度控制单元，只是伺服控制系统中的一个组成部分。由图 6.3 知，在前面所述的各调速系统的前面再设计一个对应的位置调节单元，即可构成相应的伺服系统。

对于位置闭环控制的进给系统，速度控制单元是位置环的内环，它接收位置控制器的输出，并将这个输出作为速度环路的输入命令，去实现对速度的控制；对于性能好的速度控制单元，它将包含速度控制及加速度控制，加速度控制环路是速度环路的内环；对速度控制而言，如果接收速度控制命令，接收反馈实际速度并进行速度比较，以及速度控制器功能都是微处理器及相应软件来完成的，那么速度控制单元常称为速度数字伺服单元；对于加速度环路亦是如此类推。对于位置控制，若位置比较及位置控制器都由微机完成，这当然是位置数字伺服系统，目前，在高性能的 CNC 系统中，位置、速度和加速度是数字伺服，最低限位置、速度是数字伺服；对于那些全功能中档数控系统，则有的位置环控制是计算机完成的，而速度环则是模拟伺服，那么这种情况，位置控制器输出往往是数字量，需经 D/A 转换后，作为速度环的给定命令。

在本节，我们将首先建立伺服系统的数学模型，对通用伺服系的性能进行分析，研究位置环节对系统性能的影响，然后系统地介绍几种伺服系统。

6.5.1　系统性能分析

在数控机床中，半闭环伺服系统应用最广泛，故将其为例，通过建立数学模型来分析进给伺服系统的动、静态性能，有些结论对全闭环系统是同样适用的。

由图 6.3 即前面的学习知，速度调节器和电流调节器对于速度伺服单元的性能是十分重要的。讨论位置进给伺服系统时，位置控制器的类型是首先要研究的问题。从理论上来说，位置控制器的类型可以有很多种，但目前在 CNC 系统中实际使用的主要只有两种类型：比例型和比例加前馈型。对于比例型和比例加前馈型的位置控制器，我们将详细分析。

为什么只有比例型和比例加前馈型位置控制器得到广泛采用呢？这主要是由数控机床位置控制的特殊要求所决定的。在数控机床位置进给控制中，为了加工出光滑的零件表面，绝对不允许出现位置超调，采用比例型和比例加前馈型的位置控制器，可以较容易地达到上述要求。

(1)进给伺服系统的数学模型

为便于分析，图 6.3 所示的进给伺服系统可简化成图 6.110。在图 6.110 中，位置控制器中执行比例控制算法。控制器本身可以是微处理器，也可以是由硬件构成的脉冲比较电路或相位比较电路。从传递函数的角度来看，位置控制器相当于一个比例环节，其比例系数是 K_p。

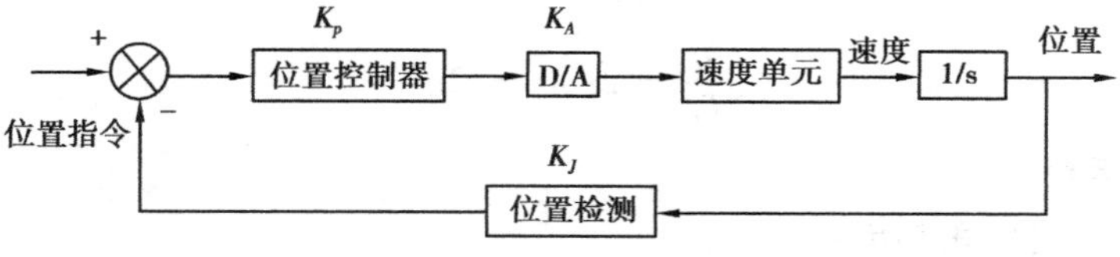

图 6.110　进给伺服系统的结构

位置控制器输出是数字量，必须经过 D/A 转换之后才能控制调速单元，D/A 转换也相当于一个比例环节，其比例系数是 K_A。

调速单元的结构和原理在前面已经介绍过。从位置环的角度来看，调速单元可以等效为一贯性环节 $K_V(T_V s+1)$，式中，T_V 为惯性时间常数；K_V 为调速单元的放大倍数。

调速单元输出的量是速度量，这一速度量经过积分环节 $1/S$ 后成为角位移量。

位置量检测环节是指位置传感器（光电编码器、旋转变压器等）和后置处理电路。这个环节也可以看作是一个比例环节，比例系数是 K_J。

由此，可得到如图 6.111 所示的伺服系统的动态结构图。

在图 6.111 中，前向通道的传递函数为：

$$G_1(s) = K_A K_p \frac{K_V}{T_V s + 1} \frac{1}{S} \tag{6.162}$$

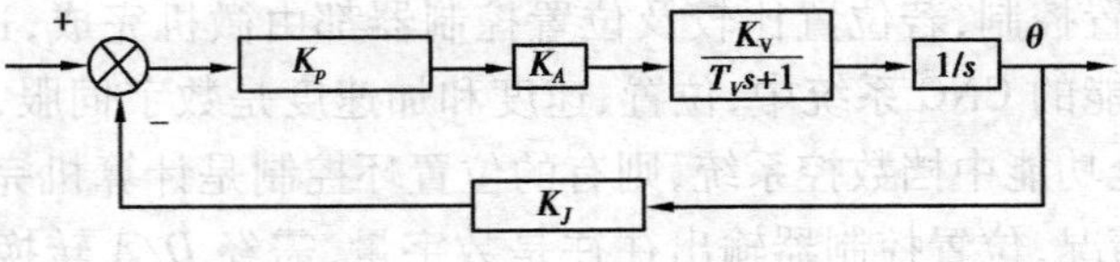

图 6.111　进给伺服系统动态结构图

利用前向通道的传递函数 $G_1(s)$，可以将图 6.111 简化成图 6.112。

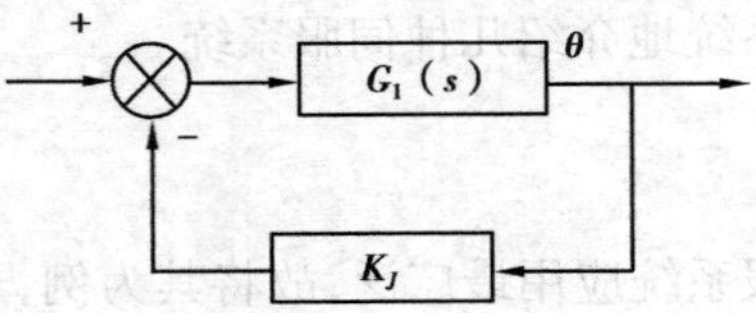

图 6.112　简化的动态结构图

根据自动控制原理可知，图 6.112 所示的系统的闭环传递函数为：

$$G(s) = \frac{G_1(s)}{K_J G_1(s) + 1} \tag{6.163}$$

将式(6.162)代入式(6.163)，得

$$G(s) = \frac{\frac{1}{K_J}}{\frac{T_V}{KKK_J}S^2 + \frac{1}{KK_J}S + 1} \tag{6.164}$$

式中，$K = K_V K_A K_p$。

式(6.164)表明，半闭环进给伺服系统是一个典型的二阶系统，可引入下列一些新的参量来描述二阶系统，令：

$$\frac{KK_J}{T_V} = \omega_n^2 \tag{6.165}$$

$$\frac{1}{T_V} = 2\xi\omega_n = 2\sigma \tag{6.166}$$

式中，σ——衰减系数；

ω_n——无阻尼自然角频率；

ξ——系统的阻尼比。

引入这些参数后式(6.164)可以变换为：

$$G(s) = \frac{\frac{K}{T_V}}{s^2 + 2\xi\omega_n s + \omega_n^2} \tag{6.167}$$

(2)进给伺服系统的动态性能分析

现在来分析进给伺服系统的动、静态特性。在分析时，主要针对斜坡型输入信号。前面介绍过，斜坡输入信号是一种典型的位置控制输入信号。

由式(6.167)可知，就数学模型而言，进给伺服系统是一个典型的二阶系统，阻尼比 ξ 是描述系统动态性能的重要参数。一下面分欠阻尼($0 < \xi < 1$)、临界阻尼($\xi = 1$)和过阻尼($\xi > 1$)三种情况进行分析。

1）欠阻尼

若 $0<\xi<1$，就称系统是欠阻尼的。在这种情况下，进给伺服系统的传递函数有一对共轭复极点，传递函数可以写成

$$G(s)=\frac{\frac{K}{T_V}}{(s+\xi\omega_n+j\omega_d)(s+\xi\omega_n-j\omega_d)} \tag{6.168}$$

式中，$\omega_d=\omega_n\sqrt{1-\xi^2}$——阻尼角频率。

在这种情况下系统对于斜坡输入信号的跟随响应是要经历振荡的，如图 6.113 所示。

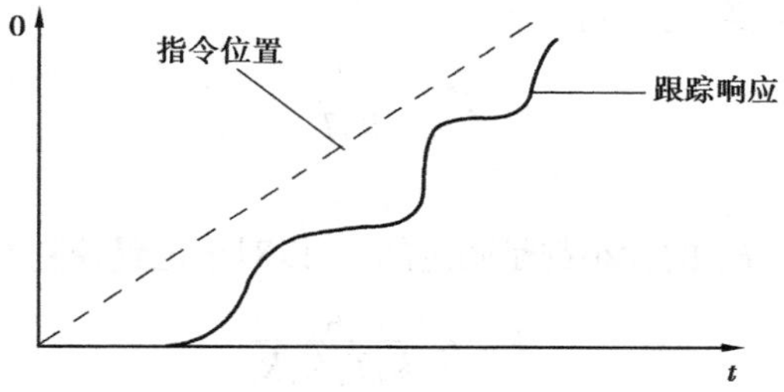

图 6.113　$\xi<1$ 时的斜坡响应

2）过阻尼

若阻尼比 $\xi>1$，则称为过阻尼。在这种情况下，进给伺服系统的传递函数有一对不相同的实数极点，传递函数可以写成

$$G(s)=\frac{\frac{K}{T_V}}{(s+r_1)(s+r_2)} \tag{6.169}$$

式中，$r_1=r_2=(-\xi\pm\sqrt{1-\xi^2})\omega_n$。

在这种情况下，系统对输入信号的响应是无振荡的，其对斜坡输入信号的响应如图 6.114 所示。

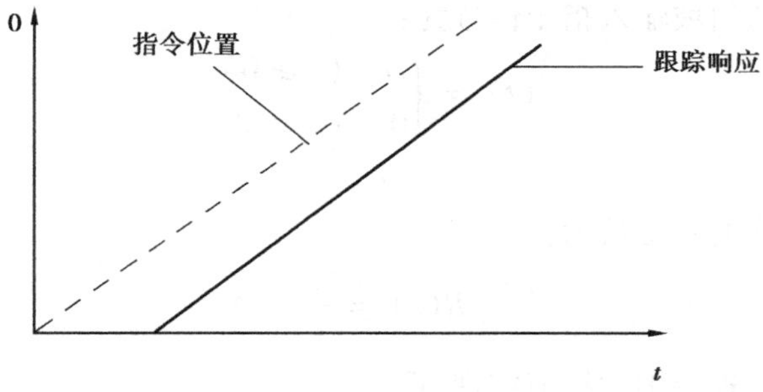

图 6.114　$\xi>1$ 时的斜坡响应

3）临界阻尼

若阻尼比 $\xi=1$，则称为临界阻尼。在临界阻尼的情况下，进给伺服系统的传递函数有一对相同的实数极点。传递函数可以写成

$$G(s)=\frac{\frac{K}{T_V}}{(s+\omega_n)^2} \tag{6.170}$$

在这种情况下，系统对输入的响应也是无振荡的，其对斜坡输入信号的响应与过阻尼时的情况差不多。

由于数控机床的伺服进给控制不允许出现振荡，故欠阻尼的情况是应当避免的；临界阻尼是一种中间状态，若系统参数发生了变化，就有可能转变成欠阻尼，故临界阻尼的情况也是应当加以避免的。由此得出了结论：数控机床的进给伺服系统应当在过阻尼的情况下运行。

将式(6.165)代入式(6.166)，可得阻尼的表达式

$$\xi = \frac{1}{2}\frac{1}{\sqrt{KK_JT_V}} \tag{6.171}$$

根据过阻尼($\xi > 1$)的要求，可得

$$K < \frac{4}{K_JT_V} \tag{6.172}$$

式中，$K = K_VK_AK_P$。

由图6.101可知，K_V 和 K_A 的大小都是固定的，所以对于位置控制器的增益来说，应满足下式：

$$K_P < \frac{4}{K_JT_VK_AK_v} \tag{6.173}$$

事实上，位置控制器增益 K_P 是数控系统的一个重要参数，是由系统的操作人员设定的。

(3) 进给伺服系统的静态性能分析

进给伺服系统的静态性能的优劣，主要体现为跟随误差的大小。

在进给伺服系统中，输入指令曲线与位置跟踪响应曲线之间存在着误差，随着时间的增加，这一误差趋向于固定。这一误差就称为系统跟随误差。在一般的数控系统的应用说明中，常常用“伺服滞后”来表达跟随误差，“伺服滞后”与“跟随误差”本质是一样的，参见图6.115。

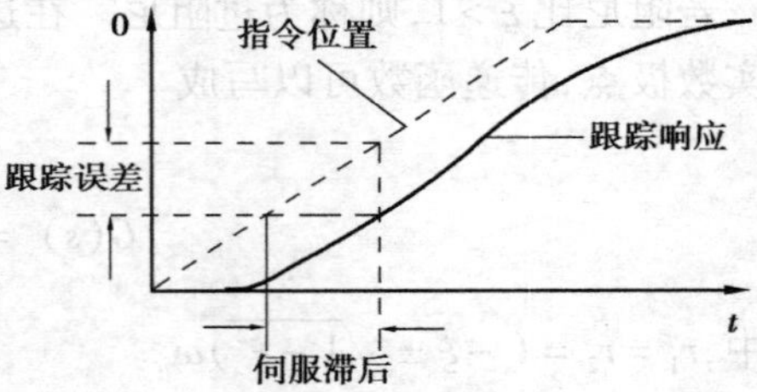

图6.115 “伺服滞后”与“跟随误差”

设进给伺服系统的斜坡输入指令信号为：

$$r(t) = \begin{cases} vt & (t \geqslant 0) \\ 0 & (t < 0) \end{cases} \tag{6.174}$$

式中，v——指令速度。

则其拉普拉斯变换的象函数为：

$$R(s) = \frac{v}{s^2} \tag{6.175}$$

利用拉普拉斯变换理论中的终值定理，得

$$e = \lim_{s \to 0} \frac{s}{1 + \dfrac{K_JK_VK_AK_P}{(T_VS + 1)s}} \frac{v}{s^2}$$

即

$$e = \frac{v}{K_JK_VK_AK_P} \tag{6.176}$$

从式(6.176)可以看出，伺服系统的跟随误差与位置控制器增益 K_P 成反比。要减小跟随

误差就要增大 K_P。但是,由前面的分析可知,K_P 的增大,同时要影响到伺服系统的动态性能,K_P 的最大值要受到式(6.173)的限制。

动态性能的要求和静态性能的要求在这里是一对矛盾。设置 K_P 的大小,要同时兼顾两方面的要求。由此可以得出如下重要结论:若仅采用比例型的位置控制,跟随误差是无法完全消除的。

(4)前馈控制式的系统性能简析

在一些高档的数控系统中,采用了前馈控制、预测控制和学习控制的方法来改善系统的性能,在这里只对前馈控制技术做一介绍。

采用前馈技术的进给伺服系统的结构如图6.116所示。在图6.116中,$F(s)$ 表示前馈控制环节。

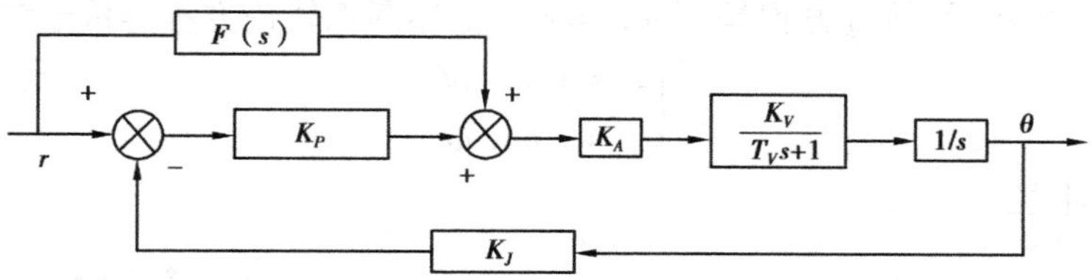

图6.116　前馈控制结构

采用前馈控制技术的进给伺服系统的总的闭环传递函数如下:

$$G_F(s) = \frac{\dfrac{K_V K_A}{s(T_V s+1)}[K_P + F(s)]}{1 + \dfrac{K_J K_V K_A K_P}{s(T_V s+1)}} \tag{6.177}$$

若令 $G_F(s) = \dfrac{s(T_V s+1)}{K_J K_V K_A}$,则可将式(6.176)简化成

$$F(s) = \frac{1}{K_J} \tag{6.178}$$

这表明,进给伺服系统可以用一个比例环节来表示。如果真能做到这样,进给伺服系统的性能,非常好,但事实上很难实现。从 $F(s)$ 的表达式可以看出,若要将进给伺服系统的传递函数 $G_F(s)$ 简化成如式(6.178)所示的比例环节,需要引入输出信号 $r(t)$ 的一阶导数,令 $F(s) = s/(K_J K_V K_A)$,这就是前馈环节的传递函数。

由式(6.176)可知,进给伺服系统的跟随误差是与位置输入信号 $r(t)$ 的一阶导数 v 成正比的,v 也就是指令速度。现在利用前馈环 $F(s)$,引入了 $r(t)$ 的一阶导数,其目就是要对系统的跟随误差进行补偿,从而大大地减小了跟随误差。

6.5.2　位置指令信号分析

数控机床的进给位置指令是由CNC装置通过补运算而得到的。纵观整个加工程序段的播补过程,看看位置进给指令信号究竟属于什么类型,这对于深入理解进给伺服系统的工作原理是很重要的。

由于位置指令是通过插补得到的。所以在研究位置控制时,当然要涉及到插补。关于插补问题,已有详述。这里并不需要研究具体的插补算法,只需要对插补过程的本质有如下的认识:所谓插补,无非是将数控加工程序中指明的轮廓轨迹方程改写成相应的以时间 t 为变量的参数方程,这参数方程所描述的正是各进给轴的位置指令的函数规律。

在数控机床中,最常见的插补方式有直线插补和圆弧插补。对于两轴直线插补,轮廓轨迹如图 6.117 所示,轨迹方程是 $x=kz$,其中 k 是常数。

上述直线轨迹方程等于如式(6.179)所示的参数方程组

$$\begin{cases} z = v_z t \\ x = k v_z t \end{cases} \tag{6.179}$$

式中,v_z——Z 轴的进给速度;

kv_z——X 轴的进给速度。

式(6.153)表明,在直线插补时。各进给轴的位置指令均为斜坡函数。对于两轴圆弧插补,轨迹如图 6.118 所示,轨迹方程是 $x^2+z^2=r^2$。上述圆弧轨迹方程等价于参数方程式组

$$\begin{cases} x = r\sin\omega t \\ y = r\cos\omega t \end{cases} \tag{6.180}$$

式中,r——圆弧半径。

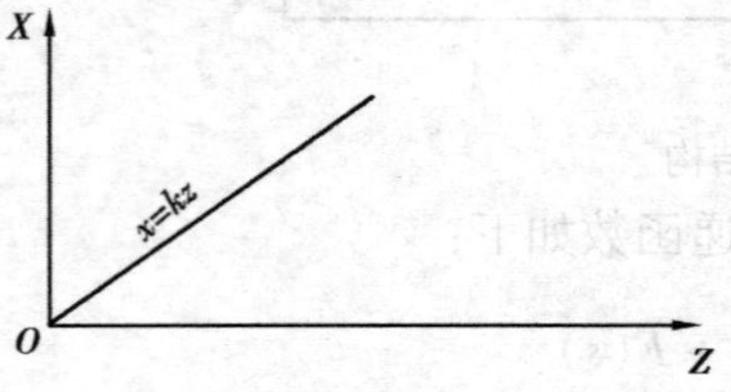

图 6.117　直线插补轨迹

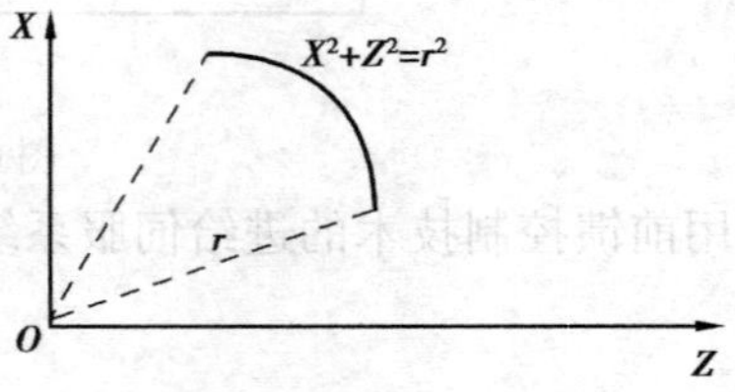

图 6.118　圆弧插补轨迹

式(6.180)表明,圆弧插补的位置指令是正弦函数。

对于其他类型的插补(如抛物线插补、双曲线插补等),位置控制指令的函数规律也相应不同。取斜坡函数的位置指令作为典型的位置输入指令。

6.5.3　位置指令值的修正

现在来分析典型的斜坡位置指令,参见图 6.119。

图 6.119(a)表示的是斜坡位置指令,图 6.119(b)表示的是图 6.119(a)中所包含的进给速度信息,图 6.119(c)表示图 6.119(a)中所包含的加速度信息。很明显,这里没有加减速的过程,进给速度是突变的,这样就产生了冲击加速度,加速度是与驱动力成正比的,因而冲击加速度意味着驱动力的冲击,这对机械传动部件是不利的。此外,指令进给速度的突变会造成系统跟踪失步,增大跟踪误差。图 6.119 所描述的位置指令称为具有速度限制的位置指令,这种位置指令函数的主要缺陷是没有对加速度进行限制。这种位置指令函数是没有经过修正的指令函数。对位置指令函数进行修正就是要对加速度进行限制。图 6.120(a)所描述的是经过修正以后的位置指令函数,这一指令函数呈现 S 形,而不是如图 6.119(a)所描述的斜坡形。这一经过修正的位置指令函数中也包含了速度和加速度信息,分别如图 6.120(b)和 6.120(c)所示。

在这里,进给速度指令曲线中包含了匀加速上升和匀减速下降段,进给速度不存在阶跃变化,加速度也被限制在 $\pm a_m$ 之内,这种位置指令函数,称为加速度控制的位置指令函数。

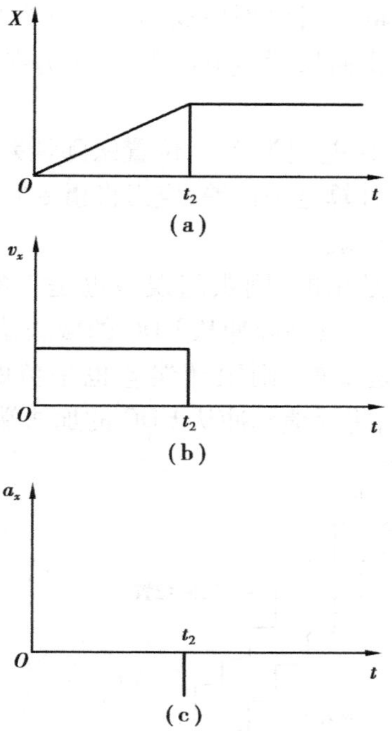

图 6.119　斜坡位置指令

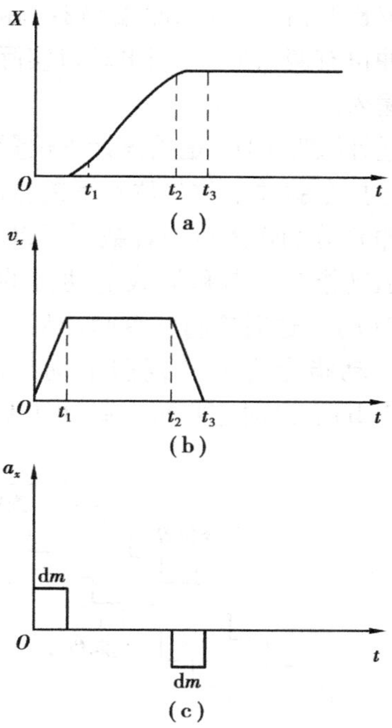

图 6.120　加速度控制的位置指令

对于数控机床,要达到好的动态特性,这种具有速度和加速度指令值限制的位置指令值修正一般是足够的。

6.5.4　脉冲比较的进给伺服系统

(1)脉冲比较式进给位置伺服系统

图 6.121 所示为用于工件轮廓加工的一个坐标进给伺服系统,它包含速度控制单元和位置控制外环,由于它的位置环是按给定输入脉冲数和反馈脉冲数进行比较而构成闭环控制,所以称该系统为脉冲比较的位置伺服系统。CNC 装置经过插补运算得到指令脉冲序 f_p。指令脉冲有两条通道,当指令方向为正时,f_p 从正向通道输入,反之,f_p 则从反向通道输入。

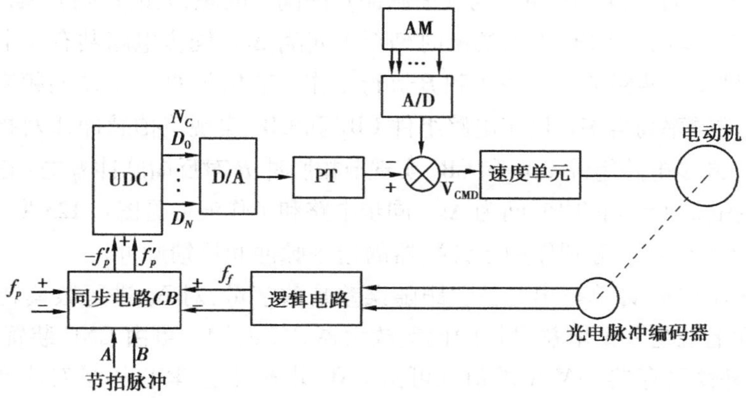

图 6.121　脉冲比较式进给位置伺服系统

位置检测器(光电脉冲编码器)输出的脉冲经过逻辑电路处理后成为反馈计数脉冲 f_f。反馈脉冲也有两条通道,当电动机实际转向为正时,f_f 从正向反馈通道输入,反之 f_f 从反向反馈通道输入。

可逆计数器 UDC 是用来计算位置跟随误差的,这一误差记为 N_e。位置跟随误差实际上就是位置指令脉冲个数与位置反馈脉冲个数之差。为了计算这一误差,应当将指令脉冲 f_p 和反馈脉冲 f_f 分别送入可逆计数器 UDC 的不同的计数输入端。

若运动指令方向和伺服电动机的实际运动方向都是正的,则跟随误差也是正的,参见图 6.122(a)。这时应将指令脉冲从 UDC 的加法端输入,将反馈脉冲从 UDC 的减法端输入。

若运动指令方向和伺服电动机的实际运动方向是负的,则跟随误差也是负的,参见图 6.122(b)。这时应将指令脉冲从 UDC 的减法端输入,将反馈脉冲从 UDC 的加法端输入。

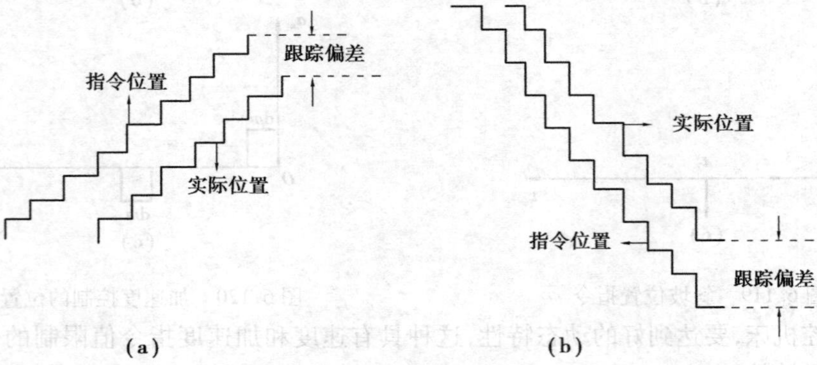

图 6.122　位置跟随误差

由于在 UDC 的两个输入端同时送入脉冲 f_f 和 f_p 可能引起可逆计数器工作不正常,为此设置了同步电路 *CB*,由它保证送往计数器加法端和减法端的脉冲必定有一时间间隔。

另外,当变更运动方向时,指令脉冲已从原来的通道(正向)换成新的通道(反向),而伺服电动机的运动可能还在原来的方向,所以这时在可逆计数器 UDC 的同一个输入端上,既要接收指令脉冲,也要接收反馈脉冲。也就是说,在 UDC 的同一个输入端上,也存在着同步的问题,这也需要同步电路来解决。

同步电路要解决的是指令脉冲 f_p 与反馈脉冲 f_f 的同步问题,无论 f_p 与 f_f 实际是什么时刻到来的,必须保证它们作用于 UDC 输入端的时刻至少间隔 Δt。同步电路共有 4 个完全相同的组件 $CB_1 \sim CB_4$,分别基于两路节拍脉冲 *A* 和 *B* 进行工作。节拍脉冲 *A* 和 *B* 的频率要比指令脉冲 f_p 和反馈脉冲 f_f 的频率高得多。同步电路组件 CB_1 和 CB_2 实现节拍脉冲 *A* 对指令脉冲 f_p(正、负通道)的同步。同步电路组件 CB_3 和 CB_4 实现节拍脉冲 *B* 对反馈脉冲 f_f 方(正、负通道)的同步。*A*、*B* 两路节拍脉冲互相间隔时间为 Δt。同步电路和工作波形见图 6.123 所示。

在图 6.123 中,f_p 和 f_f 分别作用于计数器的指令脉冲和反馈脉冲。

在可逆计数器 UDC 计算得出的位置跟随误差是数字量,对 N_e 进行数模转换后送入位置控制 PT,PT 实际上就是一个增益可控的比例放大器,PT 的增益可由 CNC 装置设定。

AM 是偏差补偿寄存器,AM 中的值也可由 CNC 装置设定,其作用是对速度控制单元的死区进行补偿。AM 中的数值经数模转换后与 PT 的输出信号相加,即为速度控制信号 VCMD,这个信号送到速度控制单元。

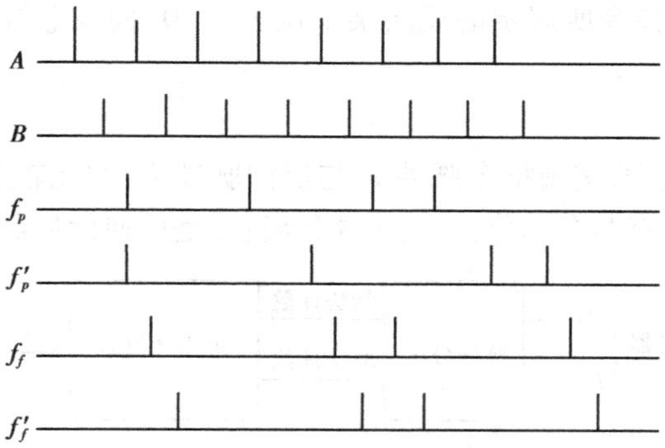

图 6.123　同步电路工作波形

随着数控技术的日益推广，在数控机床的位置伺服系统中，采用脉冲比较的方法构成集团闭环控制，受到了普遍的重视。这种系统的最主要优点是结构比较简单，易于实现数字化的闭环位置控制。目前，采用光电编码器（光电脉冲发生器）作位置检测元件，以半闭环的控制结构形式构成脉冲比较伺服系统，是中低档数控伺服系统中应用最普遍的一种。本节主要介绍应用光电编码器进行位置反馈及实现脉冲比较的位置控制原理与方法。

1）脉冲比较进给系统组成原理

图 6.124 为脉冲比较伺服系统的结构图。整个系统按功能模块大致可分为 3 部分：采用光电脉冲编码器产生位置反馈脉冲 P_f；实现指令脉冲 F 与反馈脉冲 P_f 的脉冲比较，以取得位置偏差信号 e；以位置偏差 e 作为速度调节系统。这里着重对前两部分展开讨论。

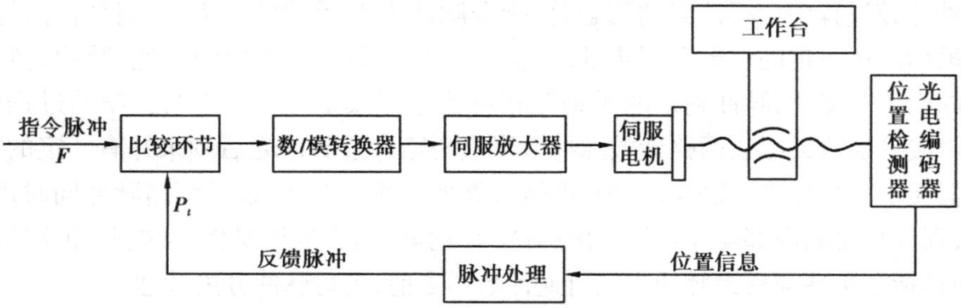

图 6.124　脉冲比较伺服系统结构框图

我们知道，光电编码器与伺服电机的转轴连接后，随着电机的转动产生脉冲序列输出，其脉冲的频率将随着转速的快慢而升降。

现设指令脉冲 $F=0$，且工作台原来处于静止状态。这时反馈脉冲 P_f 亦为 0，经比较环节可知偏 $e=F-P_f=0$，则伺服电机的速度给定为 0，工作台继续保持静止不动。

然后，设有指令脉冲加入，$F\neq0$，则在工作台尚没有移动之前反馈脉冲 P_f 仍为 0，经比较判别后可知偏差 $e\neq0$。若设 F 为正，则 $e=F-P_f=0$，由调速系统驱动工作台向正向进给。随着电机运转，光电编码器将输出的反馈脉冲 P_f 进入比较环节。该脉冲比较环节可看作为对两路脉冲序列的脉冲数进行比较。按负反馈原理，只有当指令脉冲 F 和反馈脉冲 P_f 的脉冲个数相当时，偏差 $e=0$，工作台才重新稳定在指令所规定的位置上。由此可见，偏差 e 仍是数字量，若后续调速系统是一个模拟调节系统，则 e 需经数一模转换后才能成为模拟给定电压。对于指令脉冲 F 为负的控制过程与 F 为正时基本上类似，只是此时 $e>0$，工作台应作反向进给。最后,也应在该指令所规定的反向某个位置 $e=0$,伺服电机停止转动,工作台准确地停在该位置上。

2)脉冲比较电路

在脉冲比较伺服系统中,实现指令脉冲 F 与反馈脉冲 P_f 的比较后,才能检出位置的偏差。脉冲比较电路的基本组成有两个部分:一是脉冲分离;二是可逆计数器;见图 6.125 所示。

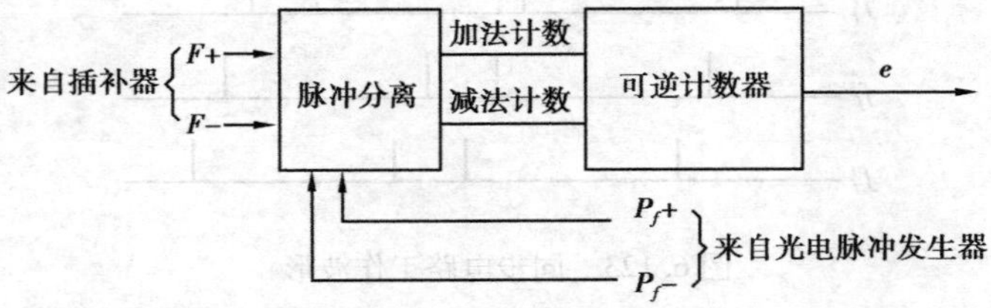

图 6.125　脉冲分离与可逆计数框图

应用可逆计数器实现脉冲比较的基本要求是:当输入指令脉冲为正(由 $F+$)或反馈脉冲为负(由 P_{f-})时,可逆计数器作加法计数;当指令脉冲为负(由 $F-$)或反馈脉冲为正(由 P_{f+})时,可逆计数器作减法计数。例如,设初始状态的可逆计数器为全0。,工作台静止。然后突加正向指令脉冲 $F_+ = +1$,计数器加1,在工作台移动之前,可逆计数器的输出即位置偏差 $e+1$。为消除偏差,工作台应作正向移动,随之产生反馈脉冲 $F_{f+} = +1$,应使可逆计数器减1,$e=0$。这样,工作台就在正向前进一个脉冲当量的位置上停下来。反之,$F_- = +1$,使计数器减1,$e = -1$,则有 $P_{f-} = +1$,使计数器加1,$e=0$。

在脉冲比较过程中值得注意的问题是:指令脉冲 F 和反馈脉冲 P_f 分别来自插补器和光电编码器。虽然经过一定的整形和同步处理,但两种脉冲源有一定的独立性,脉冲的频率随运转速度的不同而不断变化,脉冲到来的时刻互相可能错开或重叠。在进给控制的过程中,可逆计数器要随时接受加法或减法两路计数脉冲。当这两路计数脉冲先后到来并有一定的时间间隔,则该计数器无论先加后减,或先减后加,都能可靠地工作。但是,如果两路脉冲同时进入计数脉冲输入端,则计数器的内部操作可能会因脉冲的“竞争”而产生误操作,影响脉冲比较的可靠性。为此,必须在指令脉冲与反馈脉冲进入可逆计数器之前,进行脉冲分离处理。

脉冲分离原理如图 6.126 所示。

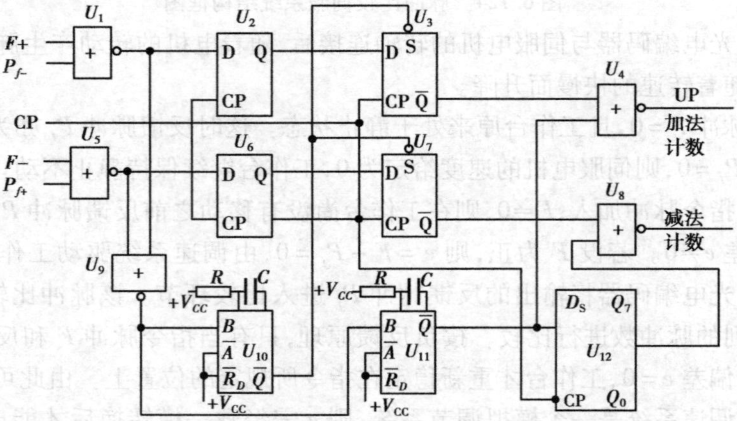

图 6.126　脉冲分离电原理图

其功能为：当加、减脉冲先后分别到来时，各自按预定的要求经加法计数或减法计数的脉冲输出端进入可逆计数器；若加、减脉冲同时到来时，则由硬件逻辑电路保证，先作加法计数，然后经过几个时钟的延时再作减法计数，这样，可保证两路计数脉冲信号均不会丢失。

电路工作原理分析如下：

U_1、U_4、U_5、U_8、U_9 均为或非门；U_2、U_3、U_6、U_7 为触发器，U_12 为八位移位寄存器，由时钟脉冲 CP 同步控制（CP 的频率可取 1 MHz）；U_10、U_11 为单稳态触发器。当 F 与 P_f 分别到来时，在 U_1 和 U_5 中同一时刻只有一路有脉冲输出，所以 U_9 的输出始终是低电平。这时，作加法计数，计数脉冲自 U_2、U_3 至 U_4 输出，计作 UP；作减法计数时，计数脉冲自 U_6、U_7 至 U_8 输出，计作 DW。U_10、U_11 和 U_12 在这种情况下不起作用。当 F 与 P_f 这两种脉冲同时到来时，U_1 与 U_5 的输出同时为"0"，则 U_9 输出为"1"，单稳 U_10 和 U_11 有脉冲输出，U_10 输出的负脉冲同时封锁 U_3 与 U_7，使上述正常情况下计数脉冲通路被禁止。U_11 的正脉冲输出分成两路，先经 U_4 输出作加法计数，再经 U_12 延迟 4 个时钟周期由 U_8 输出作减法计数。

可逆计数器可由若干集成的四位二进制可逆计数器组成，计数器位数与允许的位置偏差 e 的大小有关。考虑到机械系统的惯性，在制动或高速进给时，控制系统可能会出现较大的偏差，计数器的位数不能取得过小。图 6.127 的可逆计数器由 3 个四位计数器组成，除一位作符号位外，允许的计数范围为 $-2\ 048 \sim +2\ 047$。该可逆计数器内部以四位为一组，按二进制数进位和借位的接法互联，外部输入 3 个信号：加法计数脉冲输入信号 UP 、减法计数脉冲输入信号 DW 和清零输入信号 CLP。

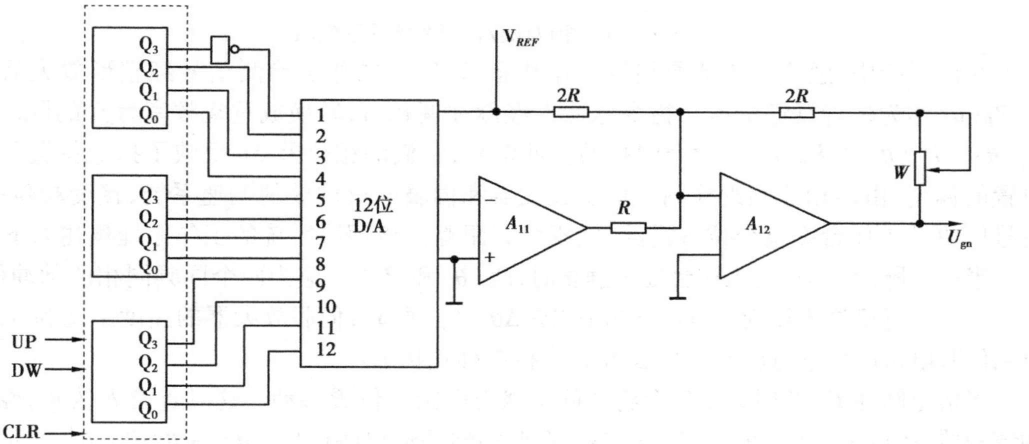

图 6.127　可逆计数器和数—模转换

12 位 D/A 转换器输出通过运算放大器 A_{11}、A_{12} 可实现双极性模拟电压 U_{gn} 输出。当 12 位可逆计数器清零时，相当于 D/A 输入的数字量为 800 H（设 D/A 的 1 端为最高数据位，12 端为最低数据位），在 U_{gn} 端输出为 0。当输入的数字量为 FFFH 时，U_{gn} 的电压可达 $+V_{REF}$ 的最大值；输入数字量为 000H 时，U_{gn} 为 $-V_{REF}$ 的满刻度值。改变基准电压及适当调整输出端电位器 W，可获得所要求电压极性与满刻度数值。当 U_{gn} 作为伺服放大器的速度给定电压时，就可以依据位置偏差来控制伺服电机的转向和转速，即控制工作台向指令位置进给。

6.5.5 相位比较的进给伺服系统

采用相位比较法实现位置闭环控制的伺服系统，是高性能数控机床中所使用的一种伺服系统(以下简称相位伺服系统)。

相位伺服系统的核心问题是：如何把位置检测转换为相应的相位检测，并通过相位比较实现对驱动执行元件的速度控制。

(1)相位伺服进给系统组成原理

图6.128是一个采用感应同步器作为位置检测元件的相位伺服系统原理框图。

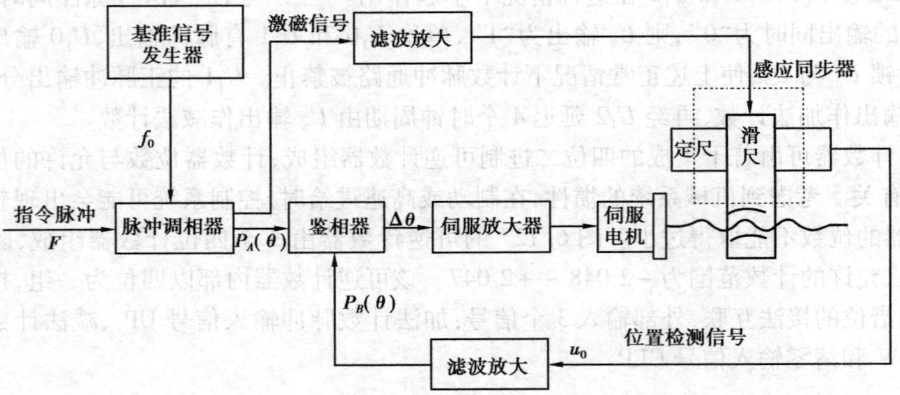

图6.128 相位比较伺服系统原理框图

在该系统中，感应同步器取相位工作状态，以定尺的相位检测信号经整形放大后所得的 $P_B(\theta)$ 作为位置反馈信号。指令脉冲 F 经脉冲调相后，转换成重复频率为 f_0 的脉冲信号 $P_A(\theta)$。$P_A(\theta)$ 和 $P_B(\theta)$ 为两个同频的脉冲信号，它们的相位差 $\Delta\theta$ 反映了指令位置与实际位置的偏差，由鉴相器判别检测。伺服放大器和伺服电机构成的调速系统，接受相位差 $\Delta\theta$ 信号以驱动工作台朝指令位置进给，实现位置跟踪。该伺服系统的工作原理概述如下：

当指令脉冲 $F=0$ 且工作台处于静止时，$P_A(\theta)$ 和 $P_B(\theta)$ 应为两个同频同相的脉冲信号，经鉴相器进行相位比较判别，输出的相位差 $\Delta\theta=0$。此时，伺服放大器的速度给定为0，它输出到伺服电机的电枢电压亦为0，工作台维持在静止状态。

当指令脉冲 $F\neq0$ 时且工作台将从静止状态向指令位置移动。这时若设 F 为正，经过脉冲调相器，$P_A(\theta)$ 产生正的相移 $+\theta$，亦即在鉴相器的输出将产生 $\Delta\theta=+\theta>0$。因此，伺服驱动部分应按指令脉冲的方向使工作台作正向移动，以消除 $P_A(\theta)$ 和 $P_B(\theta)$ 的相位差。反之，若设 F 为负，则 $P_A(\theta)$ 产生负的相移 $-\theta$，在 $\Delta\theta=-\theta<0$ 的控制下，伺服机构应驱动工作台作反向移动。

因此，无论工作台在指令脉冲的作用下作正向或反向运动，反馈脉冲信号 $P_B(\theta)$ 的相位必须跟随指令脉冲信号 $P_A(\theta)$ 的相位作相应的变化。位置伺服系统要求，$P_A(\theta)$ 相位的变化应满足指令脉冲的要求，而伺服电机则应有足够大的驱动力矩使工作台向指令位置移动，位置检测元件则应及时地反映实际位置的变化，改变反馈脉冲信号 $P_B(\theta)$ 的相位，满足位置闭环控制的要求。一旦 F 为0，正在运动着的工作台应迅速制动，这样 $P_A(\theta)$ 和 $P_B(\theta)$ 在新的相位值上继续保持同频同相的稳定状态。

下面着重讨论该相位伺服系统中，脉冲调相和鉴相器的工作原理。

(2)脉冲调相器

脉冲调相器也称数字移相电路，其功能为按照所输入指令脉冲的要求对载波信号进行相位调制。图6.129为脉冲调相器组成原理框图。

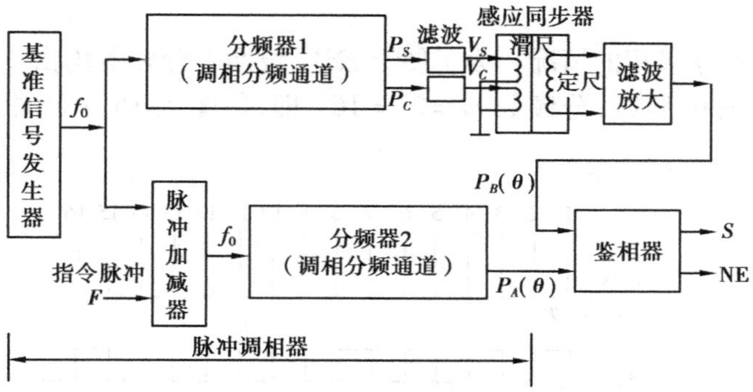

图6.129　脉冲调相器组成原理框图

在该脉冲调相器中，基准脉冲f_0由石英晶体振荡器组成的脉冲发生器产生，以获得频率稳定的载波信号。f_0信号输出分成两路：一路直接输入M分频的二进制计数器，称为基准分频通道；另一路则先经过加减器再进入分频数亦为M的二进制数计数器，称为调相分频通道。上述两个计数器均为M分频，即当输入M个计数脉冲后产生一个溢出脉冲。

基准分频通道应该输出两路频率和幅值相同但相位互差90°的电压信号，以供给感应同步器滑尺的正弦、余弦绕组激磁。为了实现这一要求，可将该通道中的最末一级计数触发器分成两个，接法如图6.130所示。由于最后一级触发器的输入脉冲相差180°，所以经过一次分频后，它们的θ输出端的相位互差90°。

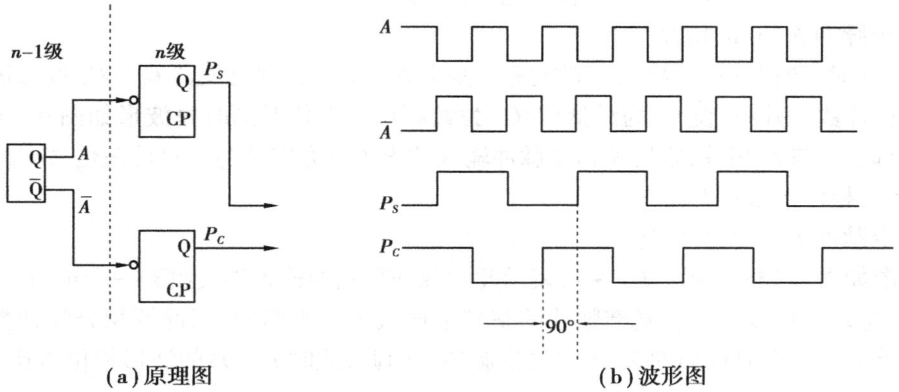

(a)原理图　　(b)波形图

图6.130　基准分频器末级相差90°输出

由脉冲调相器基准分频通道输出的矩形脉冲，应经过滤除高频分量及功率放大后才能形成供给滑尺激磁的正弦、余弦信号V_s和V_c。然后，由感应同步器电磁感应作用，可在其定尺是取得相应的感应电势u_0，再经滤波放大，就可获得用作位置反馈的脉冲信号$P_B(\theta)$。

调相分频通道的任务是在指令脉冲的参与下输出脉冲信号$P_A(\theta)$。在该通道中，加减器的作用是：当指令脉冲F为0时，使其输出信号$f'_0=f_0$，即调相分频计数器与基准分频计数器完全同频同相工作。因此，$P_A(\theta)$和$P_B(\theta)$必然同频同相，两者相位差；$\Delta\theta=0$；当$F\neq0$时，加减器按照正的指令脉冲使f'_0脉冲数增加，负的指令脉冲使f'_0脉冲数减少的原则，使得输入到调相分频器中的计数脉冲个数发生变化。结果是该分频器产生溢出脉冲的时刻将提前或者推迟产生，因此，在指令脉冲的作用下，$P_A(\theta)$不再保持与$P_B(\theta)$同相。其相位差大小和极性与指令脉冲F有关。

下面举例说明指令移相的情况。为了便于叙述，设两个分频器均由4个十六进制计数触发器$C_0\sim C_3$组成（图6.131），分频数$m=2^4=16$。即，每输入16个脉冲产生一个溢出脉冲信号。

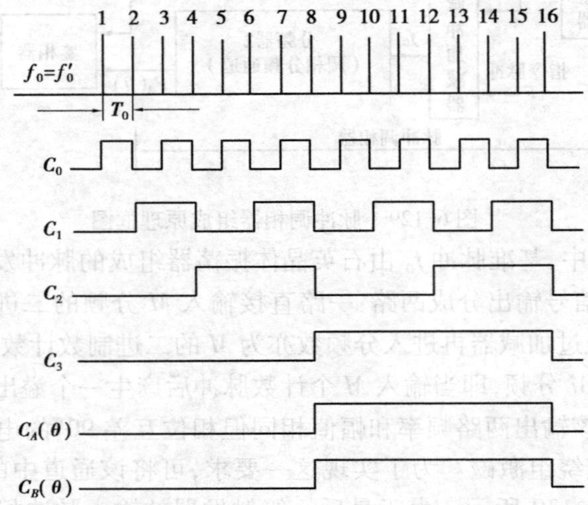

图6.131　$F=0$时，时序波形图（$\Delta\theta=0$）

对应$F=0$、$F=+1$和$F=-1$三种情况，可用波形图具体叙述如下：

1）指令脉冲$F=0$的情况

当$F=0$时，调相分频计数脉冲f'_0就等于基准脉冲f_0。计数触发器$C_0\sim C_3$按二进制数方式逐个进位计数。其中，设C_0为最低位，C_3为最高位。工作时的时序波形如图6.131所示。由于$F=0$时，f'_0与f_0相等，则反映指令脉冲输入的$P_A(\theta)$亦应该与位置反馈信号$P_B(\theta)$同频同相，两者韵相位差$\Delta\theta=0$。

2）指令脉冲$F=+1$的情况

波形图如图6.132所示。$F=+1$，表示此时脉冲移相的输入端接收到一个正向指令脉冲。由图可知，这时计数脉冲f'_0在基准脉冲的基础上插入了一个脉冲，因此调相分频计数器将比基准分频器提前一个时钟周期T_0产生溢出脉冲。因此，此时$P_A(\theta)$的波形相位将比$P_B(\theta)$超前，记作$\Delta\theta=+T_0>0$。

3）指令脉冲$F=-1$的情况

波形图见图6.133。$F=+1$，表示此时加入一个负向指令脉冲，则f'_0为在f_0的基础上减去一个时钟脉冲周期T_0才有溢出脉冲，则$P_A(\theta)$波形的相位应滞后于$P_A(\theta)$，$\Delta\theta=-T_0<0$。

由上述指令移相的原理可知，对应每个指令脉冲所产生的相移角$\Delta\theta$，若记作θ_0，其量值与分频器的容量有关。例如，在上述示例中，分频系数$m=16$，则$\theta_0=360°/16=22.5°$，当相移角θ_0要求为某个设定值时，可由式（6.181）计算所需要的m值：

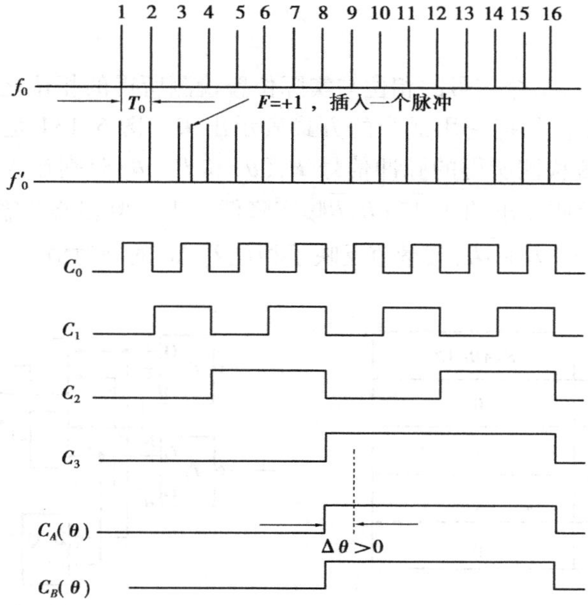

图 6.132　$F=+1$ 时的时序波形（$\Delta\theta>0$）

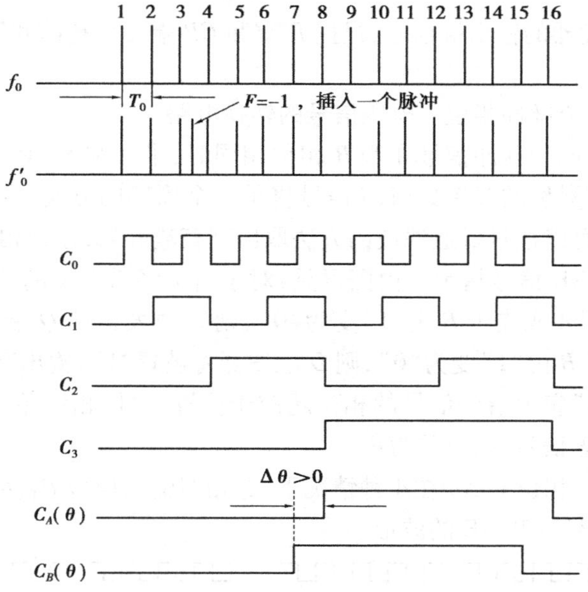

图 6.133　$F=-1$ 时的时序波形（$\Delta\theta<0$）

$$m=\frac{360^\circ}{\theta_0} \tag{6.181}$$

例如，设某数控机床的脉冲当量为 $\delta=0.002$ mm，感应同步器的极距 $2\tau=2$ mm，则单位脉冲所对应的相位角 $\theta_0=\delta\times360^\circ/2C=0.002\times360^\circ/2=0.36^\circ$。由式(6.181)计算，可知分频系数 $m=360^\circ/\theta_0=360^\circ/0.36^\circ=1\ 000$。分频器输入的基准脉冲频率将是激磁频率的 m 倍。例如，本示例的感应同步器激磁频率为 10 kHz，分频系数 $m=1\ 000$，则基准频率 $f_0=1\ 000\times$

10 kHz = 10 MHz。

(3)鉴相器

在一个相位系统中,指令信号的相位与实际位置检测所得的相位之间相位差是一个客观事实,则鉴相器的任务就是把它用适当的方式表示出来。图 6.134 是一种鉴相器逻辑原理图。由脉冲移相和位置检测所得的脉冲信号 $P_A(\theta)$ 和 $P_B(\theta)$ 分别输入鉴相器的计数触发器 T_1 和 T_2,经过二分频后所输出的 $A,\overline{A}$和 $B,\overline{B}$频率降低一半。鉴相器的输出信号有两个:S 为 A 和 B 信号的半加和,$S=A\overline{B}+\overline{A}B$,其量值反映了相位差 $\Delta\theta$ 的绝对值。

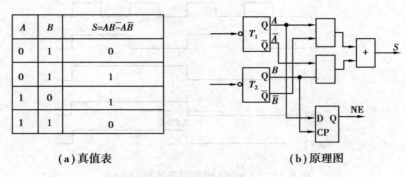

A	B	$S=AB\bar{-}A\overline{B}$
0	1	0
0	1	1
1	0	1
1	1	0

(a)真值表

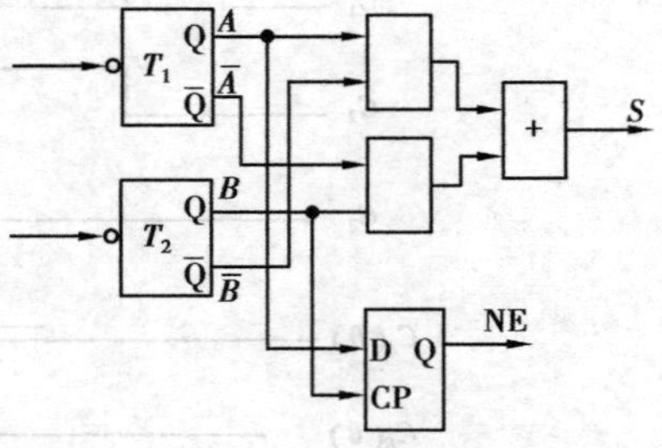

(b)原理图

图 6.134　半加器鉴相器

NE 为一个 D 触发器的输出端信号,根据 D 端和 CP 端相位超前和滞后的关系,决定其输出电压的高低。

因此,鉴相器是完成脉冲相位—电压信号的转换电路。

由半加原理可知,同频脉冲信号 A 和 B 相位相同时,半加和 $S=0$。然而,当 A 和 B 不同相时,无论两者超前或滞后的关系如何,S 信号将是一个周期的方波脉冲,它的脉冲宽度与两者的相位差成正比。可以通过低通滤波的方法取出其直流分量,作为相位差 $\Delta\theta$ 的电平指示。

相位差的极性由 NE 信号指示。由图可见,对于由下降沿触发的 D 触发器,当接于 D 端的 S 信号超前 B 时,即 A 领先于 B 由"1"变为"0",则 D 触发器的 Q 端就被置"0",输出低电平。反之,当 A 滞后于 B 由"1"变为"0",则 D 触发器将被置"1",输出高电平。因此若把该输出端记作 NE,NE = "0"表示指令信号的相位超前于位置信号,相位差为正;NE = "1"表示指令信号的相位滞后位置信号,相位差为负。

图 6.135 分别表示相位差 $\Delta\theta$ 在 4 种情况下,鉴相器输入信号 $P_A(\theta)$、$P_B(\theta)$,二分频后的信号 A、B 以及输出信号 S 和 NE 的波形。

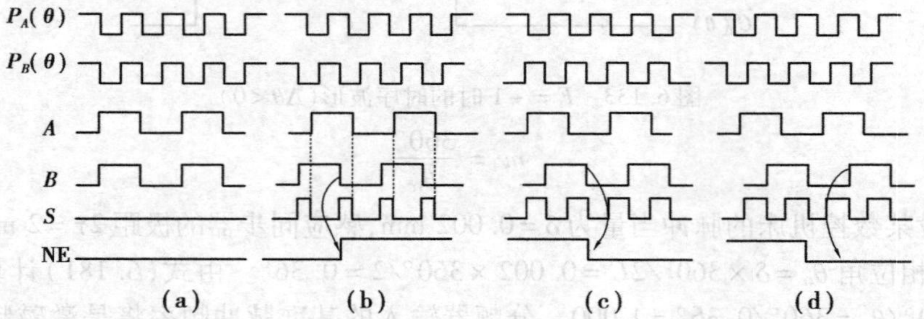

图 6.135　鉴相器输入、输出工作波形图

下面讨论该半加器鉴相器的检测范围。由图6.135可知，当 $P_A(\theta)$ 和 $P_B(\theta)$ 相位差超过180°后，两者的超前和滞后的关系会发生颠倒。现在是利用经过二分频后的 A 和 B 进行相位比较，因此其鉴相范围可扩大至±360°。

对于实际的位置检测器，如感应同步器的滑尺与定尺相对位移一个节距 2τ，绝对长度仅2 mm，相位差等于360°。为了扩大实际的检测范围，可在数控机床中设置绝对位置计数器，以节距数为单位，累计坐标位置的粗计数值。然后由感应同步器检测提供一个节距内的精确计数值。在条件允许的情况下，也可以用粗、中、精三套不同节距的感应同步器来测量绝对位置，例如节距分别为2 mm、100 mm和400 mm。如果将这三套绕组做在一起，称为三重式或三速式感应同步器。在一些大型数控机床中，为了满足较长尺寸和高精度加工的要求，采用旋转变压器加感应同步器的方法实现位置检测。由旋转变压器作粗测，而感应同步器作精测。相比之下，这种方案实现起来容易一些。

6.5.6 幅值比较的进给伺服系统

幅值比较伺服系统是以位置检测信号的幅值大小来反映机械位移的数值，并以此作为位置反馈信号与指令估号进行比较构成的闭环控制系统（以下简称幅值伺服系统）。该系统的特点之一是：所用的位置检测元件应工作在幅值工作方式。感应同步器和旋转变压器都可以用于幅值伺服系统，本节采用旋转变压器作为所讨论系统的示例。

幅值伺服系统实现闭环控制的过程与相位伺服系统有许多相似之处，本节着重讨论幅值工作方式的位置检测信息如何取得，即怎样构成鉴幅器，以及如何把所取得幅值信号变换成可以与指令脉冲相比较的数字信号，从而获得位置偏差信号构成闭环控制系统。

(1)幅值伺服系统组成原理

图6.136所示的幅值伺服系统框图中，旋转变压器取幅值工作方式反馈位置信息，如图6.137所式。

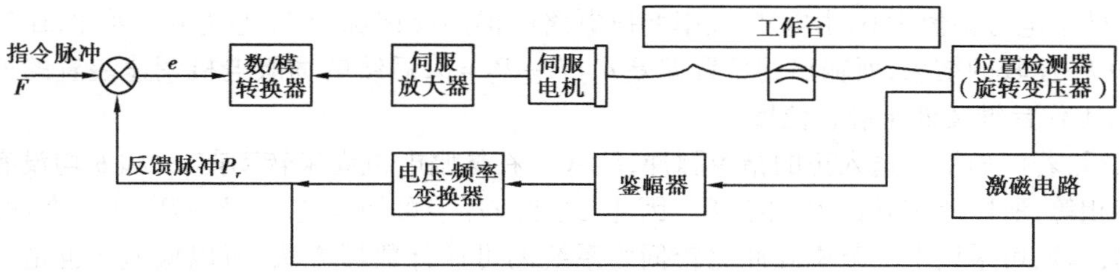

图6.136 幅值比较伺服系统原理图

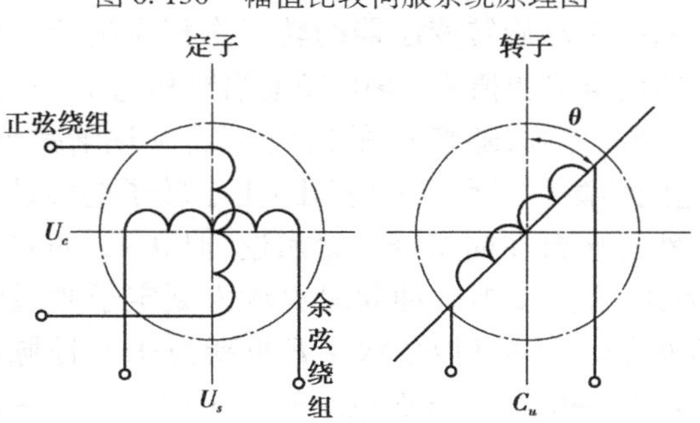

图6.137 幅值工作的旋转变压器

当采用幅值工作方式时，在其定子上两个相互垂直的绕组应分别输入频率相同、幅值成正交关系的正弦、余弦信号：

$$\begin{cases} U_s = U_m \sin\varphi \sin\omega t \\ U_c = -U_m \cos\varphi \cos\omega t \end{cases} \tag{6.182}$$

式中，φ——已知的电气角，系统可通过改变 φ 的大小控制定子激磁信号的幅值；

ω——正弦交变激磁信号的角频率，$\omega = 2\pi f$(rad/s)。

在图 6.137 所示的旋转变压器示意图中，设转子绕组轴线与垂直方向的夹角为 θ，并以此作为转子相对于定子的位移角。按照电磁感应原理，在定子激磁信号加入后，转子绕组产生的感应电势 e_0 为：

$$\begin{aligned} e_0 &= -n(U_s\cos\theta - U_c\sin\theta) \\ &= -nU_m(\sin\varphi\cos\theta - \cos\varphi\sin\theta)\sin\omega t \\ &= -nU_m\sin(\theta-\varphi)\sin\omega t = E_{0m}\sin\omega t \end{aligned} \tag{6.183}$$

式中，n——旋转变压器定、转子间的变化。

若将已知电气角 φ 看作转子位移角的测量值，只要 φ 与 θ 不相等，则转子电势幅值 $E_{0m} = nU_m\sin(\theta-\varphi) \neq 0$，即，如果想知道转子位移角的实际大小，可以通过改变激磁信号中 φ 角的设定值，然后检测 $E_{0m}=0$ 的大小来换算。只要测出 $E_{0m}=0$，就可以知道，此时 $E_{0m} = nU_m\sin(\theta-\varphi)=0$，即 $\sin(\theta-\varphi)=0, \theta=\varphi$。即，可以通过被动测量的方法，准确地获得转子位移角的实测值。

在幅值系统中，若要获得激磁信号的 φ 值与转子位移角 θ 的相对关系，则只需检测转子电势的幅值，这就是鉴幅器的任务。为了完成闭环控制，该电势幅值需经电压——频率变换电路才能变成相应的数字脉冲，一方面与指令脉冲作比较以获得位置偏差信号；另一方面修改激磁信号中 φ 值的设定输入。下面举例说明幅值比较的闭环控制过程。

首先，假设整个系统处于平衡状态，即工作台静止不动，指令脉冲 $F=0$，有 $\varphi=0$，经鉴幅器检测转子电势幅值为 0，由电压-频率变换电路所得的反馈脉冲 P_f 亦为 0。因此，比较环节对 F 和 P_f 比较的结果，所输出的位置偏差 $e=F-P_f=0$，后续的伺服电机调速装置的速度给定为 0，工作台继续处于静止位置。

然后，若设插补器送入正的指令脉冲，$F>0$。在伺服电机尚未转动前，φ 和 θ 均没有变化仍保持相等，所以反馈脉冲 P_f 亦为 0。因此，经比较环节可知偏差 $e=F-P_f>0$。在此，数字脉冲的比较，可采用上一节中脉冲比较伺服系统的可逆计数器方法，所以偏差 e 也是一个数字量。该值经数-模变换就可以变成后续调速系统的速度给定信号（模拟量）。于是，伺服电机向指令位置（正向）转动，并带动旋转变压器的转子作相应旋转。从此，转子位移角 θ 超前于激磁信号的 φ 角，转子感应电势幅值 $E_{0m}>0$，经鉴幅器和电压——频率变换器，转换成相应的反馈脉冲 P_f。按照负反馈的原则，随着 P_f 的出现，偏差 e 逐渐减小，直至 $F=P_f$ 后，偏差为 0，系统在新的指令位置达到平衡。但是，必须指出：由于转子的转动使 θ 角发生了变化，若 φ 角不跟随作相应变化，虽然工作台在向指令位置靠近，但 $\theta-\varphi$ 的差值反而进一步扩大了，这不符合系统设计要求。为此，应把反馈脉冲同时也输入到定子激磁电路中，以修改电气角 φ 的设定输入，使 φ 角跟随 θ 变化。一旦指令脉冲 F 重新为 0，反馈脉冲 P_f 方面应使比较环节的可逆计数器减到 0，令偏差 $e\to0$；另一方面也应使 φ 角增大，令 $\theta-\varphi\to0$，以便在新的平衡位置上转子电势的幅值 $E_{0m}\to0$。

若指令脉冲 F 为负时，整个系统的检测、比较判别以及控制过程与上述 F 为正时基本上类似，只是工作台应向反向进给，转子位移角 θ 减小，φ 也必须跟随减小，直至在负向的指令位置达到平衡。

从上述过程可以看出，在幅值系统中，激磁信号中的电气角 φ 由系统设定，并跟随工作台的进给作被动的变化，可以利用这个 φ 值，作为工作台实际位置的测量值，并通过数显装置将其显示出来。当工作台在进给后到达指令所规定的平衡位置并稳定下来，数显装置所显示的是指令位置的实测值。

(2)鉴幅器

由上述幅值比较原理可知，转子电势 e_0 是一个正弦交变的电压信号，其幅值 E_{0m} 与角度差值 $\theta-\varphi$ 在 $\pm 90°$ 范围内，该幅值的绝对值 $|E_{0m}|$ 才与 $|\sin(\theta-\varphi)|$ 成让比，而幅值的数符由 $\theta-\varphi$ 的符号决定。即，当 $\theta=\varphi$ 时，$E_{0m}=0$；当 $\theta>\varphi$ 时，E_{0m} 为正；$\theta<\varphi$ 时，E_{0m} 为负。该幅值的数符表明了指令位置与实际位置之间超前或滞后的关系。θ 与 φ 的差值越大，则表明位置的偏差越大。

图6.138是一个实用数控伺服系统中实现鉴幅功能的鉴幅器原理框图。图中，e_0 是由旋转变压器转子感应产生的交变电势，其中包含了丰富的高次谐波和干扰信号。低通滤波器Ⅰ的作用是滤除谐波的影响和获得与激磁信号同频的基波信号。例如，若激磁频率为800 Hz，则可采用1 000 Hz的低通滤波器。运算放大器 A_1 为比例放大器，A_2 则为1∶1倒相器。K_1、K_2 是两个模拟开关，分别由一对互为反相的开关信号 $\overline{SL}$ 和SL实现通断控制，其开关频率与输入信号相同。由这一组器件(A_1、A_2、K_1、K_2)组成了对输入的交变信号的全波整流电路，即，在 $0\sim\pi$ 的前半周期中，SL=1，K_1 接通，A_1 的输出端与鉴幅输出部分相连；在 $\pi\sim2\pi$ 的后半周期中，SL=1，K_2 接通，输出部分与 A_2 相联。这样，经整流所得的电压 U_E 将是一个单向脉动的直流信号。低通滤波器Ⅱ的上限频率设计成低于基波频率，在此可设为600 Hz，则所输出的 U_F 是一个平滑的直流信号。

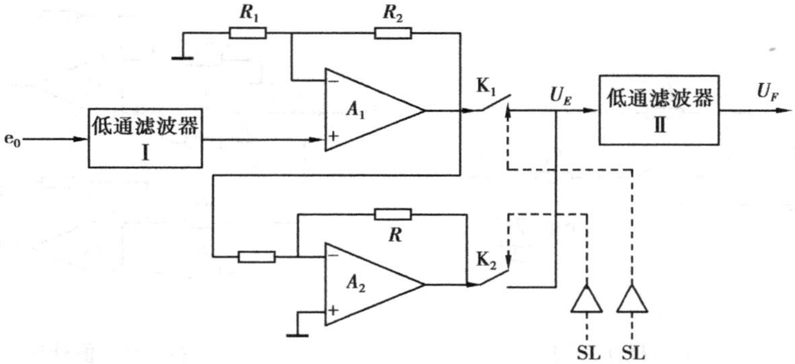

图6.138　鉴幅器原理

图6.139所示为当输入的转子感应电势 e_0 分别在工作台作正向或反向进给时，开关信号SL、脉动的直流信号 U_E 和平滑直流输出 U_F 的波形图。由图可知鉴幅器输出信号 U_F 的极性表示了工作台进给的方向，U_F 绝对数值的大小反映了 θ 与 φ 的差值。

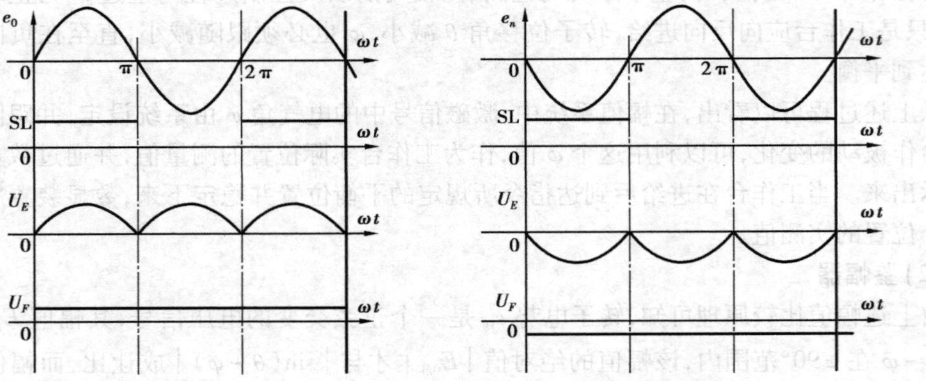

(a)　　(b)

图 6.139　鉴幅器输出波形图

(3) 电压-频率变换器

电压-频率变换器的任务是把鉴幅后输出的模拟电压 U_F 变换成相应的脉冲序列。该脉冲序列的重复频率与直流电压的电平高低成正比。对于单极性的直流电压,可以通过压控振荡器变换成相应的频率脉冲,而双极性的 U_F 应先经过极性处理,然后再作相应的变换,电压-频率变换器框图如图 6.140 所示。

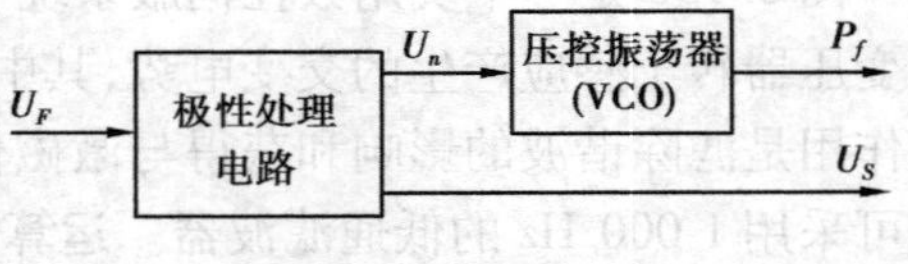

图 6.140　电压-频率变换器框图

图 6.141 是对 U_F 信号进行极性处理的原理图。其中,图 6.141(a)为极性判别电路,当 U_F 为正极性时,$U_S \approx 0$,为低电平;U_F 为负极性时,由稳压二极管钳位使 $U_S \approx 3$ V,为高电平。由此可见,U_S 信号是可与 TTL 逻辑电平相匹配的开关信号。图 6.141(b)相当于对 U_F 信号作全波"整流",所输出的 U_n 是 U_f 的绝对值,其电压值始终大于等于 0。

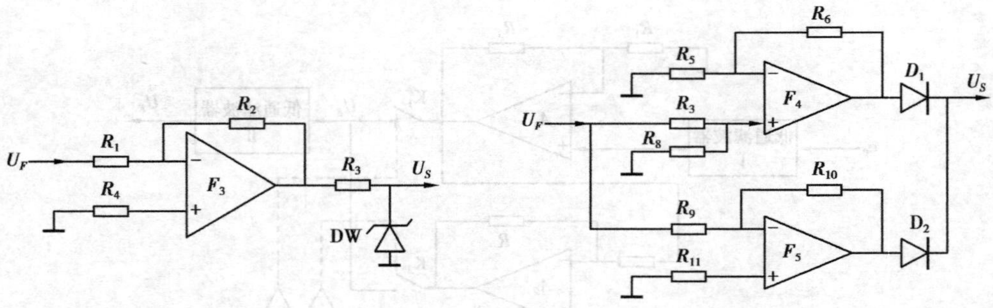

(a) 极性判别　　(b) 绝对值处理

图 6.141　双极性直流信号极性处理原理图

压控振荡器能将输入的单极性直流电压转换成相应频率的脉冲输出,压控振荡器(简称为 VCO)的 f-V 特性如图 6.142 所示,输出的脉冲频率 f 与控制电压 V 呈线性关系。

至此,由位置检测器取得的幅值信号,转变成为相应的脉冲和电平信号,即可用来作为位置闭环控制的反馈信号。如前所述,若要真正完成位置伺服控制,对于幅值系统还有激磁 φ

角的跟随变化问题。

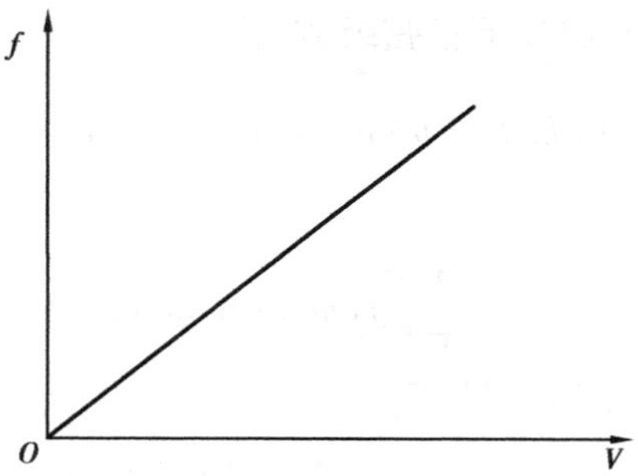

图 6.142　压控振荡器 f-V 特性

(4)脉冲调宽式正弦、余弦信号发生器

由式(6.182)可知,采用幅值工作方式的放置变压器定子的两绕组激磁电压信号,是一组同频同相位而幅值分别随某一可知变量 φ 作正弦、余弦函数变化的正弦交变信号。要实现幅值可变,就必须控制 φ 角的变化。可使用多抽头的函数变压器或脉冲调宽式两种方案来实现调幅的要求。前者对加工精度要求很高,控制线路也比较复杂;后者完全采用数字电路,易于实现整机集成化,能达到较高的位置分辨率和动静态检测精度。因此,下面着重讨论这种脉冲调宽式的正余弦信号发生器。

脉冲宽度调制是用控制矩形波脉宽等效地实现正弦波激磁的方法。其波形如图 6.143 所示。

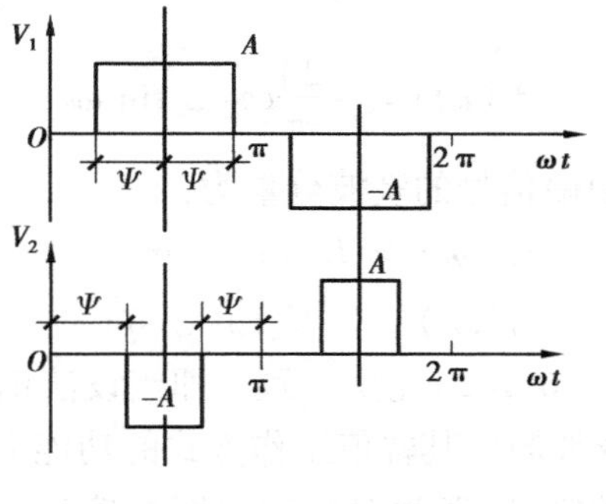

图 6.143　脉冲调宽波形图

设 V_1 和 V_2 分别是放置变压器定子正弦、余弦激磁绕组的矩形波激磁信号。矩形波为双极性,幅值的绝对值均为 A,在一个周期内,V_1、V_2 的取值为:

$$V_1 = \begin{cases} A & \dfrac{\pi}{2} - \varphi \leqslant \omega t \leqslant \dfrac{\pi}{2} + \varphi \\ -A & \dfrac{3\pi}{2} - \varphi \leqslant \omega t \leqslant \dfrac{3\pi}{2} + \varphi \\ 0 & \text{除上述范围之外} \end{cases}$$

$$V_2 = \begin{cases} -A & \varphi \leqslant \omega t \leqslant \pi - \varphi \\ A & \pi + \varphi \leqslant \omega t \leqslant 2\pi - \varphi \\ 0 & \text{除上述范围之外} \end{cases}$$

式中,φ——正弦波激磁中影响正弦波幅值的电气角,在此表现为影响矩形脉冲宽度的参数。

V_1 的脉宽为 2φ，V_2 的脉宽为 $\pi-2\varphi$。用傅里叶级数对 V_1 和 V_2 进行展开，由于是奇函数，则在 $[-\pi,\pi]$ 区间内可展开成如下正弦级数：

$$f(\omega t)=\sum_{h=1}^{\infty}b_k\sin k\omega t=b_1\sin\omega t+b_3\sin 3\omega t+b_5\sin 5\omega t+\cdots \tag{6.184}$$

式中，b_k 系数为

$$b_k=\frac{2}{\pi}\int_0^{\pi}f(\omega t)\sin k\omega t\mathrm{d}\omega t \tag{6.185}$$

1）令 $f(\omega t)=V$，若只计算基波分量，则

$$\begin{aligned}b_1&=\frac{2}{\pi}\int_0^{\pi}V_1\sin\omega t\mathrm{d}\omega t=\frac{2A}{\pi}\int_{\frac{\pi}{2}-\varphi}^{\frac{\pi}{2}+\varphi}\sin\omega t\mathrm{d}\omega t\\&=\frac{2A}{\pi}\left[-\cos\left(\frac{\pi}{2}+\varphi\right)+\cos\left(\frac{\pi}{2}-\varphi\right)\right]\\&=\frac{2A}{\pi}[\sin\varphi+\sin\varphi]=\frac{4A}{\pi}\sin\varphi\end{aligned}$$

所以

$$f_1(\omega t)=\frac{4A}{\pi}\sin\varphi\sin\omega t$$

2）令 $d(\omega t)=V_2$，若只计算基波分量，则

$$\begin{aligned}b_1&=\frac{2}{\pi}\int_0^{\pi}V_2\sin\omega t\mathrm{d}\omega t=-\frac{2A}{\pi}\int_{\varphi}^{\pi-\varphi}\sin\omega t\mathrm{d}\omega t\\&=-\frac{2A}{\pi}[\cos(\pi-\varphi)+\cos\varphi]=-\frac{4A}{\pi}\cos\varphi\end{aligned}$$

所以

$$f_2(\omega t)=-\frac{2A}{\pi}\cos\varphi\sin\omega t$$

若令 $U_m=4A/\pi$，则矩形激磁信号的基波分量为：

$$\begin{cases}f(\omega t)=U_m\sin\varphi\sin\omega t\\f(\omega t)=-U_m\cos\varphi\sin\omega t\end{cases} \tag{6.186}$$

可以看出，式（6.186）与式（6.182）完全一致。即当设法消除高次谐波的影响后，用脉冲宽度调制的矩形波激磁与正弦彼激磁其幅值工作方式的功能完全相当。因此可将正弦、余弦激磁信号幅值的电气角 φ 的控制，转变为对脉冲宽度的控制。在数字电路中，对脉冲宽度的控制比较准确而又易于实现。

图6.144为符合上述要求产生的调宽脉冲发生器。其中，脉冲加减器和两个分频系数相同的分频器用于实现数字移相，计数触发脉冲 CP' 和 CP'' 的频率是在时钟脉冲 CP 的基础上，按位置反馈信息 P_f 和 U_s，输入的情况下进行加减。每个分频器有两路相差90°电角度的溢出脉冲输出，通过组合逻辑进行调宽脉冲的波形合成。最后，经功率驱动电路加于两组绕组上的将是符合调幅要求的脉冲调宽式的矩形波脉冲。

调宽脉冲产生的基本原理简介如下：

按照数字移相的原理，当输入的计数脉冲增加时，溢出脉冲的相位将拉前；相反，计数脉冲减少则溢出脉冲相位延后。脉冲加减电路应按照最后合成的波形要求，控制两个分频器计数脉冲 CP' 和 CP'' 的加减。图6.145画出了从分频器输出到波形合成的各处工作波形图。

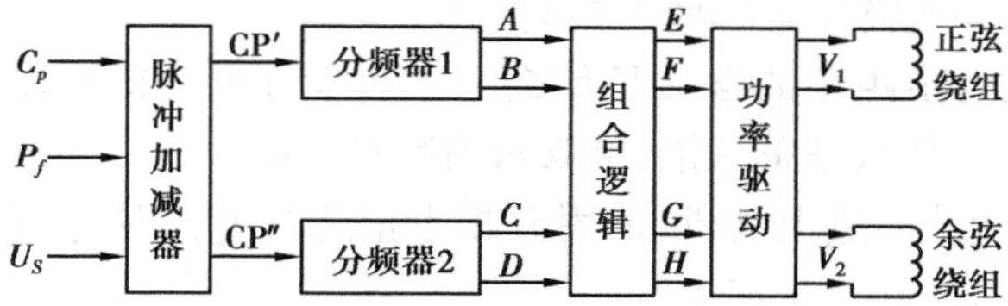

图 6.144　脉冲调宽矩形脉冲发生器结构

A_0 为 $\varphi=0$ 时分频器 A 端输出的波形，在此用作比较的基准波。

由幅值比较原理可知，当工作台正向移动时，φ 应增大。设此时，$CP'=CP+P_f$、$CP''=CP-P_f$，则 A 信号相位向超前方向移动，C 相位向滞后方向移动。B 与 D 信号的相位固定地分别滞后 A 和 C 相位 90°。

A、B、C、D 4 个信号经组合逻辑完成波形合成，其输出 E、F、G、H 4 路信号与输入之间的逻辑关系为：

$$E=B+\overline{D},F=B+D,G=A+\overline{C},H=A+C$$

此 4 路脉冲信号分成两组经过功率驱动后，分别加到旋转变压器的正弦、余弦绕组两端。正弦绕组两端的电压为 V_1，其波形由 $F-E$ 的差值决定；余弦绕组两端的电压为 V_2，其波形由 $H-G$ 的差值决定。按调幅的要求，V_1 的脉冲宽度等于 2φ，V_2 的脉冲宽度等于 $\pi-2\varphi$。

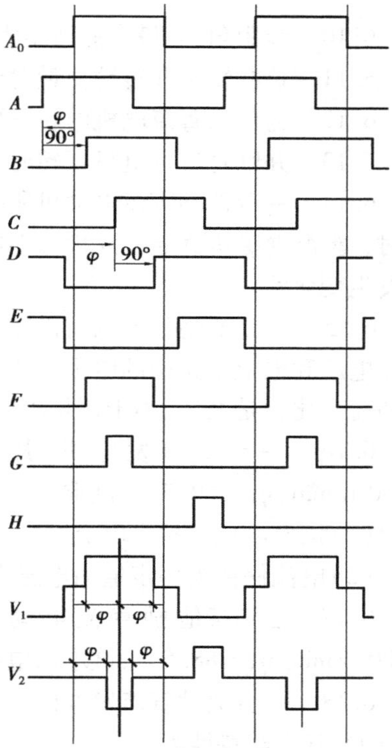

图 6.145　脉冲调宽工作波形图

由上述调宽脉冲形成原理可知，绕组的激磁频率 f 与时钟 CP 的脉冲频率及分频器的分频系数 m 的关系为 $f=CP/m$。当激磁频率 f 一定时，时钟 CP 的频率与分频系数 m 成正比。

例如，若设 $f=800$ Hz，m 取为 500，则 $CP=500\times 800$ Hz $=400$ kHz。如果将 m 增大至2 000，则保持 f 不变的情况下，CP 脉冲的频率将变为 1.6 MHz。由数字移相原理可知，m 值越大，对应于单位数字的相移角 φ_0 越小、对于 m 分频的分频器，输入 m 个时钟脉冲，将产生 90°相移角。所以，$\varphi_0=90°/500=0.18°$；而当 $m=2\ 000$ 时，$\varphi=90°/2\ 000=0.005°$。显然，分领系数 m 取值大时，脉冲调宽的精度也越高。

习题与思考题

6.1　通过分析步进电动机的工作原理和通电方式，可得出哪几点结论？

6.2　步进电动机的运行特性与输入脉冲频率有什么关系？

6.3　列出三相六拍环形分配器的反向环形分配表。

6.4　试修改环形分配器子程序，以实现步进电动机的反向运转。

6.5　步进电动机对驱动电路有何要求？常用驱动电路有什么类型？各有什么特点？

6.6　使用步进电动机需注意哪些主要问题？

6.7　步进电动机的步距角的含义是什么？一台步进电动机可以有两个步距角，例知，3°/1.5°，这是什么意思？什么是单三拍、单双六拍和双三拍？

6.8　一台五相反应式步进电动机，采用五相十拍运行方式时，步距角为1.5°，若脉冲电源的频率为3 000 Hz，试问转速是多少？

6.9　一台五相反应式步进电动机，其步距角为1.5°/0.75°，试问该电机的转子齿数是多少？

6.10　步距角小、最大静转矩大的步进电动机，为什么启动倾率和运行频率高？

6.11　负载转矩和转动惯量对步进电动机的启动频率和运行频率有什么影响？

6.12　为什么直流电机的转子要用表面有绝缘层的硅钢片叠压而成？

6.13　并励直流发电机正转时可以自励，反转时能否自励？为什么？

6.14　一台他励直流电动机所拖动的负载转矩 T_L = 常数，当电枢电压或电枢附加电阻改变时，能否改变其稳定运行状态下电枢电流的大小？为什么？这时拖动系统中哪些量必然要发生变化？

6.15　一台他励直流电动机在稳态下运行时，电枢反电势 $E = E_1$，如负载转矩 T_L = 常数，外加电压和电枢电路中的电阻均不变，问减弱励磁使转速上升到新的稳态值后，电枢反电势将如何变化？是大于、小于还是等于 E_1？

6.16　一台直流发电机，其部分铭牌数据如下：$P_N = 180$ kW，$U_N = 230$ V，$n_N = 1\ 450$ r/min，$\eta_N = 89.5\%$，试求：

(1)该发电机的额定电流。

(2)电流保持为额定值而电压下降为100 V时，原动机的输出功率(设此时 $\eta = \eta_N$)。

6.17　已知某他励直流电动机的铭牌数据如下：$P_N = 15$ kW，$U_N = 220$ V，$n_N = 1\ 500$ r/min，$\eta_N = 88.5\%$，试求该电机的额定电流和额定转矩。

6.18　一台他励直流发电机：$P_N = 15$ kW，$U_N = 230$ V，$I_N = 65.3$ A，$n_N = 2\ 850$ r/min，$R_a = 0.25\ \Omega$，其空载特性为：

U_0/V	115	184	230	253	265
I_f/A	0.442	0.820	1.2	1.686	2.10

今需在额定电流下得到150 V和220 V的端电压，问其励磁电流分别应为多少了？

6.19　一台他励直流电动机的铭牌数据为：$P_N = 5.5$ kW，$U_N = 110$ V，$I_N = 62$ A，$n_N = 1\ 000$ r/min，试绘出它的固有机械特性曲线。

6.20　一台并励直流电动机的技术数据如下：$P_N = 5.5$ kW，$U_N = 110$ V，$I_N = 61$ A，额定励磁电流入 $I_M = 2$ A，$n_N = 1\ 500$ r/min，电枢电阻 $R_a = 0.2\ \Omega$ 若忽略机械摩损和转子的铜耗、铁损。认为额定运行状态下的电磁转矩近似等于额定愉出转矩，试绘出它近似的固有机械特性曲线。

6.21　一台他励直流电动机的技术数据如下：$P_N = 6.5$ kW，$U_N = 220$ V，$I_N = 34.4$ A，$n_N = 1\ 500$ r/min，$R_a = 0.24\ \Omega$，试计算出此电动机的如下特性：

(1)固有机械特性。

(2)电枢附加电阻分别为 3 Ω 和 5 Ω 时的人为机械特性。

(3)电枢电压为:$U_N/2$ 时的人为机城特性。

(4)磁通 $\Phi=0.8\Phi_N$ 时的人为机械特性。

并绘出上述特性的图形。

6.22　为什么直流电动机直接启动时启动电流很大?

6.23　他励直流电动机启动过程中有哪些要求?如何实现?

6.24　直流他励电动机启动时,为什么一定要先把励磁电流加上?若忘了先合励磁绕组的电源开关就把电枢电源接通,这时会产生什么现象(试从 $T_L=0$ 和 $T_L=T_N$ 两种情况加以分析)?当电动机运行在额定转速下,若突然将励磁绕组断开,此时又将出现什么情况?

6.25　直流串励电动机能否空载运行?为什么?

6.26　一台直流他励电动机,其额定数据如下:$P_N=2.2$ kW,$U_N=U_f=110$ V,$n_N=1\ 500$ r/min,$\eta_N=0.8$,$R_a=0.4$ Ω,$R_t=82.7$ Ω。试求:

(1)额定电枢电流 I_{aN}。

(2)额定励磁电流入 I_{aN}。

(3)励磁功率 P_1。

(4)额定转矩 T_N。

(5)额定电流时的反电势。

(6)直接启动时的启动电流。

(7)如果要使启动电流不超过额定电流的 2 倍,求启动电阻为多少欧?此时启动转矩又为多少?

6.27　直流电动机用电枢电路串电队的办法启动时,为什么要逐渐切除启动电欧?如切除太快,会带来什么后果?

6.28　转速调节(调速)与固有的速度变化在概念上有什么区别?

6.29　他励直流电动机有哪些方法进行调速?它们的特点是什么?

6.30　直流电动机的电动与制动两种运转状态的根本区别何在?

6.31　他励直流电动机有哪几种制动方法?它们的机械特性如何?试比较各种制动方法的优缺点。

6.32　一台直流他励电动机拖动一台卷扬机构,在电动机施动重物匀速上升时将电枢电源突然反接,试利用机械特性从机电过程上说明:

(1)从反接开始到系统达到新的稳定平衡状态之间,电动机经历了几种运行状态?最后在什么状态下建立系统新的稳定平衡点?

(2)各种状态下转速变化的机电过程怎样?

6.33　请简述 ACR 有静差直流调速系统的结构、基本工作原理,并对其性能进行分析。

6.34　请简述无速度传感器直流调速系统的基本工作原理,为什么称之为无速度传感器,它应满足什么条件才能具有较好的调速性能。

6.33　请简述 ACR 无静差直流调速系统的结构、基本工作原理,并对其性能进行分析。

6.34　请简述转速、电流双环直流调速系统的组成、基本工作原理,并对其性能进行分析。

6.35　请简述 PWM 直流调速系统的组成、基本工作原理,并对其主回路、控制回路进行分析。

6.36　请简述感应电动机工作原理，并分析出其机械特性。

6.37　请简述感应电动机的调速方式。

6.36　请简述感应电动机矢量变换变频调速系统的基本工作原理、结构及其性能。

6.37　请简述伺服系统的概念及其性能分析。

6.38　请简述为何要对伺服系统的指令信号进行分析，怎样对其进行修改。

6.39　请简述脉冲比较、相位比较、幅值比较的进给伺服系统的基本结构、工作原理。

参考文献

[1] 张建民. 机电一体化系统设计[M]. 修订版. 北京:北京理工大学出版社,2008.

[2] 张立勋. 机电一体化系统设计[M]. 北京:高等教育出版社,2007.

[3] 周堃敏. 机械系统设计[M]. 北京:高等教育出版社,2009.

[4] 姜培刚. 机电一体化系统设计[M]. 北京:机械工业出版社,2011.

[5] 梁景凯. 机电一体化技术与系统[M]. 北京:机械工业出版社,2010.

[6] 田培堂. 机械零部件结构设计手册[M]. 北京:国防工业出版社,2011.

[7] 殷际英. 光机电一体化实用技术[M]. 北京:化学工业出版社,2003.

[8] 宋福生. 机电一体化设备结构与维修[M]. 南京:东南大学出版社,2000.

[9] 李成华. 机电一体化技术[M]. 北京:中国农业出版社,2001.

[10] 方建军. 光机电一体化系统设计[M]. 北京:化学工业出版社,2003.

[11] 余洵. 机电一体化概论[M]. 北京:高等教育出版社,2009.

[12] 杜柳青. 数控机床电气控制[M]. 重庆:重庆大学出版社,2006.

[13] 陈勇. 汽车测试技术[M]. 北京:北京理工大学出版社,2008.

[14] 邱士安. 机电一体化技术[M]. 西安:西安电子科技大学出版社,2004.

[15] 诗涌潮, 梁福平. 传感器检测技术[M]. 北京:国防工业出版社,2007.

[16] 袁中凡. 机电一体化技术[M]. 北京:电子工业出版社,2006.

[17] 胡泓, 姚伯威. 机电一体化原理及应用[M]. 北京:国防工业出版社,1999.

[18] 莫正康. 电力电子应用技术[M]. 北京:机械工业出版社,2007.

[19] 余孟尝. 数字电子技术基础简明教程[M]. 2 版. 北京:高等教育出版社,1999.

[20] 康华光. 电子技术基础数字部分[M]. 4 版. 北京:高等教育出版社,2000.

[21] 刘征宇,韦立华. 最新 74 系列 IC 特性代换手册[M]. 福州:福建科学技术出版社,2002.

[22] 黄惟公,邓成中,王燕. 单片机原理与应用技术[M]. 西安:西安电子科技大学出版社,2007.

[23] 倪继烈,刘新民. 微机原理与接口技术[M]. 成都:电子科技大学出版社,2000.

[24] 白恩远,王俊元,等. 现代数控机床伺服及检测技术[M]. 北京:国防工业出版社, 2002.

[25] 宋中书. 交流调速系统[M]. 北京:机械工业出版社,1999.

[26] 姜泓,赵洪恕. 电力拖动交流调速系统[M]. 武汉:华中理工大学出版社,1996.

[27] 陈伯时,陈敏逊. 交流调速系统[M]. 北京:机械工业出版社,1998.
[28] 邓星中. 机电传动控制[M]. 3 版. 武汉:华中科技大学出版社,2001.
[29] 陈复扬, 姜斌. 自适应控制与应用[M]. 北京:国防工业出版社,2009.
[30] 敖荣庆,袁坤. 伺服系统[M]. 北京:航空工业出版社,2006.
[31] 钱平. 伺服系统[M]. 北京:机械工业出版社,2005.
[32] 王建辉,顾树生. 自动控制原理[M]. 4 版. 北京:冶金工业出版社,2005.